心理咨询与治疗
培训教程

主　编　仇剑崟

副主编　陈　珏　王　纯

人民卫生出版社
·北 京·

图书在版编目（CIP）数据

心理咨询与治疗培训教程 / 仇剑崟主编. -- 北京：
人民卫生出版社，2025. 6. -- ISBN 978-7-117-38007-2

Ⅰ. B849. 1；R749. 055

中国国家版本馆 CIP 数据核字第 2025ZC8148 号

人卫智网	www.ipmph.com	医学教育、学术、考试、健康，购书智慧智能综合服务平台
人卫官网	www.pmph.com	人卫官方资讯发布平台

心理咨询与治疗培训教程
Xinlizixun yu Zhiliao Peixun Jiaocheng

主　　编：仇剑崟
出版发行：人民卫生出版社（中继线 010-59780011）
地　　址：北京市朝阳区潘家园南里 19 号
邮　　编：100021
E - mail：pmph @ pmph.com
购书热线：010-59787592　010-59787584　010-65264830
印　　刷：三河市国英印务有限公司
经　　销：新华书店
开　　本：787 × 1092　1/16　　印张：25
字　　数：607 千字
版　　次：2025 年 6 月第 1 版
印　　次：2025 年 8 月第 1 次印刷
标准书号：ISBN 978-7-117-38007-2
定　　价：90.00 元

打击盗版举报电话：010-59787491　E-mail：WQ @ pmph.com
质量问题联系电话：010-59787234　E-mail：zhiliang @ pmph.com
数字融合服务电话：4001118166　　E-mail：zengzhi @ pmph.com

编委名单

主　编　仇剑崟

副主编　陈　珏　王　纯

编　委（按姓氏笔画排序）

王　纯　南京医科大学第四临床医学院附属脑科医院
王　振　上海交通大学医学院附属精神卫生中心
王　媛　上海交通大学医学院附属精神卫生中心
王兰兰　上海交通大学医学院附属精神卫生中心
仇剑崟　上海交通大学医学院附属精神卫生中心
龙　鲸　天津医科大学附属精神卫生中心
叶敏捷　温州医科大学附属康宁医院
朱卓影　上海交通大学医学院附属精神卫生中心
刘　漪　上海交通大学医学院附属精神卫生中心
刘光亚　湖南省第二人民医院
苏珊珊　上海交通大学医学院附属精神卫生中心
杜　江　上海交通大学医学院附属精神卫生中心
杜亚松　上海交通大学医学院附属精神卫生中心
李　霞　上海交通大学医学院附属精神卫生中心
李春波　上海交通大学医学院附属精神卫生中心
李晓茹　复旦大学社会发展与公共政策学院心理学系
李献云　北京回龙观医院
杨福中　上海交通大学医学院附属精神卫生中心
吴艳茹　上海交通大学医学院附属精神卫生中心
张　麒　华东师范大学心理与认知科学学院
陆　峥　同济大学附属同济医院
陈　珏　上海交通大学医学院附属精神卫生中心
陈　涵　上海交通大学医学院附属精神卫生中心
陈昌凯　南京大学心理健康教育与研究中心

邵　阳　上海交通大学医学院附属精神卫生中心

苑成梅　上海交通大学医学院附属精神卫生中心

范　青　上海交通大学医学院附属精神卫生中心

郑世彦　安徽人民出版社

费俊峰　南京大学教育研究院

徐　钧　华东师范大学心理与认知科学学院

高　隽　复旦大学社会发展与公共政策学院心理学系

康传媛　同济大学附属东方医院

彭素芳　上海交通大学医学院附属精神卫生中心

蒋文晖　上海交通大学医学院附属精神卫生中心

程文红　上海交通大学医学院附属精神卫生中心

秘　书（按姓氏笔画排序）

李小平　上海交通大学医学院附属精神卫生中心

蒋文晖　上海交通大学医学院附属精神卫生中心

序

人类物质文明目前已达前所未有的高度，人工智能等众多高科技发展给人类带来了更加便捷的生活。但是，日渐加快的生活节奏、快速迭代的生活方式，在带给个体更多收益和乐享的同时，也带来了更多的压力和耗竭感，出现心理问题和精神障碍的人数有快速增长的趋势。

如今，人们对心理咨询与治疗的刚性需求正在猛增，但合格的执业心理治疗师严重匮乏。

传统心理学对于病理心理学的教育更多见于课堂，尚未充分进入临床，惠及广大病患。而传统医学院更多关注身体的物理特性，心理咨询与治疗的教学课时数捉襟见肘，医学生并没有接受系统的心理咨询与治疗培训。

在过去的近四十年中，有远见的心理学和医学同道一直在努力改变这种状况，心理咨询与治疗行业有了长足发展。上海交通大学医学院附属精神卫生中心是中国心理治疗师培养的重要基地。通过与国际同道数十年的合作交流，积累了丰富的医、教、研经验，为该中心学科带头人之一的仇剑崟教授组织编撰本教程奠定了深厚的基础。本教程联合国内多所大学共同编写，编者均是目前有较丰富临床经验的中生代专家。

全书分上篇、中篇、下篇，介绍了心理咨询与治疗的基础、主要流派和方法，以及不同精神障碍心理治疗的临床实践。该书理论系统、结构完整，是目前不可多得的有关心理咨询与治疗的综合性教程。

当下，对中华优秀传统文化的整理和传承，正在各个领域中深入开展。相信未来，基于中国传统文化建构理论基础，结合临床心理治疗的设置体系，会形成更具中国人文化特点的心理治疗体系。

肖泽萍

2025 年 2 月于上海

前　言

心理咨询与治疗在改善国民心理健康状况，减轻疾病负担，促进家庭和谐，构建良好社会氛围中的作用已得到广泛认可。我国的心理咨询与治疗服务始于20世纪80年代，主要在医疗系统、教育系统、社会机构中发展。近年来，随着经济发展、生活节奏加快、竞争压力剧增、社会转型，国民对心理健康服务的需求大幅增长，我国心理咨询与治疗的工作队伍规模快速扩大，实现了初步职业化，一些专业标准与服务模式已逐步形成。

参照西方发达国家现有水平，即每1 000～1 500人对应一名专业心理工作人员的比例，估算我国需要心理咨询与治疗工作者总数为93万～140万，而目前我国真正能够提供心理咨询与治疗的专业人员无论在数量还是质量上仍存在很大的不足。在国外心理咨询与治疗发展更为领先的地区，从事心理咨询与治疗的专业人员通常需要具备临床心理学或咨询心理学的硕士或博士学位，按要求完成实习并接受督导，再通过专业考试或资格申请而获得执业资格。对照国外，我国在心理咨询与治疗的专业化培训体系建设、职业监管方面还需进一步加强。

2017年9月，我国人力资源和社会保障部停止了国家二级和三级心理咨询师证书考试，表明未来的心理咨询与治疗专业人员培养主要依托学历教育，包括加强学习阶段和毕业后的实践技能培训和督导制度。

2024年教育部设置了应用心理学专业博士学位授权点。据2025年教育部最新数据，在心理咨询与治疗教育中占主导地位的应用心理专业硕士学位授权点已达157个，专业博士学位授权点13个。对于之前已获国家二级和三级证书的心理咨询师，大多数仍需系统的继续教育才能胜任这项工作。

在心理咨询与治疗教育培训体系的建设中，培训教材和工具书是重要的基础之一。目前国内在此方面的局限在于：①心理咨询与治疗的专业教材和工具书稀少，心理咨询与治疗的内容往往以个别章节分散在其他教材中，因为课时和篇幅的原因，内容比较单薄；②心理咨询与治疗是一门实践性极强的职业活动，但因为诸多原因，很多授课教师本身缺乏心理咨询与治疗的临床实践经验，而长期在临床一线的咨询师或治疗师教学能力不足，造成相关教材理论和临床实践脱节的现象；③教材和工具书内容未与国际接轨。放眼国际，心理咨询与治疗在临床、教学、科研领域发展迅速，我国心理咨询与治疗专业也在积极对标国外先进水平，在本土化的同时，教材和工具书应呈现国际主流专业的教学内容和水准，反映专业领域的最新进展。

基于此，本书的编写目标是力图弥补国内专业工具书和教材建设的上述局限，提供一本传授心理咨询与治疗理论和技术的规范化教材或面向更广泛受众的工具书。本书分上篇、中篇和下篇。上篇为心理咨询与治疗的概述与基础,共 5 章,分别是心理咨询与治疗发展的历史和现状、心理咨询与治疗的神经生物学基础、心理咨询与治疗的研究发展、心理咨询与治疗的共同因素、心理咨询与治疗中的法律和伦理问题;中篇介绍心理咨询与治疗的主要流派和方法,共 6 章,包括精神分析及精神动力学治疗、认知行为治疗、人本 - 存在主义治疗、家庭治疗、团体心理治疗、其他心理治疗方法;下篇为心理咨询与治疗的临床实践,共 13 章,着重介绍精神分裂症及其他原发性精神病性障碍、心境障碍、焦虑及恐惧相关障碍、强迫及相关障碍、应激相关障碍、分离性障碍、进食障碍、躯体痛苦障碍、睡眠障碍、物质使用或成瘾行为所致障碍、人格障碍、自杀等病理心理和障碍的心理治疗,同时还介绍了儿童及青少年、老年人、大学生、女性、性少数人群的常见心理问题及其心理咨询与治疗。

本书的主要特点有:①编者均来自国内著名高校和精神卫生机构,为国内心理治疗领域的知名专家和学者,他们既是出色的临床心理咨询与治疗师,同时具备丰富的教学经验,长期工作在心理咨询与治疗的临床和教学中;②系统地介绍了国内外专业培训和临床实践中公认的心理咨询和治疗主要流派,科学、系统、客观地呈现相关理论与技术;③注重临床实践,本书对临床常见心理疾病及特殊人群常见心理问题的心理咨询与治疗进行重点介绍,并结合案例讲解临床过程和干预技术;④结构清晰,每章除主要内容外,还列出了学习目的、内容小结、思考题、推荐阅读,帮助读者梳理学习纲要,提供进一步学习的方向。

基于上述特点,本书读者对象为在校的应用心理学及相关专业的研究生;接受规范化培训的精神科住院医师、精神科专科医师和心理治疗师;已经在医院、学校、社会执业的精神科医师、心理咨询和治疗师;对心理咨询和治疗感兴趣的读者等。

最后,感谢上海交通大学、南京医科大学、复旦大学、华东师范大学、同济大学医学院、温州医科大学、天津医科大学、北京大学、南京大学、湖南中医药大学各位专家和学者的大力支持。感谢你们抽出宝贵的时间,倾情投入,将多年的经验融入教材,给读者带来鲜活的认知和体验。

由于心理咨询与治疗学科在不断发展,加之编者水平有限,书中难免存在不足、不妥之处,敬请广大读者批评指正。

仇剑崟

2025 年 2 月于上海

目　录

上　篇

心理咨询与治疗的概述与基础

第一章

心理咨询与治疗发展的历史和现状

学习目的

了解 心理咨询与治疗的起源和发展历史,包括在中国的发展过程和服务现状;心理咨询与治疗的未来发展趋势。

随着社会经济发展、生活节奏加快、竞争压力剧增,社会、民众对于心理咨询与心理治疗的需求日益增加。

心理咨询是一项看似简单,实则过程复杂的谈话活动:首先,在心理咨询中,人们无所不谈,心理咨询师通过语言影响每位来访者的认知、情绪、记忆和行为,同时通过非言语信息与来访者在身体层面上发生交流;其次,心理咨询是一门多学科交叉专业,融合了自然科学、哲学、社会学、历史等学科,涉及理论、研究和临床实践的各个方面;最后,心理咨询更是一种实践性活动,只有通过来访者或心理咨询师角色的亲身体验,才能够真正了解或把握。

心理治疗是一种以助人、治病为目的,由专业人员有计划地实施的人际互动和谈话过程。心理治疗师通过言语和非言语的方式积极影响患者,以达到减轻痛苦、改变行为和认知、改善疾病、促进康复、调整人格和适应社会等目的。

在如何区别心理咨询与心理治疗方面,学者们争议颇多。一种观点认为有必要清楚地在两者之间做出区分,因为心理治疗代表着一种针对精神心理问题较严重的患者实施更深入的矫正和治疗的方法。另一种观点则坚持认为心理咨询师与心理治疗师所从事的工作基本一致,运用着相同的理论模型、诊断方法和技术。而一些国家和地区通过立法规定,由服务机构的性质决定使用名称的不同。如《中华人民共和国精神卫生法》就是以执业场所是否为医疗机构进行区分,也就是将在医疗机构进行的专业工作称为心理治疗,非医疗机构进行的则称为心理咨询。但在日常实践中,心理咨询与心理治疗、心理咨询师与心理治疗师往往不作严格区分,而是合二为一、交替使用,这其实也反映了大部分实践者的临床和学术观点。

本书采用第二种观点,即本书中的心理咨询与心理治疗、心理咨询师与心理治疗师,不作区分。在正文中,心理咨询与心理治疗简称为"心理咨询与治疗"。

第一节　起源和发展历史

一、"对精神疾病患者照料和治疗行业"的出现

尽管心理咨询与治疗是在20世纪后半叶才被广泛地融入西方社会生活,但它的起源可以追溯到18世纪初期。这一时期工业革命和社会转型使人们解决心理烦恼和生活问题的方式发生了重大改变。

首先,在此之前,每当人们遭遇到心理烦恼,首先会从所生活的社区寻求宗教帮助以及相关应对策略,牧师对本教区居民扮演着类似心理咨询与治疗师的角色。但当科学价值逐渐取代宗教价值,人们对于情绪的定义及应对精神心理需求的方式也随之发生变化。其次,不同于农耕时代,工业化社会强调工作伦理,追求个人目标、自主独立;城市化直接导致了人际关系结构的改变,个体离开传统的村落,走向城市,失去对宗族社群的归属,精神上更依赖于个人的"内在导向"。

精神病史学家安德鲁·史考尔(Andrew Scull)曾描述,在1800—1900年的英格兰和威尔士,居住在人口规模超过2万的城镇人口比例从17%飞升到了54%,人们离开乡土进入城市新兴的工厂劳动。即使在乡村,工作也转向以商业利润为导向的机械化操作。劳动方式转型对贫穷和残疾人员的影响尤为深刻。节奏缓慢的乡村生活、家庭作坊可以保护能力低下的弱者,使他们拥有一定的谋生手段,而工业化则颠覆了传统的工作和生活方式,以家族为基础的社群不再承担照顾老年人、残疾人和精神疾病患者等弱势群体的责任。作为应对,政府曾出面为弱势社会成员提供劳动机会,这就是贫民习艺所制度(workhouse system)。但贫民习艺所制度的运行并不成功,在严格的劳动纪律下,精神疾病患者的精神问题变得更加严重,这时人们认识到,精神疾病患者必须被单独隔离并予以照料。

18世纪中期,独立居住区和精神病院开始建立,1845年的英国《精神病院法案》更是加快了该进程。精神病院的出现标志着在欧洲社会第一次建立起由政府运行的收容机构,用以照料和管理精神疾病患者。遗憾的是,当时精神病院的治疗手段极为匮乏,患者只是处在"道德监护"之下,有些甚至被收容在极度恶劣的环境中。直到19世纪末,针对精神疾病的治疗才开始发展,出现了对精神疾病的医学和生物学解释,但也只是处于萌芽和发展初期。

二、心理治疗的起源

19世纪末,当埃米尔·克雷佩林(Emil Kraepelin)、尤金·布鲁勒(Eugene Bleuler)等对精神疾病进行描述和分类时,显示出精神科作为医学的专科之一,在精神疾病的病因理解和治疗上取得了主导地位。

最早自称为精神科医师的是范·瑞特格姆(Van Renterghem)和范·伊登(Van Eeden)。1887年,他们开设了一家启发式心理疗法诊所。伊登对心理疗法的定义是"通过对精神施加影响来治疗身体的疾病,其辅助手段是通过一个人的精神影响来推动另一个人精神上的变化"。

催眠在 19 世纪吸引了很多医生的兴趣,在化学麻醉药物发明之前,催眠在外科手术中作为麻醉手段被广泛应用。19 世纪 80 年代,颇具影响力的法国神经科医师马丁·沙可(Martin Charcot)和皮埃尔·让内(Pierre Janet)尝试把催眠作为治疗癔症(hysteria)的一种方式。催眠在心理治疗的诞生中扮演着重要角色,西格蒙德·弗洛伊德(Sigmund Freud)(以下简称"弗洛伊德")曾跟随沙可学习催眠,并将催眠用于治疗精神疾病患者,但很快他便发现了催眠的局限性,并决定放弃使用。1895 年,弗洛伊德在与约瑟夫·布洛伊尔(Josef Breuer)合著的《癔症研究》一书中,首次提出"精神分析学"这个概念,这标志着精神分析的正式创立。精神分析开创了首个谈话治疗(talk cure)范式,弗洛伊德认为疾病症状背后潜藏着不为人知的冲突、创伤。他将病理性心理机制建立在"潜意识"这一核心概念的基础之上,并发展出自由联想、释梦、移情、反移情、诠释、修通等治疗技术。"潜意识"曾经是催眠治疗中的一部分,但到了 20 世纪、21 世纪,它已成为心理治疗探索和工作的主要内容之一。

精神分析最初被用于治疗精神疾病患者,但之后弗洛伊德将精神分析的原理用于理解每个人的日常行为和心理状态。他假设人的可观察情绪、行为、认知是由背后潜藏的潜意识动机及其冲突所推动。后期他还以精神分析为工具,对各种文化现象、社会现实进行研究,力求更完整地理解人性的复杂性和本质。精神分析对于病理心理的解释也折射出那个时代的社会文化风貌,即欧洲中产阶级所面对的挑战,他们正致力于从传统的社会关系转向现代的人际关系模式。

弗洛伊德在世的时候,由于各种原因,他的学说思想在整个欧洲的影响还相当有限。而在美国,情况则有所不同。自精神分析传入之后,美国的心理治疗和随后的心理咨询便迅速发展、普及和壮大,并强势影响着世界其他地区。

三、心理治疗的发展和成熟

1909 年,弗洛伊德和卡尔·荣格(Carl Jung)、桑多尔·费伦茨(Sandor Ferenczi)等访问美国克拉克大学并发表学术演讲,至此,精神分析传入美洲大陆并与美国文化发生强烈共鸣。相对于欧洲,"美国梦"让美国人更加追求自由。人们愿意"离乡背井",开拓属于自己的新生活。但这种生活方式会带来人际疏离,或者对自己的个人身份缺乏认同和安全感,而心理治疗恰恰为此提供了一种有益的、积极的自我调整方法。尤其是 20 世纪 30 年代,大批精神分析师为逃避战乱来到美国后,发现美国人对心理学有着强烈而广泛的兴趣,此时的约翰·华生(John Watson)已经在芝加哥大学创立行为主义心理学并出版专著。美国的心理学一直秉持着注重应用的传统,在第一次世界大战期间,就在军队设置了心理学相关岗位,心理测试也被广泛运用在教育、工作招聘及职业指导等领域。

精神分析进入美国后,来自欧洲和美国本土的精神分析师对于精神分析理论和技术进行了改造和创新,并发展出极具美国特色的精神分析新流派,如自我心理学、人际精神分析、自体心理学。在精神药理学和生物精神病学尚未充分发展之前,精神分析在美国精神科领域曾一度占有主导位置,对临床实践的影响体现在美国的《精神疾病诊断与统计手册》(diagnostic and statistic manual of mental disorders,DSM)最初两版中。

在美国心理学领域,对于精神分析最强烈的质疑是来自美国心理学中实证主义导向。约从

1918 年开始,美国学院派心理学家大多认同行为主义的心理学方法。行为主义学派强调对科学方法的运用,如测量和实验室试验,并且行为主义者最初就把研究目标定位于可观察的行为,而不是主观、复杂、内在的精神过程,如梦境、幻想及冲动等。行为主义学院派崇尚循证研究方法,质疑精神分析的科学性。而绝大部分精神分析从业者在私人诊所或者医院系统工作,他们并未在大学中建立起严谨的精神分析治疗教学和研究体系。

20 世纪 40 年代,行为治疗兴起,很快就和 20 世纪 50 年代开始的认知治疗一起形成认知行为治疗(cognitive behavioral therapy,CBT)的第一个浪潮。CBT 分别从行为和认知两个层面对患者进行干预。20 世纪 70 年代开始,行为治疗和认知治疗的结合加深,形成了经典的 CBT 理论,被称为 CBT 的第二个浪潮。20 世纪 90 年代开始,以正念认知治疗(mindfulness-based cognitive therapy,MBCT)、接纳与承诺治疗(acceptance and commitment therapy,ACT)和辩证行为治疗(dialectual behavior therapy,DBT)为代表,CBT 发展迎来第三个浪潮。它们均以正念为基础,将东方文化元素和接纳等观点与经典 CBT 相结合。CBT 聚焦问题解决和症状行为改变,强调实证研究,偏重结构化和手册化的特点使 CBT 培训时间缩短,新手治疗师更容易上手操作。从 20 世纪后期开始,CBT 在大学心理学研究和教学系统中逐渐占据主导位置,其实践和治疗范式更符合公共医疗保健系统的要求,尤其是保险机构所强调的实证、经济效益管理的理念,因此被广泛纳入精神疾病临床治疗指南中。

1940 年前后,基于早先与儿童相关的工作经历,卡尔·罗杰斯(Carl Ransom Rogers)开始使用具有创建性的"非指导性心理咨询"。他提出了令当时心理咨询师意想不到的观点,即在临床中,若咨询师以非指导性原则为来访者提供理解性态度和支持,将有利于促进来访者的发展和疗愈。同时他质疑教育指导以及诠释等技术在临床的有效性。1950 年前后,罗杰斯的临床思想由较为技术性的非指导性原则转向更为本质的现象学和存在主义兴趣,强调通过咨询性的回应来帮助每个来访者探索和确认知觉,以此协助发展与生俱来的自我实现潜能,这个阶段他自己称为以来访者为中心的治疗阶段。此外,罗杰斯还推动了一系列跨学派的心理咨询与心理治疗过程研究,这些研究确认了真诚、无条件积极关注、共情为心理治疗有效的三元素,以及体验过程对治疗的作用。晚年阶段,罗杰斯将以来访者为中心的治疗观点扩展到教育、婚姻家庭、团体、管理、政治领域,因此之后也用"以人为中心治疗"来称呼这一治疗。

20 世纪后半叶,在美国,社会巨变以及来自第二次世界大战的影响,裹挟着家庭结构变迁,带来了一系列家庭问题。20 世纪 50 年代美国的精神病学家内森·阿克曼(Nathan Ackerman)首次提出了"家庭治疗"的概念,1957 年他在纽约建立了家庭精神卫生研究所,后改名为"阿克曼研究所"。个体心理治疗、团体心理研究、团体动力学研究、儿童指导运动、婚姻咨询均促进了家庭治疗的诞生。同时社会学、人类学、家庭动力学、精神病因学研究,尤其是关于精神分裂症相关家庭的研究,对家庭治疗的理论和技术发展产生了至关重要的影响。20 世纪 60 年代,《家庭过程》(Family Process)杂志正式创刊,系统家庭治疗取得了显著发展,结构派家庭治疗也开始成形。20 世纪 70 年代后,众多经典的家庭治疗流派进一步发展完善,于 20 世纪 80 年代进入成熟期,家庭治疗的传播范围延伸至世界各地。20 世纪 90 年代后,家庭治疗各流派间的界限逐渐消融,整合模式逐渐成为家庭治疗发展的新趋势。

第二次世界大战中,许多欧洲心理治疗师为逃避战乱,被迫走上逃亡之路,致使欧洲的心理治疗发展遭受重大打击。这些国家中,英国是个例外。英国是第二次世界大战中许多心理治疗师的逃亡地之一,所以英国的心理治疗在此期间仍蓬勃发展,诞生了精神分析学中的客体关系理论、依恋理论,以及儿童精神分析。

心理治疗是欧洲大陆战后重建的重要部分。除传统精神分析培训和临床实践得到恢复和发展外,家庭治疗、认知行为治疗也在临床、教学和研究领域扎根生长。欧洲的心理治疗既保持着自身特色,又与美国相互影响,共同繁荣,如具有欧洲哲学色彩的存在主义治疗与起源于美国的人本主义治疗共同构成"人本-存在主义治疗"的流派;对应英国精神分析中的客体关系理论,美国诞生了人际精神分析。

心理治疗既是一种解决人类精神痛苦与心理困扰的理论与技术,也是一种建立在文化基础上的信念、态度的表达方式。心理治疗与其所处的时代、赖以生存的文化土壤、哲学思想不可分割。20世纪20—30年代,日本的森田正马(Morita Shoma)、吉本伊信(Yoshimoto Ishin)去除佛教中的宗教和神秘色彩,建立了基于东方思想的森田治疗和内观治疗;森田治疗本身及其疗效在国际上得到了广泛的认可,是在世界上认知度较高的东方心理治疗技术。

四、心理咨询与治疗的拓展和多元化

尽管心理治疗是从精神病学的学科发展中衍生而来,但如今在精神医学和心理学的支撑下,心理咨询与治疗被视为一种应用型专业。在现实社会中,心理咨询的实践形式多种多样,如将咨询的元素融入职业指导、企业管理、学校教育、婚姻服务等工作中。同时作为一种为社会所认知的规范职业,许多国家都以立法的形式对职业心理咨询师与心理治疗师的资格认证和从业活动进行了明确规定。

从历史看,心理咨询与治疗的出现和发展回应了社会的发展需求,它是20世纪随着西方工业化发展而出现的一种职业,同时文化、经济、社会的各种力量促使心理咨询与心理治疗的理论技术走向多元和不断进化。现如今据统计,心理咨询与心理治疗的流派或方法已达400多种,但如果仔细研究,不难发现,其实这些方法可以被归类到学术界公认的几个流派大类。流派之间的比较和整合为心理咨询与心理治疗的发展提供了驱动力。但需要指出的是,每种心理咨询与心理治疗流派都是建立在关于生命、世界和人类心理机制的特定理解与信念之上,心理咨询师或治疗师在工作中也必须认识到每种流派的优势和自身局限性。

第二节　国内现状

精神分析理论在20世纪20年代前就已传入我国,但心理治疗在我国的发展经历了数次重大波折。1931—1945年,抗日战争阻断了该领域工作的开展。中华人民共和国成立后,学术界受到当时苏联的影响,对弗洛伊德学说持批判态度,仅巴甫洛夫的观点得到传播。20世纪50年代末至60年代初,我国心理学和精神病学工作者曾创立了主要针对神经衰弱的心理治疗方法,当时将其称为快速综合疗法,但该疗法所激发的对心理治疗的热情又因各种原因而停滞。因此我国心理咨询与治疗的真正发展是从20世纪80年代末至90年代初才逐步开始。随着经济发

展、生活节奏加速、家庭结构变迁,对心理咨询与治疗的需求极大地促进了行业的蓬勃发展。引用钱铭怡教授的观点,20世纪80年代以来,心理咨询与治疗在我国经历了准备阶段、初步发展阶段并进入了职业化阶段和高质量发展阶段。

一、心理咨询与治疗的准备阶段/早期阶段(1949—1986年)

中华人民共和国成立初期,我国心理学主要以引进苏联的心理学为主,之后不久心理学发展停滞,那时尚无心理治疗师这个职业。直至1978年之后,我国心理咨询与治疗才进入了良性发展阶段。1979年,我国心理学会医学心理学专业委员会成立,心理治疗方面的临床报告、经验交流和研究探讨逐年增加。1980年后,精神病院和综合性医院精神科开始设立心理咨询门诊,开展临床心理治疗工作;1984年起,全国各地高校陆续成立心理咨询中心,开展大学生心理治疗工作。

二、心理咨询与治疗的初步发展阶段/职业化萌芽(1987—2000年)

1987年心理咨询与治疗开始出现了职业化的萌芽。主要体现在三个方面:心理治疗的学术科研水平显著提高、心理咨询服务机构大量出现、专业培训和管理逐步规范。

此外,为了进一步规范管理,中国心理学会和中国心理卫生协会于1992年颁布了《卫生系统心理咨询与心理治疗工作者条例》,明确规定了对心理资料的保密原则,并对心理测量的资格作了具体规定。

三、心理咨询与治疗的职业化阶段(2001—2017年)

为规范心理咨询与治疗的市场秩序,2001年,劳动和社会保障部制定了《心理咨询师国家职业标准(试行)》,同年完成了《心理咨询师国家职业资格培训教程》的编写、审定及出版工作。2002年卫生部颁布《心理治疗师职称考核》,随后举行了正式考试,迈出了职业化认证制度的第一步;同年,心理咨询师作为一个新职业被写进《中华人民共和国职业分类大典》。2002年启动了心理咨询师的职业资格考试和心理咨询师职业资格培训鉴定工作,规定获得职业资格证书的心理咨询师可从事相关心理咨询活动。2001—2005年出现的两个重要标志性考试和证书颁发,表明心理咨询与治疗的职业化步入稳定、有序的发展轨道。

四、心理咨询与治疗的专业化、规范化发展(2017年至今)

我国的心理咨询与治疗主要在医疗、教育、社会三种机构场所进行,心理咨询与治疗作为"大健康"的重要部分,在维护和改善国民心理健康、减轻疾病负担、促进家庭和谐、构建良好社会氛围中的作用已得到广泛认可。近10年来,伴随着国民对心理健康需求的大幅增长,我国心理咨询与治疗工作队伍在快速扩大、实现初步职业化的同时,也面临着巨大挑战,如地区间发展不平衡、专业人员能力水平良莠不齐、培训体系不完善、伦理和工作流程的建设及监管不足、基础和临床研究匮乏等。2017年9月,人力资源和社会保障部停止了国家二级和三级心理咨询师证书考试,这表明未来的职业心理咨询师与心理治疗师培养主要依托院校体系,而中国心理咨询与治疗专业将进入专业化、规范化发展阶段。多数学者认为未来心理咨询与治疗专业的发展策略是：结合国情做好顶层设计，打通各环节，资源整合，构建内含心理咨询与治疗学历教育、毕业后继续教育、临床实践与督导等关键要素的规范化培训体系，加强伦理与相关立法建设，将心理咨询与治疗的专业化发展融入我国心理健康服务体系的建设中。

第三节　发展趋势

心理咨询与治疗在世界范围内发展并不平衡，以英国、美国等为代表的西方国家已有了较长的发展历史，建立了相对成熟的体系。而大部分发展中国家则正处于起步初段，更有一些国家尚未开展此类专业工作。心理咨询与治疗的发展需要一定的社会条件，只有当一个国家的经济发展到一定程度，心理咨询与治疗的工作才可能被重视。从整体上而言，未来心理咨询与治疗有以下几个主要发展趋势。

一、心理咨询与治疗理论趋向整合化

越来越多的学者认为，不论是"精神分析""行为科学"还是"人本主义"理论，都无法单独应对当下临床工作中复杂的患者以及复杂多样的心理现象，因此应该整合不同心理学派的理论、技巧，坚守某一种流派而对其他流派不屑一顾是不明智的。一个好的心理咨询师或治疗师应根据患者的具体情况科学决策，在众多心理学理论、技巧上确定取向或取舍。大量研究也证明，各种心理咨询与治疗均有自身的适应证和治疗效果，而且至今也没有令人信服的资料证明哪一种心理咨询与治疗能明显优于其他疗法。

心理咨询与治疗流派整合可以是"战略性"的，也可以纯粹是"战术性"的，甚至可以是权宜性的。但在缺乏对各种理论及其技术特异性因素了解的情况下，盲目整合并不能提高治疗效果。只有在熟知各种心理咨询与治疗的理论、操作技术及其特异成分，了解何种治疗对何种疾病或问题可能更为有效的前提之下，再根据来访者的具体情况，进行有的放矢、合理地选择配伍，才可能做到整合。

二、心理咨询与治疗对象趋向系统化

传统的心理咨询与治疗都是针对患者本人。治疗师和患者"一对一"的治疗形式至今仍然是心理咨询与治疗最经典的方法。但是临床实践的经验告诉我们，虽然每个接受治疗的人看起来都是一个独立存在的个体，但患者必定属于某个系统，即必定来自某个特定的家庭、团体、社会阶层等。患者的心理、行为，包括疾病一定会受到周围环境和人际关系的深刻影响，同时患者也影响着他周围的环境和人际关系。如果对这种情况不甚了解或视而不见，撇开患者与其周围的互动关系而孤立地去治疗患者，常会事倍功半。心理咨询与治疗的对象有时候必须扩展并延伸到周围相关的人。因此，除最经典的"一对一"的心理咨询与治疗外，一些心理治疗方法如婚姻治疗、家庭治疗、团体治疗，基于系统理论的观念而相继诞生，统称为"系统治疗与咨询"或"系统式干预"。

三、心理咨询与治疗平台和辅助技术趋向多样化

随着互联网的快速发展,网络电子信息已经迅速走进了现代人的生活。网络的发展,给人们创造了一个新的生活方式、一种新的人际沟通桥梁,自然也为心理咨询与治疗创造了一个新的平台与空间。通过互联网开展的远程心理咨询与治疗也必然成为一种新的需求和服务领域。

与此同时,随着人工智能、元宇宙、大语言模型等高新技术发展,数字化心理干预技术也应运而生。至今为止,美国食品和药品监督管理局已经批准数个数字治疗方法,包括对于孤独症、多动症、成瘾、产后抑郁症等疾病的评估和干预。我国近年来也在此领域加大努力。数字化心理治疗是将循证,通常为结构化的心理咨询与治疗的技术构建成知识图谱,通过多模态的人机互动,如语音、文本、面部表情等,获得咨询和治疗效果。数字化心理咨询与治疗虽然在未来较长的时间内不能完全取代人工心理咨询与治疗,但它具备一些独特优势,如标准化、自助便利、经济、科学性强等,从而能拓展普及和丰富心理咨询与治疗的服务形式。

四、心理咨询与治疗疗程趋向短程化

由于生活节奏的加快以及时间、经济等诸多原因,过去的几十年中,短程治疗已经成为心理咨询与治疗领域的发展趋势之一。所发展的技术与理论涉及当下所有的主流心理治疗学派,实践中可归纳为关系模式、学习模式和情境模式,咨询或治疗时程则从单次心理咨询到最常见的20次左右。

据统计,目前在美国,患者临床接受的实际心理治疗的总次数已经下降到通常认定的短程治疗范围。我国的现状和趋势也大抵相同。当下的共识是,心理咨询师与治疗师不仅要配备良好的心理治疗工具箱,而且需要具备临床决策和整合能力,他们时常面对的问题是"对于何种患者、在何种情况下,应给予何种心理治疗,以使患者在其所处生活环境中获益最大"。无疑,短程心理治疗是一种重要和必备的治疗工具。

五、对心理咨询与治疗从业人员的胜任力要求越来越高

随着心理咨询与治疗的发展,该专业对心理咨询师与治疗师的素养和胜任力要求也越来越高。从业者必须紧跟时代步伐,保持与时俱进地成长和发展。

(一)心理咨询与治疗的专业细分趋势

随着越来越多对于人类心理行为理解的积累,心理咨询与治疗已显现出细分趋势,如神经心理学、老年心理学、健康心理学、短程治疗、婴幼儿心理学及法医心理学等专业方向。事实上,美国专业心理学委员会在近几年已经将专业类目由4个增加至9个,表明心理咨询与治疗专业将进一步细化。

(二)重视循证实践

过去,心理咨询师与治疗师往往按照他们认为恰当的方式为患者提供治疗,治疗时间可长可短,可以是认知治疗也可以是行为治疗,可以是基于循证研究支持的治疗,也可以基于个人经验的偏好,并且很长一段时间以来,临床工作者很少利用研究所得到的结果指导实际工作。

实证支持的治疗方法在近年来受到广泛重视,美国心理学会及其他专业机构均倡导心理咨

询与治疗的循证实践。良好的循证实践是指利用高质量的研究结果指导临床治疗,但对于不能完全适用结构化治疗方案的复杂患者,治疗师有运用个人经验的空间,即把最好的研究证据、从业者的临床经验,以及对患者的选择和评估这三个方面结合起来,作为对某个患者制定治疗方案的依据。每个患者有独特的社会背景、家庭情况、文化背景等。因此,循证实践中需要将研究结果与现实的复杂因素相结合。

(三)心理咨询师与心理治疗师需要跨文化、跨专业成长

作为一名心理咨询师或治疗师,需要重视和尊重人们在文化方面的多样性,必须找到一个中间立场,教育自身并尊重来访者的文化差异。同时从业者需要更加理智地对待心理咨询与治疗中的诸多问题,更为谨慎地评估患者并选择治疗方案,包括思考心理咨询与治疗所伴随的卫生经济学等问题。

本 章 小 结

自精神分析被正式创立,心理咨询与治疗的发展已经有一百多年的历史,目前已是理论丰富,流派林立。究其根本,心理咨询与治疗的出现和发展是回应特定社会经济文化环境下人们的精神心理需求,每种理论模型既有自身的发展进化过程,更有面向未来的挑战和创新。心理咨询与治疗在我国还是一个相对年轻的专业,但发展迅猛。职业化、专业化、高质量发展是中国心理咨询与治疗的未来方向,在重视现有心理咨询与治疗理论与我国本土文化结合的同时,互联网、人工智能对心理咨询与治疗服务方式的影响也需要被关注和讨论。

> 💬 思考题
>
> 1. 心理治疗在美国和欧洲经历了怎样的发展历程?
> 2. 我国心理治疗的发展经历了哪些阶段?
> 3. 心理治疗主要的发展趋势是什么?

(仇剑崟)

推荐阅读

[1] 麦克里奥德,约翰. 心理咨询导论. 3 版. 潘洁,译. 上海:上海社会科学院出版社,2006.

[2] 钱铭怡. 心理咨询和心理治疗研究:国外发展及国内研究现状. 中国心理卫生杂志,2011,25(12):881-883.

[3] 钱铭怡,陈瑞云,张黎黎,等. 我国未来对心理咨询/治疗师需求的预测研究. 中国心理卫生杂志,2010,24(12):942-947.

[4] 赵旭东,张亚林. 心理治疗. 上海:华东师范大学出版社,2020.

[5] LI Y, ZHANG Y, WANG C, et al. Supported mindfulness-based self-help intervention as an adjunctive treatment for rapid symptom change in emotional disorders:a practice-oriented multicenter randomized controlled trial. Psychother Psychosom, 2025, 94(2):119-129.

[6] MITCHELL S A, BLACK M J. Freud and beyond:a history of modern psychoanalytic thought. New York:Basic Books, 1996.

[7] NORCROSS J C, PFUND R A, COOK D M. The predicted future of psychotherapy:a Decennial e-Delphi Poll.

Prof Psychol Res Pr,2022,53（2）:109-115.

［8］QIU J,SHEN B,ZHAO M,et al. A nationwide survey of psychological distress among Chinese people in the COVID-19 epidemic:implications and policy recommendations. Gen Psychiatr,2020,33（2）:e100213.

［9］STRAUS S E,GLASZIOU P,RICHARDSON W S,et al. Evidence-based medicine:how to practice and teach EBM. Philadelphia:Elsevier,2018.

［10］ZAVLIS O,FONAGY P,LUYTEN P. The most important aims of psychotherapy:to love,to work,and to find meaning. Lancet Psychiatry,2025,12（3）:173-174.

第二章

心理咨询与治疗的神经生物学基础

学习目的

了解　心理咨询与治疗研究中常用的神经影像学技术;心理治疗与大脑活动之间的关系;情绪的觉察及其调节的可能机制。

第一节　概述

一、发展简史与现状

自心理咨询与治疗方法诞生以来,心理学家一直试图回答这样的问题:该方法是否会对大脑功能或结构产生影响? 本章将以心理治疗为主,进行相关介绍。

弗洛伊德早在 19 世纪末就提出了异常心理过程具有特别的神经活动基础。由于当时研究技术的局限,弗洛伊德在投入大量精力后最终放弃了这一研究方向。

20 世纪 40 年代,“心身医学” 开始发展,人们重新重视躯体疾病的心理学和社会学因素。神经科学对大脑发育、记忆、精神病理学等方面研究进展有一定的推动作用。同时,心理学家开发了更为严谨的方法体系来定义、研究和理解心理治疗过程。直到 20 世纪 90 年代,功能神经影像学技术的应用使得个体的认知和情绪过程与大脑活动机制得以被深入研究,心理治疗与神经科学的交叉研究成果日渐增多。本章将介绍神经科学与心理治疗交叉研究的部分结果,并重点讨论神经影像学技术起到的关键作用。首先,将简要介绍此类研究如何进行设计和实施。然后,讨论心理治疗的神经生物学基础,包括心理治疗的基本技术与大脑活动之间的关系。最后,综述心理治疗相关脑影像变化的研究进展。

二、常用的神经影像学技术

功能性神经影像(functional neuroimaging)技术能够对活动中的大脑形态进行测量,帮助我们直观地了解大脑活动特点和可能机制。目前,常用的功能性神经影像学技术包括正电子发射断层扫描(positron emission tomography,PET)、单光子发射计算机断层扫描(single photon emission computed tomography,SPECT)、功能性磁共振成像(functional magnetic resonance imaging,fMRI)、功能性近红外光谱技术(functional near-infrared spectroscopy, fNIRS)、脑磁图(magnetoencephalography, MEG)等。

1. PET 和 SPECT　原理是注射具有放射性的示踪剂至血液中,并通过仪器采集示踪剂进入大脑血液供应系统后发出的信号,根据信号强弱生成图像。大脑某些区域的活动越活跃,流向这些区域的血液就越多,反之则会越少。因此,放射性示踪剂信号的强弱变化能够反映神经活动水平。基于这种特性,研究者将 PET 和 SPECT 作为间接测量神经元功能的方法。PET 的空间分辨率高于 SPECT,但价格相对昂贵。此外,PET 和 SPECT 对受试者的辐射限制了这两项技术的使用。

2. fMRI　通过测量脱氧(deoxygenated)与氧合(oxygenated)血红蛋白浓度等引起的磁场信号变化,检测神经元相关的血流变化来映射大脑功能活动。由于 fMRI 通过强磁场进行扫描,不产生辐射,因此多次接受 fMRI 是安全的。fMRI 具有更高的空间和时间分辨率,在实际研究中使用更为普遍。但是,fMRI 要求受试者必须仰卧并保持头部静止,限制了 fMRI 研究中能够采用的任务类型。

3. fNIRS　原理是发射特定波长(700～1 000nm)的近红外光穿过颅骨,被大脑皮质血管中的血红蛋白吸收,进一步根据血红蛋白氧合状态和所照射光波波长的差异,通过光纤探头发射和回收多种波长,计算氧合血红蛋白和脱氧血红蛋白的浓度及其总和,从而实现对大脑皮质神经活动的间接测量。其优点是无创、便携和时间分辨率高;缺点是空间分辨率低、无法检测深部脑组织结构情况。

4. MEG　可以无创伤性地对脑内神经电活动发出的极其微弱生物磁场信号进行直接测量,是一种对脑功能区进行定位及评价其状态的新技术。MEG 检测过程只需要经过一次测量就可高速采集整个大脑的瞬态数据,得到全脑磁场信号,通过计算机综合影像信息处理,可将获得的信号转换成脑磁曲线图等,并通过相应数学模型的拟合得到信号源定位。

功能性神经影像技术能够详细测量脑功能的变化,但这类技术也具有成本高、耗时长、使用条件有限、数据后期处理复杂的特点。因此,研究中通常会使用其他心理生理学技术对功能性神经影像技术进行补充。脑电图(electroencephalogram, EEG)是一种非侵入性监测大脑活动的神经生理学方法,通过放置在头皮上的多个电极,实时记录大脑在一段时间内进行的电活动。此外,皮肤电导、心率、血压等外周生理学指标也能间接反映脑活动。这些心理生理学技术都具有安全无创、成本低、使用便捷的特点,甚至能够在心理治疗期间进行连续测量,是神经影像学技术的重要补充。

三、常用的研究设计

神经影像学技术能够探测大脑结构与功能变化,是心理治疗神经科学研究的重要工具。但需要注意的是,这些技术对大脑活动测量反映的是受试者几个相互重叠的大脑神经活动过程。因此,研究者必须注意以下几点,以尽可能消除干扰。

1. 治疗前,受试者的基线状态　确认受试者是属于健康被试还是精神障碍患者,以及是否处于疾病发作期。设置恰当的对照组亦很重要。

2. 受试者接受神经影像学扫描的时间　大多数心理治疗的研究会对患者进行两次扫描:第一次是在心理治疗开始前(基线);第二次是在治疗结束后。研究者可通过对比治疗前后扫描结果得出疗效与大脑成像指标结果的关联。鉴于心理治疗通常疗程较长,心理状态变化影响因素复杂,在分析结果时,很难确定观察到的大脑变化是否直接与心理治疗有关。因此,研究者需要考虑在治疗期间甚至单次治疗过程中进行多次扫描,观察心理治疗效果、大脑成像变量间关联的动态变化,从而推导因果联系。

3. 受试者在接受扫描时的状态　确认受试者是处于静息态(安静休息)还是任务态(扫描时执行一项认知、情绪相关等任务)。通过任务刺激,研究者可以激活受试者特定功能相关的脑区,或诱发与精神障碍相关的症状,并将其与观察到的神经变量变化相关联。

第二节　心理咨询与治疗的神经影像学研究

心理咨询与治疗是复杂的干预技术,涉及多种具体的治疗性成分(therapeutic elements)。一项对心理治疗成分的荟萃分析(meta-analysis)提出心理治疗成分包括认知重建、放松技巧、情绪表达训练、社会支持、情感探索和行为激活等;而一些一般成分亦有一定的疗效,如治疗联盟、治疗设置、治疗师资质等。这些治疗因素涉及对认知、情感的干预过程,如记忆、情绪觉察、心智化、共情等。因此,为了回答"心理治疗为何能改变大脑"的问题,首先需要追根溯源,回顾心理治疗因素与大脑相关的证据,在心理治疗理论与认知神经科学理论之间建立联系,从而为心理治疗的神经生物学效应提供理论依据。

一、学习与记忆:早年经历影响大脑

心理治疗本质上可被认为是基于个体的一种学习过程,记忆是其中的一个重要核心环节:个体运用新学到的关于自己和他人的信息,改变原有适应不良的认知或行为模式。从神经生物学角度讲,学习就意味着形成新的神经突触,形成新的联结,产生新的记忆。记忆(尤其是情绪相关记忆)本身也是心理治疗的重要工作/研究对象:早年经历及相关记忆会深刻地影响个体的心理结构模式,对记忆进行解读和重构是治疗师的主要工作之一。了解记忆背后的神经生物学原理,有助于理解心理治疗对这部分神经基础和功能的影响。

二、外显记忆与内隐记忆

长期记忆通常被分为两类:外显记忆与内隐记忆。

1. 外显记忆　又称陈述性记忆,该过程需要有意识地编码和提取信息。陈述性记忆又被分为情景记忆和语义记忆。

2. 内隐记忆　又称非陈述性记忆,不依赖有意识的回忆,依赖基于行为的内隐学习。内隐记忆分为程序记忆、联想记忆和非联想学习。

(1)程序记忆:涉及学习各种运动和认知技能,如学习驾驶、阅读等。

(2)联想记忆:基于经典条件反射过程,在条件刺激(对机体的刺激)与非条件刺激(引起机体反应的刺激)之间建立联系,如一个人在亲人过世时听到了某一首歌,之后每次听到这首歌都可能感到一阵悲伤。

(3)非联想学习:包含习惯化、敏感化等简单的学习过程。

以往研究发现负责外显记忆和内隐记忆的脑区并不完全重叠。外显记忆的形成主要依赖

内侧颞叶结构,尤其是在海马(hippocampus)。当涉及情绪性记忆(emotional memory)时,杏仁核(amygdala)和边缘系统等也参与其中。而内隐记忆中的联想记忆可能主要由边缘系统或运动系统负责(取决于记忆的性质)。程序记忆的形成则涉及基底节、尾状核和壳核(主要负责认知性任务),以及小脑和脑干(主要负责运动性任务)。

从系统发育的角度看,在婴儿出生时,大脑中较为原始的结构基本发育完善(包括脑干、杏仁核、丘脑和额叶皮质中部等),这些脑区负责与生存相关的原始功能,如感官、情绪、运动等,也组成了内隐记忆的主要神经网络。而海马和高级皮质结构等与外显记忆相关的脑区是在出生后逐渐成熟的,有意识的、情境化的学习和记忆功能也随之变得稳定。

"外显记忆"及"内隐记忆"与心理治疗理论中的"意识"和"潜意识"概念相关。心理治疗的目标之一就是试图将潜意识的心理活动转化为有意识。通过某种心理训练重塑大脑,加强潜意识层面的记忆神经网络之间联系。此外,依恋、移情、防御等心理学现象可被归因为不同的早期记忆模式。来访者在生命早期习得的功能往往根深蒂固、难以用言语表述。相比之下,后期发展的功能或更高水平的冲突则更有可能通过心理治疗改变。

三、静态记忆与动态记忆

早期基于静态记忆视角,认为记忆是储存在大脑中的较恒定成分,在需要时被检索调用。而动态记忆观点认为,记忆是复杂的、动态的过程,大脑作为一个有机的整体参与其中。患者在生活中适应不良的关系模式记忆会被激活,这些互动模式很大一部分源自童年早期与重要他人的生活经历。而在心理治疗的环境中,得益于矫正情感体验练习以及患者与治疗师的支持性关系,患者会获得人际互动方面的新经验。这些新的素材经过记忆系统的重新分类或重新转录,会逐渐形成新的认知价值体系,从而改善患者的人际交往能力。

四、情绪及其调节

情绪与身心健康息息相关,改善患者情绪是心理治疗中重要的工作目标之一。功能性神经影像学研究揭示,边缘系统(尤其是杏仁核)、前扣带回、眶额皮质和内侧前额叶皮质等脑区在情感处理中起着非常重要的作用。

(一)情绪的产生

多个部位皮质和皮质下大脑核团结构可能在情绪的产生中发挥关键作用。

1. 杏仁核(amygdala) 主要负责处理与情感目标相关的刺激,对与恐惧相关的刺激尤为敏感。

2. 腹侧纹状体(ventral striatum) 主要负责学习与奖励或强化相关的线索(从笑脸等社交信号到抽象物体的动作等)。

3. 大脑岛叶(insula) 被认为与消极情感体验有关,主要处理躯体感觉相关信号,例如,厌恶情绪就具有强烈的躯体感觉成分。

来自杏仁核和腹侧纹状体的处理信号、脑干躯体感觉信号、前额叶的控制信号、内侧颞叶的记忆相关信息等输入腹内侧前额叶皮质区域,最终完成情绪评估过程。腹内侧前额叶损伤会导致不适应情境的情感反应。

情绪是一种内隐的、模式化的功能，涉及较为原始的脑区。个体与情绪相关的早期经历可能会对个体行为模式产生持续的影响。在特殊情况下（如应激状态下），个体甚至会发生退行。但是，前额叶皮质、前扣带回等认知控制脑区的参与，使得情绪活动仍然可通过有意识的方式进行调节。通过使用情绪调节策略，个体可以完全或部分改变情绪反应的性质、幅度和持续时间，包括启动新的情绪反应。

（二）情绪的觉察与调节

调节情绪的前提是能够正确觉察自己的情绪。情绪觉察是一种个体识别和描述自己和他人情绪的认知技能，随着一般认知能力的发展而逐渐完善。

随着个体对外部世界认识加深和需求增加，对自己和他人复杂情感的觉察能力逐渐发展成熟，与之对应的神经解剖学相关区域分别是边缘系统、前额叶皮质。情绪觉察能力需要在更高的认知水平发挥作用，提升情绪觉察能力有助于调节情绪，对个体的心理健康有益。心理治疗起效的核心过程就是将患者情绪处理和情绪觉察从无意识转变为有意识、从内隐转移到外显。例如，认知行为治疗通常会通过情绪记录、正念练习和自传体叙述等方法提高患者的情绪觉察能力。而精神分析取向的心理治疗会通过移情和反移情诠释、心智化等技术对情绪命名，提升觉察能力。

一方面，通过对情绪性记忆的描述、评估和重构，患者将语义加工网络与情感网络相结合，对情绪体验进一步符号化，前额叶皮质等认知控制相关脑区与情绪相关脑区的联系得以加强；另一方面，治疗师通过利用移情反应，使患者内隐社会记忆网络被激活。在长时间的巩固治疗下，治疗师和患者有可能重构记忆的性质，修改旧的内隐情绪模式并创造崭新的、更具适应性的模式。

五、社会认知与社会联系

人际关系与社会交往过程在心理治疗理论中扮演着重要的角色。人们对这一复杂的认知过程也开始越发关注，并催生了"社会认知神经科学"这一亚学科。

自我与心智化是社会认知神经科学领域的一个重要概念。心智理论（theory of mind，TOM）是心理治疗研究的重要主题之一。心智化的概念始于发展心理学，指个体对他人包括情绪、思想、态度和信念在内的心理状态的理解能力。因此也被称为"读心"（mind reading）。心智化是社会交往互动的核心，人际交流的基本能力保证。心智化功能受损是孤独症、精神分裂症等精神障碍的核心病理因素之一，而有研究证据表明心理治疗能够部分改善这类症状。

所有心理治疗都涉及心智化的成分。通过心理治疗，部分孤独症或阿斯伯格综合征患者的心智化能力可得到提高。而在精神分析取向的治疗中，一种应用特定技术提升心智化能力的治疗模型，被称为基于心智化的治疗（mentalization-based treatment，MBT）。

心智化任务的活动主要涉及内侧前额叶皮质区域，如腹内侧前额叶皮质、前扣带回、背内侧前额叶皮质、内侧楔前叶等。这些区域与自我表征相关的区域非常接近，心智化能力可能与自我相关。有研究表明，自体（self）与客体（object）表征在不同的大脑区域中进行处理：当受试者受到与自我有关的刺激时，大脑皮质中线结构（cortical midline structures）会被激活。个体通过隐蔽地模仿，使他人的心理状态似乎与自己的心理状态产生共鸣，从而实现"读心"。因此，心智化功能需要"自我"进行参照。

六、共情与治疗关系

共情(empathy),也称同(理)感,指体验他人内心世界的能力。共情是社交过程的基础。共情使个体能理解他人的动作、情绪、感受和目的。共情在心理治疗过程中同样发挥着关键的作用。心理治疗师通过共情,能设身处地地了解患者的思维与情感,并将共情传达给对方,使患者感到被理解、被接纳,从而促进患者进一步自我探索和自我表达。因此,共情对创建积极的治疗关系、获得良好治疗效果至关重要。

镜像神经元可能是共情的神经基础。研究人员在动物实验中首次发现了"镜像神经元":当猴子看别人做特定动作(如伸手拿香蕉)时,特定脑区中的部分细胞就会发生和自己做这一动作时相同的神经反应。人脑中也广泛分布着"镜像神经元"系统。除了运动相关皮质外,岛叶、前扣带回皮质、布罗卡区等区域也有丰富的"镜像神经元",这些脑区支配知觉、语言、模仿等社交相关功能,并与主管情绪的边缘系统(特别是杏仁核)存在通路连接,从而能够将他人的动作与面部表情转化为对他人情绪、感受和意图的体验。这很可能是人类共情能力的潜在神经基础。

心理治疗师对患者的共情与疗效密切相关。有研究显示,在看到他人痛苦体验时,受试者特定的大脑区域(特别是岛叶和前扣带回皮质)会被激活,并且这些大脑区域的激活程度与受试者的共情行为能力密切相关。近年来使用功能性近红外光谱技术来探索治疗师和患者之间大脑同步性的神经活动研究,发现同步性神经活动水平高提示疗效更佳。类似指标的进一步研究发展,可以帮助治疗师对治疗过程进行监测和改进,甚至预测可能的心理治疗效果。

抑制控制属于大脑的一种执行功能,后叶加压素和催产素两种神经肽均可降低大脑对情绪性质的抑制控制作用,后叶加压素则同时对社会注意加工有一定的促进作用。催产素受体不同的基因多态性与经历童年创伤个体的焦虑和抑郁情绪调控水平存在关联。催产素等神经肽相关的共情研究,近10年来有较多报道,提示神经肽参与了共情的神经生理过程。

七、潜意识、梦与自由联想

潜意识一直是心理治疗师感兴趣的话题。通过探索患者的潜意识,治疗师可以了解患者的动力、冲突和早期童年记忆,从而推进治疗进程。精神分析理论将释梦与自由联想作为绕过意识约束的重要手段。近年来神经科学研究也证实,梦与自由联想同属自发思维。处于自发思维状态时,个体认知控制水平下降,想法、念头和记忆片段相对自由地涌现。因此,阐明梦和自由联想的神经生物学基础,有助于理解心理治疗,尤其是精神动力学治疗的神经机制。

精神分析理论认为,梦能够揭示患者的思维特点、日间残留、潜意识想法和重要记忆。研究显示,大多数梦发生在快速眼动(rapid eye movement)睡眠期间,此时脑桥被盖、杏仁核及边缘系统旁回路、额叶深部、丘脑中线等脑区活跃;同时负责抑制边缘系统和皮质下区域的背外侧前额叶皮质活动减弱。边缘系统和皮质下核团区域在获取情绪影响的记忆过程中有重要作用,很可能参与梦中出现强烈的感知、情感体验以及记忆片段的神经活动。

与"梦"相似,自由联想(free association)也是研究的热点之一。当大脑处于休息或"走神"(mind-wandering)状态时,仍有一组脑区高度活跃,持续处理记忆和推理工作的内容,这组脑区被称为默认模式网络(default mode network,DN)。研究默认网络有助于理解与心理治疗相关的潜意识机制。当受试者无特定的外部任务时,默认网络中的相应核团激活,表现为受试者的思维更多从外部刺激转向内部导向(internally oriented);同时海马-皮质通路被激活,受试者产生更多的自发回忆与未来思维倾向,并产生创造性的想法。心理治疗中,这种自发思维可使潜意识短暂地浮向意识层面,通过治疗师的解释,推动患者的内省与自我探索。

第三节　心理咨询与治疗的神经可塑性研究

明确心理治疗的神经生物学效应,探究其神经机制及神经可塑性变化有助于优化治疗策略,并为心理治疗提供客观指标支持。神经可塑性是指在内在或外在因素的影响下,神经系统在功能或结构上改变为一个新的状态。近年来,神经科学的快速发展提供了越来越多的证据。

心理治疗后大脑网络与神经回路改变多涉及默认模式网络、情感网络、认知控制网络等。对抑郁症和焦虑障碍的心理治疗神经影像学研究进行的荟萃分析发现,与基线相比,心理治疗引起左侧前扣带回、额下回(双侧)与左侧岛叶峰值坐标簇的激活减少,不同流派心理治疗可能导致相似的大脑激活改变。

一、不同心理治疗流派的神经可塑性变化

精神分析中,移情是主要的治疗技术之一。因此,与情绪、内隐记忆和依恋模式形成相关的脑区最可能发生改变,包括:皮质结构(如眶内侧前额叶皮质、扣带回皮质、体感皮质和岛叶);皮质下结构(如杏仁核、海马、下丘脑、丘脑、边缘系统和脑干等);功能活动与快速个体生存反应相关的网络(如杏仁核与下丘脑、边缘运动回路和脑干核之间的连接)。心理治疗可能会使默认模式网络和参与自我参照加工的内隐情绪调节区域产生直接变化。

认知行为治疗中,患者通过学习和应用情绪调节、认知重建法等心理干预技术改善其情绪症状,可能主要出现自上而下的情绪调控能力增强,认知相关神经回路(neural circuit)效率提高。在有关认知行为治疗的神经生物学研究中,最常发生改变的脑区包含前扣带回皮质、后扣带回皮质、腹内侧前额叶皮质/眶额叶皮质等。

二、常见精神障碍心理治疗的神经可塑性变化

(一)焦虑障碍

认知行为治疗对焦虑障碍的神经影像学研究发现,情绪处理与调节回路(前额叶皮质和边缘系统)在心理治疗前后的变化最为敏感。接受认知行为治疗后的创伤后应激障碍(posttraumatic stress disorder,PTSD)患者执行抑制控制任务时,左侧背纹状体与额叶网络变得更加活跃。恐惧神经网络的相关异常可能是常见的心理治疗靶点,例如,惊恐障碍患者接受认知行为治疗后,显示出前额叶皮质与恐惧网络脑区(如杏仁核、海马体)之间的功能连接增加。

比特尔(Beutel)等对惊恐障碍患者采用精神动力学治疗,并用 fMRI 联合内隐联想测验进行了"GO/NO-GO"的范式研究。在治疗前,惊恐障碍患者(9 例)负性词汇引起的海马与杏仁核激活程度高于健康受试者(18 例),而前额叶激活程度低于健康受试者。研究者推测在个体感知

"危险/威胁"的情境下,边缘系统功能亢进及额叶皮质功能低下导致的额叶-边缘系统回路的功能失调,可能是造成情绪和行为调节失常的神经基础。治疗后,惊恐障碍患者症状改善,前额-边缘系统激活模式恢复正常。

(二)强迫症

强迫症以反复出现的强迫思维和强迫行为为临床特征,前额叶-纹状体-丘脑-皮质环路异常是强迫症发病的核心神经机制之一。经过认知行为治疗,可发现多个大脑异常区域出现了神经功能的正常化,如右侧尾状核、眶额回、前扣带回皮质和丘脑等。N-乙酰化合物、谷氨酸复合物等神经化学物质浓度能够预测强迫症患者对认知行为治疗的反应。此外,还有研究显示接受治疗后强迫症患者的顶叶灰质、眶额回脑区灰质体积增加,心理治疗可能通过影像脑结构发挥疗效。但需要更大样本研究进行验证。

(三)抑郁症

抑郁症的神经病理机制涉及默认模式网络、情感回路、奖赏回路、注意回路和认知控制回路等多个回路/网络功能障碍。心理治疗后情绪加工任务中前扣带回皮质喙部激活增加,提示其情绪加工环路有改善。认知行为治疗可降低抑郁症患者背侧前扣带回静息态激活水平,可能与认知重建等心理技术提高个体自上而下的情绪调节能力有关。此外,还涉及眶额叶皮质、杏仁核、海马等脑区及默认模式网络等大脑网络连接改变。

有研究报道了短程精神动力学治疗对抑郁症患者中枢神经传导的影响。卡尔森(Karlsson)等比较了氟西汀(15 例)与心理治疗(8 例)对 5-羟色胺 1A(5-HT$_{1A}$)受体密度的影响。治疗后,两组患者抑郁症状均明显改善,心理治疗组患者背外侧前额叶皮质、腹外侧前额叶皮质、腹侧前扣带回、颞下回、岛叶皮质及角回的 5-HT$_{1A}$ 结合力升高。

多项研究显示,对于经过认知行为治疗的抑郁症患者,神经生物学相关血液指标可随症状好转而正常化。治疗后儿茶酚胺分泌水平增高,血浆总四碘甲状腺原氨酸(T$_4$)和游离 T$_4$ 水平亦有变化,与药物治疗效果相似。心理干预可通过调控应激源的感知或情绪反应来增强机体的免疫功能。

三、展望:结合新兴神经影像学技术的心理治疗

神经影像技术和人工智能新技术的适当应用有助于提升心理治疗效果。实时功能磁共振成像影像学神经反馈(the neuro feedback of real-time functional MRI)是一种新兴的心理治疗技术,用于实时训练大脑激活或演示大脑活动的意志控制效果。它可有效地比较特定策略对自身症状和心理生物学的影响,帮助患者练习提升某种能力或技能的最佳策略方法,有助于患者逐渐学会对自己最有效的应对方式。

虚拟现实(virtual reality,VR)技术利用近眼显示、渲染处理、感知交互、网络传输、内容制作等技术生成逼真的视听虚拟场景,用户可借助必要的终端设备以较为自然的方式与人为设置的虚拟场景进行交互,从而获得身临其境的沉浸式体验。VR 的"身临其境"存在感能够激活感觉运动整合的大脑相关区域,以及调节注意力集中的大脑网络。借助 VR 的暴露疗法及认知治疗具有更高的安全性和参与性,一些与症状相关的场景可以人为设置,并可通过不同等级的应激再现,使个体循序渐进地接受治疗。对于恐高症、特定的恐惧症、社交焦虑症等已有不少成功报道。

个别研究提示能够改善患者的负性注意偏向,但需要更多的实证研究。

基于心理治疗技术下的远程干预模式,是利用软件程序拟合出一个符合患者幻听声音和形象的可视化虚拟"化身",例如,在阿凡达疗法中,治疗师在另外一个房间实时掌控"化身"与患者对话交流,根据患者反应,适时切换成治疗师身份,鼓励患者与"化身"对话。借助实时动态的三人对话模式(患者、治疗师、"化身"),达到改变患者认知模式及负性核心图式等的效果,支持患者在幻听声音的人际关系(患者与幻听内容)中获得主动权和控制权,从而减轻幻听症状。在临床研究开发的基础上,结合神经生物学相关研究技术,可以更加全面地对心理治疗中的神经机制进行深入了解。

综上所述,有关心理治疗的神经影像学研究属于认知神经科学的重要内容。随着大样本多模态数据积累、数字化平台建设、移动终端多样化和家庭化,以及人工智能技术、虚拟现实技术和实时神经影像反馈技术等的迅速发展和应用,心理治疗的神经基础研究将获得快速发展。

本 章 小 结

本章介绍了神经科学与心理治疗交叉研究的部分相关成果,并重点讨论了神经影像学技术发挥的关键作用。首先,简要介绍了此类研究如何进行设计和实施;其次,介绍了心理治疗的神经生物学基础;最后,介绍了心理治疗相关脑影像变化的研究,这仍将是今后的热点研究领域。

 思考题

1. 心理治疗研究中常用的神经影像学技术有哪些?
2. 情绪的觉察及其调节的可能机制是什么?
3. 神经可塑性的定义以及心理治疗效应涉及的大脑区域主要有哪些?

(李春波)

推荐阅读

[1] 伯纳德·J.巴斯,尼科尔·M.盖奇. 认知、大脑和意识:认知神经科学引论. 王兆新,库逸轩,李春霞,译. 上海:上海人民出版社,2015.

[2] 顾凡及. 脑科学的故事. 上海:上海科学技术出版社,2012.

[3] 迈克尔·S.加扎尼加,理查德·B.伊夫里,乔治·R.曼根. 认知神经科学:关于心智的生物学. 5版.周晓林,高定国,译. 北京:中国轻工业出版社,2023.

[4] 杨璧西,李春波. 移动应用程序在抑郁症心理治疗中的研究进展. 中华精神科杂志,2020,53(4):360-363.

[5] DERUBEIS R J,SIEGLE G J,HOLLON S D. Cognitive therapy versus medication for depression:treatment outcomes and neural mechanisms. Nat Rev Neurosci,2008,9(10):788-796.

[6] MARWOOD L,WISE T,PERKINS A M,et al. Meta-analyses of the neural mechanisms and predictors of response to psychotherapy in depression and anxiety. Neurosci Biobehav Rev,2018,95:61-72.

[7] OCHSNER K N,SILVERS J A,BUHLE J T. Functional imaging studies of emotion regulation:a synthetic review and evolving model of the cognitive control of emotion. Ann N Y Acad Sci,2012,1251(1):E1-E24.

[8] ROFFMAN J L,WITTE J M,TANNER A S,et al. Neural predictors of successful brief psychodynamic

psychotherapy for persistent depression. Psychother Psychosom,2014,83(6):364-370.

[9] ROFFMAN J L,MARCI C D,GLICK D M,et al. Neuroimaging and the functional neuroanatomy of psychotherapy. Psychol Med,2005,35(10):1385-1398.

[10] RIESS H. Biomarkers in the psychotherapeutic relationship:the role of physiology,neurobiology,and biological correlates of E.M.P.A.T.H.Y. Harv Rev Psychiatry,2011,19(3):162-174.

[11] SICLARI F,BAIRD B,PEROGAMVROS L,et al. The neural correlates of dreaming. Nat Neurosci,2017,20(6):872-878.

第三章

心理咨询与治疗的研究发展

学习目的

掌握 基本研究设计及注意点。

熟悉 心理咨询与治疗的发展历史和研究进展,并明晰研究趋势。

了解 心理咨询与治疗的主要研究方法。

第一节 心理咨询与治疗的研究方法

心理咨询和心理治疗的发展一直伴随着研究者的质疑,但这也促进了对该领域进行科学、规范的研究。这一研究领域可以用保罗·戈登(Paul Gordon)的问题来概括描述"谁做的,什么治疗,在哪种情境设置下,针对有哪些特定问题的人是最有效的?"这不仅涉及探索心理咨询与治疗是否有效(效果研究),而且还包括研究心理咨询与治疗中如何(发生变化),以及为什么会发生变化(过程研究)。

一、心理咨询与治疗的效果研究

考虑到对心理问题存在许多不同的治疗方法,如药物治疗、同伴支持等,心理咨询与治疗面临的第一个问题便是其是否有效——它会产生改变吗? 但是由于改变可以用许多不同的方式来定义,所以这个问题看似简单,实际上又相当复杂。

心理咨询与治疗的改变可以包括帮助患者提升洞察力、增加希望、减少症状、改善社会功能与健康状况,或者提高成本效益等。同时,改变可以从多个角度进行评估,包括来自患者、治疗师和/或外部观察者的自我报告、行为和/或生理测量。心理治疗的效果研究中应包括理论观点和疗效,以及两方面的结合,以便准确评估是否发生了变化。

(一)研究设计

1. 随机对照试验研究 随机对照试验(randomized controlled trial,RCT)被认为是科学研究的"金标准",在心理治疗的效果研究中也被广泛运用,用以控制潜在的、不易控制的变量对结果的影响。RCT强调内在效度(指对变量之间的因果关系做出明确解释的程度)与实证效度(指符合实际情况的程度)。RCT是确定干预和结果之间是否存在因果关系的最直接的方法。以改善症状为重点的心理治疗方法最适合使用RCT来评估心理治疗的效果。这些方法可以被手册化,即标准化、系统化,并以基本相同的方式应用于某种单一诊断的患者。

2. RCT 设计的特征

（1）将参与者随机分配到干预组和对照组,以减少偏差,并在治疗分配中平衡已知和未知的预后因素。而选择哪种对照条件（空白对照、等待组对照或者安慰剂组对照）则需要依据研究设计仔细斟酌。效度良好的研究通常会要求采用双盲设计,也就是参与者和治疗师在研究期间均不清楚分组情况。需要说明的是,由于心理干预的特殊性,很难做到双盲,因此通常会使用单盲随机对照的设计,也就是治疗师了解采用的是哪种干预方法,而参与者不知道。

（2）除干预方法外,所有干预组的其他条件均相同。

（3）对参与者的数据进行组间和组内的分析。

（4）分析旨在明确干预组和对照组之间的结果差异。因此从统计分析的角度来说,RCT 的有效性也有赖于足够的数量和组间匹配的代表性样本。

3. "金标准"的局限性　RCT 研究是实证研究的有效工具,但并不是解决一切研究问题的唯一方案。由于 RCT 设计的严格控制条件,往往面临着结果是否能从临床试验条件推广至现实,试验中的疗效能否在长期随访中维持,为了良好的统计效力而需耗费大量时间与金钱等问题。因此,根据不同的研究问题与目标,也需要选择个案研究、准实验研究、序列研究等干预效果研究中的重要方法。

（二）效果的测量方式与评估指标

效果研究需要明确评估某项治疗有效的指标是什么,以及如何进行量化评估。通常的评估方法包括患者的自评问卷、治疗师的他评量表、档案（医疗记录和花费、工作和学校记录等）、受过训练的独立观察者（评估员）的评定、患者生活中重要人物的评分问卷等。

效果研究的核心问题是,如何测量患者因参与治疗而产生的变化。有心理治疗随访研究发现,随着时间的延长,治疗组和对照组之间的差异逐渐减小并倾向于不明显。因此排除时间、自然缓解以及其他混杂因子的干扰,可以明确变化幅度的意义,保证效果评估的确切性,以及临床显著性。由于没有任何一项指标能够反映全部的潜在治疗作用,具有说服力的研究会采用多目标、多维度的评估,如全面的心理适应能力、人际技巧、复发率、情绪和认知功能或生活状况等。

二、心理咨询与治疗的过程研究

不同于仅仅询问是否有效,过程研究询问的是治疗中如何发生变化以及为什么发生变化。因此,效果研究导向的是了解应该使用什么干预方法,而过程研究有助于确定如何提高其有效性。"过程"是指发生在治疗会谈中的事件,具体包括治疗师的行为、患者的行为以及二者的交互作用,这些行为可以是外显的（表现为可观察到的行为）,也可以是内隐的（表现为想法、体验等）。

心理治疗过程研究涉及三个广泛的领域:变化的过程、变化的调节因素和变化的中介因素。通过研究变化的过程,研究人员可以更好地确定哪些治疗变量可能产生患者的改善,并为特定的干预措施提供建议。

（一）研究设计

1. 量化研究 经常使用描述性方法、相关性分析、序列分析和模式分析。

（1）描述性方法：指研究者以频率、百分比等数据为基础，简单描述发生了什么。

（2）相关性分析：是在治疗结束后考察过程变量出现的频率、百分比与其他过程变量或者结果的关系。

（3）序列分析：是一种分析交互数据的方法，研究者可以依据交互数据的时空连续性，明确治疗师的何种行为引起了患者何种反应。但序列分析的局限性在于只能用于确定稳定的、即时的效应，不能将过程和长期结果联系起来。

（4）模式分析：可能有助于打破序列分析的局限性，它考查了更长的序列，这些序列不必具有时空上的连续性，要求把治疗过程分成单元或阶段，进行编码，从中发现规律和模式。

2. 质化研究 量化的过程研究大多遵循实证主义的原则，以自然科学的科学观作为标准，努力量化、客观地评价心理活动及其治疗。但心理活动具有独特性、复杂性，用单纯量化的方法尚无法解释个人经验相关的生活事件意义，因此质化研究的方法越来越受到重视。

"质化"是一个对多种研究设计方法的广泛性描述，这些方法用于回答在具体情境中理解特定现象的研究问题，它关注的是人们解释自己的经验以及生活世界的方式。不同于量化研究中"假设-检验"的研究范式，质化研究是通过现场观察、分析资料来建构理论。质性资料的形式通常是文字而不是数字，其研究方法具有多样性，包括现象学、释义学、人类学研究、现场观察、话语分析、半结构或无结构式访谈等多种。

（二）治疗保真度

实施过程的不可控性是干预相关的研究所面临的一大挑战。因此对心理治疗过程进行研究，首先要确保治疗的保真度（fidelity），也就是治疗师按照预期计划、操作流程来执行并完成整个心理治疗的程度。具有较高保真度的心理治疗，其过程和效果研究才具有科学的意义。

瑞奇科娃（Perepletchikova）等的关于心理治疗随机临床对照研究发现，只有少部分研究真正解决了治疗保真度的问题。研究表明，缺乏理论基础和有效的指南，以及时间、金钱、人力的限制，往往成为保持治疗保真度的障碍。同时，对治疗保真度缺乏认识、缺乏必要的评估和报告也阻碍了治疗保真度的实现。因此，进一步规范心理治疗技术、制定可行的临床操作指南有益于保证治疗的保真度和疗效。

三、心理咨询与治疗研究需要注意的问题

（一）伦理问题

没有研究对象，就没有科学研究。物理学的研究对象是物质和能量；植物学的研究对象是植物；而心理咨询与治疗的研究对象则是人。根据《心理学家的伦理原则和行为准则》（*Ethical Principles of Psychologist and Code of Conduct*），在以人为被试的研究中，必须遵守以下几条原则。

1. 免于伤害 这是显而易见的，但需要指出的是，保护被试免于伤害的范围必须拓展到研究之外，也就是干预后。

2. 知情同意 研究者必须事先告知被试研究的目的和程序，以便让被试能够做出是否参加

研究的决定。涉及儿童和青少年的研究,以上伦理原则同样适用,且其家长或监护人须签署知情同意书。

3. 随时退出研究的自由　在以人为被试的研究中,被试应该知道在整个过程中,他们随时有退出研究的自由。似乎当感到不舒服的时候退出是很自然的事情,但事情并没有这么简单。例如,患者会担心退出研究会影响他今后的医疗资源,因此在知情同意时就需要告知研究不会影响之后的任何治疗。

4. 保密　除非得到被试同意,否则所有的数据都应保密。尽管这并不意味着结果不能公布或发表,但是其公开的前提条件是必须隐匿任何与个人身份有关的数据信息。

(二)儿童与青少年发展问题

人是不断发展的,这也是心理咨询与治疗研究中需要考虑的一个因素,尤其在儿童青少年的研究中。从发展的角度关注到儿童和青少年时期的正常和病理性的心理发展,即在治疗过程中促进青少年身体、认知、情绪和社会功能的转变和成熟,这些发展性变化增加了研究设计和方法的复杂性。因此在设计研究以验证对儿童和青少年有效的治疗时,必须仔细考虑所选择的技术,以及用于评估纵向治疗效果的测量方法。诊断、干预和评估必须在一个相互认可的概念框架内联系起来,以探索儿童和青少年时期发展的连续性和变化。

第二节　心理咨询与治疗的研究进展

一、发展历史

弗洛伊德的案例研究可能是心理治疗的过程研究中最早的例子。他试图通过这些案例研究,为他认为产生变化的变量提供证据。而探索心理治疗有效性的最早的科学研究可以追溯到20世纪20年代,这些早期的研究主要包括精神分析流派(主要包括对各种诊所的康复率的监测)和传统行为治疗流派(主要包括对诸如恐惧症等各种疾病的治疗案例研究报告)。不久之后,他们还建立了一些实验室来科学地检查心理治疗的过程。从20世纪40年代开始,罗杰斯的研究项目开始将会谈记录用于研究目的,以及确定效果和过程评估的客观方法,致力于研究心理咨询与治疗的共同因素,而不是特定治疗方法的有效性。

心理治疗研究的发展中,一个重要的"推动力"也许是汉斯·艾森克(Hans Eysenck)在1952年发表的评论。他在对24项早期结果研究的回顾中得出结论,心理治疗在改变患者方面甚至比没有治疗的效果要差。当时有人表示这一说法会给心理治疗敲响丧钟。尽管这篇评论受到了高度的批评,但它确实促进了该领域更严格地对心理治疗是否真的有效进行研究。在接下来的30年,研究者们发表了大量支持心理治疗有效性的研究结果与评论。

1995年,为了向公众传播关于心理治疗的有效性,特别是与药物治疗相比的有效性知识,美国心理学会(American Psychological Association, APA)提出了证明心理治疗有效性的研究标准和一份可以被视为"实证经验支持"的治疗方法清单。自从这份清单公布以来,已经发表了数千项比较研究,对不同心理治疗及药物干预的有效性进行比较。

二、研究方法的发展

在探索心理咨询与治疗是如何起效的过程中,研究方法本身也在不断更新与发展。一些临床科学家正在从对完整治疗方案的研究转向一种更加元素化的方法——对有助于实现治疗目标的特定治疗成分的研究。

在帕蒂·莱伊滕(Patty Leijten)等对评估治疗成分的荟萃分析中,总结了七种研究策略,包括专家意见、研究共享成分、成分与治疗效果之间的关联、成分的保真度与治疗效果之间的关联、微型试验(microtrials)、相加和分解试验,以及因子试验。这一发展为后续探索如何研究有效治疗因素提供了新的视角。

三、人工智能辅助心理咨询与治疗的研究进展

日新月异的科技与社会变革,带来的不只是研究方法本身的发展,也带来了一个新的研究发展领域——人工智能辅助心理咨询与治疗的研究。

人工智能的出现可能会给心理治疗的研究和实践带来新的机会,包括预测建模的能力、检测模型的能力,以及机器学习的能力,这可以提高干预研究复杂数据的分析有效性,以及对临床人群的识别能力,让未来发展个性化精准治疗更有可行性。同时,人工智能能够将治疗师的治疗范围扩展到治疗的会谈之外。这会影响现有的治疗方法,并为全新的研究和干预应用创造可能性。

第三节　心理咨询与治疗的研究趋势

一、质化研究与量化研究相结合

为了回答最初的问题,也就是"什么样的(what)心理咨询与治疗是如何(how)对哪些人群(for whom)起效的?"我们不能只是探讨单一的研究效果或是某些过程因素。

由于当今占主流的科学方法学的影响,即使是过程研究,大多采用的仍然是量化的、假设检验式的量化过程研究方法。所以,产生的结果有时也可能似是而非,与心理治疗的当事双方(患者和治疗师)的真实感受相差甚远。有研究者就曾强烈批评这种量化的过程研究范式。尽管这种不满当时并未被多数研究者接受,但从此以后,质化的研究在心理治疗领域的重要性已逐渐被提升。目前大部分研究只是简单地检查一种治疗方法的有效性。尽管建立对治疗方法的实证支持仍然很重要,但同样重要的是确定具体的干预措施应该为谁工作、各种干预措施的变化模式和变化的机制,以及一些共同的因素,如治疗联盟如何与特定的治疗技术相互作用。而不是理论取向之间的"部落战争",或者是相信经验支持的治疗方法和主张共同因素的人之间的分歧。

质化研究与量化研究相结合的方式包括:在进行效果研究的同时加强过程研究;在进行随机对照量化研究的同时加强探索发现式的质化研究;在研究治疗与效果简单的线性关系的同时,加强复杂的非线性研究。将这些相辅相成的研究方法并重,可能发现大量新的信息、新的结果,对

心理咨询与治疗技术流程的完善将带来革命性的进步。

二、研究结果与实践的结合

心理咨询与治疗研究的另一个重要的方向是在科学和实践之间建立一座双向的桥梁。在历史上，心理咨询与治疗的研究主要在学术环境中进行，在对特定治疗方法的调研中尤其如此。然而，许多人认为疗效研究（高度控制的研究）的结果并不能用于实践。因此也出现了越来越多自然主义设计的有效性研究。目前，可以通过建立实践-研究网络，不断推动让从业者参与研究过程，允许从业者定义他们认为需要研究的问题，从而开发出更接近他们的现实世界临床环境的设计。

三、对治疗师以及患者变量的研究

研究的第三个趋势是对治疗师和患者本身影响治疗结果的变量的研究。历史上，良好控制的治疗研究试图通过调整干预、使用结构化治疗方案，以及使用非常严格的纳入和排除标准来最大限度地减少治疗师和患者的差异。然而，越来越多的人认识到，无论干预措施如何，某些治疗师都会有让患者变得更好的能力，而其他人则没有。通过常规的结果跟踪和先进的统计技术，如分层线性建模，该领域将更系统地研究为什么不同治疗师的有效性不同，以及患者的康复可能性不同。通过认识到这些变量的重要性，心理咨询师与心理治疗师的培训中可以更好地关注帮助患者康复的重要变量，临床工作者也可以更好地帮助特定的来访人群发展能够导致改变的属性。

本 章 小 结

心理咨询与治疗的研究是推动其本身发展的重要部分。主要研究方法包括效果研究与过程研究，有不同的研究设计以及评估指标，并且适用于不同的研究情境。随机对照试验（RCT）是实证研究中的"金标准"，但也不能忽视其局限性。20 世纪 20 年代开始，便有学者开始研究心理咨询与治疗的过程及其有效性，并在上百年的探索中逐渐完善。目前在心理治疗的研究进展中，人工智能辅助研究展现出了一些独特的优势，同时针对治疗起效元素的研究也越发受到研究者们的重视。而在研究方法上，今后主要的趋势在于质化研究与量化研究的结合、研究结果与实践的结合，以及对治疗师和患者变量的研究。

 思考题

1. 如果想要明确某种新心理治疗方法的有效性，采用哪种研究设计比较合适？
2. 在以人为本的研究中，必须遵守哪些原则？
3. 人工智能辅助的心理咨询与治疗的研究，有怎样的实践意义？
4. 在今后的研究趋势中，主要有哪几个方向？

（王振）

推荐阅读

[1] 布鲁斯·E. 瓦姆波尔德,扎克·E. 艾梅尔. 心理治疗大辩论:心理治疗有效因素的实证研究. 2 版. 任志宏,译. 北京:中国人民大学出版社,2019.

[2] 卡罗尔·D. 古德哈特,艾伦·E. 凯斯丁,罗伯特·J. 斯滕伯格. 循证心理治疗的实践与研究. 杨文登,邓巍,译. 北京:商务印书馆,2021.

[3] 约翰·肖内西,尤金·泽克迈斯特,珍妮·泽克迈斯特. 心理学研究方法. 7 版. 张明,译. 北京:人民邮电出版社,2010.

[4] HALL G C. Psychotherapy research with ethnic minorities:empirical,ethical,and conceptual issues. J Consult Clin Psychol,2001,69(3):502-510.

[5] HORN R L,WEISZ J R. Can artificial intelligence improve psychotherapy research and practice? Adm Policy Ment Health,2020,47(1):852-855.

[6] KISELY,S. Moving beyond the descriptive in psychotherapy research. Australas Psychiatry,2020,28(4):375-376.

[7] LEIJTEN P,WEISZ J R,GARDNER F,et al. Research strategies to discern active psychological therapy components:A scoping review. Clin Psychol Sci,2021,9(3):307-322.

[8] LLEWELYN S,HARDY G. Process research in understanding and applying psychological therapies. Br J Clin Psychol,2001,40(1):1-21.

[9] PHILLIPS B,FALKENSTRÖM F. What research evidence is valid for psychotherapy research? Front psychiatry. (2021-11-11)[2024-10-08]. https://www.frontiersin.org/journals/psychiatry/articles/10.3389/fpsyt.2020.625380/full.

[10] SHEAN G. Limitations of randomized control designs in psychotherapy research. Advances in Psychiatry,2014,(1):1-5.

[11] STEWART R E,CHAMBLESS D L. Does psychotherapy research inform treatment decisions in private practice? J Clin Psychol,2010,63(3):267-281.

第四章

心理咨询与治疗的
共同因素

学习目的

掌握　倾听、共情、积极关注等对心理咨询与治疗进程有促进作用的技能方法，能够在不同的咨询与治疗情境中合理地运用。

了解　良好的咨询与治疗关系对心理咨询与治疗的重要性；尊重、真诚、温暖等基本助人理念的内涵及在咨询与治疗过程中的功能。

心理咨询与治疗很大程度上是依靠特殊的良好关系来帮助来访者，因此，在刚刚开始咨询与治疗的阶段，尤其要注意与来访者建立良好的咨询与治疗关系，基于此，咨询师或治疗师需要了解在促进心理咨询与治疗关系中特别有效的因素。

第一节　咨询与治疗关系的建立

咨询与治疗关系是咨询师或治疗师与来访者之间基于心理咨询与治疗这一专业工作而形成的一种相互关系。良好的咨询与治疗关系不仅是心理咨询与治疗得以开展的前提条件，更是心理咨询与治疗能够达到良好效果的重要保证。

咨询与治疗关系的建立，受来访者的动机、期望水平、人际态度、人格特征等多种因素影响，但更重要的可能还是与咨询师或治疗帅的人性理念、职业操守、咨询与治疗态度等有关。因此，建立与维护良好的关系既是心理咨询与治疗过程的开端，也是咨询师或治疗师的基本责任与任务。

一、尊重

（一）尊重的含义与功能

心理咨询与治疗中的尊重，是咨询师或治疗师在价值、尊严、人格等诸多方面与来访者保持平等关系，把来访者作为一个有思想情感、有内心体验、有生活追求、有独特性和自主性的人。简单来说，就是把来访者当作一个鲜活的生命来对待。

人本主义心理学家罗杰斯就强调咨询师或治疗师要"无条件地尊重"来访者，并认为这是能够促进来访者发生建设性改变的关键性因素之一。

首先，尊重可以打消来访者的顾虑，有利于建立良好的关系。不少来访者，在进行心理咨询与治疗之前，常常担心咨询师或治疗师会如何看待他们，以及是否能够很好地理解他们。例如，一个具有同性性取向的来访者，如果咨询师或治疗师能够在有意无意中表达对不同性取向开放、接纳和尊重的态度，那么来访者自然会放下心来,更好地表达自己。

其次,尊重可以给来访者创造一个安全、温暖的氛围,使他们敞开心扉。例如,非自愿来访者,通常对咨询师或治疗师和咨询与治疗本身都可能带有敌意。如果咨询师或治疗师能够尊重他们的立场,允许他们用沉默、低头等方式表达情绪,甚至保持一定的幽默感,让他们意识到咨询师或治疗师并不是要训斥、说教,这样才有机会让他们把内心真正的想法说出来。

再次,尊重可以使来访者感到自己是被尊重的、被接纳的,从而获得一种自我价值感。特别是对于自我价值感比较低的来访者,咨询师或治疗师的尊重无疑会对他们有更加积极、正面的推动作用,让他们重新认识自我、恢复自信。所以,尊重本身就具有助人的效果。

最后,尊重还对来访者有榜样示范作用。例如,一个脾气暴躁的来访者很可能会在咨询与治疗过程中大发脾气,如果咨询师或治疗师不是与其争吵,而是以一种包容、接纳的心态协助其宣泄怨气,并表达自己真正的需要与想法,那么咨询师或治疗师的尊重,往往是一种榜样,能帮助来访者从咨询师或治疗师身上学习到一种更有建设性的人际互动技巧。

(二)尊重的具体表现

尊重是一个相对抽象的概念,如果要将其转化至一种更为具体、可操作的层面,可以从以下几方面入手。

1. 对来访者的完整接纳　既要接受来访者积极、光明、正确的一面,也要接纳他们消极、灰暗、错误的一面;既要接纳和咨询师或治疗师相同的一面,也要接纳和咨询师或治疗师完全不同的一面。当然,这里的接纳,不是一定要咨询师或治疗师喜欢或欣赏来访者的某些方面,而是一种价值中立的态度的接纳,接纳来访者作为一个有价值、有情感的独特个体。所以,这就需要咨询师或治疗师暂时将自己的原有的价值观、生活态度等放在一边,能够进入来访者的价值体系,从他们的视角来看待周围的世界。

2. 平等地对待来访者　咨询师或治疗师与来访者之间是一种平等的关系,咨询师或治疗师一方面要以温暖、礼貌的态度对待来访者,而不是居高临下地说教,或是持蛮横无理的态度。另一方面,咨询师或治疗师还要尽量忽略双方在价值观、信仰、地位、文化程度、金钱等方面的差异,不带有任何偏见,更不能以所谓的"专家"身份,将某些观点、态度强加给来访者。

3. 对来访者的充分信任　咨询师或治疗师应该相信来访者有解决问题的内在动机,相信他们有改变自我的主观愿望。同时也应该相信来访者是有能力与咨询师或治疗师一起找到原因、解决问题的。有些初学咨询与治疗的人,常常会抱怨来访者不愿意改变,缺乏动力,这很可能与咨询师或治疗师对来访者不够尊重,以及将一些不适当的解释和要求强加给来访者有关,这些都会削弱来访者的改变动力。

4. 对来访者的隐私给予保护　在咨询与治疗过程中,可能会涉及来访者某些方面的秘密或隐私,咨询师或治疗师应该对这些内容给予接纳和保护,不进行评价,也不应进行干预,更不能随意传播。有时来访者暂时不愿意透露的信息,咨询师或治疗师也不要强行逼问,而是应该通过良好咨询与治疗关系的建立,慢慢打消来访者的顾虑,让他们主动诉说。但是,这种保密是有例外的,当咨询师或治疗师发现来访者有伤害自身或他人的严重危险,或不具备完全民事行为能力的未成人等受到性侵犯或虐待,以及其他相关法律规定需要披露的情况时,咨询师或治疗师应该向有关人员和有关部门报告。

正因为尊重是心理咨询与治疗的基本前提,所以如果咨询师或治疗师发现自己对于某些特殊类型的来访者确实难以接纳,应该及时觉察自己的阻碍,并主动寻求督导支持,或将来访者转介绍给其他咨询师或治疗师。这也是对来访者的一种尊重。

二、真诚

(一)真诚的含义与功能

在咨询与治疗会谈中,并不是咨询师或治疗师与来访者有不同的观点、意见,就意味着不尊重来访者,或者是否定来访者。

真诚是咨询师或治疗师以真实和诚恳的态度面对来访者,不伪装、不把自己藏在专业角色后面,在咨询与治疗过程中表里如一、真实可信。

咨询师或治疗师之所以需要在咨询与治疗过程中保持真诚,首先是因为真诚的态度可以为咨询与治疗营造安全、自由的氛围,让来访者在感受到自己被接纳、被信任的同时还可以消除来访者的顾虑,敢于袒露自己的内心世界,包括软弱、消极、失败,甚至是隐私的部分。

其次,与尊重一样,咨询师或治疗师的真诚也可以为来访者提供一个榜样,学会如何与咨询师或治疗师及他人真实地交流,坦然地表达自己的情绪,这样才能促进来访者的自我探索,以及发现和认识真正的自我。

(二)真诚的表现形式

真诚其实是一种内隐的态度,往往在咨询师或治疗师的动作和神态中,就已经向来访者传达出了真诚与否的信息。

1. 非言语的交流　咨询师或治疗师在心理咨询与治疗过程中的非言语交流,是表达真诚的最好方法。咨询师或治疗师关注的目光流露是真诚;微微前倾的姿势是真诚;倾听时平和的表情是真诚;无条件地接纳来访者所表述的内容,哪怕仅仅点点头也是真诚。无论来访者出现怎样的阻抗,咨询师或治疗师都用平和的语音语调与来访者耐心地沟通,这也是真诚。

2. 坦诚的态度　咨询师或治疗师是否真诚,会在心理咨询与治疗的过程中自然地表现出来。例如,咨询师或治疗师在介绍自己的时候,如果摆出一副"大师"的样子,觉得自己无所不能,或者是故作高深,说一些神秘晦涩的话,这显然不是真诚的。从这个角度说,真诚就意味着咨询师或治疗师也需要如实地告诉来访者自己的教育背景、从事咨询与治疗的时间、擅长和不擅长的议题等。这不仅是一种真诚,更是一种伦理规范。

(三)真诚的误区

真诚要求咨询师或治疗师保持一种坦诚的态度,对来访者没有伪装、不把自己藏在专业角色后面,而是表里如一、真实可信地置身于与来访者的关系中,但真诚也应该建立在正确的职业理念下。

1. 真诚不等于不加掩饰地说真话　真诚中重要的是真实和诚恳,但并不是简单地实话实说、不加修饰,即使保持真诚也需要避免对来访者造成伤害。例如,一个认为自己身高不高,担心自己找不到伴侣的来访者,如果咨询师或治疗师肯定其确实矮小,那显然会给来访者带来更加消极的自我认知。在咨询与治疗过程中想怎么说就怎么说,不作任何修饰,这其实是一种僵化的真诚。真诚既是理念问题又是技巧问题,真实和诚恳是一种理念,而懂得对一些可能破坏关系的语言进行修饰,就是其中的技巧。

2. 真诚必须以实事求是为基础　咨询师或治疗师的表达不能脱离事实基础,过于夸张的表达会让来访者对咨询师或治疗师产生虚伪的感觉。有时候咨询师或治疗师真的有可能会遇到一些自己并不具备相关经验和知识的问题,这时咨询师或治疗师需要勇敢地承认自己的不足,而不是躲在专业角色的背后,故作神秘。因为相较而言,来访者更愿意接受一个真诚的咨询师或治疗师。

3. 真诚不等于不加选择地表达自己的想法　如果咨询与治疗过程中涉及咨询师或治疗师感兴趣或敏感的话题,结果咨询师或治疗师就一股脑儿地将自己内心的想法全部倾诉出来,显然这是不合适的。因为咨询与治疗是以来访者为中心的,任何自我表露都应该是服务于来访者,而不是咨询师或治疗师的自我宣泄。

三、温暖

(一)温暖的含义与功能

心理咨询与治疗通常是咨询师或治疗师与来访者进行双方会谈的过程,在这个过程中,温暖既是咨询师或治疗师的重要素质之一,也是其真实情感的表达。咨询师或治疗师的温暖应贯穿整个咨询与治疗会谈的全过程,因为咨询师或治疗师温暖的态度,可以消除或削弱来访者的不安,激发来访者的合作愿望。

1. 温暖可以稳定和安抚来访者的情绪　每位来访者在初来时,心态往往是比较复杂的。当来访者充满了不安、疑惑、紧张、焦虑、犹豫等消极情绪的时候,咨询师或治疗师的关心、细致、周到和耐心就可以有效地消除或者降低来访者的这些不良情绪,让他们感受到自己被接纳、被尊重,从而建立良好的咨询与治疗关系。

2. 温暖能够有效激发来访者的合作愿望　咨询师或治疗师关切地询问来访者的近况、积极鼓励来访者的自我探索,真诚地感谢来访者的密切配合等,都能够让来访者感受到温暖,感受到自己是受欢迎的,从而促成他们对咨询与治疗的期待,自然也更愿意在咨询与治疗过程中努力尝试、积极合作。

3. 温暖本身就具有助人的力量　对于有些来访者,咨询师或治疗师不厌其烦地倾听、细致耐心地梳理,完全有可能帮助来访者厘清自己的思路,克服自身的阻碍,最终消除心理的困扰。温暖是一个咨询师或治疗师助人愿望的真实流露,只有对来访者充满了真正的关切,才能在咨询与治疗中体现出最大的温暖,才能推动咨询与治疗向前发展,实现帮助来访者解决心理问题的目的。

(二)温暖的表现形式

在心理咨询与治疗当中,咨询师或治疗师既要有平等交流、冷静思考的理性部分,同时也需要有关心接纳、乐于助人的感性部分。有些初学者,会比较多地用理性部分来提问与分析,这样就有点公事公办、不近人情的感觉。因此,只有将理性和感性结合起来,才能情理交融,让来访者更有改变的动力。

那么究竟怎么样做才是温暖呢?

1. 倾听可以转化成温暖的表现形式　在咨询与治疗过程中,咨询师或治疗师专注于来访者的诉说上,加上友好、认真的表情和动作,既可以让咨询师或治疗师通过有效倾听获得有价值的信息,还可以让来访者感受到咨询师或治疗师的关心与温暖。

2. 耐心与接纳,是温暖的最好诠释　如果咨询师或治疗师保持一种接纳、尊重来访者的心态,不批评、不厌烦、耐心倾听、细致梳理,接受来访者改变得缓慢、接受来访者时常反复,这无疑会让来访者感受到巨大的温暖与支持。

3. 尊重与温暖，是咨询与治疗态度的一体两面　尊重更多表现为平等、礼貌，有一种保持距离的感觉，偏向于理性成分；而温暖更多表现为友好、热情，有一种想减少距离的感觉，偏向于感性成分。咨询与治疗中只有尊重，就显得有点客气，甚至是公事公办；但如果只有温暖，又显得过于友好，让人不知所措。所以，尊重与温暖必须有机地结合起来，才是更全面和恰当的。

第二节　一般技术的运用

尊重、真诚、温暖是三个在心理咨询与治疗的过程中有助于建立良好咨询与治疗关系的基本理念。但是只有理念还不够，在心理咨询与治疗中，咨询师或治疗师要帮助来访者解决心理问题，还需要将这些理念落实到具体的方法和技术上。只有理解、掌握并灵活地运用这些技术方法，才能够更好地尊重和理解来访者，才能让来访者感受到真诚与温暖，从而建立彼此接纳与信任的良好咨询与治疗关系。

一、心理咨询与治疗技术概述

按照咨询与治疗技术的使用目标和对咨询与治疗过程的作用，心理咨询与治疗技术通常可分为交流性技术和影响性技术两种。

（一）交流性技术

交流性技术主要用于澄清咨询与治疗的问题，引导来访者进行自我探索和实践，促进其成长与发展，主要包括倾听、共情、鼓励、具体化、内容/情感反馈等。

1. 倾听　咨询师或治疗师在接纳的基础上，积极、认真倾听来访者的叙述。

2. 共情　咨询师或治疗师能够理解或体验来访者的认知、情感等内心世界，也被称作"同感""同理心"等。

3. 鼓励　咨询师或治疗师对来访者的叙述、探索和改变等予以鼓励，包括言语和非言语两种。主要目的是促进会谈的深入，以及促进来访者的表达与探索。

4. 具体化　咨询师或治疗师协助来访者清晰、准确地表达自己的观点、所使用的概念、体验到的情绪情感和所经历的事件。咨询师或治疗师借此澄清来访者希望表达的思想、情感和事件，了解真实的情况，同时也促进来访者明确自己的想法和态度，从而推进会谈。

5. 内容/情感反馈　咨询师或治疗师把来访者陈述的主要内容、情绪和情感，经过概括、综合与整理，用自己的话反馈给来访者。内容/情感反馈可以加强理解、促进沟通，也有可能促使来访者重新组合零散的事件关系、情绪情感，深化会谈。

（二）影响性技术

影响性技术主要是对来访者实施干预，是一种有针对性地帮助来访者解决问题的心理咨询与治疗技术，主要包括积极关注、自我开放、面质、解释、指导等。

1. 积极关注　咨询师或治疗师关注来访者的言语和行为中积极、正向的方面，帮助来访者辩证、客观、积极地看待自己。

2. 自我开放　为了促进平等、良好咨询与治疗关系的形成，咨询师或治疗师与来访者分享自己的情感、经验、态度和感受等，这也被称为"自我暴露"或者"自我表露"。

3. 面质　由于各种原因,来访者在认知、情感等方面往往存在矛盾之处,这也常常是来访者的问题所在。因此咨询师或治疗师会使用面质技术,指出来访者存在的矛盾,促进来访者的自我探索,最终化矛盾为统一,从而解决潜在的问题。

4. 解释　咨询师或治疗师运用心理学理论来描述来访者的思想、情感和行为的原因、实质,或对某些抽象复杂的心理现象、过程等进行解释,从而协助来访者从一个更新的、更全面的角度来看待自己的困扰、所处的环境,并借此提高自己的认识,促进自己的变化。

5. 指导　咨询师或治疗师直接指引来访者做某件事、说某些话或以某种方式采取行动。使用指导技术时,咨询师或治疗师要充分知晓自己给出指导的内容与可能的效果,既不能削弱来访者自己解决问题的内在动力,也不能以权威的身份强势要求来访者执行。

虽然心理咨询与治疗的技术众多,各有特色,但在通常的心理咨询与治疗过程中,最为常用和重要,但又往往容易忽略或操作不当的,是倾听、共情和积极关注三个技术。

二、倾听

(一)倾听的含义与过程

在心理咨询与治疗过程中,首先要做的,就是倾听来访者的叙述。

倾听是心理咨询与治疗的第一步,是每位心理咨询师或治疗师的基本功,也是建立良好咨询与治疗关系的基本要求。倾听是要在接纳的基础上,积极地听,认真地听,关注地听,并在倾听时做出适度的参与行为。

1. 倾听是关注的过程　咨询师或治疗师在倾听的过程中,不仅关注于来访者的问题和症状,还要关注于来访者的情绪情感;既要关注外在的表现,还要关注内在的体验。在咨询与治疗过程中,咨询师或治疗师需要时刻保持关注的状态。通过倾听,咨询师或治疗师才能够把握来访者的问题、个性等,把握事情的前因后果、内在逻辑关系等。

2. 倾听是需要适当参与的过程　咨询师或治疗师在倾听时要适当参与谈话,在不打断来访者思路、情绪的基础上,适当地让来访者深入谈话内容。适当地参与,也可以表明咨询师或治疗师对来访者是理解、接纳的,从而促进咨询与治疗关系,鼓励来访者深度表达。这种参与既可以是言语性的,可以通过使用简单的词、句子来鼓励来访者继续进行会谈。参与也可以是非言语性的,其中最常用、最简便的动作就是点头。

3. 倾听是一个积极的过程　倾听,不是单单用耳朵听,更是要用心听。不仅要听懂来访者直接表达的信息,更要能够发现来访者的言语、表情、动作等透露出来的信息,能听出来访者省略的、没有表达出的内容,或者是隐含的意义,甚至有时候还要能够听出来访者自己都没有注意到的潜意识。

(二)倾听的阻碍因素

在实际的心理咨询与治疗过程中,常常会有一些错误的方式阻碍咨询师或治疗师的倾听,从而破坏双方的关系。

1. 随意打断来访者　咨询师或治疗师可能还没等来访者把话说完,就凭借自己的喜好打断来访者,随意地插话、提问,或进行评价。这样的打断行为,自然会妨碍来访者的表达,而且会让他们觉得咨询师或治疗师并不是想耐心地与其交谈,因此不再敞开心扉,同时其情绪也会受到影响,从而破坏咨询与治疗关系。

2. 急于下结论,甚至做道德上的判断　没有真正倾听的咨询师或治疗师常常会在还没有真正了解来访者所讲的问题之前，就急于下结论，提出自己的意见。这不仅会让来访者因为没有讲完自己想讲的内容而扫兴，影响良好咨询与治疗关系的建立，而且由于咨询师或治疗师对来访者的问题把握不够全面、准确，所以提供的咨询与治疗也往往不够有效。还有一些咨询师或治疗师甚至会做出道德上的判断与评价，深深地伤害来访者。只有咨询师或治疗师保持价值中立，仔细倾听，不急于下结论，才能真正了解来访者的真实困扰，走进他们的内心世界。

正确地倾听，要求咨询师或治疗师深入到来访者的感受中，细心地注意来访者的言行，敏锐地觉察来访者的情绪，还要注意来访者在叙述时的犹豫、停顿，包括语音语调的变化，以及伴随着言语所呈现出的各种表情、姿势、动作等，从而对来访者的心理状态做出更完整的判断。

综上所述，在心理咨询与治疗的过程中，倾听既可以表达出咨询师或治疗师对来访者的尊重，同时也能促进来访者的表达，让其在比较放松和信任的氛围下倾诉自己的问题，宣泄自己情绪，探索解决的方法，从而实现发展与成长。

三、共情

（一）共情的含义与功能

在心理咨询与治疗中，共情是指咨询师或治疗师对来访者内心世界的体验和理解。也就是说，咨询师或治疗师能对来访者的内心体验感同身受，自己也产生相同或相似的体验和感受。作为一种态度，共情更多是指对来访者深层次的理解和情感共鸣的一种倾向性。而作为一种技术，共情是指咨询师或治疗师通过情绪方面的表达，让来访者知道咨询师或治疗师明白了其情感或情绪的表达。

首先，在心理咨询与治疗中，咨询师或治疗师通过共情，可以从来访者的视角看待问题，准确理解来访者的意图，把握他们的内心世界。其次，通过咨询师或治疗师的共情，来访者能够感到被接纳，在心理上产生满足、愉快的感受，这对于良好咨询与治疗关系的建立有非常大的帮助。再次，咨询师或治疗师的共情，可以促进来访者的自我表达、自我探索，也有利于咨询双方的彼此理解与沟通。最后，对于一些迫切需要被理解、关怀和倾诉的来访者，咨询师或治疗师的共情就可以满足他的需求，从而起到非常明显的助人的效果。

（二）促进共情的方法

在咨询与治疗过程中，要做到真正的共情，可以从以下三个方面开始。

1. 要接受来访者的观点　咨询师或治疗师要能够从来访者的角度来看待问题，要暂时搁置自己的价值观、态度等主观参照标准，从来访者的立场去体验他们的内心世界。例如，当来访者表示自己失业或失恋了，咨询师或治疗师需要认识到，没有工作或失去恋人在来访者当下看来是一件非常糟糕，让人手足无措的事情，咨询师或治疗师需要认同这种消极的情绪感受，理解来访者"这真是很糟糕，你一定很难受！"而不是拒绝来访者的感受"这没什么大不了的"，或指责来访者"不要为这点小事悲伤"。

2. 不要对来访者进行评论　正如前文谈到的，咨询师或治疗师要学会尊重，愿意并尝试去了解他人的情绪和情感，并且不会出于自己的喜好与立场进行任何评价，甚至是批评和指责。因此，咨询师或治疗师更要学会倾听，学会换位思考，有时候一个眼神就可以很好地共情到来访者，而不是急于用自己的想法和判断去衡量来访者的心理与行为。

3. 咨询师或治疗师要识别来访者的情绪情感，并尝试与其进行交流、一起感受　咨询师或治疗师要学会与来访者一起感受情绪和情感层面的内容,而不是过多在认知层面上去对事情进行分析。因为分析这个行为常会压抑情感,导致容易忽略背后的情绪。咨询师或治疗师要有敏锐地识别他人的情绪情感的能力,要能够区分出不同情绪情感之间细微的差别,要了解在一些特定的情境下比较容易产生的特定情绪。这样不仅能够与来访者感同身受,甚至还有可能帮助他们识别连自己都忽视的情感。

四、积极关注

(一)积极关注的含义与功能

在心理咨询与治疗的过程中,咨询师或治疗师常常能够感受到来自来访者消极、灰暗和负性的一面。而所谓积极关注,就是在心理咨询与治疗过程中,咨询师或治疗师对来访者的言语和行为中积极、光明、正性的方面予以关注,帮助来访者辩证、客观,并尽量积极地看待自己,从而使来访者建立正向、积极的价值观,拥有改变自己的内在动力。

积极关注就是要求咨询师或治疗师帮助来访者调整自己的自我认识,从只注意到问题、缺陷和不足,转移到客观、全面、准确地认识自己,并且帮助来访者挖掘自身积极、光明的特点,从而发现自己的优点、长处,特别是在自己的生活中已经拥有的有效资源。对于特别不自信、情绪低落的来访者,积极关注更能让他们重新认识和评价自己,从而提升自我价值,起到非常好的助人效果。

(二)积极关注的操作方法

要帮助咨询师或治疗师看到来访者身上闪光点、长处和潜力。

首先,也是最根本的,是对来访者的基本态度和对咨询与治疗的基本理念。咨询师或治疗师要真正相信,人是可以改变的,每个人也都有自己的长处和优点,也有某种潜力。而咨询师或治疗师要做的,就是帮助来访者发现他们的潜力,增强他们改变自己的内在动力。

其次,要善于发现来访者的积极资源。要特别留意来访者在咨询时,或生活中所表现出的能力。因为来访者自己往往对这些视而不见,所以才满眼都是问题。即使有时候来访者的行为是错误的,但咨询师或治疗师也需要看到,在他们不恰当的行为背后,可能有非常积极和正向的动机,而这恰恰也是来访者自身的积极资源,是他们的力量所在。

最后,要肯定来访者的进步。有时候尽管来访者已经取得了进步,有了改变,但与其目标和期望存在比较大的差距,使其很容易忽略自己已经取得进步与成长。而此时咨询师或治疗师要做的,正是要肯定来访者的积极改变和成长进步,并鼓励其继续努力,保持下去,因为一切大的变化都是从小变化开始的。

当然,积极关注并不是专挑好听的话说,也要注意"度",否则会适得其反。

1. 要实事求是　有时候咨询师或治疗师为了安慰来访者,可能会说一些不符合事实的话,如说来访者长得"非常好看",这就显得有些虚伪了。因为在来访者的知觉场里,不好看就是不好看,这样的安慰反而会再次证明其对自己的消极看法。

2. 不要盲目乐观　对于比较困难的问题,千万不要盲目地采用鼓励方法,特别是脱离了来访者实际能力的鼓励。"没问题的,相信你一定可以"之类话,不仅显得有些僵化、教条,也会让来访者感觉空洞无力,并不能真正激发他们的动力。

3. 要选择好方向　有时候来访者身上可能存在很多积极的优点,但究竟选什么给予积极关注,需要根据既定的咨询与治疗目标,找到相对比较重要与关键的问题,在特定的优势与资源上,给来访者提供恰当的引导,从而促进心理咨询与治疗的进程。

咨询师或治疗师要学会用自己的眼睛帮助来访者看到自己更光明、更美好、更积极的一面,而那就是照进来访者内心的一束温暖之光。

本 章 小 结

良好的咨询与治疗关系不仅是心理咨询与治疗得以开展的前提条件,更是达到良好效果的重要保证。建立与维护良好的咨询与治疗关系既是心理咨询与治疗过程的开端,也是咨询师或治疗师的基本责任与任务。

心理咨询与治疗中的尊重,要求咨询师或治疗师在价值、尊严、人格等诸多方面与来访者保持平等关系。尊重意味着对来访者的完整接纳、平等地对待来访者、对来访者的充分信任和对来访者的隐私给予保护。真诚要求咨询师或治疗师以真实和诚恳的态度面对来访者。真诚不仅体现在语言或非言语的交流上,还表现在咨询师或治疗师的坦诚的态度上。但要注意的是,真诚不等于不加掩饰地说真话,也不等于不加选择地表达自己的想法,还必须以实事求是为基础。温暖既是建立良好咨询与治疗关系的重要内容,也是咨询师或治疗师的重要素质之一,还是咨询师或治疗师真实情感的表达。在咨询与治疗过程中,倾听可以转化成温暖的表现形式,咨询师或治疗师所表现出的耐心与接纳,是温暖的最好诠释,而尊重与温暖是咨询与治疗态度的一体两面。

在心理咨询与治疗中,倾听是心理咨询与治疗的第一步,是每一位心理咨询师或治疗师的基本功,也是建立良好咨询关系的基本要求。咨询师或治疗师不要随意打断来访者,也不要急于下结论,轻视来访者的问题,更不要进行道德上的判断。共情是咨询师或治疗师对来访者内心世界的体验和理解。咨询师或治疗师要接受来访者的观点,不要对来访者进行评论,要能够识别来访者的情绪情感,并尝试与其一同感受,还要把握好时机,表达要适度。积极关注是咨询师或治疗师对来访者的言语和行为当中积极、正性的方面予以关注,帮助来访者辩证、客观、积极地看待自己,从而使其建立正向、积极的价值观,拥有改变自己的内在动力。积极关注要选择好方向,要实事求是,不要盲目乐观。

💬 **思考题**

1. 在心理咨询与治疗中,为什么要与来访者建立良好的关系?
2. 如何做到对来访者的尊重?
3. 如何理解心理咨询与治疗中的温暖与热情?
4. 什么是恰当的积极关注?

(陈昌凯)

推荐阅读

[1] 陈昌凯. 手把手教你心理咨询:谈话的艺术.(2025-01-15)[2025-01-15]. https://www.xuetangx.com/course/NJU07111000774/23895076.

[2] 中国就业培训技术指导中心,中国心理卫生协会. 国家职业资格培训教程:心理咨询师. 北京:民族出版社,2012.

第五章

心理咨询与治疗中的法律和伦理问题

学习目的

掌握 心理咨询与治疗中的基本伦理原则。

熟悉 伦理决策过程。

了解 心理咨询与治疗中的常见法律和伦理问题。

心理咨询与治疗,是心理咨询师或心理治疗师(以下简称"咨询师"或"治疗师")与来访者(包括咨询来访者,精神障碍患者或其他寻求心理专业服务的来访者)之间达成协议,通过建立咨询与治疗关系来帮助来访者处理其心理困扰的过程。在这个过程中,会出现许多法律与伦理问题,给咨询师或治疗师的工作开展带来挑战。因此,咨询师或治疗师必须拥有相关的知识以及进行决策、解决问题和批判性思维的技能,才能更好地提供服务。

第一节 心理咨询与治疗的基本法律要求

一、法律定义

从理论基础和技术方法上看,咨询与治疗之间的相似性远远大于差异性,但从管理的角度考虑,需要从来访者和针对问题上加以区分。《中国心理学会临床与咨询心理学工作伦理守则(第二版)》(以下简称《伦理守则》)中,就指出心理咨询服务的是"有心理困扰的来访者",而心理治疗服务的是"心理障碍患者"。而《中华人民共和国精神卫生法》则从服务人群和工作场所进行区分,规定"心理咨询人员应当……为社会公众提供专业化的心理咨询服务……不得从事心理治疗或者精神障碍的诊断、治疗。"以及"心理治疗活动应当在医疗机构内开展。专门从事心理治疗的人员不得从事精神障碍的诊断,不得为精神障碍患者开具处方或者提供外科治疗。"即心理治疗是限定在医疗机构中的专业医疗服务,而心理咨询作为针对社会公众的服务,可以在更宽泛的场所中开展,如社区、学校以及企事业单位。

此外,《中华人民共和国精神卫生法》中还要求,当咨询师或治疗师"发现接受咨询的人员可能患有精神障碍的,应当建议其到符合本法规定的医疗机构就诊。"

二、服务机构

心理治疗被限制在医疗机构中开展,这不仅指精神专科医院,也包括具有精神科/临床心理科诊疗科目的各级综合医院和其他专科医院。所以医疗机构按照《医疗机构管理条例》等法规和标准要求,获得相应许可后,即可开展心理治疗服务。

对于各类心理咨询机构,按照目前多个地方性精神卫生条例的规定,营利性心理咨询机构应当向工商行政管理部门申请登记,取得"营业执照";非营利性心理咨询机构应当向民政部门申请登记,取得"民办非企业单位登记证书"。

对于机构的日常管理,目前国内一些地区开始授权卫生行政部门对其进行业务指导,加强监督检查,并通过设立心理咨询行业协会的方式开展行业自律工作。同时,心理咨询机构也应当建立健全内部管理制度,定期对从业人员进行职业伦理教育,组织开展业务培训,加强自律,依法开展心理咨询服务。

三、人员资质

心理治疗师作为卫生技术人员的一类,目前初级和中级职称考试被纳入到了卫生专业技术的全国职称考试范围内,高级职称的考试也已经在一些地区设立。通过心理治疗师的职称考试就可在医疗机构内从事心理治疗工作。

心理咨询师职业技能认证在 2017 年被取消后,暂时没有全国的职业认证。目前一些全国和地方性行业协会正在尝试自行开展职业技能等级认定、颁发职业技能等级证书。

第二节　心理咨询与治疗中的伦理技能

一、伦理与法律的关系

伦理是指个人或团体的价值观念或行为准则。伦理与法律的区别主要体现在以下三个方面。

1. 伦理回答什么是"应该"的,即"什么是合乎伦理要求的";而法律往往回答什么是"不应该"的,即"违反法律规定或法律标准"。

2. 伦理是理性的权衡和判断,什么事情可以做、什么事情不可以做,不是绝对的,可能在这当中要做理性的权衡和判断,以选择一个更好的做法,所以伦理没有最好,只有更好;而法律是一个底线的规定,什么事情是不能做的,就是一条红线,完全不能逾越。

3. 伦理是倡导性的,如果违反了伦理准则,往往会采用谴责、批评的方式;而法律是强制性的、刚性的,法律要求做的必须做,法律禁止的绝对不能做,所以一旦触犯了法律红线,就要受到处罚和制裁。

二、基本伦理原则

《伦理守则》列出了咨询与治疗服务的五项基本伦理原则,包括善行、责任、诚信、公正与尊重。

（一）善行

善行原则有两层含义：首先是"有益"，即咨询师或治疗师的工作目的是使来访者从其提供的专业服务中获益，这要求咨询师或治疗师应保障来访者的权利，努力使其得到适当的服务。其次是"无害"，即咨询师或治疗师在专业服务的过程中要努力确保不使来访者的身心受到伤害。咨询师或治疗师在践行善行原则时，对于任何决策都应以来访者的利益最大化为准则，同时仔细权衡潜在危害与收益。

（二）责任

责任原则要求咨询师或治疗师在工作中保持服务的专业水准，认清自己专业、伦理及法律上的责任，维护专业信誉，并承担相应的社会责任；要以不断探索、学习和成长为己任，关注专业学术进展，有计划地参加继续教育培训；要保持工作的科学性，所使用的方法、技术和理论一定要选择得到专业和学术认可的；要大力宣传心理健康知识，参与心理宣教和社会公益活动。

（三）诚信

诚信原则要求咨询师或治疗师对来访者诚实、守信，忠实履行对来访者的承诺，但要防止使用虚假信息、夸大疗效、隐瞒自己专业局限等行为。咨询师或治疗师应在教学工作、研究发表以及宣传推广中保持内容的真实性，避免使用欺骗性的信息和营销手段为自己牟利。

（四）公正

公正原则要求无论来访者的年龄、性别、种族、民族、文化和社会经济地位如何，咨询师或治疗师承诺为所有来访者提供平等和公平的服务。咨询师或治疗师需要保持谨慎的态度，防止自己可能的偏见、能力局限、技术限制等导致的不适当行为，努力做到对各类来访者一视同仁。

（五）尊重

尊重原则要求咨询师或治疗师尊重每位来访者，除了尊重个人的隐私权并保密外，还应尊重来访者的独立和自我决定的权利。咨询师或治疗师有责任鼓励来访者做出独立思考和决策，在适当情况下鼓励来访者做出决定并按照自己的价值观行事，避免使来访者对咨询师或治疗师产生依赖。

三、心理咨询与治疗中的核心伦理技能

咨询师或治疗师需要具备下列伦理技能。

（一）保持伦理敏感性

咨询师或治疗师要非常敏锐地发现伦理需求，能够识别可能引发伦理冲突的场景，对潜在的伦理冲突进行预判。实际工作中，前文所述的各项基本伦理原则存在相互冲突的可能性。例如，当来访者流露出明显的自杀念头时，咨询师或治疗师就须在保护来访者隐私（尊重）和维护人身安全（善行）之间进行权衡。很多时候，当咨询师或治疗师感到内心不安或"两难"时，可能是存在伦理冲突的一个信号，提醒咨询师或治疗师需要对后续的决策进行伦理上的思考。表5-1列出了一些咨询与治疗工作中常见的伦理冲突与涉及的伦理准则。

（二）认识自身的局限性

咨询师或治疗师需要认识到个人的知识和技能是有限的，并且愿意在接受这些不足的基础

表 5-1 心理工作中常见的伦理冲突

状况	相关伦理准则	伦理冲突
来访者拒绝符合指征的心理干预	尊重自主和善行	来访者的自主决定权和咨询师或治疗师的职责发生冲突
来访者告诉咨询师或治疗师自己意图伤害他人	尊重保密和善行	咨询师或治疗师须就保护来访者隐私和受威胁的第三方这两种职责、义务权衡利弊
青少年来访者的父母要求咨询师或治疗师提供有关来访者性行为、药物或酒精使用等信息	尊重保密和善行	咨询师或治疗师保护来访者隐私的义务可能同家属就未成年人高危行为提供保护的善行发生冲突
来访者要求咨询师或治疗师提供超出其能力的心理干预技术,而当地缺乏其他合格的服务资源	无害和有益	咨询师或治疗师既有义务不在能力范围之外执业,从而避免来访者受伤害;也有义务使来访者不因得不到咨询而受伤害
实习咨询师或治疗师对来访者进行心理咨询与治疗实践	无害和有益	实习咨询师或治疗师在缺乏有效的专业技能的情况下,有义务使来访者不受伤害,但同时又需要"实践学习"以在将来为来访者服务
将"困难的"来访者转介给其他专业人员	诚信、无害和有益	咨询师或治疗师既有义务忠于治疗目标、避免抛弃来访者,也有义务本着维护来访者利益的原则,从专业需要出发将其转介给更能胜任或更合适的专业人员

上从业。因此咨询师或治疗师需要发现自身专业能力胜任范围,根据自身知识技能和专业限定的范围,为不同来访者提供适宜而有效的专业服务。例如,以精神动力学治疗为取向的治疗师,可能就不适合服务于需要认知行为治疗的对象,反之亦然。《伦理守则》要求,如果咨询师或治疗师认为现有能力不能满足来访者的需要,则应在和督导或同行讨论后,向寻求专业服务者明确说明,并本着为寻求专业服务者负责的态度将其转介给合适的咨询师或治疗师。

（三）探索自己的伦理价值观

做决策时,咨询师或治疗师不可避免会受到自身经历、价值观与信仰,以及专业知识的影响。因此,需要咨询师或治疗师对自己的决策过程及影响因素有清楚的认识。一般来说,伦理决策会有三种不同的价值判断方式。

1. 结果框架 结果框架关注决策对未来直接或间接的影响。决策者询问在特定情况下什么样的结果是可取的,并认为符合伦理的行为是能够实现最佳结果的。这种框架的优点之一是关注行动的结果,在决策涉及许多人的情况下常常有所帮助。但是,咨询师或治疗师并不总是能够精确地预测行动后果,因此一些预期会产生良好结局的行动实际上可能最终会伤害到他人。此外,以结果为导向意味着决策者需要向一些事情妥协,这可能会让人"不舒服"。

2. 道义框架 道义框架关注行为本身(包括动机和手段)的性质,认为做正确的事与行为的结果无关,而与行为的正确意图有关。在这一框架中,决策者关注特定情境下的职责和义务,并考虑自己有哪些伦理义务以及不应该做的事情。伦理行为的定义是尽职尽责,做正确的事,目标是采取正确的行动。该框架的优点是创建了一个对所有人都有一致期望的规则系统;如果一项行动在伦理上是正确的或需要承担责任,那么它将适用于特定情境下的每个人。然而,这个框架有时显得冷酷无情,因为可能需要采取一些严格遵守特定伦理规则却会导致伤害的行为。它也没有提供一种方法来确定如果遇到两种或更多职责冲突时,应该遵循哪项职责。

3. 美德框架　美德框架关注作为行动者的自身,而不是在特定情况下可能采取的行动,强调伦理行为应该与理想的美德相一致。在美德框架中,决策者关注自己应该成为什么样的人,以及采取的行为对我们的品德有何影响。将伦理行为定义为有德行的人在这种情况下会做的任何事情,并且寻求发展类似的美德。这个框架在询问个体应该成为什么样的人的情况下很有用,但它也使得解决纠纷变得更加困难,因为对伦理品德的分歧往往比伦理行为更多。此外,该框架也不特别擅长帮助个体决定在特定情况下采取什么行动。

需要注意的是,三种框架都有其局限性,而且不同框架提出的答案也并不相互排斥。因此,熟悉三个框架并了解它们之间的关系非常重要。

(四) 伦理决策模型

咨询师或治疗师要能够在面临伦理困境时主动收集信息和寻求帮助,并且有能力利用这些资源来指导自己的工作,构建合理的伦理保护伞。这种情况下,通过伦理决策模型的步骤进行工作会有帮助,以下介绍一种七步决策法。

1. 步骤1:识别问题　收集尽可能多的信息来说明情况。需要问自己"这是伦理、法律、专业还是临床问题?""它是其中一种以上的组合吗?"如果存在法律问题,需要寻求法律建议。如果问题与行业或机构内的规范政策有关,就需要进一步查询相关文件。需要注意的是,咨询师或治疗师面临的困境往往很复杂,这就要求从多个角度思考问题,避免寻找过于简单的解决方案。

2. 步骤2:运用伦理法律准则　澄清问题后,参阅相关法律伦理准则(如《中华人民共和国精神卫生法》《伦理守则》)是否涉及面临的问题。还要考虑可能适用于咨询师或治疗师所在地区的地方性法规,或者当地的行业规范与技术指南。如果有一个或多个适用的标准并且条文是具体和明确的,那么遵循规章的行动过程应该会导向问题的解决。仔细阅读这些相关文件,确保准确理解了这些条文的含义。

3. 步骤3:确定困境的性质和维度　咨询师或治疗师需要思考善行、责任、诚信、公正和尊重这些基本伦理原则中的哪些适用于当前困境。理论上讲,每条原则都具有同等价值,这意味着当这些原则发生冲突时,咨询师或治疗师将需要使用自己的专业判断来确定哪个原则优先。在这个过程中,咨询有相关经验的同事、督导等可能会有帮助。必要时,也可以向所在机构的伦理委员会或者当地的专业协会求助。

4. 步骤4:列出行动的选项　通过头脑风暴的方式,咨询师或治疗师尽可能多地去思考能够想到的选择有哪些。在这个阶段,要列出所能想到的所有选项,即使是不确定是否可行的选项。该步骤同样可以向同事、督导,以及其他专业人士寻求帮助,共同制定方案。

5. 步骤5:考虑所有选项的潜在后果并确定行动方案　基于收集到的信息和设定的优先级,评估每个选项,确保评估所有利益相关方的潜在收益与风险。剔除明显不能产生预期结果或会导致更糟后果的选项。查看剩余选项以确定最适合当前情况的选项或选项组合。

需要注意的是,受到决策影响的利益相关方并不仅限于来访者与咨询师或治疗师本人。未成年来访者的家属,来访者所在学校的同学和老师都可能受到伦理决策的影响。此外,伦理决策还可能间接影响到其他人,例如,如果咨询师或治疗师决定为来访者减免费用,那么受影响的还可能涉及咨询师或治疗师的其他来访者,咨询师或治疗师所在机构中的其他咨询师或治疗师与来访者。

6. 步骤6:评估选定的行动方案 需要从以下四个角度对选定的行动方案进行审视。

(1)公开性:如果决定的行为被媒体报道,感觉是否舒服?

(2)普遍性:是否会向遇到类似问题的同行推荐这个决定?

(3)公正性:在类似情况下,是否会以同样的方式对待其他来访者?

(4)伦理性:对于做出的选择是否不再心存疑虑或者芥蒂?

如果有必要,应邀请来访者参与方案的评估。如果咨询师或治疗师对每个问题的回答都是肯定的,那么就需要将整个决策过程记录在案,并准备好执行。

7. 步骤7:实施行动方案 很多时候,正确的决定并不意味着它很容易实施,在伦理困境中采取适当的行动通常很困难。这就需要咨询师或治疗师坚定自己的决心,采取必要的行动。在行动方案实施后,需要跟踪评估行动是否具有预期的效果和后果。如果结果不如预期,就需要思考在当前的结果下还可以做些什么去改变,以及以后遇到类似情景时,选择是否会有不同。这样的反思将有助于个人和专业能力的成长。

第三节 心理咨询与治疗中的常见伦理与法律问题

一、侵权损害赔偿

来访者可能以咨询师或治疗师的工作对自己造成伤害为由提出投诉,甚至引发诉讼,这就涉及侵权损害的问题。根据《中华人民共和国民法典》,侵权行为责任的构成要件包括行为人存在加害行为、有损害事实的存在、加害行为与损害事实之间有因果关系、行为人主观上有过错。如果咨询师或治疗师在执业过程中,不恰当地履行其职业职责,未能在心理评估和干预时合理地运用专业技能,进而导致他人受到伤害,就有可能需要承担侵权损害责任。

二、知情同意

咨询师或治疗师必须告知来访者所提议咨询与治疗的性质和意图,并提供任何其他信息以使来访者能够做出与咨询与治疗相关的自主决定。《伦理守则》规定咨询师或治疗师需要向来访者告知"咨询师或治疗师与寻求专业服务者双方的权利、责任,明确介绍收费的设置,告知寻求专业服务者享有的保密权利、保密例外的情况,以及保密的界限",并且认真记录评估"咨询或治疗过程中有关知情同意的讨论"。来访者还有权知晓:①咨询师或治疗师的资质、所获认证、工作经验,以及专业工作理论取向;②专业服务的作用;③专业服务的目标;④专业服务所采用的理论和技术;⑤专业服务的过程和局限性;⑥专业服务可能带来的好处和风险;⑦心理测量与评估的意义,以及测验和结果报告的用途。

需要强调的是,知情同意不是简单地让来访者签署文件。知情同意是给来访者一个机会,对是否与咨询师或治疗师一起共同工作,以及开展怎样的工作作出决定。咨询师或治疗师与来访者就知情同意进行讨论的过程会强化来访者的自主感,减少来访者的疑虑,有助于双方建立具有共同目标的合作关系。

三、工作记录的保存

咨询师或治疗师在伦理和法律上都必须以安全的方式存储咨询或治疗工作的记录并确保记录不被泄露。对于来访者,应当记录其一般情况、寻求帮助的理由和原因、生活中的重要事件、精神和身体状态的观察、心理评估测量的结果,以及是否存在自我伤害以及危害他人的风险等。对于咨询与治疗过程,则包括基本设置、双方建立的工作目标与计划、采取的干预措施,还有上述内容的有效性,以及转诊/随访的计划。

《伦理守则》要求咨询师或治疗师对专业工作的有关信息(如个案记录、测验资料、信件、录音、录像和其他资料)按照法律法规和专业伦理规范在严格保密的前提下创建、保存、使用、传递和处理。在医疗机构中,根据《中华人民共和国精神卫生法》,相关病历资料保存期限不得少于30年。如果是线上服务,根据《互联网诊疗监管细则(试行)》,诊疗病历记录不得少于15年,诊疗中的图文对话、音视频资料等过程记录保存时间不得少于3年。对于心理咨询机构,记录保存的时限目前没有明确法律规定,但可以参考医疗机构的要求。

四、隐私与保密

保密是心理服务中的基本伦理原则之一。《中华人民共和国精神卫生法》要求"有关单位和个人应当对精神障碍患者的姓名、肖像、住址、工作单位、病历资料以及其他可能推断出其身份的信息予以保密",并强调"心理咨询人员应当尊重接受咨询人员的隐私,并为其保守秘密"。《伦理守则》也要求对专业工作的有关信息(如个案记录、测验资料、信件、录音、录像和其他资料)进行必要的保护,如果出于研究或科普的需要而使用这些信息,应当"隐去可能会辨认出寻求专业服务者的相关信息"。

当然,保密原则也存在例外的情况。根据《伦理守则》,此类例外包括:①寻求专业服务者有伤害自身或伤害他人的严重危险可能;②发现不具备完全民事行为能力的未成年人等受到性侵犯或虐待;③法律规定需要披露的其他情况。在前面两种情况下,咨询师或治疗师还有责任向寻求专业服务者的合法监护人、可确认的潜在受害者或相关部门预警。

实际操作中,什么算"严重危险"?谁是"可确认的潜在受害者"?披露之后会不会造成其他不良后果?这些都是咨询师或治疗师在伦理决策时所面临的难题。对于这些问题,关键在于事先获得来访者的知情同意。因此,咨询师或治疗师在一开始与来访者约定工作协议时,就应当向来访者清楚说明保密的例外情况。同时,对外披露的内容最好仅限于与当前危险情况相关的信息,以尽可能保护来访者的其他隐私。

五、多重关系

多重关系是指咨询师或治疗师与寻求帮助者在咨询与治疗关系之外,同时或依次建立了其他性质的关系,如友谊和商业交易。由于有效的心理干预需要建立在相互信任、尊重的关系之上,一旦这种关系掺入了其他性质的成分,就意味着咨询师或治疗师与来访者存在多重角色的关系,当对某个角色的期望与其他角色的期望不相容时,就容易产生冲突,从而影响到心理干预的展开。

心理工作中需要尽量避免多重关系的出现,但在实际工作中很难完全做到。例如,来访者作为听众参加咨询师或治疗师的讲座,学校的心理教师同时以多种角色接触到学生来访者。并非所有多重关系都是有害的,关键在于多重关系中是否存在伤害、剥削或权力滥用。

咨询师或治疗师需要从双方对彼此的影响与控制程度、关系可能持续的时间,以及来访者在未来进一步寻求专业帮助的可能性等维度来审视这种多重关系,最终判断多重关系是否有必要继续存在。如果咨询师计划在不终止多重关系的情况下继续工作,也应当将这样做的风险/收益告知来访者,并获取知情同意。

多重关系有时还涉及来访者周围的人,如来访者邀请咨询师或治疗师给自己的家庭成员或好友提供咨询。这种请求可能与来访者自身的问题有关,也可能无关。无论哪种情况,咨询师或治疗师都需要慎重对待,因为这可能使专业关系变得复杂,甚至被破坏。

明确禁止的多重关系主要涉及性关系。《伦理守则》规定咨询师或治疗师"不得与当前寻求专业服务者或其家庭成员发生任何形式的性或亲密关系,包括当面和通过电子媒介进行的性或亲密的沟通与交往",也"不得给和自己有过性或亲密关系的人做心理咨询或心理治疗",在专业关系结束的三年内同样"不得与该寻求专业服务者或其家庭成员发生任何形式的性或亲密关系"。

六、边界问题

专业心理实践中的"边界"一词是指个人角色和专业角色之间的差异。设置和保持边界有助于专业人士和来访者在他们的身份和角色上有安全感。

一般认为存在两种类型的边界问题:跨越边界和边界侵犯。跨越边界是对传统临床实践、行为或举止的无害偏离,既不涉及伤害也不涉及剥削,甚至在某些情况下被认为有助于强化咨询师或治疗师与来访者之间的关系,从而对咨询治疗产生帮助。例如,在倾盆大雨中帮助来访者打车,或在来访者生日时接受其分享的蛋糕等。相反,边界侵犯被认为是有害的,通常涉及利用患者满足自身的需求,如与来访者发生性关系或者在正常收费之外存在其他经济往来。但很多时候,这两者之间并没有十分清晰的区分,如发生在治疗室中的身体接触。

与多重关系一样,边界问题很多时候并没有非黑即白的明确答案,对于特定边界问题需要根据具体的社会文化背景、发生边界问题的实际情况、治疗的类型以及它对来访者可能造成的影响等角度进行考量。例如,《伦理守则》中要求咨询师或治疗师收受礼物时,应考虑以下因素:专业关系、文化习俗、礼物的金钱价值、赠送礼物的动机,以及咨询师或治疗师决定接受或拒绝礼物的动机。

当然,一些越界行为是被绝对禁止的,除前文所述的与来访者及其家庭成员发生性关系,还包括通过向来访者收受实物、获得劳务服务或其他方式作为其专业服务的回报,以及其他利用来访者为自己牟利的行为。

在处理边界问题时,咨询师或治疗师需要询问自己下列问题:"这是治疗需要还是咨询师或治疗师自己想要?""对于其他来访者,是否也会这么做?""可能的最坏结果是什么?""如果真的造成伤害,有办法解决吗?"同时,试着从来访者的角度审视这个问题,并且与来访者讨论。如果意识到自己在边界问题上犯了错误,即便最初是出于善意,也要考虑向来访者致歉。

七、其他问题

(一)费用的减免

咨询师或治疗师和来访者就费用达成一致非常重要,随意改变达成的协议可能会产生负面后果。例如,降低费用后,来访者可能感觉自己满足了咨询师或治疗师的需要,因此贬低咨询师或治疗师和咨询与治疗工作。降低费用也可能使来访者认为他们不值得"真正的"治疗。作为降低费用的替代选择,咨询师或治疗师可以考虑降低频率,暂停治疗直到来访者能够在经济上支持治疗,或者鼓励来访者寻求收费相对低的服务。

(二)迟到与缺席

咨询师或治疗师需要和来访者讨论关于迟到、缺席的处理原则。这包括对于缺席费用的处理,以及应提前多久通知取消或更改时间。咨询师或治疗师也应该遵守这些时间设置,不然可能造成不公平,违背咨询师或治疗师和来访者之间的平等原则。《伦理守则》要求咨询师或治疗师"不得随意中断工作";如果时间安排有变化,"要尽早向寻求专业服务者说明,并对已经开始的咨询与治疗工作进行适当的安排"。

(三)自我披露

咨询师或治疗师应当避免个人隐私被不恰当地披露。例如,咨询与治疗不应当在治疗室外进行;虽然来访者有权就咨询师或治疗师的资历、技术流派、心理工作的过程,以及其他有关事项提出问题,并期望得到明确的答案,但咨询师或治疗师应当避免回答诸如婚姻状况、度假计划、家庭、个人爱好等私人问题。在社交媒体普及的今天,来访者有可能在互联网上找到咨询师或治疗师的实名认证账户,甚至是私人匿名账户,从咨询师或治疗师发布的视频、图片和文字中获取咨询师或治疗师的个人信息。因此,咨询师或治疗师如何避免在互联网上暴露不必要的个人信息,成为一个新的伦理挑战。

(四)远程服务

线下服务的各项伦理要求同样适用于网络、电话等远程服务。在提供远程服务时,咨询师或治疗师有责任帮助来访者了解远程服务的局限性,其与面对面专业工作的差异以及各自的利弊,让来访者自主选择是否接受远程服务。如果来访者选择远程服务,咨询师或治疗师有责任确保服务过程中的信息安全,并需要提供必要的应急替代方案。

(五)教学、培训和督导

咨询师或治疗师给受训人员提供教学、培训和督导同样是一种专业关系,也需要遵守前述的各项伦理原则,包括对多重关系以及边界问题的限制。《伦理守则》要求咨询师或治疗师关心学员的个人及专业的成长和发展,以增进其福祉,这不仅是基于学员的个人利益,而且是为了保护未来向这些学员寻求专业帮助的来访者的利益。因此,咨询师或治疗师同时有责任评估学员的能力和状态是否适合从事咨询师或治疗师的工作,"对不适合从事心理咨询或治疗的专业人员,应建议对方重新考虑职业发展方向"。

本 章 小 结

现实中,咨询师或治疗师与来访者的关系复杂且多样。咨询师或治疗师需要了解来访者的权利、伦理要求和现行法律制度,以伦理原则为先导,以法律为保障开展工作。然而,知晓伦理与法律标准只是一个开始,很多伦理问题并没有唯一的标准答案。这就需要咨询师或治疗师具备批判性思维和将一般伦理原则应用于特定情况的能力。不要消极地将伦理标准视为自我保护、避免法律责任的手段,而是将伦理实践与专业实践相结合,将每一次伦理冲突的处理都作为与来访者在工作上的沟通,是促进双方成长的一个机会。

 思考题

1. 在进行伦理决策时,你会收集哪些信息?
2. 如果来访者告诉你自己有性传播疾病,并且常在没有保护措施的情况下与陌生人发生性关系,你会怎么考虑,采取怎样的行动?
3. 如果来访者给你礼物,你在回应时会考虑哪些因素?
4. 如果发现自己做了一个糟糕的伦理决定,你会怎么做?

(邵阳)

推荐阅读

[1] 安芹. 心理咨询与治疗伦理. 北京:中国人民大学出版社,2022.
[2] 钱铭怡.《中国心理学会临床与咨询心理学工作伦理守则》解读. 北京:北京大学出版社,2021.
[3] 谢斌. 心理治疗的法律与伦理. 四川精神卫生,2016,29(6):556-560.
[4] 信春鹰. 中华人民共和国精神卫生法释义. 北京:法律出版社,2012.
[5] 中国心理学会. 中国心理学会临床与咨询心理学工作伦理守则(第二版). 心理学报,2018,50(11):1314-1322.
[6] AVASTHI A,GROVE S,NISCHAL A. Ethical and legal issues in psychotherapy. Indian J Psychiatry,2022,64(S1):S47-S61.
[7] BASAVARAJU V,JAYASREE L,MATH S B. Ethical and legal issues in psychotherapy. Singapore:Springer Singapore,2016.

中　篇

心理咨询与治疗的主要流派和方法

第六章

精神分析及精神
动力学治疗

学习目的

掌握 精神分析的核心理论与概念、治疗技术和临床操作。

熟悉 精神分析的治疗过程。

了解 精神动力学治疗的三种特定模型；精神分析理论的发展历史。

第一节　概述

精神分析起源于 19 世纪的维多利亚时代，几乎是所有当代心理治疗系统的基础，它主要来自弗洛伊德的思想和工作。弗洛伊德之后的精神分析师又进一步发展了他的理论，形成了新的理论体系。根据精神分析学派理论的发展，可分为几个阶段：①弗洛伊德的精神分析理论；②新弗洛伊德学派，主要指阿德勒的个体心理学和荣格的分析心理学；③后弗洛伊德学派，主要包括自我心理学和自体心理学派等。本节将简要介绍精神分析的历史发展。

经过了一百多年，精神分析一词已经是一个囊括了许多理论流派的术语，虽然这些流派都起源于并尊重弗洛伊德的一些思想，但后来发展出了不同的人格发展理论以及不同的心理治疗技术。本章将涉及术语"精神分析"和"精神动力学治疗"。这两者都源自精神分析的一套核心原则，以相同的理论学说为基础，在治疗过程中使用的技术也没有显著不同。通常精神分析的会谈频率一般为一周4～5次，而精神动力学治疗的频率一般不超过一周 3 次。因此，本章将把"精神分析"和"精神动力学治疗"这两个术语作为同义词使用。在精神分析学界，接受精神分析培训并被国际精神分析协会认证的治疗师被称为精神分析师。

一、弗洛伊德早年的精神分析发展

精神分析源于弗洛伊德对癔症[1]患者的催眠治疗。通过催眠暗示，将被潜抑的创伤事件记忆带回患者的意识中，可以达到一种精神宣泄，从而消除患者的症状。但弗洛伊德很快就放弃使用催眠状态诱导的情绪宣泄，转为鼓励患者进行"自由联想"，即自由地、不加批判地报告他们头脑中正出现的思考、想象、情感、

---

[1] 编者注：癔症为当时的诊断名称，表现为躯体功能紊乱，但这些紊乱不是由可确定的躯体问题引起的。这些躯体症状包括失明、失语、肢体瘫痪、头痛和其他症状。在当今的精神疾病诊断系统中，这些问题被归为躯体形式障碍和分离性障碍。

感觉和记忆,不因为羞愧、内疚或尴尬而有所保留。精神分析师在倾听时不聚焦于任何特定的问题或事件,而是用弗洛伊德所说的"均匀悬浮注意(evenly suspended attention)"所有信息。这些患者和精神分析师之间的一系列活动定义了精神分析治疗,直到今天仍然是它的核心部分。

在对癔症患者的治疗中,弗洛伊德发展了第一个关于思维的潜意识维度如何影响精神生活和行为的系统理论,即"精神地形学说"。他将人的心理活动划分为三个层次,由浅至深分别是意识、前意识和潜意识,并指出导致症状出现的原因主要存在于潜意识层面。

弗洛伊德发现,患者在自由联想过程中仍然会回避或潜抑对潜意识材料的觉察,这个过程后来被称为"阻抗"。对阻抗的分析在随后的精神动力学治疗发展中变得越来越重要。弗洛伊德还发现患者会将大部分潜抑的潜意识愿望集中或转移到精神分析师身上,他将此描述为"移情"。通过对这些问题的深入了解,患者可以放弃自己的潜意识愿望,从而向更成熟的方向发展。

弗洛伊德认为有关性的和攻击性的童年愿望所导致的俄狄浦斯情结引起神经症[2],这是所有随后的心理发展和出现的精神病理学的核心情结。当患者通过治疗意识到这些愿望和冲突时,开始能够承认这些愿望并将其释放,从而减少对潜抑,以及对潜抑所导致的症状的需要。

二、自我心理学

弗洛伊德在 19 世纪末确认了焦虑的两种形式:①弥散的由被潜抑的想法或愿望带来的恐惧或担心的感觉;②以具有压倒性的惊恐感为特点的、伴有自主神经功能障碍的表现。20 世纪 20 年代,弗洛伊德提出了人格的结构理论,即个体的人格包含本我、自我和超我三个部分,并且它们在个体的内心世界中不断发生着冲突。同时,弗洛伊德修正了焦虑理论,他认为焦虑是心理冲突的结果,这种冲突的一方是来自潜意识的本我的性或攻击性的愿望,另一方是来自超我的惩罚的威胁。自我对此的反应是动员防御机制来阻止这些不能被接受的想法或愿望进入意识。随后,精神分析的目标也从原先的让患者意识到潜意识愿望和幻想,转变为更全面地理解患者整个复杂的人格。人格结构模型是一个以冲突为基础的理论,形成了自我心理学的基础。

自我心理学范式把自我作为中心结构,它作为一个执行者,在本我、超我和外部现实之间努力加强妥协。弗洛伊德学派则强调有意识的觉察的重要性和自我的适应功能。主要的转变是从对潜意识内容的兴趣转向了将这些内容排除在意识之外的过程,也就是防御。

在自我心理学理论的发展中,另外一些精神分析师也作出了重要贡献。安娜·弗洛伊德(Anna Freud)强调,自我的主要功能是保护个体不受焦虑的影响。她提出了第一个全面的防御机制列表,并详细阐述了它们的作用。威廉·赖希(Wilhelm Reich)指出性格防御在治疗过程中会成为阻抗,精神分析师必须去面对和分析它们。自我心理学颇具影响力的先驱之一海因兹·哈特曼(Heinz Hartmann)的主要贡献是引入了个人与外部现实(即他人)之间的关系。同时,哈特曼侧重研究自我的发生和发展,从而开辟了精神分析的发展心理学。

---

[2] 编者注:弗洛伊德把神经症分为焦虑性、癔症性、恐怖性和强迫性等亚型。在国际疾病分类的精神与行为障碍分类(ICD-10)中,"神经症"这一名称被取消。但"神经症性"的概念还保留,仍指"非器质性、非精神病性、有人格素质和社会心理因素影响等"一系列内涵。

三、英国的客体关系学派

来自英国的梅兰妮·克莱因（Melanie Klein）、威廉·费尔贝恩（William Fairbairn）和唐纳德·温尼科特（Donald Winnicott）等精神分析师认为精神病理学的根源在于个体在童年期建立的内在客体关系，这种内在关系潜意识地支配和扭曲了成年患者的人际交往模式。

克莱因理论的核心是关于潜意识幻想的概念。她认为婴儿的幻想非常丰富，这些幻想会导致极度的焦虑、内疚、愤怒，也会产生复杂的防御机制。通过这些防御机制，孩子试图拯救自己和母亲免受这些冲动的影响。在成年生活中，这些幻想仍会活跃地影响着个体对正在发展的关系的感知，导致过度的焦虑和防御。克莱因学派致力于探索和诠释这些早期的客体关系幻想，特别是当它们潜意识地表现在与精神分析师的移情关系中时。

费尔贝恩和温尼科特则断言这些潜意识的内在客体关系来自真实的童年体验。他们发现，健康的人格源自与父母之间安全的和令人满意的体验，而诸如过度批评、拒绝或侵入等父母养育的失败会导致孩子成长中出现自体的虚弱，并且留下的客体形象是"客体是不可获得的或具有伤害性的"。费尔贝恩认为通常通过诠释获得的对这些问题的洞察，会带来患者对自己和他人看法的成熟修正。温尼科特把治疗关系看作是一个空间，在这个空间里，患者可以退行到婴儿期或儿童期，从而体验到一种自我重塑。通过这种方式，心理上的疗愈就会发生，这将导致出现一个更强大的自体和更良性、更成熟的客体形象。

四、人际精神分析

"人际精神分析"是美国精神分析师克拉拉·汤普森（Clara Thompson）提出的一个术语，用以描述哈里·S.沙利文（Harry S.Sullivan）、卡伦·霍尼（Karen Horney）、埃里克·弗洛姆（Erich Fromm）及其同事的集体努力。这些精神分析革新者的活动从20世纪20年代延伸到70年代，他们强调真实体验和人际互动在精神病理成因、心理疾病治疗中的作用。

人际精神分析强调正在进行的、即时的临床互动是信息的主要来源和心理变化的载体。沙利文将精神分析师的角色描述为"参与者-观察者"：一个试图理解患者心理的人，同时也理解精神分析师不可避免地对患者产生或好或坏的影响。精神分析师会不经意地复制导致患者问题的体验而加强患者的问题，或者精神分析师也可以通过新的积极的方式进行互动，从而带来新的人际认知和改变。

沙利文、霍尼和弗洛姆把焦虑和人与人之间的不安全感理解为精神疾病的主要动力因素，他们强调焦虑的社会性质和根源。如果年幼的孩子暴露在过度的敌意、拒绝、批评、忽视或情感冷漠中，他们将在霍尼所说的"基本焦虑"中成长，并将大多数新的人际关系视为潜在危险和伤害的来源。成年后，他们会回避可能的亲密关系或在关系中委曲求全，牺牲可以从亲密关系中获得的满足感而选择距离和安全。然而，这些选择是要付出代价的，因为一个人对满足感的需求不会消失，而且可能导致常见的精神病理学形式和症状。

五、自体心理学

自体心理学由美国精神分析师海因兹·科胡特（Heinz Kohut）创立。科胡特的方法源于他对自恋性障碍或自体障碍患者的治疗。这些患者的困难不能被充分归为本能冲动的管理问题、僵化地防御焦虑的问题或激活患者未充分分化的内部客体的问题,并且大多数精神分析师发现之前的治疗方法对这些患者的疗效甚微。在弗洛伊德看来,自恋病理阻碍了精神分析中必需的移情神经症的发展。科胡特则认为可以对这类患者进行精神分析治疗,但在治疗时需要对标准的分析技术进行调整。

自体心理学感兴趣的是外部关系如何助力发展和维持自尊。防御被理解为不仅可以保护个体免于焦虑,还可以帮助维持一种持续的、有积极价值的自体感。科胡特认为自恋的需求贯穿个体的一生,且自恋有其自身的发展路径,照顾者(即客体)起特殊的作用。他强调了共情在自体发展中的作用,强调个体成熟的目标涉及在共情性的关系中的分化。

科胡特假设个体早期的自体客体功能(后文将具体介绍相应概念)的失败是日后生活中自恋缺陷的直接原因,这些早期的失败或缺陷必须在精神分析关系中得到修复和补救。他认为,自恋患者将他们潜意识的镜映、理想化或孪生需求带入治疗中,而精神分析师可以通过持续提供这些自体客体功能,创造一种疗愈情境,让患者的自体有机会变得完整,从而解决其自恋病理。

科胡特还强调了这样一个事实,即在治疗过程中,精神分析师可能未成功运用其自体客体功能,对此可加以积极利用。他发现若精神分析师愿意承认自己的共情失败,或承认没能满足患者的镜映、理想化或孪生需求,可以显著修复关系中断,并通过一个他称为"蜕变性内化"的过程来加强患者的自体。

自体心理学派更重视精神分析中发生的事情。这明显提示自体心理学的精神分析师更多依赖精神分析提供的矫正性体验,而较少依赖于传统的内省的变化过程。

六、后现代学派

近年来出现的许多理论模型强调精神分析的本质是"两人"性质的。尤其在北美,精神分析理论和实践已转向更多的关系性的、主体间性的和社会建构主义的立场。例如,欧文·雷尼克(Owen Renik)强调了在精神分析师倾听和制定干预的方法上,精神分析师的主体性是不可或缺的。治疗情境是主体间性的,因为精神分析师永远无法完全超越他或她自己试图帮助患者的潜意识动机。与此类似,后现代主义观点认为,患者的病理表现很大程度上受文化、性别和精神分析师个人偏向性的影响。建构主义的观点强调不应该确定地将患者的移情视为一种扭曲,因为它可能是一个可信的建构,是基于患者对精神分析师行为的真实方面的认识。

后现代学派中的关系精神分析是一个整合的模型,其核心是探索、理解和改变患者有问题的感知模式和亲密关系模式。这个理论很大程度上是斯蒂芬·米切尔(Stephen Mitchell)、杰伊·格林伯格(Jay Greenberg)及其同事们的工作成果。该理论试图综合之前所有理论中的概念和方法。他们认为,这样一个综合的理论可以让精神分析师调整自己的治疗方法,以满足每个患者的独特需求,并利用之前理论中描述的所有变化因素。关系模型假定所有的精神分析理论都是可信的,都有可能解释一个人的心理发展,但每一种理论只适用于某些人,而不是所有人。因此,关系理论的精神分析师的工作就是找出对每个患者最有帮助的精神分析视角或最适合的理论组合,并使用特定的模型来指导治疗。

七、分析心理学

分析心理学由卡尔·荣格（Carl Jung）在20世纪早期提出。荣格假设了潜意识的两个方面：个人潜意识和集体潜意识。个人潜意识由个体独特的体验组成。集体潜意识由原型潜能组成。原型作为一个骨架概念，需要一般性的体验来充分阐述。通过这个细化过程，原型被组织成情结。情结理论是荣格心理学的核心，它假设情结是精神内容的动态组织，包括意识的和潜意识的内容，它们以图像、想法和围绕共同情感主题的模式来表征。自我情结被认为是这些情结中最重要的，因为它在众多的情结中起整合性的作用。

荣格还提出了"阴影"的概念。被评价为不可接受的、低劣的、无价值的、原始的自我体验部分是不被自我允许的，它们被称为阴影：个体通过将阴影的各个方面投射到他人身上来处理阴影。每个人都有阴影；一切有形的东西都投下阴影；自我之于阴影，犹如光之于阴影，正是阴影使我们成为人类。由于阴影无法根除，所能期望的最好结果就是接受它。

荣格发展了一个人格类型学的概念模型。他用对世界的基本态度和心理生活的某些属性或功能来描绘数种心理类型。更被内在世界激发的人为内倾者，更被外部世界激发的人为外倾者。荣格还确定了心理生活的四种功能：思考和感受的理性组合、感觉和直觉的知觉组合。这一概念图式提供人格的16个类型，这是一些心理测试的基础。

分析心理学的一个主要目标是在个体内部的心理元素之间发展一种深刻而灵活的对话，这种对话通过自我情结进行调解，但不受僵化的意识结构的支配，这样就可以整合潜意识的内容。分析心理学的另一个目的是帮助患者对他本能的一面或阴影取得一种非评判的态度，以便从中提取出有价值的信息。

八、拉康学派

拉康学派是精神分析发展中一股强大的后期势力，由法国的雅克·拉康（Jacques Lacan）创立。拉康把结构主义语言学与精神分析学说结合起来，也把精神分析的医学与哲学研究结合起来，由此对弗洛伊德的学说进行了新的解释。

拉康认为人类的状态是个体的异化和疏远，与一种对"他者"的渴望和对"他者"的体验相联系，而这种渴望永远不能得到满足。拉康将潜意识视为一种像语言一样的结构，并使用语言概念和术语来解释潜意识的运转方式。

拉康的心智理论的特点是发展了获得体验或思想系统的三种模式，拉康将它们定义为"寄存器"。这些包括想象、象征和现实，只有在俄狄浦斯情结解决时，它们才作为不同的寄存器出现。想象主要由图像或前语言的体验组成，拉康认为这些由自恋的努力和不可避免的失望所支配。象征并不局限于语言，它包括所有的符号学系统，包括仪式领域和艺术领域，是结构主义语言学中所说的"能指者"。这些构成的成分本身并没有意义，只有它们相互联系起来，形成一种伦理观念和价值观念才有意义。他认为现实是创伤、精神病和死亡的竞技场，现实是由想象与象征结合而成的。

拉康还区分了大他者（Other）和小他者（other）。前者不是真正的他人/物，而是自我的反映，并记录在心灵的"想象"秩序中。后者代表了一种根本的他异性，与之相认同是不可能的。在临床情境中，精神分析师把自己作为小他者提供给受分析者去发展渴望和移情，但精神分析师从自己的大他者位置进行干预。

第二节 核心理论与概念

本节主要介绍弗洛伊德及其后继者的理论与概念。由于分析心理学和拉康学派各有其复杂的理论和技术系统,考虑到篇幅所限,将不在本节具体介绍。

一、驱力理论

在精神分析文献中,驱力(drive)有时也被称为本能或本能驱力,是一种内在动机力量的精神表征,它刺激精神活动,从而激发人类所有的心理体验。弗洛伊德认为驱力的目的是通过减少或消除紧张来获得满足。弗洛伊德最初还将他的另一个概念——力比多(libido)定义为性驱力的精神能量,并描述了性驱力的许多本能组成成分。弗洛伊德认为心理器官通过驱力刺激的减少来获得快乐,与快乐原则的调节过程一致。快乐原则是指个体天生将快乐最大化和将痛苦最小化的倾向。

弗洛伊德最早将驱力分为性本能与自我(保存)本能,前者寻求情欲性的快乐,服务于物种繁殖的目的;后者寻求安全和成长,并服务于个体的自我保存目的。之后,他提出了第二种分类,即"自我-力比多"及"客体-力比多"。在这个构想中,自我本能现在被认为是力比多。几年后,弗洛伊德提出了第三种分类:生本能和死本能(或死亡驱力)。生本能的目标是建立有机的复杂性、合成和统一并保存生命;死本能的目的则是破坏生命,通过分解有机的复杂性,使生命回归到无机物状态。性本能、自我-力比多和自我(保存)本能目前都包含在生本能的总体概念之下。

二、精神决定论

精神决定论是一种广泛的理论原则,它主张所有的精神事件都是由先前的精神事件引起的,或者所有的精神事件都遵循因果定律。弗洛伊德从周围的科学文化中借鉴了精神决定论的原理来论证精神现象,包括思想、症状、梦和口误绝不应被视为偶然;所有心理现象都是有意义的,尽管这些意义可能是潜意识的。

精神决定论的原则断言:我们的内在经验、我们的行为、我们对浪漫伴侣的选择、我们的职业决定,甚至我们的爱好,都是由我们意识之外的潜意识力量塑造的。在精神分析中,患者被要求或被鼓励说出任何出现在头脑中的内容。当意识对思想流动的控制在自由联想中放松时,就有可能观察到意识经验是如何由我们目前还不知道的重要内心态度决定的。

三、精神地形学说

精神地形学说是弗洛伊德的第一个用于解释心理内部冲突体验的理论。他沿着一条从心理表面到心理深处的虚拟轴,将心灵划分为三个层次或系统:意识、前意识和潜意识。

意识系统对应于我们立即意识或觉察到的内容。在意识层面之下是前意识系统,由我们能自动回忆起的任何内容组成。在前意识之下是潜意识系统,包含驱力的衍生物,以愿望和记忆的形式在一个初级过程模式中被表征,它根据快乐原则运行,不考虑逻辑、时间、确定程度、否定或矛盾。弗洛伊德认为,无法自动回忆起潜意识的内容是一种积极力量的结果,这种力量试图阻止潜意识的内容到达意识,这就是潜抑。在这个意义上,潜意识被认为包含性驱力和攻击驱力、防御、记忆和被潜抑的感受。

潜意识系统与前意识系统被不同的动力性力量分离,这些动力被称为批评性代理、审查,或者潜抑的力量,功能是将不可接受的内容保持在意识的觉察之外。前意识系统包含的思想和记忆是描述性的,只要注意力集中在它们身上,它们就可以毫无障碍地成为意识系统的一部分。前意识和意识系统密切相关,并都遵循通常的思维规则,即逻辑的、经过检验的、时间线性的和因果关系。这些规则是次级过程思维的典型特征。潜意识系统遵循的是典型的初级过程思维。初级过程思维不是用语言文字来表达,而是用符号化、置换和凝缩的意象来表达。在潜意识系统中,信息不受任何现实检验,所以互斥的真理可能共存,矛盾可能比比皆是。精神功能的潜意识方面可能表现为口误、遗忘或替换名字或词语。非语言行为也是与他人交往的潜意识和内化模式的反映。

四、心理结构理论

心理结构理论也被称为三方模型,它将人类心理概念化为三种力量的相互作用,即本我、自我和超我。这是人格中三个不同的代理或结构,每一个都有自己的议程和优先事项,在维持正常人格功能方面有各自独特的作用。

(一)本我

本我是本能的"蓄水池",由性驱力的精神表征和攻击驱力的精神表征构成,具有弗洛伊德先前所称的潜意识系统的特征。通过梦或口误等衍生物可推断出它的存在。本我是前语言的,通过图像和符号表达自己。它没有时间和限制的概念,不受理性、逻辑、现实或道德的约束。本我遵循快乐原则,以能量释放的初级过程模式运作。

(二)自我

弗洛伊德认为自我是在外界感官刺激的影响下逐渐从本我中分化出来的。自我负责自愿的思想和行动,并通过感官与外部世界联系。自我涉及关键的心理功能,如感知、运动控制、理性思维、语言、现实检验、适应、情感调节和对驱力的防御等。自我的核心作用是在本我驱力和外部现实的需求之间起中介作用。与本我的快乐原则相反,自我运作于所谓的现实原则。自我具有意识的和潜意识的两个方面。自我的意识方面最接近通常所说的自体(self)[3],而自我的潜意识方面包含防御性的过程。

(三)超我

超我是自我的进一步划分,由理想抱负、道德命令和禁忌等组成。超我的形成涉及心理内化过程,即孩子吸收了父母及社会的标准和价值观而形成了超我。超我可分为两部分:代表自我渴望成为的自我理想和当自我失败时惩罚自我的良心。超我利用本我的攻击性能量,以内疚和自我惩罚的形式,将攻击性重新导向本我愿望本身。与自我一样,超我被认为部分是意识的,部分是潜意识的。虽然我们能够意识到大部分规范我们行为的道德规则和标准,但还有一部分是没有意识到的,有时它们是严厉的或迫害性的内在力量。

---

[3] 编者注:在精神分析文献中,术语"自我"(ego)和"自体"(self)经常互换使用。哈特曼根据它们各自的作用情境区分了自我和自体,自我与其他心灵内的成分(本我和超我)相互作用,而自体被认为是与客体相互作用的。

（四）三者关系

随着个体的发展和成熟,自我在功能上变得越来越连贯、综合和有组织性。自我能实现本我的愿望,但当本我的愿望与外部世界的要求或与超我的道德禁忌发生冲突时,自我又能反对本我的愿望。自我是理性的调解者和卓越的执行者,总是在本我驱力、超我和外部现实的要求之间充当中介的角色,对本我、超我和现实的相互竞争的需求进行折中解决,从而使得个体即使面对相互竞争的目标,也能获得最大的满足。本我、自我和超我这三个结构可以是非常和谐的,也可能会发生冲突,大多数情况下,自我寻求在本我的快乐和超我的不许可之间做出妥协。

五、性心理发展理论

弗洛伊德认为在成长的不同阶段,性驱力能量会被导向不同的性敏感区(也就是我们身体的某个部分)。根据时间顺序,这些性心理阶段被概括为口欲期、肛欲期、婴儿生殖器期、潜伏期和生殖器期。前两个时期以及婴儿生殖器期俄狄浦斯冲突出现之前的时段也被合称为"前俄狄浦斯期"。这些阶段是人为的划分和命名,实际上它们的发生在时间上是连续的,有些阶段在时间上有重叠,并不是截然分开的。

（一）口欲期

指生命的头一年。它的特征是对口腔黏膜强烈的力比多投入。吮吸乳房、舔、吞咽、咬、吐等所有涉及口腔的活动都被深入地投注。这一阶段的能量投入表现出从自我情欲到部分客体关系、再到完整客体关系的逐渐演变。换句话说,母亲的乳房最初被认为是婴儿自身的一部分,然后被投注为一个客体,再随着后来的发展,母亲才被理解为一个完整的、独立的人。

（二）肛欲期

1～3岁的特征是孩子的本能兴趣从口转移到肛门。此时的快感来自粪便通过肛门黏膜的刺激。这个时期孩子对自主的要求越来越高,攻击性涌起,他们会为掌控和控制而斗争。由于括约肌控制的成熟,如厕训练成为可能,这也许是冲突上演的一个领域,他们可能会第一次体验到局限性和被限制。通过如厕训练,冲动越来越被社会化,与肛门相关的保留粪便和驱除粪便的快乐涉及父母客体,特别是母亲。这个时期围绕着涉及主动/被动、保留/驱除、控制/服从的矛盾冲突,因此来自肛欲期的幻想通常涉及对自我和他人的控制或掌控。

（三）婴儿生殖器期

婴儿生殖器期最早被称为阳具期或俄狄浦斯期,是指3～6岁的性心理发展阶段。这一阶段的特征是外生殖器成为孩子的兴趣和快乐的主要来源,在心理上占据优势地位,同时伴随着高涨的裸露/展示冲动。在弗洛伊德男性中心的性心理发展理论中,这个阶段的男孩对自己的阴茎感到自豪和兴奋,但同时也有害怕自己的生殖器遭受破坏的焦虑;而女孩则将自己的阴蒂比作阴茎并为此感到自卑和对阴茎的嫉羡。这些在随后的俄狄浦斯情结发展中起决定性的作用。

婴儿生殖器期的性心理发展顶峰是俄狄浦斯情结。四五岁的孩子在思考父母双方的关系以及他们在这种关系中所扮演的角色时产生了困惑、好奇和幻想,弗洛伊德将此定义为俄狄浦斯情结。俄狄浦斯冲突产生于孩子希望得到父母中异性一方的性结合和爱,并嫉妒和希望摆脱他同样爱着的父母中的同性一方。孩子希望自己是他渴望的父母一方的爱的主要接受者,同时害怕"敌对"的父母一方的报复。这种恐惧被称为阉割焦虑,通常体验为身体上的伤害,也会体验为失去爱和客体。弗洛伊德对俄狄浦斯冲突的解决顺序进行了如下描述:由于失望、挫折和恐惧(害怕被阉割、失去客体或爱),孩子放弃了对父母的乱伦欲望。对父母双方的客体投注被放弃,取而代之的是认同。对父母的性欲转化升华为表达爱意的冲动。对父母的理想化被转化为自我理想,而内疚和对来自父母惩罚的恐惧在超我的形成中被结构化。俄狄浦斯冲突的成功解决可使孩子在内心世界中设立乱伦禁忌,接受代与代之间的界线,并加入生命的时间维度,孩子能尊重等待和努力的价值,并形成超我。

(四) 潜伏期

潜伏期发生在5~12岁,这也是儿童正式接受教育的开始。潜伏期的孩子对父母的强烈依恋变得消退且被潜抑。他们与同伴的关系增加,自我功能增强,体验到更强的对心理和躯体操作方面的掌控能力,能够在家庭之外的社会群体中使自己被接受,并遵循家庭和社区的规则。对性的好奇也会升华为对智力的好奇,从而使自己变得冷静、温顺和可以接受教育。

(五) 生殖器期

在此阶段,生殖器区域的冲动占据了优先地位,生殖器成为性兴奋和性释放的主要来源,这被弗洛伊德称为生殖优先。生殖器期还有三个特征:①预示着成年的开始;②不仅涉及兴奋区域的转移,而且还涉及与所爱客体建立的关系性质的转变;③生殖优先和成熟的爱是相互促进的。

埃里克·埃里克森(Erik Erikson)将个体一生的发展概述为八个发展阶段,每个阶段都有相应的发展任务。它们包括:①基本信任相对于基本不信任;②自主相对于羞愧和怀疑;③主动相对于内疚;④勤奋相对于自卑;⑤身份认同相对于身份混乱;⑥亲密相对于孤立;⑦创造力相对于停滞;⑧自我完整性相对于绝望。

这与当时流行的精神分析模型有四个重要的区别:①这些阶段是根据是否成功实现一个特定的发展任务来设想的;②发展过程的展开不被视为源于本能力量,而是来自自我成就;③自我在这一过程中所面临的挑战和收获的回报不仅来自个人,也来自家庭以及学校、工作场所、整个社会等公共领域;④个体的发展任务并不是在潜伏期或青春期结束,而是持续终身,直到老年和生命的结束。

六、客体关系理论

客体关系理论是一种关于人类心理发展和功能的理论,其基础是心理中被称为客体关系的基本结构的动力学。客体关系是一种内在的表征或结构,由三部分组成:自体表征、客体表征,以及自体与客体之间情感互动的表征。接下来将介绍几位重要客体关系学派精神分析师的一些概念。

(一) 克莱因的重要概念

克莱因区分了两种根本上不同的心理发展相位,称之为偏执-分裂位相和抑郁位相。使用"位相"这个词是强调这两个概念并不是在描述心理发展中的一个阶段,而是一个由客体关系、焦虑和防御等特征模式构成的持久的心理结构。

1. 偏执-分裂位相　在生命的最初阶段,婴儿经历了一种内在的受迫害状态,导致他投射出被感受为"坏客体"的心理内容。婴儿将外部的迫害性客体反复内化,然后再重新投射,以应对焦虑。婴儿的焦虑既可能源于死亡本能的运作,也可能源于他体验到的挫折。不可避免的剥夺和挫折刺激婴儿的施虐性,导致了他对母亲/乳房的无情攻击,这些攻击又会导致婴儿感觉客体是报复性的。

偏执-分裂位相中的婴儿使用特定的防御。分裂是第一种防御,其作用是保护好的、愉悦的体验不受坏的、迫害性的体验的影响。婴儿既体验到他与母亲之间有一种理想化的关系,也体验到一种迫害性的关系。婴儿无法处理这种复杂性,因而他让这些矛盾的体验保持为分开的、截然不同的。第二种防御是否认,在否认的过程中,从自体或客体中被分裂出来的心理内容实际上被否认了存在性,甚至被消灭了。

2. 抑郁位相　发展一个被整合的体验是一项重大的发展成就,克莱因称之为抑郁位相。这是一个新的客体关系、防御和焦虑的组合,它伴随着由许多成分组成的剧烈的精神痛苦。首先,觉察到与客体是分开的会给婴儿带来痛苦。其次,客体现在被理解为拥有自己的生命且不受主体的控制。最后,认识到好的客体和坏的客体是同一个,这会导致婴儿对客体状态的强烈焦虑。婴儿开始担心客体会有被婴儿自己的施虐性和攻击摧毁的危险。这种新的恐惧会被体验为抑郁性的焦虑或内疚。如果有足够的内在和外部的支持,那么婴儿可以承受由渴望和内疚引发的哀悼过程。当自我变得更强大时,就会释放出修复的冲动,旨在使内在的和外部的客体复原。

（二）温尼科特的重要概念

1. 过渡性客体　这是孩子拥有的第一个没有生命但很珍视的 “非我”,如一条毯子、一块布或一只泰迪熊。过渡性客体最早出现在婴儿 4～12 个月,在这个时期,自体表征和客体表征只是部分分化的。过渡性客体唤起了与母亲共生的幻觉,被用于防御焦虑。它也遭遇孩子的爱、兴奋、恨和攻击。最终,孩子会对它失去兴趣,毫无哀伤地放弃。

2. 抱持的环境　是由有爱的母亲在与婴儿的互动中创造的,对婴儿的发展至关重要。婴儿最初在一个母性的抱持环境中体验他自己是无所不能的,这对健康和创造性的自体发展是必要的。它为婴儿提供了足够的安全,以便婴儿在没有被 “抱持” 时能够忍受与不可避免的共情失败有关的暴怒。而且,这种照顾会延伸到父母对较大孩子的更广泛的照顾职能。抱持的环境的概念已经被概括为包括精神分析师和分析情境提供的非特异性的、支持性的功能。

3. 足够好的母亲　指一个为婴儿提供最适量的安慰和挫折的母亲。这绝非指完美的、满分的母亲,而是指六十分的、刚刚好的母亲。由足够好的母亲提供的保护环境允许婴儿体验到其需求的非创伤性满足,并逐渐将其情感状态整合为稳定的自体感和现实感。

（三）比昂的重要概念

1. “β 元素” “α 元素” 和 “α 功能”　威尔弗雷德·比昂（Wilfred Bion）所称的 β 元素是指本身被定义为没有意义的、不能被体验的,或者甚至不能被思考的精神内容。它们会在付诸行动、心身症状和强烈的投射性认同中被表现出来。α 元素是一些如隐梦想法的精神内容。两者的重要差异是:①α 元素可以携带和转变意义,而 β 元素则不能;②α 元素可以相互联系与黏着,而 β 元素相互之间不能连接起来。α 功能被用来描述原始的精神内容转化为思想的过程,即把 β 元素转化为 α 元素。在精神分析过程中,受分析者角色贡献的是 β 元素,精神分析师角色产生的是 α 功能,即去接受受分析者的 β 元素,并将这些 β 元素转换为 α 元素。

2. 容器/涵容　容器指的是母亲的心智,它接收孩子的投射,并通过这种行为使孩子有可能发现自己的需求。如果母亲能够涵容婴儿的投射并思考它们,赋予它们意义,婴儿就有了被理解的体验。比昂将这种母性态度在结构上称为 “容器”,在功能上称为 “遐思”。遐思是潜意识地发生的,通过成功的遐思的反复互动,婴儿也会内化遐思的功能,从而发展反思和理解自己的能力。在精神分析临床情境下,精神分析师接收到受分析者无法或不愿意去思考的精神内容,成为一个容器,并利用他的遐思去破译、滴定和整理接收到的内容,通过他的诠释将被投射的材料返回给患者。

(四)马勒的重要概念

玛格丽特·马勒(Margaret Mahler)将 0～3 岁幼儿的心理发展划分为三个阶段,分别是自闭阶段、共生阶段和分离-个性化阶段。

1. **自闭阶段**　是指从出生到 3 月龄间,婴儿大部分生活在一个充满内在刺激的世界里,是一种相对孤立的状态,婴儿对外界刺激相对没有反应。

2. **共生阶段**　指婴儿 4～5 月龄时和母亲之间幸福的、心理上的融合。马勒将共生阶段的主要任务描述为母子关系的形成、基本信任的发展和身体形象的早期成型。

3. **分离-个性化阶段**　指 6～24 月龄的复杂发展阶段。分离包括导致自体心理表征与母亲心理表征分离的内在心理过程。孩子通过个性化过程获得内在心理自主性,从而使自己的个人特点有别于他人。分离-个性化发展过程有四个亚阶段,分别是分化、实践、和解和走向客体恒常性。

(1)分化:在 6～9 月龄,孩子从身体上将自己与母亲区分开来,他会在母亲的身上爬上爬下、抓头发、鼻子、眼睛、耳朵,甚至把母亲的头发放自己的嘴里等,这个时候实际是在探索母亲和自己的差别,是个性化的开始。

(2)实践:指孩子在 10～15 月龄期间会测试和实践新发展的自主自我功能,主要通过离开、实践性的活动和在离母亲更远的地方探索不断扩大的环境来进行试验。

(3)和解:随着个性化的快速发展和认知的成熟,15～24 月龄的孩子能够体验自己的单独性,但也会体验到分离焦虑形式的脆弱性。马勒将这种张力描述为"矛盾意向",这使母亲和孩子都很困惑,并最终导致孩子的和解危机,也就是一个内心的冲突:一方面是希望留在母亲身边;另一方面是想要自主性,与之相伴的是意识到自体是一个单独的个体。

(4)走向客体恒常性:客体恒常性被理解为一个在质上达到新的层次的客体表征组织。当孩子能够将防御性分裂的对母亲的全坏表征和全好表征结合起来时,这种能力就会形成,并建立一个统一的、恒定的内化客体,即使母亲做了使孩子不愉快的事,这个客体也能保持它的身份。

七、自体心理学的概念

(一)自体与自体客体

在自体心理学的理论框架中,自体(self)是指支配着个人的体验和行为的精神核心。自体与关系中的另一方相对应,另一方则被称为客体(object)。科胡特的"自体客体"(selfobject)是指一种两人之间的关系,在这个关系中,A(一个婴儿或患者)要求 B(母亲或精神分析师)为 A 提供心理功能,因为 A 不能为自己提供该功能。最好将自体客体理解为:它代表了诸如抚慰或确认等的功能,而不是代表人本身。

(二)自体客体功能和自体客体移情

科胡特认为自体客体功能对健康自体的发展至关重要,在童年期体验到健康的和一致的自体客体功能的个体可以发展出连贯的、有活力的、目标导向的自体,以及有自信的身份认同感。这也是对自恋病理的精神分析治疗的基础。他描述了三种自体客体功能,分别是镜映、理想化、孪生或另我的自体客体功能。

1. 镜映　是指在共情的基础上反映婴儿的体验和活力,当父母愿意并有能力暂停自己的个体性时,可提供给婴儿此功能。对自恋障碍患者的治疗中对应的是镜映移情,指患者转向精神分析师以获得确认和赞许。

2. 理想化　是个体被看作是一个荣耀的、完美的自己的版本,以便孩子能够认同自体客体的力量和价值。理想化的移情是指患者在被理想化的精神分析师的阴影下维持其自尊。沉浸在精神分析师的荣耀中,会让患者觉得自己是完整的、有价值的。

3. 孪生的或另我的自体客体功能　是一个孩子在感知到一个同龄人是完全相同的时候所体验到的,这种功能可以帮助个体巩固自己的身份认同。在精神分析治疗中,这表现为患者的一种"自己就像精神分析师一样"的需要。

第三节　主要治疗技术

本节将简要介绍精神分析及精神动力学治疗的治疗技术以及它们在临床中的具体应用。下文将以"治疗师"指代精神分析师及治疗师。

一、精神分析性治疗态度

在精神分析的治疗关系中,治疗师需要始终保持分析性的治疗态度,从而最大限度地帮助患者。分析性治疗态度包含了三个重要的治疗原则:节制、中立和匿名,它们是治疗师技术立场的基石。

（一）节制

节制最初指的是治疗师不应满足患者对治疗师的公开或隐蔽的性爱放纵的要求。因为让欲望得到直接满足会破坏使之象征化以及通过诠释的方式来理解患者潜意识动机的可能性,从而影响症状的消除及患者的心理成长。节制不只针对性的欲望,同时也包括其他本能愿望。当然,患者和治疗师双方的本能愿望都不应该直接在治疗中得到满足。节制规则也适用于负性移情,治疗师不应去反驳表示自己不像患者想的那么坏。

（二）中立

精神分析性的中立描述的是一种态度,而不是一种行为,其特点是治疗师不仅不持判断的、批评的态度,而且对患者精神生活的各方面感兴趣。中立也表现在治疗师试图限制自己的价值观、判断或自己情感生活对治疗的侵扰。安娜·弗洛伊德认为中立就是治疗师在进行精神分析工作时站在与患者的本我、自我和超我等距的点上。艾克赛尔·霍弗（Axel Hoffer）提出中立是治疗师对患者的情感、冲突,以及患者和治疗师之间的权力差异的中立。

然而,在有些特殊的情况下,治疗师必须偏离中立的立场。这些情况包括:①患者出现紧急情况,如出现自杀、精神病急性发作、危及生命的躯体问题等;②患者的破坏性力量可能危害到其周围的人;③治疗师出现紧急情况,如出现躯体或心理上的风险问题。

（三）匿名

匿名是指治疗师相对缺乏自我表露,其目的是维持足够的模糊性,让患者体验到广泛的移情幻想。匿名意味着要限制提供给患者有关治疗师的信息。患者对治疗师所知越少,就越倾向于用幻想来填补空缺,治疗师也越容易让患者理解到这一点:患者的反应是出于患者自己的置换和投射。由于现代信息传播的飞速发展,治疗师在网络上暴露的个人信息也有可能被患者看到,因此治疗师应该同时也要限制自己在非治疗时间、非治疗室内提供给外界的个人信息量,以此来达到匿名的原则。

二、自由联想

自由联想意味着谈话并不通过某个固定的点开始,治疗师也不去掌控患者的思维链,一切都是"自由流淌"的。治疗师要求患者尽可能不受约束和审查地说出他头脑中的任何内容,包括想法、感受、身体感觉、梦境等,不论这些内容多么愚蠢、琐碎、不合逻辑、没有关联或令人痛苦。这个要求后来成为精神分析的基本规则。

当患者可以自由地联想他通常忽略或回避的体验时,会更直接地自我流露,而且患者和治疗师都可能注意到在思维序列中显而易见的但意想不到的联想链接。治疗师也可以通过患者自由联想内容的顺序来了解在患者心目中这些内容之间的相互联系。如果患者对自由联想感到犹豫或拒绝合作,或者在自由联想中出现了停顿或中断,说明一些原先被阻止的冲突性心理内容威胁会进入患者的联想流,这些内容会引发患者焦虑、尴尬、恐惧、羞愧和内疚的感受,因此对患者的自由联想产生了干扰。

三、诠释过程

这是指一个由一系列技术构成的工作过程,是治疗师用语言阐述他对患者的潜意识精神生活的理解。通过诠释过程,患者的意识体验与他主动排除在意识之外的心理体验被联系起来,其潜意识的精神生活也变得可以被意识理解。诠释过程包括三种干预技术:澄清、面质、诠释本身。

(一)澄清

澄清是指以非质疑的方式讨论患者所说的话,以便揭示其所有的含义,并发现患者对仍不清楚的事情的理解或困惑程度。这可以帮助患者更清楚地看待事物,并更清晰地区分其意义。澄清包括重述主要想法伴随的感受,或以有意义的方式重排看似不相关的各种想法。澄清的过程通常包括治疗师对详情和细节的询问,可能还包括要求患者对正在描述的内容进行举例,或者治疗师重述患者似乎在描述的内容,并要求患者反馈以明确治疗师的理解是否正确。

(二)面质

面质是指出患者所说的内容中歪曲现实的或矛盾的内容。面质将患者的注意力引导到外部现实或有意识的自我体验方面,这些方面很容易被观察到,但却也容易被回避或否认。面质也可用于识别意识上存在的矛盾想法和行动。在面质中,治疗师邀请患者退后一步观察,然后把他的体验、交流和行为中不一致的方面集中起来,并进行反思。面质的目的是鼓励患者反思他自然而然会忽略的内在的不一致。精神分析的面质是被巧妙地、不带攻击性地呈现出来的,所以并没有对抗的内涵。

(三)诠释本身

诠释本身是指治疗师通过语言向患者传达他对患者材料的理解。其核心是帮助患者意识到他潜意识中的内容等。诠释是一种揭露和破译活动,一个诠释的形成是分步骤进行的,包括治疗师倾听、收集信息、汇集数据、发展并提出假设。诠释工作必须从表层开始逐渐深入,它的起点是患者所知道的和目前在他脑子里的内容,而后再走向更深的层面。诠释有助于患者理解自己的体验和行为,加深对自己内心生活的理解,帮助其获得更大的视角去看待体验的冲突方面。

澄清和面质被认为是诠释前的准备工作,聚焦在意识和前意识的材料上,而诠释涉及被患者防御的潜意识方面的材料。澄清和面质侧重于"患者体验到什么",诠释侧重于"为什么"。这些治疗技术都是精神分析过程中必要的步骤。这三个步骤不会精准地依照顺序发生,例如,有时候治疗师对某个问题澄清后可能就已经给予诠释了。

四、防御和阻抗

(一)防御

防御是个体为了避免体验到痛苦的内心状态而采取的所有潜意识心理策略。它是自我的一种功能,是心理活动过程的一部分。在多数情况下,防御是潜意识的,目的是减少焦虑。在临床上,按照防御的适应功能和发展水平,防御被分为不成熟的防御、神经症性的防御、成熟的防御。

1. 不成熟的防御

(1)分裂:将对自我或对他人的体验或想法的不同部分分割开来。

(2)投射:把不可接受的内在冲动及其衍生物感知和反应为是外界的,就好像它们在自我之外。

(3)投射性认同:通过微妙的人际压力,投射者将自我或内在客体的某个方面投射到被投射者内部,被投射者作为投射的靶对象,其行为、思考和感受开始与被投射物的性质保持一致。这既是一种心理防御机制,也是一种人际交流。

(4)否认:通过忽视感官信息,避免意识到难以面对的外部现实。

(5)歪曲:显著改变外部现实以满足内心的愿望需求。

(6)解离:在面对无助和失控时,一个人在身份、记忆、意识或知觉方面的连续性发生紊乱,以此保持一种心理上控制的幻觉。

(7)理想化:把完美或接近完美的品质归因于他人,以避免焦虑或负面情绪。

(8)付诸行动:冲动地活现潜意识的愿望或幻想,以避免痛苦的情感。

(9)躯体化:将情感上的痛苦或其他情绪状态转化为身体症状,将注意力集中在身体忧虑而不是心理忧虑上。

(10)退行:退回到早期的发展阶段或功能水平,以避免与当前发展水平相关的冲突和紧张。

2. 神经症性的防御

(1)内射:将一个重要人物的某些方面内化,作为处理失去这个人的一种方式。

(2)认同:通过模仿别人来内化对方的品质。内射所导致的内化的表征被体验为一个"他人",而认同所导致的内化的表征被体验为自体的一部分。

(3)置换:将与一个想法或物体相关的感受转换到在某些方面与之类似的另一个想法或物体上。

(4)外化:通过将责任推给他人来否认个人对某一行为的责任。

(5)理智化:使用过度的和抽象的概念来避免难以忍受的感受。

（6）情感隔离：将一个想法与其相关的情感状态分开，以避免情感的骚动。

（7）合理化：对不可接受的态度、信仰或行为进行辩解，使自己能忍受它们。

（8）性化：赋予一个物体或行为以性的意义。

（9）反向形成：把不能接受的愿望或冲动转变成它的对立面。

（10）潜抑：阻止或驱逐无法接受的想法或冲动进入意识。

（11）抵消：试图通过特定的行动或想法来消除先前言论或行为中有关性、攻击的或可耻的含义。

（12）反转：指把一个人的位置从主体切换到客体，或相反。

3. 成熟的防御

（1）幽默：在困难的情况下寻找喜剧的和/或讽刺的元素，以减少负性情感和个人不适。

（2）压抑：有意识地决定不注意某一特定的感受、状态或冲动。

（3）苦行主义/禁欲主义：试图消除体验中愉悦的方面，因为这种愉悦产生了内在的冲突。

（4）利他：致力于满足他人的需求而不是自己的需求。

（5）预期：通过计划和思考未来的成绩和成就来延迟即刻满足。

（6）升华：将社会不喜欢或内部不接受的目标转化为社会可接受的目标。

（二）对防御的处理

精神分析的任务之一是识别和逐步诠释患者的防御。对防御进行探索的目的是向患者指出他避免或控制痛苦的独特方式。诠释防御的过程可以分为五个步骤。

1. 识别患者所隐藏的感受或冲动　患者不能忍受的某种感受或冲动会引发焦虑反应，由于患者难以承受这种焦虑，便会采用一些防御机制来避免体验到这种感受或冲动。因此，想对患者的防御进行工作就首先需要识别它们。

2. 找出隐藏的焦虑　当患者采用某些防御方式时，不会直接体验到焦虑，但对防御进行工作时，需要找出其焦虑，并在结合患者自我功能的情况下评估焦虑的性质，即焦虑的发展起源。

3. 识别防御　需要识别患者使用的防御类型，以及防御是否属于自我协调的，自我协调的防御更难被患者放弃。对于自我不协调的防御，患者会将其体验为令人厌恶的或有问题的，想从中解脱出来。在处理防御的时候，首先要指出患者正在如何进行防御，然后再与患者一起讨论他为什么需要这样做。

4. 在移情中处理防御　患者在与治疗师的互动中也会采用相应的防御方式。治疗师要对这样的互动压力保持警惕，并需要"此时此地"地对患者的防御进行工作。

5. 做出一个有关防御的诠释　当识别出了被患者防御的感受或冲动、患者的防御方式，以及不使用防御会产生的焦虑时，治疗师可以给出一个诠释。治疗师还需要在这个诠释中说明防御为患者带来的好处，以及他为此付出的代价，这样才可以帮助患者承认他的防御，并可能发生进一步改变。

（三）阻抗

阻抗指所有阻碍接近患者潜意识的言语材料和行为。相对来说，阻抗是一个特定于治疗情境的概念，防御在治疗中会以阻抗的方式呈现出来。防御是针对内部的，而阻抗是针对外部的。

尽管阻抗的某些方面可以被意识到，但阻抗最基本的部分是由潜意识的自我执行的。它可以通过心理过程、幻想、记忆、性格防御和行为来表达。下面介绍临床上比较常见的阻抗的具体表现。

1. 保持沉默 总是沉默意味着患者在给治疗师提供材料上存在着阻抗,这会使治疗师无法工作。治疗师需要确定说话对于患者意味着什么,或者需要找出是什么阻碍了患者的自由联想。

2. 不回答治疗师的提问 有的患者可能对治疗师的问题既不点头或不摇头,也不回答是或否,这是一种直接的抵触。而更多的患者会以间接的方式来回避治疗师的提问,通常表现为答非所问。

3. 回避生活中的某些主题或某些时段 患者往往会回避让他痛苦的、尴尬的、羞耻的主题,如关于性、攻击、移情的内容。有些患者也会回避谈论生命中的某个特定时期。

4. 一直谈论琐事或治疗外与患者不太相关的事情 如果患者在较长一段时间里都在谈论琐碎的事情,或者一些与其无关的事情,如重大政治事件或社会新闻,并且不联系到他自己或他的心理活动,那么可能他正在回避某些真正有意义的事情。

5. 控制交谈主题 通常表现为患者想方设法把治疗主题控制在自己希望的内容上,每当治疗师触及核心问题或重要的内容时,患者就转移到最近发生的一些突发事件上。

6. 对梦没有联想或太多联想 如果患者报告了梦之后对梦没有联想或者联想到非常多的内容,甚至很难停下来时,则治疗双方无法合作去发现梦的意义。

7. 遗忘 心理治疗中的遗忘往往具有重要意义,如患者说原打算告诉治疗师某个事情,但他忘了。这是发生在治疗小节中的遗忘。遗忘还可能发生在治疗时间外。当患者在治疗中提及遗忘时,也表明存在阻抗。

8. 迟到、缺席或不在约定时间内付费 这些都意味着患者不愿意治疗或不情愿付费。迟到时,治疗的有效时间便会减少。缺席治疗往往是严重阻抗的表现,背后常常隐藏着患者对治疗师的怨恨、恐惧。不在约定时间内付费也意味着患者对治疗不满意或者不想继续治疗,或将此作为惩罚治疗师的方式。

9. 付诸行动 这意味着患者以行动的方式呈现情感和想法,而不是去讨论。付诸行动往往有多重功能,但首先要把它作为阻抗进行处理。

10. 把注意力指向治疗师 是指患者将谈话的重点指向治疗师,或吹捧赞扬治疗师,或抱怨责问治疗师,或一直询问治疗师的个人信息。患者的这些行为会分散治疗师对患者的问题的注意,或者治疗师会疲于应对,最终会使治疗无法真正地开展下去。

11. 治疗没有进展或快速有效 有时分析工作显得进展顺利,但患者的症状却没有好转;或者相反,患者在经过几节精神分析后就报告说自己的症状完全消失了,此时患者可能对继续治疗没有兴趣,或者是以逃入健康来回避治疗。

12. 做"非常好的"患者 指患者将自己的批判性超我投射到治疗师身上,治疗师被体验为评判性的或惩罚性的,患者会变得顺从,并试图说或做正确的事情,以避免不被喜欢。治疗师可能会落入一个舒适的陷阱,但因为治疗师与患者的防御共谋,所以患者不会发生改变。

13. 难以保持患者角色 指患者为了避免探索自我、否认脆弱感或依赖感而采用合理化、理智化或引诱性的行动。通过这种手段,患者可能会把治疗师拉到理智的讨论中,这样他就消除了与治疗师之间的差异,从而回避了他的脆弱性。

14. 理想化治疗师　因为治疗师的自恋需求,会很难抗拒患者对治疗师的理想化。如果治疗师过于认同做一名"非常棒的"治疗师,那么就无法退后一步,也无法帮助患者思考这种理想化防御的是什么。

(四)对阻抗进行工作

对阻抗的诠释处理的是患者在任何阻碍治疗的行为背景下试图避免探索的心理内容。对阻抗的分析是让患者理解他正在阻抗这个事实、他为什么阻抗、他在阻抗什么,以及他是如何阻抗的。拉尔夫·格林森(Ralph Greenson)提出了如何对阻抗进行分析。

1. 识别阻抗　这是分析阻抗的首要任务。有时候阻抗的表现非常微妙、模糊、复杂,治疗师可以基于对患者自由联想的理解,抓住主线,寻找切入点,直到能识别出患者存在的阻抗。

2. 展示阻抗　治疗师可以直接指出比较明显的阻抗。如果阻抗不明显,患者对此无法察觉,那么治疗师需要进行面质,需要呈现出治疗师观察到的阻抗的证据。治疗师不要试图说服患者承认他正在阻抗,而要更多地列举事实并提出相应的问题。

3. 澄清阻抗的动机和方式　在患者已经"看到"自己的阻抗后,治疗师需要探索患者在抵抗的是哪些痛苦的情感。由于阻抗的存在,此时患者无法直接体验到这些情感,但他的行为举止往往可以反映出他的情感。之后,还需要去探索分析导致这些情感的冲动和/或冲突是什么。最后还要澄清患者阻抗的具体方式。

4. 诠释阻抗　对阻抗的诠释是综合前文三个步骤中探索到的内容,并向患者解释是他的什么幻想或记忆激起了阻抗背后痛苦的情感或冲动,并进一步追溯这些情感或冲动的根源,最终触及患者潜意识目的。

5. 对阻抗的方式进行诠释　如果患者的阻抗方式反复出现,那么也可以对这种方式进行分析和诠释。需要注意的是,此时探索的是患者在分析情境内、外的这种行为方式,然后再进一步追踪患者经历中这种行为方式的根源与潜意识目的。

6. 修通　治疗师需要与患者一起反复重复上述步骤,从而分析患者在某个治疗时段的阻抗的含义。在分析患者的潜意识现象时,治疗师需要评估确认患者能够忍受和利用阻抗分析的程度,并以此来决定探索的深度,这样才能更有效地修通阻抗。

五、移情与反移情

(一)移情

弗洛伊德将移情概念化为个体将力比多从一个客体(表征)置换到另一个客体(表征)上。精神分析情境下的移情是患者对治疗师的有意识和潜意识的体验,它是由患者内化了的早期生活经历所塑造的。

在移情过程中,如果患者投射到治疗关系中的是良性的、积极的情感及幻想,这种移情被称为正性移情;如果投射的是较敌对的情感和幻想,则被称为负性移情。正性移情往往有助于精神分析工作的进行,但如果正性移情达到非常强烈的程度,那么也会成为阻抗而阻碍治疗的进展。很容易理解的是,如果治疗关系中主要的移情为负性,则治疗不太可能顺利进行。

另外,还需要特别注意情爱性移情(erotic transference)和色情化移情(erotized transference)。前者是指患者对治疗师产生浪漫的感情,并可能公开宣布或通过明确的爱的暗示来表达这些情感。后者是一种特别强烈的情爱性移情。在这种情况下,患者的非性的需求(如对依赖的需求)或攻击性的冲动会变得色情化,并指向治疗师。患者强烈希望治疗师回应他的情爱渴望,而且将这些愿望视为对当前现实的迫切要求而非其内心生活的复杂表达。

(二)反移情

弗洛伊德最初将反移情定义为治疗师对患者的移情,而且认为这是对治疗师的一种干扰,是对治疗的一种阻碍。1950年,宝拉·海曼(Paula Heimann)将反移情的概念扩展到治疗师在分析治疗期间所体验的所有感受。她将反移情的概念从消极的内涵中解放出来,将其置于精神分析技术的中心。目前,反移情被认为是精神分析中一个非常有价值的治疗工具。

当代治疗师一致认为,治疗师的主观体验有多个来源,并以多种方式参与在分析治疗中。其一部分源于治疗师的过去,另一部分源于患者的内心世界。换句话说,患者在治疗师身上诱发了某种感觉,这种感觉让治疗师得以窥见患者的内心世界以及患者在治疗之外的关系中唤起的他人的感受。

海因里奇·瑞克(Heinrich Racker)将反移情分为一致性认同和互补性认同。前者是指治疗师对患者自体的某一方面发生的认同;后者是指治疗师对患者的内在客体发生的认同。他认为一致性认同是治疗师共情的一个组成部分。他还提到治疗师会在对患者的一致认同和互补认同之间不可避免地摆动。

(三)对移情进行工作

分析移情旨在探索患者的冲突和内在客体关系,使患者更多地理解和接受所有对他的移情有贡献的内在精神因素。拉尔夫·格林森提出了一些基本步骤。在这个过程中,每个步骤都可能激起阻抗,那么就需要对这些阻抗进行处理,因此移情分析的步骤并不会按部就班地进行。

1. 展现移情　多数情况下,患者很难自发地察觉到自己的移情反应,治疗师可以耐心地等待或者使用沉默以使移情反应的强度逐渐增加。如果移情反应变得足够明显且没有明显阻抗,那么治疗师可以尝试面质该移情反应。

2. 澄清移情　在治疗中,治疗师需要促使患者尽量识别和描述他的移情感受以及伴随的联想。假如治疗师无法对患者的移情勾勒出完整的画面,则可以进一步进行追问。之后治疗师需要提取患者描述的移情反应中的某些隐秘细节以追溯移情反应的潜意识源头。

3. 诠释移情　通常情况下,当向患者澄清某个心理现象时,对移情的潜意识意义的诠释就会水到渠成。如果展现和澄清移情没有直接导出诠释,那么治疗师需要探索患者移情反应的历史根源,即追溯与移情反应相关的客体关系。通常对某一个移情的探索需要反复假设、反复验证并反复修正,最后才可能得到一个清晰的移情诠释,患者也才会对此真正理解和接受。

4. 修通移情　移情诠释只是对移情的部分解释,因此需要进一步修通。修通是指对患者的经过诠释后获得的领悟进行反复、详细地说明。在修通过程中需要检视诠释是否导致移情发生了改变,以及如何发生了改变。另外,治疗师也需要对移情进行重构,也就是将每个单独的诠释进行详细阐述并进一步深化,然后将它们联系起来,或者将患者的联想、行为反应、梦等与其过去的生活片段进行联系和组织。一个诠释通常只能对某一现象做出假设,而修通是重构心理事件发生时患者的内心体验与周围环境变化时的生活片段,从而勾勒出心理事件发生的来龙去脉。

（四）对反移情进行工作

这是指治疗师非常认真地对待自己对患者的体验，以及与患者互动时自己内在被唤起的感受，通过对投射和投射性认同等过程的理解，获得更多的有关患者精神状态的信息来源。亚历山德拉·莱玛（Alessandra Lemma）提出了一些对反移情工作的指导。

1. 治疗师要习惯于关注自己对患者言语/非言语行为的反应，同时不要忽略自己脑海中出现的联想，哪怕是看起来毫无关联的联想。

2. 治疗师需要思考自己所体验的感受是否与自己生活中的问题相关，但即使与个人相关，它可能同时也是治疗师对患者的投射所作出的反应。

3. 当治疗师体验到要对患者进行干预时，要适当地忍耐一会儿，因为治疗师体验到想要进行解释的冲动往往说明患者对治疗师进行了投射，治疗师感到自己被干扰了，因此想把患者投射的内容还回给患者。

4. 治疗师需要尝试与自己的内在感受"待在一起"，并注意自己想做什么或产生了什么感受。

5. 通常这个内心的反思过程会帮助治疗师获得重要的情感距离和观点，从而会减轻治疗师内在的心理张力。

在对反移情进行工作的过程中，治疗师识别、反思自己对患者投射的反应后，了解了其他人在与患者的关系中是如何感受的，也了解了患者与他人相处的特有困难，通过对这些内容进行诠释，最终能帮助患者理解它们是如何在患者典型的关系模式中重复出现并对其产生影响的。

六、梦的分析

弗洛伊德将梦视为了解心灵潜意识活动的捷径。

（一）梦的工作机制

在日常语言中所谓的梦，即做梦者在醒来时回忆和叙述的梦，被弗洛伊德称为"显梦"。与"显梦"相对的是"隐梦"，即梦所表达的潜在想法和愿望，隐梦的部分只有经过一个诠释的过程才能被理解。通过梦的工作机制，隐梦内容被转化为显梦。梦的工作机制包括凝缩、置换、象征性表征、二次修正。前三种机制受初级思维过程模式控制，后一种受次级思维过程的影响。所有这些机制的作用都是伪装和扭曲梦的原初潜意识想法和愿望。

1. 凝缩　是指用一幅图像或一个词来表示几个想法或图像的过程。

2. 置换　是指用一种想法、属性或图像代替与之有关联的另一种想法、属性或图像的过程。

3. 象征性表征　是指一个物体或想法被一个图像所表征，这个图像是一个潜意识的象征（例如，海洋象征母亲）。梦的想法通过象征性表征而转化为感官图像，特别是视觉的图像。

4. 二次修正　是将梦重新排列成一个更易于理解和逻辑的叙述，填补空白和不一致之处。在任何特定的梦的叙述中，二次修正的影响都或多或少存在。

（二）梦的分析

大多数治疗师将梦视为关于潜意识心理内容的一个非常有价值的信息来源，理解梦的意义的目的是理解患者症状的意义。治疗师在分析患者的梦的时候，需要关注以下信息：①患者在报告梦之前所说的话;②患者随后对梦产生的联想;③治疗师对患者心智残余物的了解;④梦被记住和报告时的分析情境。

在进行梦的分析时,还需要注意以下几点:①没有梦可以被完全理解;②显梦内容不能被直接解码来揭示梦的意义;③梦是"非常个人化的",如果没有做梦者的联想的帮助,梦是无法被理解的;④在分析之初通常不可能对梦有一个深刻的理解;⑤治疗师可采用不同的方式来收集患者对梦的联想;⑥对梦的诠释不应盖过分析工作的其他方面;⑦不强制要求分析患者报告的每个梦;⑧报告梦也会被用作对分析的阻抗,特别是联想太多或者患者总是在治疗结束时报告梦;⑨梦的内容的变化和动力学的变化往往揭示了分析的进展。

第四节 治疗过程

精神分析或精神动力学治疗过程是指在治疗框架内,患者与治疗师之间自然发生的人际过程,也是患者内部的心理过程。它不仅指每个治疗小节中患者和治疗师之间的互动过程,同时也会延续到治疗的间隔期,甚至在治疗正式结束后仍然会在患者内心继续。然而,在现实层面,治疗过程仍然是一个有意识的、经过计划的、有目的的互动过程。从一般的操作性意义上来说,精神分析的治疗过程分为四个阶段,分别是评估阶段、开始阶段、中间阶段和结束阶段。

一、评估阶段

(一)初始访谈

在初始访谈中,治疗师通常会以共情的、中立的、不带评判的立场去倾听患者,用不带偏见的语气提出一些开放性的问题。精神分析的初始访谈一般至少包含二节访谈。治疗师需要在开始时告知患者一节访谈的时长为 50 分钟。随后,治疗师要非常明确地说明这是评估性的访谈,之后可以询问是什么情况促使患者想来寻求评估和治疗。在这节访谈中,治疗师可能识别出一些与患者的病痛有关联的心理内容,也可以就此做出一个尝试性的精神动力学诠释。最后,治疗师可以在离结束数分钟时提醒患者,并对访谈进行简单的总结,再约定/确认第二节初始访谈的时间。

在第二节访谈的开始,治疗师除了仍然要告诉患者访谈的时长外,还可以用"也许你仍在思考我们上次会谈中的话题"这样的语句来邀请患者谈论第一次访谈中的话题,尤其是有关治疗师的尝试性诠释的话题。

(二)评估阶段的目标

主要是收集有关患者的信息以形成初步的精神动力学假设,并提出治疗建议,同时与患者建立联系,为治疗定下基调。治疗师在评估过程中试图为以下主题找到初步的回答。

1. 患者来诊的过程 患者是如何找到治疗师的,是否为被转诊或推荐过来的? 为什么患者现在来寻求帮助?

2. 患者的主诉、症状类型和严重度 治疗师需要评估症状的类型和严重度,是否存在紧急情况需要药物治疗或住院治疗。另外,还要询问患者自己对症状的体验如何,以及对自己的痛苦的看法。

3. 个人发展史　治疗师需要了解患者的童年经历、家庭成员及其关系、学习和职业生涯、恋爱、婚姻状况，是否经历严重疾病、意外事故、创伤、重要家庭成员的死亡、与照料者的分离或丧失。最后，还需要特别询问患者如何评价自己的被抚养情况。

4. 心理学头脑、反思能力和资源

（1）心理学头脑：即思考一个人的想法、感觉和行为可能的潜意识动机的能力。评估阶段进行的尝试性诠释对评估患者的心理学头脑非常有帮助。

（2）反思能力：指审视自己的思想和行为，将不同方面的经验联系起来，调和不一致的态度和感觉的能力。要求患者批判性地思考他们自己将帮助治疗师衡量患者的反思能力。

（3）资源：治疗师不仅要评估患者的问题和内在资源，还要评估患者的外部资源和社会环境。

5. 探索问题起源的要求　评估患者是否有动机了解自己的内心世界和冲突，患者对不同类型治疗的看法，以及参与心理治疗的动机。

6. 移情和反移情　在评估过程中，治疗师需要理解患者是如何体验治疗师的，同时治疗师需要觉察到自己对患者的感受、幻想、想法等。

7. 心理学方面发现的评估　治疗师评估患者的情感状态、主要的防御机制、核心的内在冲突、人格发展的整体水平等，并在此基础上形成一个基本的精神动力学假设。

8. 治疗决定　治疗师既根据对患者的了解和理解，也根据患者现阶段的意愿，给予患者关于治疗的建议。之后，还需要获得患者的反馈，并最终与患者一起做出一个一致的决定。

（三）适应证和禁忌证

精神分析的适应证和禁忌证并没有严格的、一成不变的标准。精神分析的治疗框架本身对患者提出了一些特殊要求，治疗师需要在评估时加以考虑，以判断患者是否具有精神分析的适应证。通常来说，这些特殊要求包括：①自由联想的能力；②具有心理学头脑和自我反思的能力；③有一定的自我力量来承受治疗中的挫折和焦虑等；④在没有得到即刻满足的情况下能维持治疗关系；⑤能够忍受精神上的痛苦而不采用付诸行动的解决方式；⑥付诸行动的风险可以在治疗的设置中被处理；⑦有足够的时间和经济条件。

上述任何一项标准在单独使用时都是不可靠的指征，精神分析的禁忌证也是如此。当患者不具备以上要求时，可以认为他们具有精神分析的禁忌证。

判断适应证或禁忌证除了要考虑患者的心理能力外，还需要同时考虑他们自身对治疗类型的意愿或倾向。只有患者具有精神分析的适应证，同时有强烈的接受精神分析的动机，才能进行精神分析。

二、开始阶段

治疗师与患者需要在开始阶段合作完成以下任务。

（一）讨论治疗方案和设定治疗目标

治疗师需要用一种清晰的、不带术语的方式来简单说明对患者的评估及其与推荐的治疗类型的适应性。当患者对这些有了初步的了解后，他们才可能真正地参与到治疗决策与治疗中。

现今,精神分析的目标是增强患者的自我反思能力,最终获得一个更整合的自体。在设定目标过程中,治疗师必须与患者一起讨论,倾听他们现在想做什么是和患者一起开展工作的最好方法。

(二)建立边界和治疗框架

设定治疗的框架对任何类型的心理治疗都是必要的,它建立了一种患者和治疗师可以工作的安全关系,为治疗建立了边界,使得心理治疗不同于其他任何一种人际交往活动。治疗框架承担的功能有启动心理治疗、维持及保障心理治疗过程的本质,它也是理解患者的潜意识冲突时非常有价值的工具之一。

伦理规范是治疗的边界和框架内非常重要的方面。这些伦理规范包括治疗师需要尊重患者的自主权、给予支持、保密、保护患者免受伤害,以及对不同患者一视同仁。

治疗框架对患者和治疗师都具有保护性。治疗师的角色包括评估、倾听、尝试以非评判的方式理解,以及具有可靠性,这需要治疗师坚持节制、中立和匿名的治疗态度。治疗师需要在约定的时间和地点出现,尽可能早地告知休假,在治疗过程中坚持治疗框架而不跨越边界。患者的角色则包括参加每节治疗、准时到达、按照约定付费、投入治疗并且想到什么就说什么。因为治疗框架的存在,患者必须接受这样一个现实:他对治疗师提供治疗的要求是有一定范围限制的,他不能随时随地地要求治疗师给予治疗。因此治疗师的权益得到了保护。

在治疗框架中,除治疗师和患者这个二元关系外,还有一个第三方,那就是治疗的设置。它是心理治疗实际操作过程的具体安排,需要治疗师与患者共同遵守。治疗设置需要既具有稳定性又具有灵活性。设置不应该太刻板僵硬,否则治疗师就无法觉察到患者和治疗师自己潜意识中对常规设置的细小变化。这些变化为治疗师提供了绝好的机会去理解患者的心理冲突,并围绕设置问题进行治疗性的工作。

治疗设置中包含的具体要素如下。

1. 时间要素 通常,精神分析每节治疗的时长为45～50分钟。准时开始和准时结束也是治疗框架中重要的部分。治疗的频率应相对固定,越是经典的精神分析,治疗的频率越高,可达每周4～5次,精神动力学治疗通常为每周1～2次。最后,治疗师应该争取在每周的固定时间段安排某个患者的治疗。有时治疗的时间段、治疗频率会被改变,治疗师和患者都可能会因为各种原因而取消几节治疗。关于取消治疗的规则,双方也需要在治疗前进行明确的约定。治疗时间也不宜被安排在节假日、休息时间或其他不寻常的时间,如深夜。

2. 治疗室要素 治疗室的设置也需要保持相对稳定。治疗室最好设在专门为心理治疗设计的环境中,不能设在任何公共场所。治疗室不仅是物理意义上的治疗空间,对于患者来说,它更是一个开放的内心的象征性空间。治疗室应该安静、安全,避免被外人闯入,避免从外面被看到或听到,避免被电话铃声干扰。在治疗室内避免放置过于私人的物品,也不要太频繁地变换治疗室内的家具。经典的精神分析通常采用的是躺椅设置,即患者躺在躺椅上,治疗师坐于躺椅后面,不在患者的视线范围内。如果进行的是面对面的精神动力学治疗,治疗师和患者坐的椅子,在舒服程度和"地位"上都应该是相当的,两个椅子之间的摆放可以形成45°～60°的角度。

3. 费用要素 精神分析是一种收费的专业安排。治疗师和患者应该在治疗正式开始前讨论并决定治疗的费用。通过口头或书面协议将费用固定下来可以为治疗提供一个安全的工作环境。当治疗双方中的任何一方想要改变费用时，都需要双方再次进行讨论。关于错失的治疗应该如何付费是一个非常重要的问题。通常，患者需要为擅自取消或未请假而错失的治疗付费。

4. 联络要素　治疗时间之外的联络一般仅用于请假、取消或重新安排治疗。若患者出现紧急情况，需要在治疗开始前就讨论如何处理紧急情况。通常患者因为紧急情况的致电只是启动之前商定好的处理方案，治疗师不要试图通过电话完全处理紧急情况。

设定框架对于开始精神分析至关重要。一旦框架设定好，当出现偏离框架的情况就很容易被识别出来。偏离框架就会跨越边界，如果对患者明显有害或产生剥削，则是侵犯边界。虽然跨越边界通常是可以纠正和治疗的，但需要治疗师进行反思，而且频繁地跨越边界往往容易滑向侵犯边界。如何对待患者的礼物是一个很好的考虑框架和边界的点。如果患者带来了礼物，治疗师一定要在治疗期间打开，以便确定这个礼物是否可以接受。不论是否接受礼物，治疗师都需要与患者讨论和理解礼物背后的意义，它总是与患者的内心世界以及与治疗关系有关。

（三）发展治疗联盟

治疗联盟是患者与治疗师关系中非神经症性的、基于现实、和谐和协作的方面，这种关系使双方进行临床工作成为可能。要形成治疗联盟，患者必须具备与客体建立关系的能力。患者想要消除疾病的动机、自身的无助感、意识层面的合作愿望，以及内省能力是形成治疗联盟的核心。当患者部分认同治疗师理解患者行为的分析方法时，治疗联盟得以发展。

患者对治疗的不确定感会干扰治疗联盟的建立，而治疗师对提高内省力的执着追求可以减少患者的不确定感，从而有助于建立治疗联盟。治疗师在每个治疗时段和整个治疗中积极倾听、持续关注、展示出兴趣并记住患者述说的一些细节、持续共情患者的痛苦，以及诠释出对患者问题的理解，有助于提高患者的合作意愿和能力，有助于发展治疗联盟。

三、中间阶段

在治疗的中间阶段，精神分析的过程随着时间的推移而逐渐展开，患者意识的和潜意识的心理都被揭示、阐述和诠释，从而使探索进一步深化。治疗师会在这个过程中进行倾听、反思、探索性干预和修通。

（一）倾听

治疗师需要"分析性地倾听"患者。治疗师应"均匀悬浮注意"患者的谈话，在此过程中，有些内容仍然会特别吸引到治疗师的注意。患者说话的模式和重复出现在治疗中的元素是需要治疗师给予特别注意的，它们也往往是患者内在世界中主导的主题和情感。治疗师同样需要倾听患者叙述模式中的变化和不协调。有时候患者会有口误或者突然记不起来某个事物，治疗师同样可以通过分析性地倾听来抓到这些信息。

治疗师不仅要倾听患者所说的话语，更要倾听话语之外的信息，包括患者声音的节奏、音量、音高和音色，以及它们的变化。非语言的交流，如面部表情、眼神接触或患者的坐姿及其变化也很重要。当患者沉默时，治疗师还要倾听患者的沉默，倾听患者停止和开始讲话的节奏。

（二）反思

治疗师在倾听后就需要处理听到的信息并理解其含义。这个过程就是治疗师的反思。通过反思,治疗师可以理解所听到内容的潜意识含义,决定随后如何进行倾听以及决定如何进行干预。治疗师的反思需要遵循一些原则,包括:①从表面到深层理解患者的想法和情感;②跟随情感;③注意反移情。

(三)探索性干预

精神分析的过程就是将患者的潜意识材料带到意识层面,扩展患者的内省和领悟。要完成这个过程,治疗师需要进行探索性干预。这包括在本章第三节所述的干预技术,即澄清、面质、诠释本身。

(四)修通

当患者获得领悟或内省后,治疗师运用一系列复杂的技术和进程组合,促使患者从领悟转为行为、想法、情感上的改变。修通需要一个诠释的循环,然后被反复应用到证明这些问题的具体实例中。通过修通,各种心理成分如领悟、记忆、行为等彼此影响,重新形成各种因素之间的自行循环。

四、结束阶段

这个阶段要讨论和理解预期的结束治疗对于患者的意义,因此,结束阶段的工作被比作为哀悼的过程。理想状况下,结束治疗的时间是患者和治疗师共同同意的,治疗双方都认为他们已经达到了治疗目标。结束阶段的主要任务是修通和综合所获得的内省力,将内省力转化为有效和持久的行动,并为"失去"治疗(师)而进行哀悼。

结束阶段的时长一般与整个治疗的时长相关。整个治疗时长越长,结束阶段的时间也越长。规划好结束阶段可以给患者足够的时间来回顾、哀悼和离开。治疗双方共同确定一个具体的结束日期可以使结束成为一个明确的现实,并促进这个阶段。

如果患者提出了结束治疗的愿望,理解他们提出这个愿望的动机非常重要,也要关注患者在提出意愿时的情感或这个阶段的主要移情。同时治疗师也要觉察和反思自己的反移情。如果患者改变了主意,治疗师应继续欢迎他们。治疗师也可以鼓励患者继续治疗,但需要持续反思和觉察双方的移情和反移情反应。

通常,患者和治疗师都会对结束治疗感到有些矛盾。患者既想要依靠自己的力量面对后面的生活,又不想离开治疗师。另外,虽然通过治疗,患者发生了改变,达到了治疗的目标,但一定还有些问题没有被处理,还没有被改变。治疗师和患者不得不共同面对这种失望感和局限性。治疗师的工作是帮助他们更现实地看待治疗师,并能在结束阶段进行分离。

治疗的结束并不意味着分析过程停止。自我分析应该继续。在精神分析的过程中学习到的自我分析应该被内化,因此患者有可能通过自己修通自身的冲突。

第五节　精神动力学治疗特定模型

随着精神分析理论与技术的发展,同时兼顾现代社会心理服务的某些要求,在精神动力学治疗领域发展出了一些治疗模型,其中比较重要的是移情焦点治疗、基于心智化的治疗、动力性人际治疗。相较于精神分析,这些治疗模型更聚焦、更短程,也都有治疗指南或治疗手册,因此可以进行实证研究。

一、移情焦点治疗

移情焦点治疗(transference-focused psychotherapy,TFP)是由美国的科恩伯格及其团队发展的一种基于客体关系理论的精神动力学治疗方法,是针对边缘型人格障碍(borderline personality disorder,BPD)和其他严重人格障碍的循证治疗模型。它是一种结构化的、一般每周 2 次的门诊个体心理治疗。

(一)TFP 相关的理论

TFP 理论认为个体的心理结构源于早期个体与照顾者的互动,以及个体对这些互动的内化。自体表征和他人表征的分化和整合程度以及本能或与本能相关的情感构成了“人格组织”。从发展较不成熟到较成熟的人格组织的轴线分别是精神病性的、边缘性的和神经症性的人格组织。

BPD 的特定症状被认为源于患者的身份认同缺乏整合,与之相应的是个体的体验以及个体对自我和他人的理解也缺乏连贯性。这种未整合的心理状态被称为“身份认同弥散”。BPD 患者更多使用基于分裂的防御,并且在情感激活情境中容易体验认知歪曲。这种好与坏的分裂被视为边缘病理学的核心症状和防御机制。

(二)TFP 治疗的实施

TFP 治疗的主要目标是促进患者的行为控制,增加反思和情感调节,最终促进身份认同的整合。患者的客体关系二元体会在与治疗师此时此地的关系中被体验和表达,这种关系被概念化为移情关系。在治疗过程中,治疗师追踪患者的主导情感,并识别和诠释在治疗中再现的客体关系二元体。TFP 中使用的技术包括澄清、面质、移情诠释。这些移情诠释最终被用来整合患者的自体表征和他人表征。

TFP 治疗的三个关键组成部分是:①签订治疗协议/设定框架;②管理反移情;③诠释性的过程。治疗协议所建立的结构化框架创造了一个治疗环境,有助于在持续的治疗关系中激活患者对自我和他人歪曲的内在表征。治疗师的治疗性立场是投入、互动和情感关注。在这种受控的设置中,治疗师提醒患者注意活现在治疗关系中的自体表征和他人表征,并让患者反思它们对其情绪反应和行为的影响。患者的情感被识别、探索,并最终与患者此时此地的体验联系在一起。在治疗师的帮助下,患者开始意识到自己的体验在一定程度上基于内心的表征。

在 TFP 治疗的开始阶段首先会聚焦于一些目标,包括涵容患者的自毁行为,处理患者可能破坏治疗的方式,因为它们挑战了患者脆弱且功能失调的内稳态,随后的阶段会识别和探索在此时此地的移情关系中被体验的主导客体关系模式。TFP 治疗师的三个核心任务如下。

1. 建立和维持治疗框架　框架是在开始治疗前通过签订协议而建立的。在这个过程中,治疗师开放地提出治疗的基本原理,患者提出自己可能产生的所有担忧。当出现偏离框架的情况时,回到协议中可以帮助患者走出当下,从不同的角度看待自己的行为。

2. 治疗师涵容和利用自己的情感反应　TFP 治疗师的一个基本任务是涵容 BPD 患者在治疗中出现的强烈情感状态,并对之进行利用。患者的防御性操作可能会导致其分裂并投射出令人不快的内部状态,通常这个过程会激发治疗师内在地体验到这种状态。治疗师的目标是对自己的内在体验保持一个接受的和反思的立场，而不是诉诸否认或行动。

3. 展开诠释过程　TFP治疗师使用澄清、面质和诠释技术，让患者参与进来一起观察和反思他们之间发生了什么，以及患者生活的其他领域发生了什么。这样做的目的在于促进患者理解与整合对自我与他人的体验。

（1）澄清：在TFP中，澄清的目的是帮助患者阐述自体表征和他人表征，以及临床材料中主导的情感状态，从而促进内在状态的心智化。

（2）面质：通过面质，治疗师让患者注意到他在不同时刻对特定客体关系二元体中的两个表征的认同方式。这种干预鼓励患者觉察和反思其矛盾的内部状态是如何共存的，也帮助患者退后一步，审视自己的行为，并鼓励其用另一种视角来看待问题。

（3）诠释：在诠释的过程中，TFP强调持续聚焦于"当下"和对患者全部内在体验的共情。因为TFP中的诠释通常（但并非完全）将注意力集中在与治疗师的关系上，这意味着TFP治疗师会探索患者对治疗师的负面想法、感受和幻想，以及患者过分理想化地看待治疗关系的防御功能。与此同时，治疗师采取的互动模式始终会联系到患者生活中的其他关系以及长期目标。

二、基于心智化的治疗

基于心智化的治疗（mentalization-based therapy，MBT）是由英国的彼得·福纳吉（Peter Fonagy）、安东尼·贝特曼（Anthony Bateman）及其同事发展成形的一种精神动力学治疗模型，它以心智化为治疗的核心焦点。MBT最初是为治疗边缘型人格障碍而开发的，在常规的临床服务中以团体和个体治疗的形式进行。

（一）MBT相关的理论

心智化过程（mentalizing）是指通过主观状态和心理过程或明或暗地理解彼此和自己的过程。当心智化过程受损时，主观的内部体验和人际世界就失去了意义。心智化（mentalization）是指有能力去思考自己的想法、观点、愿望、幻想和他人的心理状态。心智化既有自我反思的成分，也有人际交往的成分，它使一个人能够区分内部现实和外部现实，区分内在情感过程和人际交流。

MBT的理论认为：在人际关系背景下，心智化过程的频繁缺失和心智化能力恢复缓慢是边缘型人格障碍的基础病理。这使得患者容易受到快速变化的情绪状态和冲动的影响。它还导致患者的体验要么太真实，要么毫无意义，或者使得患者纯粹在物质范畴内去理解动机。

边缘型人格障碍患者在理解心理现实时会采用非心智化的方式。第一种是等同模式。在这种模式下，患者认为他们所想的反映了现实，从而无法考虑对行为的其他解释。第二种是假装模式。在此模式中，精神世界与外部现实脱钩，所以内在的反思不会随着外界信息的变化而不断发展。内部现实与外部现实是分离的，两者之间没有桥梁。第三种是目的论模式。此模式使得患者认为意义是由物质结果决定的。患者根据现实世界中实际发生的具体事件来判断整个事情。这也是他们理解他人意图的方式。

（二）MBT治疗实施

传统的MBT为期18个月，每周有个体治疗、团体治疗、危机计划和整合的精神科治疗。个体治疗使患者在一个紧密的依恋关系中聚焦于心智化过程的细节；团体治疗试图帮助个体在人际情境中保持心智化,从而使情绪失调、自我毁灭行为和人际问题得到控制,并且不向非心智化过程蔓延。

1. 初期评估　治疗最初的任务是评估、制定方案和安全规划。治疗师的目标是识别患者寻求治疗的原因,将他们置于历史和当前的背景中。在整个过程中,治疗师将自己对患者体验的理解并置。从难以心智化的角度讨论呈现的问题,聚焦于理解心智化受损的具体类型和依恋模式。

2. 治疗师的立场　MBT治疗师的立场包括谦逊,一种"不知道"的感觉,花时间去识别观点中的差异,接受不同的观点,当事情不清楚时主动询问患者的体验和舒适度。同时还要主动监察自己产生的误解。鼓励患者探索自己的心理过程和体验,并思考可能的替代观点。

3. 治疗干预　MBT干预的目的是在失去心智化时恢复它,或者在可能失去心智化的情况下帮助维持它。治疗的重点是稳定自体感,在治疗的人际情境中保持心智化过程,并在与他人互动时保持最佳的情感激活水平。治疗师积极让患者参与,聚焦于患者的心理而不是他们的行为。治疗中的干预包括:

(1) 支持/共情:MBT治疗师的任务是刺激心智化过程,使其成为治疗过程的基本特征。在强烈的依恋关系的背景下,不断修正对自体和他人的看法是改变过程的核心。这项工作是关于当前体验的,治疗师在自己的内部和患者的内部维持或恢复心智化,同时确保情绪状态是积极的和有意义的。

(2) 澄清、阐述和挑战:共情、探索和澄清患者当前的主观体验,偶尔去挑战。一旦在治疗过程中建立了"不知道"的立场,治疗师就会敏感地增加对患者和治疗师之间关系的关注。

(3) 识别情感和情感焦点:情感焦点是使患者朝向心智化的一个维度移动的临床例证。MBT治疗师和患者共享一些内隐过程,这是一种旨在识别内隐的心智化过程并使其更加明确的干预措施。需要治疗师认识到:他和患者都在做出毫无疑问的、共同持有的、没有说出来的假设。这是治疗师和患者共享的体验,而不仅仅是患者的或治疗师的体验。在明确了这个点后,治疗师围绕这个充满情感的人际领域帮助患者发展心智化过程。

(4) 对关系进行心智化:鼓励患者思考其当前与治疗师所处的关系,目的是将患者的注意力集中到另一个人的思想上,即治疗师的思想上,帮助患者对比自己对自己的看法和别人对自己的看法。

三、动力性人际治疗

自20世纪70年代中期以来,短程精神动力学治疗(short-term psychodynamic psychotherapy,STPP)逐步发展了起来,其特点是治疗时程相对较短,大多从人际关系角度入手进行工作,如核心冲突关系主题法(core conflictual relationship theme,CCRT)、时限性的动力学心理治疗(time-limited dynamic psychotherapy,TLDP),以及最新的动力性人际治疗(dynamic interpersonal therapy,DIT)等。DIT是由英国的亚历山德拉·莱玛、玛丽·塔吉特、彼得·福纳吉及其同事开发的一种精神动力学治疗模型。它被开发用于治疗临床上表现为抑郁和焦虑的患者,包含16个治疗小节,大致分为三个阶段:形成治疗联盟和治疗焦点的初始评估阶段、修通焦点冲突的中间阶段、探索分离和丧失的结束阶段。

(一) DIT 相关的理论

DIT 是在科恩伯格的人格理论的基础上建立起来的,融合了自我心理学和客体关系理论。在这个治疗模型中,核心人格结构以及治疗焦点的核心是一个具有相关情感基调的自体表征和客体表征单元。该模型还结合了依恋理论,以帮助描述人际关系的各种模式。

DIT 理论认为抑郁症状反映了对感知到的有关依恋(丧失/分离)以及自我生存的潜意识反应。患者的潜意识冲突造成了自体、他人和情感的潜在不稳定性,暂时的关系问题会破坏依恋系统内的安全感。这反过来又产生了一系列的思维和情感的歪曲。通过对移情关系的重点探索,帮助患者更好地理解其对主观威胁的反应。通过提高患者反思自己和他人的想法和感受的能力,将内隐的焦虑和担忧表露出来,进而增强患者理解和反思当前关系的能力。DIT 的治疗焦点被称为人际情感焦点(interpersonal-affective focus, IPAF),它是一种重复出现的适应不良的人际模式,涉及核心自体表征和客体表征单元以及伴随的情感和防御。修通 IPAF 包括提高患者对精神状态如何驱动其行为的觉察。

(二) DIT 治疗的实施

DIT 治疗的目标是:①通过识别一个核心的、潜意识的、重复的关系模式,帮助患者理解自己目前的症状与自己的关系中发生的事情之间的联系,这个关系模式也会成为治疗的焦点;②促进患者反思自身心理状态的能力,从而提高其处理人际关系困难的能力。

DIT 关注患者当前生活和治疗过程中"此时此地"的人际功能。首先,它是指聚焦于患者当前在治疗中的感受。其次,它的主要焦点是探索患者目前生活中的困难,而不是试图与这些困难的童年起源建立联系。最后,是积极利用患者-治疗师关系,帮助患者在目前的移情关系中探索 IPAF。

DIT 的治疗过程分为三个阶段:初始阶段(第 1~4 节治疗)、中间阶段(第 5~12 节治疗)和结束阶段(第 13~16 节治疗)。

1. 初始阶段 主要任务是构建 DIT 的治疗要点,并识别一个主导的、反复出现的潜意识人际模式(如 IPAF),这与抑郁症状的出现和/或维持有关。治疗师需要从患者对主要关系的叙述中明确:主要的重复的体验模式、维持这个模式的关键过程、它是否随着时间的推移而改变、它与当前问题的关系。形成 IPAF 的一个重要信息来源是不断发展的移情关系。

2. 中间阶段 IPAF 指导治疗师在治疗的中间阶段进行干预。治疗师利用移情来帮助患者探索 IPAF,因为移情就展现在治疗性的体验中。对移情进行诠释的主要目的是帮助患者认识到隐含的自体表征和他人表征,这是患者有问题的关系模式的基础。治疗师积极鼓励患者讨论和探索他对治疗师的看法和感受,以及他认为治疗师可能对他有什么感受或想法。目的是帮助患者探索他与治疗师的关系中的 IPAF,联系并类比他对治疗外其他人的主观体验和他对治疗师的主观体验。修通 IPAF 的一个重要方面涉及帮助患者识别他在维持一个特定的自体-他人表征中的潜意识投注。修通防御包括四个相互关联的策略:①接受患者"需要某些防御";②探索防御的方式;③探索防御的原因;④探索防御的代价。总体目标是帮助患者反思由 IPAF 确定的导致、延续或加剧核心痛苦的人际关系模式的行为和感受。

3. 结束阶段 最后四节治疗致力于帮助患者探索结束治疗的情感体验和潜意识意义,回顾治疗进展,并帮助患者预测未来的困难。特别要注意的是,要致力于识别出由预期与治疗师分离所激发的潜意识幻想。

在治疗结束阶段，治疗师要给患者写一封告别信，并主动与患者讨论这封信。告别信是一种强调"结束阶段开始了"的有用方式，并为连带评估治疗提供了一个有形的焦点。这封信可能具有象征意义，它在分离的时候提供了某种安慰、一种过渡性客体，可能有助于患者内化一个良性的依恋形象。此外，告别信会引起患者的强烈情感，有时会加剧丧失感，但通常也会被患者体验为具有支持性和挑战性。写这封信可以让治疗师明白已经理解的和未能实现的内容，以及思考如何支持患者继续理解自己。反思治疗及其对患者的影响，并进行一个简洁但情感上有意义和有力的叙述，有时会提醒治疗师注意反移情体验，之后带回到治疗中并与患者一起探索。

本 章 小 结

精神分析强调潜意识的精神生活，系统地关注移情主题和发展问题，将探索反移情作为一种重要的治疗工具，并对阻抗、防御和冲突进行工作。

本章首先介绍了精神分析的发展历史，引出了各理论流派及其核心概念。之后比较详细地介绍了精神分析的核心理论与临床实践中不可或缺的基本概念，与之相应且紧密相关的是治疗技术。本章还详细阐述了精神分析的治疗过程，它既给实践者提供了可以遵循的框架规则，但又不是僵化的指导执行。本章最后介绍了当今精神动力学治疗领域中发展出的三种治疗模型，它们有治疗指南或手册，更符合实证研究的要求。

💬 **思考题**

1. 精神分析的历史发展框架是怎样的？
2. 精神分析理论和概念中，你对哪些最感兴趣？为什么？
3. 精神分析对阻抗的分析和对反移情的分析是怎样的？
4. 精神分析的主要过程是怎样的？
5. 精神动力学治疗的三种特定模型分别有什么特点？

（蒋文晖　仇剑崟）

推荐阅读

［1］OPD 工作组. 操作化心理动力学诊断和治疗手册. 2 版. 肖泽萍，蒋文晖，仇剑崟，等译. 北京：人民卫生出版社，2009.

［2］阿福·格拉克. 精神分析性心理治疗（双语版）. 仇剑崟，徐勇，译. 北京：人民卫生出版社，2018.

［3］迈克尔·圣克莱尔. 现代精神分析"圣经"——客体关系与自体心理学. 贾晓明，苏晓波，译. 北京：中国轻工业出版社，2002.

［4］南希·麦克威廉姆斯. 精神分析治疗：实践指导. 曹晓鸥，古淑青，译. 北京：中国轻工业出版社，2015.

［5］伊芙·卡利格，奥托·科恩伯格，约翰·克拉金，等. 人格病理的精神动力性治疗——治疗自体及人际功能. 仇剑崟，蒋文晖，王媛，等译. 北京：化学工业出版社，2021.

［6］AKHTAR S. Comprehensive dictionary of psychoanalysis. London：Karnac Books，2009.

［7］AUCHINCLOSS E L，SAMBERG E. Psychoanalytic terms and concepts. New Haven and London：Yale University Press，2012.

［8］CONSOLI A J,BEUTLER,BONGAR L E,BONGER B. Comprehensive textbook of psychotherapy:theory and practice. 2nd ed. Oxford:Oxford University Press,2016.

［9］DAUBNEY M,BATEMAN A. Mentalization-based therapy(MBT):an overview. Australas Psychiatry,2015,23(2):132-135.

［10］GABBARD G O,BECK J S,HOLMES J. Oxford textbook of psychotherapy. Oxford:Oxford University Press,2005.

［11］GREENSON,R. The technique and practice of psychoanalysis. London:Karnac Books,1967.

［12］LEMMA,A. Introduction to the practice of psychoanalytic psychotherapy. Chichester:John Wiley & Sons,2003.

［13］LEMMA A,TARGET M,FONAGY P. Dynamic interpersonal therapy(DIT):developing a new psychodynamic intervention for the treatment of depression. Psychoanalytic Inquiry,2013,33(6):552-566.

［14］VERHEUGT-PLEITER A,DEBEN-MAGER M. Transference-focused psychotherapy and mentalization-based treatment:brother and sister? Psychoanalytic Psychotherapy,2006,20(4):297-315.

［15］YEOMANS F E,LEVY K N,CALIGOR E. Transference-focused psychotherapy. Psychotherapy(Chic),2013,50(3):449-453.

第七章

认知行为治疗

学习目的

掌握 认知行为治疗的概念、核心理论、治疗原则和
特点;行为治疗、认知治疗和第三浪潮的关系、
区别、核心观点。

熟悉 认知行为治疗的过程、技术和个案概念化。

了解 认知行为治疗的具体操作方法。

第一节　概述

一、认知行为治疗的核心内容

(一)认知行为治疗的概念

认知行为治疗(cognitive-behavioral therapy,CBT)是一大类包括各种认知治疗(cognitive therapy,CT)和行为治疗(behavior therapy,BT)的心理治疗方法的总称,通过对患者的认知和行为问题及信念系统进行个案概念化,选择使用对认知、行为、情绪及生理作用的相应技术,逐渐改善心理过程和信念系统,达到消除症状、解决问题和发展人格的目的。CBT因其坚实的循证基础、结构清晰、短程高效等特点,当前已成为广泛流行、使用最多的心理治疗方法之一。

(二)CBT的发展历史

20世纪40年代开始的BT和50年代开始的CT作为CBT的第一浪潮,分别是从行为和认知层面进行的干预。20世纪70年代开始,BT和CT相结合,形成了经典的CBT,被称为CBT的第二浪潮。20世纪90年代开始,以正念认知治疗(mindfulness-based cognitive therapy,MBCT)、接纳与承诺治疗(acceptance and commitment therapy,ACT)和辩证行为治疗(dialectical behavior therapy,DBT)为代表的新一代CBT,均以正念为基础,将东方文化元素和接纳等观点结合经典的CBT,形成了CBT的第三浪潮,已经成为目前CBT的主流方法。有人认为,以神经科学基础的CBT(neuroscience informed CBT)可能成为CBT的第四浪潮,代表未来的重要发展方向。本节将分别介绍BT、CT和第三浪潮的典型代表。

(三)CBT的疗效证据和适应证

大量研究和荟萃分析证实,CBT对抑郁障碍、焦虑障碍、强迫障碍、人格障碍、应激相关障碍、进食障碍、精神病性障碍、双相情感障碍、失眠障碍、心身疾病

和心身症状、各种成瘾问题、性功能和性心理障碍、冲动控制障碍、儿童行为问题等均具有较成熟的治疗方案和明确的治疗效果。正因 CBT 具有大量的循证证据，因此被各种指南所推荐，如抑郁障碍、焦虑障碍、精神病性障碍、双相障碍、睡眠障碍的相关指南。

除精神疾病以外，CBT 还被广泛用于处理各种一般性心理问题或发展性问题，包括塑造健康行为方式、改善拖延现象、减肥、发展人际沟通技巧、职业指导、问题解决等，并均有各种不同的针对性 CBT 操作手册的实践和研究证据。

CBT 的禁忌证相对较少，主要是不具有言语交流基础的情况，如严重的智力障碍、言语障碍、意识障碍的患者，无法进行心理治疗。

（四）CBT 的原则和特点

CBT 是一种短程、结构化、聚焦现实的心理治疗方法，拥有开放的工具箱，是多种治疗技术的集合体，具有独特的优势和鲜明的特点。

1. CBT 的治疗原则

（1）目标导向的问题解决：无论是单次治疗，还是整体治疗，CBT 均设立明确的治疗目标，治疗会谈围绕目标开展，通过问题解决的方法和态度，开展干预。

（2）引导式发现：治疗的过程通过苏格拉底式提问的方法，启发患者不断深入理解和领悟自己的问题及可能的解决方法，引导其自我探索和完成训练。

（3）通过个案概念化进行干预选择：CBT 的干预方法和技术选择是建立在个案概念化的基础之上，能够真正做到有的放矢。

（4）关注认知、情绪、行为、躯体四个层面的相互作用：这四个方面是个体在具体事件的引发下，心理过程发展的几个部分，相互影响、关系密切，是 CBT 主要的干预目标，也是 CBT 主要的治疗元素。

（5）治疗师和患者之间形成积极的治疗联盟：治疗师与患者在治疗过程中，形成共同探讨和解决问题的治疗联盟，通过共同发现问题、分析问题、解决问题和干预训练，培养患者成为解决自身问题的"专家"。

2. CBT 的特点

（1）循证基础：CBT 的理论和技术发展均来自科学研究，具有强有力的循证基础，因此被多个指南推荐，成为循证心理治疗的典范。

（2）开放性好：CBT 具有开放的结构，所有作用于认知、情绪、行为和躯体改变的方法，均可被称为 CBT 技术，不同领域、不同时期、不同理论发展出众多的技术共同组成了 CBT 的工具箱、技术集，使 CBT 技术变得更丰富和灵活。

（3）聚焦当下：CBT 强调此时此地对事件和信念体系的分析，强调此时此地的感受、想法和行为。与问题的发生溯源相比较，CBT 更重视问题的维持因素，由此促进改变，发展新的模式。

（4）操作性强：CBT 具有清晰的治疗结构、流程，具体的操作方法、步骤，方便操作和评估，易于编制手册并根据手册开展工作和技术传播。

（5）重视练习：CBT 通过练习或训练，促进问题模式的改变，建立积极模式。其中，心理教育和家庭作业在模式改变的练习和巩固中具有重要的、不可或缺的价值。

二、治疗过程

（一）治疗目标

CBT 的目标通常是患者的来访目标，在治疗初期治疗师和患者就治疗的目标进行讨论和确立，并在治疗过程中不断反复核对和调整。概括起来，一般主要包括四个目标：减轻症状、解决问题、改善功能和发展人格。

CBT 是目标导向的心理治疗方法，技术发展和使用均是针对患者的心理问题或症状表现，其首要的目标是帮助有精神心理障碍或躯体健康问题的患者减轻症状，或者根据患者的需求解决其现实问题和困惑。随着问题的解决和症状的减轻，患者的心理社会功能也得到相应的改善；或者，通过治疗，患者心理社会功能提高，达到问题解决和症状改善的目的。同时，随着治疗深入和信念体系的调整，系统的 CBT 还可以帮助患者发展人格。有时，社会功能的提高和人格发展本身就是患者来访的目的。这四个目标之间是相互联系、相辅相成的。

（二）治疗师的功能和角色

在早期，很多人认为 CBT 治疗师（如教练、导师）的工作是训练和教育患者，这是一种误解。CBT 治疗师虽然擅长行为训练和健康宣教，但这些技术都是建立在与患者平等商讨的基础上，通过治疗师的引导，共同发现问题、讨论治疗方案，由患者自主决策选择认知和行为改变的具体技术。引导式发现是 CBT 治疗师重要的工作模式，代表治疗师的角色定位，治疗师是具有专业知识和技术的助人者，与患者合作，找到改变的途径，促进改变的发生，尊重患者的选择。

（三）患者在治疗中的体验

患者在治疗中被鼓励积极参与治疗过程中的各种选择，与治疗师共同合作探索和改变自己。患者需要在治疗中承担更主动的角色，决定治疗要讨论的问题、改变的方向、选择的方法和技术、改变的进度。治疗师会充分分析和表达自己对问题的专业见解，以合作的态度与患者讨论决策，但最终的决策由患者做出。患者在治疗中会体验到被尊重、理解和支持，感受到有人和自己一起面对问题和寻找方法，同时也逐渐体验到治疗需要自己的积极参与和为自己负责，而不是被动地接受推动，更不是被强加改变。

（四）治疗师和患者之间的关系

治疗关系是指 CBT 治疗师与患者之间的一种特殊关系，围绕改善患者的心理行为问题或者症状而形成专业关系，良好的治疗关系是心理治疗的基础。CBT 的治疗关系是一种治疗同盟的关系，也被称为工作同盟。治疗同盟意味着治疗师和患者在治疗目标、工作任务上保持一致，同时建立积极的情感联结，能够一起探索和工作，共同解决问题。治疗师有责任提供共情、真诚和无条件积极关注的治疗环境，理解和尊重患者，同时具备和展现能够提供帮助的专业能力，这些都能够帮助建立良好的治疗同盟。

三、临床操作和治疗技术

（一）CBT 的治疗结构

CBT 一般每次 50 分钟，每周 1～2 次，通常为 1 次，根据不同情况共 12～20 次，也可能更长，治疗后期可以每月 1 次进行维持治疗，逐渐延长时间间隔，直至治疗结束。整体治疗分为三个阶段:①治疗初期的主要任务是了解情况、建立关系、收集信息、评估诊断、设定治疗目标、介绍CBT模型、进行健康宣教等;②治疗中期是治疗的主体阶段,包括认知和行为概念化的形成,认知和行为技术的运用,认知和行为的不断改变和巩固,通过治疗室内讨论和家庭作业练习相结合的方式实现;③治疗后期包括治疗的总结、巩固、预防复发、离别等内容。

CBT的单次治疗也具有相对固定的结构,一个典型的CBT会谈一般在治疗开始时进行心境检查、家庭作业反馈和本次治疗清单讨论,治疗中期进行本次主要议题的讨论和治疗室内的认知或行为练习,治疗最后进行总结、反馈和家庭作业布置。当然,如果遇到危机情况或其他需要优先讨论的议题,也会进行相应的调整。

(二)CBT的概念化

CBT的概念化是指治疗师依据CBT的理论,对患者的问题形成理论假设的过程。根据CBT的理论发展,CT和BT分别形成了认知概念化和行为概念化,在形式上略有区别,但核心都是从认知和行为模式的角度,围绕一个人的心理病理机制进行系统呈现的过程。

(三)CBT的技术选择

CBT技术的选择和使用是基于概念化的内容,概念化讨论和发现问题的来源、关键节点和路径,形成初步工作假设;治疗要做哪些改变、选择什么具体方法和技术,是根据问题的来源和关键节点,从工作假设出发,与患者一起进行治疗方案的讨论和确立,再根据治疗方案和具体情况,讨论选择相应的具体方法和技术,做到有的放矢。

CBT技术,包括内容技术和过程技术两大类。

内容技术:是能够贯彻改变患者的概念化内容的技术,主要包括认知技术和行为技术,其他还有直接针对情绪和身体症状的情绪技术和身体技术等,还包括针对特定问题和情况发展的CBT专项技术,如安全计划、睡眠日记、服药依从性技术、预防复发技术、健康宣教、问题解决、动机访谈等。

过程技术:是贯穿治疗的过程,保证治疗得以开展的技术,包括各种访谈技巧、建立治疗同盟的技术、反馈技术、家庭作业等。其中,苏格拉底式提问(socratic questioning)是阿伦·贝克(Aaron Beck)在CT的发展中,发展出的CBT访谈沟通的重要过程技术,贯穿治疗的始终。苏格拉底式提问的方法起源于希腊哲学家苏格拉底,通过对患者进行启发式提问,让患者在思考问题的过程中自己获得顿悟,而不是直接告知答案。这种引导式发现的方法,是CT和CBT的治疗过程得以推进的核心。

第二节　认知治疗

CT是通过改变患者的认知和信念系统进行情绪和行为改变的治疗方法。CT早期主要包括20世纪50年代阿尔伯特·艾里斯(Albert Ellis)提出的理性情绪治疗和20世纪60年代阿伦·贝克(Aaron Beck)创立的贝克CT。贝克的CT体系更为完整、传播更为广泛。

一、核心理论与概念

(一)贝克的认知理论

20世纪60年代,贝克首次提出用认知理论来解释抑郁症,认为我们都有一种叫"图式"的深层认知结构,使我们能够处理接收的信息并赋予意义。当应激性事件激活病理性图式时,就会导致精神病理学(情绪、认知和行为)症状(图7-1)。依据该理论贝克发展出一种通过改变认知、行为和图式,以及它们的关系等来治疗精神病理学症状的治疗。认知、行为和情绪是相互影响的,认知或行为的改变会引起情绪的改变。而图式的改变会减少未来疾病发作的次数、可能性和强度。后来,贝克还与其他人采用该理论解释了各种各样的障碍和问题,包括焦虑障碍、精神分裂症、双相情感障碍等。

贝克认知理论的主要观点如下。

1. 症状是由相互联系、互为因果的情绪、行为和自动思维构成　症状是由行为、自动思维和情绪组成。行为包括生理反应(如心跳加快)和行为(如离开房间)。自动思维是自动出现的,很难注意到的想法(包括图像、记忆)。情绪指主观的体验。图7-1中,行为、认知和情绪之间都是用双箭头连接以示所有元素都互为因果地联系在一起。任何一个元素的改变都会导致其他元素的变化。

2. 图式激活可以解释一个症状、一种障碍,以及整个个案　图7-1指出,图式的激活导致了各种障碍,这些障碍是由症状组成的,而症状本身是由情绪、认知和行为构成的。该理论最初是为了解释一种障碍。然而,在临床上可以"向下"推断以解释单一症状,也可以"向上"解释患者的所有症状、障碍和问题。为了解释一个症状,可以使用图7-1来识别认知、行为和情绪,以及触发图式和导致症状的生活事件。为了解释一种障碍,可以用图7-1来识别组成一个障碍和图式的认知、行为和不愉快的情绪,以及促发症状的生活事件。为了解释患者的所有症状、障碍和问题,可以使用图7-2来识别患者的所有问题、引起症状或问题的图式,以及触发图式的生活事件。

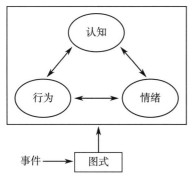

图7-1　贝克认知理论的基本要素

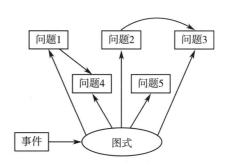

图7-2　使用贝克的理论进行个案概念化

(1)有关自我、个人世界和未来的病理图式是精神病理学的基础:贝克提出精神病理学症状的基础是认知三联征,即患者对自我、世界和未来的看法。三联征的概念在临床上非常有用。例如,焦虑的人通常认为自己是软弱和脆弱的,世界是危险和有威胁的;自杀者对未来的看法是绝望的。这些都是循证的观点,可以帮助临床医生聚焦干预这些关键问题。

(2)图式由"匹配"或支持图式的事件触发:贝克的理论提出,当图式被与之对应的外部(如没有被提拔)或内部(如心率加快或记忆)事件触发时,就会出现症状。因此,对一个持有"除非我周围的人都爱我,否则我没有价值"图式的人来说,被拒绝就会让他过分痛苦;而对于认为"如果我没有在每件事上都取得成功,就说明我一无是处"的人来说,没有升职是一件特别痛苦的事;心跳加快对认为自己身体容易出大问题的人来说是痛苦的。

（3）图式扭曲了思维和行为的许多方面:图式在多个方面扭曲了思维,包括知觉、意象、记忆、判断和决策,并且它们驱动行为,包括面部表情、躯体唤起和运动行为,而且这些都是意识之外的影响。

（4）症状概貌反映图式内容:贝克的理论是一种结构理论,也就是说,在这种理论中,外显症状的概貌(即描述性细节)应该反映潜在机制的内容。

（5）图式是通过童年经历习得的:贝克的理论指出,图式是从早期经验中习得的,特别是早期与重要他人的经验。例如,经常被父母虐待的孩子,可能发展出对他人的图式是伤害自己或虐待自己;焦虑障碍的患者,常常可能是在父母过度保护或者忽略的养育方式下成长起来的,导致他们发展出自我的图式是无助的,世界的图式是不可控制的。

（6）图式不容易因不一致的信息而改变:图式不容易改变。图式本身有偏差地从记忆、含混的事件和其他认知过程中提取信息,从而使个人难以得到与扭曲图式不相符的信息。如患有抑郁症的个体会寻找证实其消极自我图式的信息。

（7）改变图式需要激活图式:贝克提出,有效的治疗需要情绪的激活(因此可以假定是激活其潜在的图式)。

（二）理性情绪行为治疗

20 世纪 50 年代阿尔伯特·艾利斯(Albert Ellis)从哲学思辨的理论角度出发,创建了理性情绪行为治疗。该理论认为,引起人们情绪困扰的并不是外界发生的事件,而是人们对事件的态度、看法、评价等认知内容,因此要改变情绪困扰,不应致力于改变外界事件,而应该改变认知,通过改变认知进而改变情绪。艾利斯早期用 ABC 表示理论中的核心观点,因此该理论也曾被称为ABC 理论,其中,A(activating event)是指诱发性事件,B(beliefs)是指个体在遇到诱发事件之后而相应产生的信念,C(emotional and behavioral consequences)是指特定情境下,个体的情绪及行为结果。通常人们认为,人的情绪的行为反应是直接由诱发事件 A 引起的,即 A 引起了 C。而ABC 理论指出,诱发性事件 A 只是引起情绪及行为反应的间接原因,而人们对诱发性事件所持的信念、看法、理解,即 B 才是引起人的情绪及行为反应的更直接的原因。理性的信念会引起人们对事物的适当的情绪反应;而非理性的信念则会导致不适当的情绪和行为反应。当人们坚持某些非理性的信念,长期处于不良的情绪状态中时,最终会导致情绪障碍的产生。

艾利斯认为,要想改善人们的不良情绪及行为,就要劝导干预非理性信念(disputing irrational beliefs,D)的发生与存在,而代之以理性的信念。当劝导干预产生了效果(effect,E),人们就会产生积极的情绪及行为,心理的困扰因此消除或减弱,也就会有愉悦充实的新感觉(new feeling,F)产生。理性情绪治疗是艾利斯通过切身体验感悟和总结出来的自我心理调节的方法。它的主要目标是帮助人们培养更实际的生活哲学,减少自己的情绪困扰与自我挫败行为,减轻因生活中的错误而责备自己或别人的倾向,并学会如何有效地处理未来的困难。后期,理性情绪治疗整合了行为技术和其他技术,改名为现在使用的理性情绪行为治疗。

（三）其他认知理论

迄今为止,已经发展出很多认知理论和治疗方法,它们同贝克和艾利斯的理论并不矛盾,而且实际上是从不同的角度对认知理论体系进行了补充和具体阐述。例如，归因治疗、MBCT、ACT、元认知疗法等，核心均是侧重于各种不同的认知因素在心理病理学中的重要意义，以及通过改变认知来带动问题的改变。

二、认知概念化

CT 的过程是使用一系列 CT 的方法技术，通过认知理论理解患者，与患者一起形成对其问题解释的认知概念化，再通过相应的改变技术进行改变的过程。其中个案概念化是认知技术选择的基础，也是 CT 的核心。

认知概念化是指基于认知理论来形成对个案的理解和指导干预的过程。如果把治疗看作一次旅程，治疗目标就是目的地，治疗计划就是路线图，而概念化就是地图。概念化越准确，就越可能制定高效合理的路线图，并能在原来的路线图遇到障碍时，据此找出新的路径。概念化贯穿整个治疗过程，治疗师需要与患者分享并不断修正初步的概念化。

熟悉诊断标准（DSM-5、ICD-11 等），有助于治疗师进行概念化。因为许多循证治疗提供了基于诊断的通用概念化模板，治疗师可以从中选择一种，并将其进行个体化调整，从而形成当前个案的初步个案概念化。

下文将概述一个简明版的认知模型；然后会描述核心信念（对自我、他人和世界最基本的理解）、中间信念（假设、规则和态度）；最后呈现一个可以帮助治疗师了解认知概念化的图表。

（一）认知模型

CT 以认知模型为理论基础。该模型提出，人们的情绪、行为及生理反应并不由情境本身决定，而取决于人们如何解释这一情境（贝克，1964）。

当我们阅读这本书时，一方面，一部分精力集中在书的内容上，正在试图理解和整合这些信息；另一方面，可能正产生一些快速的评价思维，这些思维被称为"自动思维"，它们似乎是自动涌现的，通常迅速而简短。我们可能很难觉察到这些思维，但更可能觉察到的是随之而来的情绪和行为反应。即使注意到了这些思维，也很可能不加评判地接受，把想法当成了事实。如果能较好地识别自己的自动思维，对其进行评估与应对，我们可能发现心情会随之好转，能采取更具功能的行为方式，或者生理唤醒有所降低。

在生活中，不同人面对同样的情境，解释不同；同一个人在不同的时间对同一个情境的解释也可能不同。我们将从更为持久的认知现象——核心信念中寻找原因。如前所述，核心信念在贝克的认知理论中也称为"图式"，如图 7-3 所示。

（二）核心信念

从童年开始，人们形成了关于自我、他人及世界的基本观点，称为核心信念。人们积极探寻，不断地将新信息填充到已有的图式或模板中。

核心信念有两个特点：①根深蒂固的，一般很难被撬动；②坚信不疑的，是人们思考的底色，通常不会被意识到。

需要说明的是，人们的核心信念常常是成

情境
在CBT培训中，看到同学们踊跃提问

↓

自动思维

这太难了，他们总能想到那么多问题，而我什么都不会；这样下去，我永远也不可能掌握这些。

图 7-3　图式示例

对出现的,有正性的(如我是有能力的、他人是友善的、这个世界是安全的),也有负性的。CT侧重对负性核心信念的矫正。

核心信念分为关于自我、他人和世界的核心信念这三大类。

其中,关于自我的负性信念大体上可以分为无能、不可爱、无价值三类。无能类,顾名思义是与能力、成就相关,是关于自己能否把事情做好的一类核心信念。不可爱类,其中的"可爱"不仅仅指外表的好看、有吸引力,而且还包括能否建立关系,别人是否喜欢自己。无价值类,指怀疑自己是不是罪恶的,是否有权利活在世上,甚至认为自己是"有毒"的,会给他人带来厄运的。

快速识别患者的信念属于哪种类型有助于引导治疗的方向。

(三)假设、规则和态度

核心信念一般隐藏得比较深,很难意识到,比它更浅的是中间信念,以假设、规则和态度的形式出现。

假设通常以"如果……那么/就……"的形式出现,例如,"如果我维持现状,我就会很好;但如果我尝试做出改变,我就会失败。"规则往往包含"必须、一定、应该"这一类词汇,例如,"我应该让所有人喜欢我。"态度一般是一种评价,例如,"失败是可怕的"。

在中间信念的基础上,会出现一些应对策略。应对策略可以理解为人的行为模式。应对策略使核心信念得以维持。

中间信念与核心信念、自动思维的关系如图7-4所示。

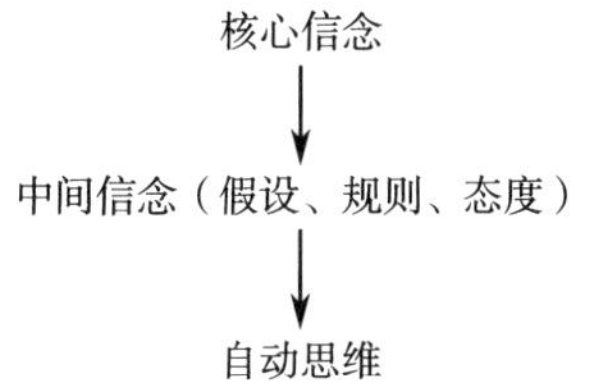

核心信念

↓

中间信念(假设、规则、态度)

↓

自动思维

图7-4 中间信念与核心信念、自动思维的关系

(四)认知概念化的形成

认知由浅到深分为三个不同的水平,分别是自动思维、中间信念和核心信念。

核心信念受遗传因素、童年客观的成长环境、患者对事件的主观解读等影响。核心信念会对其信息加工和处理模式产生影响,整体内容包括对于自己、他人、世界和未来的看法。

核心信念一般隐藏得比较深,很难被意识到。中间信念以假设、规则、态度这样的形式出现,同时会出现一些应对策略,其功能是为了掩饰核心信念,不让其暴露出来,不会成真。例如,有的人总是换工作,总是感觉工作有压力,一遇到困难就不做了,因为他可能有这样假设"遇到困难,如果我不会做,我就放弃;如果我放弃了,就没有人知道我不行了。如果我失败了,就是很可怕的。"他的核心信念有可能是"我不行,我是一个没有能力的人。"这样的核心信念和中间信念表现出来的应对策略,就是不断地换工作。

比中间信念更浅层的,可能被我们意识到的,就是自动思维。自动思维是与环境相关的,在具体情境下产生的一些想法。在同一个情境中,不同的人可能有不同的想法,进而产生不同的处理方式,体现在情绪、行为、生理反应层面。接下来,反应(情绪、行为、生理)又成为新的情境,一方面可能继续强化核心信念,也有可能引发新的自动思维,不断地循环。所以当患者遇到困难,他常常处于这样的负性循环中(图7-5)。认知概念化是协助患者看到这个循环,制定治疗计划并实施,使其走出困境。

一般说来,在治疗的一开始,治疗师就在建构概念化,形成假设。只有当治疗师看到更大的图景时,才可能以一种有效且高效的方式对治疗进行引导。治疗师可以用认知概念化图表(图7-6、图7-7)将患者呈现的大量材料组织起来。治疗师应该把自己的假设视作暂定的,直到这种

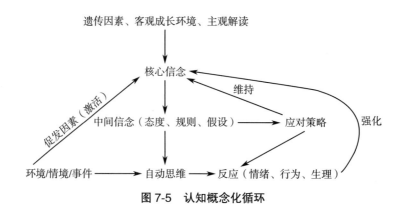

图 7-5　认知概念化循环

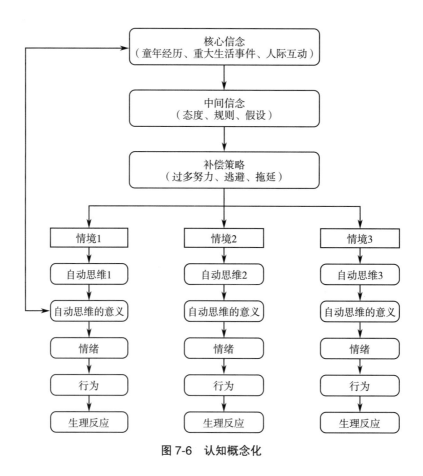

图 7-6　认知概念化

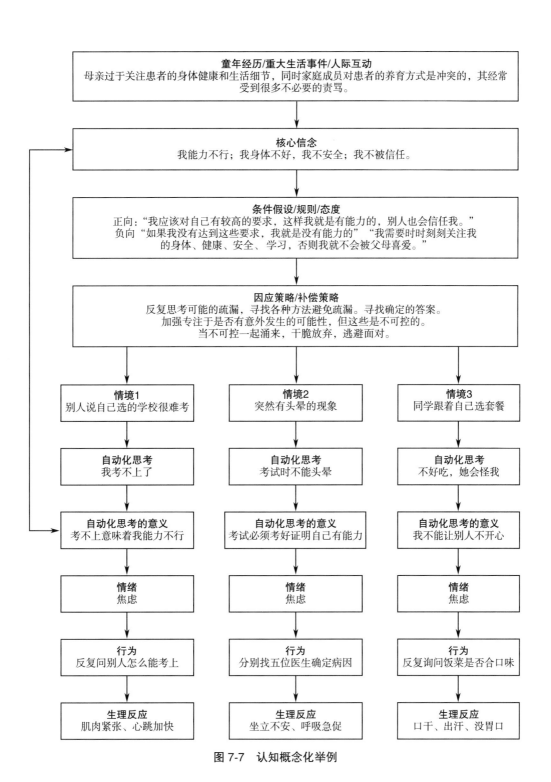

图 7-7　认知概念化举例

假设被患者证实和肯定。在收集到更多的资料时,治疗师应该不断地再评估、完善图表,而对个案的概念化一直要在患者终止治疗时才算完成。

三、认知技术

认知技术是一大类以认知改变为目的的技术总和,其中最核心的技术是"认知重建"(cognitive restructuring)。认知重建包括自动思维、中间信念和核心信念三个层面的重建。治疗师会通过治疗室内沟通和治疗室外行为实验,帮助患者发现他们惯常的思维模式,验证他们自以为真实的事实,正是潜藏着的这些不良的思维模式,导致患者出现种种问题。之后帮助患者学会从根本上质疑这些功能不良的思维方式,鼓励患者批判性地看待任何让他们感到不适的思维,用实证的方法检验思维与现实的差异。

(一)自动思维重建技术

在认知治疗中,治疗师可能遇到这样的情况:患者处于激烈的情绪之中,如焦虑、愤怒、抑郁、内疚,但在询问他"你怎么了"时,他却答不上来,或者说"我也不知道""我就是心情不好""我觉得很慌,但不知道在慌什么",甚至说"头脑一片空白"。

贝克发现在激烈的情绪背后往往隐藏着一系列的想法,他称之为自动思维。在他的实证研究过程中,发现这些想法通常构成了外部刺激情境与个人情绪体验及其行为之间的重要桥梁,在此基础上,贝克建立了认知模式。认知模式表明,个体对情境的解释,而不是情境本身,会影响个体随后的情绪、行为和生理反应,这些解释常以自动思维的形式表现出来。

1. 自动思维的特征　自动思维是指在我们的脑海中自动出现、不需要意志努力的思维,所以大部分时间我们觉察不到,但通过指导和练习,就能识别出来。自动思维常以"速记"的形式出现,但当刻意去识别时,往往又能阐明其真实的含义。例如,同样的自动思维"哦,糟了!"有的人想表达的是"我完蛋了",而另一个人的意思可能是"没有人会喜欢我了"。

自动思维除会以语言形式出现外,还可能以视觉的形式(图像)或者二者结合的方式呈现。有时个体无法觉察或表达出其自动思维具体是什么,但脑海中会浮现出相关的画面或景象。

自动思维的内容与情绪类型有逻辑关联。例如,抑郁患者的自动思维普遍与自我批评或遗憾有关。当抑郁症状加重,这种类型的自动思维将占据很大一部分的意识流。同样,焦虑症患者的自动思维内容多是对身体或心理方面的担忧。强迫症患者倾向于产生具有命令性质的、重复的、有意识的自动思维(如"再洗一次手")。愤怒相关的问题没有特定的诊断类别,但这些问题通常以不合理的损失、挑战或威胁为主题。

2. 自动思维的类型　通过有效性及实用性来评估自动思维的话,可将自动思维分为三种主要类型。

第一种类型是最常见的,表现为自动思维是对客观事实存在某种程度上歪曲的认识。

第二种类型是自动思维内容是准确的,但形成的结论可能是歪曲的。例如,"我考砸了"是一个客观事实,但结论是"因此我是无能的"就是歪曲的。

第三种类型是自动思维内容是正确的,但却是功能适应不良的。例如,当工作很忙时,可能有这样的想法"这么多事情,需要花很多时间精力才能完成,我可能得熬夜了"。这个想法本身是正确的,但容易增加焦虑的情绪,降低个体注意力和动机,甚至产生拖延。

评估自动思维的有效性和实用性并做出适当的回应,可有效地使情感产生积极的转变。

3. 自动思维的重建

第一步,识别自动思维。

识别自动思维的关键是捕捉到情绪激发的那一刻"我刚刚在想什么?"有时自动思维在脑海中一闪而过、很难捕捉,如果患者无法识别出任何明显的想法,可以从情绪感受、身体反应和行为出发进行反向工作;引出意象;引出对问题情境的详细描述;识别情境对患者的意义;提出一个与实际想法完全相反的想法;换一种表达方式来进行。

确认关键/核心的自动思维。我们在同一时刻可以拥有很多想法,其中自动思维是与我们强烈感受最相关的想法,也被称为"热性认知"。一个没有引起强烈情绪反应或不影响功能的想法,无须对其进行工作。同时,并不是所有引发强烈感受的想法都可以直接被当作自动思维进行工作,需要对其进行转化与确认。方法包括:区分自动思维和解释;确认潜在的自动思维;改变电报式或疑问式的表达方式。

总之,识别患者最终的能引发强烈情绪的真实自动思维,才能更有效地加以评估,并进一步加以调整。

第二步,评价和应对自动思维。

患者每天都有成千上万的想法,有些想法功能不良,而有些想法功能良好,在一次会谈中,只需对一些想法进行评价即可,具体步骤如下。

(1)选择重要的自动思维。

(2)用苏格拉底式提问评价某一自动思维。

(3)检验评价过程的结果。

(4)评价自动思维无效的原因并进行概念化。

(5)通过问题解决策略应对真实的自动思维。

(二)识别并矫正中间信念

中间信念包含态度、规则和假设,在逻辑上将自动思维和核心信念联系到一起。通过中间信念,可以看到患者的核心信念是如何影响其行为策略的。因此,根据患者的行为、自动思维和核心信念,中间信念是可以预测的。

1. 第一步,引出中间信念

(1)对典型情境或自动思维进行归类

1)对典型情境进行归类:如果情境类似,且引发的情绪类型差不多,则此类型的情境中可能会产生相似的中间信念。所以,中间信念是跨情境的。

2)对自动思维进行归类:在患者的"思维记录"中找出重复的主题,如果某种自动思维反复出现,则它们可能是寻找中间信念的线索。例如,不同情境中,患者都产生了"我必须让大家都喜欢"的相关信念。

(2)箭头向下技术:当识别到患者关键的自动思维时,可以通过询问"假如这个自动思维是真的,那么对你来说意味着什么呢?"来引出中间信念。变换不同的方式,反复提问可以得到更多的信念。如果在提问过程中,患者的情绪变差或者患者开始用相似或相同的词语来回应,这时,治疗师可能找到了重要的中间信念或核心思维。

"如果这个想法是真的,这对你来说意味着什么?"

"如果那是真的,会怎么样?"

"关于……的不好之处是什么?"

"关于……最糟糕的地方是什么?"

(3)其他技术:治疗师可以直接提问引出中间信念,例如,"关于说出自己的真实想法,你的信念是什么?"也可以问患者假设的上半句,例如,"如果我没有做得非常好,……"让患者回答剩下的部分引出一个完整的假设;也可以通过信念问卷搜集患者的信念。

与患者一起检验中间信念。治疗师可以通过认知模型,不将它作为定论,而是作为一种假设,来询问患者是否认可这个认知模型和中间信念。

2. 第二步,矫正中间信念

(1)是否要矫正中间信念:取决于以下几个要点。

中间信念是主要的,还是次要的。为了治疗的效果,治疗师要聚焦于最重要的中间信念,它们是患者相信程度高、与治疗主题紧密联系的信念。

是否要马上对其进行工作。这个中间信念对患者生活的影响是否广泛而强烈,患者是否能客观地评估这一信念,在此次会谈中是否有足够的时间对其进行工作,这些都决定着是否马上要对这个中间信念进行工作。

中间信念没有自动思维容易矫正,但比核心信念更有可塑性。所以工作中,治疗师也可以教患者首先对浅层的自动思维进行工作,再考虑对中间信念工作,最后再挑战核心信念。

(2)如何矫正中间信念:中间信念包括规则、态度和假设。通常,假设比规则和态度更容易被患者识别和评估。治疗师可以运用前面提到的引出中间信念的方法,将规则和态度转变成假设。相比于"我不应该说出自己的真实想法""如果我说出真实想法,这意味着我会被拒绝"更容易让患者进行检验。

1)心理健康教育——信念是可以修正的。

2)对信念的利弊分析——评估信念。

3)提前构想新信念——适应性信念。

4)苏格拉底式提问——矫正信念。

5)行为实验——检验信念。

6)像相信新信念一样行动——增强信念。

(三)识别并矫正核心信念

在识别和矫正患者的负性核心信念时,治疗师按照以下治疗步骤进行。

1. 用箭头向下等技术识别患者核心信念。

2. 教育患者大体上了解核心信念和他特定的核心信念,指导患者在核心信念运作的过程中进行监控。

3. 帮助患者确定一个新的、更有适应性的、功能良好的核心信念。

4. 与患者一起评估和矫正他的负性核心信念。

5. 使用"理性的"或"情感的"实验方法降低旧的核心信念的强度,增强新的核心信念的强度。

识别核心信念的常用技术是"箭头向下"技术,治疗师还可以寻找患者自动思维中核心的主题,留意被表达为自动思维的核心信念,并直接引出核心信念。

第三节　行为治疗

BT 是将行为主义的学习原理用于问题行为的改变和积极行为塑造的心理治疗方法。其基本原理认为,人的适应性行为是通过学习得来的,人的不适应性行为和习惯也是通过学习得来的;这些行为和习惯会保留下来的原因是行为的功能,其中"奖励"(正、负强化)、"惩罚"或"消退"的学习机制起关键作用,要消除不适应的行为和习惯也可以通过这些学习机制进行。

一、核心理论与概念

BT 理论模型的共同特点是学习,即行为主义认为无论是适应良好的行为还是适应不良的行为都是个体通过学习而习得的,学习是获得行为和改变行为的主要途径,是 BT 的核心。BT 的主要目标是消除和改变问题行为,并形成良性行为。

学习的产生主要通过四个途径:经典条件反射、操作性条件反射、模仿学习,以及认知的变化。现在的 BT 技术就是以这四种理论模型中的一种或几种作为理论根基。

(一)经典条件反射

经典条件反射又被称为巴甫洛夫条件反射。该理论认为一个刺激和另一个带有奖赏或惩罚的刺激多次联结,可使个体学会在单独呈现该刺激时,产生类似非条件反射的条件反应。

1. 巴甫洛夫的经典条件反射实验　第一个经典条件反射研究出自巴甫洛夫著名的狗的实验。巴甫洛夫将食物(能自动地引发唾液分泌)与铃声反复配对,直到单独出现铃声而不出现食物时,狗也分泌唾液。在行为主义的术语中,食物是非条件刺激(unconditioned stimulus,UCS),狗分泌唾液是非条件反射(unconditioned response,UCR),铃声在开始时是中性刺激,不引起反应,但是经过与食物反复配对后,它变成条件刺激(conditioned stimulus,CS),能引发唾液分泌,唾液分泌的反应对铃声来说是条件反射(conditioned response,CR)。经过多次研究,他发现任何有规律的先于食物出现的中性刺激(声音、铃声、灯光)都能诱发狗的唾液分泌,在可控制的条件下,这种现象也能够被重复。

条件反射是一种学习类型,通过将中性刺激与能形成反射性反应的非条件刺激进行配对产生。经过重复配对后,中性刺激能引起类似的反射性反应。配对的次数越多,条件刺激越可能诱发条件反射。如果条件刺激总是与非条件刺激配对,那么相比配对频率更少的情况,前者更容易引起条件反射。条件反射通常是无意识的。人类可以学会将恐惧与没有意识到的刺激相关联,这解释了为什么恐惧症患者经常不能报告条件化事件,也能解释情绪反应似乎是"出乎意料"的,他们可能是对意识之外的细微刺激的条件化情绪反应。

2. 经典条件反射的基本规律

(1)习得和消退

1)习得(acquisition)是指条件反应被诱发出来并随着实验的重复而频率不断增强的过程。

一般来说,条件刺激和非条件刺激必须在经过多次匹配后,才能用条件刺激可靠地诱发条件反应。条件反射的习得一般要考虑两个条件:条件刺激作为非条件刺激出现的信号必须先于非条件刺激而呈现;条件刺激与非条件刺激呈现的时间间隔不能太长,通常在半秒和几秒之间出现。条件刺激和非条件刺激之间的时间模式有四种:延迟条件反射、痕迹条件反射、同时条件反射、倒摄条件反射。

2)消退(extinction)是指条件作用形成后,由于未受到持续强化而使个体条件反应的强度和频率逐渐减弱,直到消失。例如,如果已经训练一只狗听到铃声就分泌唾液,可以通过反复响铃但不给食物来形成消退。同时,巴甫洛夫也发现,在条件反应看起来已经消退的几天后,一旦铃响,狗又会分泌唾液,这种现象为自然恢复(spontaneous recovery)。这时,如果重新强化条件刺激,条件反射又会很快恢复,这也说明条件反射的消退不是已形成的暂时联系的消失,而是暂时联系受到抑制。图7-8呈现并总结了这些内容。

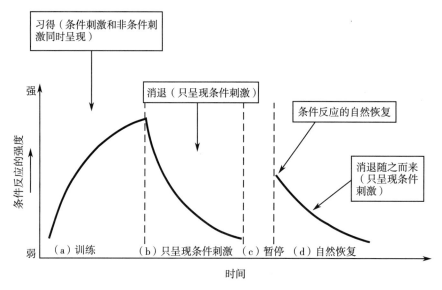

图 7-8　条件作用的消退

(2)泛化和分化:条件反射的泛化(generalization)是指在条件反射形成后,不仅原刺激物会引起条件反射,其他类似的刺激物也会引起条件反射的现象。条件反射的分化(discrimination),又称辨别,是指对条件刺激产生反应,而对其他近似刺激产生抑制效应的现象;例如,狗只要听到主人的脚步声就会摇着尾巴冲过去迎接,但听到陌生人的脚步声就会狂吠不止。

泛化是对事物的相似性的条件反应,分化则是对事物差异性的条件反应,泛化能使个体的学习从一种情境迁移到另一种情境,而分化则能使个体对不同的情境作出不同的反应。个体要想在环境中表现出最佳行为,就必须平衡泛化和分化过程。条件化是无意识的,可能涉及更高等级的条件化和刺激泛化,可能导致复杂和意想不到的情绪反应,难以预测和解释,如创伤后应激障碍(PTSD)。

(3)高级条件反射:通过与已经建立的条件刺激相结合,中性刺激可以变成条件刺激,这种程序被称为高级条件反射（higher-order conditioning）。当实验中的狗学会看到食物盘就分泌唾液后，在它看到食物盘前发出闪光，多次将闪光和食物盘结合，狗就能学会看到闪光就分泌唾液。高级条件反应在动物中很难建立并且不稳定，但人类的学习中，高级条件反应占主导地位，特别是语言在其中起到了重要作用，如"望梅止渴""一朝被蛇咬，十年怕井绳"都属于高级条件反射。

3. 以经典条件反射理论为基础的 BT　心理学以经典条件反射理论为基础推导出了多种心理治疗理论，包括厌恶治疗、系统脱敏法、满灌治疗（又称冲击治疗或泛滥治疗）等，且得到了广泛的应用。

（二）操作性条件反射

经典条件反射理论无法解释人和动物许多复杂行为的形成过程，以及与环境的交互作用，忽略了有机体的行为结果对有机体行为的影响。美国著名心理学家伯尔赫斯·弗雷德里克·斯金纳（Burrhus Frederic Skinner），在经典条件反射理论的基础上，提出了著名的操作性条件反射理论，使行为主义的研究和应用进入全新的阶段。

1. 斯金纳的操作性条件反射实验　新行为主义的代表斯金纳将研究集中在行为结果对行为的影响以及行为控制上。他提出操作性条件反射原理，设计制作了"斯金纳箱"，从对操作性条件反射实验的研究中总结学习规律，认为心理学研究的目的在于找出可观察的环境事件与可观察的有机体行为之间的函数关系，从而找出人类行为的规律，并通过控制个体生存的环境条件来控制个体的行为。基于此，斯金纳把有机体的行为分为应答性行为和操作性行为两类。前者是由已知的刺激引起的反应；后者是由机体自身发出的反应（与任何已知刺激无关）。

他提出，这种操作性行为的形成过程就是学习，其中"强化"起了关键的作用。在此基础上，斯金纳于 1937 年首次提出了操作性条件反射的概念，主张与应答性行为相对应的是应答性条件反射，称为刺激（stimulation, S）型，与操作性行为相对应的是操作性条件反射，称为反应（response, R）型。表 7-1 列出了两种条件反射的特征。S 型条件反射是强化与刺激直接关联，R 型条件反射是强化与反应直接关联。在学习情境中，操作性行为更有代表性，能够塑造出新行为。

通过实验，斯金纳进一步提出：个体的偶然性行为能否再次出现，取决于行为发生后对个体产生了怎样的影响，一旦操作性行为结果得到强化，则该行为发生的概率就会增加。因此，行为结果决定有机体行为的加强或减弱，且决定其是否继续重复这种行为，即结果控制行为，从而决定有机体的行为模式。

表 7-1　操作性条件反射的分型

分型依据	应答性条件反射（S 型）	操作性条件反射（R 型）
对应行为	应答性行为	操作性行为
关联	强化与刺激直接关联	强化与反应直接关联
强化物	刺激本身	结果
应用场景	—	人类行为、学习情境

2. 操作性条件反射的核心内容:正强化、负强化、惩罚　在操作性条件反射中,强调行为的后果对条件反射的建立起重要作用,因此,与巴甫洛夫认为刺激即为强化不同,斯金纳认为能够促使反应再次出现的手段和措施都应称为"强化"。强化是操作性条件反射理论研究中的核心内容,主要分为正强化和负强化两种类型:正强化是指发生一个事件,从而使行为再次发生的概率增加;负强化是指消除一个事件从而使行为再次发生的概率增加。例如,正强化通过使个体获得心理上的满足感而增强学习动机;负强化通过减少个体的痛苦、厌恶感受而增加恰当行为。因此,当可以选择时,正强化比负强化更适合作为增加期望行为概率的策略。无论正强化还是负强化,强化物都是增加行为概率的结果。强化物依照功能来定义,治疗师不能假定行为或事件对患者有强化作用,所以,要确定什么行为对个人具有强化作用,其中最好的方式是观察。

给予强化的方式是最容易控制且最有效的变量,除了可以精确地决定使用什么类型的强化,还可以决定如何给予强化,以及何时给予强化,从而能控制强化的程序。由此,斯金纳把强化分为连续强化和间断强化。间断强化又可以根据时距、比率分为四种方式,即定时距强化、变时距强化、定比率强化、变比率强化,详见图 7-9。研究显示,在行为塑造的最初阶段,为了巩固效果、保证重复率,强化的次数应多一些。随后,可采用可变强化以取得良好的效果。

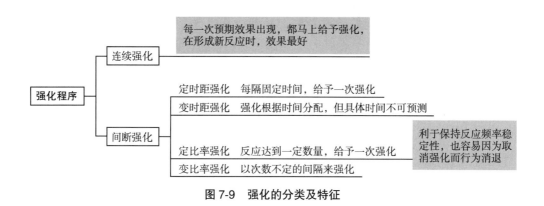

图 7-9　强化的分类及特征

此外,斯金纳把行为结果使有机体行为倾向减弱的情况称作惩罚和消退。其中,若行为结果给有机体带来伤害,从而有机体停止或避免重复某一行为,称为惩罚;若取消伴随某种行为给予的奖励,从而使有机体减少或不再重复某一行为,称为消退。惩罚与负强化不同,负强化是通过排除厌恶刺激来增加反应在未来发生的概率,而惩罚是通过厌恶刺激的呈现来降低反应在未来发生的概率。值得一提的是,以不愉快刺激作用于动物的实验表明,惩罚对于消除问题行为来说效果并不显著,因为厌恶刺激一旦停止作用,原来建立的反应又会逐渐恢复,惩罚并不能永久性地改变行为,而只是暂时抑制了行为。因此,当必须立即停止一种危险行为时,惩罚是有效的手段,能够产生立即的结果;而对于减少、消除问题行为而言,最有效的方法是在使用消退和惩罚的同时,对与目标行为有相同功能但不兼容的行为进行强化。

在操作性条件作用中,强化是以塑造行为为目的,而消退是以消除某种行为为目的。研究显示,虽然操作性条件反射强调结果控制行为,但是大多数操作行为最终也被前因引导和约束,有机体不仅需要学习哪些行为会带来奖励的结果,同时也需要学习在什么情境或何种刺激提示下可能会获得奖励。为了最大限度地发挥操作性条件反射的杠杆作用,可以尝试尽可能多地改变前因、行为和结果,以实现预期效果。

3. 以操作性条件反射理论为基础的BT　以操作性条件反射理论为基础的BT方法主要有行为塑造法、代币制治疗、生物反馈治疗。

(三)社会学习理论

社会学习理论是由美国心理学家阿尔伯特·班杜拉(Albert Bandura)于1977年提出的,他认为以往的学习理论忽视了社会变量对人类行为的制约作用,主张在自然情景中而不是实验室研究人的行为。他把行为主义和认知心理学相结合,以信息加工和强化相结合的观点阐述了学习的过程和机制,引入了社会因素的研究,强调观察学习和自我调节在引发人的行为中的作用,重视行为和环境的相互作用,认为认知、行为与环境这三个因素及其交互作用对人类行为有重要的影响。

1. 班杜拉的社会学习理论实验　社会学习理论是阐明个体如何在社会环境中学习,从而形成和发展个性的理论。社会学习是个体为满足社会需要而掌握社会知识、经验、行为规范和技能的过程。最著名的关于观察学习的经典实验是让4岁的孩子单独观看一部简短的电影,电影的内容是描写一名男子狠命地拳击一只玩具娃娃,一面打一面大声喊叫。该男子的攻击行为受到三种不同的对待:第一种情况,攻击者来到一组儿童面前,受到另一名成人的表扬,还被奖励以汽水、巧克力等;第二种情况,这个攻击者受到了另一名成人的惩罚,被称为"大暴徒",并被打得落荒而逃;第三种情况,既没有奖励也没有惩罚。三组儿童分别观看了同一名攻击者得到不同结局的影片,然后被带到与电影情境类似的房间,房间里也有一个玩具娃娃。结果发现,这三组儿童后来在玩玩具娃娃时,第一组的行为最具侵犯性,第二组最不具侵犯性,第三组居中。然而,当被鼓励去模仿示范原型的行为时,三组儿童都表现出了类似的侵犯性。这说明,通过观察,三组儿童都学会了示范原型的侵犯性行为,但是只有在看到示范原型受到强化或观察者自己期待在做出相同举动后也能得到强化时,这种行为才更有可能发生。

2. 社会学习理论的主要内容

(1)观察学习:班杜拉将社会学习分为直接学习和观察学习(替代学习)两种形式。直接学习是个体对刺激做出反应并受到强化而完成的学习过程。观察学习是指个体通过观察榜样在处理刺激时的反应及其受到的强化而学习。观察学习在人类学习中占有十分重要的地位,尤其是青少年儿童的学习中,观察学习的地位更为重要。观察学习由四个阶段构成:①注意阶段,在大量的示范行为中选择什么样的行为作为观察的对象,并从正在进行的示范事件中抽取哪些信息;②保持阶段,对示范活动的保持,把示范活动转换成表象或言语符号,保留在记忆中;③再现阶段,是把符号或表象转换成某个适当的行为,这是观察学习的中心环节;④动机阶段,动机贯穿于观察学习的始终,引起和维持着人们的观察学习活动。

根据班杜拉对观察学习的分析,可以将整个学习过程划分成不同的步骤(图7-10)。

(2)三元交互决定论(triadiv reciprocal determinism):该理论认为环境(envtronment,E)、行为(behuavior,B)、个人的主体因素(person,P)三者既相对独立又交互作用,三者之间互为因果,每二者之间都具有双向的互动和决定关系(图7-11)。构成交互决定系统的三个因素并不具有相同

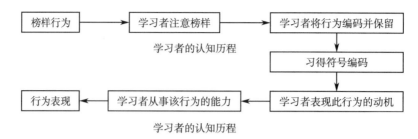

图 7-10 观察学习的系列步骤

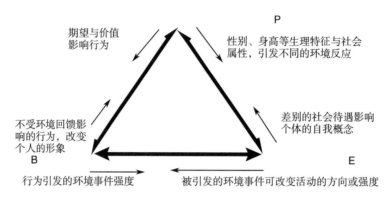

图 7-11 三元交互决定模型

的交互影响力,三者之间的交互作用模式也并不是一成不变的。在不同的环境中,对于不同的人或事件,三者的交互影响力及相互作用模式也不同。三者之间的交互作用模式至少存在三种,即单向相互作用、部分双向相互作用、三项相互作用。

(3)自我效能感:自我效能理论是班杜拉提出的有关动机的社会认知模型。所谓自我效能,是指个体对自己是否能够成功地进行某一行为的主观判断,它是个体的能力和自信心在活动中的具体体现。自我效能的四个来源包括成功经验、唤醒状态、替代性经验、社会性劝说。同时,自我效能感通过若干中介过程实现对个体行为的影响作用,这些过程包括选择过程、认知过程、情绪反应、动机过程。在人类机能的调节中,这些中介机制往往协同发挥作用,而不是单独发挥作用(图 7-12)。

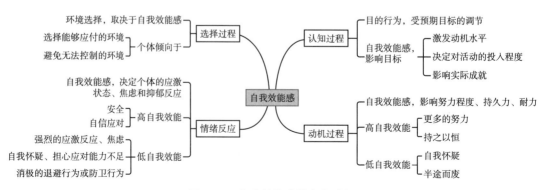

图 7-12 自我效能感的中介过程

（4）自我调节理论：自我调节是个人的内在强化过程，是个体通过将自己对行为的计划和预期与行为的现实成果加以对比和评价，来调节自己的行为的过程。自我调节由自我观察、自我判断和自我反应三个过程组成，个体通过这三个过程可以完成内在因素对行为的调节。自我观察是指人们根据各种标准对自己的行为作出评价，这种评价对行为既有积极影响也有消极作用。自我判断是指人们在行动之前为自己确定目标，并以此来判断和评定自己的行为与标准间的差距。自我反应是指个人对自己的某种行为作出评价后产生的自我肯定、自我满足、自我否定、自我批评等情感反应。

3. 以社会学习理论为基础的 BT　以社会学习理论为基础的 BT 方法主要是模仿学习治疗（modeling therapy）又称示范性治疗。

二、行为概念化

BT 治疗师对治疗过程关心相对较少，他们更关心制定特定的治疗目标。治疗师经过对患者行为的观察，进行功能分析后，规划适当的改变目标、制定相应的治疗计划和方法，最后通过相应准确的个性化行为改变方法实施治疗。每次治疗的过程却基本相同，都包括问题行为的观察和记录、行为的功能分析，以及建立 BT 方案这三项内容。也就是说，要确认患者的问题行为，据此来制定治疗目标，选择治疗技术和方法；以适当的技术方法对问题行为进行矫正，帮助患者建立新的行为方式；记录行为的基线水平及变化过程，以评价治疗过程。

行为概念化是指治疗师依据行为理论对患者的问题进行理论假设。行为主义的基本假设认为适应性行为和非适应性行为均是习得的。个体可以通过学习来消除习得的不良行为或不适应行为，也可以通过学习获得所缺少的适应性行为。因此，要发展基于学习理论的个案概念化，治疗师首先要确定非适应性行为（靶行为），接下来搜集关于该行为的前因和后果信息进行系统分析，创建概念化为基础的行为功能分析。

（一）行为的观察与记录

BT 的基本内容和初步工作之一，就是识别目标行为（靶行为）或感兴趣的行为，并进行观察和记录。

1. 界定目标行为　准确地辨认个体言行中构成行为过度或行为不足的内容，就是将要被改变的目标行为。例如，选择一种高优先级的问题行为（自伤行为），或者一个需要努力增加的适应性行为（阅读行为）。目标行为是有形、具体、易于识别和测量的行为。

确定目标行为必须遵循治疗目标的一般要求：①目标行为需要治疗师和患者共同参与制定，治疗师起主导作用；②运用技术将患者的期望转化成目标或与目标一致；③目标要尽量具体，但也要留有回旋余地；④对过程性目标要详细讨论并细化；⑤让患者对目标承担起责任。在目标讨论中，采取治疗师和患者共同参与的方式，且让患者自己提改变的目标，有助于唤起患者承担责任的热情。

2. 行为观察　行为观察的工具很多，常用的包括行为观察表、链锁分析、功能性评估观察表等。行为观察表根据治疗师的习惯和具体目的可有不同形式，常需要记录的核心信息举例见表7-2。在识别问题行为（靶行为）后，通过行为观察表收集数据以识别问题行为（靶行为）的前因和结果。

表 7-2　行为观察表

	前因	问题行为	结果
不可见的		想法	
		情绪	
		感觉	
		记忆	
可见的	人物（和谁一起？）		
	地点（在哪里？）		发生了什么？
	事件（在干什么？）		

（二）行为功能分析

行为功能分析由德国 BT 学家坎佛（Kanfer）和萨斯洛（Saslow）于 1974 年建立，主要目的是针对问题行为进行功能性解析。分析的焦点在于确定问题行为在什么条件下产生，在什么条件下持续出现，以及确定问题行为的具体影响层面。行为功能分析是整合理论知识与实际行为干预的基本架构。在行为功能分析中应区分微观行为功能分析和宏观行为功能分析，也称作水平和垂直分析。

1. 微观行为功能分析　是逐步使用 S-O-R-C 模型针对特定情况进行分析的过程（图 7-13）。如果特定刺激 "S"（stimuli/situation）击中了机体 "O"（organism），则会出现反应 "R"（reactions）（反应部分）。在反应 "R" 之后，会有不同的频率的结果 "c"（contingency）（偶然性）和 "C"（consequences）（操作部分）。在微观行为功能分析过程中，应尽可能准确地描述症状行为（如强迫行为、退行倾向、自我伤害）。

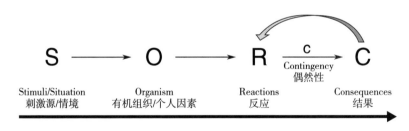

图 7-13　微观行为功能分析

案例：

L 女士（31 岁），报告称在狭小密闭的空间内感到恐慌。因乘坐飞机途中遇气流颠簸，感到胸闷心慌，飞机着陆后旅客们拥堵在走道中，令患者突然出现了"心慌、呼吸急促、大汗、感到濒死的状态"。空乘小姐扶其坐在座位上，陪伴并安慰，并联络地勤派车来接送出港。此后拒绝坐飞机。半年后乘坐火车，赶在发车前登上火车，回头看到舱门关闭的一瞬间，感到心揪了一下，回到座位上感到恶心、头胀。在火车上煎熬了 30 分钟以上，下车后感到身体无力憋气。从此拒绝坐火车。曾就诊于某综合医院心理科,诊断为"焦虑障碍",短期服用抗焦虑药物,因担心药物副作用而终止。此后,近6年没有离开过居住的城市,因不能出差而辞职。和朋友一起筹建工作室。工作室业务进展顺利,但因不能出差也失去了很多发展的机会。接到合伙人出席会议的邀请函,既兴奋又沮丧,母亲表示可以陪伴其乘坐飞机一同前往。在业内的盛会、经销商的邀请、朋友们的鼓励、母亲的承诺下,最终购买了机票。出发前2天到医院购买了抗焦虑药物。即将出发的前夜彻夜未眠,感到忐忑不安。凌晨在网上办理了退票,预订了高铁火车票。睡了2个小时和母亲赶往火车站,途中交通拥堵,出现烦躁、紧张、一阵阵心慌、汗出,掉头回家。

表7-3对L女士乘坐电梯的问题行为进行了微观行为功能分析。

表7-3 L女士乘坐电梯问题的微观行为功能分析

S	O	R	C
Se:独自一人乘坐电梯	√身体健康	生理:头胀,心慌,憋气,手脚出汗	Cs-/:
Si:电梯里很危险	√智力良好	认知:"我一分钟也待不了了,我必须离开""下一秒我会晕倒""好尴尬"	√出电梯,回避令她不舒服的环境,减少生理心理焦虑反应
	√工作能力强	情绪:紧张、烦躁、恐惧、无助感	Cs+:
	√性格完美主义,控制欲强	行动:立即出电梯,打电话求助	√朋友家人的安慰,陪伴
	√对自己的图式:弱小的、失败的		Cs-:
			√自我负面形象的证实
	√对他人的图式:疏远的、戒备的		
			Cl-:
			√越来越担心、焦虑
			√身体症状越来越明显
			√社交生活受限制,什么活动都不愿意参加,越来越封闭自己
			√经常陷入悲观、暴躁情绪
			√自我价值感降低

注:S. 刺激源/情境;O. 有机组织/个人因素;R. 反应;C. 结果;Se. 外在情境因素;Si. 内在因素;Cs+. 对行为反应有正强化作用的短期结果;Cs-. 对行为反应有直接惩罚作用的短期结果;Cs-/. 对行为反应有负强化作用的短期结果;Cl-. 对行为反应有直接惩罚作用的长期结果。

(1)刺激成分(S):是与行为相结合的之前所有外部和内部刺激条件,与行为有系统的功能性相关。这种关系可以是非条件的(没有学习过程直接存在,如定向反应),可以是经典条件反射,也可以是通过学习获得。外部的:环境刺激,先前行为的后果,或者对他人行为的反应(如乘坐电梯)。内部的:思想、感觉、记忆、目标、愿望(如心慌、出汗)。

(2)机体成分(O):机体组成部分包括所有在人格变量意义上起作用的生物生理的和社会

心理的因素。这些包括智力、自我概念、控制力和身体疾病或限制（详见垂直行为分析），例如，"失控太糟糕了"、心脏对压力的反应强烈、自尊心低。

（3）不被期待的反应（R）：尽可能准确地描述行为、认知、情感和生理反应（四个层次）。L女士独自乘坐电梯感到心慌、出汗，伴随恐惧、不安、紧张，站在离出口近的位置，感觉"必要时"可以立即离开。

（4）偶然性成分（c）：治疗师检查问题行为与某些行为后果的关联性和系统性，以及与情境条件之间的相关性。评估后果的偶然性和连续性。

1）偶然性描述了行为重合的结构、规律性和可预测性及行为后果（强化计划）。在低偶然性（行为几乎总是伴随着某种后果）的情况下，反应比高偶然性（后果只是间歇性的）更容易发生。

2）连续性指定行为与行为后果之间的时空距离。在高连续性（立即发生后果）下，反应比低连续性（延迟结果）更容易发生。

（5）行为后果（C）：行为后果会影响问题行为的时间点、频率、强度、持续时间和稳定性。这项工作可以追溯到影响行为增加、减少或稳定的操作性学习过程。通过收集和评估各种后果，患者了解到，与最初的假设相反，他们因行为产生了负面后果。该行为的功能在此处得到反映。这适用于根据斯金纳行为后果的操作性分类：正强化（C+），产生愉快的状态；负强化（C–/），厌恶状态的终止；直接惩罚（C–），施加厌恶的状态；间接惩罚（C+/），愉快状态的消除。

2. 宏观行为功能分析　是从学习理论的角度分析问题行为的起源条件和首次发生的情况。宏观行为功能分析的目的是回答以下问题："当前的行为模式是如何发展的？"和"它是如何在生活史的背景下发展的？"即从整体上把握问题行为对个人内在计划/规则的分析；对个人所处社会系统内规则的分析；对问题行为形成与发展的分析（宏观分析包含的元素如下）。图7-14、图7-15是L女士的宏观行为功能分析举例。

（三）建立治疗方案

对问题行为进行行为观察和记录并对行为功能进行分析都是为了更好地建立最适合患者的BT方案。建立最适合患者的BT方案，应重点考虑以下四个主要因素。

1. BT方案应该显现出家庭或支持人员改变的情形，而不是针对患者改变的情形。问题行为是由正常的习得过程产生的和/或保持，因此BT方案的设计，关键在于改变个体所处的环境条件。例如，在不同情境中改变家庭人际互动模式、改变物理环境等。

2. 依照功能性评估资料来建立BT方案。在建立BT方案时，应列出经过功能性评估预测出的患者问题行为的类别，并辨别影响行为类别的可能性的控制变量，以此作为BT方案的基础。

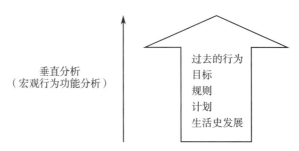

图 7-14　宏观行为功能分析

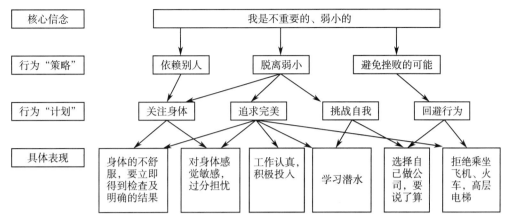

图 7-15 L 女士乘坐电梯问题的宏观行为功能分析

3. BT 方案必须是科学合理的,要与人类的行为原理相一致。在神经生物学易感性和动态变化的背景下,出现的问题会发展、维持,并且必须在社交环境中得到处理。因此,建立 BT 方案时,要了解问题行为习得的历史,建立支持适当行为和降低问题行为发生的环境。

4. BT 方案应遵循合作式的治疗框架。BT 方案的目标是要依据功能性评估结果设计一个有效且可实施的计划。在治疗动机强化中,患者能够与治疗师共同建立治疗计划,探索与其价值观相符合的行为改变目标。行为方案也要与实施者自身的能力、资源和价值互相配合,使他们愿意执行此方案。

（四）行为技术

行为技术是一大类以塑造、改变和维持行为表现和行为模式为目的的技术。总结问题和假设,针对性选择,并与患者充分沟通讨论,获得患者的理解和认可。具体的行为技术形式有很多种,下文仅介绍几个常用技术。

1. 放松训练 是一种通过训练有意识地控制自身的心理生理活动,降低唤醒水平,改善机体紊乱功能的心理咨询与治疗方法。训练将着眼点放在当前可观察的非适应性行为上,如明显的肌肉紧张、心跳加快、呼吸急促等生理反应。通过反复训练,帮助患者有意识地放松全身肌肉,从而缓解紧张、焦虑等情绪。优点为简便易行,受时间、地点、经费等影响小,实用有效。放松训练的种类很多,包括呼吸放松训练、肌肉渐进式放松训练、想象放松训练、冥想放松训练、正念放松训练、生物反馈训练等。

2. 暴露治疗 暴露是指帮助患者重复面对让其恐惧的刺激,以便能够学习更新的、更适应性的面对方式,并且减少和刺激相关联的焦虑和恐惧。暴露试图处理的刺激包括含有生命和无生命的物体(如蜘蛛、电梯)、情境(如公开演讲)、认知(如关于被感染的侵入性思维)、躯体感觉(如心跳加速)、记忆(如被袭击)。回避行为是焦虑和恐惧得以维持的关键,虽然回避行为能够暂时缓解痛苦,但阻碍了新的学习的发生,从而让恐惧和焦虑获得维持;暴露是用来去除回避行为的,可使非适应性行为不会被加强,新的学习得以发生。

3. 行为激活 该概念模型是以查尔斯·费尔斯特(Charles Ferster)的"抑郁的激进模型"为基础,他认为个体之所以出现和维持了抑郁,是因为他让生活以逃避或回避为导向,而不是追求正强化。根据该模型,尼尔·雅各布森(Neil Jacobson)和其同事们共同开发了行为激活,致力于帮助抑郁症患者增强与正向强化刺激的接触,降低回避和不活动的模式。行为激活直接以回避行为和日常生活中断为着眼点,设定改变行为的目标,聚焦于患者相信会受益的个别化的辨识活动。因而,聚焦功能分析是治疗中的关键要素。

4. 社交技能训练 以 BT 的理论为基础,即不论人还是动物的行为,都是通过刺激-反射而建立。在人类复杂的社会生活中,言语、情境也可以成为条件刺激,引起情绪、行为的条件反射。如果一个人与特殊生活情境建立了条件性联系,其特殊的情绪、行为反应不符合他所在的文化背景或社会行为规范,也可以通过建立新的条件反射来予以矫正。增强社交能力,说出并获得希望得到的和需要的,提供一种以学习为基础的,发展有效人际交流能力的方法。

第四节 认知行为治疗的第三浪潮

20 世纪 90 年代以来,辩证行为治疗(DBT)第三浪潮兴起,其特征是均以正念为基础,将东方文化元素和接纳等观点结合经典的 CBT。在国际上已经成为目前 CBT 的主流方法,疗效更好、治疗效率更高、形式更灵活、更易于患者接受。本节介绍第三浪潮中的三个最重要的代表性治疗方法:DBT、正念认知治疗(MBCT)和接纳与承诺治疗(ACT)。

一、辩证行为治疗

(一)核心理论与概念

DBT 最初是专门针对边缘型人格障碍患者设计的心理干预方法,由美国心理学家玛莎·林内翰(Marsha Linehan)在 20 世纪 90 年代首次推出。早期研究发现,DBT 可显著改善边缘型人格障碍患者的情绪和自杀自伤症状。随着疗效的验证,DBT 的适用范围逐渐扩展到进食障碍、冲动自伤自杀行为、心境障碍、物质滥用、B 类和 C 类人格障碍、PTSD 等。

(二)理论模型

DBT 的核心理念是接纳和改变的辩证平衡,情绪失调的生物社会理论是 DBT 基本的理论模型。辩证法是 DBT 核心的哲学思想,灵性和行为主义的平衡是 DBT 治疗的根基。

情绪失调的生物社会理论是 DBT 的理论基础。在 DBT 中,情绪失调被定义为个体在一般情况下即使做出了最大的努力,也无法改变或调节情绪线索、体验、行为,以及语言和非语言反应的状态。生物社会理论认为慢性情绪失调是情绪易感性的生物性倾向与否定/不认可的环境交互作用的结果。生物性倾向意味着此类患者从生理上来说情绪比其他人更多变和易感,会更强烈和更频繁地体验情绪,并且管理这些情绪会更困难。不认可的环境常常被体验为情感忽视,或来自父母、其他重要成人、兄弟姐妹或同伴的伤害。患者学习到,他们的情绪是不重要的、错误的或被忽略的,从而使他们没有学习到管理情绪的有效方法,发展为慢性情绪失调。这两者的交互作用可导致有潜在伤害性后果的行为,包括自伤和自杀。在未经干预的情况下,慢性情绪失调可能发展为更严重的障碍。

"辩证"意味着对立统一,即两个看似相反的想法或现象可以都是正确且同时存在的。由于治疗师在患者进行治疗的过程中,既认可患者当前的状况,同时又帮助患者往更好的方向改变,因此 DBT 的治疗从本质上是辩证的。治疗师可以通过变得灵活，看到现实是不断变化的，以及现实的所有方面都相互关联，以此来采取一个辩证的治疗方式。

智慧心是 DBT 理念中的另一个重要的核心概念，其本质是情绪心和理智心之间的平衡。辩证法的概念常常含糊不清或难以定义，实际上这种模糊性本身就是辩证的体现。每个人都从其自身的视角去理解现实，这使得一个状况的两面可能同等正确。对每个个体而言，基于他们自己的经验，以他们各自的方式来看待情况都是完全合理的。

(三) 治疗过程

1. 治疗阶段和目标　DBT 治疗进程分为 4 个阶段，每个阶段都有特定的治疗目标。虽然这些阶段根据症状严重程度从 1~4 进行了排序，患者在阶段间的转换不一定是线性的，甚至可能在同一时间满足两个阶段的标准。当患者开始接受治疗时，治疗师和治疗团队会决定哪个阶段符合患者对最佳治疗效果的需要。

治疗前阶段的目标是让治疗师和患者达成双方同意的治疗协议和对治疗的承诺。承诺策略在这个阶段是必要的。这个阶段的任务包括简要介绍 DBT 和知情同意，以及维护医患双方对治疗的承诺。

阶段 1 与严重的行为失控对应，主题是稳定性和行为控制。目标包括减少威胁生命的行为、减少治疗干扰的行为、减少生活质量干扰的行为，以及提升行为技能。心理教育技能团体常常在此阶段实施。标准 DBT 要求在所有技能都学习了两轮，且患者不再进行威胁生命的行为时，才能进入下一阶段。

阶段 2 的主题是安静的绝望，目标是减少创伤后应激。任务是在个体治疗中帮助患者接纳创伤的事实，减少污名化、自我否定和自我责备，减少否认性和侵入性的应激反应模式，以及减少对创伤情境非黑即白的思考。

阶段 3 的主题是生活中的问题，目标是实现个人目标和提升自尊，这个阶段的患者可能挣扎于自我责备和自我憎恨，获得幸福的能力受到限制。这个阶段聚焦于帮助患者概念化其过去，并与其他人一起处理它们。

阶段 4 的主题是不完整性，目标是解决不完整感，找到自由和快乐的能力。这个阶段会帮助患者探索意义和目的，聚焦于迈向自我实现。

2. 治疗模块　DBT 采用的是综合治疗模式。标准 DBT 中的治疗成分包括团体技能训练、个体治疗、治疗间的电话指导和治疗团队会议，有时需要纳入家庭治疗。

团体技能训练一般每周 1 次，每次 2 小时。内容包括四个模块：正念、痛苦耐受、情绪调节和人际效能。一般来说，在教授某个技能模块时团体是封闭的，直到开始新的技能模块对新成员开放。

个体治疗是 DBT 中的重要成分，常包括评估和维持患者对治疗的承诺以及对患者不同层次问题行为的干预，也包括讨论辩证法和生物社会理论，回顾日记卡以及问题行为的链锁分析。家庭治疗也经常是需要考虑的，尤其是青少年患者。治疗师要在家庭治疗中动员患者的父母参与进来，也可以与父母进行单独会谈。

24 小时的治疗间电话指导允许患者在两次治疗间需要的时候（尤其是即将进行威胁生命的行为之前）向治疗师打电话，防止发生威胁生命的行为，强化患者使用技能的行为。这个模块可以根据团队和工作环境设置在时间范围和接线人员上有所调整。

治疗团队会议通常每周 1 次,包括参与 DBT 整体治疗的所有治疗师,以及医生、护士、个案管理员等。治疗团队的设立起初是为了给治疗师提供支持,结构类似于技能训练团体,包括正念、DBT 技能和活动、对治疗干扰行为的干预,以及聚焦于维持对 DBT 原则遵循度的个案探讨。

3. 治疗团队的功能和角色　DBT 治疗团队由提供任何 DBT 治疗成分的所有临床工作者组成,至少包括 DBT 团队负责人、技能训练的团体治疗师、个体治疗师。团队带领者有许多职责,而且可能承担不止一种角色。团队负责人需要接受过最多的 DBT 训练,负责维持 DBT 治疗的标准性、管理治疗团队会议,以及任何其他管理性的职责或者关于 DBT 治疗的问题,如对患者较紧急的问题做出决策、DBT 程序总体评估等。

技能训练的团体治疗师主要是在团体技能训练中帮助患者学习新技能并在生活中的各个领域中使用。团体治疗师和个体及家庭治疗师通常由不同的人担任,以使他们更容易聚焦于各自的具体治疗目标。如果团体治疗师发现额外的治疗干扰行为或关于患者的问题,需要告知个体治疗师在随后的个体或家庭治疗中处理。

个体治疗师开展每周 1 次的个体治疗,并按需进行家庭治疗。在每次个体治疗中,治疗师会从详细回顾日记卡开始,然后与患者一起对一周出现的每次问题行为进行链锁分析,接下来转入患者希望讨论的话题。

4. 治疗师和患者之间的关系　治疗关系对 DBT 治疗十分关键。在 DBT 中,治疗师和患者之间是平等合作的关系,会与患者一起设立具体的治疗目标,治疗师也要设定清晰的规则并有弹性。治疗前阶段要求患者做出对达成治疗目标所承担义务的承诺,使患者在治疗前就能与治疗师建立牢固的协作关系。治疗师同样也需要做出承诺。

DBT 的其中一个辩证平衡就是患者与治疗师之间的辩证平衡与协调:不仅患者需要改变,治疗师也需要改变,双方都需要保持辩证,来自双方的治疗干扰行为都需要不断得到处理。DBT 强调要关注治疗师干扰治疗的行为。如果治疗师没有认真负责地对待治疗,没有为患者的最大利益着想,治疗同样不会有好效果。除此以外,治疗关系中的辩证还体现在接纳策略与改变策略的平衡、允许治疗关系自然变化以及灵活的沟通风格等。在 DBT 中,治疗师和患者就像在玩跷跷板,治疗师要依据患者的节奏选择进还是退,以保持辩证平衡。

二、正念认知治疗

(一)核心理论与概念

MBCT 起源于 20 世纪 90 年代早期,由辛德尔·V. 西格尔(Zindel V Segal),J. 马克·G. 威廉姆斯(J Mark G Williams)和约翰·D. 蒂斯代尔(John D Teasdale)三位心理学家所创。他们在乔·卡巴金(Jon Kabat-Zinn)开创的正念减压治疗的基础上,整合了 CBT 的要素和相关的心理教育成分,针对抑郁复发设计出了为期 8 周的 MBCT 课程。MBCT 的核心目标是帮助曾患抑郁症的人学会预防复发的技能。大量研究证实,MBCT 对患者的正念觉知和自我慈悲的提升,伴随着相关神经通路的改变,不仅可以缓解抑郁,而且正在被扩展到更多的心身问题中,如焦虑症、双相情感障碍、癌症康复等,可以帮助人们从更广泛的情绪问题中恢复。

（二）理论模型

接纳是 MBCT 的核心，"行动模式"和"存在模式"是 MBCT 重要的理论模型。MBCT 通过正念实现心智的存在模式，系统化的正念练习是 MBCT 的主要过程，为期 8 周的课程旨在帮助人们培养正念、宽容和慈悲来发挥作用。

1. 行动模式　MBCT 认为，痛苦是生活的一部分，是人们对特定情境的自然反应。如果顺其自然，痛苦就会随着实际情境自由变化，在合适的时机自行消失。而人们往往会将原本转瞬即逝的痛苦变得持续化，让情况更糟。这些反应包括思维反刍和对痛苦的回避、压抑。这一恶性循环被认为与大脑活动的行动模式直接相关。

行动模式的工作就是解决某个问题或者完成心理设定的特殊目标。这些目标可以是指向外部世界的，如建造城市；也可以是指向内部的，如消除抑郁。当期望的目标是改变外部世界时，行动模式是非常有效的。而当目标指向改变内部世界时，人们很自然就会转向同样的行动模式，这时会出现问题。行动模式关注差异，而"比较"本身常常会加大当前的状态与期望的状态之间的差异。有时候，心智会被迫继续，觉得人们需要不惜一切代价来缩小这个差异，造成不满意感的恶性循环。这时候行动模式就变成了"被迫行动"模式，沉湎于分析过去或预期未来，而错过了现在。

2. 存在模式和正念　大脑活动存在不同的运作模式。行动模式只是心智诸多运作模式之一。如果想从行动模式所制造的问题中摆脱出来，就要学会如何切换到另一个不同的心智模式中。另外一个可能的心理模式被称为"存在"模式。存在模式的全部内涵很难用语言表达清楚，最好的方式是通过练习直接体会。在大多数情况下，它与行动模式相反。在存在模式中，人们是有意识而非自动化的，可以选择下一步做什么；人们全然处于当下时刻，通过感知和体验直接接触内部经验；人们怀着意愿和尊重接近所有体验，允许事物"如其所是"；人们将想法看作心理事件，怀着仁慈和同情的心关爱自己和他人，关注当下时刻的质量。

MBCT 的核心目标就是学习在生活中觉察这两种心智模式，从而知晓在何时从行动模式切换到存在模式，以实现这两种模式的平衡。正念是用特定的方式投入注意力而产生的有意识的、此时此刻的、非评判的觉察，与心智的存在模式非常契合。正念不仅提供了觉察和转换"被迫行动模式"这一心理挡位的方式，同时也提供了一个可供选择的、与行动模式不同的心理挡位，并随之转入这一模式。

（三）治疗过程

1. 治疗目标　MBCT 的核心目标是帮助人们建立从情绪问题中恢复的能力。首先，帮助患者更好地觉知自己每时每刻的身体感觉、情绪及想法，及时识别出"被迫行动模式"。其次，帮助患者改变与想法、感觉和情绪等内部体验之间的关系，尤其是有意识地接纳和确认自己厌恶的想法和情绪，而不再陷入自动化的、习惯式的反应模式，正是这些反应模式维持和加深了困难。最后，帮助患者能够有意识地选择最有效的技能处理不愉快的想法、情绪或他们所面对的情境。

2. 课程结构与核心主题　系统的 MBCT 共 8 次，有相对固定的主题。

第 1～4 次的重点是首先教授患者在众多表现中识别被迫行动模式，并开始通过集中的、正式的正念练习来培养存在模式。这一阶段的正念练习主要包括身体扫描、正念静坐和正念运动。

第 5～8 次的重点是处理情绪的转变，这一阶段的正念练习主要包括探索困难和侧重想法的正念静坐,以及任何可持续进行的正念练习。这些练习训练将注意的焦点更多地集中在负性情绪及反应所引发的被迫行动模式,并学习如何从行动模式中解脱出来并进入存在模式。

治疗后期,技能的教授围绕着保持当前的良好状态、预防复发这个目的进行整合,第 7~8 次同时包括鼓励患者识别自己独特的复发征兆,以及制定关爱自己的特定行动计划的 CBT 元素,以将正念的一般方法与 CBT 的特定主题综合起来。

3. 治疗师的功能和角色　在 MBCT 中,治疗师的角色类似于正念的指导者或教师。治疗师需要对每个患者进行最初的评估会谈,为每次团体课程做好计划和准备,在课程中引导并与患者一起进行正念练习、对练习进行回顾和探究,以及安排家庭作业。治疗师需要能够从 CBT 的观点理解导致情绪问题的思维和感受的模式,并能够将其与正念练习和患者的实际情况联系起来。治疗师自己需要有至少 1 年的正念练习经历并且现在仍在继续,以能够巧妙地帮助患者应对在练习过程中遇到的困难,以及从内心去体现这种他们邀请患者培养并运用的态度(包括开放、好奇、耐心、友善、同情等)。对于患者的反馈,治疗师要保持一种欢迎、关注和好奇的态度。

4. 治疗师和患者之间的关系　MBCT 的特色之一就是治疗师会像对待客人一样对待患者,会对他们表现出的勇气表示尊重。MBCT 认为患者都是自己的“专家”,在任何可能的情况下,学习都应该建立在患者自身体验的基础上,而不是以指导者的课程为基础。这体现出治疗师耐心、谦逊和“不知”的姿态。MBCT 中的友善和同情最初是通过治疗师个人的温暖、关注,以及欢迎的态度表现出来的。治疗师需要在行动中表现出友善,无论是在指导练习时,还是在对患者的疑问、生气或失望进行反馈时。对练习和家庭作业进行探究的过程中,治疗师也需要体现出特定的态度和品质,包括真诚和热忱的好奇与兴趣、开放、信任、征求许可、合作,以及顺其自然。

三、接纳与承诺治疗

(一)核心理论与概念

ACT 是由美国著名心理学家斯蒂文·C. 海斯(Steven C Hayes)及其同事于 20 世纪 90 年代基于 BT 创立的心理治疗方法。“A” 代表接纳(accept)自己的想法和情绪,活在当下,“C” 代表选择(choose)自己的价值方向,“T” 代表采取有效的价值行动(take action)。大量研究已经证明 ACT 对抑郁症、焦虑症、慢性疼痛、强迫症、创伤后应激障碍等多种精神障碍物有治疗效果。这些研究同时也证实了心理灵活性在治疗起效过程中的中介作用。

ACT 认为,僵化的思维和行为模式是心理问题的症结所在,接纳生活中不可避免的痛苦,提升心理灵活性,可以帮助患者过上丰富、充实且有意义的生活。ACT 认为要接纳痛苦而不是对抗痛苦,提高心理灵活性而不是针对症状减轻,最终会缓解症状,改善生活。

(二)理论模型

ACT 的理论模型包括功能性语境主义、关系框架理论、心理灵活性和心理僵化模型。

1. 功能性语境主义　ACT 是一种根植于行为主义原理的 BT 方法,其哲学基础是功能性语境主义。功能是指事件或行为所产生的结果,语境则指事件或行为发生的环境。功能性语境主义是一种实用主义的科学哲学,着眼于在特殊语境下事物的功能。分析的基本单位是“语境中的行为”。脱离了语境,就没有办法理解行为的功能,因此“语境中的行为”这个整体才是有意义的。从这种观点来看,没有与生俱来有问题的、功能失调的事物。因此,ACT 不认为想法或感受是"错误的"或"坏的",不关注内容而关注功能,通过改变语境来改变功能,并把"有效性"而非"正确性"作为"真理"的核心标准。

2. 关系框架理论　ACT 是以关系框架理论为基础。"关系框架"描述了两个概念之间如何相互关联。该理论试图解释人类将事物彼此联系起来的基本能力。人类的思维是关联性思维。人类可以用语言将任何事物主观地以任何方式联系起来(如一致、相似、更好、相异、部分、原因等)。此能力及伴随的无意识情况下推导关系的倾向,是人类语言的核心所在。而能在刺激间自动建立联系的能力直接导致人类特别容易"分心"。关系框架理论的基本前提是人类的行为在很大程度上受到关系网络控制。这种言语关系控制使行为变得僵化,对环境反馈不再敏感。这种不敏感可以较好地解释为什么有些行为尽管直接经历负性结果,或其潜在后果不好,却仍然会继续。

3. 心理灵活性和心理僵化模型　心理灵活性模型是 ACT 的核心,与实验科学得出的基本人类过程相关联,包括六个产生心理灵活性的过程:接纳、认知解离、接触当下、以己为景、连接价值和承诺行动。这些过程以六边形形式呈现,也被称作"灵活六边形"。反过来说,导致心理僵化的过程,就是 ACT 的主要干预目标,包括经验性回避、认知融合、脱离当下、执着于概念化自我、缺乏价值连接和无效行动。ACT 认为痛苦是生活中的自然现象,然而心理僵化往往会阻碍人们适应内在和外在的环境,从而导致人们遭受不必要的痛苦。

(三)治疗过程

1. 治疗目标　ACT 的治疗目标是帮助患者开创丰富、充实和有意义的生活,同时接纳生活中不可避免的痛苦。具体来说,就是帮助患者增加价值驱动的行为,同时学会新的方式来应对在此过程中出现的内部障碍。作为一种干预措施,ACT 并不聚焦于减轻症状,虽然症状通常会减轻,或开始以新的方式被感知。ACT 帮助患者去"更好地感觉",而非"感觉更好",强调的是帮助患者探索生命中真正重要的内容,并以此作为"暗夜里的指路明灯"去指引新的前进道路。

2. 治疗师的功能和角色　在 ACT 中,治疗师的角色是心理灵活性的鼓励者、示范者和支持者。鼓励患者把想法仅仅看作是想法,对情绪开放等心理灵活性过程,即激发治疗改变是最容易的。ACT 要求治疗师成为完整的自己,接纳自己的想法和情绪,在治疗中按照自己的价值行动。增进患者的投入感和治疗工作的人性化。治疗师要能够捕捉患者表现出心理灵活性的深层信息,并且能够用真诚和积极的方式做出反应来塑造和强化这种新模式。

3. 治疗师和患者之间的关系　ACT 特别强调治疗关系的重要性,认为强有力的治疗关系具有内在的心理灵活性,即 ACT 中良好的治疗关系是正念的、非评判的、尊重的、慈悲的、专注的、开放的、接纳的、基于价值的、温暖的和真诚的。ACT 治疗师将患者视为平等的个体,治疗师不是以专家和"拯救者"的身份,而是以普通人和"旅途伙伴"的身份投入治疗关系中,和患者处在同一条船上。当患者明白治疗师也会与他一样因为同样的事情而纠结不清时,彼此就会产生一种强烈的联结与友情,同时使治疗师会成为一个更加可靠的"接纳承诺"的模范。

4. 个案概念化　是使 ACT 干预能够有效地适合每个患者的重要先决条件。ACT 的个案概念化涉及访谈时需要做的信息收集工作,能够利用心理灵活性模型将这些信息分离,分辨出治疗中的"切入点",概念化过程包括问题及其背景信息(包括成长史)的收集、行为功能分析、目前的生活现状,以及心理灵活性评估。

有两个关键问题支撑着 ACT 个案概念化:①患者想要追求的价值方向是什么? ②是什么阻碍患者追求价值方向? 第 1 个问题设法澄清对患者来说什么是重要的,即患者想要成为什么样的人,建立什么样的人际关系,做什么样的事情让生活变得丰富充实、更有意义,对这个问题的回答可以用于与患者一起设立具体的治疗目标。第 2 个问题包含 3 个实现与价值相一致的生活障碍:认知融合、经验性回避和无效行动。

进行行为功能分析需要收集的内容包括问题行为的时间表、发展轨迹、前因(扳机点)和后果(长期与短期效果),目前的生活现状主要包括人际关系、工作/学习、娱乐和健康四个领域,以了解患者日常生活中的基本需求是如何满足的,并寻找强化了目前问题的因素。

心理灵活性评估不仅包括对核心病理过程(心理僵化)的评估,也包括评估患者在生活中已经展现出心理灵活性的方面。后续的干预常以激发患者的优势并聚焦其劣势的方式制定治疗计划。

本 章 小 结

CBT 是一大类基于循证、作用于认知行为改变的心理治疗方法和技术的总和,已成为目前世界上公认使用最多的心理治疗方法。在临床应用中,被多个指南所推荐使用于临床患者,在学校教育中,被作为心理咨询与治疗技术的基本课教授。同时,随着科学心理学的进一步发展,CBT 的未来发展已显示出几个可能的方向。

第一,神经科学的发展已为心理病理学提供了众多生物学角度的理解,这些理解已开启 CBT 第四浪潮——神经科学基础的 CBT。虽然目前这个方向的治疗框架和具体方法,还仅处在开始和理念阶段,但随着科学基础的不断发展,相信不久的将来将会有更成熟和可操作的技术出现。

第二,因 CBT 的发展不断纳入不同角度的心理病理学发现,CBT 越来越不局限于早期的认知和行为技术,而是越来越类似于基于实证的心理治疗方法和技术的组合。贝克在 2017 年的心理学演讲大会上曾说,心理治疗在未来只有一个名字,就叫心理治疗,超越流派的概念,仅基于科学实证和公认的心理学概念。从这个角度上来说,CBT 已经开始越来越多地整合其他流派发现的现象与概念,理解和帮助健康的人的心理。

第三,国际上,一些新的 CBT 技术仍层出不穷,如慈悲聚焦的 CBT、基于过程的心理治疗、基于症状的心理治疗决策、更多资源取向和积极心理学元素的纳入等,这些细节发展将进一步完善现有的治疗系统,增进治疗效果,改进治疗体验,最终给患者带来更多福祉和益处。

思考题

1. 简述 CBT 的原则和特点。

2. CBT 的个案概念化是什么?

3. 简述认知重建的概念、内容和步骤。

4. 什么是行为功能分析? 包括哪两个方面? S-O-R-C 模型中各元素的含义是什么?

5. CBT 第三浪潮的核心特点和基础是什么? 主要有哪几个代表?

（王纯　刘光亚　龙鲸）

推荐阅读

［1］贝克.认知疗法基础与应用.2版.张怡,孙凌,王晨怡,译.北京:中国轻工业出版社,2013.

［2］杰奎琳·B.珀森斯.认知行为治疗的个案概念化.李飞,刘光亚,位照国,等译.北京:中国轻工业出版社,2019.

［3］津德尔·西格尔,马克·威廉斯,约翰·蒂斯代尔.抑郁症的正念认知疗法.余红玉,译.北京:世界图书出版公司,2017.

［4］莱德利,马克斯,汉姆伯格.认知行为疗法:新手治疗师实操必读.李毅飞,孙凌,赵丽娜,译.北京:中国轻工业出版社,2012.

［5］玛莎·M.莱恩汉.DBT情绪调节手册.祝卓宏,朱卓影,陈珏,等译.北京:北京联合出版社,2022.

［6］斯蒂芬·海斯,科克·斯特罗琴,凯利·威尔森.接纳承诺疗法.祝卓宏,译.北京:知识产权出版社,2016.

［7］EVA-LOTTA B,JACOBI F. Verhaltenstherapie in der Praxis. Weinheim:Beltz,2017.

第八章

人本-存在主义治疗

学习目的

掌握 人本主义心理治疗、存在主义治疗、格式塔治疗的各项理念、历史发展、核心观点。

熟悉 人本主义心理治疗、存在主义治疗、格式塔治疗的治疗过程、治疗技术。

了解 人本主义心理治疗、存在主义治疗、格式塔治疗各具特点的具体临床操作方法。

第一节　人本主义心理治疗

一、概论

人本主义心理治疗（humanistic psychotherapy）是基于欧美近现代人本主义思想孕育而生的当代主流心理治疗之一。狭义的人本主义心理治疗主要包括以人为中心的治疗和聚焦取向心理治疗，前者来自卡尔·罗杰斯（Carl Rogers）的贡献，后者又被称为体验治疗（experiential therapy），来自罗杰斯的同事尤金·简德林（Eugene Gendlin）等学者的贡献[4]。广义的人本主义心理学，除了以人为中心治疗、体验治疗外，还包括各类存在主义治疗（existential therapy）、格式塔治疗（Gestalt therapy）、萨提亚治疗（Satir-informed therapy）、情绪聚焦治疗（emotionally focused therapy）等。

"人本主义"（humanism）一词，来自德语"anthropologismus"，希腊语词源"antropos"和"logos"，即人和学说。人本主义与人文主义相关，它们有古希腊哲学的起源，产生于古希腊哲学中"认识自己"的传统。经历中世纪文艺复兴以及西方近代启蒙运动后，对人本主义一词的定义是比较多样化的。它可以是倡导理性主义、浪漫主义下的人类中心论，如弗朗西斯·培根（Francis Bacon）、艾萨克·牛顿（Isaac Newton）、约翰·沃尔夫冈·冯·歌德（Johann Wolfgang von Goethe）、索伦·克尔凯郭尔（Soren Kierkegaard）的人文主义观点；也可以是唯物主义人本论或者无神论的人本论，是一种以人类为宇宙万物中心的唯物主义学说，如路德维希·安德列斯·费尔巴哈（Ludwig Andreas Feuerbach）、尼古拉·加夫里诺维奇·车尔尼雪夫斯基（Nikolai Chernyshevsky）等的观点，还有后来的卡

---

[4] 西方文献中体验治疗一词的使用范畴，除了聚焦取向心理治疗，有时还会包括如格式塔治疗、存在主义治疗、萨提亚治疗、心理剧、身体中心治疗等，而"世界以人为中心和体验心理治疗与心理咨询协会"的建立也进一步使各类体验治疗发生整合，所以为避免混淆，此处给予澄清。

尔·马克思（Karl Marx）也是唯物主义人本主义的重要代表。人本主义与西方流行的"神本主义"（theocentrism），即以神为宇宙的中心相对，这一思潮影响了很多近现代的学者以及他们的思想学说。但无论何种人本主义者，他们都会追究的哲学主题是"什么是有充分生命体验的人？""如何启发一个人找到自己有生命力的生活？"因此它的本质还是关于人的学说。

现代人本主义心理学浪潮开始于 1920 年前后，是一部分心理学家，如威廉·詹姆斯（William James）、卡尔·荣格（Carl Jung）、奥托·兰克（Otto Rank）、戈登·奥尔波特（Gordon Allport）、亚伯拉罕·马斯洛（Abraham Maslow）等对心理学中流行的约翰·华生（John Watson）等为代表的行为主义简化论和西格蒙德·弗洛伊德（Sigmund Freud）等为代表的决定论的抗议和反击。这些人本主义心理学的先驱拒绝以行为主义简化人类的心理，同时反对将人类动物化、客观化、物化。正是在这一当代心理学的发展过程中，以马斯洛为首的心理学家，基于古典和近现代人文主义建立了以人为中心的心理学理论和临床实践方法。

在人本主义心理学的临床心理治疗中，最有创造性和代表性的人物就是罗杰斯，他可以被视为启发了之后人本主义心理治疗的先驱，之后的简德林、L.S. 格林伯格（L S Greenberg）等又延续了这一发展至今，同时也对其他治疗产生了重大影响。

二、核心理论和概念

（一）自我实现的潜力

人本主义心理治疗师通常坚信人类生命的自我实现的能力，这一自我实现的潜力是疗愈的基础。在生命现象中，可以观察到任何生物在机体上遭遇了皮肤损伤、骨折等创伤时，只要不是机体的整体性崩溃，之后若能够在适合的安全环境内，机体的生命力大多能对机体进行自我疗愈，也就是生命具有自组织的修复能力。在人本主义心理治疗看来，心理困扰的产生是因为自我实现的潜力被环境所阻碍而发生扭曲的后果，如果能够帮助一个患者解除所困扰的阻碍，那么疗愈就会发生。

（二）经典到现代：病理模型的发展

罗杰斯在发展以人为中心治疗时，反对将诊断标准一刀切地使用，而认为在理解心理困扰时，强调人类的自我实现潜力在发展中被现实环境错误或歪曲地对待，造成自我实现的潜力与现实冲突是心理困扰形成的关键。

继罗杰斯之后，简德林发展的体验过程模型认为，人类体验是个体与环境互动的整体流动过程。体验是具有某种指向性的，在体验发展过程中，个体由于指向性与环境发生内在与外在的交叉，这些交叉影响会促进体验的变化。例如，婴儿会自动希望母亲的眼神能够关注到自己，于是将目光望向母亲。但是当婴儿将眼神望向一位抑郁的母亲时，母亲的面部表情没有任何回应，婴儿这一与环境互动的体验指向性就失败了，婴儿的体验指向性就会被冻结。而体验过程哲学提出实践的重点在于重启，治疗师或者陪伴者在回应中协助个体聚焦到停滞的体验，也可以由个体自身接触这一停滞体验。这些过程有助于帮助内在被忽视而停滞的体验指向性重新被知觉到，从而获得重启并流动，体验的流动会带来生命意义的丰富和发展。

三、治疗技术和临床操作

(一) 以人为中心治疗的工作技术

罗杰斯将以人为中心治疗的工作归纳为内外一致、无条件积极关注、共情三项。

在以人为中心治疗的传统教学中，内外一致是治疗师本身的存在状态以及与患者的关系状态，无条件积极关注是治疗师对患者的基本态度，而共情则是对患者的回应技术。存在的状态、态度、回应技术构成了以人为中心心理治疗的临床实施框架。其中特别值得介绍的是建立在内外一致以及无条件积极关注基础上的共情技术。

1. 共情　罗杰斯将共情作为以人为中心治疗的核心会谈技术，共情是十分复杂的技术，最常见的错误是将共情简单化为"复述"或者"反射"技术。

2. 共情技术形式　包括共情-探询、共情-反射、共情-肯定、共情-小结。

(1) 共情-探询：是在治疗师与患者临床谈话中，以共情的方式澄清、探询某些不清晰或者不了解的情况。例：

治疗师在患者陈述了一段时间点不太清晰的重要事件后，澄清道：你刚才说的是你小时候的生活吗？

患者：或许是过去的生活，但其实我父母和我现在的关系也是这样的。

(2) 共情-反射：是治疗师与患者临床谈话中，对患者所陈述的内容给予确认。例：

患者：我的生活过得十分疲惫，我也不知道什么时候开始的。

治疗师：你觉得生活开始变得疲惫，不知道什么时候开始的？

(3) 共情-肯定：是治疗师对患者临床陈述的确认点进行再确认。例：

患者：我觉得生活虽然过得艰苦，但是我认为其中还是能够感觉到一些快乐。

治疗师：的确，艰苦的生活中，我们有时也能感觉到一些甘甜。

(4) 共情-小结：治疗师与患者临床谈话中，患者可能以排山倒海之势倾倒给治疗师很多内容，治疗师也无法处理，而其实患者也正是以这样的方式使得自己的自我功能瘫痪。此时，以共情式的摘要、小结的方式帮助患者整理其无法理清的混乱内容，有助于患者启动自我反身的功能，从而从自我功能的瘫痪或混乱中恢复起来。例：

患者：老师，你看我有那么多事情，我和丈夫天天吵架，为了孩子的功课，也不知道谁该辅导孩子功课，我妈经常说我就是应该和这样的男人离婚，我就和我妈吵起来，她一点也不理解我……（无法打断地陈述了30分钟）老师，你看我该怎么办？

治疗师：让我整理一下，你刚才说了好多事情，我听下来好像有五六件事情，第一是你和你先生吵架了，第二是你家里辅导孩子功课目前还没有确定是谁来进行，第三是你妈妈经常参与到你的婚姻生活中……我这样的理解是对的吗？

3. 共情层级　以人为中心治疗的学者对共情的深度进行了研究，伊根把共情分为"初级的共情"和"高级的共情"。查尔斯·特鲁克斯（Charles Truax）和罗伯特·卡克胡夫（Robert Carkhuff）总结了共情的四个层级（表 8-1）：无共情、局部共情、准确共情、深入共情。例：

患者：前段时间我疏导一个朋友的不开心，因为我之前给了她一些建议，但最近她过得并不好。她和她男友前段关系不好，我催促让她早点分手，也给她点压力，说这种关系有什么留恋的，但一直以来她很冲突。这周突然听说她割腕了，幸好没有出事。

表 8-1　共情层级评估表

共情层级	反应内容	状态描述
共情水平 1	未理解患者的感受，对感受的评论，判断性的反应	无共情
	治疗师的言语和行为表达与患者的表达毫无联系，没有任何意义	
共情水平 2	部分理解患者感受，并做出局部反应	局部共情
	治疗师在对患者所表达的感受做出反应时，忽略或轻视了那些值得注意的情感因素	
共情水平 3	理解患者的感受以及想法	准确共情
	治疗师对患者的表达所做出的反应，基本上可以与患者互换	
共情水平 4	理解患者超越了当下倾听水平，对潜在性感受做出理解和反应	深入共情
	治疗师较患者做出更高一个层次上的反应，指出了值得重视的有意义信息	

治疗师：

（1）你朋友自杀，似乎让你有点后怕，好像有点担心是否因为是自己给她的压力过大让她有自杀的想法？

（2）你对朋友的自杀有些伤心。

（3）你不希望看到她出事情。

（4）她自杀是她自己的责任，和你没有关系。你为什么要担心呢？

（5）你朋友自杀这件事情让你有点后怕噢！

以上 5 种治疗师的共情回应中，第一层级的无共情回应是"（4）"类回应，在这一回应中，治疗师没有和患者的语言形成适当的共情；第二层级的局部共情是"（2）"类回应，共情回应的方向是对的，但显示为局部，并不特别精准；第三层级的准确共情是"（3）"类回应，是与患者准确而一致的回应；第四层级的深入共情是"（1）（5）"类回应，是对患者语言所包含的但还没有呈现的意义进行深入反馈。

没有共情的回应自然有其问题，往往使得患者感觉自己没有被理解到；但在临床中是否一直都需要第四层级的深入共情呢？答案是并非如此。偶尔深入共情有助于患者的自我反身和对体验的关注，促进患者的治疗发展。但在以人为中心治疗中不鼓励持续深入共情，因为这样会使得患者有被覆盖或者引导的感受，容易沦为治疗师的自我表现载体。所以在以人为中心治疗中，第二、第三层级的共情回应被认为是常态的且具有建设性的作用。

（二）聚焦取向心理治疗的主要技术

简德林在 1967 年建立了国际聚焦学会（the International Focusing Institute），展开各种研究和教学活动。

聚焦取向心理治疗重视"体会"的体验过程，以及重视治疗师在与患者互动中对患者"体会"及其变化的体验式反应的技术回馈，以协助患者的生命体验过程从停滞、冻结到重启的变化和意义的领悟、创造、语言化等，同时腾出空间也作为该治疗系统的补充重点来运用。

简德林将聚焦的体验过程进展分为六个阶段：腾出空间（clearing a space）、体会（felt sense）、把手（handle）、交互感应（resonating）、叩问（asking）、接纳（receiving）。

1. 腾出空间技术　腾出空间可以有效地协助患者将目前困扰的事件进行梳理和排列。例如,治疗师与显得十分烦乱的患者的对话可能如下。

治疗师:可能最近生活让你觉得许多问题涌来,或许我们可以列一张问题清单,如果你愿意的话……

患者:哦,试试吧,我第一件事是最近面临考试……

治疗师:嗯,第一件事是我们将面临考试的事情,我们可以暂时标记一下,除了考试还有另外的事情吗?

患者:第二件事情是我和我女友最近有些冲突……

治疗师:嗯嗯,第二件事情是和女友有些冲突……

通过清单形式协助患者整理混乱的问题,当这样的整理空间结束后,患者往往内心会创建一个宽松的心境,对身处何地、面对何事会产生清晰的觉察,并且能产生更好的反应能力,而心理治疗工作也得以向深度进展。

2. 体会的技术　什么是体会呢? 简德林将"体会"(felt sense)描述为一个人对情境、事件等产生的内在整体感受,是新鲜形成的,是整体的。很多时候它是身体性感受,如当人们生气时,会感受到身体中的堵住感;或者当人们在一个全新的环境中,在身体中感受到某种熟悉感,这些体会发生的过程,正说明体验过程的某种指向性正在悄悄发生。

例如,治疗师可以协助患者在已经整理的问题中选择一个进行工作,如"这个问题似乎带来了什么感受?"这并不是试图鼓励患者仅仅用语言来回应,而是鼓励患者用身体去仔细地体验感受这个问题本身,觉察所有与之相关的身心体会,大部分体会的位置会在胸腹部,如感到心痛、闷、热、麻等,但也有个体产生的位置在四肢或者头部,或者是出现与身体无关的感受。

3. 把手和交互感应的技术　把手是指在患者能够关注自身体会时,治疗师协助患者对体会保持持续促进,并用恰当的词语、短语或意象对体会进行命名性描述和表达;然后治疗师促进和启发患者感受体会与命名之间的契合性,感受两者能否产生共鸣性连接,允许体会和词语有所变化,直到词语刚好能描述体会的特质,这个过程就是交互感应。例:

治疗师:你刚才说有一些不太清楚的感受,我们能试着描述一下它吗?

患者:好像有一片空旷的感受在我心里面,用空旷形容好像有点奇怪,但它的确很空旷。

治疗师:虽然你觉得用空旷来讲自己这个感受觉得蛮奇怪的,但你还是觉得空旷的确更适合自己的这种感受是吗?

患者:是空旷,我刚才觉得空旷里好像有一个更准确的词,孤独和一种无力(哭)。

4. 叩问技术　叩问技术是在已经能够协助患者确认体会,并且有效获得把手之后,通过推敲、接触、艺术表达等方法来进一步促进发展,以协助患者获得对体会的意义的洞见和领悟。例:

治疗师:这种心酸到底是什么? 是什么让心酸产生?

患者:噢! 那并不是心酸,而是那时候艰难的生活。

这样的情况不是用思维去回答,而是通过叩问体会,静静地等待反应。如果过于思维性的分析浮现出来,可以暂时搁置这些思维性分析,只是静静地与体会共处几分钟。可能在某个时刻,领悟会在身心中出现,往往伴随这样的领悟,自己全身心会感受到一种震动。

5. 接纳性技术　是指在体会产生顿悟性转化时,协助患者友善地接纳自身这种转变带来的一切,并扩展到生活中。

另外,盖瑞·柏拉第(Garry Prouty)等还拓展了聚焦的发展,在与精神病、智力低下的患者的工作中发展出了先期治疗技术(pre-therapy)。目前,对先期治疗的研究结果与大量的描述性案例都证实了其效果。

四、治疗过程

(一)治疗目标

人本主义心理治疗师通常将患者作为一个整体和流动的生命来看待,所以对于治疗目标,人本主义心理治疗师一般不愿意通过标签化来定义某一阶段的患者。

(二)治疗师功能和角色

人本主义心理治疗师的角色不是作为医者出现的,而是作为在场的倾听者、知觉确认者、整理者、同行者出现的,是一种人与人之间真实关系的存在。

(三)患者在治疗中的体验

罗杰斯及其同事对临床的治疗过程进行了研究,他通过跨学派的研究发现了患者体验过程变化的七个阶段,认为在临床有效的体验变化过程是从防御到逐步开放的连续谱系上的动态发展变化。

(四)案例

这是先期治疗创始人柏拉第进行的人本主义心理治疗案例。

一位精神功能退化严重的老年妇女含混不清地喃喃自语,治疗师在陪伴她时终于听清了几个字,于是对这几个字进行反馈。十分钟后,她说出了完整的句子。

患者:(动作——患者把她的手放在墙上)冷。

治疗师:(动作——把手放在墙上,重复这个单词)冷(逐词——身体接触)患者一直握着治疗师的手……当治疗师给她反馈,她就会握得更紧。患者开始喃喃地说一些支离破碎的词语。治疗师很小心,只对自己听懂的词作反馈。她说的话开始渐渐变得能听得懂了。

患者:我已经不知道这是什么了。(摸着墙——现实接触)墙和椅子对我已经没有意义了。(感受到存在孤独感)

治疗师:(摸着墙)你已经不知道这是什么了。椅子和墙对你已经没有意义。(逐词——身体接触)

患者:(患者开始哭泣)

患者:(过了一会儿她又开始说话了。这次她说得很清楚——交流接触)我不喜欢这里。我太累了……太累了。

治疗师:(治疗师轻轻地摸摸她的胳膊。这次是治疗师把她的手握得更紧了。治疗师给患者反馈)你累了,太累了。(逐词)

患者:(患者笑了,她叫治疗师坐在她面前的椅子上,开始编辫子。)

在以上案例片段中,呈现了人本主义心理治疗的态度和技巧。

五、小结

罗杰斯在临床中创建了人本主义心理治疗技术,并推动西方心理学的人本主义思潮发展至今。在八十多年的发展过程中,人本主义心理治疗经历了建立和自身演化发展各个阶段,从以人为中心治疗到体验治疗等进程,逐渐影响了当代各类主流心理治疗,并在当代心理治疗中占有重要地位。

人本主义心理治疗对人类可以成为充分体验自己生命的人、对一个人有机会找到自己有生命力的生活有着充分的信心,而人本主义心理治疗的各分枝发展也正是围绕这样的人性观启动的。同时人本主义心理治疗师认为人本主义心理治疗是形成人 - 人、我 - 你之间在场性的过程,如果治疗师在其中缺乏我 - 你的在场性关系,治疗是很难取得成功的。我 - 你、人 - 人之间的接触,才是一个人得以体验自己生命的重启的开始,而这是人本主义心理治疗要传递的关键理念。

人本主义心理治疗本身也存在理想主义的特点,同时在对重症的探索和治疗上相对有限,所以当代人本主义心理治疗在临床发展出先期治疗、情绪聚焦治疗等弥补此前的不足,以使得该疗法具有更好的临床适用性。

第二节　存在主义治疗

一、概述

事实上,每个人的问题都与"存在"有关系,因此,存在主义治疗并不是一种神秘的方法,大多数有经验的治疗师都会自觉或不自觉地使用。例如,大多数治疗师都有所了解:对死亡的感悟和接纳可以促进个人的重大转变;有时候一段关系就能带来治愈;人们会因为面临选择而感到苦恼;有些人会因为生命缺乏意义而饱受痛苦等。

也因为如此,欧文·亚隆(Irwin Yalom)和朱瑟琳·乔塞尔森(Ruthellen Josselson)认为,与认知行为治疗、精神分析不同,存在主义治疗并非一个独立的治疗流派,而是一种可以与其他取向整合的治疗形式。它不是一种提供一整套新的治疗规则的技术方法,而是代表了一种对人类经验的思考方式,这种思考也应该成为所有治疗的一部分。

(一)历史

存在主义治疗的历史可谓源远流长。任何思考过"我的人生要怎样过"的人,实际上都参与了存在主义的追寻。

古希腊哲学家苏格拉底说:"未经检视的生活不值得过。"柏拉图认为大多数人都生活在"洞穴"中,他鼓励我们走出"洞穴",认识真正的生活。中国儒家先贤孔子曰:"未知生,焉知死。"意为充分地履行自己的义务,实现自己的价值,死亡则无所畏惧。道家代表人物庄子则言:"夫大块载我以形,劳我以生,佚我以老,息我以死。"

然而,说起存在主义,人们脑海中最常浮现的可能是这样的画面:第二次世界大战后,某个昏暗的咖啡馆里,某个烟雾缭绕的角落,几位知识分子正在热烈地讨论着人生的理想和意义,而这几个人可能就是萨特、加缪和波伏娃。

实际上,存在主义者是一个比较松散的团体。这一连串的名单还可能包括:丹麦神学家和哲学家索伦·克尔凯郭尔(Soren Kierkegaard),德国哲学家弗里德里希·威廉·尼采(Friedrich Wilhelm Nietzsche),德国精神病学家、哲学家卡尔·西奥多·雅斯贝尔斯(Jaspers Karl Theodor Jaspers),德国哲学家马丁·海德格尔(Martin Heidegger),奥地利裔以色列哲学家马丁·布伯(Martin Buber),德裔美国神学家保罗·蒂利希(Paul Tillich),以及俄罗斯文学巨匠费奥多尔·米哈伊洛维奇·陀思妥耶夫斯基(Fyodor Mikhailovich Dostoevsky),奥地利诗人莱内·马利亚·里尔克(Rainer Maria Rilke)和小说家弗兰兹·卡夫卡(Franz Kafka)等。这些人的宗教立场和哲学观点不尽相同,有的甚至相左。如果说他们之间有任何共同点,那这个特征就是强烈的个人主义。

美国哲学家考夫曼(Kaufmann)就曾说过:"存在主义不是一种哲学,只是一个标签,它标志着反抗传统哲学的种种逆流,而这些逆流本身又殊为分歧。"然而,正是这些极具个性的哲学家,以其自身行为和作品,为存在主义哲学提供了不同的侧面,为人类存在展现了丰富的可能性。

(二)现状

正因为如此,在存在主义治疗领域中,可能每个治疗师本身就代表了一种风格或取向。下面根据米克·库珀(Mick Cooper)的论述,介绍四种有代表性的治疗取向,分别是此在分析、意义治疗、存在-人本取向和存在主义治疗的英国学派。

1. 此在分析 此在分析(daseinsanalysis)几乎完全借鉴了海德格尔晚期的学说,它强调帮助患者向周围世界敞开心怀。从此在分析角度来看,心理健康就是一种自由和开放的状态,而心理疾病则是对周围世界的封闭。这使得此在分析在存在主义治疗中非常独特,其代表人物主要有路德维希·宾斯旺格(Ludwig Binswanger)和梅达尔·博斯(Medard Boss),以及后来的继承者吉翁·康德劳(Gion Condrau)等。

但此在分析虽然是存在主义治疗中最早诞生的学派,但由于其著作较少被翻译成英文,这一学派目前的影响力并不大。

2. 意义治疗 意义治疗(logotherapy)旨在帮助患者发现他们生活中的目标和意义,尝试克服他们的空虚感和绝望感。该治疗认为,生活中的任何一种情境(包括苦难)都有其意义,要设法发现它所蕴含的意义。意义治疗由维也纳精神病学家维克多·弗兰克尔(Victor Frankl)在1929年前后发展起来,今天它仍然活跃在世界各地的舞台上。弗兰克尔最重要的著作《活出生命的意义》(*man's search for meaning*)被翻译成数十种语言,全球销售逾千万册。

今天,"经典的"意义治疗仍在实践、发展和研究中,由维克多·弗兰克尔研究所(Viktor Frankl Institute)的几位治疗师领导。此外,另一位奥地利精神病学家阿尔弗雷德·朗格勒(Alfried Längle)发展了一种更广泛的以意义为中心的治疗,他更愿意称之为存在分析(existential analysis)。目前,朗格勒已经成为这一领域最为活跃的代言人。

3. 存在-人本取向 存在-人本取向(existential-humanistic approach),也就是美国取向的存在主义治疗,为此在分析提供了最好的对照。此在分析强调人类"在世之在"的性质,而存在-人本取向更倾向于关注个体的内在,聚焦于个体为"成为我自己"而进行的斗争。

美国存在-人本取向的起源可以追溯到1958年。这一年,罗洛·梅(Rollo May)及其同事出版了《存在:精神病学和心理学的新方向》一书。通过这本书,罗洛·梅等把宾斯旺格和其他欧洲存在精神病学家的理念首次介绍到了美国。

近年来,在科克·施奈德(Kirk Schneider)、路易斯·霍夫曼(Louis Hoffman)、杨吉膺、王学富等的推进下,存在-人本取向与中国心理学界进行了广泛而深入的交流,而且到目前为止,在中国连续举办了五届存在主义心理学国际大会,它可能是与中国合作最紧密的存在主义治疗流派。

4. 英国学派 存在主义治疗的英国学派,被称为"全世界存在主义治疗发展中最有希望的迹象之一",它"代表了存在分析实践和存在主义治疗师培训的一面旗帜"。在诸多的存在主义治疗流派中,英国学派在为患者"去病理化"和"去污名化"方面,无疑是走得最远的一支队伍。

2015 年,以埃米·范·德意珍(Emmy van Deurzen)为首的英国存在分析协会成功举办了"第一届存在心理治疗世界大会"(the First World Congress for Existential Therapy),全世界 600 多位存在主义治疗师齐聚伦敦,让存在主义治疗呈现出百花齐放的景象。或许正如德意珍所承认的"对于存在主义治疗应该是什么样子,人们存在着有益的分歧"。

二、核心理论和概念

(一)自由与责任

正如萨特所说:"人是被判定为自由的,自由就是人的命运。人唯一的不自由就是不能摆脱自由。"这意味着,人在根本上是自由的,每个人都将成为自己的作者,将书写自己的人生;人要对自己的快乐和痛苦负责。

每个人对自己生命处境的接纳和负责程度是不一样的,拒绝责任的方式也各有不同。弗洛姆在《逃避自由》中指出,在现代社会里,大多数所采取的逃避机制是机械趋同(automaton conformity):一个人不再是他自己,而是按照文化模式提供的人格来塑造自己,变得和其他人一样,从而避免选择,避免作出决定和承担责任。

还有一种常见回避责任的方式是,相信自己在生活中是束手无策的。一个人可能会把自己当作周围环境、各种超自然力量,以及自身无意识的受害者,或者是自身的生物性或基因的受害者。实际上,以上这些因素确实会影响一个人,但它们不会使一个人完全被控制。

想要过一种负责任的生活,需要有意志的参与,还有与意志密切相关的愿望和决定。罗洛·梅指出,对个体进行心理治疗,就是要把他的愿望、意志和决定结合起来。

首先,一个人能觉察和感知自己发生的事情,才能形成真正的愿望,而不是受控于冲动。然后,愿望要转化为意志,也就是觉知转化为自我意识,一个人知道自己想要什么,想要做什么,体验到"我就是拥有这些愿望的那个人"。最后是作出决定,决定带来行动,行动产生结果;接受结果,才是真正的负责。

(二)孤独与关系

亚隆区分了三种形式的孤独,分别是人际孤独、内在孤独和存在孤独。

人际孤独源于与他人之间的隔离。地理上的隔绝、缺乏适当的社交技巧、孤傲的人格特点,以及网络空间的发达,都可能导致人与人之间越来越疏离。一般而言,孤独的人会花更多的时间与陌生人、与一大群人在一起,而不孤独的人倾向于花同样多的时间与少数的人在一起。

内在孤独是指一个人把自己的内心分割成不同的部分,有些部分被"隔离"起来"触碰不得",一个人也因此变得不完整。一个人只要压抑自己的欲望或情感,把"应该"或"必须"当作自己的愿望,不相信自己的判断,埋没自己的潜力,就可能会导致内在孤独。内在孤独可以通过心理治疗得到治愈。

存在孤独是指个体和任何其他生命之间存在的无法跨越的鸿沟,是一种更基本的隔离,是个体和世界之间的隔离。如果不接受这种基本的隔离,可能会导致一种神经质的、依赖的和共生的关系模式。如果承认了这种基本的隔离,则有可能在更深的水平上与他人充分地相处。

许多人不知道如何独处,觉得自己只存在于他人的眼中。生命里缺乏充分的亲密体验和真实联结的个体很难忍受孤独。他们可能会不顾一切地寻找特定的关系,利用他人来缓解与孤独相伴的痛苦。但这只是一种饮鸩止渴的方法,短暂的、没有深度的关系结束后,会感到越发孤独和空虚。

然而,通过与他人建立有意义和爱的关系,可以在很大程度上缓解存在孤独。许多觉得自己没有人爱的人,实际上是他们没有能力去爱。弗洛姆在《爱的艺术》中写道:"独处的能力是拥有爱的能力的前提。"因此,不成熟的爱是:我需要你,所以我爱你;而成熟的爱是:我爱你,所以我需要你。

(三) 意义与无意义

正是意义使人的生命得到支撑。但需要注意的是,并不是每一种"意义"都有意义,或者说都具有终极的意义。

根据霍夫曼的观点,意义至少能够划分为三种类型:虚假的意义、短暂的意义和终极的意义。虚假的意义,包括金钱、权力,以及没有爱的性;短暂的意义,包括你的项目、你的工作,甚至你的自我成长;而只有人与人之间真诚的关系,才能够帮助人们克服孤独、死亡、自由和无意义等存在议题,才是终极的意义。

在弗兰克尔看来,意义是如此重要,以至于他把自己的治疗方法命名为"意义治疗"。意义治疗认为,生命始终是有意义的,而发现意义的途径有三个:一是通过创造,做出一番业绩;二是体验某某事物,或者与人相处;三是对待苦难的态度。

创造能够带来意义。体验是发现意义的一种重要的途径,通过感受自然和文化以及去爱一个人,可以发现生命的意义和美好。然而,生命中不可能只有美好,幸福和苦难总是结伴而行。在弗兰克尔看来,最重要的是第三种途径:即使陷于令人绝望的困境,也依然能够发现生命的意义。

因此,发现生命意义的真谛,并不在于人们发出询问"生命的意义是什么?"或者,"这种处境的意义是什么?"相反,应该认识到,正是生命本身向人提出了这个问题。生命向每个人提出了问题,而人们必须以自己的行动来回答。

(四) 死亡与生命

海德格尔说,人是向死而生的。这意味着死亡和生命同在,人一边恣意活着,一边却被死亡盯着。亚隆精辟地说道:"无论我们多想否认,死亡就像我们野餐时远处轰隆的雷声。"所以无论玩得多么开心,都不能忘了要"收摊"。

活在死亡的阴影下,就像野餐时听到雷声一样,会让人感到焦虑。罗洛·梅指出,焦虑是关于迫近的"非存在"(nonbeing)这一威胁的体验。所以,焦虑是一种本体论的体验,是以人的存在本身为根源的。

罗洛·梅是"为焦虑正名"的杰出代表。他指出,焦虑体验本身就证明了某种潜能的存在,这种潜在的可能性受到了"非存在"的威胁。当一个人面对是否实现其生命潜能的选择时,焦虑就会出现。而当一个人选择不去实现这种潜能时,就会出现另一种情感:内疚。

内疚和焦虑一样,存在于每个人的生命中。而且,在某种程度上,它们都可以成为一种积极的力量,可以唤醒一个人的生命。那种因未实现的潜能和生命而产生的内疚,被称为存在性内疚。每个人都有一定程度的焦虑和存在性内疚。但如果一个人的生命基本上是未被实现的,往往就会有大量的存在性内疚,也会存在大量的焦虑。

处于这种状态的个体,往往就会发现很难面对死亡或离开人世,因为他们与其说没有实现价值,不如说没有利用自己的价值。一个人越能充分发挥自己的潜能,他就越容易面对生活中的焦虑和内疚,也就越能坦然地与这个世界告别。

(五) 情绪与具身化

霍夫曼认为,具身化(embodiment)是从存在主义角度理解情绪的基础,这是一个被亚隆所忽视的存在既定。

具身化这个词隐含地表明,人类体现(embody)自己的情绪是自然的事情;因此,情绪表现也是一种基本存在处境。当然,这并不是鼓励人们盲目地追随自己的情绪或冲动。相反,这是建议人们应该体验自己的情绪并设法善用它们。

如上文所述,罗洛·梅从积极的角度对焦虑做了重新解读。仅仅将焦虑看作是病态,那不是在体验它而是在抵抗它。相反,焦虑为人生活的方向提供了指引。如果简单地消除了焦虑,生命很可能变得平庸或具有破坏性。如果与焦虑共处,听从焦虑的指引,在一些关键的时刻,就可能会展现自己的潜能。

同样,抑郁通常被理解为一种悲伤的体验,但实际上抑郁更可能是缺乏感觉。抑郁往往是由于对体验和情感的压抑造成的。在某种意义上,一个人所有的能量都被用来压抑感受而所剩无几,然后就变得抑郁了。因此,克服抑郁的一部分工作是学习重新感受。但当一个人开始感受时,首先感受到的往往是被压抑的痛苦,所以要穿越痛苦以抵达欢乐。

欢乐(joy)也一样,经常被理解为一种避免消极体验的极乐状态,但实际上,它是一种更加开放、更完整地体验生命的状态,其中有好的体验也有坏的。当一个人的体验被封闭,欢乐也就受到了限制。对痛苦(suffering)也可以有相似的理解。当一个人想要消除痛苦时,他的状态通常会变得更糟;当一个人允许自己体验痛苦时,痛苦的威胁性往往会降低。

情绪表现是与生俱来的,其中包含丰富的信息,必须去理解和体验它们。在压抑的时候,情绪并未走开,它们只是在别处寻求表达。这就是为什么"活在当下""觉察""在场"的概念如此重要。只有活在当下,才能够更好地体验自己的喜怒哀乐。

三、治疗技术和临床操作

(一) 现象学方法

存在主义治疗依赖于现象学方法。斯皮内利指出,将现象学方法应用于心理咨询与治疗时应遵循以下三个特殊的原则。

1. **悬置原则** 把作为心理学家或治疗师的预期和先入为主的观念放在括号中,敞开怀抱接受患者所呈现的特定世界。这个规则被称为括号原则或悬置原则。

2. 描述原则　描述,而非解释;取消所有的解释和所有的因果思考,然后尽可能详细、具体和实在地描述,这就是描述原则。例如,要求患者详细地描述他们生活的处境,描述他们今天或现在感觉如何,但不要求他们解释造成自己当前痛苦的原因。

3. 平等原则　当描述包含多个元素时,尽量避免强调任何一个元素。不要强调某个元素是特别重要的。让所有的元素在尽可能长的时间内具有同等的重要性,以免过早地为原始材料强加上某种模式。待时机成熟,重要的内容自会显现。这个原则被称为水平原则或平等原则。

(二) 具体治疗技术

除遵循现象学方法的原则外,存在主义治疗也有一些具体的技术。作为意义治疗创始人的弗兰克尔,曾提出过两种经典的治疗技术:矛盾意向法(paradoxical intention)和去反省法(dereflection)。除弗兰克尔的治疗技术外,作为当代存在-人本主义治疗的代言人,施奈德也发展出了具身冥想(embodied meditation)的方法。

1. 矛盾意向法　如果一个人用矛盾意向法来治疗演讲恐惧症,可以在演讲前这样对自己说:"我要尽力感到焦虑,我要焦虑不安,在台上心惊胆战,想逃跑,把自己从上到下裹起来。我要打哆嗦,浑身颤抖,我要出汗,脸红脖子粗,要结巴,语无伦次。"通过这种矛盾意向的做法,一个人可能会平静下来。嘲笑恐惧并以一种幽默的方式来对待不必要的恐惧,反而可以消除某个困境产生的消极影响。

2. 去反省法　去反省法可以用来治疗性功能障碍、睡眠障碍等。如果一个人总是担心自己无法达到性高潮或无法让对方满意,那么他或她就享受不了性爱过程的愉悦;同样,如果一个人总是担心自己晚上睡不着,那么其多半也会无法安然入睡。相反,如果在性爱过程中能不带目的,不紧盯目标,反而会变得轻松愉快起来;睡眠也是一样,无须多想,只要在清晨按时起床就可以。

矛盾意向法和去反省法分别基于人的自我分离能力和自我超越能力。由于自我分离,人们能够开自己的玩笑,能够嘲笑自己,并嘲笑自己的恐惧。通过自我超越的能力,人们有能力忘记自己,奉献自己,并向外探求、寻找和实现自己存在的意义。

3. 具身冥想　具身冥想从一个简单的基础练习开始,例如,有意识地呼吸或渐进式放松(通常需要闭上眼睛)。然后,邀请患者去感觉他或她的身体。治疗师可能会问患者,身体的什么部位感到紧张(如果有的话)? 如果患者确认了一个经常紧张的部位,治疗师会要求患者尽可能丰富地、具体地描述,紧张的部位在哪里以及感觉如何。接下来,如果患者能够继续沉浸其中,治疗师会邀请患者把手放在不自然的部位(这一做法尽管不是必需的,但经验证明它还是很重要的)。

下一步,治疗师会鼓励患者以体验的方式联结这个部位。一些提示性的语言可能非常有治疗价值,如"当你去接触身体的这个部位时,有什么情感、感觉或想象浮现出来?"最重要的是,在使用这种方法的时候,治疗师要对患者的状态保持敏感。

四、治疗过程

(一) 治疗目标

存在主义治疗认为,人的存在离不开他与周围世界的关系,人的存在是一种"在世之在"。

博斯甚至建议废除"心理"(psyche)一词,而用"在世之在"取而代之。博斯认为,治疗的目标是达到一种理想的存在状态,即怡然自得(heiteres gelassenheit)。这一表述实际上包括三个要素:第一个要素是自由(free),也就是不受世俗的约束,不必凡事顺从别人,可以跟随自己内心的声音;第二个要素是欢乐(joy),也就是拥有快乐、活力和热情;第三个要素是宁静(serenity),即保持平静和清醒,才能够尊重现实的世界。

作为更关注内心体验的存在-人本取向,施奈德和奥拉·克鲁格(Orah Krug)总结了存在-人本主义治疗的四个核心目标:①帮助患者对自己以及他人变得更在场[5];②帮助患者体验他们如何调动或阻碍自己更丰富地在场;③帮助患者对自己当前的生活负责;④帮助患者基于面对而不是回避存在基本处境(如有限性、不确定和焦虑),在其现实生活中选择或实现某种存在方式。由此可见,存在-人本取向关注的是增强患者对当下的体验、觉察和接纳,并帮助患者在此基础上做出人生选择。

(二)治疗关系

由于对基本存在处境(存在既定)的关注,亚隆曾提出"同行者"(fellow traveler)的概念。亚隆认为,人类彼此共存,无论是治疗师,还是其他人,都不能免于有关存在的固有悲剧。这就从根本上改变了治疗师和患者之间的关系,他们更像同行者,而不是患者-治疗师、来访者-咨询师、分析对象-分析师,没有"他们"(受折磨者)和"我们"(医治者)之间的区别。

一般而言,治疗关系有两种不同的模式:一种是"干预",另一种是"相遇";前者试图把自己的态度和意见强加在他人身上;后者则将对方也视为主体,试图帮助他发现自己的潜能。正如海德格尔提出的两种关爱他人的方式:一种是跃入式(leaping in),另一种是引领式(leaps ahead)[6]。在跃入式的关爱中,治疗师会替患者解决他们的问题,设法减少患者的焦虑,增强他们的自信;但这是一种操纵式的关爱,它会使患者产生依赖。在引领式的关爱中,治疗师会确认患者可能选择的道路,然后挑战或激励患者朝着目标前进;但治疗师不会越俎代庖,他会让患者"如其所是",按照自己的方式成长。

五、小结

总之,存在主义治疗形式多样,但均还是围绕着一个共同的课题:人的存在。根据博·雅各布森的观点,存在主义治疗总体上具有以下特征。

1. 检视日常经验和存在处境之间的关系。如果某个人总是说"我的时间不够用",在某种程度上可能与这个人无法接受生命的终结有关。

2. 治疗关系是直接的关系、平等的关系。存在主义治疗师与患者之间是一种平等的关系,亚隆使用"同行者"这个词来描述这种关系。

3. 始终运用现象学方法。通过现象学的描述,患者的生活经验会逐渐展开,自行呈现在治疗师和患者所建构的空间里。

4. 几乎不怎么强调诊断。存在主义治疗师会要求患者详细描述他们的生活处境,不仅是消

---

[5] 在场(presence),也译为"临在",指一个人全身心地处于某个当下,或者陪伴在某人身旁。

[6] 这里的"跃入式"和"引领式",也可以替换成我们常说的"授人以鱼"和"授人以渔"。

极的方面,也包括积极的方面。

5. 使患者过上一种尽可能丰富的生活。存在主义治疗的目标在于帮助患者掌握生活的艺术,享受生命的过程,以积极的心态应对挑战,力求避免患者产生恐惧和逃避的生活态度。

第三节　格式塔治疗

一、概述

(一) 什么是格式塔?

格式塔这一名词源自德语"gestalt",意思是"形式""形状",但它不仅是一个静态的形状,也是一个动作的结果,包含完成的意思或者组成意义的结构。国内也有人把它翻译为"完形",但考虑到"完形"不能充分表达格式塔的丰富含义,所以本书使用其音译"格式塔"。

格式塔心理学是现代心理学的一个主要流派和分支,主要关注人类的认知形成。但格式塔治疗和格式塔心理学是两回事,格式塔治疗只是从格式塔心理学中吸收了一些理念和概念。

格式塔心理学认为所有的感知场都可以分化为图形和背景,没有背景,就无法区分图形,如在白纸上才能看到黑色的字,如果用白色的笔在白纸上写字,并不能看清写了什么。某个既定时刻,个体会形成一个清晰的图形(格式塔),这使个体的需要得到满足,之后这个图形分解,个体从接触中后撤,进行一项新的身体或精神活动。这种连续循环的流动在格式塔治疗中被界定为"良好健康"的状态。格式塔治疗鼓励连续格式塔的灵活形成,这些连续格式塔在持续的创造性调整中,适应于有机体及其与环境之间不断变动的关系。

格式塔心理学还指出,人们在观看事物时,眼、脑并不是分别去看各个组成部分,而是将各个部分组合起来,使之成为一个更易于理解的整体。

格式塔治疗吸收了格式塔心理学的部分观点,如背景、前景、自觉的封闭性、主体的具象化,这些概念都是来自格式塔心理学。在知觉场中现有的信息不足时,人会有整体性的认知倾向,去自动补全缺失的部分。所以,依照格式塔心理学的观点,把个人的感知觉经验整合并赋予意义,才能理解人的行为。

总之,格式塔治疗是从整体的层面出发,探讨和解释人类在生命精神方面的本质,以及人的心理需求是如何产生的。

(二) 格式塔治疗的历史渊源

格式塔治疗的创始人是弗里茨·皮尔斯(Fritz Perls),是一名来自德国的犹太人,曾经是一名精神分析师,后来脱离了精神分析,创立格式塔治疗。

皮尔斯除了从格式塔心理学中吸收了一些重要概念外,还从欧洲的犹太哲学家、心理学家、精神科医生、作家和艺术家那里汲取了很多知识,包括哲学思想和心理学理念、技术,涉猎现象学和存在主义领域、精神分析领域、心理剧领域。

皮尔斯的第一本书《自我、饥饿与攻击》在1942年出版,初步提出了格式塔治疗的设想。1951年,标志格式塔治疗创立的著作《格式塔治疗》在纽约出版,之后格式塔运动经过十几年的缓慢发展,到 1968 年开始在美国声名鹊起,逐渐成为人本 - 存在主义的主要流派之一。

二、核心理论和概念

格式塔治疗的核心理论和概念包括场理论、整体论、自体理论、接触、接触循环、接触调整等。

(一)场理论和整体论

相对于简单、线性与因果的模式,场理论强调整体观,在场中的所有元素均彼此相关且相互影响,场理论以相互依赖原理为基础。格式塔治疗的世界观基于场域范式,个体和环境是相互依赖的整体。个体的行为,包括举动、愿望、努力、价值、看重、思考,都要放在情境中作为功能来理解,而非个人的病理学。要看待的是一个整体的情境,而非割裂出某一个单元。

格式塔治疗的焦点是现象场,依个体觉察的焦点而改变。某一刻,焦点可能在内部,注意自我或自我的某个部分,下一刻,焦点可能转移至个人与外部环境间的关系。

场论还涉及格式塔治疗的另一个重要概念:整体论,如自我的各个部分,如思想、情感与感官会相互影响,无法被分开了解,个人的家庭、学校与工作场所会涉及许多与个体发生互动的他人,人总是被环境所影响,同时影响着环境。格式塔治疗是一种整体观而非部分观,关注组成整体的各个部分的差异与相互关系,而不强调各个独立的部分。

(二)自体理论

在格式塔治疗理论中,"自体"这一术语具有专门的意义,不同于传统精神分析中温尼科特、科胡特或其他人的理论。格式塔治疗中,自体不是一个固定的实体或心理结构,如"自我"或"ego",而是一个流动的过程,在既定时刻和既定场域中,根据个人风格显示出固有的反应方式,并且随情境的不同而变化。

格式塔治疗理论的自体以三种模式进行功能运作:"本我""自我""人格"。

1. "本我"功能   涉及生存需要和内在冲动,尤其是其躯体表现,如饥饿、呼吸或放松,在无意识行为中进行功能运作。某种程度上,"本我"在我们几乎不知道的情况下让我们行动。

2. "自我"功能   构成选择或主动的功能运作,涉及自我的责任,如增加或减少接触,以及意识到自己的需要和欲望,在此基础上影响环境。有人将其与自我防御机制或回避机制进行比较,很多格式塔学者用"阻抗"来指称这一功能。

3. "人格"功能   是主体对自己的再现,是他/她的自我形象,使他/她得以自我确认,认为自己对所感受之物或所做之事是负责的。"人格"功能确保了过去体验的完整性,确保了我在整个故事中所经历之事的同化,建构了我的同一性情感,是自体的"口头表达"。

在这三种功能运作模式中,自体始终存在,其强烈程度随时间不断变化。有时自体会形成鲜明的心理状态,陷入异常反应状态,甚至出现自我认知模糊(如愤怒暴发时);有时自体在强烈的融合体验中"消解"(如舞蹈、狂喜、高潮时);还有时,自体处于内在空虚、全然无为的松弛状态,随后新的心理形态会再次浮现,引发注意并形成接触。

(三)接触

接触在格式塔治疗中是非常重要的概念,相当于精神分析的潜意识。皮尔斯说,接触是首要的真实。

接触是双向的,如敲键盘时手触碰到键盘,手同时也被键盘碰到。接触会给个体带来觉察,觉察到什么是我、什么是非我。人生活在环境中,不断与环境发生着接触,从环境中获取自己需要的,排除不想要的,使得人能够生存和成长。

接触发生在边界上,但边界不一定是具体和有形的,可以是一个过程或者一个概念,如在看到本书这一段时是有些思考的,把自己的想法向他人表达出来,这就是接触,但如果这些思考只存在于内心,别人就接触不到。

边界始终存在,如果没有边界,个体就不能定义我是谁,我如何跟别人区分开,也不能和环境进行连接。但边界不是固定的、不动的,而是处在持续的变动中,接触也是不断进行的过程。健康与不健康的标准在于个体是自动化的反应还是有意识地做出了选择,这是在接触时需要去觉察和评估的。

(四)接触循环

接触循环是格式塔治疗中一个重要的理论建构,描述了有机体与环境的接触过程,而且这个过程处在不断循环中。

接触循环可以被划分出不同的步骤,有四个阶段的版本,也有七阶段的版本。四阶段版本是:接触前——接触中——完全接触——接触后(图8-1)。

七阶段的包括如下步骤:①感知觉出现;②觉察;③动员能量;④行动;⑤接触;⑥完全接触;⑦后撤(图8-2)。

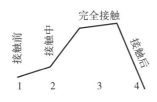

图8-1 接触循环示意图

图8-2 七阶段螺旋上升示意图

可以说,接触循环在生活中无处不在。小到口渴喝水这件事,就是从口渴的感觉出现开始,觉察和识别出喝水的需求,然后倒水、端起杯子、喝水,感觉解渴,放下杯子,完成一个循环。

在情感情绪的部分,循环时间可能更长一些。以伤心为例,患者会觉察到流泪、眼睛痛、呼吸加深、嘴唇颤抖等情绪信号,之后进一步更充分地哭泣,与悲伤的情绪充分接触,然后逐渐平静和平复下来,完成消退过程。

接触体验提供了一种探索方式,可以去觉察和识别患者在哪个环节出现阻断,阻断是如何发生的,之后就有机会从断开的地方重新连上,完成接触循环,一个人就可以更加趋向健康。

(五)接触调整

格式塔治疗不从症状和问题的视角去看待人,而是从有机体如何对引发不适的环境做出反应的视角出发,把一个人的应对方式称为创造性调整。例如,遭受了创伤虐待的人,身体会不敏感;有进食障碍的人,不能识别缺的是爱而不是食物;焦虑的患者会把精力放在焦虑上,不能采取行动;一个工作狂无法停下来休息。这些例子都是在接触循环的某一步出现了阻断,这种阻断早期被命名为接触中断,后来也称为接触调整。接触中断更多体现了问题和病理化的部分,而接触调整更加强调其有意义和有功能的部分。

格式塔治疗对攻击也是从正面的角度去理解的,接触中就包含着攻击,当一个人用攻击你的方式表达,是在和你接触,想和你发生连接。当孩子表达愤怒或攻击时,他/她在确立边界,这是一个有意义的过程。

格式塔治疗的基本接触调整包括融合、内摄、投射、内转、偏转、自我中心、去敏化七种。

三、治疗技术和临床操作

总体上格式塔治疗干预的目的不是改变外部环境,也无法改变过往的人和事,而是改变患者内在的看法和他/她感知现实、参与人际互动的方式,通过不同的尝试,患者认识到对事物的理解有多种可能性,改变过去看待和解释世界的方式。治疗师鼓励患者探索新的体验,以及对感知和心智表征的个体系统进行重塑。

格式塔治疗的常见技术包括现象学探索方法、提高觉察力、加强支持、实验、调整接触模式、完成未完成事件、利用移情和反移情、躯体过程与退行、探索宏场。

(一)觉察

觉察在格式塔治疗中具有核心地位,对当下的觉察既是手段,也是目的,皮尔斯晚年曾经想把格式塔治疗称作"觉察治疗"。

格式塔治疗中,对觉察划分了三个区域。

1. 外部区域　视觉、听觉、嗅觉、味觉、触觉。

2. 内部区域　身体感觉(包括皮肤、肌肉、内脏感觉等)、情绪情感。

3. 中间区域　头脑中存在的思维、想象、回忆等。

觉察的态度回应了皮尔斯主张的四个关键问题:"你现在在做什么?""此刻你感觉到什么?""你正在回避什么?""你想要什么,期待我做什么?"

(二)现象学方法

现象学方法与其说是技术,不如说是一种思维方法,包括治疗师开放的态度和强烈的好奇心,积极关注患者的个人体验,帮助患者探索和觉察内在心理过程以及所选择的意义。

现象学方法主要包括以下三个部分。

1. 悬搁　治疗师将自己的信念、假设和臆断暂时搁置一边,对任何事物都抱着"恍若初识"的态度。

2. 描述　指对直接而明显的现象进行描述,如"每次你提到母亲时,眼睛眨得特别快"。

3. 水平化　对所有现象的重要性尽可能一视同仁,例如,不只关注言语内容,也注意非言语信息。

另外一个重要因素是强烈的好奇心,会给上述三个部分赋予活力。

(三)空椅子

空椅子是格式塔治疗的著名技术,通过一张空椅子的巧妙运用,可以让患者和不同的人或物开展一场对话,对话双方可以是生活中真实的人,也可以是患者不同的内在部分,或者患者与自己的情绪(焦虑、抑郁、孤独等)对话,还有很多其他的可能性。

另一种空椅子的替代方式是独角戏,让患者轮流扮演自己和情境中的不同角色。例如,可以依次扮演自己、妻子、母亲、好妈妈或者坏妈妈,也可以依次扮演内在相互冲突的部分。甚至可以将更为抽象的观念搬上舞台,如他的安全需要、独立、冒险、性的欲望,与它们进行对话。

实际上,对治疗师来说重要的并非图形化患者生活中真实的人物,而是看到来访内在的不同部分,以及各种矛盾冲突,很多人物都是来访投射的体现,并非现实中的人物。

(四)夸大

格式塔治疗的主要任务之一是把内隐的内容外显,将隐藏着的内容公开。例如,皱眉、瞠目结舌、手足无措常常提示某种情绪的出现。格式塔治疗师会邀请患者放大这些无意识的动作,同时去体验这一过程,很可能会揭示患者尚未意识到的某种即刻的体验。

在团体治疗中,可以用"团体轮流"技术对某种身体或情绪感受渐进放大,如请患者逐一向每个团体成员重复同一个姿势或同一句话,重复常常伴随着节奏的加快和强度的增加,并且带有情感宣泄:

——我再也不要这样了!

——我受够了!我再也不任人摆布了!

(五)热椅子

皮尔斯在格式塔团体治疗的演示中特别喜欢这项技术,他会在自己的身旁摆一张椅子,希望体验的患者在他身旁坐下,坐在那里意味着患者准备好卷入一场和治疗师的工作过程。

热椅子上的人可以按照自己的愿望,在一段时间内处于团体关注的中心,这段时间长短不定,从几分钟到一个小时或更长。其他参加者在治疗进行的过程中,也可能会被邀请参与进来。

有的机构会使用一些大靠垫,而不是椅子。团体成员坐在地上,地上铺着地毯或者放着一些垫子,垫子周围是不同形状、不同面料、不同颜色的靠垫。这个布置可以促成更多的亲密感,每个人都可以寻找让自己舒服的姿势并可以自由变换,它有利于接触、身体动作的自发表达,以及可能的连续演出。

(六)直接对话

在格式塔团体治疗中经常使用,避免以第三人称谈论团体其他成员,治疗师会建议"请用'你'对这位成员直接表达,而不是'他'"。有时治疗师也会建议患者与其他团体成员进行澄清和核对,以识别哪些是自己的投射,将幻想与现实相区分。

这项技术有助于从内在世界和内在反思转向更富有情感性的接触,成员都通过真实而直接的自我表达,思考在关系中他们如何选择和行动。

(七)梦的工作

弗洛伊德的《梦的解析》是里程碑性的著作,但格式塔治疗对梦的工作思路与精神分析不同,不是通过自由联想或阐释来分析梦,而是让患者用现在进行时描述梦。然后请患者依次认同化身为梦里的各个元素,并成为和扮演这些元素,包括梦中的人物、动物、物品或超自然力量。这是皮尔斯认为梦中所有的元素都是做梦者自己的投射,从整体论的视角出发,重新吸收和整合这些分裂的部分,可以使患者更好地成为完整的自己。

格式塔治疗师对梦也以现象学的方式工作,搁置自己关于重要信息的预先判断,通过角色扮演让患者自己有所发现。

常用的引导问题包括:①你本人对这种感觉熟悉吗?②这种感觉跟你生活场景有重叠的部分吗?③你认同梦中的这个角色,对做梦者要说什么?

（八）扮演

这项技术受到心理剧治疗的影响,用表演的方式体验一个真实或者想象的场景,达到情感表达、宣泄释放的目的,促进个体从创伤事件中得到解脱,终结未完成事件。

扮演重在强调过程,通过可见的、有形的具体化表演激发有意识地领悟。患者的身体和情绪被动员起来,以重新回到和全面体验过去的重要情境,并且把它带入当下,实验和探索曾被否认、隐藏甚至未知的情感。

（九）艺术材料和隐喻表达

格式塔治疗中不仅使用口头和身体的语言,还会通过艺术材料借用象征和隐喻的方式来表达,如绘画、模型制作、雕塑、音乐制作、舞蹈等。

这些艺术性的表达有多种使用方式,如把绘画作为进一步冥想的材料、扮演的素材,也可以与作品的全部或部分进行对话,就像空椅子一样。患者可以对治疗师或团体成员分享自己的作品,不过要避免流水账式或解释性的描述,而是更多地代入体验和感受。

以上内容概括性地介绍了一些格式塔治疗的常见技术,在个体治疗和团体情境下都可以使用,一些技术也适合在机构或企业中使用(如夸大、团体轮流、直接对话、艺术和隐喻表达等)。

四、治疗过程

治疗过程包括治疗的准备、建立治疗关系、评估、干预方法,一直到治疗过程的结束。

（一）治疗前的准备

1. 布置场景　治疗环境常会反映出一些价值观。格式塔治疗师的工作室通常需要有一些舒服的家具,包括垫子、椅子,有一些绘画、干花、灯光等创造出一个有丰富感官的环境。最好有可供患者走动或跳舞的空间,并且提供一些柔软的玩具、黏土、色笔、色纸或沙盘,可以增加更多探索的可能性。

2. 治疗师的身心状态　处理好自己的情绪问题,是从事所有治疗活动的先决条件之一。在治疗开始前,可以做一个简短的觉察练习,帮助自己回到当下,有更大的空间面对患者。

觉察练习的具体引导语:

感受自己坐在椅子上,感受身体被支撑的部分、身体的重量,感受自己双脚接触地面的感觉,留意自己的呼吸,感受空气吸入鼻腔、喉咙,到达胸部、腹部,再从腹部、胸部、喉咙、鼻腔排出,无论呼吸是急促还是舒缓,只是去感受它。关注身体的感觉,哪部分肌肉是紧张的,哪部分肌肉是放松的。头脑可能会出现一些念头,可以选择跟随,也可以不跟随,可以只是把它们标记出来,是关于过去的回忆,还是对未来的担忧,识别哪些关注和担忧与即将到来的患者有关。聚焦于你对治疗室环境的所感所闻,以及自己的情绪和身体感受,使自己投入现在这个特定的时刻中来。

（二）第一次会谈

第一次会谈的主要任务是与患者建立和谐的治疗关系,也是一个双方相互评估的过程。

治疗师需要收集患者的一般资料,如来访动机、年龄、家庭成员、重大生活事件、精神病史等背景,也需要让患者讲述来治疗的主要诉求和期待。此外,还要有时间对是否继续治疗进行讨论,并解释保密例外、时间和费用设置等。

在第一次会谈时,还需要评估格式塔治疗是否适合患者。治疗师可以做一些实验性的尝试,如问患者"你现在的感觉是什么？我注意到此刻你的呼吸变得急促。"也可以说"当我听到你过去的经历时,我感到很难过。"之后治疗师会观察和评估患者的反应和反馈,了解到患者是否有基础提高自己的觉察能力,或对治疗师的自我表达能否做出较好的反应。

（三）说明工作原理

一些患者抱着很大的期望来寻求心理帮助,认为治疗师是专家,期望治疗师告诉他们该怎样做,并且能够迅速起效。治疗师有责任向患者澄清对治疗的期望,也要对患者做一些关于格式塔治疗的心理教育,如格式塔治疗是怎么回事,它如何发挥作用。

治疗师可以以自己的话告诉患者这些内容:治疗的目的是帮助你更加清晰地认识自己的处境,觉察在此情景中你的情绪、身体反应、想法,去看到成长受阻的发展过程造成了哪些固化的模式,探索这些固化的模式如何影响当前的生活,尝试找到解决问题的新方法和新途径。

在初次会谈时向患者说明治疗过程时,非常重要的一点是要向患者强调需要患者的付出和努力,甚至有时可能还会暂时增加痛苦。

（四）治疗协议

协议内容包括治疗过程以及治疗方向等,而不是明确的治疗结果或目的。当然,治疗的方向和目标会随着新的觉察呈现不断进行调整,格式塔治疗是一个动态的过程（甚至在同一次访谈中都是动态的）。治疗师在每次治疗开始时会问"你想如何利用今天的时间?"或者"目前对你来说最急迫需要解决的问题是什么?"此外,应该定期回顾治疗计划,如每 3 个月 1 次,核查患者目标的完成状况。

协议中也需要包括诸如治疗时间、地点、频率、收费、取消原则,以及保密原则等细节。最好能给患者一份书面协议,并尽量帮助初诊的患者理解协议内容。如果机构对治疗次数不限制,建议最初 3~4 次进行初始会谈,它能使患者对格式塔治疗有一个大概的了解,并且对格式塔治疗是否能够帮助自己有一个基本判断。同样,初始会谈使治疗师有机会了解患者的更多状况,并对他们需要接受多长时间的治疗作出预测。

（五）诊断及治疗过程

当代的格式塔治疗主要基于现象学的架构,但也重视诊断的洞察力及好处。对于治疗师而言,一旦确定了患者的神经症结构,就需要策划实际的治疗方案,也要在整个过程中保持高度的警觉性及弹性。这与治疗师知道自己能做什么、不能做什么有关,而所谓治疗师的能力,就是个人的训练、人格特质、经验、资源,以及诊断的能力是否能正确评估患者与其状况,同时又能从一开始就保持敏感度及真实性。

格式塔治疗师要发展出自己整合个人知觉、辨识及预测的方法。通过对患者初次的印象,以及真实的开放态度,治疗师可以使用接触中断/调整在接触循环的每个阶段去发展和计划他们的治疗历程,但前提是,对于"诊断的叙述"与"改变的可能性"这两个矛盾的层面保持开放的态度。换言之,可以让他们互为图像及背景,毕竟每个人都是独一无二的个体。而且治疗原本就是针对诊断标签的叙述做一种改变尝试,不管诊断的标签是强迫症,还是一种强加在自己身上的限制（如总是会感到焦虑）。

治疗程序大致上可以按照特定的接触调整方式而形成概念化。原则上,特定的接触中断/调整会发生在接触循环中最常受到干扰的步骤,然而应用在单独个案的情境中时,因其独特系统的作用,常会形成"生动而有活力"的讲述。例如,一个长期使用投射机制存在猜疑的人,可能在接触循环中的退缩阶段更容易呈现出这些症状。

(六) 改变的悖论

格式塔治疗中有一个重要概念称作"改变的悖论",是指当人越想要刻意改变,改变越难发生。相反,只是觉察自己目前是什么样的,不试图成为另一个样子,改变才会自然发生。因为刻意改变往往会造成对当前状态的评判和不接纳,会在内部产生分裂和内耗。而只有充分觉察、不刻意追求改变时,人才有可能重新认同被排斥和被疏离的自我部分,成为一个更加整合的有机体,触碰到自我实现的动力,启动一个生命体原本就有的接触和成长功能。

五、小结

格式塔治疗以现象学、存在主义、整体观为基础,治疗师将整个有机体和环境场纳入考虑,并相信人类有能力成长为自己想要成为的人。格式塔治疗对人的基本假设是:个体会在其环境中创造一个心理场域——个体的未完成事件影响接触,造成接触中断,成为图像或前景,其他所有事物均暂时退至背景,造成固化的格式塔;个体如果能充分觉察自己内在、他人、环境中所发生的事,就能处理他们生命中的难题。格式塔治疗关注此时此地的觉察,为了促进成长,强调当下而非过去或未来。

改变历程是通过澄清患者的核心议题,将患者议题与关切点概念化,据此导引治疗的程序、时间与方法;建立并维持一个安全、专业的情境,提供一个邀请患者与治疗师真实接触的氛围;改变来自澄清与修通阻碍患者达到自我统整与自我负责的障碍或干扰。

格式塔治疗的技术通常被称为"实验",因为这些技术的目的在于探索、发现新的体验,而非如传统定义下的练习,后者的目的在控制与激发行为改变。主要实验技术包括觉察、现象学描述、演出、空椅子、梦的工作、对话、演出与夸大等。

本 章 小 结

详见各节结尾"小结"内容。

思考题

1. 人本主义治疗的核心理念是什么?

2. 聚焦取向心理治疗提供了怎样的新观点和新实践技术?

3. 存在主义治疗更像一个独立的治疗流派,还是一种可以与其他取向相结合的治疗形式?

4. 存在主义治疗最关注的核心议题(或者说终极关怀)包括哪几个领域?

5. 格式塔治疗框架中,请你觉察通常在哪个区域?

6. 请运用格式塔治疗来理解你自己通常的接触调整模式是什么?

(徐钧　郑世彦　费俊峰)

推荐阅读

［1］艾美·范·德意珍.存在主义心理咨询.罗震雷,谭晨,译.北京:中国轻工业出版社,2012.

［2］彼特鲁斯卡·克拉克森,珍妮弗·麦丘恩.弗里茨·皮尔斯.吴艳敏,译.南京:南京大学出版社,2019.

［3］博·雅各布森.存在主义心理学的邀请.郑世彦,译.北京:北京联合出版公司,2022.

［4］池见阳.倾听·感觉·说话的更新换代:心理治疗中的聚焦取向.李明,译.北京:中国轻工业出版社,2017.

［5］菲利普松·彼得.关系中的自体.胡丹,译.南京:南京大学出版社,2021.

［6］弗雷德里克·皮尔斯.格式塔治疗实录.吴艳敏,译.南京:南京大学出版社,2020.

［7］简德林.聚焦心理:生命自觉之道.王一甫,译.上海:东方出版社,2009.

［8］蒋自新.先期治疗概述.中国心理卫生杂志,1995,9(5):223-225.

［9］卡尔·R罗杰斯.个人形成论:我的心理治疗观.杨广学,尤娜,潘福勒,译.北京:中国人民大学出版社,2004.

［10］康奈尔.聚焦:在心理治疗中的运用.吉莉,译.北京:中国轻工业出版社,2016.

［11］科克·施奈德.存在-人本主义治疗.郭本禹,余言,马明伟,译.合肥:安徽人民出版社,2012.

［12］玛格丽塔·斯帕尼奥洛·洛布.朝向未来的此时:后现代社会中的格式塔治疗.韩晓燕,译.南京:南京大学出版社,2022.

［13］欧文·D.亚隆.存在主义心理治疗.黄峥,张怡玲,沈东郁,译.北京:商务印书馆,2015.

［14］GENDLIN E T. Experiential psychotherapy. Current psychotherapies,1973:317-352.

第九章

家庭治疗

学习目的

掌握 家庭治疗的概念及特点;家庭治疗的设置和
流程。

了解 家庭治疗的发展历史及理论背景;家庭治疗的
常用技术。

第一节　概述

一、家庭的特征

(一) 家庭的整体性

家庭是一个不断发展的统一体,是一个有组织的整体。家庭成员彼此形成
了跨越时空的、持续的、相互的、模式化的关系,其中任何一个成员的变化都不可
避免地会与其他家庭成员的变化相联系。在家庭内部,成员被组织成一个个团
体,这些团体形成了超越部分之和的整体能力。

(二) 家庭的系统性

家庭是由相关部分组成的、组织复杂的、持久的、正在发展和变化的网络系
统。家庭的系统性主要表现在稳态、规则和反馈,还表现在有一套综合处理家庭
问题的背景基础。家庭系统内部存在多个亚系统,其中功能较为持久的是夫妻、
抚养和同胞亚系统,亚系统之间的因果关系是循环和多方向的。

(三) 家庭的稳定性

就像躯体能够维持某些功能稳定一样,家庭系统会以稳态机制保持心理状
态的平衡、失衡和再平衡的过程。通过发展的、持续的和动态的作用过程,来确
保家庭内部的平衡。

(四) 家庭的生态性

每个家庭都与一个或多个更大的社会体系相互作用并受其影响。每个家
庭都有特定的社会背景,家庭成员应该超越家庭本身并以更加宽阔的视角去看
包括整个社会在内的社会系统。

二、家庭治疗的特征

家庭治疗是以"整个家庭"为治疗对象的一种心理治疗方法,它把焦点放在
家庭成员之间的关系上,而不是过分关注个体的内在心理构造、心理状态或行为

层面,因此家庭治疗属于广义上的团体心理治疗范畴。

(一)重视家庭成员间交流和互动

在进行家庭治疗的过程中,家庭成员间表现出稳定的、协作的、有目的的和反复出现的互动模式。他们通过言语或非言语交流方式,传递出需要交流的信息、家庭的规则和家庭功能。

(二)循关系而改变进程

家庭治疗是把治疗焦点放在家庭成员之间的关系上,关系则是体现在家庭成员之间的相互作用,治疗进程并不过分关注个体的内在心理构造、心理状态或行为,而是随着关系的发展而改变进程。

(三)强调家庭成员的成长

聚焦个体行为得以发生的家庭背景,将注意力指向正在家庭内部发生的交互作用模式上,将所谓的问题扩展到家庭的关系网络上,由症状转向关系,促使个体在关系层面上解决问题,使自己成长。

(四)治疗的循环因果观

循环因果观认为,个体的问题不是由过去的情境引起,而是由持续的、相互作用的、彼此影响的家庭过程引起。强调同时来自各个方向的相互力量对个体带来的影响。

三、家庭治疗的国外发展史

家庭治疗起源于20世纪50年代,从个体心理治疗以及某些团体心理治疗发展而来,团体动力学的研究、儿童指导运动、婚姻咨询,以及认识论进展对家庭治疗进展都起到了积极的影响。之后,从业者将其注意力转向家庭在制造和维持一个或多个家庭成员的心理障碍中的作用。

1962年是家庭治疗发展史上具有里程碑意义的一年。这一年,"家庭治疗"这一名称得到学术界正式确认,该领域的第一份学术刊物《家庭过程》(family process)也在这一年创刊。

内森·阿克曼(Nathan Ackerman)是家庭治疗的创始人之一,受第二次世界大战时美国医疗资源不足和当时医疗观念的影响,他认为医护人员要多与患者家属接触,与他们共同护理患者。他最早倡导治疗者应该把着眼点从患者的"个体"推展到"家庭",在儿童指导中心就开始了家庭治疗。1957年在纽约,他建立了家庭精神卫生研究所,后改名为阿克曼研究所。

家庭治疗的诞生和发展,与社会学、人类学、家庭动力学,以及精神病因学的研究是分不开的,尤其是关于精神分裂症的研究。

雷戈里·贝特逊(Gregory Bateson)运用人类学的理论和方法,通过对精神分裂症患者亲子关系的研究,在1953—1963年提出了"双重束缚理论":无论精神分裂症患者采取什么样的方式取悦家人,家人(尤其是母亲)的回应都是负面的和惩罚性的,在这种两难的情况下,患者只好放弃与家人和外界的接触,活在自己的世界里,这是患者对家庭环境的无奈和适应。在贝特逊工作的基础上,1959年当·杰克逊(Don Jackson)在美国加利福尼亚州的帕洛阿尔托(Palo Alto)成立了家庭心智研究所(Mental Research Institute),开展家庭治疗并培养了多位举足轻重的家庭治疗师。

莱曼·温尼(Lyman Wynne)主要研究人际交流与家庭角色在精神分裂症发病中的作用,20世纪50年代通过与精神分裂症家庭成员沟通的研究发现,家庭成员很容易表现为相互间的同意,但同意的理由相差很远,甚至毫不相干,温尼称为"假性互惠"(pseudo-mutuality),并认为假性互惠是导致精神分裂症的主要原因。

西奥多·利兹（Theodore Lidz）是一个精神分析学家,他在家庭治疗的研究中发现精神分裂症家庭成员中常有相互对抗的派别,使家庭成员之间的关系出现分裂现象。于是,他提出了"婚姻分裂"和"婚姻偏斜"两个概念,来表示夫妻之间性格过强而影响到夫妻关系,甚至家庭关系。

莫瑞·鲍温（Murray Bowen）也是最早期的家庭治疗先驱之一,他提出了在家庭治疗中影响深远的八个概念:①自我分化;②家庭投射过程;③代际传递过程;④同胞位置;⑤三角关系;⑥核心家庭情绪系统;⑦情绪割裂;⑧社会倒退。鲍温于1960年提出"精神分裂症源母亲"的概念,认为母亲的心理问题导致子女产生精神疾病,这种极端的观点目前已经不被学者所接受。他强调在家庭治疗的过程中,要重视夫妻关系和夫妻的原生家庭对小家庭的影响,并提出了家庭系统理论。

萨尔瓦多·米纽琴（Salvador Minuchin）和杰·哈里（Jay Haley）强调家庭的结构对家庭关系的影响。他们发现家庭是由不同的角色、功能和权力分配等因素组织起来的一个实体。米纽琴的结构式家庭治疗的主要贡献有四个方面:①提供了一套系统的概念去了解家庭的结构、组织、态度和惯常相处模式;②鼓励求助家庭在治疗室将其生活面貌活现出来;③从个人描述得来的资料不能代表家庭动态的全貌;④重视过程取向,提醒家庭治疗师注意求助家庭僵化的互动模式及其与家庭困难的关系。

一般认为20世纪80年代以前为现代主义治疗学派,以后为后现代主义治疗学派。现代主义学派渴望寻找一套"客观存在"的治疗方法,他们引入家庭系统理论,成功地拓宽了精神分析治疗,把理论开拓到社会层面上;解决求助家庭的问题往往采用"专家""权威"的角色。而后现代主义学派挑战这种"客观存在"的治疗方法,批评他们以"专家"自居,不重视求助家庭解决问题的经验和资源;更不能接受现代主义学派的治疗师过分侧重家人相处过程,而忽略了主宰家庭成员相处的价值取向和信念。

后现代主义学派的代表有米兰系统学派、索解治疗学派、叙事治疗学派和新女性主义学派。

1. 米兰系统学派（Milan systemic therapy） 米兰学派在治疗中摆脱了专家的角色和权威性指导,只是作为家庭系统的扰动者。利用反馈小组协助家庭拓宽视野。用假设提问、循环提问和中立的方式,来揭示家庭成员对问题的不同看法与相互关系。他们关注问题的意义,常常采用情景化、阳性赋义和悖论干预等手法,来引导家庭成员找出解决问题的方法。

德国海德堡系统式家庭治疗小组不仅整合了其他家庭治疗的特点,而且提出了对于家庭动力学和治疗学的独特看法,既传承了米兰学派的系统式家庭治疗方法,也整合了系统理论的新的应用。

2. 焦点解决治疗学派（solution-focused therapy） 代表人物是史蒂夫·德·沙泽（Steve de Shazer）夫妇。焦点解决治疗不关注问题是什么,而是充分相信、利用患者的自身资源,关注怎样解决问题。引导患者共同制定治疗目标,并向目标努力。治疗师运用五种问题(有关会谈前转变的询问、例外问题、应付问题、刻度问题和奇迹出现问题)诱导患者将注意力由"问题"转移到"解决方法"上,肯定家庭成员的主观经验,协助他们自己寻找解决问题的方法。

3. 叙事治疗学派（narrative therapy） 代表人物是迈克尔·怀特（Michael White）。强调治疗师要协助患者对同一件事产生不同的经验和理解,帮助他们说出自己的故事,协助他们对故事重新进行编辑,使患者在生活上增加更多的选择和更多解决问题的途径。它将治疗过程改变为讲故事和共同创作的过程。治疗师以人本主义的态度与患者一起体验,共同寻找新的出路。

4. 新女性主义学派(feminist family therapy)　代表人物是维吉尼亚·古尔德纳(Virginia Gouldner)和佩吉·帕普(Peggy Papp)。新女性主义学派认为,女性在家庭的地位是身不由己的,社会结构和社会形态没有给女性提供更多的机会,女性社会化过程中要求她们做一位照顾者,照顾家庭成员。治疗师对母亲或妻子的指责是不公平的,是治疗师的无知,漠视了现代社会文化塑造女性身份的局限;社会运动才是彻底提高妇女地位的方法,要重视她们参与社会运动。

四、家庭治疗在国内的发展

家庭治疗在国内的发展开始于 20 世纪 80 年代。

1987 年,受德国心理学家的邀请,4 名中国精神病学家和心理学家,一同前去考察德国的心理学状况。仅仅几天的短暂访问,家庭治疗这种形式就给他们留下了深刻的印象。

1988 年,德国著名精神病学家和心理治疗家海尔姆·史第尔林(Helm Stierlin)和弗里茨·西蒙(Fritz Simon),在昆明通过 "中德心理治疗讲习班" 第一次将家庭治疗传入我国。在此后的 10 年中,以马佳丽(Margarete Haass-Wiesegart)为院长的 "德中心理治疗研究院" 邀请德国专家和中国有经验的心理治疗师共举行了三期 "中德心理治疗讲习班"。

1997—1999 年,德中心理治疗研究院开始了首期为期 3 年的跨文化培训项目,"中德心理治疗连续培训项目"(中德班)为我国培训了 110 名高级心理治疗师,其中 30 名为系统式家庭治疗师。该项目采用小组封闭式培训,由资深德国专家提供督导。培训通过理论学习、现场指导、病例分析和自我体验等形式进行强化教学。目前被培训的学员们在当地均已经成为家庭治疗的主力军,不仅把所学得的知识用于治疗实践,而且担任着家庭治疗的教学、培训和督导工作。

从此以后,中德班成为国内心理治疗的主流培训形式。到目前为止,已经举办了 8 期 "中德系统式家庭治疗连续培训班",培训结业人员达 500 余名。在昆明、上海还建立了配备声像摄录系统的家庭治疗专用治疗室,在昆明和汉堡建立了资料库,其中收藏了大量有关家庭治疗的文字和影像文献。

1998 年以来,香港大学李维榕——结构式家庭治疗大师米纽琴的唯一华人弟子,在上海、北京等地连续培训家庭学员达 20 000 余人次,积极推动了家庭治疗在我国的发展。她喜欢用 "家庭舞蹈" 来形容家庭成员之间的互动,舞步动作可以是不同的,内在节奏却完全一样。

2010 年以来,精神分析取向的家庭与婚姻治疗师大卫·沙尔夫(David Scharff)和吉尔·沙尔夫(Jill Sarff)夫妇,在北京开展 "国际精神动力学夫妻和家庭治疗连续培训项目",共培训了六届,培养了 600 多位家庭与婚姻治疗师。

2011 年以来,美国叙事家庭治疗大师吉尔·弗里德曼(Jill Freedman)在南京、珠海等地开展叙事治疗培训,她和麦克·怀特、大卫·爱普斯顿同为叙事治疗的领军人物,在国内共培训了七届共 500 多位学员。

2018 年以来,美国加利福尼亚州帕洛阿尔托家庭心智研究所短程治疗中心主任卡琳·施兰格(Karin Schlanger)在上海举办 "中美短程家庭治疗连续培训项目",传播家庭心智研究所短程治疗,目前培训了三届共 700 多位学员。

此外,国内还有萨提亚模式家庭治疗培训,以贺琳·安德森(Harlene Anderson)为代表的合作取向治疗等家庭治疗培训。

经过二十多年的稳步而积极的发展,家庭治疗这一颇受治疗师、儿童青少年、家庭和社区欢迎的治疗形式,在我国得到良性的发展,促进了心理治疗事业的进步。

五、家庭治疗的发展趋势

进入 21 世纪以后,受后现代主义者的严重挑战,家庭治疗更加重视价值观的多样性。判断一个家庭的功能水平还要将种族、文化、性别、性取向和家庭类型等纳入价值评估体系。

家庭治疗在未来的发展中,将不可缺少地在以下几个方面体现出作用。

1. 心理教育 心理教育是以经验为基础的治疗形式,旨在向受困扰的家庭提供信息和指导,使家庭成员能够理解和掌握应对患病成员的技巧,建立和维护治疗者与家庭之间的关系。家庭心理教育未来在各种心理障碍、家庭困扰、精神疾病、家庭保健、婚姻调停、社区服务等方面起到不可替代的作用。

2. 家庭治疗的研究 由于各流派理论的支持,家庭治疗师在家庭治疗工作经验的基础上,会创新出不少新技术,所开发的新技术经过循证验证才更可信。常用的研究方法包括定性研究、定量研究、质和量同时研究、探索性研究和验证性研究。

3. 家庭治疗师的成长 家庭治疗师的成长是一个特别需要关注的问题。首先,家庭治疗师的受训者需要有一定的理论基础或学术流派的知识,学会建立治疗关系并且熟练掌握治疗技术;其次,在中国心理学会或中国心理卫生协会等专业组织中获得资质,在临床实践中进行训练;第三,经过督导师的指导、建议、反馈和支持,使家庭治疗师逐渐成长。

4. 多学科的交叉和融入 家庭治疗从业者将聚焦于家庭在制造和维持一个或多个家庭成员出现心理障碍中的作用,来自多学科,如临床心理学家、社会工作者、婚姻家庭顾问、育儿师等领域的从业人员交叉和融入,将会在目前社会转型、新的就业模式、受教育方式改变等因素改变家庭和家庭成员的过程中起到主要的作用。

第二节 核心理论与概念

一、核心理论

家庭治疗的理论主要来源于以下几个方面:系统论、控制论、信息论,以及精神分析理论、依恋理论、建构主义理论等。下文予以简单介绍。

(一)系统论、控制论、信息论

1. 系统论 系统论产生于 20 世纪 40 年代,是生物、物理和工程学的基础。格雷戈里·贝特森(Gregory Bateson)和他的同事们将系统论思想引入家庭治疗,认为家庭是一个组织起来的整体,而不仅仅是个人的集合。对系统的分析一般聚焦在系统内的人际沟通与行为上,而避免猜想个人为什么这样做。

20世纪40年代,澳大利亚的生物学家路德维希·冯·贝塔朗菲(Ludwig von Bertalanffy)尝试将系统的思考和生物的概念整合成生命系统理论。贝塔朗菲提出系统的特点如下。

(1)系统大于部分的总和。家庭系统大于家庭成员的总和,治疗师应该聚焦在互动而不是个体的人格上,此为这一领域的中心原则。

(2)系统不是受到刺激才有反应,它也会主动地促进自身繁荣。

(3)人类系统是个生态有机体,是积极的和有创造性的。他们主动工作以维持组织运转,有通过不同的方法达到最后目标的能力。

(4)系统不仅寻求动态平衡,也能够寻求改变。

(5)观察本身对被观察者有影响。

因此,治疗师应该对自己的假设保持谦逊,不要将自己的观点强加给患者,应努力理解他们对自身问题的看法。贝塔朗菲认为,人们应该更多地关注自己的价值观和假设,因为有一些观点是具有生态破坏性的。所以治疗师应该仔细审查他们的假设和暗示对家庭的影响。

2. 控制论 控制论的核心是反馈环路,这是系统获得必要信息以维持稳定的过程。反馈环路可以是正向或是负向的,负反馈在系统的稳定性受到威胁时起作用,帮助系统维持现状;正反馈在系统需要改变时起作用。

负反馈维持系统的稳定性有时是一件好事情。例如,尽管存在冲突和压力,家庭仍旧表现为紧密的整体。然而,当内部或外部环境发生变化时,如果家庭不能做出调整以适应变化,就不见得是好事了。

正反馈的结果是加强改变,它同样可能带来理想或者不理想的后果。例如,"自我实现预言"就是一个正反馈,一个人的恐惧致使其采取了可能导致可怕情形的行动,验证了他的恐惧,循环往复。为了保持稳定性与灵活性,家庭要对正向和负向的反馈作出反应。

控制论运用于家庭聚焦在以下几个现象:①家庭规则,掌控着家庭系统可以容忍的行为的范围(家庭的平衡范围);②负反馈机制,家庭用其加强规则(愧疚感、惩罚和症状);③围绕问题的家庭互动顺序,说明系统的反应;④当负反馈无效时,引发正反馈环路。

控制论聚焦在家庭的反馈环路上,即沟通的模式,它是家庭功能障碍的基础原因。不清晰的沟通导致不准确或不完全的反馈,造成系统不能自我纠正,对于变化反应过度或者不能作出恰当反应。

3. 信息论 贝特森将信息论的思想引入家庭治疗中。他关于信息的定义是:信息是一种造成差异的差异,即人只能把两个信号之间的差异作为信息来感知。对于这个差异的感知取决于一个恰当的时间间隔。只有在恰当的时间间隔范围内,人们才可以通过"不同时性"感知和评价一个事件。时间是人的经历、体验和行为的组织者,对于三者的感知和评价,只有被纳入一个时间的系列,一个事件才能成为一种具有内在联系、有意义、能被理解的现象。

信息加工过程对于任何系统的运转都至关重要。如果这个过程有缺陷,那么系统就可能出现功能障碍。家庭内部以及家庭和外部世界之间信息的自由交换有助于减少不确定性,从而避免混乱。信息是"制造差异的差异",一句话、一个手势、一个微笑、一张生气的脸,都是环境的差异或变化,可作为环境信息被输入。当新信息的接收者改变了他对环境的感知并调整随后的行为时,这些差异反过来就制造了新的差异。

4. 系统理论的发展　系统理论的发展模式的形成大约经历了两个阶段:初级控制论和次级控制论。

(1)初级控制论:在20世纪50年代至70年代中期,系统理论接受了控制技术和信息技术的许多思想,其核心问题是"系统如何保持平衡状态,又如何从病理性平衡的状态中解脱出来?"初期的概念是"内稳态",即系统的失衡可以通过内部的负反馈得到纠正。在对家庭的观察中,更多是注意家庭的僵化或抵抗变化的倾向。治疗师站在家庭系统之外,强调交流方式的"改变",向家庭或明或暗地指出家庭功能正常和异常的状态一般是什么样子的。

(2)次级控制论:从20世纪80年代起,生命系统理论逐渐兴起,其核心问题是"系统自主的、自组织的、自生产的过程,如何能确保其不受外界的影响而生存和进化?"家庭与其他系统(如治疗师)虽然能够相互影响,但相互关系不可预测。由此而来的治疗观就是:生命系统总是在不断变化中,治疗师如果想影响家庭,只能在其自组织过程中与之合作相伴,并促进其朝建设性的"自我建构"方向发展。但治疗师干预的结果事实上是难以预见、不易控制的。因为治疗师在工作过程中,必然成为系统的一部分,不可能脱离系统内的相互作用,反过来控制总体。因此,有计划的干预越来越多地被故意不做计划的活跃交谈所代替。

(二)精神分析理论

家庭治疗精神动力学的观点最初是建立在精神分析的模型之上的,家庭背景对人格形成的作用也是该理论中的一个要素。例如,从弗洛伊德的"小汉斯案例"(恐怖症)中,认识到家庭为神经性恐惧和焦虑的发展提供了早期环境和背景。

阿尔弗雷德·阿德勒(Alfred Adler)在20世纪早期帮助创立了儿童指导运动,他提出了一种以社会关系为基础的理论:"所有的行为都是有目的和交互作用的,基本的社会系统是家庭。"阿德勒式的概念,如同胞竞争、家庭排列和生活方式,证明阿德勒意识到了家庭经验在影响成人行为方面所起的重要作用。

哈里·斯塔克·沙利文(Harry Stack Sulivan)强调家庭内外的人际关系对人格发展的影响。提出人们本质上是社会交互的产物,要理解人们是如何发挥作用的,就需要"研究他们经常出现的人际情景的相对持久模式"。沙利文强调同伴关系在个人和社会发展中的重要性,他相信早期与他人的交往经验会为以后的交往障碍播下种子。他强调母婴分离的重要性,认为这些经验将导致以后把自我部分看作是好我、坏我、非我,这种观点和客体理论的观点一致。

家庭治疗的先驱内森·阿克曼(Nathan Ackerman)试图把精神分析和系统理论整合在一起。他认为家庭是一个交互作用的人格系统,在家庭内每个个体都是一个重要的子系统,正如家庭是社会的一个子系统。当家庭成员共处于特定的人际模式时,就会出现发生在他们之间的潜意识过程的连续交替变化。任何单个成员的行为都可能是发生在整个家庭内的混乱和扭曲的症状性反应,即"连锁病态"。他的治疗目的在于摆脱这样的病理性连锁。

精神动力学很大程度建立在客体关系理论上,该理论强调婴儿对照料者依恋的基本需要,以及对内化客体的分析。这种对依恋的基本需要使人们继续在其成人关系中寻找满足感。

梅兰妮·克莱因(Melanie Klein)的早期理论工作为客体关系理论提供了重要的基础。克莱因认为,驱力(冲动、本能)天生指向客体,是关系性的。婴儿的主要需要是对主要照料者的依恋。罗纳德·费尔贝恩(Ronald Fairbairn)追随克莱因工作,但不赞同她对弗洛伊德驱力动机论的接受。费尔贝恩认为婴儿要面对与母亲的不同互动——抚育或挫折——并且不能控制关系或离开环境,故将母亲的形象内化为一个好的客体和一个坏的客体,从而形成与不同客体的不同内部关系。这些内化的分裂客体成为个人人格结构的一部分:良好客体内投作为愉快记忆而保留,不良客体内投引起内心压抑。这些内投的心理表征将在潜意识中影响未来关系。迪克斯(Dicks)拓展了费尔贝恩的客体关系概念,他指出,每个配偶的早期经验都将不可避免地影响婚姻。配偶选择的一个基础就是潜意识中与自己的分裂方面相匹配的未来伴侣的人格。

客体关系治疗的代表人物是詹姆斯·弗洛默(James Framo)和沙尔夫夫妇(Jill and David Scharff)。弗洛默强调人与人之间和个人内部的关系,并把心理动力系统和系统概念融合在一起。他认为难以解决的内心冲突源自原生家庭,并以投射到当前的亲密关系(如配偶或孩子)的形式持续。他在工作过程中关注自身并最终消除了这些内投。弗洛默对家庭治疗技术的独特贡献在于,指导一对配偶经历几个治疗阶段。这几个阶段包括协同治疗、夫妻团体治疗、原生家庭(跨代际)会议。

沙尔夫夫妇使用的治疗方法大部分是精神分析的,他们理论的核心是把家庭作为一种关系的联结,这种联结对家庭成长及单个家庭成员经历的家庭生命周期起支持或阻碍作用。婚姻关系与伴侣的早期母子关系相类似,作为婚姻关系中的成人,每个人都在寻找对照料者的永久性依恋。他们创造支持性的环境、唤起潜意识内容、进行解释、提供领悟、借助移情和反移情,帮助家庭了解过去的内化客体是如何阻碍了当前的家庭关系。家庭成员的一个基本目标就是互相支持对方对依恋、个体分化和个人成长的需要。

(三) 依恋理论

1940—1950 年的研究发现,与母亲分离的孩童会有一系列的反应,如"反抗""失望",最后是"疏离"。为了理解这种反应,约翰·鲍比(John Bowlby)总结父母和孩子之间的紧密联系的形成经过了自然选择、适者生存的过程。当危险来临时,靠父母最近的孩子最不容易被侵犯者伤害。

鲍比认为,婴儿会形成一种内在工作模式:"如果孩子在早期的关系中体验到爱和信任,他就会觉得自己是可爱的、值得信赖的;如果孩子的依恋需要没得到满足,他会认为自己不受任何人的欢迎。"个体早期形成的"内部工作模式",将对儿童及其成年以后的人际关系和婚恋关系都产生长期的影响。随着年龄的增长,个体倾向于用已有的"内部工作模式"去理解新的信息,早期经验就是如此影响个体日后的发展,它会引导个体思考自己应得到何种对待和关注,应给予他人怎样的关注、信任和支持,以及在亲密关系中的交往策略等。

玛丽·爱因斯沃斯(Mary Ainsworth)认为,婴儿将他们的依恋当作探险的安全基础。爱因斯沃斯根据陌生情境测验将婴儿的依恋类型分为安全依恋、不安全依恋-回避型、不安全依恋-反抗型三种。然而,在实际工作中还发现一些儿童的行为无法归入任何一种,且这些儿童曾有被虐待与被忽视的经验,于是,帕特里夏·克里腾登(Patricia Crittenden)提出另一依恋类型:不安全依恋-破裂型,此类儿童对依恋对象展现出冷漠态度。

当遇到威胁的时候,处于安全关系中的婴儿会向照顾者直接采取"依恋行为"(如哭泣或伸手寻求帮助)并从照顾者提供的安抚中获得安慰。安全依恋关系中的婴儿更有信心获得照顾者的帮助,相应地,也对他自己与世界的互动更加有信心。不安全型依恋关系的婴儿自信心不足,当婴儿要求得到关注时,回应的却是冷漠或是拒绝,这样的婴儿会对能否得到照顾感到焦虑。

依恋关系的影响力会贯穿整个童年。12月龄幼儿的依恋类型可预测：①18月龄时的依恋类型；②18月龄时的抗挫折能力、持续性、合作性和好奇心；③学前的社会能力；④自尊心、同情心和班级表现。生命第1年的关系质量可以成功预测随后5年的相关因素，安全依恋关系的婴儿比反抗型或者回避型的婴儿要具有明显优势。

到20世纪80年代中后期为止，依恋理论的研究大多局限在儿童研究领域。1987年，人格和社会心理学家们的加入，使得依恋的研究拓展到了成人阶段，爱情可以概念化为依恋过程。研究发现，对关系保持焦虑的个人会有更多关系冲突，而且这些冲突是由对爱、丧失、被抛弃的基本不安全感造成的。对关系焦虑的人常常运用强迫或者破坏性的方法去处理冲突，于是就带来了他们最害怕的结果。

莱曼·温尼（Lyman Wynne）是最早使用依恋理论的家庭治疗师，认为在关系发展中首要的是依恋。依恋理论通过将恐惧和愤怒的症状表达与依恋关系中的被打断联结起来应用于临床治疗，可以帮助父母理解他们孩子的破坏性行为是源自孩子得不到父母的关注和照顾的焦虑，还可以帮助夫妻理解在愤怒和防御互动背后的依恋性焦虑和脆弱。

鲍比于1988年列出治疗师的五个与依恋相关的任务：①提供一个安全的治疗基础；②探索现存的关系；③探索治疗中的关系；④回顾现有的关系模式可能怎样反映过去的经验；⑤认识从过去关系中形成的形象是否适合现存的关系。

为提供一个安全的治疗基础，治疗师必须保护家庭成员在探索所担心的情形时不受攻击；使家庭觉得足够安全去面对他们之间的冲突，以及经历新的互动方法。治疗师可展示孩子的不良行为怎样与不安全依恋相关；或说明丈夫的回避可能归咎于矛盾的依恋；或妻子的仇恨可能是焦虑依恋的表达。治疗师应注意避免被拖扯去扮演家庭中缺乏的角色，而是要运用依恋理论去指出家庭成员需要被安全地关怀。除了要抚慰焦虑的孩子、抑郁的配偶，治疗师还需要将责任放到父母或夫妻一方的肩膀上，鼓励他们少些防卫、多些同情和支持。

（四）建构主义理论

建构主义的哲学传统至少可以追溯到18世纪。哲学家伊曼努尔·康德（Immanuel Kant）认为知识是人们想象力组成的产物，人类的大脑积极地过滤、分类信息，然后阐释这个世界。

建构主义首先被应用于心理治疗当属乔治·凯利（George Kelly）的个人建构理论。凯利认为，人们通过自己对环境的独特建构来赋予世界意义，人们阐释和组织事件，做出预测，并在这些建构的基础上做出行动。因此，心理治疗变成建构的破旧立新过程——试图从不同的角度去了解什么是与外界交互的更有效的方式。

建构主义在家庭治疗中的最早例证就是策略技巧中的重构——重新给行为贴标签，家庭成员的反应将发生转变。例如，根据孩子的行为被视为"多动"还是"品行不端"，父母的反应会明显不同。"多动"会让父母感觉他们不是"教子无方"，而只是有个"特殊的孩子"；严格的做法未必有效，对付难缠的孩子必须要有策略。这并不是一种说法比另一种好，但是如果用旧说法会导致无效的处理策略，或许新说法足以改变他们的观点并引发一个更有效的反应。

20世纪80年代中期，建构主义进入家庭治疗，它并没有聚焦在互动模式上，而是关注人们对问题的假设。建构主义者的观点引导传统的治疗模式转向寻求意义，治疗目的从打断行为问题的模式转向通过对话帮助患者发现他们生活中的新视角。这一运动的先驱当属哈洛·古力辛

（Harry Goolishian）和贺琳·安德森（Harlene Anderson）。

古力辛和安德森强调对"未知"的态度，将自己的专家身份降低，给出空间让患者的想法自然浮现。他们接触家庭不是按照事先确立的结构和功能的概念，而只带着好奇。即使是最常被用于描述家庭的"系统""缠结""三角化"等概念，也是建构出来的，只是比其他的概念更加有用。此外，安德森和古力辛认为语言创造了而不是反映了现实。因此将个人叙事置于家庭治疗的高度——这一领域过去一直关注人际关系是如何塑造个人的。

社会建构主义从建构主义中衍生出来，认为人们赖以认识并联结世界的诠释，是被其所处的社会情境塑造的。例如，一个反抗父母的青少年，建构主义者会认为男孩的行为不仅是父母约束的结果，也是孩子对其自身的权威构建（父母不值得尊重）的结果。社会建构主义会在青少年态度上加上一点，父母权威不仅是由家庭中发生的事件决定的，也受外界文化大环境的影响。

建构主义和社会建构主义认为对经验的诠释将影响对行为的调整。建构主义者强调个人的主体思维——问题的产生和维持不仅是由于客观现状，更多的是由于人们对这些现状的诠释。社会建构主义更关注社会诠释，以及语言和文化的影响。于是治疗变成了解构和重建的过程——将患者从积习难改的信念堡垒中解放出来，并帮助他们建立新的和更有希望的视角。在焦点解决治疗及叙事治疗流派的家庭治疗中，这一理念表现得最为淋漓尽致。

在许多治疗中固有一个想法"在问题解决之前，患者和治疗师必须找出什么地方出了问题。"这是一种建构。焦点解决治疗将这个假设倒转过来，运用完全不同的建构方式——最好的解决问题的方法就是发现人们在没有问题的时候做了些什么，然后在这一基础上进行工作。索解治疗是将关注点从现在的失败转向过去的成功，以便从自身的经验学习解决问题的方法。叙事是通过帮助患者重新审视他们怎样看待事物的方式来创造经验的改变。核心的技巧就是外化——不是将人视为被问题所困，而是将问题视为外来入侵者。

焦点解决治疗和叙事治疗主张通过扮演积极的角色帮助患者质疑自我挫败的建构。两种治疗都建立在人们能通过与其他人的交流发展出自己的想法的假设基础上。此外，如果有些想法使患者陷在自己的问题中不能自拔，那么在叙事重建的摇篮中会有新的和更有效的观点浮现出来。如果人们学会了对自己说那些故事，那么解构这些故事必然能有效地帮助人们解决他们的问题。

二、工作概念

（一）人际背景

家庭治疗的基本假设认为，人们是其所处的环境的产物。家庭治疗师在治疗过程中应该总是戴着人际关系的"透镜"来观察其所面对的家庭，这也是家庭治疗和个体治疗的本质区别。

家庭是个人最早且往往也是最重要的人际背景，几乎没有人与他人的亲密程度超越父母和伴侣，也就是说，个人的行为深受其与家庭成员互动的影响。因此，环境的重要性可简化为家庭的重要性。当然，其他人际环境，包括认知维度（如期望和假设），以及来自家庭之外的影响（如上学、工作、交友和外部文化环境）都不容忽视。

人际背景的临床意义在于，与个体一周一次的会谈，对个体进行治疗所产生的作用，可能不如他们在一周中其他时间与他人互动受到的影响大，因此最有效帮助人们解决其问题的办法，是一起会见他和他生活中的重要他人,并帮助他们重新认识到彼此间的互动。

(二)互补性

互补性是指相互性,在任何一种关系中,一个人的行为都是要配合他人的行为。如果一个人改变了,关系就会改变,另一个人自然会受到影响。

家庭治疗师应该在个体抱怨他人时考虑到互补性。例如,丈夫抱怨妻子唠叨,从互补性的角度来看,家庭治疗师可以假设妻子的抱怨和唠叨不过是相互作用模式的一半。当一个人被认为唠叨时,可能是她觉得自己长久以来都没有被倾听和注意。不被倾听使得她变得愤怒,觉得失去支持,所以会变得唠叨。如果丈夫不是等着听她抱怨和唠叨,而是询问她的感受,妻子将会感受到他的关心。互补性并不是意味着关系中的人们互相控制,而是表示他们互相影响。

治疗师可以指出家庭成员行为的互补性,来帮助家庭成员从指责以及指责所带来的无力感中走出来。例如,"你越唠叨,他越忽略你。你越忽略她,她越唠叨。"

(三)循环因果

线性因果的思维模式认为,原因导致了结果,原因的作用力越大,对结果的影响越大。用线性因果理解人际关系可能没有说服力,因为它忽略了沟通和关系。

贝特森运用了人踢石头和踢狗的例子来说明线性因果和循环因果的区别。人踢石头的影响可以通过测量踢的力度、角度以及石头的重量来准确预测。但人踢狗的影响就难以预测。狗可能对踢作出反应:畏缩、逃跑、咬,或者想和人玩,这视狗的心情,以及它怎样理解"踢"这个行为而定。针对狗的行为,人又会采取相应的行动。所以,可能性是无限的。狗的反应影响了人的行为,这一行为又会影响狗,循环往复。

循环因果对于治疗师非常有用,因为许多家庭来寻找问题的原因和谁应该为问题负责。单纯寻找原因常常毫无成效,循环因果表明问题是存在于现有一系列的行为中。改变互动的循环也没有必要去追溯开始。

(四)三角化

家庭中的三角关系是穆雷·鲍温(Murray Bowen)提出的概念。鲍温认为,三角关系是情绪系统的基本组成单位,是最小的稳定关系系统。

一般来讲,家庭的融合程度越高,形成三角关系的努力就越强烈且一致。家庭中未得到良好分化的个体更容易卷入三角关系中以降低焦虑,这被称为三角化。结构主义者认为,三角化是功能失调性的结盟。父母双方都要求孩子与他/她结盟以反对另一方。无论孩子支持父母哪一方,另一方都会把结盟看作一次攻击或背叛。在这样一个功能失调的结构里,孩子处于一种无法获胜的位置,不能解决父母焦虑的儿童可能会被贴上被认定的患者的标签。家庭成员的分化程度越高,就越不需要三角化来应对焦虑。一般来说,家庭成员分化不良会增加家庭内部三角关系形成的可能性;反过来,依赖三角关系解决问题,也有助于维持特定家庭成员的分化水平。

(五)家庭结构

结构派代表人物米纽琴认为,家庭结构是家庭为实现它的重要功能而发展出的操作规则的总和,它们组织了家庭成员相互作用的方式。家庭结构为理解那些一致的、重复出现的、长期存在的模式提供了一个框架,而这些模式解释了一个家庭为了维持自身的稳定性,在一系列变化的环境条件下,寻求适应性的自身组织方式。通常模式一旦建立,就会抗拒改变;直至家庭不断变化的情况引起系统内部的紧张和不平衡,它们才有可能改变。

家庭互动模式调节家庭成员的行为,并被两套规则所维持:普适性规则和个别化规则。关于前者,结构主义者主张所有功能良好的家庭应该有层级性的组织,如父母比孩子行使更多的权威和权力。个别化规则包括特定家庭成员关于彼此行为的相互假定。虽然个体无法讲清楚其来源,但这些规则隐藏在日常的互动中,因其有效性而得以维持。

(六) 过程、内容

聚焦在沟通的过程(人们怎样说话),而不是内容(说了什么),可能是家庭治疗师要作的最有成效的改变。

家庭前来寻求治疗时,常常关注内容,如丈夫希望离婚,孩子拒绝上学,妻子抑郁等。家庭治疗师与其和家庭谈论他们问题的内容,不如思考他们试图解决问题的过程。当家庭讨论孩子不去上学要怎么办的时候,治疗师应注意到父母是否做主或者是否互相支持。治疗师告诉父母怎样去解决问题(如怎样让孩子去上学)是在讨论内容而不是过程。孩子可能会去上学了,但是父母在决策过程中的能力毫无进步。

当然有时内容也相当重要。如果妻子借酒消愁或者丈夫骚扰女儿,治疗师需要知道并做出反应。但如果只关注内容,治疗师就不能帮助家庭变成更有效的系统。

(七) 症状的意义(功能)

策略学派的代表人物杰·哈里(Jay Haley)在1963年提出,症状并非不受个人控制,而是一种适应于当前社会情景的策略。症状(器质性疾病除外)被视为适应性的,并处于当事人的控制之下。例如,丈夫不得不每晚待在家里,因为患有焦虑症的妻子独处时将感到焦虑不安。妻子没有意识到她的症状是控制丈夫的一种方式,但她确实有获益,这是症状的意义(功能)。

权利和控制是哈里关于家庭功能思维中的核心。大多数家庭在处理控制问题时都发展出坦诚的方法,但带症状者会诉诸间接的,令人难以察觉的方法。哈里认为,只有当参与者都否认他们控制他人的行为,或呈现症状行为时,这种控制才是病态的。传统的观点会将症状解释为内心冲突的表现,而策略主义者将症状定义为人际事件,即一个人用来处理和他人关系的策略。

(八) 家庭生命周期

家庭社会学家伊夫林·杜瓦尔(Evelyn Duvall)和鲁本·希尔(Reuben Hill)在1940年首次提出了家庭发展的八阶段模型:①没有孩子的新婚夫妇;②养育孩子的家庭(孩子30月龄内);③拥有学龄前儿童的家庭(最大的孩子30月龄~6岁);④拥有学龄儿童的家庭(最大的孩子6~13岁);⑤拥有青少年的家庭(最大的孩子13~20岁);⑥孩子离家阶段(最大和最小的孩子离家);⑦中年父母家庭(家庭空巢~夫妇退休);⑧老年家庭(退休~夫妇离世)。

现代多样化的生活方式产生了更多的家庭形式,如补丁家庭(将前段婚姻中的孩子与此次婚姻中的子女一起养育的家庭)、单亲家庭、同性恋伴侣、两地分居的家庭等。后来的家庭治疗师拓展了生命周期的概念,包含了个体、家庭、社会文化等视角。个体生命周期在家庭生命周期内演绎,两者相互作用又影响着各自的发展。

(九) 家庭叙说

第一代家庭治疗师不再关注个人,而是关注家庭关系,以此来解释问题是怎样产生和维持的。行为嵌套于互动之中,最明显的互动就是行为。家庭治疗中的传统概念均聚焦于行为。但家庭成员除了是彼此生活中的行动者,也是家庭故事的讲述者。

通过叙述重建生活中的事件,家庭成员能够给他们的经验赋予意义。因此,不仅行动和互动塑造了家庭生活,成员们构建和讲述的故事同样会影响家庭生活。家庭互动和他们对事件的叙述是循环相关的:行为事件通过叙事方式认知和组织,相应地,叙事也会塑造和影响对将来行为的期望。

叙事治疗强调寻求治疗的家庭常常消极地形容问题,使得自己在问题面前更加束手无策。治疗是通过对话来进行的。不管治疗师多么重视互动过程和家庭关系,他/她必须也学会尊重家庭成员对事情的体验,包括治疗师的输入和其产生的影响力。

(十) 性别

对家庭功能的理解必须考虑到男性和女性对家庭生活的体验是不同的,这种不同在他们的原生家庭和婚后组成的家庭中都存在。通常,男性和女性以不同的角色期望、信念、价值观、态度、目标和机会被加以抚养。男性和女性在生命早期就开始学会不同的问题解决技能,养成不同的沟通风格,发展不同的性别观点,持有不同的关系期望。

女性主义者认为心理学的研究充斥着过时的家长制假设,并且对家庭内部的性别角色和性别定义表现出带有男性偏见的观点。近年来大量各阶层女性进入职场,也有利于打破一些长期存在的、有关夫妻在工作和家庭上的责任分配的刻板观点。性别敏感型治疗,旨在赋予男性和女性患者以力量,使他们能够超越生物学基础所赋予的性别角色,从而使自己能够自主选择。

(十一) 文化

理解家庭需要把握家庭所处的文化背景,以及家庭赖以生活的文化规范。文化是共享的习得性知识、态度和行为,它代代相传,以多种形式影响家庭。语言、规范、价值观、观念、习俗、食物偏好等在很大程度上由文化因素决定。少数民族家庭可能在价值观、性别角色、训诫方式、情绪表达等方面有别于治疗师的或社会主流的文化倾向。治疗师有对不熟悉的家庭模式误贴异常标签的风险。因此,治疗师在进行评估、形成判断或开始干预不同于其背景的家庭之前,应对文化更具敏感性。更多地了解以自己文化为基础的价值观假设和信念,有助于治疗师更有效地治疗少数民族家庭。对特定文化的重视,强调了解以特定群体文化为基础的家庭模式的重要性。

第三节　治疗过程和操作要点

一、适应证和禁忌证

(一) 适应证

1. 被认定的患者的问题与家庭密切相关　被认定的患者的问题与他的夫妻关系或家庭关系中的问题紧密联系。如果没有家庭治疗,这些关系问题似乎就无法解决,或极其费力才能解决。

2. 多位家庭成员需要治疗　很多家庭成员在同一时间需要心理治疗。

3. 家庭成员给家庭关系带来压力　家庭成员的身体或心理健康状况,使其他家人感受到很大压力,以至于有家庭关系失衡的危险。

4. 家庭成员能够提供帮助　其他家庭成员可以为克服或缓解患者的临床问题起到重要作用。

（二）禁忌证

家庭治疗没有绝对的禁忌证。但是,重性精神病发作期、偏执性人格障碍、性虐待等患者,不考虑首选家庭治疗。不适合做家庭治疗的情况还有以下几种。

1. 家庭成员无法被纳入,或不愿意参与　由于空间距离,或由于情感的因素,在长期的疏远或严重的疾病后,虽然患者和治疗师做了尝试,家人还是拒绝了邀请;或因为患者自己对家庭会谈很恐惧,治疗师无法将其消除。

2. 家庭成员对于家庭治疗无法达成一致　有些家庭虽然在第一次会谈时一起来了,但对目标、话题和进一步会谈的形式无法达成一致。

3. 公开的谈话会造成相互躯体上的威胁　如果家庭成员生活在一起,且家庭中有暴力和虐待的情况,在会谈结束后,家庭成员可能会对治疗中的表达进行报复。

4. 患者的问题与其家庭完全无关　这种情况以个体治疗为主。

5. 话题的私密性不适合做家庭会谈　如未成年孩子关于性的话题等。

（三）治疗设置

谁应该和谁,在怎样的意义框架下,何时何地一起来,使得所期待的变化通过尽可能少的花费来实现? 对于这样的问题的所有答案,被称为设置。

1. 参与者的方式和数量　早期的家庭治疗师往往要求所有家庭成员一同参与治疗。如今的家庭治疗在家庭成员参与的数量和形式上更为灵活,哪些家庭成员在什么时候参与,取决于治疗目标和治疗进程,部分家庭成员也可以以线上的形式参与。

2. 会谈的时间框架　家庭治疗的会谈频率通常为每周 1 次到 1 年 1 次,每次 90 分钟。治疗次数一般不超过 20 次,平均 5～10 次,有些治疗会持续多年。

3. 会谈的地点　家庭治疗需要有固定的会谈地点,通常在治疗室开展。

4. 其他设置　其他的设置包括每次治疗的花费、是否录音录像、患者家庭在治疗过程中的权利和责任(如家长有责任控制儿童青少年在治疗室中的冲动行为)、治疗室中的禁忌(如不可以有暴力行为)等。

（四）注意事项

治疗的设置通常在治疗的开始,治疗师会向患者家庭陈述,取得家庭的同意并签署知情同意书。在治疗的过程中,家庭如有突破设置的行为,治疗师须向家庭重申治疗设置。

二、家庭治疗流程

（一）家庭评估

1. 首次访谈　每个治疗一开始都需要建立联结,治疗师和来访家庭相互认识并变得熟悉,处理关系,并从中作出关于问题形成和维持的背景以及可能的解决方案的假设。首次访谈需要做的工作如下。

（1）和家庭建立关系:首次访谈最关键的任务就是和家庭建立关系,即"加入"来访家庭。

"加入"是一个过程,治疗师在内容、情感、讲话方式和非语言表现上要适应来访家庭系统,与家庭建立良好的联结,被其接受,同时担当一个领导者的角色。良好的治疗关系是开展治疗工作的基础,如果与家庭之间没有建立安全的关系,家庭将不愿吐露一些敏感信息,或者拒绝治疗建议。

"加入"贯穿初次会谈的整个过程,从家庭进入治疗室受到治疗师友好接待的那一刻就已经开始。大多数患者在前来接受治疗时会感到焦虑,治疗师应试图让来访家庭放松。在深入讨论问题之前,可以尝试和家庭成员谈论一些社会性的话题以破冰。在评估的过程中,让每一位家庭成员都有机会叙说他们的事情会使他们感到自己得到了治疗师的关注和理解。有反馈的积极倾听、直接的眼神交流、身体前倾都可以让家庭成员感受到治疗师对他们所讲事情的兴趣和关注。在治疗结束时,给家庭一些积极的信息反馈,是另一种加强与家庭建立关系的方法。

尽管有很多帮助"加入"的技巧,但治疗师能够在治疗中使用的最大资源其实是他们自身。治疗师的真诚友好态度、个性、生活经历、个人风格等,可能有助于创建与家庭之间的友好关系。对某些民族、性取向、社会经济地位或宗教信仰有偏见的治疗师,就很难和有这些特征的家庭形成良好的关系。治疗师也很难加入会激发自己痛苦感受的来访家庭。因此,应该时刻注意,确保治疗师个人的观点或偏见不会影响发展与家庭之间的友好关系。

(2)明确转诊背景:在正式评估开始前,治疗师应明确每位家庭成员对心理治疗的态度和看法,了解家庭本次前来求助的经历,以及既往在相关机构的治疗经过、感受和效果。

有些家庭可能不是第一次接受家庭治疗。此时应了解家庭曾经接受过什么样的治疗,在过去的治疗中哪些问题解决方法是有用的,哪些是没有用的,这样可以吸收过去治疗的成功之处并避免再犯类似的错误。治疗师还应该了解家庭之所以没有再去以前的治疗师那里接受治疗的原因。这方面的信息将有助于治疗获得成功。

同时还应仔细评估来访家庭已尝试过的问题解决方法,避免推荐家庭使用他们曾尝试但失败的方法,否则可能会降低家庭对治疗师的信任。在有些案例中,患者曾尝试的方法可能会维持甚至进一步加重问题,治疗师可建议他使用另一种完全不同的方法来解决问题。

治疗师还应了解哪些问题解决方法是来访家庭曾经考虑过但一直没有使用,或其他人曾经建议家庭使用的方法,为什么他们没有使用这些方法。这样可以帮助发现一些影响问题发生转变的潜在阻碍。

明确转诊背景有利于治疗师全面收集信息,并评估患者家庭可能具有的社会支持。例如,有些是在学校老师的建议下进行家庭治疗的,可能孩子存在注意缺陷和多动或人际关系问题,治疗师此时需要争取学校和老师的支持;有些家庭是由精神科医生转介而来,可能家庭成员存在精神疾病,治疗师需要和精神科医生紧密配合。在这些案例中,治疗师要认真考虑这些信息,以便能够与那些了解问题的人交谈,有助于评估家庭所拥有的社会资源。

(3)了解个人和家庭信息,画家谱图:在正式的家庭治疗开始之前,需要收集个人和家庭的信息,这些信息可以通过很少的核心词或可视化的地图来进行总结,使得其复杂性得以简化。画家谱图是一个非常便捷的方法,详见本章第四节。

(4)激发治疗动机:前来求助的家庭中并非每位成员都具有治疗动机。例如,有的成员是受其配偶的影响才参与治疗,青少年则可能是被父母强迫参与治疗。患者动机水平与多种因素有关,对各个因素进行评估可以帮助选择能够提高患者动机的干预手段。

当询问"是什么使你们前来接受治疗的?"有动机的患者往往会向治疗师描述他们认为重要的问题,而没有动机的患者可能回答说是有人要求他们来的。但是,有一些人在亲身体会到治疗对生活带来的有利影响后,会变得越来越愿意参加治疗。此外,还可以询问患者"为什么会选择现在这个时候,而不是更早或以后才来参与治疗?"他们的回答可能向治疗师提供有关治疗动机的重要线索,如突发事件等。

如果患者认为不存在任何问题,或者问题不严重,则其参与治疗的动机水平一般会很低。这时治疗师需要谨慎地评估问题是否确实存在,如果确实存在问题,为什么患者拒绝承认。治疗师要帮助患者认识问题,并且告诉他们不重视这个问题可能带来的消极结果。如果患者仍然拒绝承认,可以告诉他至少有一个问题是肯定存在的——他不得不处于治疗中。接着治疗师可以进一步探讨需要做哪些事情才可以成功地终止治疗。这种方式可以帮助介入患者,但同时又在趋向强调问题的中间目标。

有的患者没有动机是因为他们并不希望从治疗中获益,他们认为治疗没有用,或者对现状已经非常绝望了。对有的患者来讲,引发他们的希望会帮助他们形成参与治疗的动机。注意问题之外的事情也会慢慢引发其对治疗的希望。当然,无助感和缺乏动机也可能是抑郁的征兆。当抑郁症状得到治疗后,这类患者往往会对治疗表现得有热情。

(5)处理管理性事务

1)保密和透露信息:治疗师需要向患者说明治疗的保密事项,在什么情况下可能会打破保密原则(包括涉及患者家庭和其他人的人身安全、儿童虐待等情况)。在遇到某些特殊的案例时,治疗师可能请教接触过这个案例的其他人或机构,如患者先前的治疗师、精神科医师、老师、律师、法官等。在这些情况下,需要和患者家庭达成协议,征得家庭的同意,以和他人交流。

2)录像和观察:为了方便对治疗过程进行督导或回顾,治疗师常常会对治疗过程进行录音或录像。如果治疗师能够恰当地解释录音录像的目的和用途,多数患者都会同意录制他们的治疗过程。如果患者家庭坚决拒绝,应该尊重他们的决定,以防止治疗关系被破坏,甚至导致治疗的突然中断。如果治疗要使用现场督导或者使用观察/反馈小组,也需要和患者家庭商议。

3)费用:治疗师需要和家庭确定治疗费用、支付方式及时间,以及未按时取消预约或在约定的时间未前来参加治疗的费用问题。与患者商定支付的细节有助于澄清家庭对治疗的期望和应负的责任。一般来说,免费的治疗服务不会受到患者的重视。支付治疗费用可以激发患者珍惜所得到的治疗服务。

4)其他管理性事务:治疗师还要向患者说明其他一些管理性事务。如治疗师本人的受训背景和执业资质等。在治疗开始前,应和患者签订一份包含上述内容的知情同意书,该知情同意书还应包括对治疗的简要描述、治疗的潜在风险,例如可能出现询问让患者感到痛苦的事情等。

2. 评估性访谈　主要目的在于和家庭一起探索问题是什么,问题和家庭关系有什么关系,确定治疗目标,并构建治疗方案。

(1)拓展呈现的主诉:探索个人的问题和家庭关系的关系,该步骤也是将治疗转化为家庭治疗的一个步骤。该步骤常用的技术如下。

1)关注被认定的患者的能力范围。

2)对家庭所认定的问题赋予不同的意义,从个人问题转向关系。

3）探索症状本身的表现方式，并且重点关注细节。

4）从不同的视角审视问题。

5）探索症状出现的背景。

6）探索家庭其他成员的困难，与被认定的患者的问题类似还是不同。

7）鼓励被认定的患者描述症状，以及他所认为的症状的意义，描述他自己的其他方面，描述他的家庭。换句话说，让家庭其他成员成为听众，而给予他一个尊重的空间。

（2）探索维持问题的互动：这一步要探索家庭成员的哪些言行导致了问题的持久存在。在不激起抵触情绪的情况下帮助他们看到，他们的行为是如何维持着他们所带来的问题的。

这一步是系统思维框架下的各种干预方法的基础。保罗·瓦茨拉维克（Paul Watzlawick）曾经指出，家庭试图解决问题的方式反而维持了问题。治疗师常常会发现，家庭的某些成员随时都会加入助人的过程中。事实上，这一步有赖于下述假设，即如果家庭成员认为他们自己有能力帮助被认定的患者，他们便会改变他们的相处模式。

（3）结构化地有重点地探索过去：对家庭中成年成员的过去进行简短、有重点的探索，目的在于帮助他们理解现在看待自己以及他人的狭隘的观点是如何形成的。这一步是治疗师与家庭成员对前一步已经揭示的相处风格的探索的延续。因此，这一步应指向已经揭示出来的导致困境的特定主题。治疗师或许会针对某个家庭成员，从这样的问题开始："在上次访谈时我注意到，即使你不同意你配偶的观点和做法，但还是不会去挑战他/她。在你的童年时代，是一些什么样的经验，导致你回避争论？"或者"我们以前就注意到，即使你自己也不想太过操劳，但你似乎闲不下来。在你的童年时代，与他人相处时，你是如何选择这种特殊方式的？"这种形式的提问，并非仅仅起源于精神动力学的思考，也来源于在既往的故事中发掘新的意义的叙说传统。

在这一步，孩子一直是一名听众，在聆听他们父母的故事。而到了第五步，他们加入进来，成为积极的参与者。

（4）重构：重构需要对发生的事件重新贴标签，以便提供一个更具建设性的观点，从而改变看待这个事件或者情境的方式，并以新的选择为基础改变家庭的行为模式。通常，治疗师首先要重新定义当前的问题。例如，在一个厌食症家庭的个案中，患者被重构为"倔强的"而不是"有病的"，这样使家庭成员重新考虑他们对这个孩子之前的看法——她是有病的，因而家庭没有责任。重构（倔强的）对这个孩子的行为赋予新的意义，创造了一种新的、能够最终改变家庭互动模式的背景——或许有助于矫正功能失调的结盟，或者改变运作不佳的界限和子系统。女儿不吃东西的事实没有改变，仅仅是归因于那种行为的意义发生了改变。重构帮助家庭看到神经性厌食的症状是一种对家庭功能失调的反应，而不单单是青少年的公然挑衅行为。

所有家庭成员被固定在一个已成为他们生活的中心的无效模式上；每个家庭成员对维持症状都起着作用。反过来，这个综合征对维持家庭的稳态起着非常重要的作用。家庭治疗帮助每个成员认识到症状是如何形成的，且为引起及维持它而负责。家庭治疗师的工作就是经常通过重构使每个人意识到问题属于家庭，而不仅是属于个体；新功能的实施必须取代习惯性的功能失调。已找到并确定问题的家庭，需要做出必要改变才能共同解决潜在的冲突。

（5）探索相关的改变：在勾画出一幅究竟是什么维持着家庭的困境，以及他们是如何形成这种方式的粗略的图画后，家庭成员和治疗师便会讨论谁需要改变，要改变什么，以及谁愿意改变或者谁不愿意改变。这一步将评估过程从凌驾于家庭的工作转变为与家庭一起工作。在这一步中,家庭的参与非常重要,与家庭一起工作来探索改变的方向,能够激发家庭改变的动机。探索相关的改变,是为后续的治疗制定一幅"地图",显示家庭将经历怎样的过程,达到最终的治疗目标。

在实施这些步骤时,有必要对家庭是如何组织的这个问题有一些理解,而不是一味地将自己偏好的理论强加给他们。评估的目的,应当是与家庭一起去发现新的、有用的理解他们两难困境的方式,探索他们自己的资源。

(6)确定治疗目标与任务:治疗师必须与家庭成员共同制定治疗目标。目标应是具体的、可测量的,并且描述了期望出现的行为转变。对可实现的目标或者家庭希望发生的事情,应当用正面方式表达出来,而不是列举他们不希望发生的事情。

设定目标可以帮助确定治疗的方向,以及培养对治疗意图的总体意识。治疗师在了解问题后,就能够根据设定的目标向家庭提供一些建议,并且能够对治疗的总体方向形成概念。治疗目标要依据每个家庭成员的情况建立,并且要征得所有家庭成员的同意。有时,还要考虑到与治疗目标相关的某些家庭以外的成员,如学校老师、社会工作者等。

所有的家庭成员和治疗师要就总体治疗目标达成共识。有时家庭成员之间的目标可能并不一致。例如,父母可能希望孩子能够去上学,而孩子的目标可能是摆脱父母的管制。这时候需要讨论,确定共同的治疗目标。共同的目标能够帮助形成配合协作的治疗环境。一旦目标确立,治疗师将和家庭共同评估治疗的过程。

此外,家庭表现出来的问题可能是多样的,治疗师可以选择使用各种理论观点来帮助家庭解决问题。在存在多种问题的家庭中,治疗师必须和患者家庭一起确定问题解决的顺序。

在评估治疗目标时,必须考虑到家庭的历史,以及任何先前存在的精神病史。家庭先前的治疗史能够为确定目标和治疗计划提供非常有用的信息,可以帮助治疗师决定哪些干预方式是有效的,哪些是无用的。同时,对于家庭在哪些方面是可以改变的,哪些方面是不可能改变的认识也会变得更加清晰。

(二)治疗性会谈

在完成了首次访谈和评估性访谈的一系列工作后,接下来的会谈则是一步步地实现治疗目标的过程,治疗师需要利用各种技术来调整功能失调的互动模式。关于家庭治疗常用的技术,详见本章第四节。在这个过程中,治疗师需要进行以下几项工作。

1. 与家庭一起探讨和制定能够达到预定目标的行为改变方式 激发家庭成员对彼此行为和认知理解层面改变的动机,探讨对家庭关系、结构和系统互动层面进行扰动的具体方法、行为及计划,以激发改变。

要注意的是,家庭功能不良的互动模式并非总是能从家庭成员的描述中推断出来,治疗师需要在现场活现家庭成员之间的互动。在活现的场景中,治疗师会发现许多功能不良的互动模式,现场所揭示的图像往往比询问得来的信息更为准确。治疗师应就功能不良的模式进行处理,可以布置家庭作业来巩固处理的效果,而非只是在治疗室中进行理论上的讨论。

在家庭评估阶段,治疗师已经初步了解了家庭功能不良的互动模式,并就互动模式和索引患者的问题之间的关系形成了假设。家庭评估将问题由个人扩展到家庭系统,并将焦点由过去的具体事件转移到目前不断变化的处理方式上。在后续的治疗性会谈中,随着对家庭互动模式进行持续探索和干预,对最初形成的假设可能有所修改。如果缺乏假设和计划,治疗师便会显得被动并处于守势,会对治疗方向感到茫然,也不会有意识地推动治疗,进而可能会陷入帮助家庭熄灭战火,帮助他们处理一件件琐事的过程中。经常留意家庭的模式,并对模式的变化予以关注,可以帮助治疗师看到家庭成员所呈现的一些事情或现象的潜在关系。

治疗师应关注互动的过程而不是内容。通过了解谁对谁说了什么,用什么样的方式说的,可以揭示家庭的互动模式。例如,妻子抱怨"我们的沟通有问题。我的丈夫不再跟我说话,他从不表露他的感情。"治疗师可能通过引发互动观察到,在交谈过程中,如果妻子盛气凌人且尖酸刻薄,丈夫便会越来越沉默不语,这样治疗师便看到了问题的所在:问题不在于丈夫不说话,也不在于妻子唠叨——这是线性的解释。问题在于妻子越唠叨,丈夫越退缩;丈夫越退缩,妻子就越唠叨。

接下来治疗师可以利用一系列的技术来干预或改变这一互动模式。需要注意家庭成员之间的互动模式具有互补性的特点。通过强调互补性,可推动家庭的讨论从线性观点转向循环观点。例如,治疗师可以和埋怨儿子顽皮的母亲讨论,她自己的所作所为是如何引发或者维持了孩子的行为。要求改变的一方必须学习如何改变。要求丈夫花更多时间陪伴的妻子,必须让妻子学会增加让丈夫陪伴自己的吸引力。抱怨妻子从不倾听自己的丈夫,也许应该先更多地倾听妻子的心声,这样她才会投桃报李等。

在干预的过程中,治疗师应当避免帮家庭成员做他们自己有能力做的事情。这样所给出的信息也是"你们是有能力的,你们可以做好。"例如,一位母亲不知道如何说服孩子参加家庭治疗,因此托词说让孩子陪她看医生。如果治疗师帮助妈妈向孩子陈述"妈妈告诉我家里出了一些问题,所以我们在这里一起讨论一下,看能否找到解决的办法。"虽然向孩子解释了为何而来,但却强化了母亲没有能力做这件事。如果治疗师建议"您愿意现在告诉他吗?"这样,这位母亲便有机会学习如何做一位"有效的"父母。

在评估阶段,会谈常常需要整个家庭组织参与,而治疗性的会谈也许只需要个别成员或者亚组织成员参与,以强化相互之间的界限。被母亲过度保护的青少年需要参与一些个别会谈,以支持其作为一个独立的个体。与孩子过于缠结的父母,可能从来就没有属于他们自己的对话,治疗师需要与他们单独会谈说明,以便让他们有相互交谈的机会。

2. 资源取向　在治疗的过程中,需要持续关注家庭的资源,关注患者及家庭在治疗过程中取得的改变、进步,进行标记,给予肯定,探讨相应细节,扩大资源的影响,激发患者和家庭的信心和持续改变的动力。

3. 保持中立　治疗师需要小心地保持中立,与所有的家庭成员结盟,可采用轮流结盟的方式,避免卷入家庭联合或联盟中去。这样一种姿态,通常是低调的且非反应性的,通过不卷入家庭的"游戏"或支持某个家庭成员而反对另一方,从而给予治疗师最大的杠杆以达到改变。实际上,治疗师通过不持偏见地倾听来展示自己中立的态度,但同时又提出激发思维和聚焦关系的问题。通过倾听所有人的观点,治疗师处于更有利的位置,查明影响所有家庭成员的问题,并开始寻找一系列可供选择的解决办法。

（三）结束治疗

当治疗进行到一定阶段,问题得到解决,达到治疗目标,则治疗进入结束阶段。结束治疗阶段应巩固或强化患者在治疗中获得的好处,并帮助患者家庭处理因治疗关系结束而产生的失落感。一般来讲,结束治疗有3种形式:患者家庭结束治疗、治疗师结束治疗和共同结束治疗。

1. 共同结束治疗　大多数治疗师都会努力寻求共同结束治疗,一般是在成功地达到治疗目标之后。如果能够清晰地确定治疗目标并对其进行操作化,那么就比较容易确定什么时候开始结束治疗。

结束治疗阶段需达成的目标有:帮助家庭巩固在治疗中所取得的进步。强化家庭学习到的新技能、思维和行为方式;鼓励家庭,让他们对自己的能力充满自信,去应对他们将来的问题,同时减少家庭对治疗师的依赖;处理因治疗结束而产生的失落感。

结束治疗是一个逐渐的过程,并不仅局限于最后一次治疗。治疗师在治疗期间要有意识地帮助家庭建立更强大的支持系统。这样,不仅可以让家庭拥有更多的资源,而且可以减少家庭在结束治疗时产生的失落感。

逐渐延长治疗的间隔,可以给家庭一些时间来巩固在治疗中取得的进步,也可以在家庭减少与治疗师的联系后建立应对问题的自信。

提前了解可能出现的一些暂时的退步是有好处的。这样可以帮助家庭减少对遇到挫折的担心,从而让他们拥有自信靠自己来解决问题。

2. 治疗师结束治疗　有时候治疗师因为一些特殊的原因希望结束治疗,如雇佣关系结束,或治疗师感到无法处理家庭的问题等。治疗师应提前提示家庭,并征询其意见,以让家庭在时间和情绪上有所准备。突然结束治疗会给家庭带来压力,尤其对曾有被遗弃的有创伤的患者。

如果治疗的确需要继续,要确保家庭能得到合适的转介。最好是和接受转介的治疗师一起进行一次协同治疗,这样可以最大程度保证家庭和新治疗师的治疗衔接。

3. 患者家庭结束治疗　无论是由家庭还是治疗师单方面结束治疗都会让人产生挫败感。如果家庭结束治疗没有被事先告知,也不提供任何解释,就会使结束治疗更困难。治疗师可能会做出多种反应,如责备家庭("他们没有动力")、感到轻松("他们很麻烦")、接纳("所有的治疗帅都会遇到,这是治疗的一部分")或是自责("我一定有什么做错了")等。

有些家庭可能是因为自身的客观原因不能继续治疗,如换工作、搬家、费用等原因。也有一些家庭认为问题已经得到了解决,故不再前来治疗。还有一些家庭可能对治疗效果不满而中断治疗。治疗师应尽量随访,了解家庭结束治疗的原因是什么,是否能够提供下一步帮助,最好能邀请家庭参加一次结束治疗的会谈。

4. 结束治疗时的特殊问题

(1)治疗师是否接受患者的礼物:该问题见仁见智。不接受任何礼物的好处在于不用判断礼物是否太贵重而是否应该接受;不利之处在于这样有时会伤害患者的感情,特别是当礼物具有象征意义的时候。若治疗师愿意接受家庭礼物,则必须衡量和判断礼物的纪念和象征价值。

(2)双重关系:有些家庭会希望在治疗结束后与治疗师继续保持治疗之外的关系,这是不被推荐的。这样做会使当家庭需要继续治疗时,治疗师处在和家庭的双重关系中而感到不舒服。并且,如果因为某种原因导致治疗之外的关系出现了问题,很容易让治疗师的职业行为受到质疑。

(3)患者家庭不愿结束:有时候家庭不想结束治疗,希望以较低频率继续治疗。应仔细评价这一要求背后的动机。如果是因为家庭对治疗师过于依赖，可以帮助家庭发展支持系统来减少依赖。也有一些家庭希望能定期约见治疗师来帮助维持健康的关系，就像定期体检，有利于家庭继续成长。

第四节　主要技术和临床操作

一、家谱图

家谱图是治疗师收集家庭基本情况时常用的评估工具，利用一些特殊的符号来表示家庭中不同成员及成员之间的关系。一般至少需要画出三代人，如祖辈、父母及孩子。家谱图通常由家庭成员、家庭边界、家庭关系亲疏来呈现，由特定符号如方框（男性）、圆圈（女性）来代表家庭成员，一般绘制原则是长辈在上，男性在左。通过一系列的符号和文字组成的图示能反映家庭结构，了解家庭信息和展示家庭关系。

评估内容包括家庭本身的权力构成和运用方式，家庭发生过的重大事件，家庭成员之间的关系。有利于治疗师直观地了解家庭权力运作方式和构造特点，家庭基本互动模式，从而对家庭做出清晰的评估。

通常家谱图要反映出家庭成员的三个方面的信息：生物学方面、心理学方面和社会学方面。生物学方面主要包括个体生长史、发育历程、疾病情况及对疾病的态度、死亡时间等。心理学方面主要包括每个人的个性特征、心理问题、治疗过程、物质滥用、智力发育、精神疾病等。社会学方面主要包括人际关系、社会支持系统、生活事件、工作情况、失业时的生活来源等。

家谱图是呈现家庭关系的工具，治疗师可以用它清晰地呈现患者家庭的信息，促使每一个家庭成员对自我进行思考。同时，也可以用来建立良好的治疗关系、规划治疗方法，以及评价治疗效果等。

二、系统式提问

系统式提问不仅是一种获取信息的方式，也是一种干预方法。提问可对人们习以为常的看待事件的方式进行潜在的扰动。系统式提问的常见方式有以下几种。

（一）循环提问

循环提问是系统家庭治疗的根本技术，方法为轮流、反复地请每一位家庭成员表达其对另外一名成员行为的观察，对另外两个家庭成员之间关系的看法，或者问一个人的行为与另一个人的行为之间的关系。

循环提问通过引导患者从人际情境中看待自己，从家庭其他成员的角度看待家庭，从而使得患者不再成为焦点。通过这种询问关系的模式，问题的循环本质变得明显，家庭成员也会突破自身的局限和线性视角。

治疗师应出于真正的好奇心而运用循环提问，就好像加入一个在做关于他们问题的研究探索的家庭，这样才能使得家庭真正理解他们的困境。

（二）差异性提问

差异性提问是指对两种有差异的情况对比提问，帮助患者察觉某件事发生的条件，并通过改变行为方式来减少目标症状的发生。这是一种有控制性、导向性的提问。

对症状进行的差异性提问，可以呈现患者对症状是有控制力和有选择的，如砸茶杯不砸彩电，或只在家发作而在外不发作等。目的是让患者及家庭意识到对症状应负的责任，从而促使家庭寻找自身内在的原因。

在治疗师的提问中，需要把对现象的描述与对它的解释和评价区分开来，并尽可能不涉及个人自身的价值取向。

（三）前馈提问

前馈提问指向未来，刺激家庭构想对于未来的计划，故意诱导这些计划成为"自我应验的预言"；或者反过来，让有关人员设想在存在诱发因素的情况下如何使不合意的行为再现，以诱导针对这些因素的回避性、预防性行为。使用前馈提问技术，促进患者想象摆脱症状后的种种益处。治疗师询问家庭成员在"患者"症状消失后的计划，与家庭成员共同探讨使这些计划实现的可行性及步骤，使其关注的重点从目前症状逐渐转移到未来的时空。

（四）假设提问

基于对家庭背景的了解，治疗师从多个角度提出有时是出乎家庭意料的疑问。这些假设须在会谈中不断被验证、修定，并逐步接近现实。治疗师通过假设给家庭"照镜子"，即提出看问题的多重角度，让患者自己认识自己，有助于家庭行为模式的改变，促进家庭成员的进步，或者让患者将病态行为与家庭中的人际关系联系起来。

（五）资源取向提问

资源取向是针对习以为常的缺陷取向（或病理取向）而提出来的。后者将某些有人际意义的行为视为纯粹的障碍、病态，而缺陷取向会促进病态、症状慢性化的可能性。既往的诊治模式较少考虑行为与内心过程及家庭背景的关系。而资源取向却是促进患者自立性，开发其主动影响症状的责任和能力，将个人和家庭导向积极健康的、新的生活模式。

（六）例外提问

任何问题都有例外。例外提问可以使患者意识到症状的出现是有条件的，并非在所有时间、所有情况下都会出现。提示患者对症状是有一定控制能力的和选择性的，并非完全失控，从而激发患者及其家人的责任感并最终为自己负责。患者有能力解决自己的问题，治疗师应帮助患者利用过去成功的经验，找出自己身边的资源。

（七）量化提问

指一类含有数字（如百分比、十进位数、百进位数），并试图用量化的数字直观地呈现家庭成员之间及关系中各类差异的提问。

三、非言语技术

非言语技术是指通过与语言无关的途径表达信息，包括身体动作、声音、触碰、外貌、物理空间和环境、时间等。这种沟通技巧的掌握将有助于人际关系的更好发展。

（一）关系轮

关系轮是萨提亚家庭治疗的技术之一，常用于治疗初期对于关系的评估。关系轮是以自己为中心,顺次把与自己关系重要的人按照紧密-疏离的顺序由内向外依次排列出来,以澄清重要他人和自己关系的一种表述方法。具体方法如下。

1. 在白纸中心写下自己的名字。

2. 回忆童年时期(10岁之前)重要的人,写在自己名字周围。

3. 回忆重要的人的特点,可以用3个以上的形容词来评价。

4. 在自己和重要的人之间连线,在线上写下,当自己还是孩子时,他们传递的信息,也可以是言传身教、潜移默化的内容。线的粗细代表重要他人的影响程度。

5. 回顾以上信息对患者目前状况的影响意义。

关系轮的意义不是只找原因或者缺陷,也要看到积极的另一面,只要让患者的潜意识意识化,就有选择的空间,而不是对问题进行僵化的归因。

(二)时间线

时间线技术来源于心理剧,并由神经语言程序学家及系统治疗师进一步发展起来,也被称为生命河流模型。

具体的做法是:在治疗室中定义出一个时间轴,可使用一根长绳象征性的表现(也可以是几根,一对夫妻各有一条时间线记录各自的事件,然后汇合到一起),将过去和未来的事件沿着这条线列出来,沿着它走,并与被象征出来的事件联系起来。

例如,在父母咨询中,时间线可用于处理父母对未来的担心和恐惧。治疗师和父母一起站在时间线"现在"的点上,目光投向未来。询问当看向未来时会出现什么情绪,把会令人恐惧的未来事件在时间线上标记出来。治疗师和父母一起慢慢地沿着这些"恐惧"事件走过去,确认其中的步骤,并最终站在事件前。

继续向前走,走向恐惧的事件并穿过它们,最终从一个合适的距离(如几个月或几年后)回看它们,询问"现在您站在事件之后感觉如何?"把这些体验"装入行囊",带着它们再走回"现在"时刻。询问这段时间线之旅是否激发出了新的想法,再一次回看,总结可以帮助他们走好这些路的经验。

(三)家庭格盘

家庭格盘是一种可视化的获得元沟通[7]模式的媒介和工具,由两块木板和30多个大小和颜色不一、形状各异的小木头人组成,是活现家庭(或其他小群体)格局非常直观的投射工具。

家庭格盘有以下几个作用:呈现家庭或团体的系统及关系模式,反馈语言无法表达的部分,推演各种假设;将问题外化,分离人与症状,直观地呈现症状,并与症状对话,让有症状的人的内在力量逐渐增强;当家庭成员游离时,可让他们重新回到治疗中,快速绕开防御。

家庭格盘不但可以帮助患者看到家庭成员之间的关系、自己在家庭中的位置,还能通过格盘外化症状、分离问题、看到情绪。通过家庭成员对木偶摆放的差异,看到他们之间的互动和沟通模式,也让他们察觉平时忽略的部分。通过对这些的讨论、探索,促成家庭成员的反思和内省,并增进改变的动力,最终达成治疗效果的实现。

---

[7]编者注:元沟通(metacommunication)的概念由心理学家格雷戈里·贝特森(Gregory Bateson)在1955年发表的报告《一种游戏与幻想理论》中提出,在保罗·瓦茨拉维克(Paul Watzlawick)的《人类沟通的语用学》中得到进一步发展。在家庭治疗领域,元沟通是指"关于沟通的沟通",即对沟通进行概念化,讨论沟通过程本身。指的是人们在交流时不仅传递内容信息,同时也传递关于"如何理解这些信息"的指示信息。

（四）家庭雕塑

家庭雕塑是萨提亚模式常用的家庭治疗技术,利用空间、姿态、距离和造型等非言语方式生动形象地再现家庭成员之间的互动关系和权力斗争情况。

治疗师请家庭中的某个成员当"雕塑者",由他决定每个家庭成员的位置。过程中,家庭成员不交谈,每个人就像不会言语的雕塑,任由"雕塑者"安排位置。最后"雕塑者"塑造出来的场景就代表着他对家庭关系的认识。

在治疗中,治疗师可以根据需要依次安排家庭成员轮流进行家庭塑造,以了解他们对家庭相互作用的看法。调整人们的姿势和物理距离,示范运用"角色"来"隐喻"家庭轮廓的抽象形态。家庭雕塑也可以创造夸大的沟通姿态(讨好、指责、超理智、打岔)来分享雕塑者对沟通姿态的觉察,在将成员摆出沟通姿态后询问其身处此位置的感受,接着邀请他们重新以放松的方式来摆出自己的沟通姿势。

家庭雕塑的角色包括雕塑者、催化者(或治疗师)、角色扮演者、观众(观察并给出反馈),若团体成员很少而需扮演的角色很多,则可以用椅子、枕头或玩偶来充当角色。

家庭雕塑是以回溯过去在空间中摆出家庭成员类似的距离与肢体形态来描绘象征性的过程与事件,让个案与情绪经验维持一段距离。这种直接由身体引发内在的深层感受,可强化非口语经验,减少理智化、防卫及投射性的指责。同时还可以帮助其他成员观察并更快了解与共情雕塑者的心境。

四、改释

改释是指对一个被消极评价的行为方式或重要的互动模式(问题、障碍、症状)在系统相关的背景下作出新的评价。在系统实践中运用积极改释尝试打破当前的消极描述、自我抱怨和批评的模式。改释并非都是积极的,贬低同样可以是一种改释的形式。

改释的目的是把抱怨的问题放进另一种背景中,这样患者家庭能更好地发现自身的资源。常用的改释形式有以下几种。

1. 意义改释　改变对一种被指责的行为所归咎的意义:人们可以考虑哪些其他的意义,使得讲故事的背景发生变化? 例如,青少年的攻击行为,意义改释为要求边界,迫使家长变得强大;对敏感的意义改释是拥有精细的触角;爱哭闹意义改释为寻求关注等。

2. 背景改释　有时问题的产生是因为背景和能力相互之间并不非常适合。家庭可以考虑,哪些背景可使问题的意义呈现出来。例如,一名光彩照人的电视节目主持人可能曾经是一位多动症的孩子,他很幸运能够找到对于他的"障碍"正合适的工作;一位有攻击性的同事可能在对付一个很难缠的顾客时毫无问题,他的攻击性在此处甚至可以很好地被利用。

3. 内容改释　把被指责的行为及其背后存在的"好的意图"区分开来,即使是一个很严重的问题行为也可以从某种视角来找到它的意义。与其他两种形式不同,在此会保留对被指责行为的消极描述。人们会把重点放在可能的积极作用上并且尝试考虑,如何能够以一种"更有效的"方式起到相应的作用。

五、积极赋义

积极赋义是对当前的症状、系统从积极的方面重新进行描述,放弃挑剔、指责态度,取而代之采取的是一种新的观点。新的观点从家庭困境所具有的积极方面出发,并将家庭困境作为一个与背景相关联的现象来加以重新定义。

通常患者认为症状或问题的出现都是不好的,他们总是习惯于从消极的一面来看待症状。在治疗师眼中,有些症状或问题确实是不利于患者及其家庭发展的;而有些症状或问题是有其积极意义的,此时治疗师就要适时地对患者的某些症状或问题从另一个角度给予解释,赋予症状或问题一个"美丽"的意义,使其认识到目前的症状或问题的存在可能也有积极的意义,从而打破患者和家人消极态度的恶性循环,甚至做到与症状和平共处,从而达到带着症状去生活的目的,使家人的注意力由关注症状或问题的消除转移到关注如何更好地重建新的生活。

治疗师一定要给予患者不同于一般人的,以及带有人本思想的、人性化的理解和共情,从另一个新的角度给予患者足够的心理支持和肯定,从而促使患者思考症状给自己带来的多重意义和新的启示。

六、跨代传递过程和自我分化

跨代传递是指家庭模式在亲属关系中自上而下地传递,包括亲子之间和多代之间。在每一代中,与家庭融合投入程度高的孩子,自我分化的水平较低;反之,投入低的孩子,自我分化水平较高。

自我分化是将个人从家庭的情绪混乱中部分解放出来的过程。分析自己的角色,积极参与关系系统而不是将所有问题都怪罪到其他人或从不反省自己,才能真正从关系中解放出来。

两个年轻人在新家庭中建立起来情感气氛,他们的孩子将在这种气氛中成长。如果这对夫妻的自我分化程度较低,那么新家庭的焦虑程度就会变高,现实中婚姻冲突、亲子问题就会更加严重。焦虑注定了孩子的情感分离程度。如果很多焦虑聚集在一个孩子身上,孩子就没有能力调节自己的情绪并成长为一个成熟快乐的人。焦虑越少集中在孩子身上,孩子就越容易自我分化。

当一方呈现自我分化趋势时,另一方可能会觉得失去平衡并想竭力维持现状。在这个阶段,如果情绪反作用力渐渐平息,没有变得屈服或者敌对,那么双方可以进入一种高层次的自我分化。这个过程的进展是缓慢的,夫妻间的转变也通过分分合合来实现。最终,当每个人都成为相当完善的自我时,才会相互关心和尊重,而不是要求对方按照自己的想象和喜好来行事。

七、进入和顺应

有效的家庭治疗需要挑战和直面家庭已经建立的稳定模式。然而,直接指出家庭习惯的模式并无用处。家庭会抵抗他们觉得不能理解和接纳他们的人,以及这些人所作出的要改变他们的种种努力。在治疗过程中,家庭会感到焦虑,而且觉得过于暴露,他们随时准备抵抗,而不是合作。

因此治疗师首先必须解除他们的防御,缓解他们的焦虑。这一点可以通过与家庭的每一个成员建立理解的联盟得以实现。

与家庭成员打招呼,并询问每个成员如何看待问题是治疗的有效开端。仔细倾听,并回应所听到的,尝试认可每个人的观点。最初的问候应该表达尊重,这种尊重不应该只是针对家庭中的个体,也应该包括他们的等级结构和组织。治疗师通过认可父母的权威来表达对他们的尊重,如让父母而不是孩子首先描述问题。如果家庭有人为他人代言,治疗师应该注意到这一点,但未必一开始就要对此进行挑战。

儿童也有其自身的能力和特别的关注点。应当有礼貌地招呼他们并用简单且具体的问题与他们交谈,对于年长儿可以尝试稍微新鲜一些的问题,如"你最讨厌学校什么?"对于那些保持沉默的儿童也给予接纳,如"我注意到,你好像现在不想说什么? 没关系,也许等会儿你会有话要说。"

八、明晰界限

家庭系统功能不良常常是界限过于僵硬或者疏离的结果,治疗师可重新组合界限,增加家庭子系统之间的距离或者亲密度。

在缠结的家庭里,应增强子系统之间的界限,增加个体的独立性。例如,孩子经常干扰父母,治疗师可以这样说:"请设法让他安静一些,以便你们两个大人能够来处理这个事情。"以此挑战父母,并强化等级界限。

疏离的家庭倾向于避免冲突,并因此而减少互动。治疗师可挑战对冲突的回避,减少迂回式的沟通,帮助疏离的成员增加相互接触。对于新家庭,如果治疗师遇到疏离,常会倾向于寻找增加良性互动。但疏离通常是一种避免争论的方式。因此,原本已经相互孤立的配偶常常需要经过多轮"战斗"后,关系才能变得更加爱恋。

家庭治疗师通过强调互补性来推动家庭的讨论:从线性观点转向循环观点。例如,他不告诉妻子他的感受,是因为她太过唠叨和尖酸;而她如此唠叨和尖酸,是因为他不告诉她他的感受。治疗师通过要求家庭成员相互帮助以作出改变来强调互补性。

另一个重要概念是去平衡。去平衡的目标在于改变子系统内部成员的关系。导致家庭陷入僵局的往往是成员间相互妥协和平衡,去平衡是争取改变的一部分,有时会发生在争执中。在进行去平衡时,治疗师轮流加入并支持某个成员或者某个子系统,同时暂时忽略其他成员或子系统。

九、父母行为训练

父母行为训练旨在使父母接受是"孩子有问题"而非"孩子是个问题"。假设孩子问题的根源在于:出现问题行为之后,父母提供了不持续的或不恰当的应对,也没有支持积极的行为。最常用的干预就是采用强化刺激来操作条件作用。常用的操作技巧有以下几种。

1. 塑造　由小步骤的强化改变组成,逐渐接近理想目标。

2. 代币经济学　运用一系列的分数或者星星的系统来奖励孩子的成功行为。

3. 权变契约行为　如果孩子作出一些改变,父母同意作出特定的改变。

4. 权变管理　根据孩子的行为给予奖励或惩罚。将事情分为清晰的步骤,每一步都给出一定的分数,分数的总和能够反映行为的难度和父母赋予行为的价值。

5. 暂离现场　这是减少不良行为最常用的技巧。在孩子有不良行为之后,要忽略或孤立他们。在让孩子暂离前可给予警告,以让其有机会约束自己的行为。5 分钟的暂离长度是最有效的。

父母行为训练中的评估包含定义、观察,并记录行为改变的频率,还有可能作为刺激和强化刺激的事件的发生和频率。测量和功能分析的阶段包括实际的观察、记录目标行为及其前因后果。

一旦选定有效的奖励,则需要教会父母通过强化来塑造良好行为,逐渐提升强化的标准。一旦孩子习惯作出良好的反应,强化就应变成间歇性的,以便增强新行为的持久性。鼓励家庭每周开一次会,讨论一些重要的事情,如改变家规、协商权利和义务,并设计特别的事件。

十、家庭作业

为了将干预效应延续至访谈后,家庭治疗师通常在每次治疗结束时会布置家庭作业。

1. 单、双日作业　要求患者在星期一、三、五(单日)和星期二、四、六(双日)作出截然相反的行为,同时,要求其他家庭成员观察患者两种日子里的行为各有什么好处。

2. 记"红账"(秘密日记)　嘱家庭成员对患者的进步和良好表现进行秘密记录,不准记录坏表现和症状;或者布置患者记父母的优点与进步,直到下次会谈时才可由治疗师当众宣读。这项任务直接针对临床上常见的缺陷取向现象,一方面促进其他成员注意力重新分配,另一方面则意在诱导患者做出合意的行为,使之能有"立功受奖"的机会。

3. 水枪射击　以善意、戏谑的方式,直接对不合意行为或关系进行干预。令家庭成员准备玩具水枪或橡皮筋,当出现不合意行为时,便对行为者射击或弹击,即便是对权威的、不苟言笑的父亲或母亲也须执行。

4. 通信汇报　对不便继续访谈的家庭,须维持治疗关系和干预效应,要求家庭成员定期写信或邮件汇报进步,尤其是以前从未有过的新行为。做法基本同"记红账",寄出之前才拿出来当众宣读、互相签字确认。作为回应,治疗师须回复信件或邮件,鼓励之余再布置新作业。

需要注意的是,布置扰动作用较强的作业需要有良好的治疗关系作为基础,否则很容易引起治疗关系紧张或中断。

十一、协同治疗及反馈小组

系统咨询为人们的自我观察提供支持,观察他们是如何观察世界的,是如何讲述自己的故事的,以及这些对于他们的生活实践有何影响。反馈小组所做的,就是把这种观察呈现出来,并为它提供一个特别的方法框架。

由当事治疗师之外的一位或几位治疗师组成协同治疗或反馈小组,在治疗过程中通过提问、反馈等方式,协助治疗完成。一位治疗师和一名患者系统(层面一)之间的谈话由2~3个观察者组成的小组来跟进(层面二)。一段时间后,第一层面上的谈话被中断,观察者以一种欣赏的方式谈论他们在听到谈话时的感受,以及他们产生了哪些想法。反馈小组的反馈谈话规则如下。

1. 仔细倾听　小组成员仔细地相互倾听。通常是以这样的形式问自己:"对迄今为止的叙述有哪些补充?""可以提供哪些其他可能的观点或解释?"

2. 虚拟性的交谈　交谈的方式是小心的、不确定的、探寻的,而不是确定的和诊断性的。这不是为了找出一个正确的和不可改变的解释,而是为了能够积极地维持多样性,帮助患者的家庭系统。

3. 欢迎和促进不同的意见 如果在反映中某人表达了不同的观点,要对此表示欢迎。差异被作为可能性和启发而受到欢迎,使人不断思考。

4. 欣赏 谈话要带有一种友好的和欣赏的基本态度,避免贬低他人。欣赏并不意味着必须保证总是用积极的语言。只要是在欣赏的背景下被表达出来的,很多患者和家庭都会接受面质性和直言不讳的方式。

本 章 小 结

采用关系视角的家庭治疗师将个体行为置于家庭社会系统的网络中,这种理解个体行为范式的转变呼唤了系统论、控制论和信息论的诞生,上述三种理论和精神动力学理论、依恋理论和建构主义理论整合,奠定了家庭治疗的理论基础。家庭治疗运动的蓬勃发展催生了一大批优秀的治疗师,发展了结构主义、经验主义、策略派、米兰小组等多个家庭治疗的理论流派。20 世纪 90 年代开始,家庭治疗各学派逐渐出现整合的趋势。

家庭治疗的流程包括首次访谈、评估性访谈、治疗性会谈和结束治疗阶段。在这个流程中,治疗师需要和家庭建立关系,澄清转诊背景,了解个人和家庭的信息,评估问题和家庭关系的关系,探索维持问题的互动,激发家庭的治疗动机,并使用相关治疗技术,推动家庭向治疗目标靠近。当达到治疗目标时,则开始启动结束治疗的过程。治疗师需要巩固治疗的成果并处理结束治疗所带来的失落感。

理论通往实践的道路上,需要理论概念的引导,更需要长时间的历练和无数的训练。系统实践并非直接转化系统理论中的概念,或者单纯运用治疗技术。应学习在关系脉络中进行问题评估,需要花时间去练习、熟悉,掌握其中的技术。家庭治疗师能够发现症状与家人互动的关联,也就是能找到系统脉络中改变的机会和资源。

思考题

1. 家庭治疗有哪些特征?
2. 家庭治疗的理论基础是什么?
3. 家庭治疗开始之前为什么要进行评估性访谈?如何进行评估性访谈?
4. 家庭治疗有哪些系统式提问技术?每个提问技术请举三个例子。
5. 请你绘制自己的家谱图,记录至少三代家庭成员相关信息,包括家庭成员、成员之间的关系。

(彭素芳　陈珏　刘漪　杜亚松)

推荐阅读

[1] 阿里斯特·冯·施利佩,约亨·施魏策. 系统治疗与咨询教科书:基础理论. 史靖宇,赵旭东,盛晓春,译. 北京:商务印书馆,2018.
[2] 贝蒂·卡特,莫妮卡·麦戈德里克. 成长中的家庭:家庭治疗师眼中的个人、家庭与社会. 3 版. 高隽,汪智艳,张轶文,译. 北京:世界图书出版公司,2007.

［3］杜亚松.儿童心理障碍诊疗学.北京:人民卫生出版社,2013.

［4］戈登堡.家庭治疗概论.6版.李正云,译.西安:陕西师范大学出版社,2005.

［5］理查德·菲什,约翰·H.威克兰德,林恩·西格尔.改变的策略-如何简短地做心理治疗.陈珏,张天然,许翼翔,译.上海:上海科学技术出版社,2023.

［6］尼科尔斯.家庭治疗理论与方法.王曦影,胡赤怡,译.上海:华东理工大学出版社,2005.

［7］帕特森.家庭治疗技术.方晓义,译.北京:中国轻工业出版社,2004.

［8］萨尔瓦多·米纽秦,李维榕,乔治·西蒙.掌握家庭治疗:家庭的成长与转变之路.黄隽,译.北京:世界图书出版公司,2010.

［9］萨尔瓦多·米纽秦,麦克·尼克.回家.刘琼瑛,黄汉耀,译.太原:希望出版社,2010.

［10］王继堃,赵旭东.抑郁障碍患者家庭功能的跨文化研究.临床精神医学杂志,2022,32(1):26-28.

［11］吴佳佳,赵旭东.精神分析与家庭治疗的整合.中国心理卫生杂志,2022,36(5):379-384.

［12］WEISZ J R,KAZDIN A E. Evidence-based psychotherapies for children and adolescents. New York:The Guilford Press,2017.

［13］YUAN X. Family-of-origin triangulation and marital quality of Chinese couples:the mediating role of in-law relationship. Journal of Comparative Family Studies,2019,50(1):98-112.

第十章

团体心理治疗

学习目的

掌握　团体心理治疗的基本原则。

熟悉　团体心理治疗的主要流派及特征性技术。

了解　团体心理治疗的概念和发展历史。

第一节　概述

自人类诞生之初,团体就产生了。第一个团体产生于何时何地已不可考,但可以肯定的是,所有文明的成长和发展都离不开其所包含群族的成长和发展。

一、1900 年以前的团体:以指导为目的的大团体

1900 年以前的团体是人们出于功能性和实用性的原因而成立的团体,而非心理治疗。通常认为简·亚当斯(Jane Addams)是社会团体工作的开创者,她在芝加哥霍尔大厦组建了新移民和穷人团体,帮助他们更好地了解自己的环境并相互协助,通过阅读、手工艺、俱乐部活动将个体组织起来,与团体成员讨论卫生保健和营养等问题,使团体有了明确的目标和丰富的内容,促进团体成员做出必要的改变。

二、1900—1939 年:新的团体理论和形式萌生

团体发展是社会变革的必然结果,有浓郁的时代烙印。20 世纪初,小团体开始兴起,心理治疗团体、心理教育团体、集体咨询(collective counseling)、心理剧、自助团体等相继问世。1905 年,约翰夫·赫西·普拉特(Joseph Hersey Pratt)成立了第一个门诊心理治疗团体,为结核病患者提供支持和鼓励。作为先驱者之一,他记录了团体内部的工作动态,为探索团体工作流程提供了一个模型。随后,诞生了心理教育团体,杰西·戴维斯(Jesse B. Davis)将团体用于学生,科迪·马什(Cody Marsh)为精神科住院患者提供励志团体讲座,并提出了著名论点"在人群里受伤,在人群里治愈"。

20 世纪 20 至 30 年代是团体理论和形式发展的重要阶段。许多团体技术相继出现,如自发性剧场、格式塔技术、会心技术、角色扮演、舞台中心扮演,强调此时此地的互动,倡导情绪宣泄,注重共情,鼓励团体成员互相帮助等。其间,

阿尔弗雷德·阿德勒（Alfred Adler）开创了集体咨询,特里根特·伯罗（Trigant Burrow）首次尝试团体分析;第一个大型自助团体,匿名戒酒互助社"AA"出现;精神分析治疗进入团体领域,发现了一些在团体心理治疗中起作用的动力学现象,如团体治疗的疗效因子、成员之间的相互作用等。

三、1940—1969 年:现代团体工作的兴起与发展

20 世纪 40 年代被视为现代团体工作的开始。这个时代最具代表性、最有影响力的团体动力学创始人和推动者是科特·勒温（Kurt Lewin）,他强调场理论（field theory）以及个人和环境之间的相互作用,还强调部分与整体的关系,认为团体作为一个整体,大于各部分之和。威尔弗雷德·比昂（Wilfred Bion）是另一位团体理论的重要构建者,他同样强调团体动力的重要性,聚焦于研究团体凝聚力,以及促进团体整体发展或导致其退化的力量。美国团体治疗与心理剧学会（American Society for Group Psychotherapy and Psychodrama, ASGPP）、美国团体心理治疗协会（American Group Psychotherapy Association, AGPA）相继成立,《社会心理咨询》[*Sociatry*, 后更名为《团体心理治疗》(*Group Psychotherapy*)]和《国际团体心理治疗杂志》(*International Journal of Group Psychotherapy*)创刊。

20 世纪 50 年代,研究者们开发了专门用于描述团体现象的术语,团体咨询与治疗成为改变行为的主要方式。鲁道夫·德瑞克斯（Rudolph Dreikurs）、内森·阿克曼（Nathan Ackerman）、格雷格里·贝特森（Gregory Bateson）和弗吉尼亚·萨提亚（Virginia Satir）都是这 10 年中非常杰出的专业人士,他们将研究聚焦在完善团体的精神分析模型上。海伦·I. 德赖弗（Helan I Driver）出版了第一本团体工作教材《团体讨论中的辅导与学习》(*Counselingand Learming through Small-Group Discussion*),团体工作日益规范。

20 世纪 60 年代,团体咨询与治疗日益普及,需求剧增,出现了一些团体工作史上颇有创造力的带领者。卡尔·罗杰斯（Carl Rogers）创造了"会心团体"(encounter groups),乔治·巴赫（George Bach）和弗雷德·斯托勒（Fred Stoller）设计了马拉松团体。

四、1970—1999 年:团体的规范与科学发展

为了促进团体工作的专业性和规范性,20 世纪 70 年代,乔治·加兹达（George Gazda）和杰克·邓肯（Jack Duncan）成立了美国团体工作专业协会（Association For Specialists In Group Work, ASGW);欧文·亚隆（Irvin Yalom）出版《团体心理治疗——理论与实践》,团体研究开始崭露头角。

20 世纪 80 年代至 90 年代,团体工作的专业水平不断进步,团体理论和形式都得到大规模发展,自主团体如雨后春笋般涌现。ASGW 出版了一份针对团体工作者的伦理规范,推出了团体带领者的培训标准;美国心理学会设立了团体心理与团体心理治疗分会,AGPA 设立了注册团体心理治疗师临床认证体系,提供了大量的团体培训和教育机会。

五、2000 年之后:成熟团体与社会生活紧密结合

21 世纪以来,团体服务更受关注,更多类型的团体正在形成,教育性和成长性团体日益广泛,成为学校、医院、企业工作必不可少的一部分。心理行为问题、慢性病管理、老年人健康管理

等,都已成为团体工作的内容。团体工作的形式,也从面对面团体,拓展到基于网络的视频团体,以及人工智能辅助的团体等。

第二节　基本原则和技术

一、团体治疗的基本原则

(一)团体治疗师的一般原则

团体治疗师的主要任务是帮助团体成员学习如何建立并体验关系,平衡个体的需要和团体关系的需要,其技术工作分为两大类,疗愈个体和发展团体。

1. 注意个体的需求

(1)促进团体成员用语言来表达感受:大多数团体成员都倾向于否认感受,而用语言表达感受的过程能帮助团体成员重新获得这些感受,并促进其再次整合。治疗师需要传递出一种态度:"任何感受,在团体里用语言表达,都是可以接受的"。

(2)尽量多地关注此时此地:为了保证团体的效率,治疗师需要平衡成员的既往经历、当前生活中的困境和治疗中此时此地的互动。在治疗情境中讨论此时此地往往会带来明显阻抗,需要治疗师努力促进这个层面的表达。

(3)解释潜意识的体验:尽管没有在个体治疗中那么重要,治疗师仍需要对团体成员不能意识到的部分进行必要的解释,并共情地与团体成员沟通。

2. 注意团体的需求

(1)维持团体治疗性框架(设置):团体要成为有效的治疗工具,需要稳定的治疗性框架,建立和维持治疗的适当框架是治疗师的职责。这些框架包括出席团体、遵守时间、按时付费、纳入新成员的流程、结束团体的设定、保密及付诸行动等,都需要治疗师持续维护。

(2)使团体成为主要的治疗性实体:治疗师通过评论、反馈、提问等,尽可能鼓励和引导团体或团体成员进行治疗性的工作。

(3)鼓励以及引导团体互动:非解释性的干预对维持有效的治疗团体极为重要。团体治疗师可以通过提问、赞同、点头、言语支持,以及其他各种语言和非语言的方式鼓励人际互动。通常,成员功能水平越低,治疗师越需要采取这种技术。即使在相对成熟的团体中,激发团体的互动仍然是治疗师的任务。

(4)教育团体:患者进入团体的时候并不知道如何表现才能从团体中最大获益,治疗师需要给予必要的教育来引导团体成员,以相互帮助的方式建立联系,建立探索问题而不是抱怨的规范,明确建设性地表达愤怒与通过语言虐待并将愤怒付诸行动的区别。

(二)阻抗

1. 团体阻抗的本质　出现阻抗是因为团体成员体验到了比自己更大的心理实体——团体,他们可以把自己无法接受的体验潜意识地投射到这个实体上。在某些特殊时刻,比较容易出现阻抗,例如,有成员进入或离开时、治疗师或团体关键成员不在时、介绍了新的材料时。阻抗既可以是团体现象,也可以是个体现象,个体通常无法意识到阻抗,但阻抗会影响到团体基础。出现以下现象,提示发生了阻抗。

(1) 临床直觉:治疗师有一种团体被"卡住"的感觉,感到厌倦或被团体激惹。

(2) 广泛性:整个团体反常的反应一致,如每个人都很愤怒、沉默或焦虑等。

(3) 团体一再容忍某个成员的阻抗。

(4) 特殊的团体行为:团体表现得过于被动、好斗,成员之间或成员与治疗师之间一对一连接而将其他成员排斥在外,连接浮于表面,持续沉默,团体水平的付诸行动,过度关注某个成员或寻找替罪羊等。

2. 团体阻抗的处理

(1) 优先处理阻抗:阻抗不能简单地归结于需要克服的障碍,阻抗感受本身常常就是治疗的关键。

(2) 接受阻抗:当患者感觉到自己的某部分不被接受时,就会产生阻抗。治疗师需要接受阻抗,并与患者一起探索它,使患者开始接受内心的禁忌。

(3) 意识到阻抗是潜意识的:治疗师较易察觉阻抗,但患者对于阻抗很可能浑然不知。

(4) 将阻抗维持在最佳水平:在治疗中,阻抗分解得越多,患者就会越焦虑。焦虑太多会使患者麻痹,太少则会导致治疗停滞。

(5) 在探索任何潜在的感受之前先处理阻抗。

(6) 为成员介绍阻抗的概念,培养其识别和消除自身阻抗的能力。

(7) 阻抗处理的优先等级:按照临床重要性排序。依次为:与暴力或自杀相关的阻抗;威胁到团体治疗能否继续的阻抗;威胁到团体成员治疗能否继续的阻抗;突发的团体阻抗;突发的个体阻抗;持续的团体阻抗;持续的个体阻抗。

(三) 移情

1. 团体治疗中移情的特点

(1) 多重水平:移情可以针对团体成员、治疗师和整个团体。

(2) 多重对象:患者的复杂移情可能包括多个对象,如治疗师、团体某个成员等。

(3) 家族的部分:患者可能将整个团体移情为家庭,产生强烈的正性或负性感受。

(4) 淡化:由于存在多个移情对象,需要对一些特殊移情淡化处理,如对治疗师的移情。

(5) 易于解决:团体治疗的移情通常比个体治疗的移情更容易解决。

2. 移情的处理　在团体中对移情工作需要考虑治疗性质、移情性质、干预时机、干预手段和方法、修通的重要性等因素。

(1) 治疗性质:不同性质的团体,对移情的处理方式不同。例如,支持性团体倾向于通过心理教育减少羞耻感和内疚感,用更高水平的防御替换原始的防御来扩展自我功能,不强调将潜意识的材料意识化;洞察取向的治疗倾向于减少防御,让潜意识的体验有可能在自我中得到整合。在治疗的不同时期可能需要不同的干预方式,但在某个具体时间,会由某种方式占主导。

(2) 移情性质:团体中,治疗师或团体应尽可能为患者提供其一直缺失的接纳,而不是解释移情的潜意识意义;若不可能,则应共情地澄清环境中的现实限制。

(3) 干预时机:所有移情都需要一定程度的发展,治疗师应传达出对移情的接纳态度,探索和接纳阻碍移情解释的感受,如尴尬、羞耻和内疚等。干预的最佳时间是良好的工作联盟已经建立,移情强烈到开始影响治疗,但还没有变得极端之时。

(4)干预手段和方法:尽可能由团体自身来处理移情,治疗师可以给予适当的鼓励和引导。必要时也可由治疗师做出解释。

(5)修通的重要性:团体为患者练习新的行为方式提供机会,是患者试验更健康连接方式的实验室,帮助其有效地自我肯定、建设性地表达愤怒、有效地表达依赖需求、更少内疚和焦虑地表达体验。

(四)团体的原始动力

团体会深刻影响人类心灵,能激活某些原始的心理过程。这些过程本身无所谓好坏,但需要治疗师恰当应对。

1. 原始团体过程

(1)退行(regression):退行是治疗进展的重要契机,它可以使团体过程触及、治愈性格扭曲的最深层部分;退行也会促进其他过程,如投射性认同或替罪,如果处理不当,将可能导致危险。

(2)投射性认同(projective identification):投射性认同是许多团体过程得以形成的基础,是团体成员处于持续体验和表达感受的状态。这种感受可能来自他们自己内部的心理过程,也可能被其他成员投射认同的情绪诱发。

(3)替罪过程(scapegoat process):在团体中,替罪过程是投射性认同的一种变异形式。首先,成员将被自己否定的、不可接受的部分投射到其他成员。某些有特定困难的成员会被挑选出来成为替罪羊。其次,成员投射内心敌意到"团体"实体中,同时自己会否认这一点,然后团体将会对替罪羊付诸行动,产生攻击行为。"团体"似乎成为该负责任的实体,而成员不会感受到他们参与了攻击。

2. 原始团体过程的处理

(1)退行:治疗师需要将退行维持在最佳水平,太少的退行会导致平淡、表面的治疗,而太多的退行会导致付诸行动和破坏治疗。治疗师可以通过调整自己的干预策略来控制退行的水平。治疗师可以通过沉默,或者做更深的干预,增加退行;通过使用更多意识化的言语活动,以解释、安慰、支持和引导的形式,有意减少团体的退行。

(2)投射性认同:通过投射性认同,可形成许多团体治疗互动的矩阵。治疗师需要在团体治疗的早期,为团体成员解释投射性认同,使其成为理解心理活动的工具;在团体或成员出现阻抗时,意识到投射性认同有助于理解团体过程和现象。

(3)替罪过程:替罪过程对治疗非常有害,一旦发现,治疗师应及时打断并给出解释。如果一个成员受到团体中其他成员强烈和持续的批评,团体治疗师就需要留意替罪过程的可能性。替罪过程常代表对治疗师愤怒的防御。若团体治疗师传达出的信息是自己不可以被挑战,团体成员就会将自己未公开的负性感受向相对容易的团体同伴表达。

(五)反移情

1. 反移情的类型　主观反移情基于投射性认同,在团体治疗中极为重要。此时,治疗师成为投射性认同的对象,治疗师自身内在发展出一些被一个或多个团体成员否认的感受,这些感受可以成为治疗师判断团体成员内在功能的重要资源。

2. 如何阻止或处理反移情错误 当治疗师将整个团体作为整体来反应时,容易产生反移情错误,这是由于团体潜意识重现了治疗师过去令自己害怕的个人或家庭关系情景。要避免或恰当处理这些反移情错误,需要足够的督导和同辈交流,并在团体工作中特别留意是否出现了反移情错误。如果治疗师意识到自己犯了一个严重而持续的错误,那么应该直接承认并道歉。

(六) 团体治疗的负性效果

1. 导致一般负性效果的原因

(1) 反移情错误。

(2) 对议题框架关注不足。

(3) 心理教育不足。

(4) 未能将团体培养成治疗性工具。

(5) 缺乏对团体阻抗的关注,对团体原始动力处理不当。

2. 导致特殊负性效果的原因 团体中的特殊负性效果如下。

(1) 过早从团体中脱落:成员过早从团体中脱落,往往与以下三个因素有关。①纳入了不适合的患者;②患者进入了不适合的团体;③治疗师在团体的早期阶段犯了技术性错误,如让新成员成为替罪羊。

(2) 团体不能发展:常涉及以下一种或几种原因。①团体出现阻抗,但是治疗师没有识别和处理;②不合适的团体组合,如团体中缺乏人格模式的多样性;③错误地选择了非建设性成员进入团体,如反社会人格患者。

(3) 患者的情感伤害在团体中持续:可能由治疗师知识和技能缺陷导致,也可能由反移情错误导致。

(4) 治疗师的情感伤害:团体失败或患者受到明显情感伤害时,治疗师可能感到过度内疚,并对自己的胜任力产生怀疑;当个体或整个团体将敌意付诸行动于治疗师,治疗师会感到无价值。

3. 团体治疗中的虐待危险 通常团体治疗的负性效果很少达到"虐待"程度。以下几种情况代表"虐待"。

(1) 患者被团体或者治疗师持续、严厉地批评,或者处于替罪过程。

(2) 治疗师从实际上剥削患者。

(3) 严重违反设置,如治疗师和患者之间的性接触。

当治疗师出现重大反移情或存在严重性格问题时,会有强烈的想控制或伤害他人的欲望;而患者具有深切的自恋或依赖的需求时,很可能会导致虐待。虐待问题一旦出现,需要在专业设置里进行开放讨论,并恰当应对有潜在被虐待风险的患者、当前正在经历虐待的患者,以及治疗师。

二、团体治疗的基本技术与策略

(一) 准备阶段的技术

充分的准备是顺利开展团体工作的先决条件。

1. 规划团体,拟定计划书 计划书是团体治疗师对团体工作的整体规划,内容应包括团体的名称、性质、目标、对象、设置、理论基础、技术流派等。一份完整的团体心理治疗计划书应包括以下内容。

（1）团体名称:宣传名称力求新颖、有吸引力,如"走出阴霾,做情绪的主人";学术名称则需要体现团体的真实目标和对象,如"抑郁症患者的认知行为治疗团体"。

（2）团体性质:明确团体的性质,包括结构式或半结构式的、教育性或发展性的、训练性或治疗性的、开放式或封闭式的、同质或异质的等。

（3）团体目标:可分为总目标、阶段目标和活动目标。总目标是团体治疗的发展方向;阶段目标根据团体发展的历程设定;活动目标是每个团体活动的具体目标。

（4）团体治疗师:需要考虑治疗师的学术背景、带领团体经验、治疗师人数等因素,明确治疗师和/或协同治疗师的分工。

（5）团体对象:根据团体目标确定团体对象,明确成员类型、人数,以及甄选标准和方式,包括成员的性别、年龄、身份、问题性质等,成员的特点直接影响团体计划书的编写和活动设计。

（6）团体规模:团体规模取决于团体性质、目标、类型、治疗师、成员特点等多个因素,太多或太少都不利于团体沟通。一般来说,青少年团体 5～7 人,大学生 8～15 人;开放式团体治疗一般人数较多,封闭式团体治疗的人数以 8～12 人为宜;大团体可以分成多个 7～8 人的小团体,每个小团体中要有协同治疗师或助手;以治疗为目标的团体治疗 6～10 人,以训练为目标的团体 10～12 人,以发展为目标的团体 12～20 人。

（7）团体活动时间:需要考虑团体计划总时间(长程或短程)、共计多少次治疗、每次多长时间、治疗的频率是多少、中途是否需要休息等。团体需要时间来发展,才能发挥治疗功能,持续时间太短,会影响效果;持续时间过长,成员易产生依赖,治疗师及参加者的时间、精力也不允许。团体活动时长主要与团体性质和成员年龄有关,每次活动以 90～150 分钟为宜(儿童团体 30～40 分钟),每周 1 次。不同性质的团体,活动次数差异很大,有单次的教育性、训练性工作坊,3～15 次的短程团体,也有 15 次以上的长程团体。

（8）团体活动场所:应兼具舒适性、保密性、功能性、互动性和非干扰性。理想的场所是一间宽敞、整洁、空气流通、温度适当、隔音条件好、没有固定桌椅的房间,团体成员可以围坐成一圈,有面对面谈话的机会,彼此视线能接触。

（9）团体设计的理论基础:团体治疗师应该根据团体心理治疗理论来设计团体计划书。

（10）团体过程规划:应列出每次团体聚会的名称、目标、具体内容、需要花费的时间、需要准备的材料、道具等。一般团体心理治疗的发展过程分为 4～5 个阶段,每次团体治疗也可以分为开始、中间和结束三部分。每次治疗内容因理论流派不同而差异较大,可以是严格结构化的,也可以相对自由。

（11）团体评估方法:设计团体时就要考虑到评估问题,包括评估工具、评估时间和评估内容。可以用测验、自陈报告、观察等方法来评估团体;评估的时间点可以在每次活动结束后,也可以进行阶段性评估或团体结束后总体评估;可以由治疗师、团体成员、督导者和观察员进行评估。评估的内容包括成员收获、团体目标是否实现、团体互动情况等。

（12）其他:团体经费预算、宣传品、成员申请表、团体契约书、是否收费及收费标准、活动中要用的道具等。

2. 进行筛选会谈　筛选会谈是团体治疗师与申请者的首次正式会面,是双向选择的过程。

从申请者角度来说,一方面对团体抱有期望,希望团体能解决自己的问题;另一方面又有很多担心忧虑,要通过筛选会谈来获得更多信息,进而决定自己是否参加团体。从治疗师角度来说,需要明确筛选成员的标准,掌握基本的会谈技巧和心理评估技巧;向成员说明保密的原则,承诺保密;就团体中的互动方式给一些建议。

3. 召开预备会议　在筛选会谈后,可以挑选一些可能成为成员的人开一次团体治疗预备会议,让大家聚在一起认识一下。在预备会议中,成员交流参与团体的目标和期望,治疗师对团体规范进行澄清,一些不适合入组的成员可以在预备会议后选择不参与团体。

(二)初始阶段的技术

团体形成初期,成员彼此不熟悉,治疗师需要进行较多的引导和示范,增进成员之间沟通,营造良好的团体氛围,促进团体健康发展。

1. 协助成员准备从团体中获益　团体治疗师有责任让成员了解如何从团体经验中获益,并协助成员成为主动的参与者,具体做法如下。

(1)让成员注意自己的感受,积极主动地参与团体并表达自己。允许成员在团体中谈论任何与团体目标及个人有关的主题,但成员有权力决定自我开放的程度,必要时也可以插入别人的对话。

(2)让成员学会倾听别人,尽可能给予别人适当回馈,但避免忠告、建议与讽刺。

(3)允许成员合理而不具有攻击性地表达情绪,包括正面情绪和反面情绪。

(4)治疗师时常检讨团体过程是否能够增进学习,团体行为是否有助于促进团体目标。

(5)治疗师认识到领导团体不只是治疗师个人的责任,团体的每位成员都可以具有领导功能。

2. 建立与强化团体契约和规范　团体心理治疗基于团体治疗师和成员之间的互相尊重与配合,为保证团体正常发挥功能,双方都要遵守一些团体规则,建立团体契约和规范。

(1)团体契约和规范的作用与形式:团体契约和规范是团体治疗师与成员针对他们的目标及工作方式所订立的一种协议、约定,可以是书面形式,也可以是口头形式。一般书面形式更有效。

(2)团体契约和规范制定:可以采用开放方式,邀请成员共同讨论团体规范,并在团体过程中不断加以引导、示范。对于一些重要规定,如保密、守时、不可身体攻击等,需要强调说明团体是以探索个人问题而非寻求问题解决为原则来运作的。

(3)团体契约和规范内容:团体契约和规范的订立必须包括治疗师和团体成员两方面。

1)对成员的要求:保证参加每次团体会面,不迟到、不早退;绝对不在团体外描述团体中发生的事件;完成团体交代的任务和要求;每次会面完全投入,参与所有活动。

2)对团体治疗师的要求:为每次团体会面提前做好准备;保证准时开始、准时结束;提供会面所需的活动、器材等;只与相关同事和督导讨论团体会面内容;评估每次会面是否符合成员的目的,是否能够满足成员的需求;提供相关资源以协助成员达成目标。

治疗师和成员要在团体契约和规范上各自签名并写上日期。

3. 处理成员的焦虑情绪及建立信任感　成员面对陌生的人与团体情境时,难免会有些担忧,或采取一些防御或阻抗的行为,如将重点放在他人身上、很少谈及自己、只问别人问题、过于沉默等。治疗师要敏锐地觉察并尊重成员的这些行为,为成员提供表达内在情感的机会,适当地加以示范、引导,甚至要运用具有催化作用的活动,让成员间打破陌生感,鼓励成员表达个人感受。

治疗师要重视信任感的建立,可以运用一些针对性技术营造一个良好的开端。

(1)团体开始技术:第一次团体会面刚刚开始,是团体治疗师最焦虑的时刻。此时,成员对团体以及组员一无所知,完全关注于治疗师的反应,而且此时团体规范和凝聚力尚未形成,领导者对团体的发展承担着更大责任,因此焦虑感很高。

艾德·E. 雅各布斯(Ed E Jacobs)对团体开始的形式提出了7种建议。

1)治疗师先就团体的目的及性质做开场白,然后让成员相互认识。

2)治疗师以一两分钟进行简要说明后,便开始相互介绍的练习,希望团体成员一开始就能投入,并针对一些主题,如"今天的心情""姓名简介"等进行分享。

3)治疗师先进行一个详细的指导说明,将有关此次团体的事宜说得十分清楚,接着就进入团体内容。这种模式通常适合工作取向的团体,以协助成员进入工作状况。

4)治疗师先简短介绍团体性质,进一步说明团体的内容。这种模式较适合任务团体或工作团体在第一次会面时,成员互相交换意见,并明确团体目标及认识其他成员。

5)开始时,治疗师简短介绍团体,然后把团体分成两组讨论团体目标,之后再回到大团体分享及讨论,这可以增加成员的讨论机会。

6)治疗师先简单介绍团体,进而让成员完成"语句完成形式问卷"。通过此问卷可以引导团体成员把焦点专注于团体目标。

7)先进行一个介绍性练习,练习项目中最后一项是团体成员对此团体目标最大的期盼。此种方式不仅能帮助团体成员介绍自己,而且可以聚焦于团体目标。

(2)相识技术:也称开启技术,是指为尽快、轻松、有效地使团体成员相识并建立对团体的信任,所采取的方式与技术,它可以激发成员参与感,并将其转化为积极的团体动力。相识技术有语言和非语言两种形式,活动方式多种多样,可根据团体结构和成员特征选择。

(3)分组技术:当成员人数较多时,常常需要将团体分成6~8人一组。适当的分组方法不仅会形成适合谈话的小团体,也会产生积极的影响。具体方法有:①报数随机组合法;②抓阄随机组合法;③生日随机组合法;④同类组合法;⑤分层随机组合法;⑥内外圈组合法;⑦活动随机组合法等。

(三)过渡阶段的技术

过渡阶段治疗师面临的主要挑战,是如何以适时而敏感的态度对团体进行催化,为团体成员提供鼓励与挑战,使成员能面对并且解决他们的冲突和消极情绪,以及因焦虑而产生的抗拒心理,进而引导团体向成熟阶段发展。为此,治疗师要指导成员了解和处理冲突情境,了解自我防御的行为方式,帮助成员有效克服各种形式的抗拒行为,鼓励成员谈论与此时此地有关的事情。团体治疗师可以运用下列技术在过渡阶段主动介入和指导。

1. 处理防御行为

(1)防御行为的表现:在团体过渡阶段,由于成员对团体还不信任,缺乏安全感,大多数成员都会有防御行为,表现为有逃避倾向、把注意力放在他人身上或者一些毫不关己的事情上、不去面对自己及自己的反应、对团体不投入、说话不着边际、使用过度概括性语言、总问别人问题、迟到或缺席、持有自满或漠不关心的态度、过度理智化、行为上不合作、造作表演等,成员可能通过这些行为来逃避个人探索。

（2）防御行为的应对:有经验的治疗师具有识别防御行为的能力,善于通过成员的言谈举止发现表现出防御行为的成员,此时可直接邀请他们谈在团体里的真实感受,但应避免批评或贴标签。

2. 处理冲突

（1）冲突及其作用:团体内出现冲突似乎不可避免,成员互动时出现意见分歧或情绪对立,就是冲突。冲突会造成双方对目标认定的差异,使得双方无法采取一致行动、全力投入完成既定目标的过程中,还容易造成成员的心理紧张、焦虑与不安,无法在正常心态下工作,影响工作效率。然而,冲突也有其正面作用,如激发创造力、改善决策品质、增强团体凝聚力、促使成员重新评价自己与他人、挖掘问题、宣泄情绪、为成员提供改变的机会等。

（2）冲突的解决模式

1）竞争:当一个人只顾及自己感受,只追求自己的目标,而不顾及冲突对他人的影响时,即为竞争。团体中,竞争不是一种有功能的冲突解决方式。

2）协作:当冲突双方都希望满足对方需求时,便会寻求对两者皆有利的结果,即为协作,双方都着眼于问题解决,澄清彼此的异同,而不是顺应对方的观点。参与者会考虑所有可能方案,彼此观念的异同点也会越来越清楚。由于解决方案对双方都有利,协作被认为是一种双赢的冲突解决办法。

3）退避:一个人承认存在冲突,却采取退缩或压抑的方式,被称为退避。通常漠不关心的态度或希望逃避外显的争论都会导致退缩行为。与他人保持距离、划清界限、固守领域,也是退缩行为。

4）迁就:当一个人希望满足对方时,可能会将对方的利益摆在自己利益之上。为了维持关系,某一方愿意做出自我牺牲,此种模式即为迁就。

5）妥协:当冲突双方为了分享利益都必须放弃某些东西时,就会产生妥协。妥协没有明显的赢家和输家,双方都必须付出某些代价,同时也有许多获益。

（3）解决团体内冲突的方法:在团体过渡阶段,冲突难以避免。团体内适当的冲突会对现状提出挑战,产生新的观念,促进对团体目标与活动的再评价;通过挑战、质疑、反省、创新与求变,能增强团体成员的治疗动机。当然,过多的冲突会阻碍团体效能的发挥,降低团体成员的满足感,导致团体难以形成安全、信赖的氛围。

团体中,冲突的发生常常是因为团体内沟通不畅、成员间缺乏坦诚与信任,以及治疗师没有针对成员的需求与期待给出适当的回应。治疗师首先要对过渡阶段出现冲突有充分的心理准备,了解冲突的意义及其对团体的影响,再直接面对成员之间的冲突并给予回应。

3. 应对特殊成员的技术　在团体过渡阶段,很可能出现一些让治疗师感到应对起来比较难的成员,他们的言行会给团体造成干扰,阻碍团体凝聚力发展,减弱团体治疗功能,需要治疗师积极而谨慎地对待。

（1）沉默的成员:有些成员虽然参加了团体,但没有积极参与团体活动,像个旁观者,少言寡语,常常处于沉默状态。沉默减弱了他们与他人的交往,使其不能从团体中充分受益,还会对其他成员的情绪造成不良影响,使其他成员感到不舒服,影响团体活动的进行。

引起沉默的原因很多,成员的性格、认知、对团体的期望、团体发展状况等都可能造成沉默。治疗师首先要认识到沉默并非都是消极的、破坏性的,有时也可能是正面的,是一种表示默许和支持的行为。其次,要了解沉默的原因,判断是否需要处理。最后,要选择处理及应对的方法。对性格内向的人要多鼓励发言;对认知有偏差的人可以通过个别会谈帮助其改变不合理观念,并引导团体的其他成员关心、鼓励他们;对于因沟通不畅引起的沉默,治疗师要及时发现,并以身作则,想方设法排除障碍和干扰。

（2）有依赖心理的成员:有些成员在团体中表现出明显的依赖心理与行为,没有主见,处处寻求别人的保护,表现得很无助、怯懦,尤其以团体治疗师的意见为行动指南,遇到问题不是自己想办法解决,而是依靠团体或治疗师。过度依赖不仅妨碍成员个人成长,也会给其他成员带来不良影响,使人感到厌烦,难以忍受。

依赖行为的产生,与成员个性、团体内其他成员的行为,以及团体治疗师的工作方式有关。治疗师首先要及时调整自己的角色,不必事事做主,多让成员承担责任,多发挥团体作用,提高成员主动性、独立性、积极性。对出现依赖行为的成员要及时提醒,指导他观察、学习别人独立成熟的处事方式,并协助他改变对自己的错误看法。对乐于被依赖的成员,治疗师要协助他们探讨行为背后的原因,促使他们改变。

（3）带有攻击性的成员:有的成员在团体中表现出攻击性行为,如贬损、讽刺、否定他人、对团体提过分要求,引起其他成员不满,引发冲突或危机,破坏团体气氛,影响团体发展。

成员表现出攻击性行为与其既往的创伤性经历、个性特点、精神心理状态等有关。治疗师先要分清个别成员带有攻击性言行背后的原因,再考虑处理方法。有效的方法之一是个别辅导,同时促进团体成员间的坦诚沟通。当攻击性行为干扰团体正常运作时,可以将有明确攻击对象的一方转到其他团体,以避免争执不下的状况。

（4）喜欢引人注意的成员:在群体中适当表现自己、引起他人重视,是一种普遍现象,无可厚非,但是过分表现,会引起他人反感。在团体治疗中,有的人总是抢先发言,滔滔不绝,使别人没有机会表达,或者吹嘘炫耀自己,不断地打断别人发言。这种言行会给团体造成很大破坏,若不及时处理,会产生不良后果,轻者使团体凝聚力减弱,重者使团体解体。

喜欢引人注意可能与个体性格及需求有关。分析原因后,团体治疗师可采取的措施有:采用机会均等的方式,自然选定先发言者,以控制先发制人者;创造条件使团体成员产生尊重、共情,彼此之间真诚相待,安全而温暖的人际关系可以降低成员的焦虑和防御心理;对以自我为中心的人,可以增加个别接触的次数并不断提醒;对怀有权利目标或特殊企图的人,要教会他们选择适当的方法与别人相处,从而得到接纳。

（5）不投入团体的成员:有的成员对团体活动不太投入,经常迟到、早退,出席不稳定;讨论时随意性大、不切题,谈话内容过于表面化;态度忽冷忽热,甚至只作旁观者。这些表现使其自身无法在团体中得到帮助,也会破坏团体凝聚力,治疗师对此不能掉以轻心。

应对不投入成员因材施教。治疗师的友善与真诚,能有效地化解成员的抗拒,改善其不投入行为。治疗师与成员建立良好关系,可使其感到被尊重,有安全感,从而放松自我防御,勇于表达自己;还可以通过加强团体本身吸引力,如组织有趣的活动,吸引成员参与,改变其不投入的态度和行为。在团体第一次会面时,治疗师要说明团体的运作情况及要达到的目标,使成员保持恰当的期望,避免期望过高。

(四)工作阶段的技术

工作阶段,成员间相互影响,彼此谈论自己或别人的心理问题和成长体验,争取别人的理解、支持、指导;利用团体内人际互动反应,发现自己的不足,努力加以纠正;把团体作为实验场所,练习改善自己的心理与行为,以期能扩展到现实社会生活中。治疗师要适时采用恰当的技术、有效的活动方式,增加团体成员参与的积极性,利用产生治疗效果的因素,协助成员在感觉、态度、认识和行为上做出有益的改变。

1. 角色扮演

(1)角色扮演的作用:角色扮演是指用表演的方式来启发团体成员对人际关系及自我情况有所认识的一种方法,在各类团体治疗中应用非常广泛。角色扮演通常由团体成员扮演问题情境中的角色,把平时压抑的情绪通过表演释放,同时学习人际关系技巧,获得处理问题的灵感,并加以练习。

(2)角色扮演的程序

1)事前沟通:治疗师向团体成员解释角色扮演的价值,使成员有所了解,并激发参与热情。

2)说明情境:治疗师将需要成员扮演的情境及特征加以说明,让成员有机会提问并提出建议。

3)自愿选择角色:治疗师鼓励成员自愿扮演各个角色,如果有的角色无人问津,治疗师可暗示某些人扮演。

4)即兴表演:在情境确定、角色明确的前提下,治疗师协助成员了解自己所扮演角色的特点,鼓励他们按照自己理解的方式进行表演,自己决定台词,当场发挥。

5)帮助观众进行明智的观察:有的剧情人物不多,团体其他成员可以当观众,观看其他成员的表演,分析演员的言行,在表演结束时提出个人意见。

6)表演结束共同讨论:当所有扮演者觉得无法继续演下去或治疗师认为已达到目的时,即可停止表演。治疗师让每个表演者说出自己的感受,并相互提出意见,最后由观众发表意见。

7)重演:为了使团体成员对某个角色讨论得更深入,可以让表演者重演或换人重演,扮演者可以参考讨论意见,用不同的方法表演。

8)互换角色:如果某位成员对某个角色表现出强烈的否定情绪,治疗师可以建议他扮演该角色,这样既可以帮助他用不同的观点去看当时的情境,又可以促进他了解对方的心情和立场,增加自我反省的机会。

9)总结:治疗师组织团体成员讨论参与整个活动的体会、感受,使成员互相启发、互相支持。

(3)角色扮演的情境:角色扮演选择的情境可以是成员共同关心的话题,如家庭生活、学业、休闲时光、交友等;也可以是某个成员个人独特的问题情境,其他人可协助其表演。角色扮演要尊重成员的自发性,提供自由轻松的气氛,这样才能使成员减轻防御心理,认清自己的感情,培养思考能力,适应现实环境。

2. 绕圈做事　绕圈做事是一种简单的强化成员体验的方式。例如,一位成员一直觉得负担很重,可以让他背着另一个成员,感受沉重的负担,并绕圈逐一在每位成员面前说:"×××(某人名),你让我觉得负担很重!"这样做的目的是使团体聚焦于某一成员或某一主题,通过夸大该成员的情绪、想法或行为,使其得到体验和感受,从而达到领悟。此技术借助圈内成员的力量,通过见证焦点成员的情绪或行为,强化其感受。

3. 家庭作业或行动练习 有时候,改变行为或想法需要配合家庭作业或行动练习。治疗师可以先在团体中进行教导或示范,然后布置灵活的家庭作业,让成员在两次团体会面之间自行完成家庭作业。

4. 其他技术

(1)引导参与的技术:工作阶段引导成员参与的技术很多,因团体目的、问题类型、对象不同而不同,如讲座、讨论、写体会、写日记、行为训练、角色扮演等。

(2)解决问题的技术:团体治疗师要根据成员的个人需要引导他们,并提供足够的背景资料,刺激成员思考、沟通,明确要解决的问题并采取行动。解决问题的过程就是运用思考和科学方法的过程。一般步骤为:①了解问题的存在,确认有解决的必要;②分析问题的性质,直接针对目标,搜集有关资料;③分析资料,列举可能的解决问题的方法;④评估每个方法的可行性及预期效果;⑤运用观察或实验来尝试解决问题;⑥选定最合适的可行方法去解决问题。

在团体心理治疗中,治疗师若能给成员提供比较客观、合理的解决问题的原则,将有助于成员处理自己的问题。成员在团体中运用这些原则,不断学习与改进解决问题的技术,将会使自己在多方面受益。

(3)及时介入的技术:团体发展到工作阶段,团体凝聚力和信任感已达到很高的程度,成员充满了安全感、归属感,互相接纳,互诉衷肠,开放自我,也真诚地关心他人。成员从自我探索与他人反馈中尝试改变自己的生活,并得到其他成员的支持、鼓励。但是,团体中仍然会有一些现象需要治疗师发现并及时介入加以引导,把团体拉回到此时此地:①团体中某个成员为另一个成员说话;②成员注意力集中在团体之外的人、事、物;③成员中有人在说话前常先寻求他人的认同;④有人提出,自己因为不想伤害他人的感觉,所以就选择不说;⑤成员中有人领悟到其问题是由某些人引起的;⑥有成员认为自己只要等待,事情就会转变;⑦团体中有不一致的行为出现;⑧团体变成无效率的漫谈。

(4)运用团体练习的技术:团体工作阶段,治疗师常会选择一些有价值的团体活动,如自我探索、价值观探索、相互支持、脑力激荡等,并进行活动后的交流分享,来帮助成员成长。团体活动是成员互动、达到目标的媒介,要根据团体目标和成员的特点进行选择。

(五)结束阶段的技术

团体的开始和结束阶段是团体历程中最具决定性的阶段。在团体结束阶段,成员需要对团体的经验进行整理和巩固,肯定自己的积极改变,并有信心在生活中继续努力。治疗师需要有充分的心理准备、足够的训练和技术来应对团体的结束。

1. 预告团体结束 治疗师最好在结束前1～2次团体聚会时就预告成员,有助于成员提早做好结束和分离的心理准备,珍惜团体时间,尽早处理要解决但还未解决的问题,充分讨论分离情绪,整理所得,订立或修改行动计划。

2. 整理所得 成员参与团体是一个不断学习和变化的过程。治疗师在结束阶段应该注意让成员有机会整理参加团体以来在不同阶段的感受、困扰、体验、变化和收获。

3. 制定和修改行动计划　在结束阶段,治疗师应该促进和帮助成员制定离开团体后的行动计划,将团体中的改变和收获延伸到现实生活中,并为迎接结束团体后的生活做好心理和现实准备。

4. 处理分离情绪　处理分离情绪是团体结束阶段的任务之一。治疗师在团体结束的前1～2次会面中要告诉成员团体即将结束,让成员在心理上有接受离别的准备,同时鼓励成员将担心、伤感和失落表达出来,提醒成员团体结束的积极意义所在,鼓励成员在真实生活中,采用同样的态度和行为,建立和谐关系。治疗师一方面要协助成员处理好离别时的各种感受,另一方面也要促使成员表达团体经验带来的积极感受,彼此感谢,肯定团体对个人的积极影响和价值,将团体中领悟和学习到的内容延伸到日常生活中,学习在没有团体支持下,继续保持新的改进。

5. 追踪会面　追踪会面技术是指在团体结束后的一段时间内,治疗师追踪团体成员了解咨询治疗效果所采用的一种方式与技术。团体咨询的真正目的,是希望团体成员将在团体中所学到的一切扩大到生活中,使这些所学长久地发挥积极影响。因此,治疗师需要采用合适的方式准确地了解成员的改变状况。

6. 其他技术

(1) 结束每次会面的技术:每次团体会面结束前,治疗师都需要留出至少10分钟时间,采用一些技术顺利结束团体,如邀请成员总结、治疗师总结、安排家庭作业、预告强调下一次聚会的时间和内容、安排结束活动等。

(2) 结束整个团体治疗的技术:团体治疗的结束应是计划中的、自然而顺利的,是可以预期的。使团体愉快地结束也需要运用一些技术:①结束之前,成员可以互相赠送小礼物,互相道别和祝福;②治疗师在结束时对团体治疗进行简要的回顾与总结;③团体成员总结自己在团体中扮演的角色是否达到了自己的期望以及自己的切身感受;④展望未来,帮助成员明确今后如何持续巩固团体治疗的效果。

(3) 采用团体练习的技术:通常治疗师可以直接告诉成员团体即将结束,或带领成员进行一些团体活动,如"真情告白""互送祝福卡"等,引导成员回顾在团体中的所学,互相给予或接受最后的反馈,使成员能够充满信心地展望未来生活;也可以带领成员开展"大团圆""化装舞会"等活动,在轻松愉悦的氛围中互相道别、祝珍重。若是自发性强的非结构团体,可以让团体成员决定结束方式。

第三节　主要流派

历时100多年,团体心理治疗的理论有了长足发展。依据不同取向的心理治疗理论,发展出了各种各样的团体治疗流派。本节将简要介绍主要的团体心理治疗流派。

一、精神分析学派

(一) 主要观点

精神分析团体是将精神分析的理论、原则和方法应用于团体成员的一种治疗形式。治疗的过程是提供一种特殊的团体氛围,协助成员重新体验其早期家庭关系,讨论和解释过去经历,发现与过去事件有关联且对目前行为有影响的压抑感受,对心理问题发展的根源产生顿悟,尝试处理在潜意识层面产生的防御和阻抗,从而化解成员因童年经历导致的适应不良,激励成员根据领悟发展出新的适应性行为。

(二)团体目标

目标在于揭示团体中每个成员的核心冲突,使之上升到意识层面,促进成员的自我了解,认识并领悟自己被压抑了的种种冲动和愿望,最终消除症状,适应和处理各种生活情境与挑战。

(三)治疗师功能

治疗师的任务是致力于创造一种接纳性的宽容气氛,以增进团体成员的互动。治疗师要有客观、温暖、不偏不倚的态度,促进投射与移情作用的发生。在团体中,治疗师需要在团体进程摇摆不前时,保持乐观态度;注意团体中的个体差异,鼓励成员自由地表达自己;当出现各种阻抗与移情现象时,解释它们的意义,并协助成员勇敢地面对并妥善处理。

(四)主要技术

包括启发并鼓励成员做自由联想、对成员的梦与幻想进行解析、分析阻抗、揭示移情与反移情、解释、领悟等。

二、行为学派

(一)主要观点

行为学派认为行为是学习的结果。任何行为都由刺激引起,行为是对刺激的反应,反应模式是学习的结果。行为治疗的焦点是当前的行为改变和治疗方案,强调通过学习、训练提高患者的自控能力,通过控制情绪、调整行为及内脏生理活动来矫正异常行为,改变心理行为问题。

行为主义的团体治疗一般分为三个阶段:明确治疗目标、实施治疗计划、客观评价。它具有四个特征:①用行为主义的术语来阐述问题,并确定治疗目标;②所有的方法与技术都针对成员的外部行为或症状本身;③对适应不良行为和新行为进行客观的测量与评定;④采用学习原则促进团体成员的行为变化。团体是训练和学习的场所,为成员提供更多机会以提示和激励成员改变不适应行为,学习新行为。对新行为的强化不仅来自治疗师,也来自成员间的相互作用,这种社会环境的强化作用比个别行为治疗更有效。

(二)团体目标

协助成员去除适应不良行为,学习有效的行为模式,指导成员建立有关学习方法的新观点,尝试改变其行为、认知、情绪。

(三)治疗师功能

治疗师常常扮演行为矫治专家、教师或训练师的角色。在团体中,治疗师主动传授方法,教给成员应对技巧和行为矫正方法,并在团体外实践。在协助成员确定治疗目标后,再分为具体的小目标,让成员从具体而容易达成的小目标开始逐步改变。此外,治疗师还要为成员示范适当的行为和价值观,收集资料,评估成员的治疗效果。

三、理性情绪治疗学派

(一) 主要观点

理性情绪团体治疗是指在团体情境下将认知治疗与行为治疗相结合,帮助团体成员产生认知、情感、态度、行为方面的改变。理性情绪治疗学派认为个体的心理障碍和行为问题产生于错误的思维方式,以及对现实的错误感知。因此,只有帮助个体学会辨识并且改善这些不合理的信念、价值观、感知、归因等认知及其过程,才有可能有效地改变适应不良行为。

(二) 团体目标

目标是协助成员消除非理性与自我挫败的观念,代之以更坚忍、更理性的观念,从而改善成员适应不良的情绪和行为,帮助其处理生活中可能出现的各种不愉快事件。

(三) 治疗师功能

治疗师的任务:教导成员对自己的情绪困扰反应负责,协助其辨别并摒弃导致困扰的非理性信念,在团体过程中不断担任解释、教导、再教育的工作。治疗师的首要任务是向成员展示如何突破困境,澄清情绪、行为困扰与价值观、信念和态度之间的关系,协助成员正视并积极面对自己的非理性、不合逻辑的思想,指导其改变自己思考和行为的模式。

(四) 主要技术

基本技术是积极性教导,治疗师通过探测、面质、挑战、强制性的指导,示范并教导理性的思考方法。团体中强调思考、驳斥、辩论、挑战、说服、解析、说明、教导、鼓励,甚至直接反驳与训诫,尽一切可能证明成员的言语以及对事件的看法是不合理的,再协助成员采用较合理和健康的方式进行思考。具体技术包括与不合理信念辩论、重新构想、认知家庭作业、合理情绪想象、角色扮演、脱敏、技能训练等。

四、存在主义学派

(一) 主要观点

存在主义学派认为人有自由意志,有选择以何种态度对待情境的自由,甚至能够自我反省和觉察,成为自己行为的判断者。人类的发展是可以自我决定的,人类有自由在各种可能性中做出选择,因此有责任指导自己的生活并决定自己的命运。在团体中,治疗师协助成员发现,自己是这个世界上的独特存在,从而促进成员的自我觉察。

(二) 团体目标

提供一个有利的环境,使成员能扩大自我觉察,充分探索自我,通过公开袒露自己的现实问题来探究自己是谁。团体会协助成员进行发现及选择,并对自己的选择负责。

(三) 治疗师功能

治疗师需要与成员充分互动,通过开放自我和使用关怀的态度,面质成员,产生人对人的关系,鼓励成员了解彼此的主观世界,强调存在,并协助成员发现选择的能力。

(四) 主要技术

态度为主、技术其次,创造一种气氛,促使成员成长、觉察和激发自主性。相对不重视具体而有形的技术,而是重视了解每位成员的独特性,鼓励其投入团体中探索自我。

五、格式塔治疗学派

（一）主要观点

"完形（gestalt）"是指对任何一个人、一件事情或物品都要整体地看待，如果只研究其中一部分，就不可能了解事物的全部和真相。格式塔治疗学派认为，困扰是由于心理元素产生了痛苦的分裂，在个体内或人与人之间发生了不协调，因此治疗主要是通过相互的自我开放与面质，将这些分裂的元素恢复成"完形"。在团体中，治疗师协助成员从"环境支持"转移为"自我支持"，不再依赖他人，帮助成员发现和肯定自己的潜质，在生活中主动迈向成熟。该学派主要强调的内容如下。

1. 组织与统整性　强调人是一个整体组织，个体与环境存在交互作用。

2. 此时此地　强调此时是唯一重要时刻，要学习充分地欣赏和体验现实。

3. 觉察与责任　充分运用自己的感觉，觉察个体怎样忽略显而易见的内容，为个体所体验和所做的任何内容承担责任，而不是指责别人。

4. 未解决的问题　未解决的问题如果得不到妥善处理，会一直干扰现实中意识有效地发挥效能，所以，人们必须摆脱回避倾向，妥善处理未完成的事务，才能朝着健康和统整的方向发展。

（二）团体目标

团体目标是帮助成员重新成为一个完整的个体，使成员获得觉察，密切注意自己此时此地的体验，能够认识并统合被疏离和否定的各个层面，从自身寻找解决问题的资源和可能改变的条件。

（三）治疗师功能

治疗师要帮助成员增进体验，觉察身体信息，找到症结，完成从外部支持到内部支持的转换，觉察个人经验和障碍，激励成员走出困境，获得成长。治疗师特别注意成员的行为与情感，并促使成员积极主动地表达情感，学习以自己的方式澄清和解释问题。

（四）主要技术

强调此时此地、觉察和责任、未解决的问题和回避、神经症层面和防御模式，其主要技术有非语言表达、承担责任、对话实验、轮流交谈、想象法、预演、翻转、夸张活动等。治疗师要运用各类行动取向技术，协助成员增强即时经验和觉察当下情感，最常用的技术有空椅法、投射、绕场、幻想导游等。所有格式塔活动的设计都是为了强化成员觉察的层次，使成员增强自我觉知并能作出决定进行改变。

六、人际相互作用分析学派

（一）主要观点

埃里克·伯恩（Eric Berne）以精神分析原理为基础，创立了人际相互作用分析，亦称沟通分析（transactional analysis，TA）。伯恩把人的自我状态分为三种：父母状态、成人状态和儿童状态，这三种状态存在于所有人，每个人三种状态的比例不同，从而形成了互补型、交叉型、隐含型三种相互作用分析的类型；个人与他人的关系分为四种类型：我不好-你好，我不好-你也不好，我好-你不好，我好-你也好。

人际相互作用分析的基本假设是,人基于过去做出现时的决定,强调个体的能力,旨在增强人的觉察能力,使人能够做出新的选择(重新决定),由此改变生活进程。

　　(二)团体目标

　　通过分析相互作用的类型,帮助人们确立一个强有力的成人自我状态,从而促进人的成熟、成长,建立良好的人际关系。给予成员某种程度的觉察,协助成员去除与他人互动中所使用的不好的脚本或游戏,激发成员重新检视自己早期的决定,能应用自己新的觉察,做出新的有效决定,对生活方向做出新抉择。

　　(三)治疗师功能

　　治疗师扮演着教师的角色,指导成员去了解和认识自己所玩的游戏、沟通时所表现的自我状态,以及生活中自我妨碍、自我挫败的情况,发展处理人际关系的策略。

　　(四)主要技术

　　主要包括结构分析、沟通分析、游戏分析、生活脚本分析、重新决定方式等。

七、现实治疗学派

　　(一)主要观点

　　威廉·格拉瑟(William Glasser)创立的现实治疗学派,强调现实、责任、对、错四者与个体生存的关系,认为人类行为不是对外在事件的反应,而是对内在需求的反应。人主要有归属、权利、自由和欢乐四种心理需求和一种生理需求——生存。现实治疗的本质是教导人们负起责任,学习如何满足需求,了解自身需求获得满足的程度与状况,以形成个人对自我成功或失败的认同。

　　(二)团体目标

　　引导成员不断学习现实的、负责任的行为,对自己的行为做出有价值的判断,制定并做出改变的行动计划,努力建立"成功认同"。

　　(三)治疗师功能

　　治疗师要帮助成员对自己的行为负责任,学会更有效地面对现实世界;协助成员澄清和界定生活目标,清除阻碍,探索达到目标的不同途径,制定计划并坚持完成。治疗师的任务主要有:扮演楷模,示范负责的行为和成功认同;建立评价历程,使成员了解自身获得满足的欲望;教育成员拟定并执行行为计划;建立并维持团体设置等。

　　(四)主要技术

　　1. 有技巧的询问技术　要知道询问哪些问题、如何询问、何时询问,多用开放式、试探性或邀请式的问法。

　　2. 个人成长计划中的自助技巧　让成员学到各种自助技巧,如学习新的社会技巧,强调正向的、有目的的行为。

　　3. 幽默的技术　让成员在幽默的情境中理解事物,轻松地看待以前的伤心事。

　　4. 矛盾的技术　采取间接迂回的方式,以某种令人意想不到的方法处理问题。

本 章 小 结

　　团体治疗是有别于个体治疗的独立治疗形式,经过100多年的发展,形成了团体心理治疗的理论与技术,发展出各种各样的理论流派。其中,影响较大的有精神分析取向的团体、格式塔治疗取向的团体、认知行为取向的团体、存在主义治疗取向的团体等。每种流派都有自己相对特色的主要观点、团体目标、治疗师功能和团体技术。

任何流派的团体心理治疗都应该遵循一定的原则,包括治疗师的职责,团体中阻抗、移情、反移情、原始动力、负性效果的识别与处理等;在团体准备、初始、过渡、工作和结束阶段都有针对性的技术。

 思考题

1. 简述团体心理治疗的发展历史。

2. 团体心理治疗的基本原则有哪些?

3. 团体治疗的主要流派有哪些?

4. 一份完成的团体计划书应包括哪些内容?

(苑成梅)

推荐阅读

[1] 彼得·J.柏林,兰迪·E.麦凯比,马丁·M.安东尼.团体认知行为治疗.崔丽霞,译.北京:世界图书出版社,2011.

[2] 大卫·卡普齐,马克·D.斯托弗.团体心理咨询理论与实践.鲁小华,马征,蔡飞,译.北京:人民邮电出版社,2021.

[3] 樊富珉,何瑾.团体心理咨询的理论、技术与设计.北京:中央广播电视大学出版社,2014.

[4] 哈罗德·贝尔.心理动力学团体分析——心灵的相聚.武春艳,李旭东,李苏霓,译.北京:机械工业出版社,2017.

[5] 哈罗特·S.伯纳德,K.麦肯齐.团体心理治疗基础.鲁小华,阎博,张英俊,译.北京:机械工业出版社,2016.

[6] 罗杰姆·S.甘斯.团体心理治疗中的9个难题.班颖,李昂,译.北京:机械工业出版社,2020.

[7] 塞缪尔·T.格拉丁.团体咨询与治疗权威指南.张英俊,郭颖,刘宇,译.北京:中国人民大学出版社,2021.

[8] 亚龙.团体心理治疗——理论与实践.李敏,李鸣,译.5版.北京:中国轻工业出版社,2010.

第十一章

其他心理治疗方法

学习目的

掌握 森田治疗、内观治疗、催眠治疗的基本概念、主要理论和有效性的心理机制。

熟悉 森田治疗、内观治疗、催眠治疗的治疗技术、临床操作、治疗过程,以及在临床领域中的主要应用。

了解 森田治疗、内观治疗、催眠治疗产生的社会背景和历史发展脉络。

第一节　森田治疗

一、概述

(一)社会背景

森田治疗是诞生于日本的一种精神心理治疗方法,由日本东京慈惠会医科大学精神科森田正马(Morita Shoma)于 1919 年创立。之后,森田理论及疗效在国际上得到了广泛的认可。

在森田治疗诞生之初,大量的神经症患者存在失眠、担心、忧虑等各种心理、躯体不适,可以被诊断为恐惧症、强迫症、疑病症等。这些问题要么笼统地被理解为"神经衰弱",通常建议静心修养;要么被诊断为"器质性疾病",接受物理治疗,但往往花费大量时间和金钱也难以解除病痛或得到有效的治疗。森田治疗的出现为神经症的治疗带来了全新的思路,1919—1960 年的 3 993 例个案报告显示,治愈率约为 58%,症状缓解率约为 28%,充分展示了森田治疗作为神经症的治疗理论和技术,其解释的合理性与方法的有效性。

(二)哲学背景

心理治疗与特定的社会文化环境及价值体系紧密相连。森田治疗在"顺应本心""守一不移"等理念上与佛教禅宗相近,因此在西方心理学界,森田治疗也被称为"禅疗法"。然而森田治疗并非直接借用禅宗的修行法门,而是认同了其中蕴含的自然观念,并结合实际开辟出符合生活现实的修行之路。森田理论重视健康,但却不把它当作修行的终点,而将健康视作生活的过程与状态。这种自然观念源于道家哲学,形成了森田治疗的治疗原则:"顺其自然,为所当为",因此森田治疗的理论基础实则是道家的思想。

老子曰:"人法地,地法天,天法道,道法自然。"森田理论反映出道家自然的观念,强调人应该任由事物发展而不加干涉。而人的求生欲望是一种本能,本能是自然现象,自然不同于人为,不应该予以否定和排斥。森田正马认为,自然是天地之间本来的属性,人需要理解、领悟并不对自然而生的现象产生心理预期。"知其不可奈何,而安之若命,德之至也。"(《庄子·内篇·人世间》),生死之事,无力改变,应顺应本性,不做无谓的努力,就少有神经症的烦恼。在逃避痛苦,处理焦虑上少挣扎,少执着,将有限的精神能量转向有意义的现实生活。森田治疗解决的不是症状本身的问题,而是帮助患者完成生活态度的转变,因此也称为顺其自然疗法。顺其自然绝不等于"放任自流",顺的是情感的定律,尊重事物发展规律。森田正马认为,靠理想本位与情感本位,人都活不好,只有依照现实本位,顺应规律,接受自身及所处的环境才能活好。

老子在《道德经》中多次提到"无为",如"为无为,则无不治"。强调为人行事顺天之时,随地之性,因人之心,使事物保持自然的本性而不妄为。森田治疗中处处体现出无为的思想,引导患者对有关生命本源的事情无为,对无能为力的事情无为,对符合自然规律、事物发展规律的事情为所当为。因此,有学者评价说:"森田治疗是道家宗教观念在科学上的延伸和重塑,也可以说它是科学精神与宗教元素的完美融合。"

(三)科学背景

在森田治疗的理论形成阶段,科学界普遍用美国医生乔治·米勒·比尔德(George Miller Beard)提出的"神经衰弱"(neurasthenia)一词来表达神经症的含义,其病因被解释为中枢神经系统的刺激性衰弱,即生理上的慢性疲劳。根据自身的临床经验,森田正马并不赞同这样的解释,他认为疾病的发生需要特定的条件,其中心理机制的作用非常重要。因此,森田正马用"神经质症"这一新的概念取代了"神经衰弱"这一用语,并把神经症分为了歇斯底里症与神经质症。

在当年身体医学万能的时代,神经症被认为是由过敏体质与中枢神经系统的障碍引起的,治疗也主要依靠物理治疗。森田正马在临床上尝试了几乎所有的物理治疗未果之后,开始在以心理治疗为中心的综合治疗中进行探索。森田正马重视各种治疗的实效性与合理性,经过约20年的实践与研究发现,单纯地、机械地使用任何一种治疗都无法有效地治疗神经症,并开始思考欧美起源的治疗技术与日本文化的适配性,开始对传统哲学思想的治疗价值进行挖掘与研究。

二、核心理论和概念

(一)森田治疗的基本原理

心理治疗为解决人类精神痛苦、解放精神困扰的束缚而存在,它的治疗思想、理论与方法植根于社会文化的内在价值体系中。森田治疗的独特性不仅体现在它的治疗原理和治疗技术上,更是体现在人性观与世界观中。森田治疗的有效性不仅体现在症状的减轻方面,而且会改变患者看待世界、看待人生的思维方式与生存态度,让患者更加顺应、达观,对所生时代、所处环境更加适应、从容。森田正马在理论论述与方法介绍中经常提到"顺其自然"与"事实唯真",这不仅是指生物学事实上的身体状态,同时还强调了作为心理事实的情感状态。

我们害怕疾病、害怕死亡,这来源于希望保持身体健康的自然需求。同样,我们想与他人和谐相处,害怕被他人拒绝、厌恶也是一种合理的社会需求。神经质人格的个体对于保全自身健康和获得人际优越感的欲求很强,但对于伴随疾病和社会交往出现的焦虑与痛苦却非常排斥。森田正马认为如果个体不能把这些作为人性本源的内容来理解和接纳,势必会产生神经质的痛苦。

神经症患者的精神能量一直围绕着"死的恐怖",产生一系列适应不良的对抗、挣扎行为。根据对神经症发生机制的分析与理解,森田治疗的目标不是直接消除神经症的症状,而是去打破形成症状的"被束缚机制",恢复身体功能和社会功能。治疗过程中需要提高患者对症状的承受力,培养全然接纳的态度,需要陶冶神经质人格、疑病素质,缓解思想矛盾,打破精神交互作用,发挥神经质个体内在的"生的欲望",将精神能量投入有意义的活动中。新的精神能量的运行方向以及新的行为活动打破了患者的被束缚状态,神经症的症状自然会减轻。

(二)疑病素质

疑病素质是森田理论中重要概念之一,是指对自己患上心理、身体疾病表现出的持续焦虑的心态。注意被长期执着或固定在某种感觉和观念时的状态被称为注意固着。健康问题是患者注意的重点,是精神活动的中心,他们对健康问题的觉察与反应极度增强,相应的对周围的感觉就会减弱,注意的流动性减弱,对关注焦点之外的事情也会兴趣减弱。一般认为,当人的心理活动超出预期后,心理上的负担往往会引起身体器官的某种病变,那么就会出现躯体症状,从而进一步激活患者的健康焦虑。疑病素质是神经质症发生的基础,但森田正马认为它来自人性的本质"生的欲望"。对生命延续与发展的欲求是人类生而具有的特点,只要"生的欲望"存在,任何人都可能发展出疑病素质,而人应该信赖人性,应该相信自然的治愈力。

(三)思想矛盾

思想矛盾主要指人的认知思维模式,包括认知偏差、认知歪曲、认知错误等,是"应该如此"与"事实如此"之间的矛盾。思想矛盾可以理解为一种病理性人格,个体拥有的适应不良的生活方式与生活态度。思想矛盾主要表现为:个体对自身、对事物的判断缺乏弹性,要么过度主观,不愿意接受他人的劝说和建议,难以听进不同意见和新观点,要么过度盲从,完全放弃客观判断和独立思考。当个体不能接纳主观与客观(理想与现实)之间的不一致,不允许二者之间存在差异的时候,就意味着存在思想矛盾。当个体坚定地、极端地把任何体验都当作异常反应时,就是思想矛盾。此外患者还存在"应该式"思维,当个体对事物发展方向和结果做出预判时,如果情况与认为的不一致,与设想的不一样,个体便否认其他结果,只肯接受自己的推测与观点,就会产生思想矛盾。

(四)精神交互作用

精神交互作用是指个体持续关注身体与心理的不舒适感受,并产生努力摆脱不适的行为,却让自己主观痛苦增大的过程。这是一种注意-感觉-行动-注意增强之间的恶性循环。人的情绪遵循自然升降法则,当客观刺激唤起个体强烈的情绪反应时,如不加以主观干涉,情绪会在逐渐增强之后到达顶峰,随后开始自然减弱直至消失。而精神交互作用打破了这个自然而然的过程,使情绪持续保持较高的唤起状态,从而引起较强的不适感并使个体持续关注。关注又进一步使情绪得以维持或进一步增强,由此陷入恶性循环,影响躯体功能和社会功能。

精神交互作用描述了神经质症的心理发病机制,即患者对症状的关注是症状的支柱,问题因关注而产生。神经质症的痛苦是在持续的关注中生成、强化和固着的。森田正马强调,患者是被精神交互作用所束缚的,心理治疗的本质不是治"病",而是通过解除"自缚的茧"而达到精神的解放。

(五)被束缚理论

"被束缚"是森田治疗的核心概念之一,主要强调人"作茧自缚",受困其中。它的语义包含了纠结、烦闷、执迷、放不下,以及心里疙瘩解不开、被束缚、被困扰等多种含义。

疑病素质让患者把谁都可能体验到的身体与心理的不适感评价为"病理性异常",产生强烈的排斥感,称为思想矛盾。患者不断地将注意投向这种感受,导致注意狭窄或固着,进而增加了不快感与异常感,称为精神交互作用,这种精神交互作用最终形成一种被束缚状态。可以理解为:神经质人格遇到挫折环境,出现神经症的准备状态,即疑病素质、适应焦虑,同时受到思想矛盾和精神交互作用的影响,导致焦虑的固着从而出现神经症。"被束缚"是情绪、认知、注意、行为等多个因素形成恶性循环带来的,而思想矛盾维持了这种恶性循环。森田治疗首先处理被焦虑束缚的状态,逐渐地过渡到第二阶段,干预思想矛盾。

三、治疗技术、过程和临床操作

森田治疗的治疗目标有两个:一是陶冶疑病素质,二是打破精神交互作用。具体来说,疑病素质是神经症的基础,绝大部分与生俱来,因此不能消除,只能陶冶。患者首先不去回避由疑病素质带来的焦虑不安,要培养坚韧的态度与痛苦承受力。其次,患者要改变生活态度,精神交互作用带来的症状让人困在焦虑的心境中,患者的全部生活都要围绕控制焦虑和管理焦虑展开,与周围的世界、亲密关系、人际关系逐渐疏远。患者需要承认并接纳身心内外的事实,改变自我防御式的生活方式,改变情绪本位的生活态度。当我们不去关注症状,不给症状提供对立面时,症状便不再成为症状。森田治疗可分为住院治疗和门诊治疗。

(一)住院森田治疗

治疗需要在医院进行,主要适合重症患者。治疗技术总体可以分为卧床治疗(绝对卧床期,4~7天)和作业治疗。作业治疗分为三个阶段,即轻作业期(3~7天)、重作业期(7~14天)、生活训练期(7~14天)。其中绝对卧床期和轻作业期患者过着与外界隔绝的生活,各个治疗阶段的时间长短可以根据患者情况进行调整,没有非常严格的规定。

1. 第一阶段:绝对卧床期 患者将被隔离在一个独立的房间终日卧床,洗漱、饮食、上厕所以外的所有行动都被禁止,包括与他人见面、谈话、打电话、使用手机、电子设备等,也包括所有分心和娱乐活动,如唱歌、抽烟、读书等。这个时期的治疗目标有三个:①观察患者的行为,进行鉴别诊断,同时考察森田治疗对解决患者问题的适配性;②通过隔离与静养,为身心创造一个有保护的环境;③通过强制性的隔离与静养,有意识地让患者直面内心的不安、焦虑与烦躁,脑子中的思想矛盾、负面思维也无处可逃。正因如此,患者反而不得不应对这种不满与思想矛盾带来的情绪紧张,当痛苦加剧,到达极点之后随即会迅速消退。静卧训练所练的是"接纳"。

一般治疗师一天查一次房,观察患者的情绪变化,给予方法上的支持以及情感上的安抚。原则上鼓励患者对症状采取不关注的态度,培养对焦虑、痛苦、烦恼彻底接受的态度,这是一种哲学意义上的领悟与精神成长。在这段"烦闷期"之后,患者会突然感觉到无聊,即森田所说的"烦闷即解脱"的出现。患者进入无聊期,产生强烈的活动的欲望,想做点什么,想要活动身体,即"自发萌动"的出现。自发萌动的出现是阶段转换的重要标准。

2. 第二阶段:轻作业期 与卧床期相同,该阶段也在与外部隔离的环境中进行,患者依然不能与人沟通交流,不能从事所有分心的活动和娱乐活动。一般情况下,一日三餐按照医院规定的时间进食,晚上睡眠时间限制在8个小时,餐后到室外晒太阳,呼吸新鲜空气。可以进行一些轻劳动,包括扫地、擦玻璃、擦桌子、整理房间等。也可以观察其他患者干活,旁听其他患者的讨论会,学习如何度过作业期。每天晚饭后患者完成日记,治疗师根据日记内容了解患者的身心状态、思维方式的变化,给予日记指导。

该阶段通过连续的轻劳动要求患者不与焦虑做强迫性斗争,虽然依然会体验到内心的不安与思想矛盾,但不会不受控制地干预情绪,对情绪的容忍度逐渐提高。同时,经过卧床期之后,患者对活动身体、参与劳动产生极强的热情,提升自发的活动欲望是这个时期的目标。最初的一两天,不推荐患者进行体力劳动,而是随着时间推移逐渐增加活动量。重要的是,患者从事的劳动、活动与工作是他们自主发现,自发参与的,他们仔细观察周围的生活环境,不断地把注意投向生活细节,不找借口,不问理由,随心所欲地参与其中。劳动自动化的出现是阶段转换的重要标准。

3. 第三阶段:重作业期　重作业期不代表让患者参加繁重的体力劳动,而是根据患者各自的身体条件、实际情况安排适度的工作或自由选择。一般患者会从事田间劳作、庭院劳动、照顾小动物、打扫厕所、做手工等,该阶段允许进行读书活动,这也成为许多患者生活的重要部分。同时,患者定期参加劳动作业会议,轮流做会议主持人,分配工作,或接受分工任务,总结劳动成果。

该阶段的目标是促进患者生活态度的转变。患者在活动中,不对每一个行为、每一项工作进行价值判断,不对工作进行预先考虑,抱有期待,而是培养对过程和结果纯粹的喜悦感,唤起对工作的兴趣,培养耐心、自信心。把劳动中浮现的一切思想感情视为自然心态,将焦虑与痛苦当作存在的现实来看待,彻底地去接纳,少思考、少反刍,多与现实联结,投入生活。

4. 第四阶段:生活训练期　该阶段是回归日常生活的准备阶段,这个时期如果有要事可以外出,晚上回来睡觉,事实上白天患者已经可以回归学校或职场了。这个时期任务更加多样化、角色化,与训练目的相关联,患者在丰富多样的任务中践行"顺其自然,为所当为"的原则,保持纯真的心态。住院期间仍需要完成日记,主要记录神经症症状的变化或维持的情况,记录自己的做法与体会,治疗师继续通过日记进行指导,进一步纠正患者以前对于症状的认知偏差,改善对于疾病的误解,以及自我中心、自以为是的思维方式,收获"顺其自然"的心态带来的症状改变与效果。引导患者在回归正常生活后依然不过分强调行为的价值与意义,不过度追求完美,以淳朴、自然的心态去学习、工作和生活。这段治疗的主要任务是提高对外部环境与生活变化的适应性。乐观心态的出现是治疗结束、回归生活的重要标准。

(二)门诊森田治疗

森田治疗的经典模式是住院治疗,但是在现代医疗设施中越来越难以保留这样的空间,配备这样的资源,门诊森田治疗已成为一种更具可行性的新模式。门诊治疗更适合轻症患者,通过门诊方式实施的森田治疗并没有一个固定的范本,常见的形式包括四部分:①初始访谈与心理评估;②设定目标与制定计划;③认知干预与行为指导;④日记治疗与谈话治疗。

如果不以治疗阶段划分,从具体的、可操作的治疗技术而言,森田治疗包括劳动治疗、日记治疗、运动治疗、饮食治疗、娱乐治疗、物理治疗、放松治疗、气功治疗、阅读与作品鉴赏治疗等多种形式。同时,现代森田治疗并不排斥精神类的药物治疗,既认同合适剂量的药物对症状缓解的积极作用,同时又看到了药物治疗的局限。特别强调个体神经质人格、疑病素质、不佳的思维方式、生活方式、过度行为防御在神经症发病、维持过程中的心理机制。森田理论认为在接受药物治疗的同时积极开展森田治疗,是从本源上解决问题的最佳方案。

四、小结

森田治疗是日本具有代表性的心理治疗理论之一,也是在西方的心理治疗体系中被学习最多、最被认可的东方心理治疗技术。森田正马将自己患神经症的体验、治疗、痊愈的过程进行深入分析和理论总结,创立了森田治疗。经过百年的传承与发展,森田治疗学派的几代学者不断拓展这一方法的应用技术与实践模式,除传统的住院治疗外,森田治疗在门诊治疗中也得到了很好的应用。最初森田治疗主要用于神经症的治疗,随着理论的不断完善和发展,其治疗的有效性已经体现在多种精神障碍中,包括精神分裂症、抑郁障碍、人格障碍、酒精及药物依赖等。经典森田心理训练的每个阶段都是对自我的超越和对顺应自然、为所当为的有效模拟。森田治疗不仅是一种临床的心理治疗方法,更是一种值得提倡的人生观,对于一般人群的健康维持具有重要的意义。森田治疗的结束是森田式生活的开始而不是终结,它改变的是人们的生活方式和思维方式。

第二节　内观治疗

一、概述

(一)社会背景

内观(naikan),即向内观察自己的内心,是由日本吉本伊信(Yoshimoto Ishin)在1937年前后提出,1953年确立的一种自我反思的方法。它不同于印度内观(vipassana),以及一切以"内观"冠名的富有宗教色彩的修行形式,也不同于正念、冥想和坐禅。它是被科学验证了的自我修养法,也是一种能有效提升心理健康水平的心理疗法,在医疗、教育、司法等各领域都有着广泛应用。在医疗领域被称为内观治疗(naikan therapy/introspective therapy),在司法领域被称为内观矫治法,在其他领域被普遍称为内观法。内观治疗是临床心理干预中十分具有代表性的东方治疗技术之一。

(二)哲学与宗教背景

内观治疗与中国佛教有着很深的渊源,它是以净土宗一派中常用的修行法"身调べ"(日语)为基础发展而来的方法。内观的概念由日本禅师白隐最早提出,是一种"断我执,识我心"的方法。"身调べ"是一种悟"生死无常,转迷开悟"的修行,也是一种不饮食、不睡眠的苦行。吉本伊信潜心钻研,并积极开展实践,认为宗教中的苦行元素阻碍了人们的求道进取之心,并对佛教中的"内观"进行了改革,最终在1965年前后开发出如今内观治疗的完整模式。内观的目标正如吉本所说的"通过内观,无论面对什么样的困难和挫折,都能以感谢和报恩的心态去面对生活"。

佛教思想对内观治疗的人性观有着重要的影响。首先,内观治疗对于神经症患病的理解方式强调"无知者无明",认为"无明"是神经症的根源。它认为健康的人与神经症患者之间并没有明确的界线,只要他们是"无明"的人就都是患者。"无明"的人欲望太大,过分执迷,且拘泥于此欲望,他们往往疲于身外之物的追逐,而不是内心的幸福与满足。只要"无明"消失,欲望将转为欲生、焦虑、抑郁、恐惧等即可消失,神经症就可以治愈。内观法强调了人性暗淡的一面,要求人们学习正确的反省方法才能获得健康与自在的生活。其次,内观治疗重视人际关系,特别是与母亲、母系家人的关系。认为每个人都是被生存(被万物养育、支持才得以生存)、被养育的,脱离人际关系,脱离世界万物绝无存在的可能。过往的经历与当下的自己,眼前的人和事物与此处的自己并非孤立,所有的存在、现象都相互依存,相互关联,包括宇宙、自然、人、动物、植物,一切都有关联,相互影响。人因此而获得元认知,学习从他人、他物的视角观察自己,获得全人的感受。

内观治疗的佛教渊源让它具有了神秘的宗教色彩,对于内观与佛教的关系,吉本伊信曾在1977年的著作中进行了如下阐释:①内观中并不触及佛祖慈悲与救济苦难的内容;②内观法没有专用的教典、教义;③不需要特定的神职人员的点化或传授神谕,任何人都可以理解;④内观是单纯的反省练习,内观后并未有皈依于特定宗教的意图。吉本伊信以此来明确内观是一种源于佛教又区别于宗教的内省方法。

此外,有研究者还认为内观治疗也与儒家、道家思想有诸多相通之处。内观治疗的诞生可以说是佛教智慧、儒家哲学和道家思想在日本沉淀、交融、发展的代表,蕴含着淳朴的为人处世之道。

二、核心理论和概念

(一)内观治疗是什么

内观治疗又可以称为"观察我法""洞察自我法",日本真荣城辉明对现代内观治疗进行了如下的描述:"带着烦恼和痛苦的内观者,通过自身的内观体验,在精通内观法专家的帮助下进行自我观察。此时,内观师在屋内一角设立屏风,尽可能提供一个屏蔽外界刺激的环境。内观者在规定的时间内专注于内心,从过去到现在,围绕'我所得到的''我所付出的',以及'我给他人添的麻烦'这三个问题进行系统的反观回想。内观者反复回顾'我'的认识过程,从而重新感受到现在生活的幸福。"

(二)内观治疗的理论化

与多数心理治疗不同,吉本伊信是在修行实践中不断摸索、思考,并总结出如今的内观法原型的。吉本伊信不强调理论,不热衷于理论,依托当年的"师徒制"的特殊教育方式,通过言传身教,使技术与精神得以传承。而师徒制的方式已不适合当今的时代,只有理论化、系统化的内观法才能让年轻的内观师在继承原内观法精髓的同时,改良内观体验中与现代生活难以相容的形式,让内观的思想与技术方法传承。

在20世纪内观治疗理论化的过程中有两种观点最具代表性。

1. 以川原隆造(Ryuzo Kawahara)为代表的研究 川原隆造重视内观独特的外部结构和内部结构,着重分析内观者的认知变化,强调治疗结构是内观治疗有效性的重要保证。

2. 以村濑孝雄(Takao Murase)为代表的研究 村濑孝雄重视内观的体验过程,抓住这一体验的本质,详细分析了该过程中个体心理动力的变化模式。

两种观点各有优势,却也不够完整,内观的治疗结构与作用机制并不是单纯的技术,更体现了内观的思想和原理,二者相辅相成。因此近些年来,理论研究者倾向于融合以上两者的观点,提出了四位一体的综合模型,即内部结构、外部结构、内观者与内观师的"关系",以及内观体验过程,这四个要素共同构成内观有效性的心理机制。

(三)内观治疗的内部结构

内部结构包括反思的内容,反思的形式与过程,反思的态度与方式。内观者需要反思的内容主要是指"内观三条目":①"她/他为我做了什么";②"我为她/他做了什么";③"我给她/他添了什么麻烦(困扰、痛苦等)"。这是内观的核心内容,在治疗过程中发挥着重要的功能。

内观的第一个问题旨在让内观者了解他人为自己付出了哪些,照顾了多少,支持了多少,让内观者感受到自己得到了他人很多的恩惠,觉察到自己其实"是被爱着的"的事实,内心激起幸福与感激。

第二个问题回顾了自己为这些人付出了多少,回报了多少,让个体感觉到自己的价值,发现为他人付出的快乐,对于提升自尊、改善抑郁心境有积极作用。被深深爱着的体验会让内观者放弃对周围人(主要人际关系)的偏见,从而产生亲近感、温暖感、联系感、"人我一体感"。

第三个问题最为重要,要求回忆在关系中给对方添的麻烦,带去的困扰,反思自己的不足、不好,甚至是丑陋与罪恶。但内观不是要进行道德讨伐、罪恶反省,而是让人看清内心中阴暗的部分,善意地触碰自己不愿意看、听、想的存在于自身的本质的部分,最终引导人自我调解、自我坦诚,实现对自己的全然接纳。

内观治疗还有更丰富的主题,包括计算养育费、"说谎与偷盗"主题的自罪反思等。

(四)内观治疗的外部结构

内观治疗的外部结构包括内观体验或实施内观治疗时的空间结构与时间结构。内观的一个目的是让人不执迷,不拘泥,坦然面对自己。其中与他人保持联系是有必要的,如内观师、生活照料师、其他内观者等,但是直接建立人际关系反而会导致相互影响、观点渗透,难以形成"独自面对"的"场",阻碍内观的深入。因此,内观的外部结构设置会有意识地建立和保护关系的边界。

从空间设置与布局的角度而言,内观重视塑造与日常生活的"距离感",给内观者带来一种非日常的体验。内观的空间会设置屏风、遮断等物件,对内观者进行有限的感觉剥夺。内观强调向内的反省,并致力于促进内观者逐渐走向深入。限制活动范围,遮挡视线等做法都有利于内观者专注于回顾过去的经历,内观者得以全身心地重新体验生活。

经典的内观治疗要求有一周的时间吃住在内观中心,其间根据内观师的指导,每天进行约15个小时的内省,包括在进食、洗漱、清洁打扫的过程中也不能停止内观。与其说在进行内观治疗,不如说内观者逐渐过上了内观式的生活。在内观中心,每天06:30起床,07:00开始内观,22:00睡觉,中间内观师每隔60~90分钟到内观者处进行访谈,时长3~5分钟,一天进行11~13次。

受客观条件所限,在医疗机构进行内观治疗时与在一般的内观中心参加内观研修、内观体验有所不同,多数情况下会对空间布局及时间分配进行相应的改良。

(五)内观治疗的基本原理

内观治疗是一种通过对身边的人,特别是母亲,以及其他生命中的重要他人,以"我所得到的、我所付出的、我给别人添的麻烦"这三个提问的形式不断进行自我反思的方法。这种对过往的反思代表某种形式的退行,而在一般的心理治疗中,也强调内观师要尽可能给内观者提供有利于退行的安全环境,促进内观者有一定程度的退行,并在内观师抱持性的环境中得到疗愈。从这个角度而言,内观治疗实施中的内部结构与外部结构都为创造一个安全的、不被打扰的环境提供了保证。内观体验的本质就是内观者的心理能量与内观的内外部结构碰撞、妥协、适应的过程。

在内观治疗中,随着时间的推移,认真、专注、方法得当的内观者会发生一系列的心理变化。内观治疗引导人们自我观照、自我启发、自我洞察。它可以使人关注积极情感,增强感受爱以及爱己爱人的能力;可以获得对自己的元认知,有利于从纠缠与困境中摆脱;可以获得全人的视角,更全面、系统地看待世间万物,克服存在的孤独,获得生命的意义感。

首先,通过爱的觉察,以及以爱为基础的共情的建立,会彻底改变对父母、亲人、朋友的看法,改变对自身,对世界万物的看法。因为人的存在是透过共鸣的过去与世界产生连带感的,对过去的被爱的回忆唤起了人与世界的共鸣。其次,内观治疗可以让人获得元认知,跳出困扰自己的问题,学习到从多个视角看待人与事的能力,意识到自己与他人、与自然相依共生的关系。再次,内观治疗直接作用于人的负罪感(罪意识),在众多心理治疗中是非常特殊的。内观者会意识到被爱着的自己不仅没有知恩图报,却给对方带来了很多困扰。内观者会对自己曾经的态度、言语、行为产生深深的愧疚与自责。这种成熟、健康的自罪感,能够帮助个体发展积极的人格品质,促进个体的自我批评与反省。

三、治疗过程

内观治疗有多种方式。从形式上可分为集中内观、分散内观、日常内观等;从操作方式上可分为谈话内观、通信内观、记录内观等;从内容上可分为以人际关系的回顾为核心的内观、自然内观和身体内观等。本节主要介绍最为经典的 7 天集中内观的治疗过程。

从体验过程而言内观会经历 7 个时期,包括导入探索期、模仿适应期、试行矛盾期、苦闷闭塞期、解放忏悔期、平静稳定期、洞察升华期。这些时期阶段之间并没有十分精确的时间划分。

人容易对伴随强烈情感发生的事情留下深刻的记忆,在导入探索期(内观的第 1~2 天),内观者往往难以改变固有的思维方式,容易为自己的不幸、不满感到悲伤和愤怒,有时会伴随哭泣。

在内观师的指导与坚持下,内观者开始适应内观中心的环境,熟悉内观的节奏,逐渐放松下来,进入模仿适应期(第 2~3 天)。

适应之后随之而来的就是平淡与无聊,内观者开始想要快点结束,感觉自己没有进步,浪费时间,开始焦躁不安(第 3~4 天),此阶段为试行矛盾期和苦闷闭塞期,内观者最容易脱落,需要内观师始终如一的坚定与信任。

当内观者在苦闷中不放弃,在看似简单的问题的指引下重复工作的时候,人对思考的专注会带来意想不到的成效,进入下一阶段的解放忏悔期(第 4~5 天),此时会得到更加深刻或完全不同的人生理解与感受。

新的理解方式可能会打开纠缠已久的心结,会解开定论已久的误会,会对人生进行重新评价,会唤起全新的情感体验,让人满足,充满幸福感,此时进入了平静稳定期(第 5~6 天)。

内观者意识到生命中最重要的是什么，达到自我认识、自我和解、清新开放的状态，并想要立即做些什么去表达感谢，去真诚道歉，去报恩，与自己生命的本源（父母、故土、空气、水、世间万物）建立起联系，对其产生依恋、信任与归属感。此时，内观者会进入洞察升华期（第6～7天）。

四、治疗技术和临床操作

在内观治疗中将困扰与痛苦当作一种人与自我、人与他人、人与世界之间关系的失调。解决失调需要从根本上对心理机制进行调整，需要个体进行由内向外的改变。

（一）治疗内容

治疗内容上，内观者需要紧紧围绕"内观三条目"，回顾从出生到现在的生活。回顾时需要进行时间段的划分，以普遍被接受的事件作为时间节点，将过去的生活分成多个阶段，如上小学之前、小学低年级、小学高年级、初中、高中、大学、结婚、生子等。回顾对象一般从母亲开始，如有特殊情况也可以调整为祖母或外祖母，甚至是从父亲、祖父、外祖父等其他主要照料者开始回顾。常见的回顾顺序依次为母亲、父亲、祖父母（外祖父母）、兄弟姐妹、配偶（恋人）、孩子（若有）、朋友、亲戚、同事、领导等。回顾的对象基本涵盖了与患者迄今为止的人生有密切关系的人，不仅包括了亲人朋友，甚至还可以包括仇人、伤害过自己的人、不喜欢的人等。

需要注意的是，内观治疗并不推荐用于中重度抑郁障碍患者，对于思维能力受限的精神分裂症发病期的患者、儿童也不推荐使用。对于虽不符合临床诊断，但有抑郁倾向的内观者，需要特殊处理，一般只要求回顾前两个问题，而避免沉浸在"添麻烦"的自责与内疚中，加重抑郁心境，带来风险。

（二）实施条件

在我国，非医疗机构内观中心基本模仿了日本的布局，而医疗机构的内观治疗室因条件所限则有较大的差异。有的是在病房的一个角落隔出一个小空间，有的是在一间专门的房间中隔出多个小空间，有的是增加多个隔断，内观者面向空白墙壁，两侧通过隔断来减少干扰因素。空间设置的原则是尽可能减少外界刺激，减少当下生活对内观者的影响。同时，空间位置的选择也要考虑到减少与他人的直接接触，避免产生语言交流、视线交流的机会，分散注意力，但也不能与世隔绝，从而导致内观者产生强烈的孤独感，需要能够感知到他人的存在与陪伴。

内观者身处一个安全的、被保护的环境中，能够专注地思考，也能感受到他人的陪伴（包括内观师和其他内观者）。一般内观者被要求坐在一个感觉受限的空间，采取舒适的坐姿，睁双眼，时间久了可以适当运动，以及饮水、去洗手间、洗漱等，若在药物治疗中，也可以正常服药，但禁止与内观师以外的人有任何交流，包括语言交流、视线交流等其他任何形式的交流。内观期间不能进行日常的工作学习，禁止阅读、听广播、使用手机等移动设备，禁止吃零食、娱乐等一切分散注意力的活动。餐食在内观治疗中起着重要的作用，一般要求饮食清淡，减少油脂和食盐的摄取量，保证足够的主食，适当的蛋白质、充足的蔬菜、适量水果，禁止酒精，控制咖啡与浓茶，推荐饮温白开水和淡茶。饮食的搭配、口味、分量应尽量保证内观者能够集中精力地思考。

（三）日程安排

1. 内观一天中的时间安排　①06:30 起床（音乐唤起），整理内务，洗漱，打扫卫生等；

②07:00—22:00内观,其中每隔60~90分钟与内观师进行3~5分钟的会谈,一天11~13次;③08:00早餐;④12:00午餐(同时播放内观相关的录音磁带);⑤18:00晚餐;⑥20:00洗漱(听从工作人员安排);⑦22:00就寝(敲钟等仪式化操作)。不同机构之间略有差异。

2. 内观一周的流程安排 ①第一天12:00集合,参观环境,收拾行李等;②第一天14:00集合完毕,填写个人信息问卷,进行基本情况介绍,包括一周生活概况,传授内观方法,进行10分钟的内观练习等;③第一天16:00内观者走进自己的空间,稍事整理开始内观至22:00就寝;④第二~六天,全天15小时内观,8~9小时睡眠;⑤第七天上午如常内观,11:00参加集体内观;⑥第七天11:30分发纸笔,写下内观感想;⑦第七天12:00内观者再次集中,共进午餐并进行座谈与分享;⑧第七天15:00填写问卷,整理内务,准备回程。不同机构之间略有差异。

由于内观者的年龄对内观的推进速度有较大影响,因此,即使同一期的内观者之间也无法保持完全同步。

(四)日常内观

日常内观一般每天进行,对于内观的时长、地点,以及对象都没有严格的规定。但是内观的精髓,即内观的三个问题是不可动摇的,它们代表了内观式的思维方式。三个问题中需要回顾的,除了代表某人的“她”和“他”之外,还增加了“它”,代表人类之外的存在。人类所依赖的,给人类滋养的不仅包括人类,还包括其他有生命的动物和植物,以及山川、河流、大地、空气、阳光、雨露等。每天内观时,可以像集中内观一样回顾与特定的人物之间的事情,也可以对昨天和今天的人际关系进行内观,还可以对今天一天的生活进行内观。为了日常内观能够长久坚持,许多人会组成日常内观群,把每天内观故事分享给同伴。

五、小结

内观治疗不是改变自己的方法,而是了解自己的方法,是通往幸福的方法,内观治疗的结束是内观式生活方式的开始。“内观三条目”要求人们停止以往从自我立场出发讨论问题的态度,改为站在对方的立场追问自己应该做的事情,换一个角度重新审视自己的过去,并强调不加评判地去看待过去的生活。随着时代的变迁,物质生活的日益满足,内观治疗的思想与技术不仅在精神疾病的临床实践中发挥作用,还在改善人际关系、追寻幸福、发展生命意义等领域中展现出方法上的优势,逐渐成为一种“爱的心理治疗”。此外,从心理神经免疫学的视角,从全人医疗和毕生发展的观点考虑,内观治疗作为综合医疗的组成部分也将在心身疾病的治疗、压力管理领域,应对老年期的心理危机和临终关怀等诸多领域发挥重要的作用。

第三节　催眠治疗

催眠(hypnosis)或是当代心理治疗方法中最吸引大众目光,也最引发业内争议的方法之一。本节简要介绍现代催眠治疗,通过讲解这种积累了相当实证疗效证据的治疗方法,以期读者愿意本着专业批判态度,进一步学习、实践和优化这一历史悠久且富有生命力的方法。

一、现代催眠治疗的历史沿革

尽管德国医生弗朗兹·A.麦斯麦（Franz A Mesmer）被公认为现代催眠治疗创始人，但与催眠相关的现象和技术变式很早就出现在了人类历史中，尤其是在巫医和宗教传统里，即在一种被特定文化所认可的疗愈关系中，由疗愈者实施某种来访者及其文化所认可的仪式，且在仪式中这位来访者的意识状态发生了有助于达成疗愈目标的改变。

自麦斯麦于1775年在慕尼黑科学学院展示麦斯麦术（mesmerism）算起，现代催眠已有近250年历史。作为现代心理治疗的开端，从中诞生众多解释人类心理和身心疗愈机制的理论（包括精神分析在内），其发展史也是心理治疗发展史的缩影，下文将简要介绍几位重要人物及其代表的发展转折点。

1767年，33岁的麦斯麦开始行医。在维也纳大学获医学博士学位后，他因不满当时治疗手段的效果，所以通过对有各种身心症状的患者进行试验，逐渐发展出了一套有明确步骤的治疗方法，即麦斯麦术。简而言之，他会用特定方式的触摸加上磁铁来诱发患者出现强烈的躯体反应（这些反应非常戏剧化，故被称为"危机反应"），以达到症状缓解的效果。

麦斯麦术已具备现代心理治疗的必要元素：合适的病症（身心症状）、特定技术方法、一套有关致病和治疗机制的理论，以及好于同时期其他方法的疗效。麦斯麦自诩发展了一套与当时科学前沿比肩的理论——动物磁能说（animal magnetism）。他假设人体存在一种磁流，即动物磁能，所有病症及有效治疗都是磁流阻塞和疏通的表现；任何健康人只要通过麦斯麦术就能重整患者的磁流以达治愈。

麦斯麦术在当时相当有效，因此尽管从未获得当年维也纳主流学界承认，但是仍无法阻止它迅速传遍欧洲中部。1784年，法国科学院和巴黎医学学院联合任命一个专家组来调查麦斯麦术，尤其是动物磁能说的真伪。其结果不仅判了动物磁能说"死刑"，导致麦斯麦"败走江湖"，还开启了之后百年备受争议的议题——如果麦斯麦术有效，而起效机制并非动物磁能，那么疗效究竟源于何处？当年法国专家调查组的结论是，所有积极的效果都源于"患者的想象和期待"。

麦斯麦离开巴黎后，他的学生和追随者继续发展和实践这一技术，并逐渐分化出不同的理论派别，但始终保持着与主流学界若即若离的关系。麦斯麦术也被用于临床治疗之外的用途，这些非临床用途让它有了毁誉参半的名声（尤其是操纵人心和有魔法般的神奇效果这两点），其中包括舞台表演、宗教运动和各式神秘主义的实践。

将麦斯麦术改名为催眠（hypnosis）的是苏格兰医生詹姆斯·布莱德（James Braid），他在1843年发表的一篇文章中首次使用了催眠术（hypnotism）一词，标志着催眠作为一种治疗手段的回归。布莱德在医疗实践中进行技术革新之余，也发展出了自己的理论，认为麦斯麦术能激发一种和通常睡眠有所不同，但仍与其相关的特殊意识状态，故才以希腊传说中掌管睡眠的神的名字给它起了新名字。

19世纪下半叶，几位著名法国神经病学家对催眠的兴趣让巴黎再次见证了催眠术的复兴，内-马丁·沙可（Jean-Martin Charcot）就是其中之一。沙可学派认为，催眠状态是一种人为制造的疾病状态，因而可诱发癔症症状，而癔症患者与健康人相比更易出现病理性的意识状态（所谓"类催眠状态")。南锡学派完全不赞同上述观点,认为催眠状态是人对暗示做出反应的结果,每个人都有被催眠的能力。而催眠再次开始自己"流亡"的命运也是因为沙可的一位学生——西格蒙德·弗洛伊德(Sigmund Freud)。弗洛伊德最初使用催眠术是因为它的疗效好,最终放弃它似乎也出于疗效原因:它的效果不够好[8]。仅就催眠的历史而言,虽然弗洛伊德实际上将催眠术融入了精神分析中,但他并未公开承认,而是呈现出对催眠术"弃如敝屣"的态度。其直接后果是,随着精神分析成为主流心理治疗界的主要方法,催眠退出了心理治疗的核心舞台。

在此后约半个世纪中,催眠术继续活跃在两处:舞台催眠表演秀和心理学实验室。米尔顿·艾利克森(Milton Erickson)作为现代催眠、家庭和短程治疗取向的先驱,他被誉为 20 世纪极其重要的心理治疗师之一[9]。

艾利克森在威斯康星大学求学期间通过新行为主义代表人物克拉克·霍尔(Clark Hull)接触到了催眠。霍尔以实证主义的实验取向来研究催眠现象,尤其是理解和测量个体能否被催眠的特质(催眠易感性),但艾利克森最终发展出了与其大相径庭的催眠理论和临床实践:他不赞同将催眠易感性视为一种脱离人际背景的个人特质,更强调人际关系对催眠状态诱发的重要影响。他还强调催眠是激发和利用潜意识过程的方法。艾利克森不仅复兴了催眠,还引发了心理治疗理念和技术的变革,尤其在家庭治疗领域。但他本人及以他命名的临床学派对学院派心理学的影响仍然有限,他也并未能够解决催眠领域在界定催眠上存在的争议:现代催眠在临床领域和科学研究领域从 20 世纪中叶至今一直维持着某种平行的发展,在"催眠"这一概念下继续集合着不同的理论观点和实践立场。

二、临床催眠:现代催眠在临床领域的应用

临床催眠(clinical hypnosis)泛指催眠的一个实践领域,即由专业人员将催眠用于改善和促进人类身心健康以及科学研究目的,以区别于其他领域,尤其在娱乐和宗教领域的应用。临床催眠往往有以下特征。首先,它的目的是将催眠理论与技术用于改善人类的心理和躯体困扰。其应用不仅在心理治疗与咨询领域,也被系统用于医疗、教育培训、体育竞技和司法领域,以促进个人/团体的福祉和表现。它的实践者不会从事舞台表演催眠,这也是很多专业组织的伦理规范中明确禁止的。

其次,从实践者身份来看,他们往往在健康和助人领域受过系统专业培训,具备相关学历背景和职业资质,隶属某个行业组织,并遵守职业伦理。在临床催眠领域有较大影响的专业组织包括美国心理学会第三十分会(American psychological association,division 30;APA-D30)、面向全球催眠研究者和临床工作者的国际催眠学会(International Society of Hypnosis,ISH)、美国临床催眠学会(American Society of Clinical Hypnosis,ASCH)、米尔顿·艾利克森基金会(The Milton H. Erickson Foundation)。在我国,艾利克森临床催眠研究院是被 ISH 承认的国家成员协会。

---

[8] 若想了解弗洛伊德如何从最初对催眠术的青睐到最终的弃用,继而创立精神分析的历史,推荐彼得·盖伊(Peter Gay)编写的《弗洛伊德传》相关章节。

[9] 有兴趣的读者可阅读由家庭策略派代表人物杰·黑利(Jay Haley)于 1973 年撰写的《不寻常的心理治疗》。

在心理咨询与治疗领域,催眠单独或联合其他流派使用可用于干预各类心理障碍和困扰,尤其是焦虑障碍、抑郁障碍、创伤后应激障碍、解离性身份障碍、身心障碍、疼痛、进食障碍和吸烟问题;它对诸多临床问题的疗效已获得众多实证研究的支持。近年来,催眠被越来越多地用于躯体医学领域,尤其是用于急慢性疼痛管理及一些身心疾病和慢性疾病(包括癌症在内)的管理,并发现有良好疗效。

最后,引用史蒂文·杰伊·林内(Steven Jay Lynn)、茱蒂丝·W. 鲁埃(Judith W Rhue)和欧文·基尔希(Irving Kirsch)主编的《临床催眠指南》第一章末尾的"警告篇"中的一些内容,以提示在以下情况需谨慎使用催眠:①将其用于未处于稳定状态的边缘型人格障碍和解离障碍患者;②仅将其用于情绪宣泄或揭示潜意识;③将其用于获得所谓"真实记忆"(催眠中提取的记忆很可能是虚假记忆!);④将其用于对催眠有错误预期的患者;⑤对特定问题没有受过足够训练的专业人员仅使用催眠来干预该问题(如无产科从业资质的心理咨询师用催眠来帮助孕妇无痛分娩);⑥从事舞台表演催眠。

三、核心理论和概念

下文将基于目前临床催眠领域形成的一些共识,重点介绍两种界定催眠的取向和三大理论流派。但实际上学界对"催眠"的理解仍在不断发展,当前在概念和理论上的复杂(抑或是对立的)状况与催眠现象所具有的复杂性相一致。

(一)何为催眠:界定催眠的两种取向 —— 状态说 *vs* 非状态说

美国心理学会第三十分会(APA-D30)在 2005 年曾尝试给出一种关于催眠定义的"行业共识"。尽管该定义很长,但考虑到它的"整合性",仍在此全文引用:

通常而言,催眠包括一个导入程序,在导入的过程中,被催眠者会被给予暗示,让其进入想象体验。催眠导入是一种最初实施的、持续的暗示,让个体去使用自己的想象,并可能会包含进一步详细的导入。催眠程序被用来激发被催眠者对暗示做出反应,以及去评估其对于暗示的反应。当使用催眠时,个体(被催眠者)在另一个个体(催眠师)的引导下对暗示进行反应,这些暗示的目的是改变主观体验,以及在知觉、感觉、情绪、想法或行为层面引入变化。个体也可以学习自我催眠,即一种对自己实施催眠程序的行为。如果被催眠者对催眠暗示有所反应,一般就会认为已经在这个人身上引发了催眠。许多人相信,催眠的反应和状态具有某种催眠状态的特征。尽管有人认为,并不一定要在催眠导入的过程中使用"催眠"一词,而另一些人则认为这是必需的。

催眠过程和暗示的细节会根据执业者的目标和临床或研究工作的目的不同而不同。传统上来说,催眠程序会包括暗示被催眠者放松,尽管放松对于催眠而言并非必要;可用的暗示种类极为广泛,包括让被催眠者变得更警觉的暗示。在临床和研究情境中,可以使用能将被催眠者的反应和标准化的量表做比较的暗示,从而评估催眠的程度。尽管绝大多数人至少会对某些暗示有所反应,但人们在标准化量表上的得分各异,从高分到零分不等。传统上来说,得分被划分为低分组、中分组和高分组。与诸如"注意"和"觉察"这些正向计分的心理学构念量表一样,成功催眠的证据会随着个体分数的增高而越发明显。

2015 年,APA-D30 再次更新了对催眠的定义:"一种意识状态,涉及注意力聚焦以及外周觉察的减少,特征是对暗示的反应能力提升。"

对比两个定义，差别并非仅是长短不同，而是体现了在"何为催眠的本质"这个问题上，专业协会如何处理业界存在的争议：2005年版定义更希望调和争议，以求"兼容并包"；而2015年版定义更鲜明地站在了争议的某一端，以求"化繁为简"。

大卫·A. 奥克利（David A Oakley）和皮特·W. 哈利根（Peter W Halligan）将上述争议总结为在两个基本立场上的不同：状态说 vs 非状态说。简而言之，持"状态说"观点的人坚信，催眠是一种个体特有的主观意识和行为状态，即所谓"恍惚状态"（trance），且伴随神经生物标志物或大脑功能的改变。持"非状态说"观点的人认为，催眠是一组复杂的人际社会互动现象的统称，即便他们也使用"恍惚状态"来指代各类催眠现象，但并不认为催眠本身有独特的生理机制，而是更多会受个人期待及催眠所发生的人际背景的影响。

总之，2005年版定义试图尽量包含不同取向对催眠的理解，而2015版定义更偏向"状态说"立场，强调催眠在行为层面的特征，而非神经生物标志物或大脑功能的特异性改变。另一方面，两个定义都赞同催眠是主观意识状态发生的变化，其改变的典型特征是对于暗示的反应性增加。此外，2005版定义中涉及让个体产生和维持催眠状态的操作程序，这些程序本质上都由暗示组成，后文有关治疗过程和核心技术的部分将予以重点介绍。

（二）三大催眠流派

另一种梳理现代催眠脉络的方式是按历史进程将催眠划分为三大流派。

1. 从麦斯麦开始到弗洛伊德时代占据主流的权威式催眠，代表人物有麦斯麦、沙可和弗洛伊德。目前这种实施催眠的方式多见于舞台表演。

2. 从霍尔开始至今，在大学和研究所占据主流的学院派，代表人物有霍尔、欧内斯特·希尔加德（Ernest Hilgard）。

3. 现代催眠的复兴者艾利克森和其追随者创立的艾利克森派，师从艾利克森的著名催眠学者和治疗师史蒂文·G. 吉利根（Steven G. Gilligan）就采用了这样的系统。他从催眠的实施条件、实施目标、催眠成败的关键点等多个角度比较了三大流派的异同[10]。

近年来盛行的"折中"风潮也见于临床催眠领域，尤其是临床工作者，往往并不那么关注理论的"纯洁性"，而是更在意具体催眠技术能否增益自己的临床干预效果。催眠是否属于一个独立的临床流派，这个问题上本领域的学者和临床工作者中也存在不同的观点。在临床催眠领域极有影响力的学者、培训师和治疗师迈克尔·D. 雅普克（Michael D Yapko）不认为催眠是一个独立的临床流派，而是一种可以和主要治疗流派联合使用的治疗工具。这种将催眠与特定治疗流派（如精神分析或认知行为治疗）联合使用的做法在如今的临床领域中越发多见；也有更多的研究证据表明，相比单一使用特定流派，这类"催眠+特定流派"的干预方式能提升整体的干预效果。

四、治疗过程与治疗技术

将催眠视为一种治疗工具或许能免于纠缠在本领域复杂乃至对立的理论纷争，但也提出了一个重要问题——这种治疗工具应包含哪些必要的核心过程和技术？APA-D30在2005版定义

---

[10]　可参考吉利根的著作《艾瑞克森催眠治疗理论》中的相关章节。

中给出了比较好的答案,在上述定义中提及的关键操作和过程包括:暗示、导入程序、催眠易感性及自我催眠。定义中也指出,催眠本身并不具有特异性的目标和标准过程,而是取决于催眠师的干预目标或科学研究者的研究目的。

对于大多数从业者而言,一次正式实施的催眠会谈仍有它相对固定的结构和步骤,从而与其他试图影响主观意识体验的干预方法(如冥想)区分开来。所谓"正式",是指催眠师会明确告诉被催眠者,自己将会对其实施的干预是催眠(而非"积极想象""冥想"或"正念")。在三大流派中,权威派和学院派实施的催眠大多会遵循这类正式结构,艾利克森学派则有所不同。他本人对于现代催眠的贡献之一就是发展出了众多以更间接、非程序化、因人而异的方式来影响患者意识状态的理念和技术。鉴于本节的编写目的和篇幅所限,在此仅介绍正式实施的催眠具有的基本结构。

(一)治疗过程:正式实施催眠的基本结构

实施正式催眠的基本结构一般包括四个组成部分:评估(assessment)、导入(induction)、工作阶段(working phase)和唤回(re-orientation)。

从导入到唤回的过程中,催眠师主要的工作方式是使用言语和非语言的沟通手段,在本领域中这些沟通手段被称为暗示(suggestion),用来试图影响被催眠者的意识状态:首先,在导入阶段,让被催眠者的意识状态从指向外界刺激、注意力相对并不聚焦的日常清醒状态,逐渐转变为注意力相对聚焦、能高度选择性关注催眠师所给出的暗示的一种意识改变状态(即恍惚状态)。当催眠师基于观察认为被催眠者的意识状态已发生改变(即进入恍惚状态),工作阶段就开始了。催眠师会根据具体目标(如调节特定情绪、增加自信、处理创伤、减轻疼痛等)持续给予暗示,期待被催眠者能根据暗示做出相应反应(内在感受和外在行为发生相应变化)。当催眠师完成上述暗示,唤回阶段就开始了:使用一组暗示再次试图改变被催眠者的意识状态,让被催眠者从恍惚状态重新回到日常清醒状态。

(二)核心技术

在此仅重点介绍两种核心技术:暗示和导入。

1. 暗示　暗示是业内对于"suggestion"一词约定俗成的翻译。若通过字典查阅"suggestion",至少有两个有一定差别的含义:①一方向另一方提及某个观念或计划或可能性,从而让另一方能考虑,常译作"建议";②一方通过将某个观念和另外其他的观念联系起来,从而将这个观念放置入另一方的头脑中,常译作"暗示"。最终采用"暗示"的翻译,一方面可能与催眠一直被认为是一种不同于清醒状态的意识觉察状态有关;且在弗洛伊德开创性地使用潜意识的概念之后,催眠更被认为是一种可以触及和改变潜意识内容的方法。另一方面,"暗示"这个词本身带有的某种隐秘的、操纵人心的含义也与长久以来对催眠的误解有关,因而"暗示"这一翻译部分维持了人们对催眠的误解,即认为催眠师必然需要通过隐秘的、间接的沟通技巧,在被催眠者意识不到的情况下将某个观念"植入"被催眠者的头脑中。

为了澄清暗示这个核心技术的本意,在此引用一个相对中立且清晰的定义:暗示是指"可用于沟通的表征,旨在改变情绪、认知、知觉或意动过程"。

如何用恰当的沟通表征(暗示)来有效地影响一个人的意识状态从而达成特定目标,不仅是催眠发展史中的焦点,也是临床催眠训练中的重点。表 11-1 列出了一些常用的暗示结构,并以让对方闭眼这个目标为例,给出了相应的例子。从三大学派来看,权威派是针对症状或目标使用直接暗示和权威式暗示;艾利克森学派以间接暗示(包括使用治疗隐喻和故事)和个性化的暗示设计著称;学院派则注重标准化的催眠文本。但目前并无证据表明在面对特定患者具体问题时,间接的、许可式的、个人化的隐喻故事就一定优于权威式的、直接的、标准化的催眠文本。暗示的有效性受多种因素的影响,因此该核心技术的难点并不在于了解和熟练使用不同结构的暗示,而在于能根据被催眠者的个人特点、工作目标和反应特点选择合适的暗示结构及其组合,动态调整实施暗示的方法,从而有效地影响对方的意识状态,产生相应的内在和外在改变。

表 11-1　部分常用暗示的结构

暗示结构	举例
直接暗示	你可以闭上眼睛
间接暗示	当其他人坐在你现在坐的这张椅子上时,他们常常很快就会闭上眼睛
权威式暗示	你会闭上眼睛
许可式暗示	你可以允许你自己闭上眼睛
正性暗示	你可以闭上眼睛
负性暗示	你没有办法让自己的眼睛继续睁着

2. 导入　参照 APA-D30 的 2005 版定义:"催眠导入是一种最初实施的、持续的暗示,让个体去使用自己的想象,并可能包含进一步详细的导入。"作为正式实施催眠中的关键步骤,它旨在使用暗示来激发被催眠者达到恍惚状态,或依照雅普克的说法"使用沟通手段让个体的意识处于全神贯注(absorption)的状态"。

据此,任何能让被催眠者逐渐聚焦注意力且持续专注于暗示的沟通手段都可被视为"导入"。能熟练使用多种导入程序是胜任力的标志,但导入只是催眠治疗干预的一部分,催眠干预的成败和导入的仪式化或复杂程度并无必然关系。

在实施正式催眠时,用具有高度结构化和仪式化特点的暗示程序来做导入是一个较好的选择,因为它往往比较符合被催眠者的预期。在此仅介绍一种具有上述仪式化特点的常用导入程序,也是常用的放松技术之一——渐进性肌肉放松。

渐进式肌肉放松:旨在给予一系列暗示,让个体能以从头到脚或从脚到头的方向依次放松不同的肌肉群;将身体划分为多少个肌肉群则可根据不同的需要来定。在渐进式肌肉放松用作催眠导入时,除常规用来引导患者放松的暗示之外,还会加入旨在引导患者注意力方向和进入恍惚状态的暗示(如"随着你的上臂越来越放松,你会进入更深的恍惚状态之中")。将渐进式肌肉放松用于导入程序有以下考虑。

(1)若患者能让身体放松,就会带来舒适感,且让患者觉得自己有能力控制自己的感受,这有利于给患者赋权,促进改变动机。

(2)催眠师可在此过程中观察和评估患者对暗示的反应,并借机调整沟通的方式;若能成功地完成放松,也意味着患者能和催眠师建立起合作关系,并能对给出的暗示做出良好的反应。

（3）能根据催眠师给出的暗示顺利完成整个过程意味着患者能有效地聚焦注意力,有选择性地关注并改变自己的内在体验,这种意识状态也是所有导入程序希望引发的。

3. 临床应用示例　以下简要介绍催眠在抑郁和慢性疼痛干预中的应用,前者侧重于举例说明如何将催眠技术和策略整合入一般心理治疗之中,后者侧重于举例说明针对特异性症状的、相对独立的临床催眠治疗模式。

（1）催眠在抑郁干预中的使用策略:对于本领域众多从业者而言,催眠是可整合在主要心理治疗流派和框架下的一种治疗工具,以此来增益治疗效果。这也意味着若从业者想使用催眠策略来干预特定心理咨询与治疗议题,首先必须具备对该议题进行一般治疗工作的能力。

雅普克总结了将催眠策略整合入心理治疗中的六种常见有效模式:触及资源和让资源情境化、改变个人历史、处理关键的创伤性事件、用催眠"播种"回家作业、在催眠中进行重构,以及使用治疗隐喻。具体到抑郁上,作为使用催眠干预抑郁的专家,他认为催眠作为一种有明确目标导向的、直接影响患者意识体验的媒介,有多种工作的可能性,包括帮助患者聚焦注意力、以体验式的方式促进习得新技能、改变适应不良的认知定势,以及觉察和拓展个人资源从而自我赋权、提升自尊等。

以改变适应不良的认知定势为例,雅普克曾对一位抑郁的女性患者实施催眠治疗,该女性总是坚信他人的生活是玫瑰色的,有诸多优势,而自己的生活一片灰暗,且在这样的不适应信念下,过着一种了无生趣的生活。雅普克并未在患者清醒状态下矫正其认知,而是在催眠会谈中构建了一些暗示来挑战其认知,鼓励其做真实性检验,以及明确带着好奇心去做真实性检验的重要性。在这次催眠会谈之后,雅普克还给这位女性布置了一次特殊的公园徒步回家作业,让她在真实体验中去发现自己惯有的不适应信念,以及这种信念如何维持了她的抑郁。

（2）慢性疼痛的催眠干预:使用催眠来缓解疼痛是催眠在临床应用中历史最悠久、研究最多且证据获得最充分的应用。慢性疼痛的催眠干预核心是构建暗示来缓解患者的疼痛知觉和相关的情感痛苦,而近年来对疼痛体验的生理机制的研究进展也在不断更新和拓展催眠暗示的目标和内容。一般来说,旨在管理慢性疼痛体验的暗示可涉及以下内容:降低疼痛知觉强度、减少疼痛知觉对个体的情绪困扰、以其他更中性的知觉体验来代替疼痛体验(如用钝痛来代替刺痛)、在疼痛的身体部位产生麻木感、促进身体放松等。

还可使用催眠技术干预慢性疼痛给个体带来的其他问题,包括适应不良的思维、睡眠问题、活动减少、疲倦感等。治疗师基于对患者慢性疼痛状况的评估来设计催眠会谈,并可根据患者的反馈挑选出对其更有效的催眠暗示。催眠干预慢性疼痛的另一个特征是自我催眠技术的使用。治疗师除了在会谈中直接给患者实施催眠外,一般都会教患者使用自我催眠技术,在家中对自己实施催眠(包括导入、工作阶段的暗示和唤回),或播放催眠会谈的录音,从而延长和增益催眠的效果。

五、小结

本节简要介绍了催眠这种通过使用特定的沟通手段来改变个体的意识状态,从而达成具体临床目标的干预方法。因篇幅所限,本节无法呈现本领域中许多重要的概念和议题,如催眠现象、催眠易感性、催眠的神经生物研究进展,以及催眠的疗效机制等。尽管如此,本节仍希望能有助于去除有关催眠的误解,无论是认为它是在给人洗脑从而是危险的,还是认为它有"药到病除"的神奇力量。催眠从诞生之初就明确地以理解和改变人类的意识状态为目标,发展出了有关人类意识和如何影响人类意识的丰富理论和操作技术;它的内涵和外延也随着对人类意识理解的发展而不断变化。在这个意义上,催眠是所有现代心理治疗的开端;而在人际背景下,由一方使用特定的沟通方式来尝试缓解或消除另一方痛苦的意识体验也是所有心理治疗的基本形态,无论这种沟通方式被称为催眠暗示,还是被赋予其他的专业名称。

雅普克曾区分了两种使用催眠的方式:实施催眠干预(doing hypnosis)*vs* 具有催眠的态度(being hypnotic)。本节主要呈现前者,而具有催眠的态度则指的是临床工作者要意识到自己始终在做沟通,不可避免地在治疗关系中使用某种暗示去影响患者的意识体验,而干预的效果很大程度上取决于患者能否接受上述影响继而发生改变。因此,如何训练自己成为一个有效沟通者是每一位临床工作者的必修课,从这个角度出发,系统学习现代催眠或有助于更好觉察和增进沟通效能,并能更清醒意识到,治疗干预的力量来自何处。

本 章 小 结

见本章各节末"小结"内容。

💬 **思考题**

1. 森田治疗如何理解神经质症产生、发展、治愈的心理机制?

2. 分别描述住院森田治疗与门诊森田治疗的基本技术。

3. 请描述内观治疗有效性的心理机制。

4. 请描述集中内观治疗的干预流程。

5. 你是否曾接触过催眠? 如果是,请回忆一下你的经历,并思考一下这次经历给你带来了什么积极或消极的体验。如果你没有接触过催眠,请仔细思考一下你对催眠所持有的态度。在阅读完本章之后,请再重新审视你的这段经历或你对催眠所持有的态度,你发现有哪些改变?

6. 除了渐进式肌肉放松外,请再了解2~3种常用的催眠导入方法。请根据本节中给出的定义来审视和比较这些导入方法,它们有哪些异同? 对于某种特定的导入方法而言,它可能更适用于或不适用于哪类人? 为什么?

(李晓茹　高隽)

推荐阅读

[1] 毕秀芹. 森田疗法理论渊源探究. 医学与哲学,2020,41(4):46-49.

[2] 简·海利. 不寻常的治疗. 苏小波,译. 太原:希望出版社,2011.

[3] 李江波. 森田心理疗法解析. 北京:北京大学医学出版社,2019.

[4] 迈克尔·雅普克. 临床催眠实用教程. 5 版. 高隽,译. 北京:中国轻工业出版社,2022.

[5] 米尔顿·埃瑞克森,史德奈·罗森. 催眠之声伴随你. 萧德兰,译. 太原:希望出版社,2008.

［6］斯蒂芬·吉利根.艾瑞克森催眠治疗理论.王峻,谭洪岗,吴薇莉,译.北京:世界图书出版社,2006.

［7］真荣城辉明.内观疗法.王祖承,黄辛隐,南达元,译.北京:人民卫生出版社,2011.

［8］王祖承.内观法.国外医学精神病学分册,1988,15(3):138-141.

［9］王祖承.内观疗法的应用与发展.临床精神医学杂志,2010,20(1):61-63.

［10］HALEY J. Uncommon Therapy:The Psychiatric Techniques of Milton H. Erickson,M.D. New York:Norton, 1993.

［11］JENSEN M P. Hypnosis for chronic pain management(workbook). Oxford:Oxford University Press,2011.

［12］LYNN S J,Rhue J W,Kirsch I. Handbook of clinical hypnosis. 2nd ed. Washington,D C:American Psychological Association,2010.

下 篇

心理咨询与治疗的临床实践

第十二章

精神分裂症及其他原发性精神病性障碍

学习目的

掌握　精神分裂症及原发性精神病性障碍的心理社会干预原则;精神分裂症的心理教育、认知行为治疗、以人为本的多元理论整合取向的心理干预理论及技术。

熟悉　精神病性障碍的应激易感性模型。

了解　其他相关心理社会干预方法。

精神分裂症(schizophrenia)及其他原发性精神病性障碍是一组病因未明的精神疾病,是个体易感性素质和心理社会环境因素交互作用的结果。药物治疗仍是当前主要治疗方法,但心理社会干预在全程治疗中的必要性和重要性也被更多的循证证据所支持。心理社会干预不仅能帮助患者减轻疾病或症状带来的痛苦,促进其功能恢复,更能帮助临床工作者真正去看见和理解每一个患者,帮助激发患者自身的能力和资源,使他们拥有更好的生活质量。

第一节　概述

精神分裂症大多起病于青春期和成年早期,中国流行病学调查显示精神分裂症及其他精神病性障碍的年患病率为 0.6%。药物治疗和心理干预对大部分患者都是有效的。如未经适当的诊治,容易反复发作并呈现慢性迁延倾向,导致患者社会功能逐步受到损害。

精神分裂症大多起病隐匿,前驱期阶段可以出现感知异常、思维内容和认知改变、情感表达能力下降及人际隔离等异常,可能持续 1 年或数年而不被注意和识别。发病期的主要临床表现可分为三种类型的精神症状群。

第一种类型:阳性症状,表现为精神功能的异常或亢进,包括持续存在的妄想和幻觉、言语凌乱、古怪的行为或失控等外显的表现。

第二种类型:阴性症状,是指精神功能的减退,包括情感迟钝或淡漠、言语贫乏、意志活动缺乏。

第三种类型:一级症状,包括思维鸣响、争论性幻听、评论性幻听、躯体影响妄想、思维被夺、思维被插入、思维扩散或被广播、被强加的感情、被强加的意志或冲动、妄想性知觉。

诊断精神分裂症的症状标准包括:①妄想;②幻觉;③言语紊乱;④明显紊乱的或紧张症的行为;⑤阴性症状。存在 2 项以上症状,并且这些障碍已经引起有临床意义的痛苦,或导致社会功能损害。病期已持续1个月以上,排除脑器质性或躯体疾病、精神活性物质等原因所导致的精神障碍,即可符合精神分裂症的诊断标准。

精神分裂症的主要治疗方法包括药物、物理治疗和心理社会干预。药物治疗是精神分裂症的主要治疗方法。改良的无抽搐电休克治疗(modified electroconvulsive therapy,MECT)也是精神分裂症的物理治疗方法之一,随着现代神经调控技术的发展,重复经颅磁刺激越来越多地在临床上得到应用。

心理治疗在精神分裂症的治疗中往往不被重视,主要因为精神病性症状被认为是脱离现实、毫无意义、难以理解的,或因为与精神病性患者难以建立关系等。但越来越多的证据显示,适当的心理治疗不仅可以改善症状,还可能使精神病患者的人格整合和生活满意度超越之前的水平。

第二节 心理治疗方法

各类心理治疗技术在精神分裂症及其他精神病性障碍的康复及预防中得到越来越多的应用,通过系统的生物-心理-社会的综合干预,不仅可以有效地帮助患者缓解症状,还可以提高患者的自尊水平、人际关系、工作和生活质量,降低自杀危险及复发风险。本节重点介绍认知行为治疗、以人为本的多元理论整合的心理社会干预在精神分裂症治疗、康复及预防中的应用。

一、认知行为治疗

(一) 理论与原则

应激易感性模型认为精神分裂症的发生是个体易感性与环境应激交互作用的结果。易感性的个体是否发病是基于个体的易感性、应激性事件,以及对应激事件的应对方式三者之间相互作用的综合结果。

认知行为治疗(CBT)的目标不是消除症状,而是关注患者对精神病性症状的体验,引导患者思考如何重新看待症状,并看到症状与情绪、行为、个人认知之间的关系,着重处理精神病性症状带来的痛苦和功能失调,帮助患者调整应对方式,改善社会功能,减少复发。

(二) 结构和程序

1. 建立治疗联盟,收集资料 通过治疗师和患者建立互相尊重、合作的关系,向患者传递希望。全面收集患者资料,形成对患者问题的全面认识。

2. 评估和协商治疗目标 评估患者精神病性症状、伴随的痛苦体验和应对行为。了解患者的期待,设定合理的治疗期望,激发患者治疗动机、建立合作关系。介绍认知行为治疗的过程,与患者协商制定治疗目标和计划。

3. 实施认知行为治疗 予以心理教育,帮助患者理解自己的信念和想法如何影响自己的感受和应对行为;构建认知ABC模型,与自动化思维和不合理信念进行辩论;设计验证信念的行为实验,预防复发等。

4. 治疗后评估 针对精神病性症状、生活质量,以及伴随的痛苦进行客观评估,向患者反馈评估结果,与患者讨论治疗全过程要点。

（三）主要技术

1. 建立治疗联盟　治疗师需要倾听患者症状背后的感受、需要和想法。例如，一名高中男性患者存在幻听，称是一个女孩在和他互动。治疗师询问女孩对他说什么，患者说在他孤单的时候听到女孩安慰他，在他有消极想法的时候听到女孩劝解他。治疗师要倾听患者的这些话语，理解患者内在非常孤单和被关心的需要，予以共情和接纳，逐步建立信任和合作的治疗联盟。

2. 心理教育　为患者提供精神病及症状的信息，介绍易感应激性模型，帮助患者理解自己独特的体验，将症状体验正常化、去灾难化。降低患者对自身患病的病耻感，获得对疾病的掌控感，建立希望，降低继发的焦虑、抑郁和社会退缩行为。

3. 针对幻听的认知技术

（1）建立良好的治疗关系，帮助患者区分幻听相关的想法和信念，寻找想法和感受之间的关系，练习 ABC 认知模型。

例如，一个高中生患者，他的幻听内容是同学在说他"你真是癞蛤蟆想吃天鹅肉。"患者听到后感觉沮丧，情绪变得很低落。在行为方面，患者不敢去教室，不敢和同学交往，觉得同学们都会嘲笑他。背景是他喜欢上班里一个很优秀的女生，患者觉得自己很糟糕，人不帅、成绩也不优秀，"我怎么可以去喜欢她，我不配，我真是不知羞耻。"

根据认知行为模型，幻听可以理解为触发事件或诱因 A，引起的情绪和行为结果 C，导致 C 的原因并不是 A，而是通过他的信念 B。可见造成痛苦的不是幻听，而是对幻听的理解和解释。

帮助患者寻找信念 B 和结果 C 之间的联系，可以用想法日记三栏表记录近期幻听的具体内容。详见表 12-1。

表 12-1　幻听想法日记三栏表

A:发生了什么?	C:我的感受是什么? /我的行为是什么?	B:我的想法是什么?
听到同学说:你这个癞蛤蟆想吃天鹅肉	沮丧、痛苦、心情低落/回避学校、回避同学	我很糟糕，我配不上她，不该有喜欢她的想法

（2）与幻听相关的自动化思维辩论:患者对幻听往往分不清是内部还是外部的声音。可以询问患者"你是否怀疑过这个声音是不是真的?""你觉得这个声音说的话真的可信吗?""你觉得听到的这个声音真的是从外界传给你的吗?"等。

（3）设计行为实验验证患者的信念:患者喜欢打球，可鼓励其与父亲一起打篮球，询问当他打篮球的时候声音有没有出现。患者发觉自己打篮球的时候幻听没有出现，自己也很开心轻松，于是他发现可以发展一些应对方式来减少幻听的干扰。

（4）帮助患者理性思考:鼓励发展新的、更为恰当的解释和表达，最终目标是降低患者体验到的痛苦和失调。

4. 针对妄想的认知技术

（1）评估妄想信念的背景、诱发因素、维持因素:了解患者妄想信念的强度，了解妄想信念如何让患者产生痛苦和功能失调。

（2）帮助患者区分情境、自身信念和感受，寻找信念与感受之间的关系:可以用想法日记三栏表来记录。以高中患者为例，见表 12-2。

表 12-2　妄想想法日记三栏表

A:发生了什么?	C:我的感受是什么? /我做了什么?	B:我的想法是什么?
我走进教室,看到有几个同学在交头接耳,说话很轻,听不见内容	羞愧、难过、坐立不安,想从教室逃走	他们一定是在嘲笑我,我是糟糕的家伙

在练习学会区分 B 和 C 之后,可以和患者共同讨论想法和感受之间的关系。理解自己的感受和行为与自己的想法有关,如"当你看到同学在说话,你如果换一种想法,他们也许在谈他们自己的事情,跟我没有什么关系,你的感觉又会怎么样?"

(3)与妄想信念辩论:帮助发展出替代性解释或信念来降低原有信念带来的痛苦感,如"对于你的同学在说话就是在嘲笑你这个事情,你觉得是否可能还有别的解释?"学会挑战自身认知偏差和信念。

(4)对信念进行行为实验验证:用实验日志来帮助设计行为实验,记录结果,通过验证,帮助患者发现自身信念并不是唯一的解释,从而对自己的认知偏差产生怀疑。

(5)发展理性的思考方式:鼓励患者寻找新的解释,但不需要完全否定或拒绝原来的信念。通过更为平衡和多种可能性的解释,降低自身痛苦感和功能损害。

5. 针对阴性症状的干预技术　阴性症状具有自我防御的功能,当外界应激过多,自身的情感和需要不被回应时,只能退缩来自我保护。干预上需要帮助处理环境中的应激,帮助患者发展问题解决的技能。给予运动处方,激活退缩的行为。强化患者实现动机,设立可操作的目标,灌注希望,逐步达成长远目标。

6. 预防复发的技术　提供给患者有关症状、诊断和治疗的心理教育,帮助理解自己疾病和处理病耻感。帮助分析药物使用利弊,识别和纠正对治疗的认知歪曲,提高药物依从性。讨论起病及复发的诱发因素,识别早期表现和应对复发先兆,做好日常自我监控。肯定和鼓励患者的努力,强化积极有效的应对方式。

二、以人为本的多元理论整合的心理社会干预

(一)理论与原则

以人为本的多元理论整合的心理社会干预是基于精神动力学、存在主义、家庭系统和认知行为等理论的一个整合心理社会干预模型。该模型认为当个体无法忍受环境中重要他人以令人困惑的、过于激烈的拒绝或批判等方式的互动时,个体会呈现自我存在的不安状态(ontological insecurity),其核心是缺乏持续存在且稳定的自我,可导致精神分裂。

1. 自我与环境的关系　保持自我的稳定性需要协调自我需求和环境要求的冲突,同时要保持自我的独特性和完整性。自我与环境相互作用有以下三个部分。

(1)向外展示其需要、感受,需要环境来适应自我发展(A)。

(2)对内需要接受和适应环境对自我的要求(B)。

(3)保持自我的边界,分清自我与他人,分清内在世界与外在现实,独特、完整的自我才会有存在的真实感和价值感(C)。

2. 自我分裂之前的存在性不安　自我分裂之前的不安状态有以下三种成分。

(1)自我内部粉碎,是指自我需求被外部环境压力挤压,自我产生内部的反抗,这种内外压

力累积到了一定的地步,自我被"挤爆粉碎",变得极度空虚和无奈(A)。

（2）被其他人完全忽略、物化的状态,是指个体被重要他人过于忽略,甚至完全漠视存在,个体为了自我保护,不得不自我隔离和孤立,来防御被他人的隔离,把他人也当作不存在,逐步脱离现实世界(B)。

（3）被吞噬的感觉,是指个体的自我边界被侵入,自我边界的模糊,个体有被操纵感和被吞噬感。这种感觉来自过于纠缠的溺爱,或被完全否定,被不断监视,被欺凌但无法反抗。作为自我保护的反应,与其被吞噬不如自己去吞噬自己(C)。

3. 从存在性不安转变为自我分裂　精神分裂的过程是从存在性的不安状态转变为自我分裂状态的过程。阳性症状如幻觉、妄想、凌乱的言语、古怪的行为是由 A 部分转换而来。当自我被"挤爆粉碎"之后,自我的需要、感受、自我功能无法用现实的方式展现出来,需要利用妄想和幻想来不断提醒自己去提防或对抗外在的压迫和欺凌感;阴性症状是不安状态的 B 部分转变而来的结果,是个体不断被外界物化、否定及孤立后转变成无法控制的自我退缩、自我功能解体;一级症状是不安状态的 C 部分,被吞噬感转变后的结果,表现为自我界限的混乱,无法澄清自我与外在世界的分别。

4. 自我分裂与自我复原的转变　自我分裂是自我不得不屈从于外部环境,保护真实自我的生存策略,其背后是对真实自我随时会被摧毁的深深的恐惧。只要环境能支持和适应自我力量的发展,自我就会开始复原。

5. 资源取向的干预原则　从缺陷取向转向能力和资源取向,理解精神病症状其实是患者面对生命困难时的一种特殊的应对和适应。每个患者都有自身独特经历、需要和潜能,只要环境合适,每个患者自身原有的生命力或抗逆能力就有机会呈现。干预上需要培育和发挥患者自身的能力和长处,打造接纳和支持性环境。

（二）框架和过程

1. 了解患者的生命历程　了解患者生命历程的不同阶段的困难和需要,应对困难发展起来的应对模式,发现其自身长处和潜能。

2. 理解自我分裂与整合的矛盾　理解自我分裂与生命历程中的事件和环境的相互关系。

3. 塑造促进自我整合的促进性环境　发掘患者自身复原的力量,帮助患者从凌乱的自我趋向自我整合,融入社会。

（三）主要技术

促进自我整合的三种方法:

1. 塑造一个支持性和关怀性的外部环境:深入了解患者生命历程的痛苦和冲突,理解言语行为背后的感受、需要和困惑。超越精神病性症状,予以认同、接纳和安慰。把外在环境从压迫、疏离、排斥,改变为一个接纳、关怀、安全以及尊重的社会环境。

2. 塑造一个培养独立自主性的环境:富有耐心地培养患者的独立和自主的信心。帮助患者建立恰当的自我意识和清晰而稳定的自我界限。

3. 塑造一个稳定、充满尊重和欣赏的环境:允许患者进行合理宣泄,帮助患者用更合理和现实的方式去表达这些感受。欣赏和认同患者应对压力和困难的能力和潜力。提升患者的自我存在的价值感,从幻觉和妄想中回到现实中去发展自我。

三、其他心理治疗

家庭干预、社交技巧训练、艺术治疗等心理干预作为改善精神病患者症状的手段之一,可根据患者特点和机构的能力选择不同的干预方法。

四、示范案例:人本取向的多元理论整合的心理社会干预

(一)一般情况

阿凯(化名),男,17岁,初三辍学。

(二)患者的问题

1. 主诉和病程 凭空耳闻人语、感觉大脑被控制2年。

2年前阿凯凭空听到同学在议论他"癞蛤蟆想吃天鹅肉",感觉非常羞愧,沮丧。拒绝去上学,感觉同学都在窃窃私语,嘲笑他。家人因其不上学经常爆发冲突。逐渐的阿凯感觉自己脑子被一种仪器控制了,认为自己脑子里的想法被外面的人都知道了,不敢出门。曾被不同医院诊断为"精神分裂症"。使用利培酮、奥氮平、阿立哌唑、氯氮平、丙戊酸钠等药物单药和联合治疗,住院治疗3次及门诊反复就诊,但症状一直没有完全消除,也无法回到学校上学。

2. 成长背景 见表12-3,阿凯母亲是一个全职主妇,自幼对阿凯的生活包办和控制,妈妈很难体会阿凯的感受。阿凯的父亲也无能为力,回避回家。阿凯躯体状况良好,两系三代没有精神病病史。

表12-3 案例记录表:阿凯个人生命史

年龄	家庭背景	重要的人生事件	困难/问题	需要/情绪
0~7岁	• 妈妈在国企上班,爸爸是专业技术人员。家庭经济条件较宽裕,特别关注孩子	• 出生时外婆照顾为主,外婆认为妈妈不懂照顾孩子,妈妈与外婆经常会为如何照顾阿凯起争执	• 自主需要得不到尊重和理解,自我边界经常被侵入	• 渴望得到尊重和关心
8~14岁	• 妈妈企业内退,成为全职妈妈,全心投入阿凯的生活作息、学业和人际交往。爸爸觉得妈妈管得太多了,但妈妈坚持己见,爸爸只好一心工作,把阿凯都交给妈妈照顾	• 阿凯应该吃什么、穿什么、发型、对老师和同学的感受和评价都要符合妈妈的要求才能允许。例如,阿凯要吃冰淇淋,妈妈认为香草味好吃,要吃只能买香草冰淇淋 • 妈妈常以讲道理的方式让阿凯最后不得不服从	• 阿凯的感受、想法、自主感不断被侵入,自我边界感模糊	• 渴望自主感、渴望自己的事情自己说了算。渴望得到爸爸的支持能够争取自己的权利和空间
15~17岁	• 爸妈关系疏远,妈妈越发把精力投入到阿凯身上,关注阿凯的一举一动	• 阿凯要参加篮球比赛,妈妈反对,认为影响学习,对此阿凯很烦躁 • 阿凯被强制住院和治疗	• 需要独立自主但又无力摆脱控制 • 压抑,无法形成自己独立的边界感、自主感	• 渴望自我要被尊重,渴望有自主的权利

3. 治疗设置　一种扩展性的设置,不仅是针对患者的心理干预,还需要帮助患者创造有利于恢复自主感、自我边界的促进性环境。形式上也可以更加灵活,在患者日常活动和治疗中均可以介入和实施。疗程安排更具弹性,按照患者的需要来决定和安排,干预时间持续6个月。

4. 治疗目标　建立有利于康复的外部环境,促进自身的康复潜力和抗逆力;降低幻觉妄想带来的痛苦感和功能损害。

5. 干预过程

(1)塑造一个支持性和关怀性的外部环境:治疗师能耐心倾听幻听和被控制体验给阿凯带来的痛苦,对阿凯的成长经历中累积的被操控体验和无力感能够感同身受,治疗师表示一个人从小到大该怎么想、怎么感受都是被要求的话,确实是像一个被控制的机器,大脑里的仪器就像无处不在的妈妈一样,时时刻刻地控制着他,无法摆脱,特别痛苦。当周围环境(妈妈)试图用她的想法、感觉代替阿凯的想法,阿凯自己的想法和别人的想法就没法区分了,脑子内部和外部也就失去了边界。感觉自己脑子里的想法就像敞开似的,别人都知道的感觉也是很可以理解的。

当治疗师超越精神病性症状与阿凯能够沟通与交流,阿凯感觉到自己的体验有人能够理解,逐渐开始能够理解自己的被控制感、被洞悉感与自己体验之间的联系。

(2)塑造一个培养独立自主性的环境:阿凯的自主性和独立性被严重剥夺和操控,自我界限模糊。鼓励从小事开始自主和选择,逐步形成自主的体验。鼓励爸爸回归,支持和保护阿凯的自我边界和自主性。鼓励妈妈发展自己的兴趣爱好,寻找合适的工作,逐步减少对阿凯的过于关注和操控。

(3)处理症状带来的痛苦感:讨论对症状的理解,用新的可替代性的解释来处理幻觉妄想体验带来的痛苦感和人际交往中的困难。阿凯能逐步理解自己内在的担心和体验,不一定就是事实,痛苦感减轻。

结束时情况:父母及阿凯对幻觉和妄想体验有了新的理解角度,父母对如何尊重孩子的自我边界、培育孩子的自主感有了一些体验。阿凯自觉亲子关系改善,被控制体验减轻。家庭功能明显改善,建议有需要时再随访,结束干预过程。

本 章 小 结

精神分裂症治疗模式的选择需要根据患者的不同发病时期、临床症状、家庭及患者个人的心理需要,以及机构所能提供的方式共同决定。

发病的前驱期:往往是各种心理治疗介入的好时机,患者对自身的某些异常体验往往感到困惑和不安。此时应及时提供心理支持,减少心理社会应激,降低发病风险。

急性期:帮助患者处理精神症状带来的痛苦感和继发的情绪及行为问题,急性期及时介入有助于建立与患者及家庭的治疗联盟,为后续建立稳定的治疗打下基础。

巩固期:患者面临如何面对自身患病的事实及重新融入社会生活可能面临的种种问题和困惑,需要心理治疗的帮助。

稳定期:关注的目标是恢复社会功能、融入社会,防止复发。

心理治疗模式选择上,认知行为治疗有最多的循证证据。人本取向的多元理论整合的心理社会干预有利于激发患者自身的潜力和复原力,发掘和调动患者及家庭自身资源,值得尝试和探索。

每个精神分裂症患者都是有其独特经历、感受和需要的个体,都需要被理解、被尊重。专业人员应有精神病的理解性视角,帮助每个患者发挥自身的潜能、体现他们生命的意义。

💬 **思考题**

1. 对精神分裂症患者实施心理治疗的目标与意义是什么?
2. 精神分裂症患者常常缺乏疾病自知力,心理治疗动机不足,具体操作中有哪些注意点?
3. 哪些精神分裂症患者适合认知行为治疗?
4. 如何创建有利于精神分裂症康复的家庭环境?

(叶敏捷)

推荐阅读

[1] 埃尔莎·奥利维拉·迪亚斯. 温尼科特成熟过程理论. 赵承智,凌笋昂,郝伟杰,等译. 北京:中国轻工业出版社,2020.
[2] 富勒·托里. 精神分裂症:你和你家人需要知道的. 陈建,译. 重庆:重庆大学出版社,2017.
[3] 哈里·沙利文. 精神病学的人际关系理论. 方红,郭本禹,译. 北京:中国人民大学出版社,2015.
[4] 劳拉·史密斯,尤塔·朱尼珀,卢埃拉·林. 精神病性症状的认知行为治疗:治疗师手册. 郑毓,张天宏,王继军,译. 上海:上海交通大学出版社,2021.
[5] 李献云. 精神障碍的认知行为治疗:总论. 北京:北京师范大学出版社,2021.
[6] 瑞尔特. 重性精神疾病的认知行为治疗:图解指南. 李占江,译. 北京:人民卫生出版社,2010.
[7] 叶锦成. 自我分裂与自我整合-精神分裂个案的实践与挑战. 北京:社会科学文献出版社,2013.
[8] LAWS K R,DARLINGTON N,KONDEL T K,et al. Cognitive behavioural therapy for schizophrenia-outcomes for functioning,distress and quality of life:a meta-analysis. BMC Psychol,2018,6(1):32.
[9] PEC O,BOB P,PEC J,et al. Psychodynamic day treatment programme for patients with schizophrenia spectrum disorders:Dynamics and predictors of therapeutic change. Psychol Psychother,2018,91(2):157-168.
[10] R. D. 莱恩. 分裂的自我. 林和生,译. 北京:北京联合出版公司,2022.
[11] SHUKLA P,PADHI D,SENGAR K S,et al. Efficacy and durability of cognitive behavior therapy in managing hallucination in patients with schizophrenia. Ind Psychiatry J,2021,30(2):255-264.
[12] TURKINGTON D,KINGDON D,WEIDEN P J. Cognitive behavior therapy for schizophrenia. Am J Psychiatry,2006,163(3):365-373.
[13] YIP K S. The importance of subjective psychotic experiences:implications on psychiatric rehabilitation of people with schizophrenia. Psychiatr Rehabil J,2004,28(1):48-54.

第十三章

心境障碍

学习目的

掌握　心境障碍心理治疗方法的原则、核心概念、治疗结构、治疗流程及各种方法的适用范围。

了解　心境障碍的分类,各类障碍的诊断标准、主要临床特征、流行病学信息,以及常用治疗方法的类别。

心境障碍是一组由抑郁障碍和双相障碍组成的精神疾病类别,按照心境发作的特殊类型和病程特点分为抑郁发作、躁狂发作、混合发作及轻躁狂发作。本章分别介绍抑郁障碍与双相障碍的主要特征,以及这两种障碍主要心理治疗方法的理论基础及操作过程。

第一节　抑郁障碍

一、概述

抑郁障碍是所有精神疾病中最常见的一种。在世界范围内,抑郁障碍的终生患病率为 15% 左右,年患病率为 5.5%～5.9%。我国的抑郁障碍发病率虽然呈上升趋势,与世界平均数相比仍较低,终生患病率为 6.9%,年患病率为 3.6%。我国目前有 5 000 万左右的抑郁障碍患者。

抑郁障碍主要表现为持续的情绪低落、兴趣下降和快感丧失、自主神经功能紊乱,并存在不同程度社会功能受损、工作能力下降的情况。抑郁的症状还可能包括体重改变、性欲改变、睡眠问题、精神运动问题、精力低下、过分自责、注意力不集中和自杀观念。

表 13-1 中描述了抑郁障碍在情感、认知-行为,以及自主神经系统方面可能出现的九条症状。如患者在过去 2 周中,每天大多数时间都出现五条或以上的症状,并且其中至少一条症状源自情感症状群,在临床上就可以诊断为抑郁发作。在判断患者是否具有某一症状时,需要考虑症状对于重要功能的影响程度,如学习、工作、人际关系等方面的影响。此外,抑郁障碍重度发作时,可能会出现精神病性症状,如偏执、幻觉或行为能力丧失,这并不意味着患者有精神病性障碍。

根据发作的次数,抑郁障碍可被诊断为单次发作或复发性抑郁障碍,对于病程超过 2 年,而临床症状未达到抑郁发作标准者,则诊断为心境恶劣障碍。

表 13-1　抑郁发作时的症状

发作分类	发作症状
情感性症状	• 抑郁心境，如情绪低落、悲伤或流泪、外表颓废
	• 兴趣及愉快感减退，尤其是平时很喜欢的活动，包括性欲减退
认知-行为症状	• 面对任务时，集中注意和维持注意的能力下降，或决断困难
	• 自我价值感低或过分的、不适切的内疚感
	• 对将来感到无望
	• 反复想到死亡、反复的自杀意念或自杀行为
自主神经系统症状	• 睡眠紊乱或睡眠过多
	• 食欲改变（减退或增加）或显著的体重改变（增加或下降）
	• 精神运动性激越或迟滞，精力减退，疲乏

　　抑郁障碍对患者造成极大的心理痛苦，严重影响人际关系，并伴有高度致残性与自杀死亡的风险。长期研究实证表明，抑郁障碍可以通过躯体治疗（包括药物治疗和脑刺激治疗）和/或心理治疗得到缓解、痊愈或降低复发频率及严重程度。本节详细介绍三种应用最为广泛的抑郁障碍心理治疗方法，包括精神动力学治疗（psychodynamic psychotherapy）、认知行为治疗（cognitive behavioral therapy，CBT）及人际心理治疗（interpersonal psychotherapy，IPT），简单介绍两种新兴但具有充分循证支持的方法：正念认知治疗（mindfulness-based cognitive therapy，MBCT）和问题解决治疗（problem-solving therapy，PST）。

二、心理治疗方法

（一）精神动力学治疗

　　1. 疾病概念化　在精神动力学理论中，抑郁症状被认为是针对他人的敌意转向自身的结果。童年时代缺乏来自养育者的接纳和对其情绪的理解会降低孩子的自尊，而孩子对于养育者存在爱恨交织的复杂情感，为保护所爱的对象，因失望而产生的攻击性会转向自身，并且通过将所爱的对象理想化来保护其远离攻击。在疾病发展过程中，患者也会因对于他人的愤怒情绪感到恐惧或内疚，于是将这部分敌意投射于他人，将对方体验为对自己抱有敌意，并将其归因为自己不够好，因而产生抑郁症状。早年经历中严重的挫败感导致的攻击性经由重复但失败的方式不断出现，持续的无助感和愤怒会发展出严厉的超我，增强自我攻击，进而加重抑郁症状。

　　抑郁患者也存在自恋受损的问题，其自我价值感完全依赖于他人的评价，形成低自尊或自恋脆弱性。自恋脆弱性是关键性抑郁动力学易感主题，并存在自我支持不断恶化的特征。脆弱的自恋导致对失望和拒绝的敏感性，由此引发对他人的愤怒，愤怒感会激发内疚和无价值感，因而转向自身，而对自身的愤怒则使自恋进一步受损。同时，患者会使用适应不良的防御机制，如理想化和贬低来调节低自尊，但这些防御方式会增加失望的强度和发生率，而失望感同样会转换成对自身的愤怒。并且，当患者通过贬低他人来维持自尊时，攻击性将引发超我惩罚，同时，攻击性行为也会导致患者疏远他人，加重被抛弃感和被拒绝感。

　　由此可以总结出五项抑郁的核心动力学主题：自恋脆弱性、冲突性愤怒、严厉的超我、对自我和他人的过高期望，以及适应不良的防御机制。这五种动力学主题也是精神分析/精神动力学针对抑郁障碍治疗的工作重点。

2. 操作流程　抑郁障碍的精神动力学治疗疗程与治疗目标相关。治疗目标可以是缓解抑郁症状（短程：3～6个月），或降低与抑郁发作相关的动力冲突或内部脆弱性（长程：6个月～2年）。若患者为复发性抑郁、持续时间较长的抑郁（恶劣心境），或者合并人格病理（如边缘型人格障碍），则需要2年以上的治疗时间。

（1）评估：在初始访谈过程中需要采集和评估如下信息。

1）对抑郁情况的评估：根据诊断标准对抑郁障碍症状及严重程度进行评估；抑郁发作前的应激源、情境和感受；抑郁发作历史，当时的情境（如诱发事件及应激源）、感受及幻想。

2）个人史及家族史：儿童和青少年时期家庭情绪管理的情况，包括悲伤、抑郁、羞耻、愤怒和焦虑等情绪，尤其是和丧失、疾病和分离等事件相关的情绪管理情况；童年时期的抑郁障碍状况；童年时期如何感知父母态度和行为；成人阶段的关系，关系的性质和质量，包括冲突、情绪性主题，以及感知重要他人的反应程度；抑郁障碍家族史及家庭成员对家族病史的态度。

3）评估患者能否进行探索性动力学工作：是否具有描述感受、幻想和人际关系的能力；是否表现出关于症状的情绪性起源的好奇心；是否有能力对一系列现象的联系和/或诠释抱有好奇态度，进行反思或产生新的联想。

（2）治疗早期：主要任务为建立治疗框架及治疗联盟。

1）建立治疗框架：介绍治疗的频率、收费规则、治疗方式（自由联想和移情等），介绍症状的意义与功能。

2）建立治疗联盟。

3）识别阻碍参与治疗的因素：某些患者可能源于对羞耻感的过度敏感，以及对自我暴露的恐惧而拒绝进入治疗，治疗师可温和地指出这一点，并解释该敏感性与抑郁障碍的关系。此外，一些患者可能由于难以忍受内疚感而害怕参与治疗。他们可能会担心治疗师会让他/她原谅自己，或者潜意识幻想自己的能力增强的话会伤害到其他人。治疗师可以让患者注意到自己内疚感的强度，以及触发内疚感的特殊事件，质疑这些事件导致的内疚程度，并探索导致内疚的深层原因。还有一些患者带着对抑郁的个人理解进入治疗，这种个人理解可能会表现为治疗中的阻抗。例如，患者可能坚持自身的情绪状态是由于生理而非心理的影响；或者近期遭遇丧亲的患者将抑郁完全归结于该经历。治疗师需要尊重患者的观点，并且扩展其理解的范围，即不同的心理问题均可造成抑郁。

4）将收集的症状、应激源、感受和想法等信息和抑郁障碍的关系纳入到五个核心动力学主题中，结合患者的成长经历和现状进行理解。

（3）治疗中期：目标为降低抑郁障碍的动力学脆弱性，主要工作如下。

1）回顾、澄清并拓展对于核心动力学主题及其与抑郁状态关系的理解。

2）增强治疗联盟，使用移情与反移情进行进一步工作。

3）识别潜在动力如何导致人际关系中的问题性防御方式，并改变这些防御方式。

（4）治疗后期/治疗结束：除预先设定的限时短程动力学治疗之外，大多数动力学治疗在治疗目标达成之后由治疗师和患者共同商定何时进入结束阶段。结束的指征包括：①面对丧失、失望和批评时的抑郁脆弱性降低；②可以持续地、较好地管理抑郁情绪和攻击性；③更少地感受到内疚及自我贬低；④能够对自身及他人的行为和动机进行更现实的评估。

结束阶段的治疗工作主要集中于患者关于重要关系结束的丧失感和悲伤,幻想与治疗师继续保持个人关系和相关的自恋受损,以及关于治疗结束或者治疗局限性而对治疗师产生的愤怒。需要注意的是,治疗结束激发的丧失、被拒绝或愤怒等感受,可能会导致症状的复发。在治疗结束阶段,围绕这些感受进行谈论可以深化中期阶段达成的成果,治疗师可邀请患者探索与这些情绪相关的感受和幻想。此外,帮助患者梳理其在治疗中的收获,可修正患者关于治疗结束的丧失感。治疗师常见的反移情包括关于治疗结束的内疚感,对治疗效果的不确定感及不足感,需要对此保持内省和/或寻求督导。

3. 主要技术 治疗过程中的基本技术包括澄清,面质,诠释防御、起源、冲突、超我,移情诠释,利用反移情,诠释梦境等。使用这些技术探索抑郁障碍的五种核心动力学主题的方式如下。

(1)自恋脆弱性:该概念是指遭受忽视或失望后易产生严重的自尊下降,原因可能为童年期的疾病、分离,以及被养育者拒绝所致的缺陷。治疗师可通过自由联想、澄清、面质、移情诠释等技术帮助患者识别与抑郁相关的原因和潜意识幻想,理解患者对自我和他人感知歪曲,以及反应性的、适应不良的幻想、防御和行为。

(2)冲突性愤怒:患者往往在自恋受损后出现愤怒反应,但又无法忍受这些攻击性而采用不同的防御机制远离这种感受。在治疗过程中,治疗师需保持不评判的立场,因为患者往往由于这些感受而自我谴责,并预期他人也会有负面的态度。治疗中可探讨的内容包括:指出患者对愤怒的忽视;识别患者和愤怒有关的幻想、由愤怒产生的内疚感、对惩罚的预期;探索攻击性的本质;帮助患者理解攻击转向自身的过程,以发展出更自信的态度。

(3)严苛的超我:抑郁障碍患者常表现出有意识的或潜意识的内疚,包括认为自己无价值、自责或自罪等。治疗师可帮助患者理解其感受和行为中潜藏的内疚感和自我惩罚,探索与内疚相关的幻想,识别与人格相关的愤怒、内疚及自我惩罚(如施虐与受虐特征)。

(4)对自我和他人的过高期望:患者内在过度完美的理想自我使其对自我和他人抱有不切实际的期望。无法实现这些期望则会引发羞耻感、无价值感,这与由于无法达到道德标准而感到内疚有所不同。治疗师可帮助患者识别其对自我的理想化和贬低,处理对他人的理想化和贬低,以及探讨在移情中出现的理想化和贬低。

(5)适应不良的防御机制:抑郁障碍患者常用的防御机制包括否认、投射、被动攻击、向攻击者认同及反向形成。这些防御机制往往被用于抵御无法忍受的感受,如羞耻感、愤怒等,但结果却会导致进一步的自尊下降。治疗师需识别出不同的防御机制,并运用基本技术进行适时澄清、面质和诠释。

(二)认知行为治疗(CBT)

1. 疾病概念化 认知理论强调认知过程在抑郁起病过程中的重要影响,将患者的思维方式和行为看作抑郁障碍发病的关键因素,强调患者在疾病进程中的主体性,融合认知理论思辨性和行为理论实践性的特点进行治疗。

常见的抑郁认知理论有三种:无望理论、反应风格理论和抑郁认知图式。

(1)无望理论可追溯至塞利格曼(Seligman)的习得性无助这一概念,该理论认为当患者普遍预期自己无法控制生活事件时,抑郁就会出现。无望和抑郁的产生与患者的归因方式紧密相连:将无法控制生活事件完全归因于外部的、不变的因素会导致无望感;完全归因于内在因素则会导致低自尊和无价值感,两种归因方式最后都会引发抑郁情绪。

(2)反应风格理论认为反刍思维方法会加重悲伤心情并导致抑郁。反刍是一种对消极情绪的特质性反应,指重复地、被动地思考,把注意力集中在抑郁障碍和症状的含义、原因和意义上,这种消极的重复思维使患者深陷悲伤情绪和抑郁症状。

(3)CBT创始人贝克提出的抑郁认知图式假设患者利用已有的刺激、想法或经验(即图式)来过滤和处理来自环境的信息。图式通常是潜意识和自动化的,因而难以直接触及。大多数情况下,利用图式来处理信息具有适应性意义,但功能失调的图式会导致信息处理偏差。抑郁患者的图式涉及丧失、分离、失败、无价值、拒绝等主题,因此患者会选择性地注意环境中的负性刺激,以消极的方式解读中性或模棱两可的刺激,即使存在更合理的解释方式,仍然会依照失调的图式来解释事件,夸大遇到的困难和面临的损失。功能失调的图式和信息处理偏差构成对世界、自我和未来的抑郁消极认知三联征。

消极的世界观指患者以消极的方式解释经验,在其眼中,与环境的互动大多是失败的、被剥夺的或被贬低的,生活充满了一连串的负担、障碍或创伤,这种世界观极大地削弱了患者的积极性。消极的自我观指患者以消极的方式看待自己,倾向于将不愉快的经历归因于自己的身体、心理或道德问题,认为自己存在缺陷,没有价值,低人一等,不值得被优待,这种自我观会导致自我拒绝和自我责备。消极的未来观指患者以消极的方式看待未来,预期目前的困难或痛苦将无限期地继续下去,展望未来时,只看到生活充斥着艰难、挫折和丧失。抑郁患者的短期预测也同样是负面的。例如,当早上醒来时,会预计白天的每一件事都会遇到很多困难。

患者看待自己或环境的方式会影响其情感状态,即个人建构经验的方式决定了情绪。抑郁障碍患者总是消极地建构与世界、自我和未来有关的经验,因而更容易产生消极情绪。在抑郁认知三联征中,消极的情绪逐渐发展为抑郁心境,并使患者意志麻痹,依赖性和回避意愿增加,自杀风险也随之提高。

此外,行为主义理论认为抑郁障碍是适应性行为频率降低和回避行为频率增加的结果。行为频率的异常与适应性行为正性强化不足或惩罚过度有关。所以通过改变行为后效可以加强适应性行为,减少回避行为。

2. 操作流程 CBT在抑郁障碍的治疗时长和结构上有不同的变化,总体来讲,治疗次数在8~20次不等,主要根据症状的严重程度、持续时间及患者的治疗目标等因素来决定。无论治疗多少次数,都遵循以下流程,并强调治疗师与患者的合作关系(并非治疗师主导,而是两者共同协作以达成治疗目标)。

(1)评估:CBT的初始评估包括临床访谈及问卷评估。访谈通常是半结构化的,即背景信息访谈与临床结构化访谈相结合,如障碍定式临床检查抑郁障碍部分。问卷可使用常用的抑郁量表、情绪量表、行为量表等。目的是了解患者基本信息,基于CBT原则形成抑郁个案概念化,并监督治疗过程中症状严重程度与情绪行为的变化。

(2)制定治疗计划:根据患者的情况,基于抑郁认知三联征模型,识别患者世界观、自我观与未来观中的消极认知,识别回避行为、反刍思维、习得性无助思维与行为,确定具体治疗目标,并使用CBT技术根据目标的优先等级,在治疗中及通过家庭作业练习,来纠正消极思维,增加适应性行为,减少适应不良行为。

（3）治疗过程:在每次治疗中,根据治疗目标向患者教授相关认知或行为理论和治疗原理,以及具体实施方法。例如,如何识别回避行为及探索行为改变方案,和/或如何识别和检验消极的自动想法和信念;回顾上次家庭作业,并根据每次治疗的特定内容布置新的家庭作业。每次治疗中亦需进行治疗小结,巩固学到的技术,获得治疗反馈,评估患者独立应用治疗技术的程度和症状的改善程度。

在抑郁治疗中,对认知的干预主要集中在三个方面:深入探索和识别患者功能失调的图式和消极自动想法;仔细审查功能失调的图式和消极自动想法,寻找支持和反对的证据,考虑其他解释;鼓励患者通过行为实验来检验图式和想法,修正功能不良的图式和消极想法,习得适应性的图式和想法。

行为治疗鼓励抑郁障碍患者用适应性的行为来代替适应不良的行为,强调应对技能的习得和问题解决。抑郁障碍患者常常认为他们无法应付基本生活,一些患者也的确面临严峻的人际关系问题、经济问题等。治疗师应与患者共同思考可能的解决方案并将方案分解为可执行的小步骤,然后执行方案。通过专注地、逐步地完成方案的过程,抑郁障碍患者在治疗过程中会发现他们可以完成复杂的任务,也不会轻易地被消极思维淹没,从而增强自信。行为治疗要明确几个原则:①强调没有人能立即完成所有计划,需要循序渐进;②目标是采取什么行动,而不是取得什么成就;③接受外部不可控因素和主观因素(疲劳、动力不足)会阻碍进步的事实;④每天留出时间制定第二天的计划。

3. 主要技术　技术的使用取决于患者的症状和目标。在治疗的早期,行为激活或为任务划分等级对于症状较为严重的患者尤为有效。随着治疗的进展,重点逐渐转向对认知的干预。

（1）活动安排/行为激活:在治疗早期,通过鼓励患者参与建设性的活动来改善消极的情绪状态。活动的安排要有目标导向性,并且非常明确,不要评价患者在活动中的表现为优或劣,而是对所有努力给予认可和激励,以此强化适应良好的行为,同时避免给患者带来心理负担。

（2）任务等级划分:首先制定任务,通常遵循以下步骤。①明确问题;②制定任务;③由简单到复杂,逐步进行;④观察成功的经验;⑤用语言描述患者的疑惑、消极反应和成就贬低;⑥鼓励对表现的现实性评估;⑦强调患者在实现目标中付出的努力;⑧共同制定新的、更复杂的目标。

以上所有步骤都旨在通过现实的经验来削弱患者消极的自我观,增强自信。完成每项任务后,将任务分为两个维度:掌控(成就)和快乐(愉快感觉),让患者按照0~5分评分,0为无掌控/无快乐,5为最大掌控/最大快乐。该步骤旨在修正患者全有或全无的思维方法。

（3）厘清主要的适应不良方法:治疗师与患者重建其抑郁障碍发展的历程,如对特定压力类型反应敏感、严重创伤事件等,通过回顾,患者可以看到心理障碍背后存在的具体问题,而非仅仅是简单的症状表现。

（4）区分想法和事实:使患者了解,消极想法不等于外部现实,无论想法看起来多么令人信服,没有经过现实的检验,都不应该全盘接受关于世界的消极观念。

（5）精确识别自动想法:自动想法反映了抑郁患者感知和解释事件的消极方式。在治疗开始前,患者通常认为事件/刺激导致了抑郁情绪,而真实情况是事件/刺激通过患者的自动想法导致抑郁情绪。使用箭头向下技术帮助患者更好地识别深层次的自动想法。箭头向下技术指使用探询类的问题,如"那意味着什么?""最坏的结果是什么?"使患者明确有时可能是潜意识的自动想法。随着对自动想法的识别与了解,患者逐步发展出审查并评估这些想法的能力,更不易于受其影响。

(6)评估自动想法:并不是所有的自动想法都是错误的,一些自动想法也可能真实反映或部分反映事实,因此需要评估自动想法的有效性和价值。一般而言,重症抑郁障碍患者的自动想法更可能有误或脱离现实。苏格拉底式提问、想法管理是评估自动想法常用的技术。

1)苏格拉底式提问:通过引导检验支持或证伪想法的证据,使患者转换看问题的视角,常见的提问有"这些想法一定正确吗? 支持或驳斥的证据有哪些?""其他可能的解释是什么?"导致抑郁的自动想法有很多,如非黑即白、依赖情绪而非事实、消极的自我标签、专注于消极内容等认知。

2)想法管理:是一种用于识别和修正消极自动想法的技术。该方法的运用过程为:记录促发消极情绪的事件或刺激、身体反应、情绪反应、自动想法、给自我的标签(结论),然后识别错误思维方法、找到替代想法或事实、重新评估结论和想法并评估其有效性。画饼图、损耗-收益分析、认知连贯性分析也是常见的可用于抑郁相关想法管理的记录方式。

(7)通过幻想改变心境:一些患者在幻想中的反应与他们在现实生活中的反应是类似的,因此,可以让患者在幻想中重现与抑郁障碍症状有关的情景,重复演练适应性的反应方式。这种幻想演练能帮助患者客观地面对现实生活情景,逐渐完成之前逃避的任务。此外,引导患者对预期事件抱有更现实的幻想、引入愉快的幻想都有助于消除悲观情绪。

(三)人际心理治疗(IPT)

1. 疾病概念化 IPT认为抑郁症状或病情改善的巨大推动力是基于社交环境和人际关系的改变。IPT聚焦于反映人际关系的四个特殊领域:悲伤与丧失、人际角色冲突、角色转换、人际缺陷。治疗目标是识别患者在四大领域中的问题,通过增加社会资源,改善社交处境和人际关系,来减轻抑郁症状。悲伤与丧失指经历朋友或亲人死亡后复杂的悲伤反应;人际角色冲突包括与配偶、恋人、孩子或其他家庭成员、朋友、同事之间的冲突或意见不同的情况;角色转换涉及工作变动、搬家、去外地上学、毕业、离婚、结婚、生育、退休、躯体疾病、移民等生活中的变化;人际缺陷是指在没有突发人际事件的情况下,出现孤独、社会隔离、缺乏依恋的情况。

2. 操作流程 IPT是一种短程(8~16周)、时限性的心理治疗(急性期治疗过程),主要通过社会支持对抑郁症状进行干预。IPT的急性期治疗一般分为三个阶段:初始阶段、中间阶段和结束阶段,有时在急性治疗期后还会有第四阶段,即维持阶段。

(1)评估:评估患者目前的症状及严重程度,在治疗中可以使用量表追踪患者的治疗进展,如抑郁症状评估量表。

(2)初始阶段

1)向患者介绍抑郁症状或疾病,告知患者抑郁如同生理疾病,是可以治疗和恢复的。

2)将患者角色赋予患者,即生病可能导致各种功能的下降,而出现这些并不是患者的过错。

3)与患者一起确认治疗的频率和时限;并告知治疗内容将聚焦于患者与其他人的人际关系。

4)通过回顾患者现在和过去的人际关系,将症状与患者的人际关系联系起来,完成人际关系清单(人际圈)。

5）与患者合作,选择聚焦一个与目前症状最相关的人际问题领域(悲伤与丧失、角色转换、人际角色冲突、人际缺陷),并一起设立相关的具体治疗目标。

（3）中间阶段:根据具体的人际问题领域进行干预,总体原则包括:建立一个具有支持性的治疗联盟,充分倾听和共情,治疗师在与患者的人际关系中需发挥示范作用;治疗需要聚焦在人际关系问题领域;关注患者的人际事件和如何处理人际关系;每次会谈结束前进行总结;常规评估患者症状变化情况。

不同问题领域的中间阶段目标如下。

1）悲伤与丧失:帮助哀悼过程,帮助患者重新建立关系及其他可替代的新的兴趣。

2）人际角色冲突:帮助患者识别冲突,探索各种关系的可发展性,选择进一步的行动计划,通过调整期望值和调整可能有问题的沟通方式来解决冲突。

3）角色转换:帮助患者哀悼和接受旧角色的丧失,积极接受新的角色,同时,帮助患者恢复自尊。

4）人际缺陷:降低患者的社会隔离,鼓励建立新的人际关系。

（4）结束阶段:①与患者一起回顾治疗的进展,确定进步和改变;②帮助患者明了其有足够的资源和技巧处理问题,将治疗效果归功于患者;③承认治疗的结束也是一种分离,有丧失感是正常的,在治疗中患者努力和治疗师建立关系,因此担心没有治疗师就不能维持功能是正常反应;④预期未来急性人际危机发生的情况,如需要,可以重回治疗,但治疗师需要表达期待患者首先尝试独立行使功能;⑤如有需要,讨论维持期治疗的目标与计划。

（5）维持阶段:主要目的是预防复发,如果患者病情多次反复发作或者通过治疗症状有改善但仍有很多残留症状,则意味着复发风险较高。可以与患者讨论继续维持治疗。一般维持阶段的治疗频率较急性期更低,持续时间的长短根据与患者的讨论决定。维持治疗的主要目标包括:持续帮助患者回顾以往治疗中已经掌握的技巧;鼓励患者尝试在现实生活中反复练习使用技巧和方法,解决遇到的问题;持续评估症状的严重程度,及时调整治疗方案。

3. 主要技术

（1）沟通分析:是IPT的核心技术,主要用解决人际沟通中的问题。治疗师和患者共同合作,了解患者在人际交往中的互动,以帮助患者改进沟通。在讨论患者与他人的重要对话或争论的情景时,需要去理解患者当时的情绪状态和行为方式、双方交换信息的意义,以及双方的沟通方式。这样有助于患者检测实际生活中交流的困难之处,并去发现可能替代的方法,最终改善人际关系。此外,也可帮助患者直接表达自己的需求和感受,因为许多人会假定其他人应该会预测自己的需要或"看懂"自己的想法。在患者错误地认为别人应该理解了自己的时候,治疗师予以进一步澄清。

（2）角色扮演:在各种IPT问题领域中都可以使用角色扮演。治疗师可以扮演他人的角色,给患者提供必要的机会来练习,或者扮演患者,示范更有效的沟通方法。角色扮演帮助患者准备不同的方法与他人互动,这有助于治疗师和患者一起理解患者是如何对他人的言语或行为做出反应的,也有助于帮助患者预处理新情况或学习用新方法处理以往的情况。在悲伤与丧失中让患者角色扮演进行与逝者的想象对话也非常有用。

（3）鼓励情感的宣泄:情感的宣泄有利于患者表达、理解和管理自己的感受,将情感表达出来能帮助患者看清什么是重要的,有助于其做出情绪上有意义的改变。让患者学会将一些感受看作是正常的、强有力的情绪信息而不是危险的社交信息。

(4)治疗师的角色:IPT治疗师是友好的、乐于助人的和能够鼓舞士气的盟友,在肯定当前情况的艰难之前要给患者灌注希望,始终聚焦于患者的需求。IPT是一种积极的更具有支持性的治疗,治疗师是更积极主动的,不允许出现长时间的、令人痛苦的沉默。IPT治疗师不从移情的角度来看待治疗关系,只将其作为一种激发感受的人际交往。患者从治疗师那里所期望得到的帮助和理解被认为是基于现实的,不会被解释为患者以往其他人际关系的重现。

(四)正念认知治疗(MBCT)

如前所述,抑郁障碍具有很高的复发率。虽然CBT、IPT等治疗都可提供灵活的维持治疗以防止或降低复发率,且长程精神动力学治疗针对更深层的人格组织和人际模式进行工作,理论上亦可有效预防抑郁复发,但治疗的维持模式并未形成系统化的操作手册,而精神动力学对于预防抑郁复发的疗效也没有得到充分的循证支持。因此心理学家研发了专门以预防抑郁康复患者复发为目标的治疗方式。其中,融合了正念技术的认知治疗,即MBCT,是基于对抑郁患者、康复者与健康人群的实证研究比较而发展的短程治疗,在多个随机对照研究中证明MBCT可以有效降低复发率,被认为是预防抑郁障碍复发的首选治疗。

MBCT指出,即使已经完成认知行为治疗的抑郁患者,在康复期出现轻微的消极情绪时,也会出现认知偏向,即激活与先前发作期相关的消极的思维模式。并且,对于情绪的认知反应具有累积效应,多次发作后,思维模式的激活更有可能再次成为自动化模式(自动想法)。患者也会重新使用反刍思维的方式,即反复思考是什么导致自己的消极情绪和状态、要如何从中解脱出来等,以此来找到解决痛苦的方法。然而,这种对待情绪、想法或伴随的躯体感受的方式会使问题解决能力受损,并陷入恶性循环。这种试图去解决现实和自己希望的状态之间的差距的思维模式被称为"行动模式"。

因此,MBCT将觉察情绪如何重新激活功能失调性思维的能力,以及患者对待情绪和想法的方式列为预防复发的关键因素。在急性期认知治疗的过程中,患者需要反复识别自己的消极想法,并评估内容的准确性。这种方式不仅能帮助患者纠正消极自动想法,也能在过程中让患者学会如何从消极想法中跳出来,将注意力放在辨别想法的真实性或寻找对应的证据方面,不再认为想法是真实的或是自我的一个方面,而是知道想法只是想法,感受只是感受,两者并不等同。MBCT中尤其强调这个技能,并将其命名为去中心化。

MBCT通过8周的结构化团体课程,结合患者日常生活中的具体情境和家庭作业,帮助患者在治疗中和治疗外识别并摆脱以持续的反刍和消极思维模式为特征的心理状态,从"行动模式"转为"存在模式",即不致力于实现特定的目标,不专注于分析过去或预测未来来试图解决问题,而是接受和允许现状。前4周的课程以基础的正念为主,帮助患者从关注思维的内容转换到关注过程,从关注过去和未来转换到关注当下;5~8周介绍处理情绪转变的方式。

正念被定义为"一种有意识的、不评判的、将注意力集中于此时此刻的方法"。当患者去感受当下自己的身体感受和感觉的时候,就能够占据有限的大脑信息处理资源,从而避免陷入反刍或"行动模式"中。正念强调非评判、信任、接纳等基本态度,这些态度与抑郁康复患者复发的心理机制密切相关。在MBCT的治疗框架中,不仅通过结构化的练习来让患者学习正念的态度,团体带领者在探询和沟通的过程中,自身传递出来的正念态度同样能够让患者有所触动和获益。

(五)问题解决治疗(PST)

PST 建立在 20 世纪 70 年代发展起来的有关日常生活问题解决与心理健康关系的理论与研究的基础上,于 20 世纪 80 年代末期正式形成针对临床抑郁的治疗手册。疗程可以根据患者的情况调节,4～16 周不等。

PST 基于的假设:症状是由无效的、适应不良的应对方式导致的,因此干预的方式是让患者学习有效的应对方式。该疗法将问题解决能力分为三个方面:问题导向、问题解决风格和目标类型。

问题导向:可以分为积极和消极两个维度。其中,积极问题导向的患者更倾向于将问题评估为一个挑战,相信这个问题是可以被解决的,自己也有能力成功解决这个问题,并愿意尝试解决问题。而消极问题导向的患者则更多是将问题评估为一个威胁,其自我效能感、对于挫折和不确定性的容忍度均较低。

问题解决风格:可分为理性问题解决风格(包括四种技巧,问题的定义和阐述、替代性解决方案的形成、决策、解决方案的执行和评估)、冲动风格和回避风格。

目标类型:包括聚焦问题的目标和聚焦情绪的目标。其中,当情境被评估是可改变的或者可控的,那么聚焦问题的目标就会被激活;如果情境被评估为是不可改变的,那么聚焦情绪的目标就会被激活,引发情绪痛苦。

PST 既是心理治疗模式也是一种技能训练,旨在让患者学习以积极问题导向、理性问题解决风格,以及采用聚焦问题的目标来应对生活中问题的方法。

PST 提供了 14 个训练模块,结合对患者的评估和治疗目标,可以灵活选择其中对应的训练模块。组合的方式包括:①第一节针对问题导向,后面的每一节分别针对一种理性问题解决技巧进行教授并练习;②通过一节或两节的治疗专门训练问题导向,之后通过一节治疗介绍四种理性问题解决的技巧,在此之后的多节治疗中集中练习这些技巧。无论哪种组合形式,在每一节治疗开始时都需要强调对问题导向的训练。

此外,PST 还会教授患者如何有计划地解决问题,包括多任务的问题解决、提高采取行动的动机,和使用"SSTA"模型(见下文)进行情绪调节。多任务问题解决技巧包括外化、可视化、简单化。

外化是尽可能地将自己的想法用列清单等方式记录下来,减轻自己的工作记忆负荷,从而可以专注于完成其他任务。

可视化是训练患者用图像的方式呈现问题,更好地澄清问题之间的关系。

简化是将复杂的问题分解为小问题。

提高采取行动的动机的方法包括:列出如果不执行行动可能导致的后果和如果执行可能带来的潜在的结果,比较两个清单,从而增强执行动机。也可以通过可视化的方式来帮助患者想象成功的体验,关注如果问题已经解决将会体验到的感受,从而降低无助感。"SSTA"模型是指通过停下来(stop,S)、慢下来(slow down,S)、想一下(think,T)、再行动(act,A)的方法避免情绪干扰,其中包括通过呼吸训练、正念冥想等方式关注身体感受、情绪、认知和行为的变化,使情绪进程放缓,从而更好地以理性的方式思考和行动。

迄今,对于抑郁障碍的疗效研究并未得出哪种治疗方式更为有效的定论。根据现有的研究和临床经验,一个最宽泛的原则为:对于轻度抑郁障碍患者,使用 CBT 和 IPT,而对于中度或重度抑郁患者则推荐药物治疗,如有条件,同时进行 CBT 或 IPT 作为辅助治疗。有研究表明,CBT 比抗抑郁类药物的副作用更少,而且能比药物更好地防止复发,因此,如果治疗师训练有素,可以考虑对轻中度抑郁障碍患者只使用 CBT。在选择 CBT 和 IPT 时,除了考虑患者的意愿、背景等因素之外,年龄也是一个需要纳入考虑的因素。例如,老年抑郁患者寻求心理治疗最常见的原因是遭遇与人际关系、健康状况、哀悼/丧失、财务、住房和执行功能相关的问题,而 IPT 正是针对这些生活问题的治疗方式。因此,对于老年患者,IPT 的接受度和疗效都优于 CBT。

精神动力学治疗一般仅推荐用于轻中度抑郁、心境恶劣障碍患者,或抑郁症状已获得有效控制的重度抑郁障碍患者。此外,精神动力学治疗对于主要以情感类和认知类症状为表现的抑郁,或者同时共病人格障碍或问题的患者尤为有效。由于精神动力学是一种探索性的治疗,对于仅仅想要解决症状困扰,或缺乏描述感受能力,或对于现象的联系和/或诠释无兴趣的患者,则不应该作为首选的治疗方法。

虽然 PST 具有针对抑郁障碍疗效的充分循证支持,但适用范围相对比较局限,通常只是针对生活中有明确问题且存在解决方案的患者,当患者的问题没有明确的解决方案时(如寻找生活的意义或目标),PST 不会很有效。

抑郁障碍具有很高的复发率(50% 左右),因此维持治疗至关重要。常用的维持治疗方法包括药物治疗、CBT,以及专门针对预防抑郁复发的 MBCT 心理治疗,这些方法均可将严重抑郁症发作后的 5 年复发率降低一半。此外,精神分析或长程精神动力学治疗也是防止抑郁障碍反复发作的可选治疗方式。

三、示范案例

(一) 一般情况

患者,女,45 岁,会计,大学文化,已婚育有一子,丈夫为物理老师,儿子在外地上大学。患者是独女,父母都是知识分子,在患者幼年时对其要求很严,经常打击或贬低患者,在情感上对她也没有太多关心和呵护。患者小时候希望长大后做一名艺术家或艺术老师,但是遭到了父母的强烈反对,最终按父母的要求选择了会计专业,但经常变动就业单位。

(二) 患者的问题

1. 主诉 3 个月前,患者在其入职不久的公司,就工作流程问题与上司产生分歧,一气之下辞职了。患者原本很崇拜这位上司,但提出的意见被上司否定后,立即觉得这位上司能力不怎么样,容不得他人提出异议。患者与丈夫沟通此事后,觉得丈夫口中"客观的分析"是在帮外人讲话,贬低她的能力,因此两个人开始冷战。患者很担心在外学习的儿子,但每次和孩子视频时,会不自觉地对他评头论足,于是儿子很少再与她联系。患者内心觉得很愧疚,认为自己是个没有能力的人,只会把火气撒在丈夫和孩子身上。她每天情绪低落,自述"好像头上笼罩着一层乌云",对以前喜欢的画画、小说也提不起劲来。她仍能完成基本生活任务,但自述食欲下降,睡眠变差,经常做梦或者频繁醒来。

2. 病程 患者自述常常和同学、同事发生矛盾,在经历人际矛盾或学习工作不顺利后,会"心情不好",但这次比以前都要严重,症状持续了几周。

3. 诊断　患者的症状符合抑郁障碍的诊断标准,目前处在单次抑郁发作的阶段,整体症状属于中度抑郁发作。

（三）评估与个案概念化

童年时期,患者受到来自父母的严厉对待、打击和贬低(起源),因此,患者形成的核心信念是"我没有价值,我不能胜任""周围人都是爱挑剔、有敌意和不支持我的"。最近,这些核心信念被与新入职工作的上司发生矛盾而激活(促发因素)。因此,患者开始出现功能适应不良的自动思维(机制),"我没用,上司在挑剔、攻击我"(症状、问题)。她用回避(机制)来应对,从新工作中辞职。辞职引发了患者与丈夫的争执(促发因素),她的核心信念再次被激活(机制),认为丈夫"不支持我,贬低我的能力"。与家人的冷战让她更加感到没有价值、自我批评和愧疚,患者逐渐失去与他人交往的兴趣,出现食欲和睡眠问题,低落的情绪也使她停止了许多活动(症状、问题)。小时候父母对患者的情感回避和冷漠态度也塑造了患者非适应性的社交技能(起源),导致她与同事的关系混乱紧张,与儿子关系疏远(症状、问题)。

（四）设定治疗目标,规划治疗

患者接受了 20 次结构化的认知行为个体治疗,每周 1 次。初期阶段治疗的重点是评估和心理教育,在明确患者的诊断和问题后,治疗师向患者介绍了关于抑郁症病因和维持因素的知识,增强其治疗动机并建立了稳定的治疗联盟。随后,治疗师和患者一起制定了治疗计划,聚焦如下议题:①识别和挑战与自我、世界、未来有关的功能适应不良的自动思维及核心信念("我没有价值,我不能胜任""周围人都是爱挑剔、有攻击性和不支持我的");②行为激活,增加价值驱动的兴趣爱好和社交活动,如重新开始画画和看小说,每周和家人至少外出一次;③提升整体社交技能水平。

（五）治疗过程及技术运用,治疗结束

在每次治疗中,识别功能适应不良的认知并对其做出反应。通过苏格拉底式提问等技术,在治疗师的帮助下,患者逐渐发现消极核心信念"他人不支持我、贬低我""我没有价值、无能,低人一等"。治疗师要求患者监控和记录与这些认知核心信念有关的自动思维(家庭作业),包括激活自动思维的事件或刺激、身体反应、情绪反应、自动想法、错误思维方法、给自我的标签、替代想法或事实、重新评估结论和想法、做出反应。治疗师教授区分想法与事实、行为试验等技术帮助患者发展出更有适应性、现实性的认知和核心信念。例如,当患者想到"我的工作没有任何意义,我只是一个无能的人"时,她要在自我监控表格里记下这一想法及出现的具体情景,治疗师和患者一起设计行为试验来检验这些想法(家庭作业),促进认知重构。另外,治疗师引导患者关注到事情积极的一面,来增加患者积极的情绪体验和自我价值感。例如,即使患者不喜欢会计工作,但她仍然对工作非常负责,并积极提出建设性意见。

行为激活策略包括治疗师鼓励患者参与一些活动来改善消极的情绪状态,例如,为家人做一顿丰盛的晚餐,为家里的宠物画一幅肖像画或者读一篇小说并写读后感(家庭作业)。活动有许多类别,难易程度不一,遵循由简单到复杂、逐步进行、循序渐进的过程。在治疗会谈中,治疗师和患者讨论活动的具体实施情况,观察其中成功的经验,讨论患者的疑惑和消极反应,尤其是和消极认知核心信念有关的想法,针对这些想法,治疗师会在具体情境中展开工作。治疗师也会肯定患者在这些活动中付出的努力,鼓励她对表现进行现实性的评估。

针对患者紧张的社交关系,治疗师与患者首先鉴别出了她的社交技能缺陷(如在情绪激烈时做决定),并为其介绍恰当的社交技能,然后通过角色扮演、反馈、家庭作业等方式反复练习,直到患者可以自然流畅地应用这些社交技能。治疗师和患者还对情绪进行工作,帮助患者学习如何区分想法与情绪,如何进行情绪的感知、强度评估与合理表达。例如,治疗师带领患者进行正念冥想以增强对情绪和身体反应的觉知,让患者学会在情绪激动时进行合理的纾解。

最后一次治疗中,治疗师和患者回顾了整个治疗过程,并与患者讨论如何继续使用在治疗中学会的技能,以及还需要继续处理的领域。

(六) 患者的改变

在治疗结束时,患者报告自己的情绪得到了很大的改善,她找到了一份新的工作,而且联系了一些以前的朋友。工作之余,她仍在继续画画,和丈夫、儿子的关系也比从前亲密。

第二节　双相障碍

一、概述

双相障碍,也称双相情感障碍,指既有过躁狂或轻躁狂发作又有过抑郁发作的心境障碍。由于疾病定义、诊断标准、流行病学调查方法和调查工具不同等原因,全球不同国家和地区所报道的患病率不尽相同,甚至差异较大。但总体来看,双相障碍的患病率呈现逐渐上升的趋势。全球双相障碍终生患病率为 2.4%,女性略高于男性。2019 年流行病学调查数据显示,我国双相障碍年患病率为 0.6%。双相障碍被广泛认为是一种基于生物基础的疾病,主要以药物治疗为主,心理治疗作为辅助治疗,主要目标为加强药物治疗依从性、管理相关症状,以及提高生活质量。

双相障碍一般呈发作性病程,躁狂发作和抑郁发作常反复循环或交替出现,也可能混合发作,每次发作症状持续一段时间,对患者的日常生活和社会功能产生严重影响,发作间歇期精神状态可恢复至发病前水平。抑郁发作的具体表现详见本章第一节。典型的躁狂发作以心境高涨、思维奔逸和意志行为增强"三高"症状为主要特征,具体可以表现为显著而持久的心境高涨,伴有思维联想速度加快,甚至思维奔逸,并有活动增多、夸大观念或夸大妄想、睡眠需求减少、性欲亢进、食欲增加等。

根据诊断分型,双相障碍可分为双相Ⅰ型障碍和双相Ⅱ型障碍。其中,Ⅰ型指患者至少出现过一次符合诊断标准的躁狂发作,Ⅱ型指患者至少一次符合轻躁狂发作和至少一次符合抑郁发作的诊断标准,但从未有过躁狂发作。

双相障碍的总体治疗方法应遵循综合治疗原则,采用药物治疗、物理治疗、心理治疗和危机干预等综合治疗措施。治疗目的在于提高疗效、改善依从性、预防复发和自杀、改善社会功能及提高生活质量。

二、心理治疗方法

迄今为止,双相障碍仍被广泛认为是一种基于生物基础的疾病,而相关心理学模型仅建立在临床观察实证基础上。

在过去 20 年间,累积了大量实证性的证据支持药物治疗与心理治疗相结合的治疗方式。虽然有多种治疗模型,但成功的治疗方式的共同特点是将对生物学因素的理解与触发症状的心理-社会因素的管理相结合。例如,帮助患者理解日常节律的重要性,规律睡眠/觉醒循环的重要性,让患者与治疗师一起建立规律的日常作息;帮助患者了解通过监测情绪和活动水平来识别前驱症状和复发信号的重要性;发展应对策略来应对生活中的应激影响以避免复发。

心理治疗可以提高患者对双相障碍的认识和接受药物治疗的意愿,并减少躁狂和抑郁发作的次数、发作时的严重程度,以及降低住院率。心理治疗还可以改善患者生活质量、社会功能、工作效率和婚姻关系等。对双相障碍的基础心理治疗方法是心理教育,也可能是最有效的治疗方法。有研究表明,在减轻症状和改善药物依从性方面,心理教育比非结构化心理治疗或单独药物治疗效果更好,并可以降低复发率,减少抑郁和躁狂发作次数、住院次数和缩短住院时间。

触发单相抑郁的一些因素也可能会触发双相抑郁,如消极生活事件、社交孤立、社会支持缺乏和消极认知方式。这就表明,大量对于单相抑郁有效的治疗方式对于双相抑郁的治疗也有效。治疗单相抑郁最有效的方法包括认知治疗、行为治疗、人际心理治疗等。双相障碍的心理治疗方式则需要有高度结构性、指导性特征,要能够帮助患者习得具有循证证据支持的核心技能,以有效应对抑郁和躁狂发作。

(一)心理治疗理论模型与理论基础

1. 认知治疗模型　认知治疗认为,通过认知调整有助于减少抑郁或躁狂发作的发生或循环,减少药物治疗的不依从,并帮助患者掌握在遭遇应激时有效的应对技能。

巴斯克(Basco)和罗西(Rush)最早撰写了针对双相障碍的认知治疗手册。他们的理论重点在于药物治疗不依从和亚临床症状现象。他们认为,心理治疗可以增强患者的药物依从性,并帮助患者识别可能引发症状发作的社会心理应激源。治疗模型中沿用认知理论解释症状,认为想法、情绪、行为的相互影响可以使前驱症状加速发展为一次完整的抑郁或躁狂发作。前驱症状包括早期的情绪改变、思维(鲁莽、自大、错误的判断)和行为(冒险行为或活动)改变,这些变化之间的相互作用会进一步损害患者功能,导致额外的压力,最终致使症状恶化并演变为抑郁和躁狂的发作,形成一个恶性循环。治疗的核心目标是除了提高药物治疗依从性之外,还有加强自我情绪监测、识别早期预警信号、识别和判断应激源的能力,以及发展问题解决和应对的技能。

莱姆(Lam)等的认知治疗理论强调识别抑郁和躁狂发作前的前驱症状和信号,补充了早期识别症状的心理教育和训练内容,训练患者识别疾病前驱症状和制定应对急性症状的策略。这一疗法认为:通过训练,患者可以有效地觉察前驱症状和信号;技能训练可以帮助患者发展更好的应对策略;这些应对策略可以起到保护作用,避免症状进一步发展成一次完全的抑郁或躁狂发作。

纽曼(Newman)等的认知治疗模型关注认知在触发双相障碍发作中的核心作用,认为除了生物易感性之外,认知因素会促使躁狂和抑郁发作。这一理论模型的目的是改变患者的信念,尤其是长期以来塑造事件认知处理的基本信念。例如,一位患者长期认为自己是不讨人喜欢的,就更容易注意到支持这一观点的证据,并选择性地记住这些信息,而忽略了其他方面。如果可以对这些认知缺陷进行修正,发展更有效地应对和解决问题的能力,并减少面对压力时的脆弱性,便可以增强患者对躁狂和抑郁发作的持续恶性循环的抵抗能力。

2. 心理教育和基于家庭的心理治疗理论基础　心理教育包括许多以疾病管理为目标的策略,旨在为患者提供与疾病有关的基本信息,帮助患者知晓:双相障碍接受治疗的必要性;双相障碍是一种需要持续治疗的复发性疾病;药物的副作用,以及减少这些副作用的方法。心理教育的主要理论基础是提高患者的治疗依从性,尤其是药物治疗,通过帮助患者发展保护性策略可以增强患者应对潜在压力情境的能力,从而改善将来可能的疾病发作并减少高危行为。

包括双相障碍在内的重性精神疾病,患者在院外的多数时间是与家人共同生活的,家庭成员会协助患者在日常生活中应对由症状带来的挑战。因此基于家庭的治疗策略非常重要,也是具有循证证据的一类治疗方式,但却最容易被忽略。基于家庭的治疗方式目的之一是为家庭成员提供心理教育。有证据表明,如果患者的家庭成员接受过心理教育,患者的复发概率会降低。这些心理教育内容包括:家庭成员间的交流技能训练、持续的疾病管理引导、情感支持和问题解决训练。家庭成员的情感表达在治疗中非常重要,过于严厉或侵入性的家庭互动方式都有可能触发双相障碍的复发。治疗的作用是通过降低家庭环境中的压力来减少疾病的复发。

基于家庭的心理治疗的目标包括:帮助患者及家属整合关于双相障碍的理解和体验;协助患者和家属接受将来疾病复发的可能性和持续药物治疗的必要性;帮助患者及家属区分双相障碍与人格特征;协助患者和家属识别并应对压力事件;帮助改善家庭关系。

3. 人际社交节律治疗理论基础　人际社交节律治疗是在传统治疗抑郁症的 IPT 基础上拓展而来的。双相障碍患者常表现出一些日常节律的紊乱。例如,有研究者发现双相障碍患者在晚上的状态比在白天活跃,甚至在缓解期也是如此。节律的紊乱被认为是影响双相障碍相关症状的主要机制。例如,在躁狂发作之前,患者常会有社会功能节律的改变,如吃饭、工作、社交的常规节律改变,因此通过维持患者社会功能节律的稳定来改善症状是人际社交节律治疗的主要目标。其中特别要关注的是睡眠减少,有研究表明睡眠减少与触发躁狂发作有关,因此在治疗中需要考虑改善节律的治疗策略。

人际社交节律治疗的目标包括:帮助患者认识到情绪与生活事件之间的关系;帮助患者应对压力性生活事件;稳定社交节律;处理药物治疗依从性;给患者一个哀悼由疾病带来的损失的机会;处理人际关系困难,角色转换和社交技巧上的缺陷。

（二）操作流程

总体来说,双相障碍的心理治疗具有高度结构性、指导性的特征,以心理教育为基础,主要参考认知行为治疗的原则和策略,并在此基础上结合了对双相障碍的针对性内容调整。对双相障碍具有循证证据支持的心理治疗一般包括以下特征和要素:①心理教育,帮助患者和家属了解病情;②对患者的家庭成员进行咨询,以减少家庭中的冲突和负面情绪表达,并发展支持系统;③注重改善药物治疗的依从性;④教授患者定期监测情绪状态和活动水平;⑤协助患者监测疾病前驱症状,包括情绪和活动水平;⑥改变使患者容易出现严重抑郁和躁狂发作的信念,处理适应不良的认知、判断和行为;⑦帮助患者发展解决问题的应对策略,以减少可导致情绪波动的消极生活事件的影响;⑧协助患者建立稳定的生活方式;⑨制定应对计划以防止或减少复发。

双相障碍心理治疗的过程可分为三个不同的阶段。初始阶段为评估和确定治疗目标,以及使患者初步适应这种结构化治疗方案。初始阶段通常需要 2～3 节治疗,并与治疗中间阶段可能有重叠。治疗中间阶段将重点放在技能的发展上,所需治疗的次数可能因许多因素而异,如患者问题的严重性和复杂性、患者治疗的进展情况等,需要有大量的临床实践时间,一般需要至少16周。中期阶段为后期阶段奠定了基础,后期阶段主要侧重保持成果和预防复发,可以逐渐将会谈率从每周一次减少为每两周一次,每月一次,以查看患者的进展情况,并做出任何必要的调整,以尽量减少复发。

1. 初始阶段——评估和确定治疗目标

(1)明确合作的重要性:治疗师与患者之间的积极合作是治疗成功的关键。有这样的基础作为支持,治疗师和患者才能够投入地将自己带入治疗当中,并在确定治疗目标和努力实现这些目标方面发挥积极作用。这种合作方法需要让患者积极参与其中、进行疾病的自我管理,并鼓励患者持续地留在治疗中。

(2)鼓舞士气,战胜绝望:双相障碍是一种消耗性疾病。随着时间的推移,反复发作的躁狂和抑郁症状会给患者带来受挫情绪,患者努力减少情绪波动但却经常遭遇失败的体验会导致无助和绝望感。反复发生的躁狂和抑郁发作不仅会对患者的家庭成员及亲友造成重大影响,甚至还会导致经济和工作等社会功能方面的毁灭性影响。部分患者可能长期处于较为抑郁的状态,被称为亚综合征抑郁状态,是指即使没有典型的严重发作,患者的社会功能也可能随着时间的推移而严重受损。双相障碍的致残性影响很多都是由这些长期存在的亚综合征抑郁状态造成的,甚至可能比急性躁狂发作的影响更为严重。抑郁发作的症状之一被称为"管状视野",表现为患者无法看到更积极的未来、想象未来的能力受限,使得患者不能相信治疗是可能有帮助的,因此不愿接受治疗,难以从中获益。因此,心理治疗的一个主要和持续的任务是带给患者希望,并给予一种现实的信心,让他们能够体验到有希望获得更好的未来的感觉。

对于治疗严重抑郁、意志消沉或有自杀倾向患者的治疗师来说,治疗师也很容易感到绝望,这时要考虑反移情问题,这在对此类患者的治疗中是非常重要的。对于治疗师,重要的是不要陷入患者的无力感和绝望感中,不要接受他们对自己能力评价的偏见,也不要认同他们关于将来是否有机会改善的偏见。在治疗抑郁症状持续且严重的患者时,为了避免治疗师在反移情中发生对患者的消极认同,持续的督导非常有必要。

(3)提高治疗依从性:双相障碍的疾病生物学特性会造成患者自我调节的困难,可能表现为患者不能维持常规的治疗结构、无法完成治疗中安排的任务。因此,许多双相障碍患者,特别是功能低下的患者,难以保证有规律地出席治疗以及完成家庭作业,很容易退出治疗。因此,治疗师需要在每周或固定周期的治疗之外与患者保持联系,以维护一个一致的、结构化的治疗过程。在治疗的最初几周,可以在约定的治疗前24小时给患者打电话提醒患者准时参加治疗。对于错过治疗时间的患者,可以为他们安排定期的后续电话,以复习治疗中安排的内容,并制定家庭作业。如果患者连续缺席一个以上的治疗小节,或具有高脱落风险,那么治疗师应该打电话联系患者,让他们知道治疗是很重要的,而且治疗师对他们的缺席感到担忧。按时参加治疗是首要的治疗目标。治疗师可以与患者共同制定一份正式协议,协议的形式可以强调患者对于按时参加治疗的责任。在制定协议时,治疗师可以与患者讨论可能存在的困难,以及患者如何处理这些困难以保持高出勤率。如果出现持续的缺席或迟到现象,治疗师就应该及时识别这些问题并主动与患者一起解决问题,从而支持治疗联盟的巩固。

（4）培养积极参与的愿望：治疗初始阶段的另一个核心目标是鼓励患者积极参与，并期望患者能自己成为问题的解决者。要做到这一点，患者就必须完成一些任务。例如，即使他们感到绝望和沮丧（或过度乐观和轻视治疗）也要按时参加治疗，持续地进行症状监测，完成家庭作业。

（5）告知患者治疗方法：治疗师需要帮助患者理解治疗的概念和基础的实施原理，以及如何运用于每周的治疗中。治疗师可以将患者最初谈到的问题或抱怨信息作为例子来解释治疗是如何起作用的，这个方法非常有效。许多患者可能尝试过非特异性的"谈话治疗"，在这种治疗中，没有特定的解决问题的工具，也不会要求患者改变特定的行为或思维方式。然而，针对双相障碍的治疗，需要让患者从一开始就明白，这种治疗是高度结构化和协作性的。治疗师可以使用巴斯克和罗西的模型，解释想法、情绪、行为和生理反应之间的相互关系。

（6）引出目标关注点并制定初步治疗目标：初始阶段的核心目标是通过患者引出目标关注点，然后与患者合作，将一种或多种问题纳入初始治疗目标。治疗目标应该反映出一个明确的与患者的问题相关的改变计划。双相障碍的心理治疗强调治疗的积极合作性，患者需要写下治疗过程中制定的治疗目标，并将回顾这些目标作为作业。

治疗目标应该对患者个人有意义，能反映患者的价值观、兴趣和生活目标，以及他们的功能水平。然而在治疗中，常会遇到目标宽泛、模糊、不切实际的情况，给后续治疗带来困难或导致治疗缺乏实质性的进展，因此必须采取具体的步骤来确定明确的目标。如果一开始就没有明确的基准目标，治疗师将无法对治疗的进展进行有意义的评估。此外，目标必须是患者能够独立实现的，有明确的特定的终点。在确定了目标之后，还需要寻找每天都可以做的连续任务来实现治疗目标。此外，要明确在日常生活中，可能会出现妨碍患者完成这些任务的困难。例如，患者感到太沮丧而不能做任何事情；患者做其他重要的家务会花费更多的时间，以至于没有时间完成任务。一旦明确了这些困难，治疗师就要帮助患者一起思考解决这些困难的方法。

2. 中期阶段——技能培养　考虑到双相障碍是一种慢性疾病，在整个生命周期中其病程呈现波动性特征，因此干预的目标应该是为患者提供持久的、可以通过最低限度的外部治疗支持来实现的技能。治疗是在高度结构化、议程驱动的形式中进行的，目的是教授给患者监测前驱症状的具体基本技能，并获得适当的应对技能，以改善患者情绪并保持稳定，最大限度地减少抑郁或躁狂发作的发生。

（1）监测情绪、想法和行为：治疗师可以帮助患者制定日常情绪和活动水平监测的策略。监测是双相障碍心理治疗的必要条件，没有监测，患者就无法识别疾病的前驱症状，就没有机会在急性发作时的严重认知行为改变之前就采取应对策略。患者了解和接受"监测"的治疗原则是治疗有效的必要条件。

（2）认知重构：有严重或慢性抑郁症状的患者可能无法准确地识别歪曲的自我评价，他们可能会从过去的双相障碍发作经历中找到大量证据，形成他们自己是"无能的""有缺陷的""无望的"或"一无是处"的信念。这样的认知偏差需要进行认知训练才可以被重构。

（3）行为策略：对于日常活动明显减少的抑郁患者，行为激活是一种有效的治疗策略，可以增加患者的活动，并减少回避行为。

3. 后期阶段——维持治疗成果　最后3～4周的会谈应致力于准备结束治疗，如何保持在治疗中取得的成果，以及如何改善患者生活管理，减少突发的压力事件。一般建议在每周一次的正式治疗结束后,还可以安排一些加强治疗,频率为每2周一次,逐渐减少至每月一次,直到患者能够独立地使用在治疗中所学到的工具来对抗或预防严重的情绪波动。

（三）心理治疗结构和技术

每一节治疗的具体内容,可包括以下结构和技术。

1. 治疗结构　使用议程和治疗检查表。一旦设定了治疗目标,治疗师就可以开始关注患者具体的治疗结构。结构化治疗的标准内容通常包括:①检查和回顾情绪和症状、药物使用情况、酒精使用情况;②衔接上一节治疗,包括记下任何讨论过的重要主题、上一节治疗未完成的内容和布置的作业;③回顾家庭作业;④确定治疗议程和优先事项;⑤制定治疗议程;⑥布置与治疗中制定的策略相关的家庭作业;⑦总结本节治疗内容,要求患者总结要点;⑧获取患者的反馈,了解在治疗过程中什么是有用的或者最有用的,以及发现的任何问题。

2. 设置议程　在治疗过程中(通常是在第一或第二节治疗中)尽早为每个阶段设定一个议程很重要。可以在治疗的前5~10分钟内为该节治疗制定一个明确的议程,不要一开始就问一些开放性的问题,如"过去一周你感觉如何?"这种类型的问题通常会导致冗长的、无组织的叙述,而没有明确的目标或问题可以解决。建议询问更直接的问题,针对患者所经历的问题和情绪变化,或者针对上节治疗中提到的具体问题。例如,"在过去的一周中,你的情绪是否有任何突然的变化?"还有一些问题可以帮助制定一个以问题为导向的议程,如"今天我们应该关注的最重要的事情是什么?""如果我们能确定一个或两个问题,我可以帮助你一起想想如何解决。""你可以确定一到两件你认为今天最想要谈的重要事情。"如果患者开始讲述上周所经历事情的大量细节,而没有确定的具体问题,治疗师可以这样引导,如"你能告诉我上周这些事情的主题是什么吗?不用描述具体的细节,这样我们才能一起决定什么是最重要的,是最需要解决的。"或"你能更具体地总结一下最重要的内容是什么吗?这样我才能够知道该如何帮助你。"

治疗师可以向患者解释,有组织结构的治疗的好处是可以充分地利用时间。治疗师和患者共同协作制定议程。建议在治疗中可以将治疗议程写在白板上,这样可以时时提醒治疗师和患者,也可以保持治疗是按照议程进行的。

通常,议程上的第一项是评估患者的状态,第二项是对家庭作业的回顾。家庭作业中进行的练习对治疗策略是否能够成功执行是至关重要的,因此在治疗中应重视对患者家庭作业的回顾,并讨论其与当前治疗中正在处理的问题之间的关系。

在回顾完家庭作业后,下一个议程是找到达到治疗目标的策略,可以是学习新的特定技能,也可以是继续练习之前学习到的技能。在早期治疗中,了解患者生活中更多的既往经历信息也可以作为议程中的一项内容。另外,除了治疗师想要列入议程的项目外,还应该询问患者想要包括什么内容。

在治疗中,如果患者提出自杀的想法或计划、严重的家庭危机或具有高风险的精神状态的变化,就必须予以优先考虑,级别应高于任何其他议程项目。

3. 聚焦具体议程主题　一旦确定了议程并为每个项目分配了时间,治疗重点就应该转移到具体议程项目的内容上。具体议程内容通常包括患者为达到治疗目标而需要学习的技能,以及在学习技能的过程中可能出现的具体问题或困难。在整个治疗过程中,可以时常让患者总结此前讨论的内容,以确定其是否理解并掌握了要点。

4. 家庭作业实践 每节治疗结束时,应与患者探讨本周需要做什么家庭作业来帮助掌握具体技能。在家庭作业任务的选择上建议从简单的事情开始,如在家里可以看到的地方放置小纸条提醒患者完成一项具体的事情(如服药或思考自己的优点),可以逐渐发展到更为复杂的内容,如完成无益思想的记录、检查对特定信念的证据或记录活动监测表。家庭作业的实践需要与患者合作完成,并且与治疗过程中的内容相关。患者必须理解具体任务的基本原理,并理解完成家庭作业任务将有助于最终实现特定的治疗目标。具体任务应该是一项可以在一定时间内轻松完成的活动,而且在大多数情况下,不需要依赖其他因素或与他人的合作就能完成。有时,治疗师可能需要向患者演示具体的任务内容怎么做,并让患者在结束治疗前进行练习。例如,如果家庭作业任务是完成一项活动监测表,那么治疗师可以与患者一起完成过去一两天的记录,然后让患者单独完成其余几天的记录。通常,家庭练习的任务可能还会包括与其他家庭成员、同事或新朋友的互动。为了帮助患者为即将到来的人际交往做好充分准备,可以在治疗中让患者与治疗师一起进行角色扮演练习。

此外,治疗师还需要与患者讨论在完成家庭作业过程中可能遇到的困难或障碍,并就这些困难或障碍的解决办法提出建议。

5. 帮助患者完成家庭作业 患者可能会因为没有完成家庭作业而感到内疚,并可能因此不来参加治疗。患者有可能担心治疗师会因为他们没有坚持完成作业或完成作业有困难而感到生气,所以治疗师需要在治疗中指导患者如何执行家庭作业。同时,治疗师的沟通方式也很重要,治疗师可以表明自己愿意与患者共同面对完成作业的问题,如"也许我没有把作业解释清楚。我怎样才能帮助你下次做得更好呢?"患者的无望感可能会对完成家庭作业任务存在潜在的影响,如果患者对家庭作业有这种情绪反应,就应该在布置作业时与患者直接进行讨论。

6. 每节治疗的最后总结 布置完作业后,应该留几分钟让患者对这一节治疗进行简要的总结。治疗师可以提出"今天我们已经讨论了很多内容,现在你是否可以总结一下这次治疗?""你觉得我们这节治疗的一些关键点是什么?",然后和患者讨论。这有助于评估患者对治疗内容的理解情况,也可以促进患者更好地完成家庭作业。

7. 反馈和安排下一节治疗 最后,可以留一些时间让患者有机会提出任何额外的想法或问题。治疗师可以这样问"你觉得今天的治疗中最有帮助的是什么?""你认为目前治疗进展如何?""我今天有没有说过或做过什么让你生气或不高兴的事?""你希望在治疗中看到什么变化?"了解患者的这些信息反馈有助于调整今后治疗的节奏和内容。治疗师也可以评论治疗的进展,给患者积极的反馈。最后预约下节治疗的时间。

除上述常见的结构和技术内容外,这里还将特别介绍用于双相障碍的家庭聚焦治疗(family focused therapy,FFT)。在双相障碍最初发作时,可能直接导致家庭成员经历混乱、沮丧、强烈的内疚和自责等情绪,造成家庭不稳定和灾难性的体验。因此,家庭治疗技术也被用来作为患者治疗之外的辅助治疗方式,其中包括心理教育、沟通技能培训和问题解决,以及持续的危机干预和预防复发。

第一阶段的目标是为患者和家属提供信息和支持,提供对双相障碍的现实理解和治疗的基本原理,给患者和家属带来希望。这包括帮助家庭成员了解药物在治疗中的作用,识别具体症状,识别即将发作的预警信号,并对治疗方案中的基本方法达成共识,包括情绪监测,识别疾病前驱症状,制定应对计划等。

可以在最初的治疗评估(通常包括家庭成员)和心理教育会谈之后,单独与患者进行几次会谈,建立一个强有力的治疗联盟和初步的治疗计划,重点是监测和识别早期预警信号。然后将这个计划与家庭成员分享。也可以是家庭成员、患者和治疗师共同合作,拟定一份"预警信号"清单。

"预警信号"清单应限制在躁狂和抑郁发作的特征性迹象上,而不要纳入其他的一般行为,如一些行为可能是家庭冲突的焦点,而不具有双相障碍的特异性。在清单中,应优先考虑高危行为,并且清单的内容应随着治疗的发展及时更新补充,因此更像是建立一个协作的框架,在这个框架中,家庭成员、患者和治疗师一起朝着达成共识的治疗目标努力。有时,家庭可能无法就一些问题达成一致意见,这些问题就可以留作日后进一步讨论。

许多 CBT 干预方法都可以应用于家庭环境中。例如,"无益思想记录"可以帮助识别和解决家庭互动中可能引发抑郁的反应。在这些思想记录中,强调患者行为的人际背景,并指出存在问题的互动反应链,有助于增进家庭成员的相互理解,也有助于更充分地理解患者的内在体验和帮助其识别无益的反应。

(四)心理治疗中的特殊情况

1. 与躁狂患者进行工作 对处于躁狂发作阶段的患者进行心理治疗对治疗师而言是个极大的挑战。患者在躁狂发作阶段的过度活跃给心理治疗带来了独特的困境。轻躁狂和躁狂发作患者都可能有一定的现实检验能力受损,有可能表现出一些鲁莽、草率、过激的行为举动,给患者的人际关系、经济、社会功能等方面带来不同程度的损害,有时甚至是非常严重的损失。

在心理治疗中,治疗师面对躁狂或轻躁狂患者时必须要注意调整与患者接触的方式。如果治疗师与患者之间已经建立了足够稳定的治疗关系,那么患者有可能能够倾听治疗师给予的反馈,这个时候,在治疗中讨论当前的躁狂症状将可以帮助患者了解更多的关于识别情绪变化的方法。但是仍然建议治疗师要采取谨慎的接触方式,因为处于躁狂发作中的患者可能还有激惹性增高的表现。当患者处于过度活跃的状态时,他们的主动性语言可能增多,当被打断时,他们可能会感觉被激怒。如果此时患者已经发展出了较为成熟的自我情绪监测能力,那么治疗师可以帮助患者一起识别和判断目前的情绪状态,患者对自己言语量和言语内容的观察将成为重要的识别情绪状态的工具。一般来说,对于一些客观的躁狂症状的观察更有助于识别情绪状态。例如,治疗师说"最近你睡得少了"要比"最近你看起来很开心"更有效,因为前者所表达的内容更客观,更具有可衡量性。

当早期症状发生时,患者可能会感觉"害怕",这种体验可能会让他们无法识别和实施应对症状发展的策略。因此,解决患者对早期症状的恐惧非常重要。治疗师可以和患者一起查对之前有躁狂或轻躁症状的书面记录,并共同讨论当前情绪状态发生转变的证据,帮助患者评估躁狂或轻躁狂症状发展的风险。在与躁狂患者,尤其是处于发作"巅峰"的患者接触时,切记要保持尊重和谨慎的态度,任何对患者强加限制的尝试都有可能引起患者激惹症状的爆发。

2. 自杀风险的评估与处理 双相障碍患者的自杀问题值得重视。约 1/4 的双相障碍患者称曾试图自杀,双相障碍患者的自杀死亡率也高于普通人群。

下文将介绍自杀风险评估指南、自杀风险管理的实践,以及在双相障碍患者中的具体应用。

双相障碍患者的自杀企图,特别是严重的自杀企图,多与患者在抑郁发作阶段严重的抑郁和焦虑状态有关。因此,各种用于解决抑郁症患者绝望症状的干预策略也可以用来有效解决双相障碍患者的自杀风险问题。

在解决正在发生的急性自杀风险时,治疗师将有双重任务:①确定可以升高或降低自杀风险的特定因素;②确定最合适的干预方案,以保证患者的即刻安全问题。

此时,最紧迫的任务是评估患者是否存在自杀或自伤的想法、计划、行为和意图。评估内容包括患者具体考虑的自杀方法的内容、自杀方法的致命性、对致命性程度的预估,以及患者可能会执行该方法的意图强烈程度。评估还应包括自杀意念出现的频率、强度、时间,以及持续性。

除了评估与自杀症状直接相关的内容外,还应该评估其他风险因素,包括患者的精神疾病病史、药物滥用史、自杀史、早年经历(尤其是身体虐待或性虐待)、自杀倾向的家族史、患者目前的社会心理应激源、患者的社会心理支持状况及可获取的应对技能。对于双相障碍患者来说,疾病本身很可能给患者带来许多心理压力因素,包括人际关系的影响、经济困难、家庭冲突、就业问题等。同时,临床医生应对患者可获得的资源和优势进行评估,如具备良好的应对技能、可以适应性地处理压力、积极参与治疗、坚持用药、具备良好的治疗关系、能够忍受心理上的痛苦和烦恼。这些因素应该与上文描述的风险因素一起考虑。

如果患者出现自杀想法、计划或行为,此时采取的治疗方法应尽可能确保患者安全,实施自杀风险管理。可能的治疗方案包括但不限于:改变治疗的频率和强度;联系患者的家人或其他重要人物;在治疗间隙联系患者并跟进患者情况;与团队或同事协商处理措施(强烈推荐);转介患者进行及时的精神症状评估;寻求其他医疗组织或机构的合作;建议选择能更有效确保患者安全的治疗方式,如门诊强化治疗或住院治疗;立即接受非自愿住院。

大量研究发现,情绪稳定剂与降低自杀风险有关,因此药物治疗是解决自杀问题的重要措施。以减少抑郁症状为目的的心理治疗也非常重要。更加密切的监护同样是非常重要的处理措施。

3. 共病物质滥用问题的处理　超过 40% 的双相障碍患者有酒精或物质滥用问题。患者可能认为使用酒精或物质是为了消除抑郁发作的某些症状(如失眠、情绪低落、嗜睡)和轻躁狂/躁狂发作的某些症状(如躁动)。如果合并有物质滥用的问题,就需要同时治疗两种疾病。治疗师可以使用动机访谈的方法来帮助患者评估他们的物质滥用问题。动机访谈可以帮助了解患者认为的他们从使用物质中所能够得到的获益,如应对压力、逃避人际冲突、减少过度活跃或促进睡眠。治疗师同时应该了解患者自身的减少物质滥用的动机,同时患者还需要学习特定的技能来帮助减少物质滥用的情况。

本 章 小 结

本章第一节介绍了针对抑郁障碍的三种主要心理治疗方法与两种较为少用但具有充分循证证据支持的治疗方法。

总体来讲,精神动力学治疗围绕引发抑郁障碍或抑郁症状的核心动力主题进行工作,包括自恋脆弱性、冲突性愤怒、严厉的超我、对自我和他人的过高期望,以及适应不良的防御机制,并以一系列动力学技术,如澄清、面质、诠释防御和移情/反移情、释梦等帮助患者理解和化解这些冲突。

认知行为治疗(CBT)则聚焦于引发和维持抑郁症状的问题性想法,通过认知和行为改变的方法来纠正功能失调的信念和行为。

人际心理治疗(IPT)帮助患者了解环境诱因和症状或疾病之间的关系,鼓励患者发掘人际资源来缓解危机,核心技术包括角色扮演、沟通分析、阐明需求等。

正念认知治疗(MBCT)是一种针对抑郁复发易感性的干预方案,通过教授正念和去中心化等技能,使患者提高元认知意识,以"接受"而非"抵抗"的方式处理消极思维方法和感受,并从自动思维方法转移到有意识的情绪处理。

问题解决治疗(PST)同时作为一种心理治疗方法与技能训练,旨在让患者学习以积极问题导向、理性问题解决方法,以及采用聚焦问题的目标来应对生活中的日常问题和各种应激源。

第二节介绍了双相障碍的心理治疗方法。成功的双相障碍的治疗策略必定是一个个性化的治疗方案。所有这些方案都必须建立在长期药物治疗的基础上,合并心理教育为基础的心理治疗方案是更加全面的治疗方式。同时,治疗师和患者都需要与精神科医生紧密合作,通过优化药物治疗方案、降低药物不良反应来增加药物治疗依从性。多方协同工作可以帮助双相患者获得更好的治疗效果。同时,与双相障碍患者工作,将会面临很多挑战,例如怎样对躁狂患者进行工作、自杀风险如何处理、共病物质滥用的问题如何处理等。治疗师应该根据患者的情况来灵活调整策略,采取具有循证证据的治疗方案,才能取得治疗的最终成功。

💬 **思考题**

1. 针对抑郁障碍的多种心理治疗方法在理论依据、治疗重点、治疗流程和治疗技术上存在很大差异,而各种治疗方法均具有一定的疗效。在临床实践中,选择特定治疗方法时需要考虑哪些因素?

2. 在对抑郁患者的动力学治疗中,哪些因素会导致患者对治疗的阻抗?治疗师如何处理这些阻抗?

3. CBT包含多种的技术和策略,对于不同程度、不同年龄、不同背景的抑郁患者,治疗师如何选择特定技术和策略进行实施?

4. 角色扮演是IPT治疗中的核心技术,目的是帮助患者以新的视角处理困难的人际关系,并学习人际技能。治疗师如何提升自身角色扮演的能力,以更有效地使用该技术?

5. 双相障碍心理治疗的原则是什么?

(朱卓影　王媛)

推荐阅读

[1]津德尔·西格尔,马克·威廉斯,约翰·斯蒂戴尔. 抑郁症的正念认知疗法. 余红玉,译. 北京:世界图书出版公司,2017.

[2]米娜·M. 魏斯曼,约翰·C. 马科维茨,杰拉尔德·L. 克勒曼. 人际心理治疗指南(更新扩增版). 郑万宏,

译. 杭州：浙江工商大学出版社，2018.

［3］朱迪·贝克. 认知行为疗法：基础与应用. 2版. 张怡，孙怡，王晨怡，译. 北京：中国轻工业出版社，2013.

［4］merican Psychological Association professional practice guidelines.（2024-10-01）［2024-12-01］ttps：//www.apa.org/practice/guidelines.

［5］BASCO M R，RUSH A J. Cognitive-behavioral therapy for bipolar disorder. New York：Guilford，2007.

［6］BECK A T，ALFORD B A. Depression：Causes and treatment. Philadelphia：University of Pennsylvania Press，2009.

［7］BUSCH F N，RUDDEN M，SHAPIRO T. Psychodynamic treatment of depression. Arlington：American Psychiatric Pub，2016.

［8］DOBSON K S，DOZOIS D J A. Handbook of cognitive-behavioral therapies. 4th ed. New York：Guilford Publications，2019.

［9］GLEN A I M，JOHNSON A L，SHEPHERD M. Continuation therapy with lithium and amitriptyline in unipolar depressive illness：a randomized，double-blind，controlled trial. Psychological Medicine，1984，14（1）：37-50.

［10］GOTLIB I H，HAMMEN C L. Handbook of depression. Guilford Press，2014.

［11］INGRAM R E，ATCHLEY R A，SEGAL Z V，et al. Vulnerability to depression：from cognitive neuroscience to prevention and treatment. New York：Guilford Press，2011.

［12］LAM D H，JONES S H，HAYWARD P，et al. Cognitive therapy for bipolar disorder：A therapist's guide to concepts，methods and practice. New York：John Wiley，2010.

［13］LESLIE S，MARCI F. The Comprehensive clinician's guide to cognitive behavioral therapy. Eau Claire：PESI Publishing & Media，2019.

［14］LYUBOMIRSKY S，NOLEN-HOEKSEMA S. Effects of self-focused rumination on negative thinking and interpersonal problem solving. Journal of personality and social psychology，1995，69（1）：176.

［15］REISER R P，THOMPSON L W，JOHNSON S L，et al. Bipolar disorder：advances in psychotherapy-evidence-based practice. Göttingen：Hogrefe Publishing，2017.

［16］ROTH A，FONAGY P. What works for whom？：a critical review of psychotherapy research. New York：Guilford Press，2006.

［17］TREYNOR W，GONZALEZ R，NOLEN-HOEKSEMA S，et al. Rumination reconsidered：a psychometric analysis. Cognitive Therapy and Research，2003，27（3）：247-259.

第十四章

焦虑及恐惧相关障碍

学习目的

掌握　焦虑及恐惧相关障碍的定义、临床表现、诊断要点、主要的心理治疗模式类型。

熟悉　认知行为治疗和精神动力学治疗在焦虑及恐惧相关障碍中的相关理论，以及个案概念化、结构与程序、主要技术。

焦虑及恐惧相关障碍（anxiety and fear-related disorders）是过度的焦虑和恐惧及相关的行为障碍，导致个人、家庭、社会、教育、职业或其他重要功能严重损害的一类精神障碍，包括广泛性焦虑障碍、惊恐障碍、场所恐惧症、特定恐惧症、社交焦虑障碍、分离焦虑障碍、选择性缄默症等。国内最新流行病学调查显示任何一种焦虑及恐惧相关障碍的终生患病率为 7.6%。焦虑和恐惧虽密切相关，但两者是有区别的。焦虑是感知到将来的预期威胁，而恐惧是对当前感知到的迫在眉睫的威胁的反应。

第一节　焦虑症

一、概述

焦虑症包括广泛性焦虑障碍（generalized anxiety disorder, GAD）和惊恐障碍（panic disorder, PD）。

GAD 是以慢性的过度担心、紧张，伴有自主神经功能失调为特征的一种慢性焦虑障碍，患者常感到持续性的精神紧张伴有头晕、胸闷、心悸、呼吸困难、口干、尿频、尿急、出汗、震颤及运动不安等。世界范围内 GAD 的终生患病率为 0.3%~6.2%，女性患病率高于男性，约为 2：1，起病于成年早期，通常为慢性病程。

PD 是以反复出现和突然发作的惊恐体验为特征的一种急性焦虑障碍，患者常感到严重的濒死感、失控感或崩溃感，同时伴有严重的自主神经功能失调，如心悸或心慌、出汗、震颤或发抖、气短或窒息感、哽咽感、胸痛或胸部不适、恶心或腹部不适、感到头昏、脚步不稳、头重脚轻或晕厥、发冷或发热感、感觉异常等。世界范围内 PD 的终生患病率为 0.5%~5.2%，女性患病率高于男性，约为 2：1，发病高峰年龄在 30 岁左右，每次发作通常持续 5~20 分钟，很少长至 1 小时。

GAD 的诊断要点包括：①焦虑症状明显，持续时间至少几个月，表现为普遍的忧虑或对多个日常事件的过度担心，通常涉及家庭、健康、财务、学校或工作；

②感到紧张或激动、肌肉紧张或坐立不安、交感自主神经过度兴奋、难以保持注意力、易激惹或睡眠障碍;③这些症状导致个人、家庭、社会、教育、职业或其他重要功能的损害;④这些症状不是其他疾病的表现,也不是由于某种物质或药物对中枢神经系统的影响。

PD 的诊断要点包括:①不限于特定的刺激或情境,反复发生的不可预期的惊恐发作;②持续担心再次的惊恐发作或其结果,或采取旨在避免其复发的行为,从而导致个人、家庭、社会、教育、职业或其他重要功能的损害;③这些症状不是其他疾病的表现,也不是由于某种物质或药物对中枢神经系统的影响。

2022 年世界生物精神病学学会联合会(World Federation of Societies of Biological Psychiatry, WFSBP)指南推荐认知行为治疗(CBT)为 GAD 的一线心理治疗方法(2/B)。证据并不支持 CBT 和药物联合治疗会比单一治疗更有效,但当患者无法从 CBT 中获益时,可以换用药物治疗,反之亦然。GAD 自然缓解较少,会随病程迁延愈发严重影响到正常的生活和社会功能。

2022 年 WFSBP 指南、2014 年加拿大的临床实践指南均支持单用药物治疗、单用 CBT、CBT 联合药物治疗是 PD 的一线治疗(1/A)。单用 CBT 可能对下列 PD 共病患者是不够的:中重度抑郁症;重度、频发惊恐发作;广场恐怖快速发作;自杀观念的患者。若患者没有参与 CBT 的动机(首选药物作为初始治疗),或者在接受一线药物治疗之前害怕参与任何类型的暴露练习,或者当广场恐怖的痛苦或回避持续存在,这些患者需要在指导和支持下才能进行暴露练习。PD 病程多变,预后不稳定,大多数社会功能良好。

二、心理治疗方法

CBT 形式和疗效关系的研究报道个体治疗和团体治疗对 GAD 焦虑症状的减轻疗效相当,但个体治疗对担忧和抑郁症状的改善出现得比团体治疗更早。CBT 次数和疗效关系的研究发现治疗 8 次及以上和少于 8 次对 GAD 焦虑症状的减轻疗效相当,但更多治疗次数对担忧和抑郁症状的改善优于更少治疗次数。基于接纳的行为治疗、元认知治疗、针对不确定性容忍度低的 CBT,以及正念认知治疗(MBCT)已证明对 GAD 的治疗有效。研究还显示 CBT 前的动机治疗可以减少患者对治疗的阻抗,改善家庭作业依从性和担忧症状,特别适合重度患者。

与 GAD 一样,CBT 的团体治疗和个体治疗对 PD 的疗效相当。虽然 CBT 对 PD 的治疗通常需要 12~24 次,但 6~7 次的短程方案也被证实对 PD 有效。荟萃分析显示暴露和联合暴露、认知重建,以及其他 CBT 技术对 PD 疗效相当。包含暴露的 CBT 方案对惊恐症状疗效最佳。如果 PD 共病有广场恐惧症,联合方案要比单一技术更有效。疗效相关因素包括方案中加入家庭作业和随访。另外还有研究发现内感受性暴露对惊恐症状的疗效优于放松训练。

精神动力学治疗可能对焦虑症是有效的,然而研究结果至今尚不明确。一项 RCT 研究发现短程精神动力学心理治疗在改善 GAD 焦虑症状方面与 CBT 疗效相当,但 CBT 在改善担忧和抑郁症状方面疗效更佳。

(一)认知行为治疗

1. 经典 CBT

(1)疾病概念化

1)认知理论:GAD 患者常见的歪曲自动思维和元认知包括过分估计危险的严重程度,以及低估他们对已知的对躯体和心理造成威胁的事件的应对能力,对不确定性的容忍度低,问题解决的自信心差,关于担忧的积极和消极元认知信念等。PD 患者往往存在灾难化的歪曲自动思维,即消极地预测未来而不考虑其他的可能结局。在正常生活中,可能会发生一些无关紧要的刺激。这些刺激能引起患者的注意并对这些刺激产生一种如临灾难的错误解释,从而导致自主神经症状,这些症状使患者进一步感到害怕,最后体验到突然的、不能控制的惊恐发作。

2)行为主义理论:焦虑是对特定环境刺激的条件反射,或者通过模仿父母的焦虑反应而产生内在的焦虑体验。CBT 通过自我监控、认知重建和放松训练来识别和纠正认知歪曲,以及不恰当的情绪反应和僵化的行为模式。

(2)操作流程

1)建立良好的治疗关系,介绍治疗设置,讨论治疗目标和动机,对患者进行健康教育,使其对焦虑症有正确认识。

2)放松训练:通过腹式呼吸放松训练、渐进式肌肉放松训练或想象放松训练,帮助患者减轻焦虑的生理和情绪反应。除了在治疗师指导下练习,患者每天也需要进行自我练习,特别是在焦虑发生时。

3)认知重建:帮助患者识别歪曲的自动思维,正确认识到这些自动思维是如何引起焦虑的生理和情绪反应。矫正歪曲的自动思维,用新的自动思维替代歪曲的自动思维,并进行现实检验,建立新的立足于现实的、问题解决取向的认知模式。

4)反复练习:将在治疗中学会的认知模式运用在各种导致焦虑的事件和情境中,反复练习和暴露在精神内的或现实的引发焦虑的情境中,试图将这些新的认知模式用于解决问题。

5)预防复发:告知患者焦虑在将来可能会复发,鼓励他们将复发看成是小失误而不是失败,并重新运用学到的应对技巧进行反复练习。

(3)主要技术:CBT 是针对焦虑症的多模式干预,包括健康教育、自我监控、放松训练、认知重建、暴露及复发预防。其中健康教育内容包括告知并纠正患者关于焦虑及相关症状的歪曲认知,病理性焦虑的易感因素、诱发因素及维持因素,向患者说明治疗计划和基本原理。自我监控从第一节治疗时就开始,并贯穿整个治疗过程,让患者学习从客观视角观察自身状况,每天记录焦虑平均水平,每次惊恐发作期间或之后,患者应尽快填写焦虑记录表,描述诱因、最大痛苦、症状、想法和行为。PD 的暴露可以采用内感受性暴露技术,是通过策略性地诱发与威胁评估相关的躯体症状,如空间旋转、自主性过度换气等,以引起焦虑症状,并鼓励患者保持和适应与焦虑的接触。

2. 第三代 CBT   焦虑症的第三代 CBT 包括接纳与承诺治疗(acceptance and commitment therapy,ACT)和 MBCT 等。以下内容以 MBCT 来展开讲述。

(1)疾病概念化:MBCT 是约翰·D. 蒂斯代尔(John D Teasdale)、J. 马克·G. 威廉姆斯(J Mark G Williams)和津德尔·V. 西格尔(Zindel V Segal)等心理学家将乔·卡巴金(Jon Kabat-Zinn)创立的正念减压治疗(mindfulness-based stress reduction,MBSR)改进后引入认知治疗而发展的一种心理治疗。焦虑症患者通常强烈地希望回避痛苦的内在体验,但经验性回避倾向会延长,甚至加剧痛苦的感觉,而正念练习提供了一个从根本上不同的方向,这种方向会以开放、好奇和接纳的态度注意、允许并回应焦虑。通过培养基于接纳态度的当下觉察和基于智慧反应而非自动反应的行动模式,正念使个人能够建立一个完全不同的与内在感觉和外部事件的关系,提供了对心身的恐惧和焦虑反应的一种替代反应。通过有目的地参与更高阶的心理功能,包括注意、觉知和仁慈、好奇和慈悲的态度,正念可以通过皮质抑制边缘系统有效地控制情绪反应。因此,正念练习不仅提供了一种新的觉察方式、一种新的存在方式、一种新的与内部生活和外部世界的关系,而且还提供了一种有效自我调节身心连接的可能手段。

(2) 操作流程:与辛德尔·西格尔等的抑郁症 8 周 MBCT 方案一致。每周 1 次,每次 2.5 小时,第 6 周和第 7 周之间有 6~7 小时的一日正念练习。具体每周治疗主题如下。

第一周:超越自动导航

第二周:另一种知晓的方式

第三周:回到当下——聚焦散乱的心

第四周:识别规避反应

第五周:允许,顺其自然

第六周:想法不是事实

第七周:将友善化为行动

第八周:延续与扩展所学

(3) 主要技术:有正念练习,如静坐冥想、三步呼吸空间、正念伸展、正念行走等。也有认知练习,如想法和情绪练习、愉快体验日历表、不愉快体验日历表、自动化思维问卷、识别复发征兆/耗竭征兆、活动和情绪的关系练习、识别应对复发威胁的行为,以及想法、情绪和观点选择练习等。在整个课程中,正念练习和认知练习相互编织融合。

(二) 精神分析与精神动力学治疗

1. 疾病概念化　精神动力学观点认为焦虑是潜意识的、不被意识所接受的本能冲动向自我发出的信号,引起自我通过防御机制对抗。正常状态下,潜抑作为一种防御机制可以防止潜意识的本能冲动进入意识,保持心理平衡而不导致症状的发生,但如果潜抑这种防御机制运行不成功,潜意识和意识的核心冲突或矛盾可产生焦虑。如果焦虑信号超过了它表现的强度,就会以快速发作的强烈形式发生。按照精神分析理论,焦虑可分为四种形式:超我焦虑、阉割焦虑、分离焦虑和本我焦虑。这些焦虑发生在早期成长到发育成熟过程中的不同阶段。

2. 操作流程

(1) 开始阶段:通过心理评估,与患者共同讨论治疗目标和治疗设置,包括治疗频率和时程(如每周 1 次,每次 45 分钟),计划的疗程(短程或长程)等,建立治疗联盟。

(2) 中间阶段:患者的核心冲突或矛盾会重复地出现在与治疗师的移情关系中,通过移情与反移情、释梦、诠释等技术,患者逐渐内省核心冲突或矛盾,以及其与原生家庭、早年经历或创伤的关系,过程中患者可能会有阻抗发生,需要修通阻抗。

(3) 结束阶段:除了参考治疗开始阶段的治疗目标和计划疗程,也需要治疗师结合当下的治疗进展和治疗关系进行系统评估,并与患者讨论治疗结束问题,处理可能的分离焦虑。

3. 主要技术　在治疗中治疗师会应用自由联想、移情与反移情、释梦、诠释、修通阻抗等帮助焦虑患者。

三、示范案例

（一）一般情况

王某，女，40 岁，职员，大学学历，已婚。

（二）患者的问题

因焦虑、心慌和胸闷 5 年余，精神科医生诊断为广泛性焦虑障碍。

（三）初始访谈（评估），进行个案概念化

患者存在过分估计危险严重程度的歪曲自动思维，少许躯体不适包括心慌或胸闷的信号出现，就会出现"我是不是得了心脏病"的担忧，精神性和躯体性焦虑症状持续存在。

（四）设定治疗目标，规划治疗（包括设置等）

治疗目标包括：①能够忍受痛苦的身体症状（包括心慌、胸闷），从而减少担忧；②转变自身与过分估计危险严重程度的歪曲自动思维的关系。治疗方案以 8 周 MBCT 方案为主，每周 1 次，每次 2.5 小时，第 6 周和第 7 周之间有 6 小时的一日正念练习。

（五）治疗过程及技术运用

9 次封闭式团体治疗，每次治疗都按照 MBCT 的 8 周结构化方案（8 周课程 + 一日正念练习），包括正式的静坐冥想练习（例如，身体扫描，正念呼吸与身体，呼吸、身体、声音、想法的正念和无选择觉察，与困难在一起等），结合练习后的探询讨论，还有认知练习（如想法和情绪练习等），提供结构化正念练习的自助阅读，鼓励回家后继续正念练习，并在下次治疗时讨论家庭作业等。

（六）患者的改变

在治疗过程中，王某说她转变了自己与担忧想法的关系，并指出她的心慌、胸闷感受是暂时的。此外，她说自己不再专注于可能发生的事情，而是专注于正在发生的事情。值得注意的是，王某在她的 9 次治疗中没有发生中重度焦虑，她把这归因于她观念的转变。在治疗结束时，王某的焦虑和心慌、胸闷程度显著降低。

第二节　恐惧症

一、概述

恐惧症（phobia）是焦虑障碍中的一种，指患者对某些处境或对象产生强烈且不必要的恐惧情绪，而且伴有明显的焦虑及自主神经症状，并主动采取回避的方式来解除这种不安。患者虽然知道恐惧是不合理的、不必要的，但仍然无法控制地对某些情境或对象感到害怕，所产生的症状会影响个体的工作、学习和其他社会功能。根据所恐惧的对象不同，又可以被分为场所恐惧症（agoraphobia）、社交焦虑障碍（social anxiety disorder，SAD）和特定恐惧症（specific phobia）。女性较男性常见，35～64 岁为该疾病高发年龄段。在我国场所恐惧症不伴惊恐发作的终生患病率为 0.4%，社交焦虑障碍的终生患病率为 0.7%，特定恐惧症的终生患病率为 2.6%。

恐惧症以躯体治疗及心理治疗为主，躯体治疗以药物治疗为主，目标是减轻紧张、焦虑、抑郁

或惊恐发作等症状。

二、心理治疗方法

心理治疗是恐惧症治疗的重要方法。常用的治疗方法有认知行为治疗、精神分析与精神动力学治疗等。

(一)认知行为治疗

1. 疾病概念化　CBT 认为,恐惧症患者通常会出现的歪曲认知主题为夸大危险的情况,表现为:对自己感知到的危险过度夸大;对事物的失控做灾难性的解释。患者认知的内容大部分都是围绕来自外界对身体、心理或社会角色的威胁,他们会有选择性地注意身体或心理的威胁性信息,并表现出巨大的恐惧。

恐惧症患者的核心信念多以"危险"和"无能"为主题。其核心信念在躯体感觉和认知歪曲中发挥着重要作用,并带来危险的自动想法,进而引起焦虑和恐惧。

2. 结构与程序

(1)向患者介绍评估和治疗过程:与患者最初接触的阶段,需要向患者介绍心理治疗大致的评估和治疗过程。

(2)进行评估:与患者一起确定治疗的焦点问题及目标。通常恐惧症患者自己提出的工作目标是消除恐惧症状。治疗师需要收集患者的基本资料,同时通过在治疗中与患者一起对所搜集资料的整理和思考,让患者认识到其恐惧症状与其行为、认知之间的关系,开始以 CBT 的方式来思考其恐惧症状。治疗师形成对患者的个案概念化,与患者一起识别其不合理的思维方式,以及"自动化思维"(大多体现为在应对特定事物时的灾难化的思维)。在治疗中如需使用特定的行为治疗技术,要在遵循伦理性、一般性和有效性原则的基础上选择合适的行为治疗技术。在理论框架下形成对患者的理解,确定治疗的焦点,以及初步形成对治疗方案的架构。

(3)制定治疗计划:在确认患者适合进行 CBT 之后,治疗师形成初步的治疗方案,需向患者呈现治疗师对当下问题的理解,进一步解释 CBT 的工作原理和过程,提出治疗方案,安排认知治疗帮助患者理解并细化恐惧症状背后的自动化思维。在此基础之上,使用暴露或者系统脱敏的行为治疗。

(4)治疗过程:为治疗的中间阶段,在这个阶段治疗师与患者一起执行共同制定的治疗方案,学习和练习 CBT 技术。在这个阶段,治疗师对治疗过程中的活动进行详细指导,教会患者应对问题症状的技术,例如,在系统脱敏的过程当中,治疗师需教会并指导患者进行放松的方法。常见的方式有呼吸训练,以及想象放松训练等,以缓解在恐惧症状出现时的焦虑和紧张感。在暴露治疗的过程中,则是将患者暴露于让人恐惧的情境之下,不断评估患者恐惧的程度,并进行反馈。治疗师也会聚焦于患者的内省和认知,通常会布置家庭作业,如让患者学习恐惧症及其治疗过程的知识,帮助患者在体验中也能够不断注意到自己的认知过程,能够觉察到并理解在接触恐惧的目标时自己正在发生的改变。

(5)结束治疗:评估治疗计划的完成度,治疗目标是否达到,在合适的时机结束治疗。在这个过程中应总结归纳,巩固治疗成果,并处理有关分离的问题。

3. 主要技术

(1)常用认知技术:①垂直下降法;②列举歪曲认知;③改变极端信念或原则;④检验假设;

⑤积极自我对话。

（2）常用行为技术：①冲击疗法；②系统脱敏疗法；③渐进式暴露疗法。

（二）精神分析与精神动力学治疗

1. 疾病概念化与原则　在经典精神分析中，弗洛伊德在"小汉斯案例"中就开始了对恐惧症的分析。在小汉斯的案例中，弗洛伊德认为小汉斯对于马的恐惧来自他潜意识中对于父亲的敌意，并害怕这种敌意会导致父亲对自己的惩罚，即阉割焦虑。之后这种恐惧又被转移到了马身上，导致恐惧的症状出现。

整体来说，精神分析并不将症状的消除作为最终的目标，而更多地将注意力放在症状之后的内部动力。尽管精神分析不同的理论视角各有特色，也存在一些差异，但还是有一些基本原则在多数理论中是相通的，如心理决定论原则、强调潜意识原则、重视情绪情感原则等。

自我心理学强调自我在适应不良和适应良好的生活方式中的作用，恐惧症状可以被视为一种非适应性的自我防御机制。客体关系理论认为，恐惧症的症状或许与内在的糟糕客体关系有关联，恐惧症症状本身可能能够防御某些内在客体带来的焦虑。

自体心理学则聚焦于自体的发展，关注自尊和自恋（包括病理性的和健康的）议题，在自体心理学看来，恐惧症患者的症状与其自体稳定程度和自尊的维护相关。

当代精神动力学治疗师倾向于采用整合的方式，在形成个案概念化的过程中使用更为贴合患者情况的一种或多种理论取向。

2. 结构与程序

（1）初始访谈和评估诊断阶段：这个阶段治疗师需要进行患者基本资料搜集和理解。通常治疗师会与患者一起探寻恐惧症状的起病、变化等情况，了解与患者的恐惧症状可能相关的因素。在这个过程中治疗师也提供共情和支持，与患者建立治疗联盟、强化治疗动机。评估过程除了对与症状相关的部分有清晰的脉络呈现，也需要充分了解患者本人的客体关系、人格发展水平等。把这些与恐惧症状相关的信息进行结合，做出诊断性评估。

（2）中间阶段：这个阶段治疗师帮助患者了解过去的体验是如何导致其恐惧症状的。通过对于恐惧症状的探讨，或许能够逐渐看到恐惧的症状可能与患者对于自身潜意识欲望和冲动的潜抑相关，认识到恐惧症状或许并非其问题的核心，而是自身的功能失调或非适应性的防御模式的一种表现。对于恐惧症状与人际和客体关系更高度相关的患者，治疗师在这个过程中将逐渐深入其人际和客体关系，整合对自己和他人分裂的爱与恨的矛盾复杂情感，随着过程的进行，患者将逐渐发展出一种更为灵活自由的、与自我和他人建立联结的方式。

（3）结束阶段：与患者一同回顾治疗，探索分离与丧失的议题，重新体验和探讨移情。治疗师需要注意，在这个过程中，已经消失的恐惧症状可能会再度出现，作为对分离的防御。

3. 主要技术

（1）支持性技术：①心理教育；②维护关键防御或自体客体移情等；③建议，即当患者处于较低功能水平时，需要提供必要的建议，如进行药物治疗等。

（2）表达性技术：①共情性评论；②反馈所观察到的患者的现象；③澄清；④面质；⑤诠释等。

（三）其他心理治疗

一些基于东方文化的心理治疗，如正念认知治疗、森田治疗等，对缓解恐惧症的症状也有较好的效果。

三、示范案例

一例特定恐惧症的 CBT。

（一）一般情况

患者，男，39岁，已婚，本科学历，公务员。

（二）患者问题

患者自述8岁被狗咬过后一直害怕狗，但平时没有太过于关注。3个多月前因为外派到街道工作，办公场所附近有宠物店，导致患者每次上班都会紧张焦虑。最近变得越来越严重，经过宠物店时甚至感觉自己心跳得快要昏倒过去。就诊前患者也到心内科进行检查，未发现异常。

（三）初始访谈和个案概念化

建立治疗关系，评估诊断（1～4次）。经过最初4次了解，治疗师认为患者存在对于狗的歪曲认知，认为狗都是非常危险的，并且当患者接触到狗的相关信息后会预期自身躯体的恐惧反应，这种预期又进一步增强了非适应性的认知和行为反应：进一步想到自己没有办法工作，被单位开除，回避与狗有关的事物，进一步出现如心跳加速、出汗等症状。患者心理、躯体、行为及环境因素互相作用形成恶性循环，使症状维持和加重。

（四）设定治疗目标，规划治疗

治疗师与患者讨论了治疗目标，将患者最初希望治疗几次后完全消除症状调整为：减少症状对于其工作生活的影响，可以较为放松地上下班，再接触到狗，以及与狗相关的事物时不至于无法行动。

（五）治疗过程及技术运用

治疗阶段（5～12次）：患者通过学习，了解了情绪、行为、思维之间的关系。在这个阶段，治疗师给患者布置的作业为：进一步学习恐惧症相关的知识，从认知层面理解对狗的恐惧。治疗师使用了"列举歪曲认知"和"检验假设"等方式，对患者认知层面进行工作。之后，治疗师在治疗室对患者进行渐进式暴露治疗，让患者掌握暴露治疗的原理，在可能的情况下让患者暴露在与狗相关的情境中而不逃避。在这个过程中，通过填写思维-情绪-身体反应-行为记录表，帮助患者进一步理解和巩固相关的进步。

结束阶段（第13～16次）：与患者一起复习所学到的知识和技能，重新回顾了治疗的过程，与患者告别，之后结束治疗。

（六）患者变化

患者对于狗的恐惧评分明显下降，虽然还是有恐惧感，但是不至于影响正常工作。

本 章 小 结

焦虑及恐惧相关障碍是过度的焦虑和恐惧，以及相关的行为障碍，导致重要功能严重损害的一类精神障碍，包括广泛性焦虑障碍、惊恐障碍、场所恐惧症、特定恐惧症、社交焦虑障碍、分离焦虑障碍、选择性缄默症等。相关指南推荐认知行为治疗为焦虑及恐惧相关障碍的一线心理治疗方法。

> **思考题**
>
> 1. 简述广泛性焦虑障碍、惊恐障碍的定义、临床表现和诊断要点。
> 2. 简述广泛性焦虑障碍、惊恐障碍的一线心理治疗方法以及主要理论和技术。
> 3. 如何使用生理、心理、社会整合视角理解恐惧症的病理学?
> 4. 尝试列举不同心理治疗理论对恐惧症的理解,并考虑其中有何异同?

（范青　吴艳茹　王振）

推荐阅读

[1] 艾德蒙·伯恩.焦虑症与恐惧症手册.邹枝玲,程黎,译.重庆:重庆大学出版社,2018.

[2] 法布里奇奥·迪唐纳.正念疗法:认知行为疗法的第三次浪潮.郭书彩,范青,陆璐,译.北京:人民邮电出版社,2021.

[3] 格伦·O.加伯德.长程心理动力学心理治疗(基础读本).2版.徐勇,译.北京:中国轻工业出版社,2017.

[4] 江开达.精神病学高级教程.北京:中华医学电子音像出版社,2016.

[5] 津德尔·西格尔,马克·威廉斯,约翰·蒂斯代尔.抑郁症的正念认知疗法.余红玉,译.北京:世界图书出版公司,2017.

[6] 科里.心理咨询与治疗的理论及实践.谭晨,译.北京:中国轻工业出版社,2010.

[7] 理查德·萨默斯,雅克·巴伯.实用主义动力取向心理治疗:循证实践指南.邵啸,译.北京:中国轻工业出版社,2019.

[8] 麦克威廉姆斯.精神分析案例解析.钟慧,译.北京:中国轻工业出版社,2004.

[9] 米歇尔·G.克拉斯克,马丁·M.安东尼,戴维·H.巴.克服恐惧感和恐惧症有效的疗法:认知行为治疗.北京:中国人民大学出版社,2010.

[10] 伊丽莎白·L.奥金克洛斯.精神分析心理模型.钱秭澍,译.北京:人民邮电出版社,2019.

[11] BANDELOW B,ALLGULANDER C,BALDWIN D S,et al. World Federation of Societies of Biological Psychiatry(WFSBP)guidelines for treatment of anxiety,obsessive-compulsive and posttraumatic stress disorders-Version 3. Part I:Anxiety disorders. The World Journal of Biological Psychiatry,2023,24(2):79-117.

[12] BORZA L. Cognitive-behavioral therapy for generalized anxiety. Dialogues in Clinical Neuroscience,2017,19(2):203-207.

[13] HUANG Y,WANG Y,WANG H,et al. Prevalence of mental disorders in China:a cross-sectional epidemiological study. Lancet Psychiatry,2019,6:211-224.

[14] KATZMAN M A,BLEAU P,BLIER P,et al. Canadian clinical practice guidelines for the management of anxiety,posttraumatic stress and obsessive-compulsive disorders. BMC Psychiatry,2014,14(Suppl 1):S1.

第十五章

强迫及相关障碍

学习目的

掌握 强迫及相关障碍的定义,强迫症的定义、临床表现、诊断标准的要点、主要的心理治疗模式种类。

熟悉 强迫症认知行为治疗的理论及个案概念化、结构与程序、主要技术。

了解 强迫相关障碍的主要心理治疗方法。

强迫及相关障碍(obsessive-compulsive and related disorders,OCRD)是一类以反复出现的想法和行为为特征的精神障碍,包括强迫症、躯体变形障碍、嗅觉牵连障碍、疑病症、囤积障碍、躯体相关的重复行为障碍(拔毛癖、抠皮障碍)等。OCRD是精神科临床常见的一类精神障碍,总患病率为9.1%。这些疾病既相互独立又具有相似的临床特征,如存在持续的、侵入的、不必要的想法或表象,以及重复的行为这两大核心症状,具有相似的病理生理学机制,经常共病出现,对特定药物和心理治疗也有相似的反应。本章主要介绍强迫症的心理治疗模式和示范案例。

第一节 强迫症

一、概述

(一)强迫症的定义

强迫症(obsessive-compulsive disorder,OCD)是一种以强迫思维和强迫行为为主要临床表现的精神障碍。它是一种常见的精神障碍,世界范围内报道普通人群中的终生患病率为0.8%~3.0%,中国报道普通人群的年患病率为1.63%,终生患病率为2.4%。强迫症起病早,平均发病年龄为19~35岁,病程大多慢性持续,共病率高,56%~83%的强迫症患者存在其他精神障碍共病,引起患者社会和职业功能的下降,给患者及其家人带来极大的痛苦与负担,被认为是世界十大致残性疾病之一。

(二)强迫症的临床表现

强迫症的临床表现复杂,存在强迫思维或强迫行为,或两者同时存在。

1. 强迫思维 定义是反复而持续的想法、欲望或意象,在病程的某些时间体验为闯入的和不想要的,使大多数患者感到显著的焦虑或痛苦;患者会企图忽视或者压抑这些想法、欲望、意象,或用其他想法或行动来中和它们。

2. 强迫行为　定义是患者感到作为强迫思维的反应或按照应该严格执行的规则而不得不进行的重复行为(如检查、清洗等)或精神活动(如计数、默念等);这些行为或精神活动的目的在于预防或减少焦虑或痛苦,或预防出现某些可怕的情境或事情;然而这些行为或精神活动与打算中和/或预防的情境或事情缺乏现实的联系或明显是过度的。

(三)强迫症的诊断标准

强迫症诊断标准的要点包括:①存在持续的强迫思维和/或强迫行为;②强迫思维和强迫行为是耗时的(如每天出现1小时以上);③强迫症状引起患者明显的痛苦,或者导致患者个体、家庭、社交、教育、职业或其他重要功能的损害;④强迫症状不是由其他精神障碍、其他躯体问题或物质及其戒断反应所致。

自知力限定:①自知力良好,大多数时间患者能够意识到强迫观念可能不是真的,或可以接受它们不是真的;②自知力较差或缺乏自知力,大多数或全部时间里,患者认为强迫观念是真的,且不能接受对其经历的另一种解释。

(四)强迫症的治疗原则

强迫症的治疗原则包括建立有效的治疗联盟、定期评估、多种方法综合治疗、个体化治疗、多学科联合制定治疗方案、治疗环境的选择、药物治疗的选择与序贯性和关注治疗的依从性。一线治疗以选择性5-羟色胺再摄取抑制剂(5-HT selective serotonin reuptake inhibitors,SSRIs)和/或认知行为治疗(cognitive behavioral therapy,CBT)为主,治疗有效率为40%~60%。

二、心理治疗方法

强迫症的心理治疗需制定科学规范的治疗方案,个体化心理治疗,以获得症状最大限度的改善为目标,遵循助人自助、无伤害、转介、接受督导和保持专业界线等基本原则。强迫症心理治疗有多种理论和技术,主要治疗模式有:CBT,包括暴露与反应预防(exposure and response prevention,ERP)、认知治疗(cognitive therapy,CT)、第三代CBT的接纳与承诺治疗(acceptance and commitment therapy,ACT)和正念认知治疗(mindfulness-based cognitive therapy,MBCT)等;精神分析与精神动力学治疗;家庭治疗(family therapy,FT);基于东方文化的心理治疗等。

《中国强迫症防治指南》(2016版)推荐ERP及包含行为试验成分的CT为强迫症心理治疗的首选心理治疗方法(1/A)。指南推荐ACT及MBCT可应用于希望接受心理治疗但无法耐受ERP的患者,不推荐作为强迫症心理治疗的首选(3/C)。指南目前不推荐精神动力学治疗作为强迫症首选的心理治疗方式(3/C)。这些研究的证据级别较低,仍需进一步开展随机对照研究等循证医学证据级别较高的研究。

(一)认知行为治疗(CBT)

1. 暴露与反应预防(ERP)

(1)疾病概念化:强迫症的行为模式是一旦强迫思维出现,甚至患者还没有意识到强迫思维,仅仅是触碰到情境时,为了紧急减缓焦虑或痛苦,立刻就会采用强迫的行为方式来抵消。久而久之,强迫行为不断被强化,与情境、强迫思维和焦虑或痛苦之间形成了紧密的自动关联。ERP就是要打破或弱化原有的关联,建立新的应对方式。其基本理论是鼓励患者主动地、长时间地面对引起焦虑或痛苦的情境(暴露),同时预防或阻止原来用于缓解焦虑或痛苦的强迫行为

（反应预防）。

个案概念化的核心是正确识别强迫症状，明确引发强迫症状的情境、强迫思维、情绪和强迫行为。可能的难点是需要识别"隐藏"的强迫行为，如强迫行为以精神活动的形式出现，有时会被误认为强迫思维；儿童强迫症患者要求父母或其他关系密切的亲属来完成他/她的强迫行为，属于替代性强迫行为；患者采用回避行为来预防或减少焦虑或痛苦，或预防出现某些可怕的情境或事情，虽然表面上没有重复行为，但回避行为也属于广义的强迫行为。需要详细评估强迫症状和焦虑或痛苦的严重程度。强迫症状的严重程度可以通过每天消耗的时间和功能损害严重程度来反映，也可以通过耶鲁布朗强迫量表（the yale-brown obsessive-compulsive scale，YBOCS）来量化评估。焦虑或痛苦的严重程度可以通过主观痛苦程度评分量表（subjective units of distress scale，SUDs）来快速评定。需要对强迫症的发生、发展、既往治疗过程、患者躯体情况、精神症状进行包括安全性评估、自知力评估，以及社会心理相关因素等的全方面评估。

（2）操作流程：根据患者的症状严重程度及其个人特征，疗程为12~20次，每次90~120分钟，每周1~5次。形式上有个体或团体治疗，面对面或非面对面治疗（电脑网络/电话辅助），阶梯治疗等。但无论为哪种形式，疗程均包括3个阶段，即准备阶段、练习阶段和告别阶段。以强迫症团体CBT结构化方案为例，依照《强迫症规范化团体认知行为治疗手册》，每周进行1~2次，每次120分钟，共12次一个疗程。主要分为以下几个阶段。

1）准备阶段，治疗师对每位患者进行团体CBT前个体评估，疗程为2次，每次45分钟，或者1次，90分钟，收集与团体CBT相关的信息，评估症状性质和严重程度，介绍团体CBT设置和流程，讨论治疗目标和动机，进行强迫症健康教育，布置家庭作业。

2）第1次会谈，邀请每位患者的家庭成员一起参与，介绍团体CBT设置和流程，再次明确团体CBT目标，激发和维持患者治疗动机，介绍团体CBT的概念，进行强迫症心理教育，介绍暴露反应预防的原理及方法，布置家庭作业。

3）第2次会谈，回顾家庭作业，针对患者各自症状探讨逐级暴露的原则，并制定暴露项目清单，布置家庭作业。

4）第3次会谈，回顾家庭作业，进入ERP现场练习，可邀请某位团体成员或治疗师示范，布置家庭作业。

5）第4~11次会谈，回顾家庭作业，在团体内进行ERP分组现场练习，布置家庭作业。

6）第12次会谈，再次邀请家庭成员参加，回顾家庭作业，对团体CBT进行反馈，讨论家庭作业的困难，总结成功经验，预防复发。治疗结束后可以安排每月1次的随访，了解患者有无持续ERP练习以及病情变化。

（3）主要技术：包括暴露技术和反应预防技术。

暴露可以分为真实暴露和想象暴露。真实暴露是个体直接面对引起焦虑或痛苦的现实情境，如要求反复担心被病毒污染的患者触碰门把手。但有时因强迫症状或治疗环境条件受限无法实施真实暴露，可以采用想象暴露或者真实暴露结合想象暴露，如反复担心会发生乱伦或攻击伤害他人等的强迫症状。在想象暴露中，详细描述情境发生的时间、地点、人物，发生了什么事情，个体当时的想法和感受，周围人在说什么做什么等，并充分运用个体的感觉和知觉，如让患者把自己无法忍受的情境写下来（视觉），反复大声阅读，录音后反复倾听（听觉），以此在头脑中活现引发强迫症状的情境。

暴露还可以分为逐级暴露和满灌暴露。强迫症的暴露练习一般采用逐级暴露法。通过健康教育,先让患者能正确使用 SUDs 来评估焦虑或痛苦的严重程度。之后对应从低到高的 SUDs 评分,由患者填写相应的情境,同一个评分等级可以写多个情境,以制定暴露项目清单。在此过程中,治疗师可以协助,但尽量让患者主导。一般初次暴露从 SUDs 40~50 分开始,结合反应预防,让患者体验:面对引发强迫症状的情境不做强迫行为,焦虑或痛苦也能自然缓解,时长一般在 1 小时内。之后在患者承受范围内逐步渐进,随着治疗进展,患者对自己的症状有进一步了解,可调整暴露项目清单。

暴露还可以分为治疗师引导的暴露和自我暴露:可以根据患者对暴露练习的熟练度或病情严重度来决定,如刚开始做暴露练习,可以在治疗师的指导下或者治疗师和患者一起做暴露,不仅能增强患者的治疗信心,也有助于维护治疗关系,家庭作业的暴露练习可以和治疗室内的暴露练习一致;评估患者反馈家庭作业的情况以及观察治疗室内患者暴露练习的情况,如果患者能够越来越熟练地进行暴露练习,可以逐步从治疗师引导的暴露过渡到自我暴露。这也是一个逐步渐进的过程,而且每个患者的进程也不同,需要个体化分析和处理。

反应预防通常需要患者自愿预防或阻止原来用于缓解焦虑或痛苦的强迫行为。治疗师的健康教育以及家人或朋友用适合患者且能够被患者接受的方式提醒和鼓励可以起到重要的协助作用。可能的难点是需要区分强迫思维和精神活动形式的强迫行为,以及识别回避行为,对强迫行为要进行预防或阻止,因此实施反应预防的前提条件是正确识别强迫行为。

2. 认知治疗(CT)

(1) 疾病概念化:强迫症常见的认知图式如下。夸大的责任感;对想法的过分重视;对想法的过度控制;对于危险的过度评估;无法容忍不确定性;病理性完美主义。CT 基本原理是通过矫正强迫症患者的认知歪曲,从而改善焦虑或痛苦的情绪和强迫行为。

除了 ERP 提到的个案概念化内容,CT 还需评估强迫症患者的核心信念、中间信念,结合情境、自动思维、情绪和强迫行为,从而形成认知概念化图表。

(2) 操作流程:参考对抑郁症的贝克 CT,治疗需每周 1~2 次,持续 12 周,在取得满意效果后可再进行每个月 1~2 次的维持治疗,持续 6~12 个月。疗程分为 3 期,即治疗早期、治疗中期、治疗后期。

1) 治疗早期:在建立良好治疗关系的基础上,介绍治疗设置,讨论治疗目标和动机,通过健康教育,让患者熟悉强迫症以及 CT 的基本理论,识别歪曲的自动思维,觉察到这些自动思维如何影响到自己的情绪和行为,形成认知概念化图表,并通过家庭作业监测认知、情绪和行为。

2) 治疗中期:启发患者用合理的自动思维替代并矫正歪曲的自动思维,在现实中检验其合理性,并评估情绪和行为,布置相关的家庭作业。

3) 治疗后期:讨论患者认知图式的形成、发展和巩固相关的心理社会因素,鼓励患者持续训练形成新的更具适应性的认知图式,直到认知重建。

(3) 主要技术:自动思维的处理包括启发式过程、确认认知歪曲和矫正歪曲的自动思维。启发式过程可以用贝克提问自动思维、苏格拉底式提问和箭头向下技术等。确认认知歪曲可以通过认知歪曲列表来识别种类。矫正歪曲的自动思维可以采用功能障碍性思维记录表(the

dysfunctional thought record,DTR)记录情境、自动思维的内容和相信程度、情绪及其程度,选择更为合理的替代性想法,评价结果包括现在对自动思维的相信程度、情绪的描述和程度和将做的行为。

3. 第三代 CBT 第三代 CBT 包括 ACT 和 MBCT 等,以下以 MBCT 来展开讲述。

(1)疾病概念化:强迫问题可以被定义为严重缺乏正念技巧,它与激活和维持强迫问题的认知歪曲有关。这些认知歪曲包括注意偏差、思想行动融合、穷思竭虑、过度诠释、缺乏信任、拒绝接纳的态度、感知体验的自我失效、从危险或威胁出发对个人体验作出歪曲性的解释。MBCT 可以帮助强迫症患者在遇到情境的触发刺激时不引发认知歪曲,而是采用去中心化-去识别化-去融合过程、自我慈悲、接纳、不评判和感知觉自我认可,从而使焦虑或痛苦的情绪转为平静、安全、信任、自我关怀和滋养的感受,以及清晰而现实的内在和外在经验,也就不需要采用强迫行为来缓解焦虑或痛苦。

(2)操作流程:迪唐纳(Didonna)设计的针对强迫症的系统且结构化的 MBCT 治疗方案,改编自西格尔(Segal)等的针对抑郁症的 MBCT 治疗方案。相较而言,针对强迫症的 MBCT 更集中于强迫问题,在基本原理的阐述和一些特定的练习上会有所不同。MBCT 是为期 10 周的团体心理干预,每周 1 次,前 9 次每周 2.5 小时(第 2 周附加 1.5 小时的家庭治疗),第 10 次为 7.5 小时;每次治疗结束前布置家庭作业,每天 1 小时,具体安排与干预内容见表 15-1。

表 15-1 正念认知治疗干预方案

议程安排	主题	目标
第一周	存在于当下,是朝向自由的第一步	理解什么是正念
第二周	理解正念与强迫症的关系	理解正念和强迫症的关系
	帮助家庭成员去支持强迫症患者	找出对疾病的无益的家庭沟通(如"再保证"),教会家属为成员提供有效的帮助
第三周	理解不信任,发展真正的信任	用正念培养对内在体验的觉察,发展自我信任
第四周	用知觉来发展信任	发展出与现实的新的关系
第五周	发展与想法的健康关系	理解与想法的关系,发展出适应的心理态度
第六周	接纳,是改变的核心	培养接纳的态度
第七周	正念"行动"和正念暴露	发展出更高功能的"行动模式",创造目的和行动间的健康关系
第八周	发展自我慈悲和自我宽恕	将功能失调的罪疚感和责任感正常化
第九周	学着去冒险	正常化仪式行为,加强改变和练习正念的动机
第十周	信任面对生活,有效处理阻碍	回顾已经学到的内容,并更深入地练习

(3)主要技术:除了与抑郁症 MBCT 治疗方案相同的正念练习,如身体扫描、正念呼吸与身体、三步呼吸空间、正念伸展、正念行走等,在针对强迫症的治疗方案中还有第 4 次课的感知经验验证技术,第 5 次课的观察心的冥想,第 6 次课的"REAL"接纳练习,即学会接纳的四个步骤,第 7 次课的正念暴露练习,第 8 次课的自我慈悲和自我宽恕练习,第 9 次课的正念冒险清单和放手仪式清单等主要技术。

(二)精神分析与精神动力学治疗

1. 疾病概念化 在精神动力学治疗的框架中,强迫症患者常常有隔离、合理化、抵消、反向形成的防御机制,与弗洛伊德所说的肛欲期冲突有关。

2. 操作流程　与 CBT 不同的是,精神分析与精神动力学治疗较少采用结构化方案,更多的是"个体化"方案。

(1)开始阶段:通过心理评估,与患者共同讨论治疗目标和治疗设置,包括治疗频率和时程、计划的疗程等,同时建立治疗联盟。

(2)中间阶段:患者潜意识的核心冲突或矛盾会重复地出现在与治疗师的移情关系中,通过利用移情与反移情、释梦、诠释、镜映等技术,患者逐渐内省核心冲突或矛盾,以及其与原生家庭、早年经历或创伤的关系,但在此过程中会有阻抗发生,需要修通阻抗。

(3)结束阶段:除了参考治疗开始阶段的治疗目标和计划疗程,也需要治疗师结合当下的治疗进展和治疗关系进行系统评估,并与患者讨论治疗结束,处理可能的分离焦虑,觉察以终止治疗为理由的阻抗也是一种付诸行动。

3. 主要技术　在治疗中治疗师会应用自由联想、自由悬浮注意、移情与反移情、释梦、诠释、镜映、修通阻抗等帮助强迫症患者。

(三)家庭治疗(FT)

1. 疾病概念化　强迫症患者的家庭功能障碍可能有以下几种。

(1)家庭成员把僵化而固执的规则强加给其他家庭成员,强迫症状的出现具有抗拒权威、寻求自我掌控感的意义。

(2)父母对子女过高而不切实际的期望,或者具有焦虑特质的父母把害怕不完美和危险投射在子女身上,子女压抑焦虑等负面情绪,认同父母,通过强迫症状来处理情绪。

(3)家庭成员遭受长期的情感忽视,强迫症状的出现具有寻求关注的意义等。

强迫症状明显影响到家庭成员的生活质量和家庭关系。家庭顺应性(family accommodation)是指家庭成员卷入强迫症患者的症状中以适应和容纳患者的症状,如参与到患者的强迫行为中、向患者提供"再保证"、回避患者的需要、替患者承担责任、调整家庭的活动和生活规律以适应患者。

2. 结构与程序　以系统家庭治疗的结构和程序为例,治疗大致可以分为 3 个部分:①症状处方,使患者获得不自主行为的控制感;②打断问题解决的既往模式,尤其是孩子和父母的纠结,不再使用无效的保证,促进独立自主的出现,消退魔幻式思维,打破行为的条件反射链条;③促进夫妻轴和亲子轴的分化。

3. 主要技术　家庭治疗有多种技术,如双重束缚、积极赋义、循环提问、差异性提问、症状处方、资源取向等。

三、示范案例

(一)一般情况

李某,男,28 岁,在读博士研究生,未婚。

(二)患者的问题

因"反复担心感染病毒得病,反复洗手、洗澡等 5 年余"就诊,诊断强迫症。

(三)初始访谈(评估),进行个案概念化

精神科医生予以氟伏沙明(SSRIs 类药物)治疗,同时建议患者参加强迫症团体 CBT。心理治疗师在团体 CBT 前进行个体评估,初始 YBOCS 评分为 28 分,强迫症状清单见表 15-2。

表 15-2 强迫症状清单

日期和时间段	情境	强迫思维	情绪体验及躯体感受（SUDs）	强迫行为
2021 年 6 月 10 日 07:00—08:00	去学校食堂买早饭	害怕在食堂碰到其他人和物品，被传染病毒，会感染生病	害怕 SUDs=50	①戴手套 ②回避人多的地方 ③身体尽量不碰食堂的任何东西 ④回避在食堂吃早饭，打包带回寝室吃 ⑤回寝室后反复洗手 ⑥反复回忆去食堂买早饭的场景，以检查有没有碰到人或物 ⑦反复安慰自己没事的
2021 年 6 月 10 日 11:00—12:00 和 16:00—17:00	去实验楼的洗手间	担心实验楼洗手间不干净，会沾染病毒得病	担心，害怕 SUDs=60	①在实验室减少喝水，尽量不上厕所 ②开厕所门时尽量不用手，用脚去踢开 ③用消毒湿巾包裹着厕所门把手 ④上厕所前先冲 12 次，上完厕所继续冲 12 次马桶 ⑤上完厕所洗手至少 20 次，要按固定的程序洗手
2021 年 6 月 10 日 18:00—20:00	实验结束回寝室	担心身上沾染的病毒会带回并污染寝室得病	害怕，焦虑，担心 SUDs=80	①尽量不把带到实验楼的东西带回寝室 ②回寝室后把外套和包放在进门处 ③反复消毒手机、钥匙等 ④把所有衣服包括内衣都用消毒液浸泡和清洗 ⑤反复洗手和洗澡一小时以上 ⑥尽量待在寝室的一个地方，减少在寝室里走动 ⑦在外面用过的东西，包括手机等，即使已消毒，也坚决不带到床上 ⑧如果觉得洗得不干净或没有按程序来消毒和清洗，就把那些东西都扔掉，即便会造成生活和学习的不便

（四）设定治疗目标，规划治疗（包括设置等）

1. 治疗目标 达成一致治疗目标：能积极参与团体治疗，掌握强迫症 CBT（特别是 ERP）的原理与方法，完成家庭作业。消除对治疗目标过度理想化或消极的自动思维，以建立求治信心。

2. 治疗设置 每周 2 次，每次 2 小时。

3. 治疗流程　按照《强迫症规范化团体认知行为治疗手册》中的结构化方案进行操作。

（五）治疗过程及技术运用，结束治疗

在第2次治疗的时候，李某根据自己的强迫症状，在心理治疗师指导下按照SUDs评分等级列出了暴露项目清单，具体见表15-3。

表15-3　团体成员治疗中患者的暴露项目清单

暴露项目	SUDs/分	在第几次治疗中执行该暴露
接触治疗室的桌面而不做强迫行为	45	3、4
接触治疗室的桌腿而不做强迫行为	50	4
接触治疗室的门把手而不做强迫行为	55	4、5
站在治疗室的垃圾桶旁边而不做强迫行为	60	6
接触实验楼门把手而不做强迫行为	60	6
去医院洗手间上厕所而不做强迫行为	60	7
回寝室后把包带进寝室而不做强迫行为	80	8、9
回寝室后不用酒精反复消毒手机	80	10、11
回寝室后不换衣服直接坐在椅子上而不做强迫行为	80	11
回寝室后带着手机到床上而不做强迫行为	100	12

在第3～11次治疗过程中，李某根据自己的暴露项目清单及实际情况，进行ERP练习，为真实、逐级和治疗师引导的暴露结合反应预防。每次团体治疗结束后也完成家庭作业。下面分别列举一次具有代表性的ERP练习，具体见表15-4。

表15-4　等级暴露治疗记录单

记录时间/min	SUDs/分	对目前状态的评价
开始时	40	李某下定决心握住了门把手
5	50	李某：我觉得有点想放手，不想继续了；治疗师：支持鼓励继续
10	55	治疗师感觉到李某明显紧张，手臂面部表情僵硬
15	55	李某持续表现出紧张、僵硬
20	50	治疗师感觉李某稍微开始放松
25	40	李某面部表情和手臂进一步放松
30	35	李某表示基本不再感觉到焦虑
35	30	治疗结束
40	25	在治疗结束后的5分钟，李某表示自己的SUDs进一步降低

成员：李某
暴露内容：接触治疗室的门把手，不做强迫行为（包括回避、洗手等）。
强迫行为阻止：回避、洗手等强迫行为阻止。

（六）患者的改变

经过 12 次团体 CBT 合并 SSRIs 药物治疗，李某的 YBOCS 评分下降到了 13 分，减分率为 53.6%，治疗有效。

第二节　其他强迫相关障碍

一、躯体变形障碍

躯体变形障碍（body dysmorphic disorder，BDD）指患者具有持续的先占观念，即对轻微的或自己想象出的外表缺陷予以过分关注，而这些在他人看来都是不能观察到的或者微不足道的，这种先占观念给患者造成巨大的痛苦和不同程度的社会功能损害。BDD 的心理治疗方法主要有 CBT、ACT 和人际心理治疗（interpersonal psychotherapy，IPT）等，其中 CBT 是首选。

二、嗅觉牵连障碍

嗅觉牵连障碍（olfactory reference disorder，ORD）是持续地认为自身存在异味或其他令人不快的气味，引起患者明显的痛苦，或导致重要功能的损害。ORD 的心理治疗方法主要是 CBT，其理论是用于减轻症状体验导致的抑郁情绪及社交回避行为。此外，眼动脱敏再加工（eye movement desensitization and reprocessing，EMDR）治疗也有一定疗效。

三、疑病症

疑病症（hypochondriasis）又称健康焦虑障碍（health anxiety disorder），是患者存在持续的先占观念或担心，认为自己患有一种或多种严重的、进行性的或威胁生命的疾病，引起患者明显的痛苦，或导致重要功能的损害。疑病症最主要的治疗手段是 CBT，具有较为明确的疗效。基于华威（Warwick）和萨尔科夫斯基斯（Salkovski）疑病症和健康焦虑的认知行为模型，CBT 的核心理论是针对特定的适应不良假设和信念，去除认知维持因素，纠正疑病的错误观念，控制反复就医及检查行为等。

四、囤积障碍

囤积障碍（hoarding disorder）是过度收集和持续地难以丢弃物品，从而导致生活区域拥挤杂乱影响其使用和安全，引起患者明显的痛苦，或导致重要功能的损害。囤积障碍常因患者自知力不足及缺乏治疗动机而被视为一种难治性的精神障碍。弗罗斯特（Frost）的基于 CBT 的多成分心理治疗（multicomponent psychological treatment）为目前证据最充分的有效心理治疗方法。

五、躯体相关的重复行为障碍

聚焦于躯体的重复行为障碍（body-focused repetitive behavior disorders，BFRBs）包括拔毛癖和抠皮障碍，两者具有较多的相似性，都是以反复的、习惯性的拔毛发或搔抓皮肤行为为特征，患者通常存在减少或停止这类强迫行为的意图或不成功的尝试,并导致毛发缺失或皮肤破损。根据行为学理论,拔毛发或搔抓皮肤行为的习得与维持是通过经典和操作性条件反射形成的,因此可以通过行为治疗改善 BFRBs 症状。其中,习惯逆转训练(habit reversal training,HRT)是一线心理治疗方法,疗效较为明确。此外,ACT 也可辅助使用。

本 章 小 结

强迫及相关障碍是一类以反复出现的想法和行为为特征的精神障碍,包括强迫症、躯体变形障碍、嗅觉牵连障碍、疑病症、囤积障碍、躯体相关的重复行为障碍(拔毛癖、抠皮障碍)等。强迫症是一种以强迫思维和强迫行为为主要临床表现的精神障碍。相关指南推荐 ERP 及包含行为试验成分的认知治疗为强迫症心理治疗的首选方法。

 思考题

1. 简述强迫及相关障碍的定义,以及包括哪些精神疾病。
2. 简述强迫症的定义、临床表现和诊断标准的要点。
3. 强迫症主要的心理治疗方法有哪些? 按照中国相关强迫症防治指南,这些强迫症心理治疗方法的推荐等级是什么?
4. 简述强迫症暴露反应预防的理论和主要技术。

(范青　王振)

推荐阅读

[1] 范青,高睿,白艳乐,等.强迫症规范化团体认知行为治疗手册.上海:上海交通大学出版社,2020.
[2] 迈克尔·J.科萨,埃德娜·B.福阿.战胜强迫症:治疗师指南/自助手册.孙宏伟侯秀梅,译.北京:中国人民大学出版社,2010.
[3] 郝伟,陆林.精神病学.8 版.北京:人民卫生出版社,2018.
[4] 司天梅,杨彦春.中国强迫症防治指南.北京:中华医学电子音像出版社,2015.
[5] DIDONNA F. Mindfulness-based cognitive therapy for OCD:a treatment manual. New York:Guilford Publications,2018.
[6] TIANRAN Z,LU L,FABRIZIO D,et al. Mindfulness-based cognitive therapy for unmedicated obsessive-compulsive disorder:a randomized controlled trial with 6-month follow-up. Frontiers in Psychiatry,2021,12:661807.

第十六章

应激相关障碍

学习目的

掌握 应激相关障碍的心理治疗。

熟悉 ICD-11 中应激相关障碍的诊断标准；应激相关障碍除心理治疗之外的其他治疗。

了解 ICD-11 中应激相关障碍的分类。

应激相关障碍（disorders specifically associated with stress）与暴露于应激源或创伤事件直接相关。诊断各类应激相关障碍均需有可识别的应激源（尽管与起病不是因果关系），尽管并不是所有暴露于可识别的应激源的个体都会出现应激相关障碍，但没有经历应激源的个体一定不会出现。一部分应激相关障碍的应激源属日常范围的经历事件（如离婚、社会-经济问题、居丧反应），而另一部分应激相关障碍需要应激源是极端威胁或恐怖性质的（具有创伤潜力的事件）。依据《国际疾病分类》（International Classification of Diseases，ICD）-11 的诊断分类，应激相关障碍包括创伤后应激障碍、复合性创伤后应激障碍、延长哀伤障碍、适应障碍、反应性依恋障碍、脱抑制性社会参与障碍等；不包括职业倦怠（QD85）、急性应激反应（QE84）。

第一节　创伤后应激障碍和复合性创伤后应激障碍

一、概述

（一）概念

创伤后应激障碍（post-traumatic stress disorder，PTSD）和复合性创伤后应激障碍（complex post-traumatic stress disorder，C-PTSD）均是暴露于单个或一系列极端威胁或恐怖的事件后可能发生的障碍。

（二）流行病学

世界卫生组织跨国流行病学研究提示 PTSD 终生患病率为 3.9%，在创伤暴露人群中达 5.6%，有一半的 PTSD 患者有一些持续性的症状。我国流行病学研究则提示 PTSD 终生患病率和年患病率分别为 0.3% 和 0.2%。

有研究对 1 300 名英国前役或现役消防员使用与 ICD-11 标准一致的国际创伤问卷通过在线匿名方式评估了服役相关和个人创伤相关的暴露，结果提示

18.23% 达到 C-PTSD 标准,5.62% 达到 PTSD 标准。

（三）主要临床特征

PTSD 表现为以下特征:创伤经历的再体验、回避行为、对目前威胁的持续性高水平觉察。

C-PTSD 必须首先满足 PTSD 的所有临床特征,同时存在以下特征:①情绪调节上的异常;②存在一些信念,认为自己是渺小的、失败的、无价值的,对创伤性事件有愧疚感、自责自罪或失败感;③难以与他人保持亲密的人际关系。

（四）诊断标准

1. ICD-11 中 PTSD 的诊断标准

（1）暴露于具有极端威胁或可怕性质的事件或情况（短期或长期）:此类事件包括但不限于直接经历自然或人为灾难、战斗、严重事故、酷刑、性暴力、恐怖主义、袭击或危及生命的急性疾病（如心脏病发作）;目睹他人以突然、意外或暴力的方式受到威胁或实际伤害或死亡;了解所爱之人的突然、意外或暴力死亡。

（2）在创伤性事件或情况之后,出现持续至少数周的特征性综合征,包括全部以下三个核心要素。

1）当下重新体验创伤事件,其中事件不仅被记住,而且在此时此地再次以闪回、梦魇等形式再次体验,而不是在客观事实中再次发生。

2）刻意避免可能导致再次体验创伤事件的线索。

3）对当前威胁加剧的持续感知,如过度警觉或对意外噪声等刺激的惊吓反应增强。

（3）这些困扰导致个人、家庭、社会、教育、职业或其他重要功能领域的严重损害。如果要维持功能,则只能通过大量额外的努力。

2. ICD-11 中 C-PTSD 的诊断标准　在符合 PTSD 诊断的基础上同时存在情感、自我概念、人际等三方面的持久性失调。

（五）治疗

PTSD 和 C-PTSD 的治疗包括心理治疗、药物治疗、物理治疗及其他补充替代治疗。心理治疗是治疗 PTSD 和 C-PTSD 最有效的方法。

（六）预后

PTSD 患者中至少有 1/3 会因为疾病的慢性化而逐渐丧失劳动能力;1/2 左右的 PTSD 患者常伴有物质滥用、抑郁、焦虑等。PTSD 患者自杀率是普通人群的 6 倍。PTSD 的发生常与灾难和公共突发事件有关,常导致社会医药资源的过度消耗,影响善后处理,给生活重建带来很大困难和阻碍。

二、心理治疗方法

PTSD 和 C-PTSD 的心理治疗通常分为两部分:创伤事件发生后的心理急救和针对 PTSD 和 C-PTSD 的心理治疗。

创伤事件发生后实施心理急救的核心内容有:主动接触、建立关系;保障安全与舒适、避免个体受进一步伤害;稳定情绪;建立稳定感;提供实际关心与支持;收集信息、评估需求、协助基本需求得到满足;帮助获得信息、服务与社会支持;心理教育,包括讨论情绪反应、提供应对方法,以及教会个体简单的放松方法、如何处理负性情绪、如何处理睡眠困难、如何处理物质滥用问题等。

心理治疗是美国 PTSD 研究中心推荐的主要常规治疗方法,大致可分为两大类:暴露治疗(患者在治疗中需要回忆创伤事件)和非暴露治疗。常见的暴露治疗主要包括延长暴露(prolonged exposure,PE)、认知加工治疗(cognitive processing therapy,CPT)和眼动脱敏再加工(eye movement desensitization and reprocessing,EMDR)治疗等;非暴露治疗主要包括现在关注治疗(present centered therapy,PCT)、人际关系治疗和正念治疗等。

(一) 延长暴露(PE)

PE 是治疗 PTSD 最主要的认知行为治疗之一。

1. 疾病概念化　恐惧是由条件交替学习得来的,经过泛化和二次交替学习,其他相关的刺激也可触发恐惧。随后回避反应通过操作性学习原理得到加强,成为患者行为的一个重要表征。PE 就是利用学习理论的原理对 PTSD 进行治疗。

2. 操作流程

(1)评估:在 PE 开始前,治疗师首先必须确定患者有 PTSD,并明确在治疗中要进行暴露的创伤事件及相关提醒物。

(2)制定治疗计划:治疗时长每次 90 分钟;疗程 8 周,每周 1~2 次;PE 方案介绍、创伤症状讨论清楚准确;呼吸练习技术介绍准确;现实情景暴露技术介绍和引导准确;想象暴露技术介绍和引导准确。

(3)治疗过程:PE 治疗前阶段主要包括进行 PTSD 相关的心理教育,教给患者呼吸放松方法,采集创伤信息,为想象暴露确定一个创伤事件,初步现实情景暴露。治疗的中间阶段引入想象暴露。

(4)结束治疗:治疗的最后阶段则是回顾患者在治疗过程中取得的进步并探讨未来的计划。

3. 主要技术　心理教育、呼吸放松训练、暴露治疗。

(二) 认知加工治疗(CPT)

CPT 是一种针对 PTSD 及相关问题的认知行为治疗。总体目标是改善 PTSD 症状,以及可能有的任何相关症状(如抑郁、焦虑、内疚或羞愧)。它还旨在提高日常生活质量。

1. 疾病概念化　在 CPT 中,同化的卡点是指与创伤相关的负面评价,这些评价阻碍了康复。发现这些卡点的关键是,明确患者如何认为自己应该全知全能,应该可以预测和控制"首要创伤事件"(使患者体验到最严重的 PTSD 症状的创伤性事件)。这些卡点往往是患者"回顾"首要创伤事件的问题方式,可能还包括患者的一些企图,如想知道事件为什么发生在自己身上,这表明他们试图回到公正世界(认为世界应该是基本公平和公正)的信念,并认为世界是可以预测和控制的。在这些卡点/负性信念的支配下,患者往往采取自我否定、回避等方式应对,继而引发一系列适应不良行为和社会功能的受损。

2. 操作流程

(1)评估:在 CPT 开始前,治疗师首先必须确定患者有 PTSD,并确定首要创伤事件。治疗师应该通过访谈和自评量表来评估 PTSD,并评估共病状况和其他临床考虑因素。

(2)制定治疗计划:CPT 治疗一般为 6~24 节个体治疗,平均为 12 节。每节 50~60 分钟。

（3）治疗过程：治疗师和患者一起识别和探索创伤，或者探索创伤如何改变思维和信念，以及一些思维方式如何使患者"卡在"症状中。CPT并不涉及重复回顾创伤的细节。然而需要检查创伤的经历，以及它是如何影响认知、情绪和行为的。

（4）结束治疗：回顾患者的"挑战信念工作表"、回顾患者的第一份和最后一份影响陈述、回顾治疗过程和患者的进展、探讨患者对未来的目标。

3. 主要技术　识别卡点、苏格拉底式提问、暴露治疗、挑战基本或核心信念、认知重构。

（三）眼动脱敏再加工（EMDR）

1. 疾病概念化　创伤事件破坏了大脑信息加工系统的生化平衡，干扰了信息加工系统原本具有的适应性处理功能，并把个体关于这事件的感知"锁定"在神经系统中。而通过反复眼动，能活化大脑这一自动信息处理系统，解除"锁定"。另外，EMDR还通过认知再加工过程，重建认知，恢复大脑信息加工系统的平衡。

2. 操作流程

（1）评估：在EMDR开始前，治疗师首先必须确定患者有PTSD，并明确在治疗中要进行暴露的创伤事件及相关提醒物。

（2）制定治疗计划：EMDR是在将患者暴露在创伤记忆中时，患者想象一个创伤性记忆，或任何一个与创伤性记忆有关的消极情绪，然后要求患者大声清晰地说一个与他们以前的记忆相反的信念。在患者回忆创伤事件的同时，他们的眼睛被要求随着治疗师的手指快速移动。

（3）治疗过程：EMDR利用多种放松技术，主要是治疗师指导患者动眼等，使患者对记忆进行再加工，达到脱敏感化的目的，当患者的不适降低到一定程度时，治疗师指导患者逐渐让创伤记忆和正向认知产生连接，随后对身体进行扫描以检查未被处理的失能信息。

（4）结束治疗：在治疗的最后，治疗师还将给予患者关于负向认知的正确认识的指导，并评估创伤记忆和重新建立的积极信念的强度。

3. 主要技术　眼动、放松训练、PE、认知重建。

三、示范案例（CPT治疗）

（一）案例一般情况介绍

Y，女性，32岁，大学本科，职员，已婚。

（二）患者的问题

1. 主诉　高中时曾被强奸，之后很自卑，不再对他人尤其是异性有信任。结婚后和丈夫很少有性生活，不愿主动靠近丈夫，不知道怎么经营自己的婚姻生活。

2. 病程　Y读高中时曾在晚自习结束后回家的路上被人强奸，之后很自卑，觉得自己很丑陋和愚蠢，不愿接近他人尤其是异性。Y晚上睡觉时经常在枕头底下藏一把刀以防有人靠近自己，经常做噩梦。有时会闪现当时被强奸的场景并失声大哭，就像那件事情正在发生一样。同时Y不愿进行社交，尤其不喜欢和男士讲话。1年前Y经亲戚介绍相亲后结婚，Y称自己只是遵从父母意愿随便结婚而已，对男人不抱希望，婚后不愿主动靠近丈夫，认为人尤其是男人都不值得信任，认为丈夫和自己结婚也是有目的的。同时Y又觉得自己是个卑微的人,自己不值得被爱,自己也不配生孩子,故常常以身体不适为由拒绝和丈夫进行夫妻生活。Y婚后依旧不断回想起当年被强奸的场景,甚至有时会突然发愣、痛哭流涕、咬紧牙关。

3. 诊断　丈夫带其在当地某医院精神科就诊,诊断为创伤后应激障碍。Y拒绝药物治疗。故医生建议心理治疗。

（三）初始访谈（评估）,进行个案概念化

1. 初始访谈　Y初次见到治疗师时很紧张、低着头,好像一个犯了错的小女孩一样。在治疗师的鼓励之下Y慢慢放松下来,谈到了自己来治疗是想和丈夫正常生活下去,不想再被高中时的强奸经历影响。治疗师制定了治疗议程,描述了PTSD的症状、介绍了PTSD的认知理论,并解释CPT将如何帮助Y从伤痛中走出来。同时治疗师要求Y描述了自己的具体症状,简短地回顾了首要创伤事件。治疗师和Y对首要创伤事件（高中时被强奸）达成一致。治疗师让Y谈谈自己对第一次治疗的反应,Y说自己以前总感觉走出来很难,但是今天的治疗让她觉得其实也许没有那么难,Y愿意和治疗师一起工作下去。初次访谈结束时治疗师给Y布置了第一项练习作业,即"影响陈述"。治疗师向Y讲解了如何去完成该作业。

2. 个案概念化　Y高中经历了严重的创伤事件后形成了一定的负面信念,如"我是愚蠢的、卑微的,我不值得被爱""任何人,尤其是男人,不值得信任"。Y通过回避和自我否定来防御,觉得自己不配被爱,认为即使丈夫表现得爱自己也是有目的的。Y拒绝和丈夫发生性关系,工作场合尽量不和男性多讲话,Y认为这是保护自己、控制未来的最好方式。同时Y过度概括自己的信念,形成了过度顺应。这些认知卡点以及Y采取的防御方式,导致Y无法摆脱曾经被强奸的阴影,无法过正常的夫妻生活,无法进行正常的社交。

（四）设定治疗目标,规划治疗（包括设置等）

通过CPT治疗技术的应用,帮助Y改善PTSD症状,识别和探索创伤如何改变思维和信念,找到影响Y康复的卡点,帮助Y纠正负性认知并形成新的认知,进一步提升Y的自尊和对他人的尊重。一周治疗一次,一次50分钟,共12次。

（五）治疗过程及技术运用

1. 治疗过程　起初签订治疗协议,介绍CPT理论及该治疗如何帮助Y康复,鼓励Y积极投入治疗,找到阻碍Y在被强奸后恢复正常生活的卡点,并对卡点进行详细描述和讨论。治疗中期帮助Y学会准确地标注事件、认知和情绪,Y逐渐明白了这三者之间的关系。治疗中后期Y逐渐形成了新的认知,并体验了新认知带来的情绪变化。治疗后期Y逐渐学会了尊重自己和他人,治疗师和Y一起重新审视了首要创伤事件对Y的影响。每次治疗结束后治疗师均要求Y循序渐进完成相应的练习作业,如"影响陈述""卡点记录""ABC工作表""挑战问题工作表""问题思维方式工作表"等。

2. 技术运用　澄清、苏格拉底式提问、识别卡点、认知重构、心理教育、总结性陈述。

（六）患者的改变

Y在经历了12次的治疗后,能认识到被强奸并不是自己的错误,任何人都有可能经历痛苦的意外,Y决定试着不再用别人的错误来惩罚自己。Y开始用尝试接受的态度和丈夫相处,开始不再那么极端地看待所有的人,在工作场合也尝试不将自己孤立起来。

第二节　延长哀伤障碍

一、概述

（一）概念

延长哀伤障碍（prolonged grief disorder，PGD）是一种在至亲之人（配偶、父母、儿女，或其他关系亲密以至于去世后会为之哀伤的人）辞世后，个体出现持续而广泛的哀伤反应。

（二）流行病学

PGD 是 ICD-11 中新增的一个诊断。最近一项包含 14 项研究的荟萃分析报告称，PGD 患病率为 9.8%。

（三）主要临床特征

PGD 表现为对辞世之人的极度想念，或与辞世之人有关的持续性先占观念，伴强烈的情感痛苦。悲伤反应的持续时间超乎寻常，超出了个体的文化及宗教背景。

（四）诊断标准

ICD-11 中 PGD 的诊断标准为：①在配偶、父母、子女或其他关系亲近的人去世后极度哀痛；②持续的广泛的哀伤反应，特征为渴望再见到已故者，持续地关注已故者并伴随强烈的痛苦情感；③哀伤反应至少持续 6 个月（在一些特定的文化背景下可能会更长）；④这种障碍导致个体的人际、家庭、社会、教育、工作或其他重要方面的功能明显受损。只有通过很多额外的努力才可使功能得以保持。

（五）治疗

心理治疗对临床患有延长哀伤相关症状的个体有一定的疗效。

（六）预后

长期悲伤会导致严重的社会和职业损害，同时增加抑郁和自杀风险，并严重影响到生活质量和躯体健康状况。

二、心理治疗方法

基于哀伤处理的心理治疗方法，主要有认知行为治疗和精神动力学治疗。

第三节　适应障碍

一、概述

（一）概念

适应障碍（adjustment disorder）是一种对可识别的心理社会应激源或多个应激源（如离婚、

患病、残疾、社会-经济问题、在家庭或工作中发生冲突）的适应不良性反应,通常在应激源后的 1 个月内出现。

（二）流行病学

适应障碍在一般人群研究中患病率为 2%,但是在特定的高风险人群中,如最近失业的人和失去亲人的个体,患病率则分别高达 27% 和 18%。

（三）主要临床特征

适应障碍表现为对应激源及其后果的先占观念,包括过度的担忧、反复而痛苦地想有关应激源的事情,或不断地对它们的“含义”（implications）思维反刍（rumination）;也表现为难以适应应激源。

（四）诊断标准

ICD-11 中适应障碍的诊断标准为:①对应激源的适应不良反应,通常出现于应激事件发生后的 1 个月内;②对应激源的反应表现为对应激源或应激后果的先占观念,包括过度担忧、对应激源经常痛苦地思考,或不断反复思考其含义;③不能适应应激源导致个体的人际、家庭、社会、教育、工作或其他重要方面的功能明显受损,只有通过很多额外的努力才可使功能保持;④一旦应激源及其带来的后果终止,这些症状将在 6 个月内消除;⑤症状的特异性或严重度不足以诊断其他精神及行为障碍（如创伤后应激障碍、抑郁发作或焦虑障碍）。

（五）治疗

适应障碍的主要治疗是心理治疗。但若经过心理治疗 3 个月仍没有明显缓解时,可根据具体病情联合使用抗焦虑药物或抗抑郁药物。

（六）预后

适应障碍预后良好,症状一般不超过 6 个月。

二、心理治疗方法

适应障碍心理治疗的原则是减少与应激源的接触或者远离应激源,若无法脱离应激源,则帮助患者提高应对能力、努力达到最佳适应状态。适应障碍常用的心理治疗主要有支持性心理治疗、家庭治疗、心理教育、认知治疗和精神动力学治疗等。

第四节　反应性依恋障碍和脱抑制性社会参与障碍

一、反应性依恋障碍和脱抑制性社会参与障碍

（一）概念

1. 反应性依恋障碍（reactive attachment disorder,RAD）　表现为童年早期特别异常的依恋性行为,发生于儿童的照顾方式严重不当的背景下（如严重的忽视、虐待、制度性的剥夺）。尽管目前已有新的主要照顾者,儿童仍难以向照顾者寻求安慰、帮助或喂养,极少有向成人寻求安全的

行为,对照顾者给予的安慰没有回应。

2. 脱抑制性社会参与障碍(disinhibited social engagement disorder,DSED) 表现为特别异常的社交行为,发生于儿童的照顾方式严重不当的背景下(如严重的忽视、制度性的剥夺)。儿童不加选择地接近成人,对接近成人缺乏拘谨与矜持,与不熟悉的成人外出,以及对陌生人表现出过度熟悉的行为。

（二）流行病学

在寄养家庭或收养机构等高危人群中,反应性依恋障碍的发生率低于10%,脱抑制性社会参与障碍约20%,其他场所较罕见。

（三）主要临床特征

1. 反应性依恋障碍的核心特征 童年期缺乏关爱所导致的童年早期异常的依恋行为。即使重新得到足够的抚养和照顾,儿童仍不会向主要照顾者寻求安慰、支持、喂养。与成人相处很少有安全感,即使得到爱抚也没有相应的反应。

2. 脱抑制性社会参与障碍的核心特征 是童年期缺乏关爱所导致的异常社交行为。儿童在与陌生成人接触时缺少含蓄,会随陌生成人而去,并对陌生人表现出过度熟悉的行为。

（四）诊断

反应性依恋障碍和脱抑制性社会参与障碍的诊断只适用于儿童,且要求儿童在5岁前就已表现出相关特征。此外,实足年龄1岁以下或发展年龄9月龄以下的婴儿,应考虑这些婴儿的选择性依恋功能尚未完全发育,或在孤独症谱系障碍的背景下,不适用于该诊断。

（五）治疗

反应性依恋障碍和脱抑制性社会参与障碍的治疗主要是心理治疗。

（六）预后

有关反应性依恋障碍和脱抑制性社会参与障碍预后的研究比较少,未来需要对青年人群进行相关研究才能得知反应性依恋障碍和脱抑制性社会参与障碍相关症状是否会在青春期普遍减少。

二、心理治疗方法

反应性依恋障碍和脱抑制性社会参与障碍的心理治疗主要包括双向发展心理治疗(dyadic developmental psychotherapy,DDP)、艺术治疗、音乐治疗、游戏治疗、家庭治疗等。

本 章 小 结

应激相关障碍发生于应激事件之后,诊断应激相关障碍的前提是必须有应激源的存在。与ICD-10或DSM-5相比较,ICD-11在应激相关障碍的诊断方面发生了一些显著的变化。ICD-11中应激相关障碍不再包含急性应激反应。

应激事件,尤其是重大创伤事件对个体的影响是相当复杂和沉重的,如果不及时处理,会带来长期不良的后果。应激相关障碍可表现为意识、注意力、记忆力、判断力、学习能力等多方面认知功能损害,且有相当一部分个体会出现人格损害。因此,早期干预非常重要。应激相关障碍的循证治疗包括药物治疗、心理治疗、物理治疗等。目前有研究显示,心理治疗、药物治疗和二者联合治疗应激相关障碍均有显著疗效,安全性好,联合治疗显出一定优势。其中心理治疗可使患者受益更持久,且脱落率通常较低。聚焦创伤的心理治疗被认为是应激相关障碍的一线治疗,它需要患者暴露与创伤相关的想法、感受和反应。

PTSD 和 C-PTSD 常见的心理治疗主要包括 PE、CPT、EMDR、人际关系治疗和正念治疗等。PGD 常见的心理治疗主要包括认知行为治疗和精神动力学治疗。适应障碍常见的心理治疗主要包括支持性心理治疗、家庭治疗、心理教育、认知治疗和精神动力学治疗等。反应性依恋障碍和脱抑制性社会参与障碍的心理治疗主要包括 DDP、艺术治疗、音乐治疗、游戏治疗、家庭治疗等。

 思考题

1. ICD-11 中应激相关障碍包括哪些疾病?

2. 应激相关障碍的治疗原则是什么?

3. 创伤后应激障碍和复合性创伤后应激障碍常见的心理治疗方法有哪些?

4. 延长哀伤障碍和适应障碍的心理治疗方法分别有哪些?

(苏珊珊　王振)

推荐阅读

[1] 彼得·莱文. 心理创伤疗愈之道:倾听你身体的信号. 庄晓丹,常邵辰,译. 北京:机械工业出版社,2022.

[2] 帕特里夏·A.雷西克,坎迪斯·M.蒙森,凯瑟琳·M.查德. 创伤后应激障碍的治疗:认知加工疗法实用手册. 许梦然,程明,译. 北京:中国轻工业出版社,2022.

[3] 朱迪思·赫尔曼. 创伤与复原. 施宏达,陈文琪,译. 北京:机械工业出版社,2019.

[4] ATWOLI L,STEIN D J,KING A,et al. Posttraumatic stress disorder associated with unexpected death of a loved one:cross-national findings from the world mental health surveys. Depress Anxiety,2017,34(4):315-326.

[5] HUANG Y,WANG Y,WANG H,et al. Prevalence of mental disorders in China:a cross-sectional epidemiological study. Lancet Psychiatry,2019,6(3):211-224.

[6] KILLIKELLY C,LORENZ L,BAUER S,et al. Prolonged grief disorder:its co-occurrence with adjustment disorder and post-traumatic stress disorder in a bereaved Israeli general-population sample. J Affect Disord,2019,249:307-314.

[7] PERKONIGG A,LORENZ L,MAERCKER A. Prevalence and correlates of ICD-11 adjustment disorder:findings from the Zurich Adjustment Disorder Study. Int J Clin Health Psychol,2018,18(3):209-217.

第十七章

分离性障碍

学习目的

掌握 分离性障碍的概念、诊断要点、治疗原则。

熟悉 行为治疗、认知治疗、精神分析与精神动力学治疗对分离性障碍的疾病概念化、操作流程、主要技术。

第一节 概述

一、概念

分离性障碍是指患者的意识、感觉、知觉、记忆、身份认同等心理功能变得中断、不连续的一系列精神疾病。通常包括分离性遗忘症、分离性漫游症、分离性身份识别障碍、人格解体障碍、转换性障碍。

二、流行病学

通过临床诊断方法,阿居兹(Akyüz)等的研究显示,分离性障碍在普通人群中的患病率为 1.7%;图特坎(Tutkun)等的研究显示,分离性障碍在住院患者中的患病率为 10.2%;维达特·萨尔(Vedat Sar)等的研究显示,分离性障碍在门诊患者中的患病率为 12.0%。

三、临床特征

(一)分离性遗忘症

分离性遗忘症是指在没有任何器质性损伤的情况下,患者部分或全部忘记过去的经历,这种遗忘通常是由心理压力所引起。分离性遗忘症通常有以下几个特点。

1. 分离性遗忘症通常是顺行性遗忘,即会忘记引发遗忘的压力性事件以后发生的事。

2. 分离性遗忘症的遗忘内容是具有选择性的,即遗忘内容通常是患者想要忘记的内容,即创伤性事件,或者一些社会规则无法接受的行为。

3. 分离性遗忘症的患者对自己遗忘的症状不能察觉,对其症状会显得漠不关心并表现得默然。

4. 分离性遗忘症患者的方向感、时间感仍然较好,而且在学习新信息方面没有困难,这与器质性遗忘症患者相反。

5. 分离性遗忘症患者所遗忘的内容通常只是被隔绝在意识之外,并非像器质性遗忘症患者那样真的忘记了。在一些条件下,分离性遗忘症患者所遗忘的内容是可以被回忆起来的,如进入催眠状态或者服用戊巴比妥钠或劳拉西泮。

(二)分离性漫游症

分离性漫游症是一种伴有出走的遗忘症,这类患者不仅会遗忘其经历过的全部或部分事件,还会突然地漫游到离家很远的地方。漫游症状的个体差异较大,有的患者可能只是去附近的城市度过一个夜晚,第二天就会回来;有的患者可能会漫游到其他地方,用其他身份生活好几个月甚至好几年。当处于漫游状态时,通常在他人看起来患者还是相当正常的,但是在碰到以前生活中接触过的事物,或者心里感到安全时,患者通常会恢复原状,并且不记得漫游期间发生的事。分离性漫游症比较少见,通常在患者遭遇重大创伤之后,漫游症状似乎可以起到帮助患者逃离心理压力的作用。

(三)分离性身份识别障碍

这类患者存在着两个或者两个以上不同的身份或人格状态,每种人格状态都是完整的,他们有自己的个人经历、个人形象、身份、名字,这些人格状态轮流控制患者的行为。在这些人格状态中,通常会有一个寄主人格,这种人格状态与障碍出现之前的患者的人格是一致的,这种人格通常比较被动、依赖、抑郁。而其他人格状态,也被称为子人格,是发生障碍后才出现的,与寄主人格呈现相反的特点,以控制、攻击、敌意等为特征。另外,分离性身份识别障碍患者经常会报告有遗忘的情况,越是被动的身份记忆越狭窄,而越敌对、控制或者充当保护者的身份记忆越完整。患者的身份数量可以从 2 个到 100 多个不等。

(四)人格解体障碍

这类患者的主要特征是对自己感到陌生或者有不现实感。患者会感到与自己隔离开了,或者自己就像机器人一样,或者感觉自己就像生活在梦里一样;患者还会感到自己的肢体变大或者萎缩,自己好像被囚禁在另一个身体里,或者自己已经死了。另外,患者情绪反应下降,对整个世界丧失兴趣,患者的短时记忆水平、注意水平、空间推理水平都会有不同程度的下降。但人格解体障碍患者并未失去现实检验能力,他们知道自己的这种感觉是错误的。

(五)转换性障碍

患者会体验到一些运动能力或者感觉能力的丧失或者削弱。最常见的是失明、失聪、瘫痪、麻木,通常是部分感觉丧失,但也有全部感觉丧失。这种丧失并没有神经病理或医学的证据支持,但这也不是患者装出来的,是一种不受意识控制的症状。例如,在医学检查中眼睛是完好无损的,但是患者就是看不见。

四、诊断要点

1. 分离性障碍会在意识、感觉、知觉、记忆、身份认同等一个或多个方面表现得中断而不连续。

2. 分离性障碍不是物质、药物的直接生理效应所致。

3. 分离性障碍的症状不能用其他神经系统疾病或其他健康状况所解释。

4. 分离性障碍的行为不是某些文化或者宗教中能够接受的表现。

5. 分离性障碍的症状必须足够严重,导致个人的社会功能遭到显著的损害。

五、治疗

(一)治疗原则

根据患者的症状和需求,仔细调整适合患者的治疗方式,以保证在患者的最佳利益的前提下实施治疗。

(二)药物治疗

针对分离性障碍的药物治疗很少,通常以控制症状或者针对共病的情况进行用药。一些分离性障碍患者在服用了 SSRIs 药物后,症状会有所改善。巴比妥酸盐(如阿米妥钠)或苯二氮䓬类药物劳拉西泮可以帮助分离性障碍患者恢复记忆,苯二氮䓬类药物还可以帮助分离性身份识别障碍者控制 PTSD 症状,减少闪回、梦魇,改善睡眠质量。另外,抗抑郁类药物可以帮助缓解分离性障碍患者的自杀冲动、重度抑郁和恶劣心境的状况。

(三)心理治疗

常见的心理治疗有精神分析与精神动力学治疗、认知治疗和行为治疗。

见本章第二节。

六、预后

经过治疗,患者的解离症状、抑郁、创伤后应激障碍、痛楚、自杀下降。那些解离了的自体得到了整合的患者症状获得改善的程度比未获得整合的患者的改善更为明显。

第二节　心理治疗方法

分离性障碍的心理治疗主要包括精神分析与精神动力学治疗、认知治疗、行为治疗。

精神分析认为分离性障碍是一种防御过去创伤的方式,而治疗的关键在于对过去创伤的宣泄、接受、重新理解和认识。认知治疗认为分离性障碍中的记忆障碍是由于线索的缺失而无法有效提取记忆,治疗的关键在于让患者验证和挑战自己不合理的认知观念。行为治疗则认为分离性障碍是一种习得性反应,强调治疗应该以强化惩罚,或者撤除强化来训练患者的适应性行为。精神分析与精神动力学治疗治疗时间较长,需要患者定期与治疗师见面,治疗师的经验与患者的心理学知识水平也会影响治疗效果。因此对于不仅希望症状消除,也希望获得更多的自我了解和自我成长,并愿意为此付出时间与精力的患者,效果较好。而认知治疗和行为治疗更侧重于患者现实功能的改善,通常治疗时间较短,治疗更结构化和操作化,更适合那些希望在短期内改善症状、提高社会功能的患者。

对分离性障碍进行心理治疗的循证疗效研究主要集中在认知行为治疗。研究发现,患者的分离和解体症状在治疗后得到改善,抑郁、焦虑和恐惧水平下降,自杀意念也下降。一项针对分离性身份识别障碍患者的研究显示,在为期 20 次的认知行为治疗后,约有 29% 的患者不再满足分离性身份识别障碍的诊断标准。

一、精神分析与精神动力学治疗

(一) 疾病概念化

精神分析理论普遍认为分离是防御创伤体验常见的、自然的方式,相对于成人而言,儿童更容易出现分离。温尼科特认为,儿童在分离的状态下,可以"得到一切美好的事物",甚至回避、战胜一切痛苦可怕的东西。因此若孩童遇到了无法抵抗的痛苦事件,但是他能够运用分离将注意力集中在某些幻想中,从而从苦难中逃离,那么分离性障碍就会出现。另外对于一些分离性障碍患者来说,症状也可以起到减缓内心焦虑的作用,这也可以解释患者对自己的症状不很在意。同时,因为症状的存在,患者可以得到他人像照顾小孩一样的关心照料而不用负责,因此患者可以通过这些症状双重获益。

(二) 操作流程

1. 评估 通常在治疗的前4～8节进行评估,评估内容包括患者的人际关系、主要情感矛盾、依恋类型、人格水平、防御类型等,同时评估是否符合分离性障碍的诊断。

2. 制定治疗计划 通常根据患者的评估和理解,对治疗做出规划,其中包括与患者建立良好的治疗联盟、深入了解患者的创伤、让患者在治疗中宣泄情感,以及患者对创伤事件的重新理解与哀悼修通。

3. 治疗过程

(1) 建立良好的治疗联盟:良好的治疗联盟是治疗分离性障碍的基础,要让治疗在知情同意的支持下进行,包括让患者知道治疗的方法、治疗中可能会发生的情况、治疗过程中可能会有暂时性的恶化等。当患者逐渐信任治疗师时,患者就能够在治疗中呈现更多的情感。

(2) 宣泄:宣泄是一个痛苦但必要的过程,随着治疗师和患者探索的深入,治疗会越来越多地触及分离所防御的情感内容。过早揭露创伤的情感可能会让患者有崩溃的风险,毕竟分离是为了防御这些痛苦的情感。通常,治疗师会等待患者对自己过去所受到的创伤逐渐有一个大概的了解后,再鼓励患者去宣泄和表达这些情感。

(3) 修通:在患者经历宣泄和悲伤的时候,患者逐渐意识到,自己曾经想了很多办法帮助自己在可怕的创伤情境下,在情感上存活下来。随着治疗的深入,患者慢慢察觉到这些办法的无效性,并且能够慢慢接受原来难以接受的情感和记忆。这些情感和记忆从潜意识进入到意识,就不再需要以症状的形式来呈现了。治疗师虽然无法改变患者的创伤经历,但是可以帮助患者重新认识创伤的意义,帮助患者重新建构过去。

4. 结束治疗 在患者完成对自己创伤经历的修通、对曾经的丧失进行哀悼后,治疗师和患者回顾整个治疗过程,明确治疗中的收获,看到、理解治疗的局限性,对与治疗师的分离进行讨论后,可以结束治疗。

(三) 主要技术

1. 共情 共情是指治疗师从患者的角度去理解患者。共情可以使患者感到在建立关系、提及创伤时被理解和被安慰,也能够促进患者理解自己因创伤而回避的情感。

2. 心理教育 为患者提供必要的有关治疗的信息,让患者更好地参与到治疗中。对于分离性患者而言,告诉患者在贴近自己创伤情感或者在治疗中复现创伤情感时,坚持治疗,在治疗中宣泄情感而不是离开,这是非常重要的。

3. 建议　在必要时,向患者提供建议,如在患者陷入创伤情绪而无法正常进行治疗或者有自杀风险时建议服药或者住院治疗。

4. 澄清　将患者所表达的心理过程或者事件具体化、清晰化。

5. 面质　帮助患者面对潜意识中回避和防御的内容,这些内容通常与分离性障碍患者所回避的创伤情境有关。

6. 诠释　帮助患者的行为与潜意识内容、童年经历或人际关系模式或创伤经历联系起来,以期获得领悟,包括移情诠释、起源学诠释等。

二、认知治疗

(一)疾病概念化

认知治疗认为分离性障碍的症状主要是记忆障碍,遗忘的内容基本上都与患者的亲身经历相关,而患者的程序性记忆和语义记忆通常是完好无损的。被遗忘的通常是情境记忆。认知心理学家认为造成这种遗忘通常是由于记忆线索的提取失败。如果患者处在与这件事发生时相同的情境中,那么患者就会更容易回忆起这件事。认知心理学家认为,当与过去经历有关的心理表征足够多、足够彼此相关时,个体就会把这些心理表征识别为他过去经历的真实记忆。而对于转换性障碍患者来说,认知心理学家认为他们具有夸大自己身体感受的倾向性,容易把细微的症状看作巨大的灾难,把细微的心理变化解释成严重的身体健康问题。

(二)治疗步骤

1. 评估　治疗开始时,治疗师需要对患者的中间信念、核心信念进行了解,并结合一些人口统计学信息、家庭背景、精神状态、思维模式、行为反应进行参考,决定患者是否需要进行治疗。

2. 制定治疗计划　在对患者的情况有了足够了解后,治疗师要和患者共同设法确认和改变导致患者不良行为的思维模式,与患者一起去制定每个阶段的治疗目标,攻克要解决的问题,一起努力寻找产生自相矛盾的思维、信念、应对模式。

3. 实施过程

(1)在治疗的开始,认知治疗的治疗师通常会介绍认知治疗的过程、步骤,以及所用到的技术、方法。同时与患者一起讨论治疗的目标和计划,这样通常可以帮助患者和治疗师一起确定治疗方向。

(2)详细了解患者信息:常见信息如下。

1)成长经历,认知中的核心信念:例如,分离性障碍患者常见的核心信念有我不值得被爱、我不好、我有罪、我很脏等。

2)错误的应对模式:例如,分离性身份识别障碍患者会在感受到愤怒、不安全时转换"保护者"子人格出场,转换性障碍患者在感受到压力时躯体症状会加重。

3)患者在自动加工中的各种反应:例如,分离性漫游症患者在他人关注下无法想起家人的联系方式,但是在无人关注、放松的环境下可以想到一串数字,这正是家人的电话,虽然患者并不知道。

以上可以帮助治疗师形成认知治疗的个案概念化。

（3）执行治疗计划：在执行治疗的阶段，治疗师与患者一起执行治疗方案，学习和练习认知治疗技术。在这个阶段，治疗师对治疗过程中的活动进行详细的指导，教会患者应对问题症状的技术。

4. 结束治疗　在患者的中间信念得到一些矫正，同时患者在出现因症状而导致的困难时能够自主应用认知治疗技术进行克服，分离性症状得到缓解甚至消失。在这个阶段，可以考虑结束治疗。

（三）主要技术

1. 假设检验　指检验支持和不支持某个潜在假设的证据的合理性。例如，一位女性转换性障碍患者认为自己没有魅力，没有男性会去关注自己。那么治疗师可以邀请她在乘坐电梯时去注意每一个男性的眼睛的样子和衣着，同时让患者注意是否有男性注意到她，并且对她微笑。然后这个过程持续一周，让患者记录下男性注意她的次数和对她微笑的次数，以此来动摇患者的信念。

2. 苏格拉底式提问　治疗师提出一系列问题让患者验证自己所思考的问题、所做的行为是否真的必然发生。苏格拉底式提问和假设检验的原理一致，不同点在于苏格拉底式提问更多的是通过提问的方式来动摇患者的中间信念。例如，某个分离性漫游症患者坚信自己不值得被爱，因此总有一天会遭到抛弃。那么治疗师可以询问她自己总会被抛弃这个想法有没有证据、这个证据是否足够充分、现在提出的理由是否足够让别人相信自己终究会被抛弃等，通过这样的提问来让患者怀疑自己的信念。

3. 去灾难化技术　治疗师邀请患者说出自己担心的最坏的结果，对这个结果反复进行探讨和提问，帮助患者意识到他自己夸大了害怕的情绪。例如，人格解体障碍患者在康复期担心自己的症状会影响别人对自己的看法。那么治疗师可以问他"如果在聚会上他感到自己的双腿开始萎缩，那么聚会中的其他人会对他有什么反应？""如果真的如患者担忧的那样会发生什么？""这是一场灾难还是仅仅是尴尬？"通过这样的方式帮助患者意识到自己夸大了自己的担忧。

三、行为治疗

（一）疾病概念化

行为主义治疗师认为分离性障碍是一种习得的反应行为，是伴随着为了获得奖励或者解除应激而产生的症状。行为主义者认为，与其他许多心理障碍一样，分离性障碍是患者接受一个社会角色而形成的，在接受之后，这个角色又得到了强化。在分离性遗忘症、分离性漫游症、分离性身份识别障碍中，奖励就是让患者免受应激事件的伤害。同时，行为主义还认为分离性障碍可以帮助患者逃避自己需要肩负的社会责任，通过成为患者而获得相应的优待，如不用工作。

（二）治疗步骤

1. 评估　治疗开始时，对患者的不良行为模式、引起行为的强化源、人口学信息等进行充分了解，同时参考诊断，评估分离性障碍患者是否适合行为治疗。

2. 制定计划　根据评估结果，与患者一起对适应不良的行为进行阶段划分，并在每个阶段制定具体的行为改善的目标。再针对细化后的目标使用具体方法进行治疗。

3. 实施治疗　首先向患者及其家属介绍行为治疗。治疗师要求患者及其家属配合治疗计划的实施,使用撤除强化、训练处理问题的能力、训练社交技巧等方法完成每个细化后的目标,最终使分离性障碍的症状消退。

4. 结束治疗 当患者分离性障碍的症状消退,能够恢复社会功能时,可以考虑结束治疗。

（三）治疗技术

1. 撤除强化 治疗师会协同家属一起对患者的分离性症状表现出没有兴趣。例如,对分离性身份识别障碍交替出现的人格表示不感兴趣,并且要求患者对他的行为,包括寄主和子人格在内所做出的行为承担起责任。

2. 强化处理问题和社交的技巧 由于患者过于应用患者身份去适应他的周围环境,因此治疗师需要帮助患者建立更加适应环境的处理问题和人际关系的技巧,以帮助患者用更有效的方法适应自己的环境。例如,鼓励并训练分离性身份识别障碍的寄主人格更为主动地表达愤怒情绪。当寄主人格学会更适当地表达愤怒后,负责表达愤怒的子人格出现频率就会降低。

四、示范案例

（一）一般情况

C,女,28 岁,旅行社兼职导游,本科学历,已婚,育有一女,女儿 2 岁。

（二）患者问题

1. 主诉 如果 C 卧室里有任何东西改变了位置和顺序,她就会非常痛苦,如果她恢复卧室物件位置的努力被阻碍,她的痛苦会达到顶点,甚至想要自杀。她希望强迫行为能得到改善。

2. 病程 强迫行为开始于女儿 8 月龄时,那时她因为女儿的睡眠问题而苦恼,而对那段时间的其他记忆全部都消失了。C 的青春期早期有过非典型的轻微厌食症,高中时期患有心因性的腿痛,被诊断为转换性障碍。24 岁时,对老鼠会有莫名的恐惧,这个症状在 2 年后自行消失。

3. 诊断 在 C 的强迫行为中,C 在意识中并未出现任何有关细菌、污染的想法、画面,也未出现任何恐惧回避的行为,考虑到 C 的强迫症状结构并不典型,并且伴随着遗忘性症状,C 被诊断为未特定的分离性障碍。

（三）初次访谈与个案概念化

1. 初次访谈 C 情感疏离,不配合治疗,拒绝考虑使用行为技术帮助自己缓解强迫症状的可能性。同时她也无法回忆自己的童年。

2. 个案成长史 C 的母亲在 5 岁时失去双亲。之后 C 的母亲生活在其姑姑家,C 出生 5 个月后,母亲的姑姑去世。母亲经常在 C 童年时虐待 C,如用棍子打她头,羞辱她,在 C 大哭的时候无动于衷。C 经常设法安慰母亲,并帮助从不收拾房间的母亲收拾房间。C 意识到她的父亲在情感上也是被母亲冷漠无情地对待。于是,C 萌生了在父亲的情感生活中代替母亲的幻想,以缓解父亲的孤独。C 的父亲误解了女儿为了安慰他而接近他的方式,以为是一种性暗示。在 C 大约 10 岁时,C 的父亲可能以某种公开的性的方式回应了她。在 C 的体验里,她觉得自己应对父母关系困难的努力导致了灾难性的结果。她经历了极度的绝望,在那时想要离家出走。

3. 个案概念化 幼年时期的 C 在不断寻求依恋而又遭遇冷漠和虐待的过程中,逐渐形成了无助、可恨、可怜的自体和不可靠、折磨、冷漠的内在客体。在 C 的内心有非常多的恐惧、愤怒、对爱的渴望,这些情感被分离的防御机制排除在意识之外。C 的依恋类型是紊乱型,在依恋被激活时呈现出迷茫、矛盾、痛苦的情感,亲近一个客体对于 C 来说极其困难。C 内心主要的冲突是需要照顾和自给自足的矛盾,这种冲突源自幼年糟糕的母女互动体验,并在 C 成为一个照顾者时被重新激活,让 C 呈现出伴有痛苦绝望感的强迫性症状和分离性失忆的症状。C 主要使用的防御机制为分离,其他被使用的防御机制有躯体化、抵消、反转、投射。C 的整体功能处于中等偏下水平,人格水平处于边缘性人格结构水平。

（四）治疗目标与设置

1. 治疗目标　分离性遗忘的症状逐渐消退,患者逐渐能够稳定地回忆起被分离出去的记忆。强迫行为的消退,以及伴随强迫行为感到痛苦、绝望的频次降低。

2. 治疗设置　每周 4 次治疗,每次 50 分钟。

（五）治疗过程及技术运用

1. 治疗过程　随着治疗的进展,C 逐渐理解并重构了母亲对待自己的方式,即母亲忙于悲痛自己的丧失,没有能力在情感上照顾她,而非单纯想要虐待她。接着她能够理解自己是多么地想要回避成为自己母亲那样令人恐惧的照顾者。随着治疗的深入,她逐渐发现了自己分离出去的青春期的回忆,并逐渐能够与痛苦的记忆保持联系。

2. 技术运用　澄清、共情、面质、心理教育、诠释、释梦等。

3. 治疗结束　随着痛苦记忆的恢复与强迫症状的消退,治疗师与患者讨论了整个治疗过程,之后结束了治疗。

（六）患者的改变

在治疗过程中,C 逐渐放弃了强迫行为,分离性遗忘的症状逐渐消退。在养育女儿的过程中更少地体验到痛苦,人格更加整合成熟。

本 章 小 结

分离性障碍是指患者的意识、感觉、知觉、记忆、身份认同等心理功能变得中断、不连续的一系列精神疾病。通常包括分离性遗忘症、分离性漫游症、分离性身份识别障碍、人格解体障碍、转换性障碍。

精神分析与精神动力学治疗认为分离是防御创伤体验常见的、自然的方式。精神分析与精神动力学治疗需要经历的步骤包括建立良好的治疗联盟、宣泄、修通,常用的技术包括共情、心理教育、澄清、建议、面质、诠释。

认知治疗认为分离性障碍的症状主要是记忆障碍,而遗忘的内容基本与患者的亲身经历相关,被遗忘的通常是情境记忆。而造成这种遗忘的原因通常是记忆线索的提取失败。认知治疗需要经历的步骤包括介绍治疗、收集信息、制定计划、实施治疗。常用技术包括假设检验、苏格拉底式提问、去灾难化技术。

行为治疗认为分离性障碍是一种习得的反应行为,是伴随着为了获得奖励或者解除应激而产生的症状。行为治疗需要经历的步骤包括介绍治疗、制定计划、实施治疗。常用技术包括撤除强化、强化处理问题和社交的技巧。

总体而言,触及分离性障碍患者核心创伤并进行修通的心理治疗,可以有效地改善症状,增强患者的自我功能。

> 思考题
>
> 1. 分离性障碍的概念是什么？它包含哪几种具体的常见病症？
>
> 2. 精神分析是如何理解分离性障碍的？
>
> 3. 认知治疗对分离性障碍的治疗通常包含哪些步骤？
>
> 4. 精神分析治疗对分离性障碍通常会应用哪些技术？

（吴艳茹）

推荐阅读

[1] 陈静,施琪嘉. 分离和分离性障碍的临床相关问题. 上海精神医学,2006,18(4):246-248.

[2] 劳伦·B. 阿洛伊,约翰·H. 雷斯金德,玛格丽特·J. 玛诺. 变态心理学. 9版. 汤震宇,邱鹤飞,杨茜,译. 上海:上海科学院出版社,2005.

[3] 吴艳茹,肖泽萍. 分离性身份识别障碍的相关临床问题. 上海精神医学,2004,16(4):246-248.

[4] 吴艳茹,肖泽萍. 分离性身份识别障碍的心理治疗. 上海精神医学,2006,18(3):164-167.

[5] 俞峻瀚,肖泽萍,戴云飞,等. 住院精神障碍患者中分离性障碍的调查. 上海精神医学,2007,19(1):4-7.

[6] CHEFETZ R A. Ten things to consider on the road to recognizing dissociative processes in your psychotherapy practice. Psychiatry,2015,78(3):288-291.

[7] GANSLEV C A,STOREBØ O J,CALLESEN,H E,et al. Psychosocial interventions for conversion and dissociative disorders in adults. The Cochrane database of systematic reviews,2020,7(7):CD005331.

[8] GOLDBERG S,MUIR R,KERR J. Attachment theory:social,developmental,and clinical perspectives. New York:The Analytic Press,2000.

[9] SAR V. Epidemiology of dissociative disorders:an overview. London:Epidemiology Research International,2011.

[10] WORLD HEALTH ORGANIZATION. ICD-11:International classification of diseases.11th ed. Geneva,World Health Organization,2019.

第十八章

进食障碍

学习目的

掌握　神经性厌食症、神经性贪食症和暴食障碍的诊断要点、治疗原则、治疗目标和循证有效的心理治疗方法。

熟悉　神经性厌食症的经典家庭治疗、基于家庭的治疗、精神动力学治疗的疾病概念化、操作流程及主要技术；神经性贪食症和暴食障碍认知行为治疗、辩证行为治疗、人际心理治疗的疾病概念化、操作流程及主要技术。

进食障碍（eating disorders，ED）是指以反常的进食行为和心理紊乱为特征，伴有显著体重改变和/或生理、社会功能紊乱的一组精神障碍。主要包括神经性厌食症（anorexia nervosa，AN）、神经性贪食症（bulimia nervosa，BN）和暴食障碍（binge eating disorder，BED）。

第一节　神经性厌食症

一、概述

神经性厌食症，简称"厌食症"，是指患者有意严格限制进食或持续采取妨碍体重增加的行为，导致体重明显下降并低于正常、身体功能损害为特征的一类进食障碍。由于营养不良，该病往往造成累及全身各大系统的躯体并发症，严重者多器官功能衰竭而死亡，被认为是最致命的精神障碍，多见于 13～20 岁的青少年和年轻女性。近年来我国进食障碍患病率有明显增高趋势。

（一）厌食症的诊断标准

根据《国际疾病分类》（International Classification of Diseases，ICD）-11 的诊断标准，厌食症的诊断要点如下：①显著的低体重（成人 BMI＜18.5kg/m^2，儿童和青少年的体重应低于与其年龄相对应的 BMI 的第 5 百分位数），且来自持续性的、防止体重回升的行为模式，包括限制摄入行为、清除行为，以及增加能量消耗为目的的行为；②极度害怕体重增加；③低体重被过度评价并成为其自我评价的核心，可以有体像障碍。按照"有无规律的暴食或清除行为"将神经性厌食症分为 2 个亚型：限制型神经性厌食症（AN-R）和暴食/清除型神经性厌食症（AN-BP）。

（二）厌食症的治疗原则

1. 需要精神科医生、内科医生或儿科医生、营养学家、心理治疗师、社区工作者等的多学科合作治疗。

2. 采用营养治疗、躯体治疗、心理治疗和药物治疗等相结合的综合性治疗，并采用个体化治疗方案。

3. 对治疗动机不足者需要激发并维持患者的治疗动机。

4. 对少数有生命危险但仍不愿住院的患者需要强制住院治疗。治疗的核心目标是体重恢复。

其他治疗目标包括：治疗各种躯体并发症，去除异常进食相关行为和情绪，改变患者对体重、体形、食物的病理性关注和歪曲认知等。

二、心理治疗方法

厌食症的心理治疗方法主要包括家庭治疗（family therapy，FT）、基于家庭的治疗（family-based treatment，FBT）、认知行为治疗（cognitive-behavioral therapy，CBT）、精神动力学治疗等。多个国家的进食障碍诊治指南均将家庭干预（包括家庭治疗、基于家庭的治疗）列为青少年厌食症心理治疗的首选；对于成人厌食症，尚无证据表明某一种治疗优于其他。

本节主要介绍家庭治疗、基于家庭的治疗和精神动力学治疗，CBT 将在第二节介绍。

（一）家庭治疗

1. 疾病概念化　进食障碍患者的家庭多存在导致不同程度功能失调的家庭互动模式，如关系缠结、过度保护、回避冲突、僵化等，这些均影响进食障碍症状的产生或维持。家庭治疗的目的就是通过改变功能不良的家庭互动模式，从而改变患者的症状。家庭治疗对于起病较早（≤18岁）、病期较短（≤3 年）的青少年厌食症患者效果较好。

2. 操作流程　包括初次会谈、评估性会谈、治疗性会谈和结束治疗阶段。

（1）初次会谈：在初始会谈中，治疗师应与家庭建立良好互信的关系，治疗师需要有尊重、好奇、中立等治疗态度，澄清转诊背景，了解个人和家庭关系的信息，形成假设，激发患者家庭的治疗动机，并与家庭沟通治疗的设置。

（2）评估性会谈：带着假设开展评估，目标在于明确厌食症是否与家庭系统有关。评估性会谈可以按照以下流程进行：①拓展患者的主诉，将其转变为家庭关系问题；②探索维持患者问题的家庭互动模式；③有重点地探索父母的原生家庭；④重构症状/疾病为家庭互动模式问题，根据重构制定治疗目标，探索相关的改变。通常需要 2~4 次会谈。

（3）治疗性会谈：应利用各种家庭治疗技术推动家庭向治疗目标前进。治疗过程中继续重视与家庭的治疗关系，以及保持中立的治疗态度。

（4）结束治疗：治疗目标达成后就可以进入结束阶段。在此阶段，治疗师应强化、巩固家庭在治疗中取得的进步，增强家庭信心，同时处理因治疗结束而带来的失落感，恰当地与家庭告别。

3. 主要技术　包括家谱图、加入、活现、系统式提问技术、积极赋意、改释、重构、挑战、家庭格盘、家庭雕塑等技术。

（二）基于家庭的治疗

1. 疾病概念化　基于家庭的治疗的五个基本假设如下。

（1）病因不可知论视角：厌食症病因至今未阐明，主观的原因解释反而可能导致相互指责批评，因此治疗不追究病因。

（2）不独裁的治疗立场：治疗师与家庭共同参与，充当专家顾问，支持父母的治疗自主权。

（3）父母对体重恢复负有责任：治疗师需要赋能于父母。

（4）外化：将孩子与疾病分离，不指责青少年及父母；尊重青少年，但不向进食障碍妥协。

（5）初期关注症状：治疗师将注意力集中在体重恢复的任务上，尤其是在治疗的早期；延迟其他问题，直到与进食障碍相关的行为及心理损害减少。

2. 操作流程

（1）最初的电话联系：需要在初次的电话联系中达到以下两个目标。①确定家庭中存在危机，并开始围绕危机管理来定义和加强父母权威，让每个家庭成员参与进来；②解释治疗的背景，如治疗团队和医疗监控。

（2）第一阶段（第1～10次）：由父母负责青少年体重的恢复或支持暴食及清除行为的减少。

（3）第二阶段（第11～16次）：父母将进食控制权重新还给青少年。

（4）第三阶段（第17～20次）：患者的症状基本消失后，开始讨论青少年的发展问题。

3. 主要技术　多种家庭治疗技术都可以应用到厌食症的基于家庭的治疗中，这里列出最常用的几种技术。

（1）外化：将进食障碍与患者分开或进行外化，使患者不再感受到自己因为进食障碍而备受责备，有助于他们做出改变。

（2）循环提问：通过鼓励家庭成员设身处地地想象其他成员的想法和感受，理解行为背后的家庭互动问题。

（3）家庭会餐：通过观察在治疗室中的家庭会餐过程，来评估家庭结构，并提供一个机会让家长体验到他们能成功地管理孩子的饮食。

（4）称体重：每次治疗开始时，治疗师单独带领患者进入称重室称重，并在家庭会谈环节进行体重恢复进展情况的讨论。

（三）精神动力学治疗

1. 疾病概念化　精神动力学治疗师对厌食症可能的病因给出了一系列解读。

（1）弥散、无力的自体感：很多厌食症患者的早年成长史中，照料者往往按照自己的需要来养育孩子，孩子的感受、需求得不到充分地镜映，在潜意识中，患者对真实自体的体验是弥散而无力的。青春期的变化让患者再次体验到被压抑的真实的自体感受，而通过拒绝进食，忍受饥饿，控制体形、体重等行为，体验与自主、控制、力量有关的自体感，并且极度害怕再次跌入自体弥散、无力的感受中。

（2）自恋性的自尊：患者婴儿般的自体极度痛苦地发现自己所渴求的一切都需要依赖客体（母亲）提供，这对婴儿的自恋是一个极大的挫伤，于是潜意识中放弃所有对客体的需要。进食和满足作为母婴关系中患者对母亲依赖的重要表征，受到患者极力抵抗。

（3）用退行的方式应对冲突：厌食症患者在面对冲突时缺乏有效的防御机制，进入青春期时无力应对身体、性、与父母关系和社交关系的一系列改变,于是通过厌食症的症状阻断向前发展的进程,并在身体和心理上都退行到青春期前的发展阶段。

对于厌食症的精神分析,重要的是把患者的厌食表现视作其潜意识冲突或缺陷的一种外在表达,通过分析的过程,帮助患者把更多潜意识的相关信息带入意识之中。

2. 操作流程　治疗频率一般一周1～2次。治疗的目的性强,即通过探索厌食症状背后的潜意识动机,增加患者的内省,从而减少症状性的行为;在疗程上也更加灵活,并不追求潜意识的"深度",只要达成双方商定的治疗目标即可。操作流程遵循一般精神动力学原则。厌食症治疗要点如下。

(1)治疗设置:建议在精神动力学治疗的同时,由其他工作人员负责患者的饮食、药物、行为管理等方面,精神动力学治疗师与负责其他治疗的工作人员有定期会谈和讨论;同时建议将营养状况、体重和饮食行为管理纳入精神动力学治疗设置,并与患者商定在设置被打破时的应对措施(如就医、暂停心理治疗、必要时住院治疗等)。

(2)治疗程序:分为评估、治疗、结束三个阶段。

1)评估阶段:治疗师需要搜集资料,对个案进行概念化、评估患者是否适合精神动力学治疗,并为之后的治疗进行必要的告知。由于厌食症患者通常缺乏治疗动力,也不愿去谈自己的症状,这种"不合作"的态度会考验治疗师建立治疗联盟的能力。治疗师应能涵容患者的移情,对患者作为一个独特的个体展现出兴趣,并表达对于患者态度、情绪和所处困境的理解。这些议题也更容易成为双方都能接受的治疗目标。

2)治疗阶段:在安全稳定的治疗关系的基础上,治疗师可以陪伴患者一起探索厌食症状的潜意识含义。在与患者的讨论中务必"放下成见",跟随患者的自由联想。厌食症患者的自主性是一个特别重要的议题;另一项重要的工作是帮助患者理解情感,包括对治疗师的移情;治疗师对患者用厌食症症状以外的方式争取自主性的行为提供支持可能是有益的。

3)结束阶段:在既定的治疗目标基本达成时(包括症状的改善、对于厌食症潜意识冲突的理解,以及情感的成熟稳定等),可以商讨进入结束阶段。应给结束阶段留有充足的时间(一般至少4次),除了对既往的工作进行回顾和小结外,重要的是处理分离的议题。通过充分的讨论、表达,以及逐步减少的治疗频次,患者逐渐能接受与治疗师的分离。

3. 主要技术　所有精神分析及精神动力学治疗的技术,包括自由联想、释梦、面质、澄清、诠释、心智化等,都可用于对厌食症患者的治疗。针对厌食症患者的特点,在应用技术时应注意:①在讨论治疗目标时避免过早地聚焦于改变进食行为;②涵容患者的移情和自身的反移情,避免过早地诠释;③心智化工作对患者是有益的。这有助于患者增强自我功能,更好地理解自己的感受、情绪和需求,发展更为成熟的防御方式,而不是借由对食物和身体的控制来应对混沌的、难以忍受的感觉。

三、示范案例

这里提供一例厌食症的基于家庭的治疗示范案例。

(一)一般情况

小慧,女,17岁,高三学生,父亲是律师,母亲是教师,还有一个15岁的弟弟小睿。

（二）来访的问题

因"怕胖、进食减少1年"于门诊治疗。患者入院体重40kg，身高1.66m，BMI为14.5kg/m²。门诊诊断：神经性厌食症；营养不良。

（三）家庭评估（第1～2次家庭会谈）

1. 第一次家庭会谈

（1）治疗师首先真诚而严肃地问候家庭，在询问了患者及每位家庭成员的基本情况后，给患者称体重。

（2）治疗师仔细地向家庭了解了厌食症给患者的生理、心理、学业，以及家庭带来的严重影响，严肃强调了目前的体重和厌食症会带来怎样的后果，强调"这个病会致死，现在你们的孩子正在走向死亡"。治疗师围绕疾病的严重性和恢复的困难营造一个紧张的气氛，并要求父母开始承担起恢复小慧体重的重任。

（3）邀请家庭讨论他们家经常发生的餐桌事件，来评估家庭功能，并给予父母具体建议。

（4）将患者和疾病分开，减少父母对孩子的指责和自责、内疚。第一次会谈结束时，给家庭布置家庭作业，告知家庭在下一次治疗时为他们患厌食症的女儿带一顿他们认为能够满足她营养需求的餐点。

2. 第二次家庭会谈　家庭会餐。

治疗师了解到餐食是由小慧自己准备的，为此作出强调，由于疾病的特殊性，小慧暂时需要将对食物的控制权交给父母，而父母需要从工作上转移更多的精力到家庭中。在家庭开始吃饭时，治疗师观察并评估家庭在进餐过程中的交流模式，及时暂停他们的无效模式。通过直接指导，治疗师说服家长要让小慧吃下比她准备接受的量多一口的食物，同时确保小慧在这个痛苦的过程中感觉得到了来自家人的支持。通过这次成功的再喂养体验，父母在回家之后在如何管理小慧的餐食，以及如何应对一些冲突情境有了可以学习和尝试的范例。

（四）设定治疗目标，规划治疗

与家庭共同商讨治疗目标及方案：①父母监管孩子进食、负责其体重的恢复（第3～10次会谈）；②当孩子能够接受父母的要求，增加进食，并在体重稳步增长、接近正常体重时，父母逐步将进食控制权交还给她（第11～16次会谈）；③患者体重达到正常体重时开始讨论发展性的问题（第17～20次会谈）。

（五）治疗性会谈

包括第一阶段第3～10次会谈及第二阶段第11～16次会谈。

1. 开始环节　在每节治疗开始时给患者称重。

2. 讨论、支持父母在再喂养上帮助患者的努力　治疗师邀请家庭描述一次晚餐的场景。治疗师对父母对待小慧不愿意进食的耐心、理解、坚持行为表示了认可与支持。同时，父母开始在计划表上明确列出小慧每顿饭和点心应该吃的东西。治疗师让父母要记住增加体重比仅仅保持体重需要更多的进食量。

3. 讨论、支持弟弟帮助患者的努力　治疗师鼓励小睿加入家庭对姐姐的帮助中。他只需要和往常一样邀请姐姐在晚饭后和他一起玩电子游戏或是看电视，在吃饭的时候，起到安慰姐姐的作用，让她意识到，除了进食障碍，她还和其他人连接在一起。

4. 不断重复上述讨论　聚焦于食物、进食行为和对它们的管理,直到与食物、进食及体重相关的症状和担忧减轻为止。

5. 父母将进食的控制权逐渐交还给患者　治疗期间,当小慧接近正常体重,且不需要花费父母很大力气就能规律进食,父母认为他们有能力管理好小慧的再喂养时,治疗就过渡到第二阶段(第11～16次会谈),治疗师帮助父母与小慧协商如何将进食的控制权逐渐交还给小慧,让父母帮助小慧朝独立进食的方向努力。

(六) 结束治疗

第17～20次会谈。

小慧体重已达到50kg,饮食规律、自觉,治疗师建议父母逐步让小慧自主饮食。讨论的重点开始转移到小慧的学校生活和家庭关系上。治疗师帮助小慧的父母在养育态度上真正达成一致,相互理解和支持。小睿在家庭事务中也参与更多。最后,治疗师和整个家庭模拟问题行为的解决,并在讨论对复发的恐惧及应对计划后,结束治疗。

(七) 患者的改变

在最后一次,也就是第20次家庭治疗时,患者体重已经达到53kg,BMI为19.2kg/m²,已经完全可以自主管理进食了,小慧称自己不再受到饮食和体重方面的困扰,虽有时会担心吃多长胖,但行动上能确保自己正常规律饮食。月经恢复2个月,各项检查指标正常,不再因为进食问题与父母发生冲突。治疗结束之后全家同意每月到精神科医生门诊复诊1次。

第二节　神经性贪食症和暴食障碍

一、概述

神经性贪食症,又称"贪食症",是以反复发作性暴食和防止体重增加的补偿行为,以及对体形和体重过度关注为主要特征的一类进食障碍。12～25岁的女性多见,多数有厌食症病史。

暴食障碍,又称"暴食症",是以反复发作性暴食为主要特征的一类进食障碍。发病年龄中位数为23岁。

根据ICD-11的诊断标准,贪食症和暴食症均需有达到每周1次以上、持续1个月以上的伴有失控感的暴食发作。其中贪食症个体存在对体重或体形相关的先占观念,具有反复的、不恰当的补偿行为以防止体重增加(如自我催吐、滥用泻药或灌肠剂、剧烈运动等),体重在正常范围或轻微超重;而暴食症个体没有对体重或体形相关的先占观念,不具有补偿行为,体重常有超重或肥胖。

贪食症和暴食症的治疗原则:需建立在多学科合作、全面评估的基础上,采取包括营养治疗、躯体治疗、精神药物治疗和心理治疗在内的综合治疗方式。贪食症的主要治疗目标:减少暴食和补偿行为,减少对体形和体重的认知困扰,治疗共病精神障碍,预防复发。暴食症的治疗目标:减少暴食行为,改变与进食障碍相关的病理心理,防止体重过度增加或适当减轻体重。

二、心理治疗方法

认知行为治疗(CBT)、人际心理治疗(interpersonal psychotherapy, IPT)、辩证行为治疗(dialectual behavior therapy, DBT)、精神动力学治疗、家庭治疗、团体治疗均被证实对贪食症和暴食症有效。大多数治疗指南认为,CBT 是贪食症和暴食症的一线治疗方法,无论对于青少年还是成人患者都是首选。如果 CBT 对贪食症和暴食症的治疗是无效、不合适或不可接受的,则可以考虑其他治疗方案,如 IPT、DBT 和精神动力学治疗。基于家庭的治疗是青少年贪食症循证有效的一线治疗。当暴食-清除行为起着维系家庭平衡的作用时,家庭治疗常常是必要的,尤其适合病期较短(≤3 年)的青少年。团体心理治疗也是一种有效的辅助治疗方法,CBT 团体或 DBT 团体均能有效地减少贪食症状或暴食症状。

(一)认知行为治疗(CBT)

1. 疾病概念化 在临床实践中,研究者发展出了进食障碍的强化认知行为治疗(cognitive behavior therapy-enhanced, CBT-E)。CBT-E 是针对进食障碍精神病理学的一种跨诊断治疗。该理论认为,进食障碍本质上是一种"认知障碍",因为厌食症、贪食症,以及大多数不典型进食障碍患者,都共有一个独特的"核心精神病理学",即对于体形/体重及对其控制的过度评价,这也是维持进食障碍的首要因素,其他临床症状(如限制进食、过度和强迫性运动、暴食、催吐、身体检查和回避、感觉肥胖等)均直接或间接源自上述核心精神病理症状,并反过来强化它。研究者们据此提出了跨诊断的认知行为理论(图 18-1),该理论很好地呈现了进食障碍发生发展的一系列过程。CBT-E 旨在识别疾病维持范式,并对这些维持过程进行治疗干预。此外,CBT-E 还涉及四个额外的重要维持因素模块:临床完美主义、情绪不耐受、核心低自尊和人际关系问题。

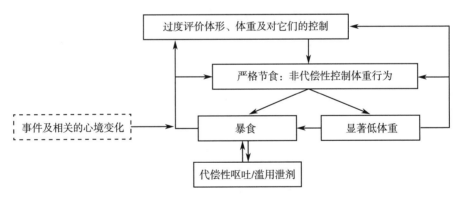

图 18-1 进食障碍的认知行为理论

2. 操作流程 患者通常会在 20 周内接受 20 次 CBT-E(对于低体重的患者可能要增加至 40 次)。包括四个相对明确的治疗阶段。

第一阶段:密集的初始阶段。进行每周 2 次的治疗,目标是让患者参与治疗并做出改变,共同创造个性化的疾病维持范式,为患者提供相关的教育,并引入两种有效的 CBT-E 程序,即"治疗中称重"和"规律进食",这些是建立其他变化的基础。

第二阶段:短暂的过渡阶段。该阶段进行每周 1 次的治疗,其间治疗师和患者评估状况、回顾进展,识别浮现出来的任何阻碍改变的障碍,根据需要修改疾病维持范式,并计划第三阶段。目的是找到并确定疗效不佳的原因,并对此进行处理。

第三阶段:主体治疗阶段。该阶段进行每周1次的治疗,目标是解决维持患者进食障碍的主要机制。具体包括:检查体形、感觉肥胖以及心态问题;饮食节制,饮食规则和控制进食问题;事件、情绪和进食问题;处理临床完美主义、核心低自尊和人际关系问题。

第四阶段:准备结束阶段。进行每2周1次的治疗,治疗重点转向未来。该阶段有两个目标:①确保维持这些积极的改变(在随后的20周内);②尽量减少长期复发的风险。

3. 主要技术　与其他形式的CBT不同,除通用的认知行为策略和程序外,CBT-E不使用传统的思维记录,很少使用传统的CBT概念。在进食障碍这个特殊的患者群体中,实现认知改变最有效的方法是帮助患者改变他们的行为方式,然后分析这些改变的影响和含义。一些主要的认知或行为技术包括:①共同构建进食障碍的疾病维持范式;②建立实时自我监测;③会谈内的体重测量;④建立规律饮食;⑤处理体形和过度关注体重。

4. 注意事项　对于低体重的进食障碍患者,体重恢复是最优先的,这应该是每次治疗会谈议程的首要任务,非医学背景的治疗师则需要与内科医生保持联系,从而及时应对患者可能出现的医学问题。

(二)辩证行为治疗(DBT)

1. 疾病概念化　国外已有大量研究证实DBT可以减少青少年和成人的暴食、清除行为及非自杀性自伤,在贪食症和暴食症治疗中具有独特的优越性。

情绪失调的生物社会理论认为贪食症和暴食症患者的情绪存在生理上的脆弱性或易感性(表现为情绪的高敏感性、高反应性、复原慢),并且这些与他们的成长环境(不认可的家庭环境),以及经历的特殊生活事件相互作用,使患者在环境的诱发事件下更容易情绪失调。暴食行为则是患者为了逃避或减少痛苦情绪体验的行为,其起到的缓解痛苦作用则又正性强化了暴食行为,导致暴食的反复发生和持续。除了暴食行为,贪食症患者的清除行为、伴发的自我伤害行为、自杀行为、物质滥用行为等,也能起到与暴食类似的缓解痛苦的作用,因而也会得到强化而反复发生和持续。情绪和暴食等冲动行为模型见图18-2。

而DBT则可以在上述多个环节阻断从而起效。DBT针对多个环节的起效机制见图18-2。

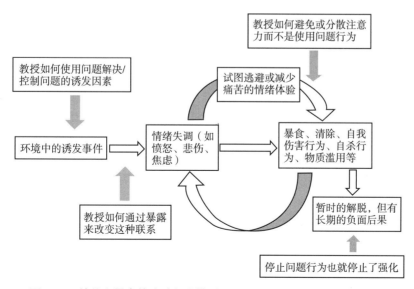

图18-2　情绪和暴食等冲动行为模型及DBT针对多个环节的起效机制

2. 操作流程 DBT 强调辩证地通过"接受"和"改变"策略来寻找一种平衡,把治疗危及生命的行为放在首位,支持患者建立灵活的认知、自我照顾,以及多样化的应对技能。

标准的 DBT 包括团体技能训练、个体治疗、电话辅导,以及治疗团队咨询会议四个部分,持续 24 周,适用于有严重自伤或反复自杀行为的贪食症或暴食症患者。而对于没有这些行为的患者,8～32 周独立的 DBT 团体技能训练也被认为有效。每节的流程包括正念练习、讨论家庭作业、教授新技能、布置家庭作业。对病情严重的案例,增加每周 1 次的 45～50 分钟的个体治疗。此外,治疗团队成员的咨询会议为每周 1 小时。

3. 主要技术

(1) DBT 的核心策略包括认可和问题解决,治疗师需辩证地平衡两者的关系,治疗中对患者认可的比重应多于问题解决。

1) 认可策略:是 DBT 中非常重要的策略之一,也是起效的关键。治疗师对患者的认可有助于建立治疗关系,使问题解决更容易实现。患者通过学习认可技能,可使自己换一种视角来看待事实,有助于理解自己和他人,从而减少自我伤害,改善人际关系和获得情感支持。

2) 问题解决策略:包含承诺策略、行为链分析、认知矫正、暴露等,主要是帮助患者识别自己的想法、需求和目标,制定合适的问题解决方案。

(2) DBT 四大模块技能:正念、痛苦忍受、情绪调节和人际效能。

(三) 人际心理治疗(IPT)

1. 疾病概念化 IPT 是一种有时限的循证治疗,其基本假设是不良进食行为等的发展和维持是在社交和人际关系情境中发生的,通过改变与人际问题相关的负面情绪体验就能够缓解进食障碍症状。

贪食症和暴食症患者害怕受到他人负面的评价,人际不信任程度高,极力回避潜在的人际冲突场合,他们普遍缺乏社交技能、高质量的社会支持和良好的亲密关系,存在高程度的社交焦虑和社会适应不良。贪食症和暴食症患者普遍存在人际缺乏、人际冲突、角色转换、哀伤与丧失四个领域的人际关系事件。IPT 通过关注四个领域的人际关系事件,帮助患者学习如何更好地与人沟通和建立人际信任,通过良性的人际关系获得肯定,修复或建立广泛的人际支持网络,促使患者采取更适应性的方式来获得积极的情感和自尊体验,最终摆脱失调的进食行为和对身体的扭曲态度。

2. 操作流程 常规的 IPT 治疗主要包含初始阶段、中间阶段和终止阶段。

(1) 初始阶段(1～5 次):主要内容是搜集患者过往和现在的人际关系信息,识别与不良进食症状发作和维持有关的核心人际关系问题,确定问题领域和治疗焦点,初步完成个案概念化,共同制定治疗目标。

(2) 中间阶段(6～15 次):采用各种人际策略协助患者解决治疗早期阶段特定的人际问题,教授患者具体的技能和知识。

(3) 终止阶段(16～20 次):主要包括评估患者症状的改善情况;鼓励患者将治疗情境中学习到的技巧应用到现实中的人际场合;双方共同制定维持疗效和预防复发的具体方案。

3. 主要技术 IPT 的常规治疗任务和常用技术主要包括:探索和澄清;培养治疗联盟;专注于目标;重新关注症状;鼓励情感表达;沟通和交往分析;探讨治疗关系。

三、示范案例

这里提供一例贪食症的 CBT 示范案例。

(一) 一般情况

小艾,女,20 岁,大二学生。

(二) 患者的问题

怕胖、节食、消瘦后反复暴食、催吐近 5 年。诊断:神经性贪食症。

(三) 初始访谈及个案概念化

1. 初始访谈　详细了解小艾疾病的发生、发展过程。小艾 5 年前上高一时,身边的女生都在讨论减肥话题,她也想要变瘦变漂亮,决定开始节食、运动减肥,体重半年内从 65kg(身高1.66m)降到了 42kg,消瘦,并渐渐对以前喜欢的事情不再感兴趣,生活里只关注食物和体重。父母要求她住院治疗神经性厌食症,3 个月后体重恢复至 50kg,情绪改善出院,在父母的饮食管理下继续上学。上了大学以后,小艾又开始减重,在体重降至 45kg 时开始出现暴食,进食后后悔自责便用手抠吐,频率为每天 1～2 次,体重逐渐增加至 55kg。小艾感到非常焦虑而寻求治疗,来访时 BMI 为 20.0kg/m²。

2. 小艾的疾病维持范式　具体疾病维持范式(个案概念化)见图 18-3。

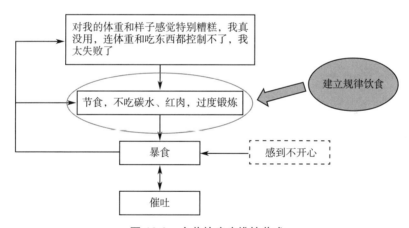

图 18-3　小艾的疾病维持范式

(四) 设定治疗目标及规划治疗

1. 治疗目标　经治疗师与小艾商定达成一致,治疗的目标是停止暴食、催吐,建立规律饮食,解决对体形和体重过度关注的问题。

2. 规划治疗　计划进行 24 次,为期 21 周的治疗,具体安排见表 18-1。

(五) 治疗过程及技术应用

整个治疗过程按上述治疗计划进行,通过探索小艾个性化的疾病范式,确定维持问题的关键因素,建立规律进食,处理关注体重、体形等核心问题,帮助小艾打破维持其进食障碍的主要机制。

治疗技术包括自我评价饼图、自我监测表、规律饮食计划表等。

表 18-1　小艾的治疗规划

治疗阶段	治疗中的周次	治疗主题
第一阶段 （1周2次）	0	评估与治疗准备
	1、2	好的开始 （1）了解进食障碍，建立自我监控 （2）探索进食障碍的疾病循环范式：我的暴食行为问题是如何维持的
	3、4	实现早期改变 （1）建立规律进食 （2）停止补偿行为
第二阶段 （1周1次）	5、6	过渡阶段 （1）评估进展，识别改变的阻碍 （2）计划第三阶段
第三阶段 （1周1次）	7	寻找替代暴食的方法
	8	识别改变的障碍，练习解决问题
	9、10	探讨自我评价 （1）识别过度评价及其后果 （2）提高自我评价中其他部分的重要性
	11、12	体形和体重问题 应对体形检查和身体回避
	13、14	体形和体重问题 处理对体形的担忧，解决"感觉胖"
	15、16	节食问题 （1）处理饮食规则，停止严格进食 （2）处理对控制饮食的过度评价
	17	情绪和事件相关的饮食问题
	18	其他残留问题（如完美主义、残留的暴食问题等）
第四阶段 （2周1次）	19、20	学会控制进食障碍的思维模式
	21	好的结束 （1）保持进步 （2）处理挫折，预防复发

（六）患者的改变

经过治疗，小艾逐渐能够规律进食，暴食发作的频率降低至每个月 1～2 次，体重维持在健康水平，对未来重拾信心。在治疗最后，治疗师和小艾一起评估已取得的进展，制定短期和长期计划来巩固和维持治疗进展，将复发风险降至最低。

本 章 小 结

进食障碍主要包括厌食症、贪食症和暴食症。进食障碍的治疗需要多学科合作，在全面评估的基础上，采取包括营养治疗、躯体治疗、精神药物治疗和心理治疗在内的综合治疗方式。厌食症的有效心理治疗主要包括家庭治疗、基于家庭的治疗、CBT、精神动力学治疗等。贪食症和暴食症的有效心理治疗包括 CBT、DBT、IPT、精神动力学治疗、基于家庭的治疗、家庭治疗、团体治疗等。家庭治疗和基于家庭的治疗对青少年进食障碍患者效果较好、有最多的循证依据。CBT 对于成人进食障碍患者可作为一线治疗方法。

> 💬 **思考题**
>
> 1. 神经性厌食症、神经性贪食症和暴食障碍的循证有效的心理治疗方法分别有哪些?
>
> 2. 神经性厌食症家庭治疗的疾病概念化及操作流程是什么?
>
> 3. 基于家庭的治疗的五个基本假设是什么? 神经性厌食症基于家庭的治疗的操作流程 是怎样的?
>
> 4. 神经性贪食症采用强化认知行为治疗(CBT-E)的疾病概念化如何进行?
>
> 5. 神经性贪食症和暴食障碍采用 DBT 的疾病概念化及主要治疗技术是什么?

(陈涵　彭素芳　陈珏)

推荐阅读

[1] 陈珏.进食障碍.北京:人民卫生出版社,2013.

[2] 黛博拉·L.赛飞,克里斯蒂·F.特尔奇,尤妮丝·L.陈.暴食和贪食的辩证行为治疗.陈珏,古练,苑成梅,等译.上海:上海科学技术出版社,2023.

[3] 葛林·嘉宝.动力取向精神医学.王浩威,译.台北:心灵工坊出版社,2018.

[4] 帕特森.家庭治疗技术.方晓义,译.北京:中国轻工业出版社,2004.

[5] 萨尔瓦多·米纽庆,迈克尔·P.尼科尔斯,李维榕.家庭与夫妻治疗:案例与分析.胡赤怡,卢建平,陈珏,译.上海:华东理工大学出版社,2007.

[6] 王向群,王高华.中国进食障碍防治指南.北京:中华医学电子音像出版社,2015.

[7] 詹姆斯·洛克,丹尼尔·勒格兰奇.帮助孩子战胜进食障碍.陈珏,蒋文晖,工兰兰,等译.上海:上海科学技术出版社,2019.

[8] 詹姆斯·洛克,丹尼尔·勒格兰奇.神经性厌食治疗手册—基于家庭的疗法.2版.李雪霓,陈珏,孔庆梅,等译.北京:北京大学医学出版社,2021.

[9] AGRAS W S. Cognitive behavior therapy for the eating disorders. Psychiatric Clinics of North America,2019,42(2):169-179.

[10] DELAQUIS C P,JOYCE K M,ZALEWSKI M,et al. Dialectical behaviour therapy skills training groups for common mental health disorders:a systematic review and meta-analysis. J Affect Disord,2022,300:305-313.

[11] EISLER I,LOCK J,GRANGE D L. Family-based treatments for adolescents with anorexia nervosa: singlefamily and multifamily approaches. American Journal of Psychotherapy,2003,57(2):237.

[12] FAIRBURN C G. Cognitive behavior therapy and eating disorders. New York:Guilford Press,2008.

[13] GRILO C M,MITCHELL J E. In treatment of eating disorders:a clinical handbook. New York:Guilford Press,2010.

[14] KARAM A M,FITZSIMMONS-CRAFT E E,TANOFSKY-KRAFF M,et al. Interpersonal psychotherapy and the treatment of eating disorders. Psychiatric Clinics of North America,2019,42(2):205-218.

[15] SAFER D L. Dialectical behavior therapy(DBT)for eating disorders. Singapore:Springer,2017.

第十九章

躯体痛苦障碍

学习目的

掌握 认知行为治疗和短程精神动力学治疗在躯体痛苦障碍治疗中的疾病概念化、操作流程和治疗技术。

熟悉 人际心理治疗在躯体痛苦障碍治疗中的疾病概念化、操作流程和主要技术;选择各种心理治疗的注意事项。

了解 正念在躯体痛苦障碍治疗中的应用概况。

第一节　概述

躯体痛苦障碍(bodily distress disorders,BDD)是以持续存在躯体症状为特征的精神障碍,患者对持续存在的躯体不适感到痛苦,导致其过度关注并反复就医,但多方检查未能发现相应的器质性疾病基础,或者即使存在某种躯体疾病,患者对症状的关注度和痛苦程度也明显超出了该疾病性质或正常程度,且相关检查结果和临床医师的解释无法缓解患者的过度关注,最终导致患者教育、职业、家庭、社交等多个领域的功能损害。

历史上,这类问题曾被称为"医学难以解释的症状""功能性躯体障碍"等。1980年,《精神疾病诊断与统计手册》(diagnostic and statistic manual of mental disorders,DSM)-3将上述临床现象命名为"躯体化障碍",并将其与躯体变形障碍、转换障碍、疑病症等其他以躯体主诉为主的精神障碍归入同一疾病单元,即"躯体形式障碍"(somatoform disorders,SFD),1994年发布的DSM-4继续沿用这一分类。2013年发布的DSM-5使用"躯体症状障碍"(somatic symptom disorder,SSD)替代DSM-4中的躯体形式障碍。与DSM-3和DSM-4相同,《国际疾病分类》(International Classification of Diseases,ICD)-10使用"躯体形式障碍"的诊断名称,但从ICD-11起更名为"躯体痛苦障碍"。

研究显示,至少1/3门诊患者的躯体症状不能被解释,国外报道在初级卫生保健机构中SSD的患病率在7%~29%,SSD在成人中患病率为5%~7%,国内研究则显示综合医院就诊人群中SSD患病率达到33.8%。

目前BDD尚无特异性的生物学诊断指标以及特异的治疗方法。《"医学难以解释的症状"临床实践中国专家共识》(中国医师协会精神科医师分会综合医院工作委员会,2017年发布)指出治疗目标是减轻症状及日常功能损害,减少心理社会应激与不合理的医疗资源的使用。原则上应对躯体疾病和精神心理诊断和治疗保持谨慎的判断和处置,对共病给予适当的治疗,同时推荐药物联合社会心理干预的治疗策略,即综合治疗策略。

药物治疗方面，部分抗抑郁药，如三环类抗抑郁药、米氮平、文拉法辛、度洛西汀对疼痛疗效的循证医学证据相对较多，其他抗抑郁药对改善躯体症状的证据等级低。心理治疗方面，认知行为治疗（CBT）和短程精神动力学治疗（STPP）研究证据最多。

第二节　心理治疗方法

一、概述

（一）认知行为治疗（CBT）

CBT 是短程、结构化、目标导向、聚焦当下的治疗方法，CBT 假设 DBB 患者问题的根源是对困难处境的消极和不合理的反应，反映在认知、情绪、身体症状和行动中，治疗的目的是改变患者的思维方式和行为。

刘竟等在 2019 年对 15 个随机对照研究（$n=1\,671$）的荟萃分析结果显示，CBT 能显著减少 DBB 患者的躯体症状、焦虑和抑郁，并改善躯体功能，且疗效能够维持 3 个月至 1 年。此外，也有研究显示 CBT 可减少躯体化患者对医疗卫生资源的使用，减少就诊次数。

（二）短程精神动力学治疗（STPP）

STPP 强调精神动力学的概念和技术，疗程在 40 次或更少。STPP 涵盖多个心理治疗方法，如精神动力-人际治疗（psychodynamic-interpersonal therapy，PIT）、强化短程动力治疗（intensive short-term dynamic psychotherapy，ISTDP）、情绪意识与表达治疗（emotional awareness and expression therapy，EAET）等。

上述治疗在具体的操作技术上有差别，但共同特征是都关注与童年创伤、未解决的冲突和过去的不良经历有关的情感和人际关系过程。此外，STPP 强调与童年创伤相关的潜意识的思想、幻想和感受。治疗技术包括支持、诠释、澄清内心模式、对防御的挑战等，并引导表达与过去和现在的冲突相关的感受和情感。

阿巴斯（Abbass）团队在 2020 年和 2021 年先后发表了两篇 STPP 研究的荟萃分析，后者包括 37 项研究，结果表明 STPP 疗效优于所有对照组，STPP 治疗后患者躯体症状大幅减少，抑郁、焦虑、一般精神症状和身体功能等亦有明显改善，并且这些作用可持续 6 个月以上。基于研究结果，研究者呼吁应将 STPP 纳入治疗指南中。

（三）人际心理治疗（IPT）

IPT 是聚焦、短程的心理治疗方法。IPT 的理论基础是鲍比（Bowlby）的依恋理论和沙利文（Sullivan）的人际关系理论。与精神动力学治疗相比，IPT 治疗师更积极、更具有指导性，治疗不以改变患者的人格结构为目标，而是聚焦于改善人际沟通、化解人际冲突、帮助患者获得更多社会支持，从而改善症状。

IPT 的治疗措施包括：①疾病教育；②承认患者的躯体不适是真实存在的，但治疗师专注于帮助患者应对这些症状带来的心理和社会影响；③提高患者的沟通技巧来改善他们的人际关系、获得更多有效的社会支持。

IPT 在抑郁症治疗领域已有大量证据并获得指南推荐，目前有研究提示 IPT 能有效改善躯体化症状,但还需要大量深入研究。

(四)正念

正念强调有意地、不加评判地保持对当下的注意(觉察和接纳)。目前正念在 BDD 治疗中的高质量研究不多,但相关研究初步显示正念冥想(mindfulness meditation)对改善焦虑、抑郁和疼痛具有一定的效果。

正念改善躯体症状的机制可能与冥想、心理教育、瑜伽训练,以及治疗团队的人际支持等有关。此外,也有神经生物学研究表明正念可改善相关脑区的神经可塑性,减少血液白介素-6(interleukin-6,IL-6)的水平以改善炎症,并可能通过影响中枢非阿片通路来缓解疼痛。

二、如何选择治疗方法及注意事项

BDD 患者一般不愿意看精神/心理科,刚开始往往是半信半疑地开始接受心理卫生服务。一般来说,患者相对更愿意选择生物学治疗,如药物治疗(抗焦虑、抗抑郁药物等)而非心理治疗。如果进行心理治疗,他们更愿意接受 CBT 这样的短程疗法,而较难接受无固定结束日期的长程治疗。因此,与患者建立治疗联盟是进一步治疗的必要基础。

认真倾听患者躯体方面的体验和感受,对患者的情感给予共情性回应、协商适度的治疗目标(如增加对症状的理解和更好地"应对"症状,而不是消除症状)、初期以支持性咨询或心理教育为主可帮助早期治疗联盟的建立。

在治疗过程中,如患者的躯体症状性质改变或加重,应进行必要的医疗处置排除器质性问题;如患者共病有解离、物质成瘾、多重人格,或者存在自杀观念及行为,应首先解决这些问题后再进行心理治疗。

三、主要心理治疗方法介绍

(一)认知行为治疗(CBT)

1. 疾病概念化　CBT 理论认为,BDD 是由自我维持的多种因素共同作用导致。其中,个体对情景的歪曲认知(负性自动思维)会带来一系列的情绪、行为和生理结果,而这些结果进一步强化认知,四个层面的因素交互作用、互相强化,从而维持症状。

在生理反应方面,患者具有更高的生理唤醒水平(生物易感性),在高压状态下患者的薄弱敏感器官容易放大体感信号,从而出现躯体症状。

认知层面,他们对身体感觉往往有负性自动思维,负性自动思维源于更深层次的核心信念,来源于童年,常被心理压力和躯体不适触发,如过高评估危险或存在灾难性思维,相信疼痛、疲乏、心慌等不适是重病(如肿瘤或严重心脏病)的迹象。一旦身体不适或听到一些疾病相关信息时,就出现"我身体会不会有问题?""万一这次身体真的有问题呢?"等想法,过高的生理唤醒叠加负性自动思维共同产生了紧张,甚至是恐惧等负面情绪。

行为层面,在负面情绪的驱使下患者会发展出一系列应对行为。一类是寻求安慰和保证的行为,包括反复搜索疾病知识、重复就医和检查、寻求医生安慰;另一类是回避行为,包括生活方式小心谨慎(如怀疑自己有胃病的患者在饮食上非常小心)、回避可能引发患病的场景或行为方式(如减少社交以避免身体不适)。在短期内这些行为方式确实起到了缓解焦虑的作用,但长此以往,行为结果又强化了认知信念,使得患者注意力越来越狭窄,不断陷入"我身体有问题""我需要谨慎生活"等歪曲信念中,减少了患者现实检验的机会和独自应对事件的能力。

因此,CBT 的治疗目标是:①给予心理教育,使患者了解 BDD 发病的心理生理学模型,以及治疗理论;②协助患者识别和挑战负性自动思维、逐步建立与躯体不适相关的客观的、实事求是的观念;③逐渐学会适应性的应对行为,如放松技巧、行为激活、社交技巧等,这些行为带来的积极经历(经验)可进一步塑造新的信念。

2. 操作流程

(1)治疗开始阶段:进行病史采集和评估。具体包括:①童年经历和成长环境;②症状发生发展过程、诱发和加重因素;③负性自动思维的内容;④功能失调性行为(检查、就医、回避行为等);⑤情绪和躯体反应,以及情景刺激、认知、情绪、行为和躯体不适(症状)之间的关系,进行行为功能分析,形成初步个案概念化。对患者进行心理教育,签订治疗协议。

(2)治疗中间阶段:引导患者识别、评估、矫正歪曲的认知模式,进而改善相应的生理症状、情绪和行为;同时,学习和训练达到治疗目标所需要的技能,如放松训练、应对策略、行为激活等。

(3)治疗最后阶段:回顾治疗过程,总结学到的理论和技术,以及治疗中新的行为和体验,讨论如何识别复发征兆和应对复发的策略。

3. 主要技术

(1)心理教育:CBT 非常重视心理教育,清晰的心理教育可以让患者了解 CBT 对于 BDD 的理论假说、心理-生理反应的交互影响、行为干预的起效机制等。通过心理教育,患者能逐渐将他们的症状重新归因于(至少部分是)心理社会原因,而不是(或者不完全是)躯体原因,从而减轻不确定感和焦虑感。

(2)挑战负性自动思维的技术:包括使用苏格拉底式提问、箭头向下技术、行为实验、检验证据等。与患者从最表面的具体想法开始,不断提出问题、层层深入,引导患者思考,从而揭示和纠正歪曲信念。例如,若患者总是担心自己有严重的心脏病,可询问"你心脏的检查结果是否有异常?""你认为自己有严重心脏疾病的可能性有多大?"等问题。

(3)认知改变和重建:与患者细致地解释分析外因(诱发情景)及内因(负性自动思维)是如何共同触发了焦虑情绪,引导患者理解认知、情绪、行为、生理反应四个层面的相互影响;与患者探索存在的歪曲认知,以及这些观念和行为是如何被强化的。如"再不去医院可能有生命危险""疾病很严重"的灾难性思维让患者很焦虑,继而注意力变得狭窄,只关注疾病相关信息,从而强化了歪曲认知和焦虑情绪。一旦不舒服就到医院就诊,而后就缓解了焦虑,进而强化了只有到医院才能缓解焦虑的行为模式;让患者逐渐理解自动思维和童年成长经历有关,如患者在童年时观察到母亲一旦有身体不适就非常紧张,对患者很凶、发脾气,在患者心中埋下了"生病很严重"的印象,以及自己"不可爱"的核心信念。

通过上述工作,让患者理解到自己的思维是有模式的,并讨论什么才是实事求是的信念,同时还需要与患者讨论,什么样的行为能够帮助他强化客观的信念,从而避免此前重复的非适应性的行为模式。

(4)放松训练和暴露治疗。

(5)行为激活:鼓励患者做让自己感到愉快、并能掌控的事情,并制定相应的行动计划。例如，患者花了一天专心准备节日的货品，沉浸其中，一天都没有躯体不适，从而感受到积极行为对情绪的正面影响，并逐渐形成新的信念，如"我有办法不难受"。

（二）短程精神动力学治疗（STPP）

1. 疾病概念化　躯体化患者童年期可能遭遇被贬低、情感忽视、被虐待等创伤，为应对这些创伤，心理防御机制被触发。躯体化作为一种主要的防御机制被潜意识运用，其意义是：①个体专注于身体感受可以抵御痛苦的情感或内心冲突；②通过体验或表现出身体无能/受损，以及对患病的沉浸式的关注可阻止针对重要依恋关系的攻击性幻想和愤怒，从而避免威胁到主要的依恋关系，减少分离危险；③原生家庭内情感表达不被理解，而表达身体不适才最有可能得到回应或照顾，也就是说，呈现身体痛苦其实是对被照顾渴望的表达。久而久之，患者有意识地觉察、理解和表达内心想法、冲突、感受的能力受损，也即心智化能力受损。

患者在现实生活中遇到心理应激、人际冲突或者与重要他人分离时，童年创伤被激活，原有的内在工作模式和防御机制启动，再次体验躯体不适和负面情绪。在治疗过程中，这种自动化的内在工作模式在一定时候也会被触发和重新体验，表现为移情和/或阻抗，对移情阻抗的处理成为了认识这些模式的契机，以及工作靶点。

治疗目标包括：①促进情感表达，提高对情绪的体验、识别和表达能力，让压抑的情绪得到释放，改善述情障碍；②提高心智化能力，帮助患者意识到他们看待自己和他人的内在自动化工作模式，重新意识到他们的感受和需要，更好地认识自己和理解他人，同时采取更具有适应性的应对方式；③通过对移情的诠释等技术，使潜意识意识化，被遗忘的记忆和未被处理的情结在治疗关系中得到处理和修复。

2. 操作流程

（1）评估和启动阶段：评估患者症状、成长史、防御机制、人格水平、客体关系、自我功能强弱等，同时也要评估其治疗动机、治疗期待和目标，以及患者进行精神动力学治疗的依从性。向患者解释精神动力学治疗的设置（每周1～2次）、治疗时长、疗效机制等，经双方同意，签订治疗协议。

（2）中间阶段：通过稳定的治疗设置，为患者提供安全探索自我的空间，并进一步巩固治疗联盟。在中间阶段，治疗师要努力了解和理解患者的与躯体症状相关的童年创伤、内心冲突、防御，以及焦虑情感，帮助患者识别内在的情感体验、内心冲突，以及冲突下的内在心理工作模式，改善情感表达，学习有效应对和提高耐受症状的能力。

随着治疗关系的加强，患者在治疗中不断出现各种情绪体验，以及可能随之带来移情和阻抗，通过对移情和阻抗的讨论，治疗师充当了一个模范，为患者展示全新的解决困境/冲突的方案，并带来全新的体验。

随着治疗不断深入，患者逐渐意识到潜意识是如何影响当下的行为，理解了内心冲突是如何影响到当下的感受和躯体感觉时，自我功能和心智化水平不断提高，并逐渐转向更健康的防御机制，随之对焦虑情感和躯体不适的忍受度提高。

（3）结束阶段：主要是帮助患者处理和适应与治疗师的分离。

3. 主要技术

（1）促进治疗联盟的技术：①认真倾听患者的躯体不适主诉，给患者充分表达的机会；②告知患者自己会认真对待其症状,这些症状是真实存在而非假装的;③关注患者躯体症状背后潜在的情感体验,对相应的情绪体验(如担忧、恐惧、失望等)给予回应。

(2)促进情感表达,改善述情障碍:治疗中鼓励患者的情感表达,帮助患者分辨、命名他们的情绪状态,帮助宣泄被压抑和隐藏的情绪,如焦虑、恐惧、愤怒、羞耻、自责等。

(3)识别内心冲突和防御机制,提高心智化水平:帮助患者识别当下的内心冲突、想法、负面情绪,以及躯体化的防御功能,了解自己的身体不适在情感和心理上代表着什么,理解目前的症状可能是过去对照料者冲突性情感体验的一种延续下来的自动化反应。在此基础上,讨论在遭遇心理冲突时,更健康、有效的应对方式是什么。

(4)移情和潜意识沟通:移情关系是STPP的核心,特别是对负性移情进行工作非常重要,治疗师允许并鼓励患者将对治疗师产生的消极感受和想法拿来进行讨论,从而帮助躯体化患者识别他的潜意识反应。

(三)人际心理治疗(IPT)

1. 疾病概念化　IPT理论认为躯体化是一种由不安全型依恋驱动的人际交流形式,不安全依恋和医疗保证的失败共同导致了躯体化行为。

IPT理论将这类患者的沟通模式称为适应不良的求医沟通。具体而言,人际冲突和心理应激触发了患者的依恋需求,患者试图通过身体不适来获得关照,但通常得不到包括医务人员在内的重要他人的共情。由于依恋需求受挫,导致患者对获得关照的心理需求增加,从而持续呈现躯体主诉。

IPT的治疗目标:①对患者采取共情性的立场;②帮助患者认识其自身不良的沟通模式,并指导患者改善沟通技能、减少人际冲突;③帮助患者找到能够获得帮助的社会支持系统,使受挫的依恋需求得到满足,从而打断这种自我挫败式的循环。

2. 操作流程

(1)初始阶段:本阶段需要完成对患者的以卜工作。①评估精神状态、成长史等;②识别患者的依恋模式、应对方式、优势和资源等;③完成人际关系调查表;④了解症状发生发展的人际背景,向患者解释治疗框架、签订治疗协议并制定治疗目标。

(2)中间阶段:讨论患者的人际事件,进行沟通分析,帮助患者意识到自己存在的无效沟通方式,讨论如何提高社交技巧,通过角色扮演进行训练和强化,不断强化患者的人际支持系统。

(3)急性期治疗总结:对患者整个治疗过程的进步给予正面反馈,强调患者通过治疗获得的社交技能,以及社会支持;回顾有可能引起复发的迹象和症状,制定随访计划。

(4)维持治疗:一般6个月至3年不等,访谈次数和频率视具体情况而定,数周至数月1次。

3. 主要技术

(1)人际关系调查表:用于系统回顾目前和既往人际关系的工具。该表有两个圆环,形成亲密关系支持(内圈)、紧密关系支持(中圈)和延伸关系支持(外圈)三个区间。治疗师需要详细了解在清单中每个人与患者关系的状态、冲突的情况,以及冲突和症状之间的关系等。

(2)探索人际事件:人际事件是指重要的人际关系变化、冲突等。与患者一起讨论,在发生了哪些关系冲突以后,开始出现了症状,如妻子在头痛发生之前有2年与丈夫经常争吵、职员在胃痛的前 1 年与领导的冲突很大等。

（3）沟通分析和角色扮演：聚焦患者在沟通中说了什么，以及如何说的。例如，对患者在求医过程中与医生的交流方式进行还原，询问如"你和医生是怎么开始谈话的?""你是怎么向医生表达你的需求的?"等问题。

通过沟通分析，帮助患者意识到其存在的无效沟通方式，如模棱两可的、不直接的、非语言的表达，讨论如何改进沟通方式来获得想要的回应，以及如何表达更容易被理解等，鼓励患者用清晰的言语表达、学会肯定对方、进行协商和适当妥协等沟通技巧。在治疗中通过角色扮演来练习和强化有效的沟通技术。

（四）正念

1. 疾病概念化　在正念中患者"与症状在一起"，而不是自动做出反应，带着接纳的态度逐渐度过不舒服的时刻，这使患者获得了应对躯体症状的新体验、新经验，从而增加了忍受症状和苦难的能力；患者逐渐形成的正念态度，不评价自己的得失、能放下以往的不堪，从而减轻心理应激来源，有助于减轻症状；正念的觉察姿态也能促进心智化过程。

2. 操作流程　经典的正念治疗持续 8 周，每周进行一次 2.5～4.0 小时的集中训练，每天有 20～45 分钟的家庭作业练习。在 8 周训练结束后，可由患者自行进行训练。

3. 主要技术　包括静坐冥想、身体扫描、行禅、正念运动（如瑜伽）、正念生活等，在 8 周或更长的时间中，这些技术可交替或连续使用。

四、示范案例

（一）一般情况

患者，女，32 岁，企业管理人员，硕士，一线城市工作。

（二）患者的问题

1. 主诉　患者 5 年来因工作压力大并时有人际冲突，逐渐出现腹痛、腹胀、头晕、鼻塞感等不适，多次到相关专科检查未发现异常，但每次身体不适就非常紧张，并反复就医。

2. 病程　5 年。

3. 诊断　躯体痛苦障碍。

（三）初始访谈（评估），进行个案概念化

患者童年期父母关系疏离、经常争吵，基本不交流彼此的感受。父亲总是阴着脸、喜怒无常、爱挑剔、骂人，从小患者总是试图把事情做得"完美"以避免他的责骂。母亲因"体虚"不太有精力照顾患者，母亲常常胃痛、头痛，但检查未见异常。父母很少关注患者的感受和情绪，也鲜少给予安抚。

童年期患者对父亲的贬低感到恐惧、愤怒但无法表达，躯体化作为一种防御机制，避免了面对愤怒、恐惧和失望等负面情绪，并避免了和父亲的冲突，以及被抛弃的分离焦虑。这种防御机制延续下来，在患者成年后面对冲突时便可能倾向于通过躯体症状（生病）来替代语言。此外，患者在成长中未能在养育者的帮助下学习用语言表达感受，使患者很难共情他人的感受，也缺乏有效的沟通技巧，因此人际关系方面容易出现困难。

通过评估，患者更多使用神经症水平的防御机制（躯体化、压抑、合理化等），具有清晰的认同整合，现仍能坚持工作，自我观察能力较好，能与治疗师建立治疗联盟。综上所述，患者属于神经症性人格组织,适用 STPP 治疗。

（四）设定治疗目标,治疗规划（包括设置等）

1. 治疗目标　①理解童年经历对目前症状的影响,提高对躯体不适背后情绪感受和内心冲突的觉察和耐受,提高心智化水平;②增加对情感的识别和表达能力,并能够更好地表达自己和与他人沟通。

2. 治疗规划　治疗频率每周 1 次,每次 50 分钟,固定在周一下午,地点:医院心理治疗室。

（五）治疗过程及技术运用,结束治疗

1. 早期阶段　治疗师共情患者对躯体不适的担忧,并用贴近患者语言的方式回应,让患者感受到被理解和支持,建立治疗联盟。向患者解释精神动力学治疗的目标和过程、设置、费用等,签订治疗协议。

2. 中期阶段

（1）帮助识别出现躯体症状的背景（触发事件）:治疗师引导患者回忆症状出现前的生活事件,患者提到工作压力和人际冲突,尤其是与同事之间的矛盾,帮助患者认识到这些事件与症状之间的潜在联系。

（2）鼓励情感表达:治疗早期,患者几乎只谈身体不适,谈及情绪总是说"还好"。引导和协助患者描述在身体不适,以及人际冲突（尤其是愤怒、嫉妒、恐惧等）时的情绪。

（3）探索深层冲突和防御机制:链接患者童年时期与父母的关系,尤其是她对父亲的感受,运用解释、澄清等技术,探索她对父亲的愤怒,以及因表达愤怒而感到的内疚,帮助患者理解躯体化是如何作为一种防御机制使其避免面对愤怒、失望和内疚等情绪。此外,进一步讨论在人际关系中如何有效地表达需求和沟通。

（4）移情的处理:患者表达在治疗中感到有压力,担心迟到引起治疗师不满。帮助患者意识到其"害怕治疗师不满"与"对父亲的恐惧"是相似的,引导患者合理地表达这些感受并让患者体会到情感表达是被允许和接纳的,并不会伤害与治疗师的关系,从而使患者产生新的体验。

3. 结束阶段　最后一次治疗前的 3 次会面中,治疗师开始与患者讨论结案的话题,患者表现出一定的焦虑。治疗师共情患者的担忧,一起回顾她在治疗中取得的进步,鼓励她将治疗中的成长经验应用到生活中。

（六）患者的改变

通过治疗,患者认识到躯体症状与童年经历和内心冲突之间的关系,以及自动化的防御机制如何导致了当下的症状。此外,患者能够更多地觉察自己的情绪,并能逐渐向他人表达需求。当出现身体不适时焦虑减轻、就医冲动下降,应对症状的信心增强。

本 章 小 结

躯体痛苦障碍（BDD）是以持续存在躯体症状为特征的精神障碍。BDD 在综合医院门诊非常常见,患者反复就医,但其躯体症状往往查无实据,不仅会给患者带来很大痛苦,同时过度耗费医疗资源。

BDD 的治疗应采取包括药物治疗和心理治疗在内的综合治疗策略。心理治疗中,认知行为治疗（CBT）和短程精神动力学治疗（STPP）改善 BDD 的循证证据最多。

CBT 的治疗目标：挑战和纠正歪曲认知，帮助患者建立关于躯体不适的客观的、实事求是的观念，同时学会适应性地应对躯体不适的行为。

STPP 的治疗目标：①帮助患者有意识地洞察、理解和表达内在的感受、冲突和想法，提高患者的心智化水平；②提高患者体验、识别、表达和命名情绪的能力，改善患者的述情障碍。

💬 思考题

1. 认知行为治疗在躯体痛苦障碍治疗中的疾病概念化是什么？
2. 短程精神动力学治疗在躯体痛苦障碍治疗中的治疗目标是什么？

（康传媛）

推荐阅读

［1］欧红霞. 躯体症状及相关障碍. 北京：人民卫生出版社，2021.

［2］中国医师协会精神科医师分会综合医院工作委员会，"医学难以解释的症状" 临床实践中国专家共识组. "医学难以解释的症状" 临床实践中国专家共识. 中华内科杂志，2017，56（2）：150-156.

［3］ABBASS A，TOWN J，HOLMES H，et al. Short-term psychodynamic psychotherapy for functional somatic disorders：a meta-analysis of randomized controlled trials. Psychotherapy and Psychosomatics，2020，89（6）：363-370.

［4］LIU J，GILL N S，TEODORCZUK A，et al. The efficacy of cognitive behavioral therapy in somatoform disorders and medically unexplained physical symptoms：a meta-analysis of randomized controlled trials. Journal of Affective Disorders，2019，245：98-112.

第二十章

睡眠障碍

睡眠障碍是指睡眠量和质的异常，或在睡眠时发生某些临床症状，以及影响入睡或保持正常睡眠能力的各种障碍。在 ICD-11 中，睡眠 - 觉醒障碍包括失眠障碍、嗜睡障碍、睡眠相关呼吸障碍、昼夜节律性睡眠 - 觉醒障碍、睡眠相关运动障碍、异态睡眠障碍、其他特异性睡眠 - 觉醒障碍、睡眠 - 觉醒障碍未特定等。

第一节　失眠障碍

一、概述

失眠障碍是指尽管有充足的睡眠机会和适宜的环境，仍持续存在睡眠起始、时长、维持困难或质量问题，并导致某种形式的日间功能损害。典型的日间症状包括疲劳、心境低落或易激惹、全身不适和认知损害。

《国际疾病分类》（International Classification of Diseases，ICD）-11 将失眠障碍分为慢性失眠障碍、短期失眠障碍及失眠障碍未特定 3 类。其中，慢性失眠障碍（chronic insomnia disorder，CID）要求睡眠困扰和相关的日间症状每周至少发生数次，并且持续至少 3 个月；短期失眠障碍（short-term insomnia disorder，STID）的临床表现与慢性失眠障碍类似，主要区别是短期失眠障碍病程短于 3 个月。慢性失眠障碍的治疗主要包括非药物治疗和药物治疗两大类，常需要结合使用。

二、心理治疗方法

心理和行为治疗对各年龄段失眠障碍患者均有效，是慢性失眠的"标准"治疗方法。失眠障碍的心理和行为治疗包括睡眠卫生教育、刺激控制治疗、睡眠限制治疗、矛盾意念治疗、放松治疗、生物反馈治疗、认知治疗，以及失眠的认知行为治疗（cognitive-behavioral therapy for insomnia，CBT-I）。目前被证实单独实施有效的治疗方法包括刺激控制治疗、睡眠限制治疗、放松治疗，以及 CBT-I。

CBT-I 至少涉及一个认知成分和一个核心行为成分（睡眠限制、刺激控制），其中，行为治疗是 CBT-I 的核心。研究发现 CBT-I 与药物治疗的短期疗效相当，长期疗效优于药物，目前被推荐为慢性失眠障碍的首选治疗方法。

（一）CBT-I 的疾病概念化

CBT-I 的理论基础是"3P"模型，具体如下。

1. 易感因素（predisposing factor） 生物学因素：基础代谢率增高、高反应性情绪、睡眠与觉醒相关性神经递质改变；心理因素：易紧张或过度思虑的倾向；社会因素：与床伴的睡眠时间表不同步或由于社会/工作压力导致的不良睡眠时间表。

2. 诱发因素（precipitating factor） 包括生物、心理和社会因素。生物学因素包括躯体疾病和损伤，这些因素可以直接或间接导致失眠。心理因素包括急性应激反应和/或精神疾病。社会因素指患者社会环境的改变，使其原先的睡眠规律突然改变或中断（如晚上照顾婴儿）。

3. 维持因素（perpetuating factor） 指个体为了应对短暂性失眠，获得更多的睡眠而采用的各种不良应对策略，主要表现为以下两点：卧床时间过长，即提前上床、推迟起床时间或频繁打盹；在卧室中进行与睡眠无关的行为，如在卧室或床上看电视、阅读、定计划、玩游戏、打电话等。

（二）CBT-I 的操作流程

1. 评估 临床工作者要首先判断患者是否适合 CBT-I，如果有证据表明失眠是由行为因素所维持，有条件性觉醒或睡眠卫生不良的证据，该患者就可能适合 CBT-I。

（1）具体评估指标

1）入睡困难或睡眠维持困难。

2）存在以下一项或多项情况：①规律地增加睡眠的机会以弥补失去的睡眠；②在清醒时延长卧床的时间；③在卧室中从事除睡觉和性之外的活动。

3）条件性觉醒的证据：例如，在家之外的地方，会在入睡时突然惊醒或睡得更好。

4）有睡眠卫生知识不足的证据。

（2）对于失眠患者，还可以使用主观的量表评估工具和睡眠实验室检查等客观工具评估。睡眠日记、体动记录仪和多导睡眠监测在 CBT-I 中的作用简介如下。

1）睡眠日记：可以说是一种主观睡眠感的"客观"评估方法。睡眠日记的基本模式是以每天 24 小时为单元，要求连续记录 1～2 周。通过睡眠日记能获得患者睡眠状况和昼夜节律的相对准确和客观的信息，是评估和分析患者的睡眠质量和睡眠-觉醒节律的相对简便、可靠的依据。

2）体动记录仪：是测量睡眠连续性参数的客观方法，使用动作监测和活动计数来评估患者睡眠-觉醒情况。体动记录仪主要用来测量睡眠状态知觉异常和治疗依从性，也用于不能坚持睡眠日记的患者。

3）多导睡眠监测：是一种客观的测量方法，可以直接和定量地测量睡眠中大脑和躯体活动。虽然多导睡眠监测不作为评估原发或继发失眠障碍的必要手段，但是如果 CBT-I 或药物治疗对患者无效，后续多导睡眠监测可以帮助揭示临床访谈中没有发现的其他睡眠障碍。

2. 制定治疗计划 治疗师需要和患者讨论治疗方案的选择。让患者充分了解信息，在充分讨论和酝酿的基础上再开始 CBT-I，可以提高依从性和成功率。

3. 治疗过程 CBT-I 治疗通常需要每周 1 次，持续 4～8 周。每次会谈 30～90 分钟，取决于治疗的阶段和患者的依从性。

开始阶段的首次会谈通常持续 60～90 分钟,要采集临床病史并向患者介绍睡眠日记的使用。在第一次会谈中不给予任何干预。通常需要 1～2 周采集基线睡眠-觉醒数据,以指导后续睡眠计划的制定。刺激控制和睡眠限制等主要干预措施安排在接下来的 1～2 个 60 分钟会谈中,标志着患者进入治疗期。接下来的 2～5 次会谈中,患者的睡眠时间被向上滴定。这些后续会谈每次需要约 30 分钟。

4. 结束治疗　通过最后的 1～2 次会谈结束治疗,讨论如何维持健康和应对复发。

（三）CBT-I 的主要技术

1. 刺激控制治疗　刺激控制治疗适用于睡眠起始和维持障碍,是治疗慢性失眠的一线干预措施,单独使用有效。刺激控制治疗通过缩短卧床时的觉醒时间来消除患者存在的床和觉醒、沮丧、担忧等这些不良后果之间的消极联系,重建一种睡眠与床之间的积极联系。

刺激控制治疗通常具有良好的耐受性,但对躁狂发作、癫痫、异态睡眠障碍和伴有跌倒风险的患者应慎重运用,因为睡眠剥夺可能诱发躁狂发作或者降低癫痫发作的阈值。对于异态睡眠障碍,刺激控制治疗可能因加深睡眠而增加部分觉醒的可能性,如夜惊、梦游和梦呓。实施刺激控制的典型指令如下。

（1）当感到困倦时才上床。

（2）除了睡眠和性活动外,不要在卧室进行其他活动。

（3）醒来的时间超过 20 分钟就离开卧室。

（4）再次有睡意时才能回到卧室。

（5）如果仍睡不着,必须重复上述步骤。

（6）每天在固定的时间起床。

由于刺激控制治疗限制了总卧床时间,患者在执行时会觉得痛苦,治疗师应事先详细介绍这个治疗的特点,让患者明确治疗动机,强化治疗动力。执行前详细介绍以及给予合适的放松方法,有助于缓解患者执行时的痛苦,增加依从性。

2. 睡眠限制治疗　睡眠限制治疗适用于睡眠起始和维持障碍,是失眠认知行为治疗的必要组成部分。该治疗的目的不是提高睡眠总时间,而是改善睡眠持续性、提高睡眠质量,并通过最大限度地缩短在床上的觉醒时间,来重建床和睡眠之间的联系。

睡眠限制治疗基于两点:防止患者通过延长睡眠的时间来应对失眠,这种代偿策略增加了睡眠机会,但产生的睡眠是浅睡和片段化的;虽然睡眠限制治疗开始时会导致睡眠不足,但这增加了睡眠张力（内稳态）,缩短了睡眠潜伏期,减少了入睡后觉醒时间,增加了睡眠效率。需要指出的是,睡眠限制治疗禁用于有躁狂发作病史、癫痫、异态睡眠、阻塞性睡眠呼吸暂停综合征和跌倒风险的患者。

执行睡眠限制治疗时,首先要求患者记录至少 1 周的睡眠日记,通过睡眠日记计算患者平均总睡眠时间,平均总睡眠时间加上 30 分钟即为患者第一周的卧床总时间,但一般不少于 5 小时;患者继续记录睡眠日志,每周与治疗师见面时再次计算平均睡眠效率（睡眠效率 = 总睡眠时间 ÷ 在床时间×100%）,根据睡眠效率调整下周的卧床时间,直到患者能得到满意的睡眠。

当患者的睡眠效率≥85%,则延长卧床时间 15～30 分钟;睡眠效率<80%,则缩短卧床时间

15~30分钟;睡眠效率在80%~85%,维持原来的卧床时间。

3. 睡眠卫生教育　不是一种有效的"单一治疗",但通常被视为CBT-I的必要组成部分,每位失眠障碍患者在治疗之初都应该得到充分的宣教。

不良的生活、睡眠习惯,以及不佳的睡眠环境往往是失眠发生与发展中的潜在危险因素。睡眠卫生教育的主要目的是帮助失眠患者意识到这些因素在失眠障碍发生与发展中的重要作用。

以下13条是睡眠卫生教育的核心。

（1）限制在床时间,能帮助患者整合和加深睡眠。在床上花费过多时间,会导致片段睡眠和浅睡眠。不管睡了多久,第二天规律地起床,患者只需睡到第二天恢复精力即可。

（2）同一时间起床会带来同一时刻就寝,能帮助建立生物钟,每天同一时刻起床,一周七天全是如此。

（3）反复看时间会引起挫败感、愤怒和担心,这些情绪会干扰睡眠,把闹钟放到床下或者移走它,不要看到它。

（4）每位失眠患者都需要规律锻炼,制定锻炼时间表,但需注意不要在睡前3小时进行体育锻炼。锻炼能帮助减轻入睡困难并加深睡眠,睡觉前1.5~2.0小时洗热水浴,也有助于增加深睡眠。

（5）规律进餐,注意不要空腹上床。饥饿可能会影响睡眠,睡前进食少量含碳水化合物的零食能帮助入睡,但应避免进食过于油腻或难消化的食物。

（6）夜间避免饮用饮料,能减少夜间尿频起床如厕。

（7）避免饮酒（尤其在夜间）。饮酒能帮助紧张的人入睡,但会引起夜间觉醒。

（8）不要在夜间吸烟。香烟里含有兴奋性物质尼古丁,影响睡眠。

（9）减少所有咖啡类产品的摄入。咖啡因类饮料或食物会引起入睡困难、夜间觉醒、浅睡眠。

（10）确保卧室夜间温度适宜,足够舒适,而且不受光和声音的干扰。

（11）不要用尽办法入睡。睡不着就离开卧室,做一些不同的事情,如读书;不要做兴奋性活动;只有感到困倦时再上床。

（12）别把问题带到床上。晚上要尽早解决自己的问题或制定第二天的计划,烦恼会干扰入睡,并导致浅睡眠。

（13）避免白天打盹。白天保持清醒状态有助于夜间睡眠。

4. 放松训练　适用于"不能放松"、伴有多种躯体不适（如深部肌肉疼痛、头痛、胃肠不适等）,以及夜间频繁觉醒的患者。放松训练可作为独立的干预措施,也可作为CBT-I的一部分使用。

失眠患者因为对睡眠过度担忧而在睡眠时表现出过度警觉、紧张等情绪,这些情绪会导致患者难以入睡或夜间频繁觉醒。放松训练可以降低患者睡眠时的紧张与过度警觉,促进患者入睡,减少夜间觉醒,提高睡眠质量。初期,患者应在专业人员指导下进行放松训练,坚持每天练习2~3次。

常见的放松训练包括腹式呼吸、渐进式肌肉放松训练等,可根据患者的特点和倾向性进行选择。放松训练需要大量练习,除了睡前,患者在白天也要练习这种技术。当与刺激控制合用时,若放松训练引起了"作业焦虑",可让患者在其他房间而非卧室进行练习。

5. 认知治疗　适用于任何类型的失眠患者,特别是对睡眠及失眠存在不当认知、过分关注失眠的潜在危害,或者抱怨治疗无用、担心闯入性负性想法的患者。对失眠的过分恐惧、担忧、焦虑等不良情绪,往往会使睡眠进一步恶化,失眠的加重又反过来影响情绪,两者形成恶性循环。认知治疗着力于帮助患者认识到自己对于睡眠的错误认知,以及对失眠问题的非理性信念与态度,重新树立起关于睡眠的积极、合理的观点,从而达到改善失眠的目的。具体步骤如下。

（1）指认出让失眠持续的负性自动想法。

（2）了解这些想法与情绪及行为的关联。

（3）检验支持及反对此睡眠相关信念的证据。

（4）以较为合理的想法来取代不合理信念。

（5）尝试指认及改变更核心的信念。

（四）其他心理治疗技术

1. 光照治疗　如果患者的失眠有睡眠周期延迟特点,在早晨暴露在明亮光照下 30 分钟以上,可能使他们在夜间更早地觉得“困倦”。若患者的失眠有睡眠周期提前的特点,在夜间的晚些时候（如 20:00—22:00）暴露在明亮光照下,可能使他们保持清醒到更晚时候。光照治疗可采用阳光照射或光照治疗器（频谱大于 2 000lx 的蓝光“光盒”）。

通常认为光照治疗副作用很少见,但有报道可能诱发躁狂发作。应慎用于患有躁狂发作、癫痫、慢性头痛、眼部疾病,或者正在服用可致光敏感药物的患者。

2. 矛盾意向治疗　对失眠的恐惧、担心和急于摆脱症状的心理状态,使患者焦虑不安的心情加剧,进一步加重了症状本身。该治疗的目的是让患者直面觉醒和失眠引起的恐惧与焦虑。指导患者在床上努力保持清醒状态,而不是努力入睡,这可以让患者更放松,免于必须入睡的压力,从而促使患者快速入睡。

矛盾意向治疗适用于过度在意睡眠,以及过度努力入睡者。可要求患者尽量夸张地想象没睡好造成的后果;或者将睡不着当作一个可以去做些有用、有趣事情的机会。

3. 音乐治疗　适用于因过度紧张、焦虑而难以入眠者。轻柔舒缓的音乐可以使交感神经兴奋性降低,缓解焦虑情绪和应激反应,将患者的注意力从难以入眠的压力中分散出来,促使患者处于放松状态,从而改善睡眠。具体音乐的选择需要考虑到不同人群的特点,包括患者的年龄、音乐偏好、音乐素养、文化背景等因素。

4. 催眠治疗　可增加患者放松的深度,并通过放松和想象的方法减少与焦虑相关的先占观念与过度担忧,降低交感神经兴奋性。催眠过程包括通过专注于躯体的想象以减少生理觉醒、想象愉悦的场景引起精神放松、想象中性物体来分散注意力等。经过专业人员训练的患者可以独立实施该治疗。

三、示范案例

（一）一般情况

M 女士,30 岁,全职妈妈,大学毕业,已婚。

（二）来访的问题

1. 主诉　入睡困难、睡眠浅且易醒。

2. 病程　患者从 2 年前生育后开始出现失眠。

3. 诊断　慢性失眠障碍。

(三)初始访谈及个案概念化

M 女士做事认真仔细,容易焦虑,自幼睡眠浅,烦恼时更加睡不好,目前是全职妈妈。自从 2 年前当妈妈以来,每天半夜数次醒来。平时 21:00 关灯陪女儿睡觉,会跟着女儿一起睡着,但是到了 01:00—02:00 就会醒来,之后难以再入睡。M 女士会反复看时间,随着时间流逝,越发焦虑,担心失眠影响免疫功能,容易生病,甚至担心某天会猝死。焦虑和紧张让 M 女士彻底没了睡意,下半夜的睡眠断断续续,到 08:00 左右女儿醒来时一起起床。白天 M 女士会陪着女儿一起睡 1~2 小时午觉。

对 M 女士慢性失眠的原因进行"3P"模型分析。

(1)易感因素:睡眠系统较脆弱,自幼睡眠浅;一贯做事认真仔细,有容易焦虑担心的性格特质。

(2)促发因素:女儿出生是 M 女士失眠的重要诱发因素,作为新手妈妈,M 女士有一定压力,觉醒系统被过度激活;因为婴儿睡眠没有规律,在夜间照顾孩子的时候,自身恒定系统及生物钟受到影响。

(3)维持因素:担心睡不好会对自己的生活和健康造成严重影响,将失眠后果灾难化,夜间一旦醒来就紧张,过度激活觉醒系统;白天陪着女儿睡午觉时间过长,影响到恒定系统,降低了睡眠驱力;在失眠的时候看手机,弱化了床与睡眠之间的联系。

(四)设定治疗目标,规划治疗及治疗过程

第 1 次会谈:失眠初始评估(60~120 分钟)。确定患者适合 CBT-I 治疗,向患者描述治疗方法、效果,讨论是否有充分的意愿花时间和精力来完成治疗。教授患者记录睡眠日记。睡眠日记提示,M 女士在 21:00 上床,睡眠潜伏期为 30 分钟,夜间醒来 2 次,睡眠时间为 5.5 小时,起床时间为 08:00,白天平均午睡 1 小时,能睡着半小时。平均每天卧床时间为 12 小时,但总睡眠时间为 6 小时,睡眠效率仅为 50%,明显低于正常睡眠效率。

第 2 次会谈:治疗的开始(60~120 分钟)。确定治疗目标为提高睡眠质量,延长睡眠时间。回顾睡眠日记数据,与其讨论数据中平均总睡眠时间 6 小时与卧床时间 12 小时极度"不匹配";使其意识到,她每天有 6 个小时待在床上"努力入睡"。介绍失眠的行为模式,与患者一起分析失眠原因。介绍睡眠限制和刺激控制的方法和效果,制定睡眠计划和治疗策略,讨论如何在设定时间保持清醒,在夜里觉醒时间里做些什么。

鉴于 M 女士仅能睡着 6 小时,给其制定的睡眠计划为 00:30 上床,07:00 起床,总在床时间 6.5 小时;午休 0.5 小时,不计入睡眠效率的计算。同时教授放松练习。

第 3、4 次会谈:睡眠滴定(30~60 分钟)与睡眠卫生教育。回顾数据,评估治疗效果及依从性,调整治疗计划,回顾睡眠卫生情况,促使患者遵从睡眠计划。

第 5~7 次会谈:睡眠滴定(60~90 分钟)。回顾数据,评估治疗获益,调整睡眠计划,继续督促患者遵从睡眠计划。对负性睡眠信念进行认知治疗。

第 8 次会谈:睡眠滴定(30~60 分钟)。回顾过去每周的数据,评估全部的获益,讨论如何预防复发。

（五）患者的改变

通过 8 次 CBT-I 治疗，M 女士改善了睡眠卫生习惯，虽然有时半夜仍会醒来，但不再看时间，减少了睡眠挫败产生的焦虑；改变了对失眠的错误信念，对失眠后果的担心减少，加上 M 女士坚持每天进行放松训练，与睡眠相关的焦虑情绪进一步得到缓解。

通过"3P"模型分析，M 女士对自己的失眠病因有了一定了解，在治疗过程中能更好地与治疗师合作，并对失眠的病因进行针对性的练习。通过睡眠限制和刺激控制治疗，患者推迟了上床时间，在夜间醒来没有睡意的情况下离开床，早上在固定时间起床，白天不再睡午觉，使得患者的生物钟更加稳定，足够长的清醒时间帮助她积累更多的睡眠驱力，并加强了睡眠与床之间的联系。截至 8 次治疗结束，M 女士的睡眠时间从 6 小时增加到 7 小时，入睡后觉醒时间从 5.5 小时缩短为 20 分钟，睡眠效率从 50% 提高到 89%。

第二节　昼夜节律性睡眠-觉醒障碍

一、概述

昼夜节律性睡眠-觉醒障碍（circadian rhythm sleep-wake disorder，CRSWD）是由昼夜时间维持与诱导系统变化或内源性昼夜节律与外部环境间不同步所引起的各类睡眠-觉醒障碍。CRSWD 可分为内源性和外源性，内源性包括睡眠-觉醒时相延迟障碍、睡眠-觉醒时相提前障碍、非 24 小时睡眠-觉醒节律障碍、不规律睡眠-觉醒节律障碍；外源性包括时差障碍、倒班工作睡眠-觉醒障碍、未特定昼夜节律性睡眠-觉醒障碍。

ICD-11 关于 CRSWD 的一般诊断标准如下：①由于内源性昼夜时间系统改变或内源性昼夜节律与外部环境的失调而引起的睡眠-觉醒周期紊乱；②通常表现为失眠、过度困倦或两者兼有；③这些睡眠-觉醒紊乱引起临床显著的不适或精神、躯体、社交、职业、教育等重要功能损害。

对 CRSWD 的治疗，要求顺应人类 24 小时睡眠-觉醒周期，个体化调控外源性授时因子，加强对外在环境及行为的昼夜管理，重置新的睡眠-觉醒昼夜节律。对于神经、精神疾病及内科疾病导致生物钟结构或功能紊乱的 CRSWD 患者，可在病因治疗基础上，参照下列方法调整睡眠-觉醒昼夜节律，以促进疾病康复：①睡眠健康教育；②时间治疗；③生物钟重置，定时光照、定时服用褪黑素、定时运动；④按需服用镇静催眠药或促觉醒药。

二、昼夜节律性睡眠-觉醒障碍的心理治疗

（一）治疗方法

昼夜节律性睡眠-觉醒障碍的心理治疗总体上包括睡眠卫生教育、时间治疗和重置生物时钟三个方面。

1. 睡眠卫生教育　目的是改进睡眠卫生，避免不良习惯对睡眠-觉醒昼夜节律的影响。

2. 时间治疗　是指让患者按照计划，定时睡眠。逐步推迟入睡时间，直至睡眠和觉醒时间与社会作息时间一致。一旦调整到预期睡眠和觉醒时间，应保持和严格遵守。可使用闹钟提醒循序渐进地进行调整。适用于几乎所有类型的昼夜节律性睡眠-觉醒障碍（除外老年痴呆居家

护理及非 24 小时睡眠 - 觉醒节律障碍的患者）。

3. 重置生物时钟

（1）光照治疗：光亮是昼夜时相转换最主要的授时因子，如在合适时间应用强光照射可以转变体内生物钟的时相。临床研究表明，早晨予以光照可使睡眠时相前移，傍晚或就寝前光照可使睡眠时相推迟。光照治疗的效果与光照时间和强度有关。一般室内光线约为 250lx，室外明亮光的强度往往超过 100 000lx，故室外光照能更有效地改变生理节律。当没有室外光照时，2 500lx 光照强度的灯箱对于治疗睡眠时相异常也有效。

（2）定时运动：较强的运动可改变睡眠的昼夜时相，如在最低核心体温前夜间运动可导致昼夜时相延迟。此外，上午运动及下午运动的联合可将昼夜时相提前。

（二）治疗策略

不同类型的 CRSWD 在治疗策略上有所不同。

1. 睡眠 - 觉醒时相延迟障碍（delayed sleep wake phase disorder, DSWPD）　表现为睡眠 - 觉醒时间通常延迟 2 小时及以上，是最常见的 CRSWD，好发于青少年（患病率 7%～16%），一般人群患病率为 0.17%，在慢性失眠患者中患病率约为 10%，平均发病年龄 20 岁。

（1）健康教育与行为指导：重新设定上床和起床时间，并严格遵守；16:00 后不应饮酒和摄入咖啡。

（2）调整睡眠时间（时间治疗）：逐步推迟入睡时间直至与社会作息时间一致。让患者推迟 3 小时上床和起床，每 2～5 天后再向后推迟 3 小时上床和起床，直至获得期望的睡眠时间表，随后固定上床时间。

（3）光照治疗：通常在 07:00—09:00（晨醒后 1～2 小时）让患者接受 2 000～2 500lx 光照 2 小时（参考值），16:00 后限制光照，晚上应避免接触强光，可调暗室内光线或辅以太阳镜。该治疗需持续数天，临床应用时应特别注意光照时间的个体化选择。

2. 睡眠 - 觉醒时相提前障碍（advanced sleep-phase disorder, ASWPD）　表现为睡眠 - 觉醒时间通常提前 2 小时及以上。ASWPD 较少见，在普通人群中无数据，在中老年人群中患病率约 1%，会随年龄增长而增加。

（1）健康教育和行为指导：避免晨间接受强光照射，可午间小睡，尽量推迟夜晚上床时间，鼓励患者在强光下进行体力活动、晚间散步。不要滥用咖啡因、酗酒。疏导可能存在的焦虑或受挫情绪。

（2）时间治疗：重新制定作息时间表，逐步向后推移入睡和起床时间，直至恢复正常时相。一旦调整到预期睡眠 - 觉醒时间，应保持和严格遵守。

（3）光照治疗：通常的做法是每天 19:00—21:00 强光照 2 小时。为避免睡眠时相提前，应避免清早接受光照。

3. 非 24 小时睡眠 - 觉醒节律障碍（non-24-hour sleep-wake rhythm disorder, N24SWD）　表现为入睡和觉醒时间都较前一天推迟 1～2 小时，多见于盲人。

（1）睡眠卫生教育：调整睡眠时间，重新制定与外界环境、社会和职业同步的睡眠 - 觉醒作息时间，以改善昼夜律。

（2）光照治疗（只对有视力者）：在早上实施光暴露。主要适用于有视力而光照不足（长期卧床、潜水工作等)或对褪黑激素完全敏感而光抑制的患者。

4. 时差障碍(jet lag disorder,JLD) 表现为快速跨越 2 个及以上时区飞行后,机体内源性睡眠 - 觉醒时间不能立即调整适应新时区变化。

(1)健康教育与行为指导:提前到达,旅行前充分休息,提前调整睡眠时间,提前调整钟表时间,调整光照时间,避免脱水,飞行期间保持与目的地一致的作息时间。

(2)调整睡眠与觉醒时间:向东飞行前几日提前 1 小时睡眠;向西飞行前几日推迟 1 小时睡眠。

(3)定时光照

1)向东飞行:到达目的地后,避免过早(09:00 前)强光照射,增加上午晚些时候及午后的光照,晚上避免强光照射。

2)向西飞行:到达目的地后,增加午后(15:00 后)及晚间早些时候的光照。

5. 倒班工作睡眠 - 觉醒障碍(shift work sleep-wake disorder,SWSWD) 表现为个体工作时间与社会常规工作时间不一致,导致失眠及日间过度思睡。倒班工作者中 SWSWD 患病率为 2%～5%,工业化国家可达 20%。

(1)健康教育与行为指导:在不能改变工作时间的情况下,应教育患者合理调整睡眠时间,科学安排光暴露的时间和强度,避免不适宜的兴奋剂及助眠药使用。

(2)调整睡眠时间:夜班前小睡,下班后小睡。

(3)光照治疗:工作时进行光照暴露,早晨下班后避免光照(戴深色镜)。

三、示范案例

(一)一般情况

小 C,男性,25 岁,大学文化,从事游戏开发,未婚,独居。

(二)患者的问题

1. 主诉 入睡困难、精力不济。

2. 病程 半年。

3. 诊断 睡眠 - 觉醒时相延迟障碍。

(三)初始访谈及个案概念化

小 C 以往长期居家办公,习惯晚睡晚起,一般 03:00—04:00 睡觉,11:00—12:00 起床,白天一般不太出门,也不运动。半年前,小 C 跳槽到另一家公司,新公司需要每天打卡。小 C 很不适应这种改变。小 C 也尝试提前上床,希望能早睡早起,但即便 22:00—23:00 已经躺在床上,还是要到凌晨 03:00—04:00 才能睡着,早上虽然设了闹钟,但很难起床,常常拖到 09:00 以后起床,导致经常迟到,被领导批评。即使到了单位开始上班了,还是觉得很困,有时忍不住打瞌睡,整个上午头脑不清楚,工作效率极低。到了周末仍会睡到中午,甚至更晚起床。小 C 为此苦恼,到睡眠科求诊。小 C 的睡眠日记显示其睡眠时相延迟,但睡眠持续时间与质量正常。早 - 晚问卷 18 分,为 “绝对夜晚型”。小 C 补充,父亲也习惯晚睡晚起,早起很困难,而且早起后工作效率低,晚上也无法早睡。

个案概念化:患者可能有 DSWPD 家族史,早 - 晚问卷评分提示 “绝对夜晚型”。睡眠日记显示睡眠时相后移，睡眠持续时间及质量正常。患者常常晚睡晚起，在夜间工作，晚上暴露在明亮灯光之下，日间光照不足。自由职业时无明显困扰，但需要按时上班时，出现睡不着、起不来，起床后有明显思睡、精神不佳、工作效率下降，无法适应工作要求。

（四）设定治疗目标，规划治疗

小 C 除服用医生处方的褪黑素治疗外，希望结合心理治疗，目标为 08:00 起床。

（1）首先对小 C 进行睡眠卫生教育：包括 16:00 后不应饮酒和摄入咖啡因、有了睡意再上床、严格遵守治疗中设定的上床和起床时间。

（2）逐步推迟入睡时间直至与社会作息时间一致：让小 C 推迟 3 小时上床和起床，每 2～5 天后再向后推迟 3 小时，直至获得期望的睡眠时间表，随后固定上床时间。与小 C 讨论，该治疗成功率高，但治疗过程中对工作影响较大，需要与公司有充分的沟通与协调。

（3）让小 C 在晨醒后 1～2 小时接受室外或者室内强光 2 000～2 500lx 光照 2 小时，16:00 后限制光照，晚上避免接触强光，可调暗室内光线或辅以太阳镜。该治疗需持续数天，如发生时相提前，可继续提前光照时间，直至调整到预期时间。达到合理入睡时间后，停止光照治疗，并保持固定的上床时间与起床时间。

本 章 小 结

失眠障碍是临床最常见的睡眠障碍，单独实施有效的治疗方法包括刺激控制治疗、睡眠限制治疗、放松治疗，以及综合的 CBT-I。CBT-I 短期疗效与药物治疗相当，但是长期疗效优于药物治疗，目前被推荐为失眠障碍首选的标准治疗方法。CBT-I 适用于绝大多数的慢性失眠人群，但对于有躁狂病史、癫痫、异态睡眠、阻塞性睡眠呼吸暂停综合征和有跌倒风险的患者，刺激控制治疗需谨慎使用，睡眠限制治疗则为禁忌证。

昼夜节律性睡眠 - 觉醒障碍种类众多，其心理治疗总体上包括睡眠健康教育、时间治疗、重置生物钟（光照治疗和定时运动）。

💭 思考题

1. 什么是 CBT-I？如何判断患者是否适合 CBT-I？

2. 刺激控制治疗和睡眠限制治疗具体如何实施？它们的适应证和禁忌证是什么？

3. CBT-I 的治疗如何进行？包括哪些内容？

4. DSWPD 的心理治疗包括哪些方面？

（苑成梅）

推荐阅读

［1］帕里斯. 失眠的认知行为治疗：逐次访谈指南. 张斌，译. 北京：人民卫生出版社，2012.

［2］张斌. 睡眠医学新进展. 北京：人民卫生出版社，2018.

［3］赵忠新. 睡眠医学. 北京：人民卫生出版社，2016.

［4］AUGER R R，BURGESS H J，EMENS J S，et al. Clinical practice guideline for the treatment of intrinsic circadian rhythm sleep-wake disorders：advanced sleep-wake phase disorder（ASWPD），delayed sleep-wake phase disorder (DSWPD), non-24hour sleep-wake rhythm disorder (N24SWD), and irregular sleep-wake rhythm disorder (ISWRD): an update for 2015 An American Academy of Sleep Medicine Clinical Practice Guideline. J Clin Sleep Med, 2015, 11 (10): 1199-1236.

[5] HELEN J B, JONATHAN S. Circadian-based therapies for circadian rhythm sleep-wake disorders. Curr Sleep Medicine Rep, 2016, 2 (3): 158-165.

[6] NEVIN F W, ZAKI M Y, AHMED S B. Chronotherapeutics: recognizing the importance of timing factors in the treatment of disease and sleep disorders. Clin Neuropharm, 2019, 42 (3): 80-87.

第二十一章

物质使用或成瘾行为所致障碍

学习目的

掌握　成瘾障碍的基本概念及 ICD-11 关于物质成瘾的诊断标准。

熟悉　成瘾领域常用的心理治疗技术。

了解　精神分析视角如何看待成瘾行为。

成瘾是严重的公共卫生问题和社会问题。截至 2020 年,全球使用毒品人数达到 2.75 亿人。我国毒品滥用问题同样不容忽视,《2022 年中国毒情形势报告》显示,我国登记在册的吸毒人员数已经达到 112.4 万人。此外,还有酒精、镇静催眠药,以及各种行为成瘾也呈现出递增趋势。成瘾作为一种慢性复发性脑病,其形成和发展涉及"生物-心理-社会"多方面因素,在目前针对成瘾障碍缺乏有效药物治疗的前提下,心理治疗对于成瘾患者的康复以及预防复吸起到关键作用。

第一节　概述

一、成瘾相关基本概念

1. 成瘾物质(substances)　又称精神活性物质(psychoactive substance)、药物(drugs),指来自体外,能够影响人类心境、情绪、行为,改变意识状态,并可以导致依赖的化学物质。

2. 依赖(dependence)　是一组认知、行为和生理症状群,指个体尽管知道使用成瘾物质会带来严重的问题,依然坚持使用。这种自我用药导致耐受性增加、戒断症状以及强迫性的觅药行为。

3. 耐受性(tolerance)　指成瘾物质使用者必须增加使用剂量才能获得所需的效果,或者使用原来的剂量达不到使用者所追求的效果。这是由于反复使用成瘾物质后躯体发生了一系列适应性改变,出现对成瘾物质耐受性增高,敏感性下降所致。

4. 戒断综合征(withdrawal syndrome)　在突然停止或减少使用成瘾物质后,或者在使用拮抗剂阻断一种物质对中枢的作用之后出现的一组特殊的生理心理综合征。

二、物质使用或成瘾行为所致相关障碍的诊断

《国际疾病分类》(International Classification of Diseases,ICD)-11 对物质依赖诊断标准的要求为:在过去 12 个月反复出现,或者既往 1 个月中持续出现下述 3 条核心症状中至少 2 条,即可诊断。

1. 对物质使用行为难以控制。对使用某种物质的控制能力受损,指开始或停止使用该物质,以及使用该物质的量及使用环境等各方面的控制力都受到损害,通常(但非必须)还伴有对该物质的渴求。

2. 物质使用在日常生活中处于优先地位,超过其他兴趣爱好、日常活动、自身责任、健康,以及自我照顾等。即使已经出现不良后果依旧坚持使用成瘾物质。

3. 生理特征的出现(神经适应性的产生) ①主要表现为耐受性;②停止或减少使用后出现戒断症状;③再次使用原来的物质(或者药理作用相似的物质)可以避免或减轻戒断症状。

三、物质使用或成瘾行为所致相关障碍的治疗原则

成瘾治疗是一个较长的过程,需要采取药物、心理,以及回归社会等综合治疗。药物治疗通常是通过使用药物控制患者在急性戒断期的戒断症状。后续可以采用心理治疗、物理治疗、运动治疗等方式帮助患者达到稳定情绪、恢复认知功能、降低复吸的目的。治疗方案应针对不同的依赖者的特点,采取个体化治疗方案,满足患者的不同需求,并定期评估治疗效果,根据治疗需要调整治疗方案。

第二节　心理治疗方法

成瘾是由复杂的生物、心理、社会因素所致,因此对于成瘾的治疗除了早期通过药物帮助患者控制戒断症状以外,通过心理干预技术帮助成瘾患者纠正错误认知、提高治疗依从性、降低复发风险也很重要。由于成瘾问题与多种精神障碍或心理障碍存在共病,因此临床上常用的心理治疗方法均可被应用在成瘾行为的干预。下文就成瘾领域中常用的心理治疗技术予以介绍。

一、动机强化治疗

动机强化治疗又称为"动机促进性访谈"(motivational interview,MI),最早是 1983 年由威廉·R. 米勒(William R.Miller)提出,继而斯蒂芬·罗林尼克(Stephen Rollnick)将其发展成为系统理论并用于临床实践过程。动机促进性访谈被定义为是一种指导性的、以患者为中心的,帮助患者解决、改变行为冲突,旨在推动患者自主决定改变已存在的或潜在的有害行为的治疗模式。动机强化治疗有其独特的原则和操作方法。美国心理学家迪·克莱门特(Di Clemente)根据成瘾者内在动机强弱,将其分为沉思前期、沉思期、准备期、行动期、保持期、复吸期六个阶段,并根据不同阶段有针对性地实施相应的干预措施,称为动机强化治疗(表 21-1)。

表 21-1　不同戒断阶段及相应简短治疗方案

戒断阶段	具体表现	干预重点
沉思前期（precontemplation）	患者没有意识到当前成瘾行为对个体健康造成的实际或潜在的不良后果，不考虑近期改变其成瘾行为	反馈物质滥用筛查结果，给其提供物质滥用相关危害信息
沉思期（contemplation）	患者意识到使用成瘾物质所导致的一系列危害，但对是否做出改变尚处在矛盾阶段	强调改变成瘾行为的益处，以及延迟改变所致的风险；提升患者改变当前行为的内在动机
准备期（preparation）	患者经过考虑决定改变当前成瘾行为，并作出具体行动计划，如收集相关治疗信息为治疗做准备	与患者讨论如何制定合理的目标，并提出建议，给予鼓励
行动期（action）	患者开始求助于专业机构或通过自身努力来减少或停止使用成瘾物质，但行为改变尚不持久	帮助患者回顾停止使用成瘾物质后所带来的益处，并进一步给予支持、鼓励
保持期（maintenance）	患者经过努力已经相对较长时间停止使用成瘾物质	对当前行为给予鼓励，同时告知患者可能导致复吸的风险因素，并加以应对
复吸期（relapse）	患者经过一段时间戒断后，又重新出现复吸行为	接受当前复吸行为，并针对导致本次复吸的高危行为进行分析，避免今后遇到同类高危因素导致复吸行为

动机强化治疗的基本原则有：①表达共情和反应式倾听；②尊重和接纳；③非评判性的合作关系；④支持性的治疗方式；⑤积极关注；⑥是否改变取决于患者自身，避免面质；⑦支持治疗为主；⑧帮助患者意识到预定目标和目前行为之间的差异；⑨妥善处理患者的阻抗；⑩帮助患者提高自我效能。

二、简短干预

简短干预（brief intervention，BI）是一种旨在促进患者行为发生改变的治疗技术。最早是1983 年由汉斯·克里斯滕森（Hans Kristenson）等用于酒精滥用问题的干预。在物质滥用领域中简短干预技术通常与物质滥用筛查问卷相结合，根据患者物质滥用的严重程度进行相应的干预。

以简短干预内容为基础，世界卫生组织将筛查、干预、转诊三者结合开发了"筛查-简短干预-转诊综合干预技术"（screening，brief intervention，and referral to treatment，SBIRT）。SBIRT 作为一项针对成瘾行为的综合干预模式可以有效地对物质成瘾行为进行筛查，达到早发现、早干预、早治疗，最终降低成瘾相关危害的目的。简短干预的步骤主要如下。

1. 反馈（feedback）评估结果　将筛查问卷的评分结果反馈给患者，说明评估结果的含义以及保持现状可能造成的后果，让患者意识到存在的物质使用风险。

2. 提出建议（advices）　让患者明确减少物质使用与减少所受到的伤害之间的关系。

3. 强调责任（responsibility）和自主选择　让患者意识到自身具有改变物质滥用行为的责任和动力，如何做取决于自己。

4. 关注物质滥用筛查问卷的得分（focus on scores）　鼓励患者积极地思考和表达对物质滥

用的顾虑。

5. 物质使用的益处（advantage） 让患者清楚物质使用的益处，讨论物质的积极方面。

6. 物质使用的弊端（disadvantage） 从个人、家庭、社会等多角度分析，建立认知冲突，讨论使用物质的消极方面。

7. 内容总结（conclusion） 回顾和巩固简短干预的内容，强调差异，强化患者的认知冲突。

8. 关注物质滥用的不良后果（focus on the bad thing） 让患者认识到如果不改变现状，当下或后续可能会发生的问题。

三、列联管理

列联管理（contingency management，CM）是对患者完成治疗协议或者在尿液毒品检测为阴性的情况下用奖金或代金券进行强化。研究结果显示，这种方法在减少海洛因或可卡因等非法物质滥用、提高患者治疗依从性等方面有明显的疗效。注意：列联管理为一种干预方式示例，具体情况以各地实际政策为准。

列联管理的两个基本要素是目标行为与强化物的设定，需遵循以下四个基本原则：①目标行为必须明确，具有可测量性；②及时呈现强化物，即当患者达到目标行为后应立即呈现强化物，此外，还必须针对个体需求选择合适的强化物；③"责任代价"原则，即患者未达到目标行为，需付出一定的代价与责任，或给予一定的处罚；④激发患者内在改变动机，重建行为模式。

四、正念防复吸治疗

"正念"是指专注于当下，将注意力集中在体验个体的思想、情绪、身体感觉，以好奇、开放的心态接纳内心的每个念头，即强调正视当下和正面思考。自 20 世纪 70 年代乔·卡巴金（Jon Kabat-Zinn）创建正念减压治疗以来，基于正念的干预方法在成瘾领域得到越来越多的认可和发展。

正念主要从以下三个心理层面对复吸行为进行预防：①觉知能力，成瘾者对此时此刻的想法、情绪和躯体等的觉察可以使其更好地识别渴求及高危情境中自身的反应，从而有意识地选择更合理的方式解决自身问题；②注意控制能力，帮助成瘾者从行动思维模式转向存在思维模式，将注意力维持在当下的感受和体验，提高成瘾者的执行控制力，减少自动化的觅药行为；③接纳态度，开放地接纳当下所有体验，减少成瘾者的负性情绪，接纳不舒服的状况，更好地管理自我，减少对成瘾相关线索的反应。

正念防复吸技术以团体的形式展开，包括 8 个阶段，每个阶段 2 小时，都包括 20～30 分钟的冥想练习。主要内容有：正式的正念冥想练习（全身扫描、静坐冥想、山式冥想）、非正式的正念冥想（日常生活中的正念冥想）、应对策略（呼吸技术、健康的生活方式等）和家庭练习。8 个阶段包括：①识别自动化反应和惯常思维模式；②识别触发渴求的因素及认识渴求；③将正念练习应用到日常生活中；④在诱发复吸的高危情境中使用正念练习；⑤学习接纳出现的任何体验；⑥讨论想法和信念在复吸循环中的作用，接纳痛苦的想法和感受；⑦学会建立更加有意义和平衡健康的生活方式；⑧获得社会支持及维持正念练习。这 8 个阶段的每个阶段都紧密衔接前一个阶段的内容，操作时按照上述顺序进行即可。

五、家庭治疗

家庭治疗用于药物成瘾领域始于 20 世纪 70 年代中期。基于不同的理论基础,青少年药物依赖的家庭治疗有不同的模式,如行为治疗模式、功能性家庭治疗、结构性家庭治疗等。其中最有代表性的是多维度家庭治疗(multidimensional family therapy, MDFT)。MDFT 主要对产生和维持青少年药物滥用的四个方面进行干预,包括青少年、父母、家庭环境和家庭关系、与青少年及父母有关的家庭外系统(如学校、司法系统、同伴等)。通过对四个方面的评估,对个案采取个体化治疗,改变与药物滥用有关的内外因素,达到减轻药物滥用的目的。MDFT 治疗形式可以是单独针对青少年个体或家庭成员的个别治疗,也可以是所有家庭成员一起参加的家庭模式。

MDFT 治疗分为三个阶段进行。

第一阶段:主要目标是与青少年、父母及家庭外系统建立良好的合作关系,对滥用行为进行多维度评估。

第二阶段:促进行动改变,以解决问题为主,促进成瘾者各方面功能的恢复,帮助提升各方面技能,帮助父母学习如何改善家庭关系。

第三阶段:强化和退出治疗。强化在治疗中学习的观点、技能、生活方式,为现实生活做准备。

六、精神分析

从心理学角度来看,成瘾者使用成瘾物质的目的是获得物质所致生理状态的改变或满足使用者的掌控感。其背后的动机理论模型有两种主要观点:精神分析的"缺陷模型"和"冲突模型"。前者是指个体通过自我用药(成瘾物质)达到内稳态,是一种"自我修复"的尝试。后者是通过使用成瘾物质,暂时改变情绪或意识状态,从而获得了(短暂的)控制感。

精神分析属于长程心理治疗,既是一种治疗方法也是一种理论。尽管在成瘾医疗实践中应用较少,但由于其影响较广,其中有些观点及治疗技巧又不乏可鉴之处。方法与技术如下。

1. 自由联想　要求成瘾患者把想到的一切全说出来。治疗师的任务是倾听,并鼓励患者克服阻力继续进行联想,必要时插入简短的评论。通常每次治疗 1～2 小时,疗程可长达 1～3 年。

2. 阻抗与移情　如果联想中患者表现并不"自由"、吞吞吐吐、缓慢甚至中断,称为阻抗。原因是多方面的,治疗师除了解成瘾患者不信任感及各种担忧外,有些阻抗可能有更深层的原因,如缺乏安全感等。另一现象是移情,即成瘾患者在治疗中表现出对治疗师的强烈情感反应,如敬仰、爱慕、仇恨或憎恶等。掌握并处理好移情,这是分析成瘾的关键。

3. 分析梦境　梦境常象征潜意识的冲动或欲望,通过释梦可挖掘到各种线索。在释梦工作中,能发现成瘾患者的一些潜意识情结。诠释、修通及领悟,这三者均是分析治疗的基本技术,特别是自由联想及梦境的潜意识的意义应当予以诠释;克服阻抗、处理移情也需要用不同的诠释使患者理解成瘾的根源,攻克冲突,患者症状逐渐消失,人格也趋成熟,成瘾行为也最终缓解。

本 章 小 结

成瘾是医学问题也是社会问题。导致该疾病形成的因素来自"生物-心理-社会"层面。成瘾行为的形成具有一定的目的性,简而言之是给使用者带来快乐或者帮助其减轻痛苦。因此在解决成瘾行为时需要治疗师透过成瘾行为本身,去发现、去了解成瘾行为背后的问题,如人际关系、家庭关系问题、学习障碍、情绪障碍等。

对于成瘾行为的治疗,通常在治疗早期通过药物治疗帮助患者控制戒断症状,而在后期的康复阶段则需要长期系统的心理治疗帮助患者预防复吸、保持操守。由于成瘾行为背后存在各种家庭问题、人际关系问题、情绪问题等,因此针对这些心理障碍的心理治疗技术均可以应用于成瘾患者,对于成瘾行为本身,目前具有循证依据的有正念防复吸治疗、动机强化治疗、简短干预治疗等技术,由于操作便捷,效果明显,因此也广泛应用于成瘾患者。鉴于成瘾性疾病的特殊性和复杂性,对于成瘾性疾病很难做到单一治疗解决所有问题,因此在临床工作中,要根据患者的综合评估结果以及特定的问题采取多种治疗方法相结合的形式,做到个体化、针对性的干预方能帮助患者有效解决成瘾障碍。

 思考题

1. 动机强化治疗的干预内容有哪些?
2. 如何判断个体是否达到成瘾标准?

(杜江)

推荐阅读

[1] 迈克尔·库赫. 为什么我们会上瘾:操纵人类人脑成瘾的元凶. 王斐,译. 北京:中国人民大学出版社,2017.

[2] 郑毓,江海峰,赵敏,等. 从精神分析视角看成瘾. 心理学通讯,2021,4(2):123-128.

[3] TAIPALE J. Controlling the uncontrollable:self-regulation and the dynamics of addiction. Scandinavian Psychoanalytic Review,2017. 40(1),29-42.

[4] VOLKOW N D,KOOB G F,MCLELLAN A T. Neurobiologic advances from the brain disease model of addiction. New England Journal of Medicine,2016,374(4):363-371.

[5] WIEDER H,KAPLAN E H. Drug use in adolescents:psychodynamic meaning and pharmacogenic effect. Psychoanalytic Study of the Child,1969,24(1):399-431.

[6] WINNICOTT D W. Playing and reality. London:Tavistock Publications,1971.

[7] WURMSER L. Psychoanalytic considerations of the etiology of compulsive drug use. Journal of the American Psychoanalytic Association,1974,22(4):820-843.

第二十二章

人格障碍

学习目的

掌握　人格及人格障碍的概念、核心理论。

熟悉　人格障碍的诊断标准；人格障碍的主要心理治疗模式；边缘型及自恋型人格障碍的治疗方法。

了解　几种主要人格障碍类型的心理治疗方法。

第一节　概述

一、人格的定义

目前通常认为人格(personality)或称个性(character)是一个人固定的行为模式及在日常活动中待人处事的习惯方式，是全部心理特征的总和，包括性格、气质、才能、兴趣、爱好，以及智能的总和，是一个人区别于他人的标志，它主要反映在对现实生活的态度、意志行为方式和情绪态度等方面。人格的形成与先天的生理特征及后天的生活环境均有密切关系。童年生活对于人格的形成有重要作用，且人格一旦形成具有相对的稳定性，但重大的生活事件及个人的成长经历仍会使人格发生一定程度的变化，说明人格既具有相对的稳定性又具有一定的可塑性。

二、人格障碍的定义

人格障碍(personality disorder)是指从早年开始，逐渐形成的明显偏离正常且根深蒂固的行为方式，具有适应不良的性质，这种模式显著偏离特定的文化背景和一般的认知方式(尤其在待人接物方面)，从而影响患者的社会功能和职业功能。由于这个原因，患者会遭受痛苦和/或使他人遭受痛苦，或者给个人、社会带来不良影响。人格障碍通常开始于童年、青少年或成年早期，并一直持续到成年乃至终身。部分人格障碍患者在成年后有所缓和。

人格障碍可能是精神疾病发生的体质因素之一。在临床上可见某种类型的人格障碍与某种精神疾病关系较为密切，如精神分裂症患者很多在病前就有分裂样或分裂型人格的表现，偏执型人格容易发展成为偏执性精神障碍。人格障碍也可影响精神疾病对治疗的反应。

三、流行病学特征

临床医师经常会在门诊和住院部遇到伴有人格障碍的患者。一些研究表明,精神科临床上至少 50% 的患者有一种人格障碍,且通常与轴 I 疾病共病。人格障碍在普通人群中也较常见,患病率约为 12%。

四、人格障碍的诊断

目前人格障碍有两种独立的诊断方案,即《国际疾病分类》(International Classification of Diseases,ICD)-11 中的人格障碍诊断和《精神障碍诊断与统计手册》(diagnostic and statistical manual of mental disorders,DSM)-5 系统中人格障碍诊断方案。这种状况反映了对于描述症状、人格特征和心理社会功能障碍的复杂心理病理结构进行定义的困难。还反映了长期以来的分歧,即人格障碍是否可以考虑采用与医学疾病相同的分类,或者它们是否反映了可以通过维度来评分的正常特征的极端情况和病理性变体。目前 ICD 系统及 DSM 系统对人格障碍的诊断都发生了转变,从基于特定诊断标准的分类诊断转向基于人格功能受损严重程度的人格维度取向,聚焦于自体和人际功能维度。

(一)ICD-11 人格障碍及相关人格特征

ICD-11 中的人格障碍诊断取消了分类模式,代之以维度模式。评估人格障碍的过程,首先基于自体和人际功能损害这两个方面,区分为 1~4 级:人格困难、轻度人格障碍、中度人格障碍、重度人格障碍,如果都不符合,则为正常人格;然后评估 5 个特质维度中哪个/些维度更为突显,这 5 个特质维度包括负性情感、去依恋、去抑制、去社会性,以及强迫特质。并标注了广泛存在的边缘模式。

诊断为一般人格障碍需满足以下诊断标准:①以自体各方面的功能问题(如身份认同、自我价值、自我观点的准确性、自我方向)和/或人际功能障碍(如发展和维持亲密和相互满意的关系的能力、理解他人观点的能力和处理关系冲突的能力)为特征的持续性障碍;②障碍持续存在,超过很长一段时间(>2 年);③障碍表现为认知模式、情感体验、情感表达和行为的不适应(如缺乏灵活性或调节不良);④障碍表现在一系列个人和社会情境中(不限于特定的关系或社会角色),尽管它可能由特定类型的情境而非其他情境持续引发;⑤作为障碍特征的行为模式的不适当发展,不能主要由社会或文化因素解释,包括社会政治冲突;⑥这些症状并非由药物或物质的直接作用(包括戒断效应)引起,也不能用另一种精神和行为障碍、神经系统疾病或其他健康状况来更好地解释;⑦障碍与个人、家庭、社会、教育、职业或其他重要功能领域的严重痛苦或严重损害有关。

确定人格障碍严重程度的指南如表 22-1、表 22-2 所示,五个特质维度限定词如表 22-3 所示。根据诊断标准,除了指定人格障碍严重程度和特质维度限定词外,还可以对亚阈值人格障碍(人格困难)和边缘模式限定词进行编码。

为了临床筛查和研究目的,ICD-11 工作组已经制定了自陈式量表,以确定人格障碍的严重程度和突出的特质维度。人格功能水平量表-简明版 2.0(the level of personality functioning scale-brief form 2.0,LPFS-BF 2.0)有效地测量了自体和人际功能的损害,符合 ICD-11 诊断指南。ICD-11 人格问卷(personality inventory for ICD-11,PiCD)是一份 60 项的自陈报告或知情者报告工具,描述了 ICD-11 的 5 个特质维度。该特质维度也可以通过使用 DSM-5 人格问卷(personality scale for DSM-5,PID-5)上的评分来推算 ICD-11 特质维度的评分。

表 22-1　确定人格障碍严重程度的人格功能方面

人格障碍严重程度评判分类		具体评判项目
自体各方面功能紊乱的程度和普遍性		• 一个人身份感的稳定性和连贯性。例如,身份或自我意识在多大程度上是可变的、不一致的或过于僵化和固定的 • 能够保持整体积极和稳定的自我价值感 • 对自己的特点、优势、局限性的准确看法 • 自我指导能力(计划、选择和实施适当目标的能力)
人际功能障碍在不同环境和关系中的程度和普遍性(例如,浪漫关系、学校/工作、亲子关系、家庭、友谊、同伴环境)		• 与他人建立关系的兴趣 • 理解和欣赏他人观点的能力 • 发展和维持亲密和相互满意的关系的能力 • 管理人际关系冲突的能力
人格障碍的情绪、认知和行为表现的普遍性、严重性和慢性化	情绪表现	• 情感体验和表达的范围和适当性 • 情绪反应过度或反应不足的倾向 • 识别和承认不想要的情绪(如愤怒、悲伤)的能力
	认知表现	• 情景和人际评估的准确性,尤其是在压力下 • 在不确定的情况下做出适当决策的能力 • 信念系统的适当稳定性和灵活性
	行为表现	• 根据情况和后果考虑,灵活控制冲动和调节行为 • 对强烈情绪和压力环境的行为反应的适当性。例如,自我伤害或暴力倾向
		上述领域的功能障碍与个人、家庭、社会、教育、职业或其他重要功能领域的痛苦或损害程度相关

表 22-2　人格障碍严重程度的本质特征

轻度人格障碍	中度人格障碍	重度人格障碍
障碍会影响人格功能的某些方面,但不会影响其他方面(例如,在没有身份或自我价值的稳定性和一致性问题的情况下,存在自我导向问题;见表 22-1),并且在某些情况下可能不明显	障碍会影响人格功能的多个方面(例如,身份或自我意识、形成亲密关系的能力、控制冲动和调节行为的能力;见表 22-1)。然而,人格功能的某些方面可能相对较少受到影响	自我功能存在严重紊乱(例如,自我意识可能非常不稳定,以至于个人报告说不知道自己是谁,或者过于刻板,以至于拒绝参与或仅参与范围极为狭窄的情境;自我观的特点可能是自我轻视,或浮夸或极为古怪;见表 22-1)
许多人际关系和/或在履行预期的职业和社会角色方面存在问题,但一些关系得到维持和/或某些角色得到履行	大多数人际关系中都存在着明显的问题,大多数预期的社会和职业角色的表现在一定程度上受到了影响。人际关系的特点可能是冲突、回避、退缩或极端依赖(例如,维持的友谊很少,工作关系中的持续冲突和随之而来的职业问题,以严重破坏或不适当顺从为特征的浪漫关系)	人际功能方面的问题严重影响到几乎所有的关系,履行预期社会和职业角色的能力和意愿缺失或严重受损
人格障碍的具体表现通常为轻度	人格障碍的具体表现通常为中度	人格障碍的具体表现是重度,影响到人格功能的大部分(如果不是全部)
通常不会对自己或他人造成实质性伤害	有时与伤害自己或他人有关	通常与伤害自己或他人有关
可能与严重的痛苦有关,或与个人、家庭、社会、教育、职业或其他重要功能领域的损害有关,这些功能要么局限于限定的领域(如浪漫关系、就业环境),要么存在于更多领域,但程度较轻	与个人、家庭、社会、教育、职业或其他重要功能领域的明显障碍相关,尽管在限定的领域内功能可能会保持	与生活所有或几乎所有领域的严重损害相关,包括个人、家庭、社会、教育、职业和其他重要功能领域

表 22-3　人格功能不良的特质维度

特质维度	核心定义	具体特征
负性情感	一种经历广泛负性情绪的倾向,其频率和强度与情况不成比例	焦虑、愤怒、担忧、恐惧、脆弱、敌意、羞耻、抑郁、悲观、内疚、自卑和不信任 例如,一旦心烦意乱,这些人就很难恢复镇静,必须依赖他人或离开现状冷静下来
疏离	保持人际距离(社交疏离)和情感距离(情感疏离)的倾向	社交疏离,包括避免社交互动、缺乏友谊和避免亲密关系。情感疏离,包括含蓄、冷漠和有限的情感表达和体验 例如,这些人寻找不涉及与他人互动的工作
去社会性	无视他人的权利和感受,包括以自我为中心和缺乏同情心	以自我为中心,包括权利、浮夸、期待他人的赞赏和寻求关注。缺乏同情心,包括欺骗、操纵、剥削、无情、卑鄙、冷酷和身体攻击,有时还以他人的痛苦为乐 例如,当这些人没有得到赞赏时,他们会愤怒或诋毁他人
去抑制	基于直接的外部或内部刺激(即感觉、情绪、想法)鲁莽行事的倾向,而不考虑潜在的负面后果	冲动、分心、不负责任、鲁莽和缺乏计划 例如,这些人可能会从事鲁莽驾驶、危险运动、滥用药物、赌博和无计划的性活动
强迫	狭隘地关注一个人对完美和对错的严格标准,以及控制自己和他人的行为和控制情况,以确保符合这些标准	完美主义包括对规则、是非规范、细节、超日程安排、有序和整洁的关注。情绪和行为约束,包括对情绪表达、固执、风险回避、坚持和谨慎的严格控制 例如,这些人可能会固执地重做他人的工作,因为它不符合他们的标准

(二) DSM-5 第二部分人格障碍诊断及其标准

DSM-5 中人格障碍是指明显偏离了个体文化背景预期的内心体验和行为的持久模式,是泛化和缺乏弹性的,起病于青少年或成年早期,随着时间的推移逐渐变得稳定,并导致个体的痛苦或损害。诊断人格障碍需要的两个决定因素是人格功能损害水平的评估和病理性人格特征的评估。

DSM-5 第二部分主要反映了人格障碍的描述性观点,为传统的分类诊断,采用与特定人格障碍相关的诊断标准来计量阈值,个体是否诊断为某种人格障碍,取决于是否达到特定的诊断阈值。如符合某种人格障碍的诊断条目中的几条即可诊断为某种人格障碍。据此将人格障碍主要分为三类,包括十种。

A 类:偏执型、分裂样、分裂型。

B 类:反社会型、边缘型、表演型、自恋型。

C 类:回避型、依赖型、强迫型。

另外还包括其他类型:由于其他躯体疾病所致的人格改变、其他特定的人格障碍、未特定的人格障碍。

(三) DSM-5 第三部分人格障碍诊断及其标准

2013 年出版的 DSM-5 提出了人格障碍替代模型(alternative model for personality disorders, AMPD)。DSM-5 第三部分的人格障碍替代模型是一种分类与维度的混合体。人格障碍的一般诊断标准包括以下 7 条。

A. 中度及以上的人格功能（自体与人际）损害。

B. 一种及以上病理性人格特征。

C. 人格功能损害和个体的人格特征表现方面相对缺乏弹性且是广泛的，涉及个人和社交的许多情况。

D. 人格功能损害和个体的人格特征表现方面随着时间的推移始终相对稳定，最早可追溯到青春期或成年早期。

E. 人格功能损害和个体的人格特征表现方面不能更好地用其他精神障碍来解释。

F. 人格功能损害和个体的人格特征表现方面不能仅仅归因于物质或其他躯体疾病的生理效应。

G. 人格功能损害和个体的人格特征表现方面对于个体的发育阶段和社会文化环境都不能理解为正常的。

做出人格障碍诊断基于两个决定性因素：人格功能损害水平的评估和病理性人格特征的评估。

标准 A 旨在评估人格功能的受损程度，主要分为两个方面：自我功能（身份认同和自我引导）、人际功能（共情和亲密感）。AMPD 使用人格功能水平量表（level of personality functional scale，LPFS）来对标准 A 进行分级，分为 5 级损害：0 级，没有损害；1 级，一些损害；2 级，中度损害；3 级，重度损害；4 级，极重度损害。中度以上损害才可以评定为人格障碍。

标准 B 以多维人格特征模型为基础，多维人格特征主要包含 5 个高阶特征领域以及 25 个低阶特征方面：①负性情感（情绪易变、焦虑、顺从、对分离的不安全感、敌对、抑郁、固执、多疑、受限的情感）；②疏离（退缩、回避亲密、受限的情感、快感缺失、抑郁、多疑）；③对抗（欺骗、操控、夸大、无情、寻求关注、敌对）；④去抑制（冲动、不负责任、冒险、随境转移、机械的完美主义）；⑤精神质（古怪、不寻常的信念和体验、认知和感知失调）。DSM-5 人格问卷（personality scale for DSM-5，PID-5）可用于对 5 个维度的 25 个特质进行评估。在诊断标准 A 达到人格障碍的前提下参照标准 B，来确定个体的人格障碍类型。

基于以上两个决定性因素对人格障碍进行诊断，DSM-5 第三部分的特定人格障碍类型可分为 6 类，分别是边缘型、自恋型、强迫型、反社会型、回避型及分裂型人格障碍。以上 6 种人格障碍类型所不能描述的部分，可用特定特征型人格障碍（personality disorders trait-specific，PD-TS）评估。PD-TS 不需要被划分亚型，取而代之的是提供了构成人格的描述性元素。这代表着人格障碍诊断从多元评估标准向一元评估标准的转变，这种转变可以减少人格障碍评估过程中的共病及异质性现象。

乔尔·帕里斯（Joel Paris）总结目前人格障碍诊断方案如下：①DSM-5 中的分类诊断方案效度较差，但至少描述了两类具有重要临床意义的疾病（边缘型和反社会型人格障碍）；②特征描述的相关性研究可以证实维度诊断的有效性，但临床实体不确定；③DSM-5 第三部分提出的替代（混合）诊断方案试图结合分类和维度方法的优点，但目前对于常规临床使用来说过于复杂；④哪种人格障碍的诊断方案最好，尚不能确定，因为所有诊断方案都有优点和缺点；⑤更好地理解人格障碍的病因可能将阐明这个问题。

五、人格障碍的临床意义

人格障碍患者往往存在显著的人际关系问题及社会功能损害。他们在应对环境和生活改变时很难变通适应,面对应激时又很难恢复。相反,他们通常的反应倾向于固化和强化其人格问题。但是,对这些个体而言,明显是由于其人格造成了这些问题,而他们却可能会把自己的困难归因于其他人或甚至完全否认自己存在问题。大量的研究将人格障碍的患者与不伴有人格障碍的患者,或者与轴I障碍的患者进行了比较,结果发现人格障碍的患者往往多见分居、离异或者单身,并且常常失业、变换职业或者是病休,其工作能力、职业成就和满意度更低。在不同类型的人格障碍中,发现严重程度较重的人格障碍(如分裂型和边缘型)所导致的工作、社会关系及休闲娱乐中的功能损害要比严重程度较轻的类型(如强迫型)更为严重,也比不伴有人格障碍的轴I障碍(抑郁症)所造成的功能损害要严重。但是即使相对损害较轻的人格障碍(如强迫型)患者也可能在功能的至少某一方面存在中度到重度的损害。因此,不同类型人格障碍患者之间不但功能损害的严重程度不同,而且功能损害的范围也有所不同。

人格障碍患者的功能损害往往是长期持久存在的,会长期扰乱个人的工作和社交。人格障碍症状造成的"瘢痕"或残留可能需要时间去抚慰或去战胜,但随着时间的推移(和治疗),患者的功能会得到改善。

人格障碍患者往往给他人带来麻烦、造成社会负担。患者自身也较多存在分居、离婚、家庭冲突、高危性行为、虐待儿童等,以及发生意外、被警察盘问、急诊、住院治疗、暴力及犯罪行为(包括谋杀)等。

在治疗中常需要将人格障碍作为一个焦点,至少需要在治疗共病的轴I障碍时考虑到,因为它的存在往往影响到轴I障碍的预后和疗效。例如,当抑郁症、双相障碍、惊恐障碍、强迫障碍和物质滥用患者共病人格障碍时,药物治疗往往疗效欠佳,这与他们对药物治疗的依从性差有关。另外,人格障碍还提示抑郁的加重或复发,并且共病人格障碍的抑郁症、双相障碍、广泛性焦虑障碍患者症状往往更难缓解。正如大多数临床医生所意识到的,不管人格障碍是否为治疗的关注点,人格障碍患者的特点会在治疗关系中表露无遗。举例来说,有些患者可能会明显地依赖于临床医生,而另一些患者可能不会听从治疗建议,还有的可能对治好自己的病有明显的抵触。虽然人格障碍患者倾向于大量地使用精神卫生服务,但他们更可能常常对所获得的治疗不满。

六、人格障碍的心理治疗

既往对人格障碍患者的可治疗性通常存在顾虑,目前越来越多的研究表明,人格障碍患者在病程中的确是可以改变的,而且大多数人格障碍比以往所认为的更具可塑性和可治疗性。目前对治疗人格障碍可能有效的主要方式有心理治疗、社会辅导和药物治疗,以及精神科住院管理。心理治疗仍然是治疗人格障碍的主流。

（一）当代精神动力学治疗

1. 移情焦点治疗（transference-focused psychotherapy,TFP） TFP 是一种手册化心理干预方式,最初作为一种高度结构化的针对边缘人格组织（borderline personality organization,BPO）患者的个体治疗,每周开展 2 次。当下,TFP 的修订版本陆续开发出来,不仅用于治疗严重的人格障碍,也可拓展至轻中度人格病理,以及青少年人格障碍的治疗。治疗的焦点是 BPO 患者典型的分裂的自体表征和他人表征。治疗的目标是减少患者的有害行为,并发展一种治疗关系,在这种关系中,患者可以反思其对自己和他人的反应性感知,包括与治疗师以及当下生活中重要他人的关系。大量研究证明了 TFP 的有效性,患者的心智化能力、反思功能均显著改善,并伴随着人格组织结构的显著改善。

2. 基于心智化的治疗（mentalization-based treatment,MBT） MBT 本质上是一种将心智化过程置于治疗过程中的心理治疗,而不直接关注客体表征。MBT 的核心理念是:治疗中通过治疗师与患者建立持久的依恋关系,不断激发患者的心智化。MBT 最初在 20 世纪 90 年代被开发,用于日间医院治疗成人边缘型人格障碍（borderline personality disorder,BPD）。MBT 随后发展成为一种更广泛应用的治疗方法,已运用于多种治疗环境,针对多种类型人格障碍患者（最显著的是反社会型人格障碍）,以及其他心理障碍（如进食障碍、抑郁症）的患者,可用于青少年和成人。针对人格障碍的治疗,MBT 通常的治疗方案为持续 18 个月的门诊治疗,包括每周50 分钟的个体治疗和每周 75 分钟的团体治疗。随机对照研究发现治疗后患者的情绪状态和人际功能发生了显著和持久的变化,自杀企图和自伤行为明显减少,住院次数减少,住院时间缩短。

（二）认知行为取向治疗

1. 辩证行为治疗（dialectual behavior therapy,DBT） DBT 最初是针对自杀和自残行为的治疗,目前也用于支持 BPD 以外的多种问题（如跨诊断的情绪调节障碍、双相情感障碍）,现已成为 BPD 治疗的"金标准"。DBT 的核心是传统行为治疗和认知治疗干预、基于冥想的正念灵性实践和辩证哲学的结合。

DBT 在 BPD 中的应用得到了广泛研究。美国心理协会将 DBT 标记为应用于 BPD 具有强循证证据的治疗。标准 DBT 可以改善患者的自杀行为、自杀意念、非自杀性自伤、抑郁症状等,也可以应用于医院的危机干预服务。

2. 图式焦点治疗（schema-focused therapy,SFT） SFT 是一种专门针对人格障碍或其他难以治疗的问题所开发的治疗方案,这些问题对传统的认知行为治疗疗效不佳。SFT 治疗的重点是解决早期适应不良图式（early maladaptive schemas,EMS）,它被概念化为导致适应不良行为的长期显著情绪和认知模式。治疗的一个首要目标是与图式相关的洞察力,以便用适应的方式应对日常生活事件。目前研究提供了初步证据,证明 SFT 在治疗人格障碍患者时,个体和团体治疗形式都是有效的。

3. 人格障碍的认知治疗 1990 年,亚伦·贝克（Aaron Beck）及其同事开发了一种针对人格障碍的认知方法,识别、挑战和修改功能失调信念的治疗技术构成了认知治疗的基础。人格障碍认知治疗的目标是减少适应不良图式的强度和可用性,加强更具适应性的图式。

（三）短程治疗

1. 短程动力性治疗（short-term dynamic psychotherapy，STDP） STDP借鉴了传统的精神分析理论，强调治疗师通过激发情感和使用治疗关系发挥积极作用。随机对照研究发现完成STDP（40个治疗小节）后，人格障碍患者在一般精神症状、人格症状、人际问题、社会适应、情绪和身份认同症状，以及自我同情方面都有所改善。

2. 短程认知行为治疗 短程认知行为治疗具有时限性、以问题为中心。这些方法旨在通过提供心理教育、管理突发事件，以及改善自我管理和社交技能缺陷来改变思维和行为的功能失调模式。鉴于人格障碍患者的人际问题突出，提高此类人群的社交技能有望缓解与人格障碍相关的许多症状和功能损害。

七、人格组织水平、病理严重程度和预后

DSM-5人格障碍的诊断，以及特征维度描述都不能明确反映人格病理的严重程度或预后。基于人格病理的客体关系理论模型，奥托·科恩伯格（Otto Kernberg）提出了人格组织水平及人格结构诊断的概念。基于身份认同形成、客体关系质量、防御方式、攻击性处理方式、道德功能这五个方面的维度评估，个体可以被描述为正常人格组织、神经症水平人格组织（neurotic personality organization，NPO）、高水平边缘人格组织（high-level borderline personality organization，高水平BPO）、中等水平边缘人格组织（middle-level borderline personality organization，中等水平BPO）、低水平边缘人格组织（low-level borderline personality organization，低水平BPO）、精神病性人格组织（psychotic personality organization）（图22-1）。基于不同的人格组织水平，患者的治疗计划及其预后均有所不同（表22-4）。

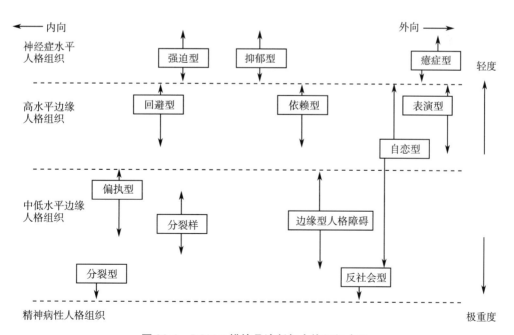

图 22-1 DSM-5 模块 II 诊断与人格组织水平

表 22-4 不同人格组织水平的人格病理的严重程度、预后及病程

人格组织水平	严重程度、预后及病程
NPO 患者	轻微病理;较好的整体预后
	治疗不需要高度结构化
	在多种治疗中表现良好
	病理特征是"适应不良的人格僵化",而不是"人格障碍",相对轻微的功能损害和典型的高水平功能
	更局灶性的病理(主要局限于一个特定的功能领域,而不是影响所有方面的功能)和不太严重的僵化水平,有更好的预后
	常表现为强迫、抑郁和癔症性人格
高水平 BPO 患者	BPO 谱系中最不严重的人格障碍;预后良好,但不如 NPO 患者稳定
	在非结构化治疗中表现不佳
	在结构化治疗中表现良好,一般对移情焦点治疗(TFP)的反应尤为正性
	相对没有明显的道德功能方面的病理性,存在形成依赖关系的能力
	通常被诊断为表演型、依赖型和回避型人格障碍,并可能表现出较为健康的自恋特征
中等水平 BPO 患者	尽管症状严重,但预后相对好,并受益于各种专业治疗
	需要高度结构化的框架和协议,治疗早期阶段的特点是付诸行动
	在 TFP-E 治疗中表现良好
	道德功能和客体关系损害越严重,预后越不好
	通常被诊断为边缘型、偏执型和分裂型人格障碍
低水平 BPO 患者	预后极不良;治疗具有很高的破坏性付诸行动的风险
	协议必须是广泛的,包括第三方的参与
	常被诊断为具有明显反社会特征的自恋型人格障碍(常伴有边缘型人格障碍)、恶性自恋型人格障碍和反社会型人格障碍
	反社会型人格障碍是门诊心理治疗的禁忌证

第二节　边缘型人格障碍

一、概述

边缘型人格障碍(BPD)是一种以情绪不稳定、冲动自伤行为、不稳定的自我认同和紧张的人际关系为主要临床特点,起病于成年早期的一种人格障碍。国外研究发现在一般人群中 BPD 的患病率为 1%~2%,精神科门诊患者的患病率为 10%,住院患者的患病率为 15%~20%,在被诊断为人格障碍的人群中,其构成比是 30%~60%。约 10% 的患者会自杀死亡,这个比例是一般人群的 50 倍。由于自杀死亡率高、治疗难度大,BPD 引起了学者们的关注,对于它的研究也成为当今精神医学界及临床心理学界关注的研究热点之一。上海市精神卫生中心的一项研究显示,BPD 在门诊的检出率为 5.8%,且其与轴Ⅰ、轴Ⅱ疾病存在广泛共病。共病 BPD 是影响精神疾

病严重程度及预后的不良因素,导致临床症状和治疗反应都更加复杂,增加了诊断和治疗的难度,而且使社会功能损害程度更严重,反复就医大大增加了医疗资源的使用。

在 ICD-10 中,该分类被称为"情绪不稳定型人格障碍",包括"冲动型"和"边缘型"两个亚型。而 ICD-11 疾病分类则使用了"人格障碍及相关特质",其中包含"边缘模式"。

DSM-5 边缘型人格障碍诊断标准 301.83(F60.3)为:一种人际关系、自我形象和情感不稳定以及显著冲动的普遍模式;起始不晚于成年早期,存在各种背景下,表现为下列 5 项(或更多)症状。①极力避免真正的或想象出来的被遗弃(注:不包括诊断标准第 5 项中的自杀或自残行为);②一种不稳定的紧张的人际关系模式,以极端理想化和极端贬低之间的交替变动为特征;③身份紊乱:显著的持续而不稳定的自我形象或自我感觉;④至少在 2 个方面有潜在的自我损伤的冲动性(如消费、性行为、物质滥用、鲁莽驾驶、暴食)(注:不包括诊断标准第 5 项中的自杀或自残行为);⑤反复发生自杀行为、自杀姿态或威胁或自残行为;⑥由于显著的心境反应所致的情感不稳定。例如,强烈的发作性的烦躁,易激惹或焦虑,通常持续几个小时,很少超过几天;⑦慢性的空虚感;⑧不恰当的强烈愤怒或难以控制发怒(如经常发脾气、持续发怒、重复性斗殴);⑨短暂的与应激有关的偏执观念或严重的分离症状。

目前 BPD 的治疗模式以药物治疗和心理治疗为主,在极端情况下可以住院治疗。在短暂的心因性精神障碍中,小剂量抗精神病药物是有效的。情绪稳定剂有助于缓解极端不稳定的情绪。针对抑郁、焦虑等临床症状也可采用抗抑郁药及抗焦虑药物治疗,特别当患者存在严重消极抑郁情绪时。但药物治疗不能治愈边缘型人格障碍,只能改善相应临床症状。心理治疗仍然是针对该疾病的主要治疗手段。BPD 的心理治疗模式主要有精神动力学取向及认知行为取向治疗,也包括支持性治疗、家庭治疗、沙盘治疗等多种形式。经颅磁刺激治疗也是具有发展前景的新兴治疗方法。基于智能手机的应用程序也有望帮助患者改善相关症状,有待进一步发展。

二、心理治疗方法

在针对 BPD 患者的特定心理干预措施中,最常用的是移情焦点治疗(TFP)、基于心智化的治疗(MBT)、辩证行为治疗(DBT)和图式焦点治疗(SFT)。这些治疗大多设计为 6～24 个月的门诊治疗,每周单独治疗 1～2 次。还包括额外的团体治疗、住院或日间医院治疗、社区治疗和心理教育。BPD 的其他治疗方法包括认知行为治疗(cognitive behavioral therapy,CBT)、接纳与承诺治疗(acceptance and commitment therapy,ACT)、人际心理治疗(interpersonal psychotherapy,IPT)。

(一)移情焦点治疗(TFP)

1. 疾病概念化 科恩伯格等认为,边缘型人格障碍患者主要是缺乏对心理状态的整合能力。主要表现为身份认同弥散、缺乏对自我和他人的连贯完整的认识、在应激条件下以原始防御为主。所以,TFP 的目标聚焦于身份认同弥散、解决原始防御机制、对自我和他人进行区分理解,从而帮助患者增强应对负面情绪的能力,维持工作、人际交往等社会功能。

2. 操作流程

(1)诊断性评估(初始访谈):90 分钟或者 2 次 45 分钟访谈,评估包括描述患者的症状表现、病理性人格特征、一般人格功能、人格组织水平。评估工具:人格组织的结构式访谈-修订版。讨论诊断印象及确定治疗目标。边缘型人格障碍的核心特征描述见表 22-5。

表 22-5　边缘型人格障碍的核心特征描述

核心特征	边缘型人格障碍的描述
同一性巩固	中度至重度失败
情感基调	充满感情的、不稳定的、负面情感为主的
认知方式	空洞的、极端的、矛盾的
人际方式	依赖的、苛求的、控制的
对自我的态度	身份困惑、自我厌恶
常见症状	暴风骤雨般的关系、情感不稳定、破坏性行为
核心动力	通过分裂抵御整合不良的攻击性溢出所带来的不稳定，以及渴望得到完美的照料者
最初的移情/主要客体关系	偏执的、易怒的牺牲品自我，以及使其牺牲的客体；或者被完美的满足的自我和被理想化的照料者

（2）制定治疗计划并签署治疗协议：建立治疗框架，明确治疗的基本参数，包括频率、单次小节的时长、整个治疗的时长、治疗流程、付费方式、保密协议、治疗小节之间双方的联系规则、与第三方联系的规则，以及治疗师和患者各自的角色和责任，其中包括紧急状况处理和药物管理。除此之外，治疗框架还包括个体化的约束条件，以处理阻碍患者或治疗师有效展开探索性治疗的特定行为。在协议签订阶段，治疗师会基于对患者的心理病理、个人史、生活状况，以及先前治疗经验的理解来介绍治疗安排。例如，会围绕物质滥用、进食障碍的症状，以及诸如割伤、鲁莽驾驶、不安全性行为这样的自毁行为去讨论特定的治疗安排，对行为控制进行介绍。

（3）治疗过程：通过使用澄清、面质和诠释，详细探究患者主导的客体关系模式。这一阶段的治疗重点是如何在移情关系中激活自体-客体模式。随后这些自体-客体模式被澄清，患者越来越多地面质自体-客体两极，这是 BPD 患者的典型情况，他们生活在移情关系中（如受害者和攻击者），并且他们在这两极之间振荡。然后将这些关系模式与患者的发展史联系起来，探索其自体-客体表征的潜在防御功能。该过程有助于减少分裂、全能控制和投射性认同的需要；促进形成更加多元差异化和整合的自体及他人表征，从而改善反思功能（心智化）和情感调节。

（4）结束治疗：在理想的情况下，当治疗目标已经达到或足以使患者满意，且患者的收获稳定时，即可考虑结束治疗。作为治疗结果的症状和行为改善应与人格变化相对应，即随着整合水平的提高，与患者主诉相关的功能领域的人格僵化减轻。将这些结构标准与治疗目标结合起来作为结束治疗的指征，这区分了人格改变与症状改善，症状改善更表面，且取决于与治疗师的持续接触。相反，反映人格变化的治疗成果相对稳定，并将持续下去，甚至可能在治疗结束后继续发展。患者或治疗师都可以提出结束治疗的讨论。

3. 主要技术策略　TFP 对边缘型人格障碍的主要干预策略见表 22-6。

（二）基于心智化的治疗（MBT）

1. 疾病概念化　边缘型人格障碍的核心问题在于心智化功能的缺损，从而导致认知和情绪功能不良。边缘型人格障碍患者往往通过行动来修补心智化功能，创造幻觉性的自我凝聚感。行动是保护脆弱自体免于遭受内在持续攻击和迫害的方法。患者必须把这种羞辱感和威胁外化，从而形成对外在客体的攻击性，否则就会进行自伤自杀来拯救脆弱自体。异化自体（alien self）被投射向外，被认为是别人的一部分。对别人的攻击表达了患者对重新组织自体结构的希望。当外在人际关系发生变动，尤其是分离情境发生时，异化自体回转到自体结构中，再次威胁到自体结构的稳定性。

表 22-6　TFP 对边缘型人格障碍的主要技术策略

策略分类	具体策略
策略 1	界定主导的客体关系:显著理想化或受迫害的客体关系 受害者——迫害者 被关心的儿童——完美的照料者
策略 2	注意患者体验与行为中的重复、僵化和矛盾性,基于分裂的防御,患者主导迫害性客体关系模式在生活中广泛存在
策略 3	探讨激发分裂和组织主导客体关系的基于安全性需要的偏执性焦虑和冲突,以及没有或不稳定潜抑的整合不良的攻击性表达
策略 4	修通所识别的冲突:使患者能够涵容与表达攻击性相关的偏执性焦虑,放弃基于分裂的防御,促进理想化和迫害性的内在客体关系的整合,导向身份认同巩固的渐进过程,改善人际功能

2. 操作流程

(1)诊断性评估:评估包括描述患者的症状表现,依据 DSM-5 诊断标准,识别可能干扰治疗的任何问题,识别患者的心智化能力。

(2)制定治疗计划并签署治疗协议;针对人格障碍,MBT 通常的治疗方案为持续 18 个月的门诊治疗,包括每周 50 分钟的个体治疗和每周 75 分钟的团体治疗。

(3)治疗过程:最初是个体治疗,然后在个体治疗的同时引入团体治疗,旨在温和地扩展患者的心智化能力,同时关注患者自体意识的稳定性,管理治疗师和患者之间的人际亲密感,有助于患者保持一定程度的觉察,以确保患者参与这一过程。患者和治疗师之间管理良好的(不太强烈的,也不太疏离的)依恋关系可以优化心智化功能的唤醒水平。MBT 治疗中,重点是过程而不是内容。MBT 实践的核心是治疗师的心智化立场。

(4)治疗结束:处理与治疗结束相关的分离和失落感,与患者合作制定后续治疗计划。

3. 主要技术

(1)识别患者的心智化能力。

(2)识别并呈现患者自身的内部状态。

(3)耐受并识别患者的投射性认同。

(4)保持对患者内在状态的持续关注。

(三)辩证行为治疗(DBT)

1. 疾病概念化　玛莎·林内翰(Marsha Linehan)认为情绪失调是 BPD 的核心特征,并提出这可能由先天性的生物缺陷和不良的童年经历所致。DBT 旨在通过"接受与改变的平衡"来改变行为和管理情绪。

2. 操作流程

(1)诊断性评估:评估包括描述患者的症状表现,依据 DSM-5 诊断标准明确诊断,识别干预的优先等级。

(2)制定治疗计划并签署治疗协议:针对 BPD 患者的具体情况,要求患者作出对达成治疗目标所要承担义务的承诺,使患者和治疗师在治疗前就建立起牢固的协作关系。

(3)治疗过程:DBT 的治疗提供 4 种模式治疗,包括个体心理治疗、团体技能训练、电话指导、治疗师团队协商会议。治疗主要分为以下四个阶段。

1）获得基本能力阶段:通过减少患者创伤性行为和情绪体验,使患者获得正常稳定的合理生活模式。按重要性排序,应分别减少:自杀性行为、妨碍治疗的行为、影响生活质量的行为、同时发展出合理稳定的功能性行为。

2）减少创伤后应激阶段:采用"暴露"的方式,通过减少与某些创伤性事件相连的自责与指责而引起的辩证性张力,从而教会患者将由创伤性事件相关线索造成的情绪反应合理化。

3）解决生活中的问题并提高自尊阶段:减少或解决患者生活中还没有被完全接受、正在发生的一系列障碍或问题,帮助患者认识到自我的价值,培养其产生合理的自我效能感及独立的自尊感。

4）获得持续愉悦能力阶段:在完成以上目标的基础上,还要帮助患者处理不完整的感觉以提高生活质量。

（4）治疗结束:处理与治疗结束相关的分离和失落感,与患者合作制定后续治疗计划。

3. 主要技术

（1）正念技术是 DBT 的核心。

（2）情绪调节技术。

（3）人际效能技术。

（4）承受痛苦技术。

（四）图式焦点治疗（SFT）

1. 疾病概念化　杰弗里·E. 杨（Jeffrey E Young）等认为,早期适应不良图式可能是造成人格障碍的重要原因,包括认知、情绪、感觉等,是在早期核心情感未得到满足,以及经历不良早期生活事件（遭受虐待、敌对等）作用下形成,个体建立自我挫败的不良图式来对当时的环境做出消极反应。在以后的生活中不断重复,从而造成诸多心理问题。图式治疗的目标是帮助边缘患者识别因童年期情感需求未满足而导致的成年后适应不良。

2. 操作流程

（1）诊断性评估:评估包括描述患者当前的问题、治疗目标,以及是否适合图式治疗。评估过程中患者先以家庭作业的方式完成以下问卷:生活史评估表;Young 图式问卷、Young 父母调查问卷、Young-Rygh 回避问卷、Young 过度补偿问卷、意象评估、评估治疗关系、评估情绪气质,进行有关图式的教育,形成个案概念化。通过以上方式识别 BPD 患者的五种主要图式模式:遗弃儿童、愤怒与冲动儿童、惩罚父母、解离保护者、健康成人。

（2）制定治疗计划并签署治疗协议:与患者达成治疗目标,帮助患者效仿治疗师,形成健康成人模式,具体治疗目标如下。①与遗弃儿童共情,并保护他们;②帮助遗弃儿童给予爱和接受爱;③与惩罚父母斗争并赶走他们;④限制愤怒与冲动儿童的行为,帮助处于这一模式的患者适当地表达自己的需要和情感;⑤消除解离保护者的疑虑,逐渐以健康成人替代解离保护者。

（3）治疗过程:治疗师灵活地将反移情、认知、人际、行为策略结合,用积极健康的行为方式取代适应不良应对方式,促进患者图式的改变。依照童年早期的发展,治疗主要分三个阶段:①建立紧密联系和情感调节阶段;②图式模式改变阶段;③自主阶段。

（4）治疗结束:治疗师允许患者计划和设定结束的节奏,治疗师让患者在自己能应对的范围内最大限度地独立,同时保证当患者需要帮助时给予可靠的支持。

3. 主要技术

（1）认知技术。

（2）体验性技术。

（3）行为模式打破。

三、示范案例

（一）一般情况

患者,女性,33岁,未婚,从事销售工作。

（二）来访者的问题

1. **主诉**　长期情绪不稳定,多次因与男友冲突后产生消极观念、自伤行为,有数次自杀企图,多次被男友送急诊接受救治。

2. **病程**　自述出生后被母亲遗弃,从未见过亲生父母。在童年时期,经常被收养家庭的母亲和两个姐姐及哥哥责骂和体罚。从小对自己的身份存在困惑,不知道自己是谁,时常感到恍惚。初中毕业后即进城打工。多次因与同事及领导冲突而离职。曾经有过短暂药物滥用史(吸食大麻和安非他明),有长期饮酒史。在压力下,患者时常出现人格解体症状和幻听,称听见声音告诉她惩罚自己或从现在的现实中消失,她可以意识到这些声音只存在于她的头脑中。从小遭遇失败或感觉到被拒绝时,她会有自我厌恶或愤怒的感觉。对他人极度不信任,与他人建立亲密关系困难,时常被抱怨不能理解他人的需要,每次男友提出分手后,时常会过度讨好或威胁自杀以挽留。时常感到空虚、愤怒。

3. **诊断**　边缘型人格障碍。

（三）初始访谈（评估）,进行个案概念化

根据DSM-5诊断标准,患者符合BPD诊断标准,具体如下。

患者表现为起病于成年早期的一种人际关系、自我意象和情感不稳定,以及显著冲动的普遍模式;并表现为下列几项症状。

1. 极力避免真正的或想象出来的被遗弃(过度讨好或威胁自杀以挽留)。

2. 一种不稳定的紧张的人际关系模式(多次因与同事及领导冲突而离职)。

3. 身份紊乱(长期对自我身份困惑恍惚)。

4. 至少在2个方面有潜在的自我损伤的冲动性(使用毒品、长期饮酒)。

5. 反复发生自杀行为、自杀姿态或威胁或自残行为。

6. 由于显著的心境反应所致的情感不稳定(时常感到空虚、愤怒、悲伤、绝望、无助)。

7. 慢性的空虚感。

8. 不恰当的强烈愤怒或难以控制发怒(如经常发脾气、持续发怒)。

9. 短暂的与应激有关的偏执观念或严重的解离症状。

风险评估:患者目前否认自伤自杀计划及行为,为了挽留男友,主动要求治疗;但不排除与男友冲突后再次出现自杀的风险。

个案概念化:患者表现为对拒绝的敏感,亲密关系中显著激烈而不稳定的情绪表达,广泛的

不信任感及人际关系紧张,自毁式的应对方式,解离、分裂的防御机制。这与患者早年的无效养育环境有关,负性童年经历、不良的抚养方式、童年虐待,缺少社会支持,使得患者在儿童期的成长过程中,情绪或合理的需求得不到认可,导致患者感到自己不被认可、低自尊、过度敏感,情绪调节能力差。现实情境中对拒绝及抛弃过度敏感,BPD患者的症状容易被激活,缺乏必要的应对策略,使患者从一个危机直接转向另一个。

(四)设定治疗目标,规划治疗(包括设置等)

治疗目标:帮助患者在"接受"和"改变"之间寻找到平衡,通过正念技能、情绪调节技能、人际效能技能,以及承受痛苦技能的学习训练,帮助患者获得更健康的应对方式和技能。

治疗方式:DBT治疗。

治疗设置:门诊DBT个体治疗+团体技能训练,每周一次。

治疗规划:

第一阶段,重新获得控制感。帮助患者更好地觉察自己的情绪,愤怒、悲伤、绝望等,提高对自我情绪的接纳与理解。

第二阶段,主要强调合理表达情绪。帮助患者以恰当的方式表达自己的情绪。进行行为链分析,帮助患者看到负面情绪给其亲密关系及同事等人际关系所造成的破坏性影响及其恶性循环。

第三阶段,学习如何解决问题,过上更高效的生活。帮助患者在觉察、接纳、理解自己的基础上,妥善地处理生活中与男友及同事的矛盾冲突。

第四阶段,帮助患者学习如何建立"完整感"。帮助患者在自我接纳的基础上,发展自我愉悦的能力,促进自我多元性及完整感的建立。

第三节 自恋型人格障碍

一、概述

自恋是人类的普遍特征,也是健康人格的主要构成部分。自恋能帮助个体对批评和失败进行防护,甚至成为个人成就动机的一种体现。自恋型人格障碍(narcissistic personality disorder,NPD)有对自恋的过度要求,患者的基本特征是对自我价值感的过度夸大和缺乏对他人的共情。自相矛盾的是,在这种自大之下,自恋者往往长期体验着一种脆弱的低自尊,只是他们的自大总是无处不在,常表现为浮夸、渴望赞美、缺乏同情心、拥有特权感、妄自尊大、嫉妒、人际关系的疏远和回避;有些患者表现为内心不安全感、脆弱、敏感、羞耻倾向(俗称"薄脸皮自恋")。

ICD-10诊断分类中将自恋型人格障碍归入了其他特异性人格障碍中,DSM-5则将其单独归类,并与反社会型、边缘型和表演型人格障碍统称B类人格障碍。

DSM-5自恋型人格障碍诊断标准301.81(F60.81)为:一种需要他人赞扬且缺乏共情的自大(幻想或行为)的普遍模式;起始不晚于成年早期,存在于各种背景下,表现为下列5项(或更多)

症状。①具有自我重要性的夸大感。例如,夸大成就和才能,在没有相应成就时却盼望被认为是优胜者);②幻想无限成功、权力、才华、美丽或理想爱情的先占观念;③认为自己是"特殊"的和独特的,只能被其他特殊的或地位高的人(或机构)所理解或与之交往;④要求过度的赞美;⑤有一种权利感(不合理地期望特殊的优待或他人自动顺从他的期望);⑥在人际关系上剥削他人(为了达到自己的目的而利用别人);⑦缺乏共情:不愿识别或认同他人的感受和需求;⑧常常妒忌他人,或认为他人妒忌自己;⑨表现为高傲、傲慢的行为或态度。

流行病学研究显示,在普通人群中,自恋型人格障碍的患病率不足1%;在住院患者中,其患病率为2%~6%。男性更易患病。在青少年中自恋的问题比较常见,但是大多数青少年能够以此成长而不出现症状,只有极少数的自恋型行为会持续到成年,最终成为自恋型人格障碍患者。

自恋型人格障碍是个相当广泛的基本病理心理特征,临床诊断为双相障碍、抑郁障碍、物质成瘾等疾病的患者均可见自恋型人格障碍的特点。自恋型人格障碍也常伴有边缘型、反社会型、偏执型、表演型和强迫型人格障碍的特点。

人格障碍患者多缺乏自知力和自我完善能力,故一般不会主动就医,往往在环境或社会适应遇到困难,出现情绪、睡眠等方面的症状时才会寻求治疗或被他人要求治疗。自恋型人格障碍的治疗是一项长期而艰巨的工作,主要治疗方法是心理治疗结合药物治疗,促进人格重建,使其逐渐适应社会。药物治疗、心理治疗及合理的教育和训练是自恋型人格障碍治疗的三种主要模式。主要治疗原则包括:①尽早确诊,及时进行系统且长期的治疗;②心理治疗为主,药物治疗为辅;③对近亲属的健康宣教、心理支持、家庭治疗等。

二、心理治疗方法

包括精神分析在内的个体精神动力学治疗是治疗自恋型人格障碍患者的基本方法。最有影响力的是奥托·科恩伯格(Otto Kernberg)和海因兹·科胡特(Heinz Kohut)的治疗理论,他们都关注长期心理治疗中治疗师和患者关系的临床发展。伊芙·卡利格(Eve Caligor)等(2015)建议对自恋型人格障碍的患者可以采用边缘型人格障碍的治疗方案,这些治疗对自恋型人格紊乱具有适应性。卡利格等专家推荐移情焦点治疗(TFP)、基于心智化的治疗(MBT)和图式焦点治疗(SFT)。这三种治疗都适用于自恋型人格障碍的人格病理和相关心理能力。DBT是共病边缘型人格障碍伴严重自毁行为患者的合适选择。所有这些都是长期治疗,需要对从业者进行专门培训。

(一)移情焦点治疗

1. 疾病概念化 科胡特认为病理性自恋是儿童期发展过程的一种固着。科恩伯格认为自恋障碍是一种自我防御的过程。这种防御形式阻止了两种危险:攻击和依赖。自恋型障碍患者的自体是多元化自体和客体表征的融合:理想化自体、理想化客体和真实自体。真实自体是我认为自己是谁,理想化自体是我想成为什么,理想化客体是我所崇拜的人。这三种表征融合,形成一种新的结构,被称为夸大性自体。同时,自我所不能接受的部分被投射到外在世界的客体身上,并对后者贬低。这是一种去除内疚感和偏执性恐惧的方式。真实自体和理想化自体的差异,即我是谁和我想成为谁之间的距离没有被感受到。哀悼和内疚感没有上升到意识层面,结果是内在世界的贫乏。由于患者不能建立深层的关系,因此被别人体验为苍白的、不鲜活的,结果是导致内在的空虚感。在治疗自恋型障碍患者时,科恩伯格注意到一方面自恋性夸大和难以接近与另一方面偏执性焦虑之间的交替。

2. 操作流程

(1)诊断性评估(初始访谈):90分钟或者2次45分钟访谈。

评估内容:患者的症状表现和病理性人格特征、一般人格功能、人格组织水平,以及DSM-5诊断标准。

评估工具:人格组织的结构式访谈-修订版。

(2)讨论诊断印象及确定治疗目标:自恋型人格障碍的核心特征描述见表22-7。

表22-7 自恋型人格障碍的核心特征描述

核心特征分类	具体核心特征
同一性巩固	中至重度失败、夸大的自体
情感基调	冷酷的、敌意的
认知方式	夸张的、模糊的、过度肤浅的
人际方式	寻求关注、诱惑和贬低、剥削的
对自我的态度	夸大的、贬低的在自我状态的交替
常见症状	不稳定的自尊,需要持续关注,抑郁、空虚、无聊
核心动力	将自体理想化,将贬低的自体部分向外投射;需要长期的倾慕,以维持夸大的防御性自体结构
最初的移情/主要客体关系	蔑视的、优越的、理想化自体和卑微的、被贬低的他人

(3)制定治疗计划并签署治疗协议:针对自恋型人格障碍的TFP治疗中,尤其强调治疗协议是基于患者和治疗师各自的角色和责任;这将自动解决自恋患者通常熟悉的期待,即心理治疗是由积极和负责任的治疗师对被动和无责任的患者所做的事情。强调双方的角色和责任,促进双方共同参与的意识和努力,有助于促进治疗联盟的建立。

(4)治疗过程:TFP治疗中对移情的分析和反移情觉察在治疗病理性自恋患者的过程中尤为重要。在TFP中,目标是识别和探索客体关系的二元体(例如,优/劣;理想化/贬低),因为它们出现在对外化移情关系的讨论中,和/或在此时此刻的移情中被激活。为了做到这一点,TFP治疗师在任何给定的时刻跟踪会话中的主导情绪,首先确定与之相关的自我状态,然后确定该自我状态如何通过情绪与其他人(包括治疗师)的特定表现相联系。通过澄清、面质和诠释的技术,TFP治疗师突出了患者表征世界的冲突方面,同时鼓励患者反思自我和他人的极端体验。从而促使患者能够涵容、修正及整合。诠释是从技术中立的立场进行的,不与患者冲突的任何方面结盟。同时,不断关注治疗师自己的反移情,保持对临床过程的关注,觉察并理解患者难以用言语表达的分裂、潜意识投射方面(自体或客体表征)。TFP治疗师持续保持对患者内部世界和真实世界功能的双重关注,并始终将移情过程中发生的情况与促使患者来治疗的主要冲突联系起来。

(5)结束治疗:处理分离焦虑,共同制定后续计划。

3. 主要技术策略 TFP对于自恋型人格障碍的主要干预技术和策略见表22-8。

表 22-8　自恋型人格障碍移情焦点治疗的主要技术策略

策略分类	具体策略
策略 1	界定主导的客体关系：显著理想化和贬低的客体关系
	蔑视的、优越的、理想化自体和卑微的、被贬低的他人
	脆弱的、自卑的、被剥削的自体和吝啬的、轻蔑的、有需求的他人
策略 2	注意患者体验与行为中的重复、僵化和矛盾性，基于分裂和潜抑的防御，患者主导的基于被爱渴求的客体关系模式在生活中广泛存在
策略 3	探讨激发分裂和潜抑防御并组织了主导客体关系的害怕丧失客体，以及害怕丧失客体的爱的焦虑和冲突，并对潜在的依赖和自恋需求，以及与性和攻击有关的恐惧提出假设
策略 4	修通所识别的冲突：使患者能够涵容与表达依赖、自恋需求，以及性和攻击性相关的焦虑，放弃基于分裂和潜抑解离的防御，促进理想化和贬低的内在客体关系的整合，导向身份认同巩固的渐进过程，改善人际功能

（二）基于心智化的治疗

1. 疾病概念化　彼得·福纳吉（Peter Fonagy）假设自恋型人格是由非一致性镜映引起的。父母由于自己的幻想和自尊需要高估了孩子，即对孩子的镜映，但它不能准确反映孩子的主观体验。这种高估会强调力量、自信和行为能力等品质，而低估了悲伤、不自信和渴望亲近等脆弱情绪。这种镜映会导致自恋性异化自体的发展，因为它无法映射到孩子的主要情感状态，会导致自我的深刻空虚感和不连续性。

在边缘型人格障碍中，人们通过向他人投射一种不好的感觉来应对这种体验（"我不坏——你坏"），而在自恋型人格障碍中，人们则通过向自己投射一种完美的感觉来回应（"我很了不起，或者至少我比你更好"）。根据自恋型人格障碍的相关文献，这种反应被称为自我增强机制，这是一种复杂的心理和人际过程，其功能是重新存储和保持连续性和自我连贯感。当照顾者采用心理控制策略时，孩子会将照顾者的形象内化为对孩子的高估和羞辱，孩子会通过自我增强的混合过程来解决这一问题，如边缘型人格障碍中所述，将不良情绪投射到自我之外。这些过程可以解释脆弱自恋的具体表现，患者更容易经历"愤怒、攻击、无助、空虚、自卑、羞耻、避免人际关系，甚至自杀"。

因此自恋型人格障碍的一个发展前因通常可能是父母的高估，而父母心理控制的增加可能会使人容易自恋。研究表明，边缘型人格障碍的结构与脆弱自恋之间存在显著重叠。罗伯特·P.德罗泽克（Robert P Drozek）提出：自恋型人格障碍可以被概念化为三个因素的组合：①依恋相关的心智化抑制；②非心智化体验模式的再现；③实现自恋性异化自体的持续压力。

2. 操作流程

（1）诊断性评估：评估包括描述患者的症状表现，DSM-5 诊断标准，识别可能干扰治疗的任何问题，识别患者的心智化能力。

（2）制定治疗计划并签署治疗协议：针对人格障碍的治疗，MBT 通常的治疗方案为持续 18个月的门诊治疗，包括每周 50 分钟的个体治疗和每周 75 分钟的团体治疗。

（3）治疗过程：针对自恋型人格障碍的 MBT 旨在使患者走向更加精细、反思、灵活和情感投入的体验形式。治疗中需要关注非心智化状态的出现。MBT概述了两种方法对该夸大和贬低状态进行干预：相反动作和模式特定干预。相反动作是指治疗师试图将患者的注意力从特定的"固定"心智化轴转移，鼓励患者看到自己忽略的部分，以便沿着心智化的核心维度产生并保持更大的灵活性。如从患者对认知的表述转移到情感，从外在表述转移到内在体验，从他者转移到自体。模式特定干预是指治疗师不断评估非心智化模式的存在，即患者的思维在多大程度上显得过于僵化（精神等同）、外部聚焦（目的论）或失联（假装模式）。MBT建议采取特定干预措施来应对这些不同的心智模式。

（4）治疗结束：处理与治疗结束相关的分离和失落感，与患者合作制定后续治疗计划。

3. 主要技术

（1）共情性认可患者的内在体验。

（2）鼓励澄清、阐述和情境化。

（3）增加患者情感叙述的复杂性。

（4）定期返回共情性认可，以管理患者的唤醒水平。

（三）图式焦点治疗

1. 疾病概念化　根据SFT理论，自恋者在与依恋需求有关的图式领域受到创伤。他们在自恋伤害时容易产生脆弱的情绪，尽管他们通常不会直接表现出这些情绪。相反，他们使用不适应的应对策略，导致情绪状态，称为"图式模式"。这包括自我夸大模式和超然的自我安抚模式，在这两种模式中，优越、傲慢的自我表现和成瘾或强迫行为具有自我调节功能。

2. 操作流程

（1）诊断性评估：评估包括描述患者当前的问题、治疗目标，以及是否适合图式治疗。评估过程中患者先以家庭作业的方式完成以下问卷：生活史评估表、Young图式问卷、Young父母调查问卷、Young-Rygh回避问卷、Young过度补偿问卷、意象评估、评估治疗关系、评估情绪气质，进行有关图式的教育，形成个案概念化。通过以上方式识别自恋型人格障碍患者的两种主要图式模式：自我夸大模式和超然的自我安抚模式。

（2）制定治疗计划并签署治疗协议：具体治疗目标包括与自我夸大模式进行共情性面质；与孤独、羞愧儿童共情，让患者感到支持和保护；与超然的自我安抚模式进行互动，建立信任、亲密的关系。

（3）治疗阶段：治疗师灵活地将反移情、认知、人际、行为策略结合，促进患者图式的改变。依照童年早期的发展，治疗主要分三个阶段：①建立紧密联系和情感调节阶段；②图式模式改变阶段；③自主阶段。

（4）治疗结束：治疗师允许患者计划和设定结束的节奏；治疗师让患者在自己能应付的范围内最大限度地独立，同时保证当患者需要帮助时给予可靠的支持。

3. 主要技术

（1）认知技术。

（2）体验性技术。

（3）行为模式打破。

三、示范案例

(一) 一般情况

患者,男,50 岁,两次离异,音乐家。

(二) 患者的问题

1. 主诉　长期情绪低落,对事业发展和亲密关系不满意。

2. 病程　患者自感长期情绪不良,严重影响了自己的创作灵感,多家医院就诊无效,极为失望,经朋友介绍,抱着试一试的心态来寻求心理治疗。患者目前为音乐学院老师,经常因为对自己的作品不满意而郁郁寡欢,但业内对其作品认可度颇高,自觉总是需要寻求他人对自己作品的认可而感到心累疲惫,尽管时常会有小的作品登上畅销排行榜,短暂高兴之后很快陷入对自己的贬低,认为流行作品不登大雅之堂。经常与合作人发生争执导致关系破裂,在学院中与同事关系紧张,总感到不能被真正理解和赏识。

目前第二段婚姻陷入危机,感到现任妻子与前任一样,进入婚姻后就逐渐暴露出才华不足的缺陷,令其苦恼痛苦。平时会通过吸烟、饮酒的方式来排解内心苦闷。否认物质滥用,否认冲动消极言行。患者自小与母亲相处,母亲是小学音乐老师,在患者心目中母亲是美丽孤傲的,父亲在部队工作,长年不在家,读高中时父母离异,患者称父亲是冷漠固执的,总是一副严肃责备的姿态,让家人都很紧张不安。患者自小喜欢音乐,喜欢在家里自己作曲,小学时被同学们欺负后越发孤僻,只有几个谈得来的朋友。

3. 诊断　自恋型人格障碍。

(三) 初始访谈(评估),进行个案概念化

根据 DSM-5 诊断标准,患者符合 NPD 诊断标准,具体如下。

起病于成年早期,一种需要他人赞扬且缺乏共情的自大(幻想或行为)的普遍模式。

1. 具有自我重要性的夸大感(对自己音乐才华的夸大感,不能接受自己的作品流丁流行畅销排行榜)。

2. 幻想无限成功、权力、才华、美丽或理想爱情的先占观念(幻想自己拥有杰出的音乐才华及完美而匹配的爱情)。

3. 认为自己是 "特殊" 的和独特的,只能被其他特殊的或地位高的人(或机构)所理解或与之交往(时常感到自己不被理解和欣赏)。

4. 要求过度的赞美。

5. 有一种权利感(希望合作人及同事顺从自己的意愿)。

6. 缺乏共情:不愿识别或认同他人的感受和需求。

7. 常常妒忌他人,或认为他人妒忌自己。

8. 表现为高傲、傲慢的行为或态度。

风险评估:患者否认自伤自杀言行。

个案概念化:患者表现出显著的夸大性自体以及脆弱自体的两极,理想化与贬低共存;人际关系受损,人际关系中具有特权感,希望合作人、同事能够遵从自己的意愿,导致事业发展上伙伴关系紧张;亲密关系中呈现明显理想化与贬低的模式,两次婚姻关系均因对对方的投射性贬低导

致关系紧张。患者主导的客体关系模式为夸大性理想化与贬低,人际关系中表现出冷漠、敌意的情感基调,需要外在大量的认可、赞赏以维持其夸大的防御性自体。

（四）设定治疗目标,规划治疗（包括设置等）

治疗目标:通过识别和修通移情情景中原始成分,显著理想化和贬低的客体关系模式,让患者逐渐整合,形成巩固而稳定的身份认同。从而改善人际关系,缓解情绪症状。

治疗方式:移情焦点治疗。

治疗设置:门诊移情焦点治疗,每周 1 次,每次 50 分钟。

治疗规划:界定主导的客体关系模式,显著的理想化与贬低的自体-客体二元配对,患者可能表现出富有才华、夸大的自体,让治疗师感受到自己的无能、弱小与浅薄,从而呈现出夸大理想化自体与被贬低的客体之间的配对。注意患者体验中的重复僵化模式,及其对患者现实功能的影响,对其进行言语化表述,促进患者对自身状况的反思,面质其客体关系中投射性贬低;同时追踪患者的夸大自体-被贬低客体的二元配对模式,探索被防御的依赖、渴求自体与慈爱、关心客体的需求。最后,修通所识别的冲突:使患者能够涵容与表达依赖、自恋需求以及性和攻击性相关的焦虑,放弃基于分裂和潜抑解离的防御,促进夸大自体与现实自体的整合,尝试连接其成长过程中理想化客体（慈爱的父亲、母亲照料者）的缺失所导致的患者防御性自恋性补偿,以及基于分裂的投射性防御,从而促进患者身份认同巩固,并改善人际关系。

第四节　其他主要人格障碍

一、反社会型人格障碍

（一）概述

反社会型人格障碍（antisocial personality disorder）又称无情型人格障碍（affectionless personality disorder）或社会性病态（sociopathy）,是对社会影响最为严重的类型。以不遵守社会规范和漠视或侵犯他人权利为特征的认知情感行为模式,DSM-5 将其归入 B 类人格障碍。在 ICD-10 中称为社交紊乱型人格障碍。流行病学资料显示,反社会型人格障碍的患病率为 1%～4%,在酒精滥用的男性,以及监狱、物质成瘾治疗机构或其他司法环境中的个体患病率可高达 70%。男性发病率高于女性,男性是女性的 3～5 倍。常始于儿童或青少年早期并持续到成年。DSM-5 反社会型人格障碍诊断标准 301.7（F60.2）:

1. 一种漠视或侵犯他人权利的普遍模式,始于 15 岁,表现为下列 3 项（或更多）症状:①不能遵守与合法行为有关的社会规范,表现为多次做出可遭拘捕的行动;②欺诈,表现出为了个人利益或乐趣而多次说谎,使用假名或诈骗他人;③冲动性或事先不作计划;④易激惹和攻击性,表现为重复性地斗殴或攻击;⑤鲁莽地不顾他人或自身的安全;⑥一贯不负责任,表现为重复性地不坚持工作或履行经济义务;⑦缺乏懊悔之心,表现为做出伤害、虐待或偷窃他人的行为后显得不在乎或合理化。

2. 个体至少 18 岁。

3. 有证据表明品行障碍出现于 15 岁之前。

4. 反社会行为并非仅仅出现于精神分裂症或双相障碍的病程之中。

（二）反社会型人格障碍的心理治疗

由于反社会型人格障碍的病因相当复杂，目前对此症的治疗尚缺乏十分有效的方法，如使用镇静剂和抗精神类药物治疗，只能治标不治本，且疗效不显著。但在实践中发现，对由于环境影响形成的、程度较轻的患者，可培养患者的责任感，使他们担负起对家庭、对社会的责任；提高患者的道德意识和法律意识，使他们明白什么事可以做，什么事不能做，努力增强控制自己行为的能力。这些措施对减少患者的反社会行为是有效的方法。少数家庭关系极为恶劣而与社会相处尚可的患者，可以在学校或机关住集体宿舍或到亲友家寄养，以减少家庭环境的负面影响，同时培养其独立生活的能力。

二、强迫型人格障碍

（一）概述

强迫型人格障碍（obsessive-compulsive personality disorder）以过分要求秩序严格和完美、缺少灵活性和开放性为特征。这类患者从早年就表现出过度追求完美、计划性、过度整洁、过分注意细节、行为刻板、观念固执、怕犯错误等性格特点。成年后依然表现在日常生活中按部就班、墨守成规，不允许有变更，生怕遗漏某一要点，因此常过分仔细和重复、过度注意细节而拖延；追求完美，以高标准要求自己，对别人也同样苛求，以至沉浸于琐碎事务无法脱身。

流行病学调查显示，在临床样本中报告的患病率为 1%～20%，男性（3%）高于女性（0.6%）。未见年龄与患病率间的相关性；强迫型人格障碍患者的受教育水平、工作率和结婚率相对其他类型人格障碍均较高。强迫型人格障碍的许多特点与强迫性障碍一致，而且与强迫性障碍有较高的共病率，与抑郁障碍关系密切。

DSM-5 强迫型人格障碍诊断标准 301.4（F60.5）：

一种沉湎于有秩序、完美，以及精神和人际关系上的控制，而牺牲灵活性、开放性和效率的普遍模式；起始不晚于成年早期，存在于各种背景下，表现为下列 4 项（或更多）症状：①沉湎于细节、规则、条目、秩序、组织或日程，以至于忽略了活动的要点；②表现为妨碍任务完成的完美主义。例如，因为不符合自己过分严格的标准而不能完成一个项目；③过度投入工作或追求绩效，以至于无法顾及娱乐活动和朋友关系（不能被明显的经济情况来解释）；④对道德、伦理或价值观念过度在意、小心谨慎和缺乏弹性（不能用文化或宗教认同来解释）；⑤不愿丢弃用坏的或无价值的物品，哪怕这些物品毫无情感纪念价值；⑥不情愿将任务委托给他人或与他人共同工作，除非他人能精确地按照自己的方式行事；⑦对自己和他人都采取吝啬的消费方式，把金钱视作可以囤积起来应对未来灾难的东西；⑧表现为僵化和固执。

（二）强迫型人格障碍的心理治疗

强迫型人格障碍男性患者由于过分理智化和难于表达情感使得对他们的治疗可能有点难度。但是这些患者常常对分析性的心理治疗或精神分析反应良好。强迫型人格障碍常用的防御方式包括理智化、合理化、隔离、抵消和反向形成，治疗中需要对其进行识别和澄清。权力争斗也会出现在治疗中，这是指出患者过分控制需要的机会。

认知治疗能减少患者过度控制和追求完美的需要。但动力性取向的注重情感的团体治疗对患者的内省和探索表达新的情感有帮助。

三、回避型人格障碍

（一）概述

回避型人格障碍（avoidant personality disorder，AVPD）表现为缺乏自信、怀疑自身价值、敏感，特别是在遭到拒绝和反对时。日常生活中对一些小事的不如意，或被拒绝即表现得很委屈，感觉受到了较深的伤害。回避型人格障碍者从一开始就回避人际关系，要不就是无条件地接受他人意见。他们在生活中尽管有交往的需要，但大多数人仍与周围人保持一定距离。在丰富的情感世界中，他们很难同别人进行深入的感情交流。患者有很大的社会不安感，在需要大量接触他人的工作面前常常因羞怯而逃避。在家庭之外他们很少有亲密朋友和知己。患者的典型症状是他们很不愿意出风头，害怕暴露自己的内心感情，表现出羞愧、哭泣或不能回答问题。他们对熟人很亲热，而对生活中习惯常规的任何改变会感到害怕。为了回避引起焦虑的情况，他们常寻找一些借口。有时他们对一些事物表现出恐惧，而且他们经常有抑郁、焦虑和对自己生气的感觉。

在流行病学调查的基础上，评估得到的回避型人格障碍患病率有较大的差异，结果显示平均患病率为 1.35%，总患病率约 3%。回避型人格障碍可能在女性中较为常见。DSM-5 回避型人格障碍诊断标准 301.82（F60.6）：

一种社交抑制、能力不足感和对负性评价极其敏感的普遍模式；起始不晚于成年早期，存在于各种背景下，表现为下列 4 项（或更多）症状。①因为害怕批评、否定或排斥而回避涉及人际接触较多的职业活动；②不愿与人打交道，除非确定能被喜欢；③因为害羞或怕被嘲弄而在亲密关系中表现拘谨；④有在社交场合被批评或被拒绝的先占观念；⑤因为能力不足感而在新的人际关系情况下受抑制；⑥认为自己在社交方面笨拙、缺乏个人吸引力或低人一等；⑦因为可能令人困窘，非常不情愿冒个人风险或参加任何新的活动。

（二）回避型人格障碍的心理治疗

CBT 是针对回避型人格障碍最广泛推荐的治疗方法，它教会患者改变思维和行为模式的技巧，帮助他们克服恐惧和更好地应对社会状况。CBT 的目标是帮助患者认识和改变自我毁灭的思维模式，这种思维模式会导致他们的焦虑情绪和社交困难，并对他们的人际关系产生不利影响。对回避型人格障碍患者的 CBT 应该专门针对患者的羞耻和回避方面，患者的社交困难根源于羞耻和自卑。精神动力学治疗也有助于回避型人格障碍解决这些羞耻感和自卑感的来源。

由于回避型人格障碍患者对拒绝和批评过分恐惧并且不愿与人建立关系，因此他们可能很难接受治疗。治疗师利用支持性的技术、细心体谅患者的过分敏感，对患者这种防御性的回避给予温和委婉的解释，可以让他们更容易接受心理治疗。治疗师应该意识到诸如过分保护、对充分反驳患者的犹豫、对改变的过分期待等反移情反应的可能性。对患者的肯定和社交技能训练会增加他们的自信，使他们愿意尝试在社交场合探索。

四、分裂型人格障碍

（一）概述

分裂型人格障碍（schizotypal personality disorder）的基本特征是一种社交和人际关系缺陷的

普遍模式,表现为对亲密关系感到强烈的不舒服和建立亲密关系的能力减弱,且有认知或感知的扭曲和古怪行为。该模式起始不晚于成年早期,并存在于各种背景下。与其他人格障碍相比,患者的认知体验更多表现出脱离现实(如牵连观念、偏执观念、身体幻觉、魔术思维)。美国共病调查发现,该病患病率为3.9%,男性更为常见。

分裂型人格障碍的病因被认为主要是生物性的,因为它的症状表现与精神分裂症的许多基于大脑异常的特征相同。而且在精神分裂症或其他精神障碍患者的一级亲属中更为常见。DSM-5分裂型人格障碍诊断标准301.22(F21)为:

1. 一种社交和人际关系缺陷的普遍模式,表现为对亲密关系感到强烈的不舒服和建立亲密关系的能力下降,且有认知或知觉的扭曲和古怪行为,起始不晚于成年早期,存在于各种背景下,表现为下列5项(或更多)症状:

(1)牵连观念(不包括关系妄想)。

(2)影响行为的古怪信念或魔幻思维,以及与亚文化常模不一致。例如,迷信、相信千里眼、心灵感应或"第六感";在儿童或青少年,可表现为怪异的幻想或先占观念。

(3)不寻常的知觉体验,包括躯体错觉。

(4)古怪的思维和言语(如含糊的、赘述的、隐喻的、过分渲染的或刻板的)。

(5)猜疑或偏执观念。

(6)不恰当的或受限制的情感。

(7)古怪的、反常的或特别的行为或外表。

(8)除了一级亲属外,缺少亲密的朋友或知己。

(9)过度的社交焦虑,并不随着熟悉程度而减弱,且与偏执性的恐惧有关,而不是对自己的负性判断。

2. 并非仅仅出现于精神分裂症、伴精神病性特征的双相障碍或抑郁障碍或其他精神病性障碍或孤独症(自闭症)谱系障碍的病程中,也不能归因于其他躯体疾病的生理效应。

注:如在精神分裂症发生之前已符合此诊断标准,可加上"病前",即"分裂型人格障碍"。

(二)分裂型人格障碍的心理治疗

分裂型人格障碍通常可以用药物治疗。非典型抗精神病药物可以减轻焦虑和精神类症状,抗抑郁药也有助于减轻患者的焦虑。聚焦于获得社交技能和控制焦虑的认知行为治疗有助于提高患者对自己的行为如何被感知的认识。支持性心理治疗也有一定帮助。目标是与患者建立一种情感上鼓励和支持的关系,从而帮助患者发展出健康的防御机制,特别是在人际关系中。

本 章 小 结

本章对目前人格障碍的定义、诊断及治疗新进展进行了介绍。

ICD-11和DSM-5系统中针对人格障碍的诊断都开始关注人格障碍的特质维度和严重程度分类,改变了人格障碍诊断的结构和过程。这种分类系统的优点是简化了识别人格障碍的过程。DSM-5中的分类诊断方案效度较差,但至少描述了两类具有重要临床意义的疾病(边缘型和反社会型人格障碍)。DSM-5第三部分中提出的替代(混合)诊断方案试图结合分类和维度方法的优点,但目前对于常规临床使用来说过于复杂。每种诊断方案都各有优点和缺点。

本章还描述了人格障碍的心理治疗方法。主要有：当代精神动力学治疗，包括移情焦点治疗（TFP）和基于心智化的治疗（MBT）；认知行为治疗取向，包括辩证行为治疗（DBT）、图式焦点治疗（SFT）以及人格障碍的认知治疗；短程治疗，包括短程动力性治疗（STDP）、短程认知行为治疗。并总结了人格障碍的治疗意义及其预后。

本章各论部分分别介绍了DSM-5替代模型建议的6种主要人格障碍类型及其心理治疗。重点介绍了边缘型人格障碍和自恋型人格障碍的评估诊断、不同流派心理治疗的理论基础及实践操作，并辅以案例进行说明。并对其他主要人格障碍进行了简要介绍，包括反社会型人格障碍、强迫型人格障碍、回避型人格障碍，以及分裂型人格障碍。

 思考题

1. ICD-11人格障碍诊断新进展及其临床意义？
2. 对于人格障碍的主要心理治疗方法，请简要描述其理论及实践操作。
3. 请描述针对BPD的主要心理治疗方法。

（王兰兰　仇剑崟）

推荐阅读

［1］赫尔斯.精神病学教科书.5版.张明园,肖泽萍,译.北京:人民卫生出版社,2010.

［2］杰弗里·E.杨,珍妮特·S.克洛斯特,马乔里·E.韦夏.图式治疗:实践指南.崔丽霞,译.北京:世界图书出版公司北京公司,2009.

［3］克拉金.边缘性人格障碍的移情焦点治疗.许维素,译.北京:中国轻工业出版社,2012.

［4］马修·麦克凯,杰弗里·伍德,杰弗里·布兰特里.辩证行为疗法.王鹏飞,李桃,钟菲菲,译.重庆:重庆大学出版社,2009.

［5］迈克尔·库赫.为什么我们会上瘾:操纵人类大脑成瘾的元凶.王斐,译.北京:中国人民大学出版社,2017.

［6］美国精神医学学会.DSM-5精神障碍诊断与统计手册.5版.张道龙,译.北京:北京大学出版社,2016.

［7］世界卫生组织.ICD-11精神、行为与神经发育障碍临床描述与诊断指南.王振,黄晶晶,译.北京:人民卫生出版,2023.

［8］伊芙·卡利格,奥托·F.科恩伯格,约翰·F.克拉金,等.人格病理的精神动力性治疗:治疗自体及人际功能.仇剑崟,蒋文晖,王媛,等译.北京:化学工业出版社,2022.

［9］BATEMAN A W.,FONAGY P. Mentalization-based treatment of BPD. J Pers Disord,2004,18（1）:36-51.

［10］LEJUEZ C W,GRATZ K L. The Cambridge Handbook of Personality Disorders（Cambridge Handbooks inPsychology）. The United Kingdom:Cambridge University Press,2020.

第二十三章

自杀

学习目的

掌握　精神分析与认知行为治疗对自杀的心理分析。

熟悉　自杀危机干预的步骤。

了解　自杀概况、相关术语和影响因素。

第一节　概述

自杀是重要的社会问题和公共卫生问题。全球每年的自杀人数远超过谋杀和战争导致的死亡人数;在暴力死亡中,男性自杀占 50%,女性占 71%。自杀是很多国家青少年的前两位或三位死亡原因。根据世界卫生组织的最新数据,全球每年自杀死亡人数约 70 万人,自杀未遂是自杀死亡人数的 20 倍,有自杀意念的人数更多。因此,国际自杀预防协会将每年的 9 月 10 日定为世界预防自杀日。

一、自杀相关术语

1. 自杀　又称自杀死亡(completed suicide or committed suicide),是个体在想死意图下采取的自我伤害行为,并导致了死亡的结局。

2. 自杀未遂(attempted suicide)　又称准自杀(para-suicide),是个体采取的指向自我的任何非致命性自杀行为,即个体故意造成自己中毒、伤害或自伤,无论有无自己死亡的意图或结果。

3. 自杀计划(suicidal plan)　是个体开始认真考虑实施自杀行为且着手制定具体的计划。如考虑自杀的时间、地点、方式、日期、后事安排等。

4. 自杀准备(suicidal preparation)　是个体为实施自杀行为所作的一系列准备。包括考虑并准备自杀的工具或方法,如搜索或询问合适的自杀方式、写遗书、整理个人物品、口头或书面安排后事、寻找自杀场所或者到自杀现场作实际考察等。

5. 自杀中断(suicidal abortion)　是个体已处于采取自杀行动的过程中,在造成自我伤害前因各种因素主动或被动放弃了自杀。

6. 自杀意念(suicidal ideation)　又称自杀想法(suicidal thoughts),是个体已有伤害或杀死自己的想法或愿望。自杀意念包括主动自杀意念和被动自杀意念:前者是个体存在结束其生命的愿望或想法,并有具体的自杀考虑;后者是个体虽然有结束其生命的愿望或想法,但期望是外力或偶然因素结束其生命,如一觉睡过去不再醒来等。

7. 自杀威胁(suicidal threat) 又称自杀姿态(suicidal gesture),是个体威胁或扬言要自杀,或者做出要自杀的样子,但未真正实施自杀行为。

8. 自杀行为(suicidal behavior) 是在死亡意愿支配下考虑并做出故意危害自己生命的行为,无论最终的结局是否致命。狭义来讲,自杀行为包括自杀死亡和自杀未遂。但广义来讲,自杀行为包括从考虑自杀(或有自杀意念)、计划自杀到自杀未遂与自杀死亡的一系列行为。

9. 自伤(self-harm) 又称蓄意自伤(deliberate self-harm)或自残(deliberate self-injury),是个体有意伤害自己身体的行为,可伴或不伴死亡意图。

10. 非自杀性自伤行为(non-suicidal self-injury,NSSI) 是个体在没有自杀意图且不被社会接纳和医学认可的情况下,直接、故意地改变或破坏自己身体组织的行为。

11. 自杀目的(suicidal purpose) 是个体期望通过自杀行为达到的结果或效果。每个个体自杀的目的各不相同。

12. 死亡理由(reasons of death) 即想死的理由,是促使个体考虑死亡的因素。

13. 生存理由(reasons of living) 即想活的理由,是让个体留恋、放不下、不愿或不敢死亡的因素。

14. 自杀意图(suicidal intent) 是指个体想自杀死亡的意愿。

15. 集体自杀(suicide pack) 是有某种共同信仰的人集体或者几个人相约结束自己生命的行为。

16. 模仿自杀(copycat suicide) 又称维特效应(Werther effect),指一例自杀现象发生后引发其他更多想自杀的人随后自杀,导致这一社区或地区的自杀人数在短时间内骤增。

17. 扩大性自杀(expanded suicide) 指自杀者在决心自杀时因为不舍、怜悯或仇恨等因素,在自杀前先杀死自己的幼儿、配偶或者父母等,然后再自杀死亡。

18. 自杀学(suicidology) 是有关自杀与自杀预防的科学研究,或者为研究自我毁灭行为的科学。

二、自杀的影响因素

自杀行为是多因素综合作用的结果,其影响因素分为危险因素和保护因素。

(一) 危险因素

1. 一般人口学因素

(1) 性别:绝大多数国家和地区男性自杀率明显高于女性。发达国家男性自杀率至少是女性的 3 倍,中低收入国家男女自杀率的差异小,甚至一些国家在一定历史阶段男性的自杀率低于女性。女性自杀未遂行为的发生率明显高于男性。

(2) 年龄:随着年龄增长,自杀率在升高。老年人群的自杀率最高,但年龄与自杀率的关系并非直线关系。青少年人群自杀未遂行为的发生率较高。

(3) 受教育程度:受教育程度高通常是自杀行为的保护因素,但并非绝对。

(4) 居住地:我国农村自杀率明显高于城市,印度也是如此;发达国家城市自杀率明显高于农村。全球分为高、中、低和极低自杀率地区,目前欧洲和亚洲的发达国家多属于高自杀率地区,美国属于中等自杀率国家,我国属于低自杀率国家。

(5)婚姻状况:婚姻是男性自杀行为的保护因素,却是女性的危险因素。

(6)职业:医生、药剂师、化学家、农民等的自杀率高。失业或无业是自杀行为的危险因素。

(7)迁移:移民或难民是自杀的易感人群。

(8)种族:一些国家土著,如美国的印第安人、澳大利亚原住民、新西兰土著毛利人、加拿大原住民和因纽特人的自杀率显著高于当地白种人。

2. 生物遗传因素　有自杀行为家族史是自杀行为发生的高危因素。中枢神经系统特定部位的5-羟色胺、多巴胺等神经递质的浓度异常,以及单胺氧化酶的活性异常,与自杀行为的发生有关。罹患慢性疼痛、神经系统疾病、癌症等痛苦且难以有效治疗的疾病,也与自杀行为的发生有关。

3. 精神心理因素

精神心理因素与自杀的关系最为密切。

(1)罹患精神障碍:抑郁症、精神分裂症、双相障碍、酒精滥用或边缘型人格障碍等是自杀行为的高危因素。

(2)抑郁程度重:这是独立于精神障碍的自杀高危因素。

(3)冲动性高:相当比例的自杀未遂者从出现自杀念头到采取自杀行为的间隔时间不到15分钟,自杀常常是扳机事件触发的冲动行为。

(4)不良认知:自杀个体的认知比较僵硬、负面或极端化,常常只想到自杀,而看不到其他解决方法。

4. 社会因素　社会因素,如年代、环境、文化、宗教、政治、经济、气候、海拔、政策等因素,与自杀率的变化有关。媒体不恰当地报道自杀,自杀工具或场合方便获得,医疗卫生及精神心理服务的可及性差,政策不利于身心健康,社会支持系统缺乏,社会充满歧视或病耻感,社会冲突明显,人际关系不和,经历重要亲友离世或关系中断等丧失,遭受虐待、欺凌或性侵犯,有其他负性生活经历等,都与自杀的发生有关。

5. 其他因素　自杀未遂既往史是重复自杀未遂或死亡的最高危因素。日常饮食不规律、睡眠差、缺乏运动或娱乐、酗酒、使用成瘾药物也影响自杀行为的发生。

(二)保护因素

拥有强大的社会支持网络或良好的人际关系,拥有正性积极的人生观和价值观,有自我效能感,有良好的自尊,敢于积极面对挫折或逆境,有解决问题的能力,需要时能及时寻求帮助,恰当规律的睡眠和饮食,规律适度的锻炼和娱乐,远离烟酒和毒品,保持身心健康等,是自杀的保护因素。

第二节　自杀心理分析

不同心理治疗流派对自杀的理解不同。由于支持性心理治疗和人本主义的心理治疗是各个流派的基础,下面只介绍精神分析与认知行为治疗。

一、精神分析

弗洛伊德认为自杀是人的死亡本能的一部分,与生存本能相对立。根据精神分析理论,自杀是对自我的潜意识攻击。个体与最亲近的人的关系出现问题,并对最亲近的人产生愤怒,然后将此愤怒内化。个体在经年累月中将所讨厌但最亲近的人纳入自我的一部分,之后又在潜意识层面攻击自我中的那部分。换言之,自杀行为表达的是个体被潜抑的思想、感受和幻想,它们不被允许进入意识层面或者不能用语言来表达,所以个体察觉不到,这与个体童年早期创伤经历形成的且未被心智化的记忆有关,它们一直困扰着个体。

精神分析重视挖掘和理解个体自杀的潜意识心理过程和动机,理解个体过去的经历促使其要做出自杀行为,识别并帮助个体承载住更消极和更具破坏性的感受,直到个体允许它们进入意识觉知层面。在安全的治疗关系下探索个体过去和现在与自我和他人的关系方面的经历的心理动力过程,促进治疗师与个体的情感接触,激发个体去思考不被接纳的想法,并感受无法控制的感觉,而非潜抑它们,让个体发现并体会其不再需要控制自我毁灭的冲动和行为,最终不再自杀。

二、认知行为治疗

根据认知理论,认知是影响行为的关键因素,自杀想法或行为与个体负面的、绝对化或灾难化的自动化思维和信念有关。考虑自杀的个体常常看不到希望,陷入绝望之中,发现不了或严重低估了自己的能力、价值,以及周围可提供帮助的力量或资源;高估所面临问题的严重性、遭受痛苦的严重程度和持续时间。

个体在特定情形下的自动化思维,与其核心信念和中间信念有关,而信念的形成与童年经历有关。

认知行为治疗特别强调,这一切都与习得有关,无论是核心信念、中间信念、补偿策略(即行为模式)还是自动化思维。个体可以通过新的经历来重新学习,从而做出认知和行为方面的调整或改变。个体可以学着放弃自杀想法和行为,学着照顾好自己。

三、精神分析与认知行为治疗的区别

精神分析强调回顾个体过去的经历,特别是人际互动经历,让个体长期压抑的思想、感受和幻想从潜意识回到意识觉知层面,从而再思考和再感知,而非控制压抑,并与目前的人际互动建立联系,个体就会放弃自我毁灭的冲动与行为,最终不自杀。

认知行为治疗强调,从目前的问题或事件中发现影响个体的不良认知(自动化思维和信念)和行为,然后引导个体学着去改变,之后再通过回顾既往经历来发现经历与其思维和行为模式的关系,从而发现习得的作用,继续引导个体学着放弃和改变不适合个体目前形势的认知和行为,从而使个体逐步学着放弃自杀想法和行为。

第三节　自杀预防和干预

自杀行为是社会、心理、文化、生物和环境等多因素作用的结果,任何个体的自杀行为均无法用单一因素来解释。鉴于其复杂性,就需要综合性的自杀预防干预措施才可能见效。世界卫生组织建议其成员国将自杀预防作为公共卫生领域的优先议题加以解决。

一、自杀预防

群体性的自杀预防包括三个层面的策略。第一是通用性自杀预防策略,面向全人群提供服务,例如,提高医疗卫生服务的可及性,促进群体心理健康,减少酒精的有害使用,限制自杀工具的方便易得,促进媒体负责任地报道自杀等。第二是选择性自杀预防策略,面向易感人群,例如,遭受过创伤或虐待的人、受到地区冲突或灾难影响的人、难民、移民,以及自杀者亲友等,可以培训"守门员"来帮助这些易感人群,并向易感人群提供服务机构(如心理危机干预热线)的信息。第三是针对性自杀预防策略,面向易感个体提供服务,例如,为自杀未遂者提供社区支持,随访出院的精神障碍患者,教育和培训医疗卫生人员以提高其识别与处理精神障碍的能力等。

二、自杀干预

面对个案,需要评估其自杀危险性,然后根据评估结果安排相应的干预措施。

(一)自杀危险性评估

对于任何寻求心理干预的个体,均需评估自杀危险性。个体具备的危险因素越多,如有自杀未遂既往史、罹患精神障碍、共病躯体疾病、抑郁程度重、长期心理压力大或急性心理压力大、亲友有自杀行为、方便的自杀工具或场合、缺乏社会支持、离婚或独居等,自杀的危险性越高。

另外,若个体目前正在考虑自杀、对后事做了安排、已经制定了周密的自杀计划、准备了自杀工具、计划采用的自杀方式致死性高、绝望与痛苦程度高、冲动性高、死亡的理由超过生存的理由,可评估为个体即刻自杀的危险性高。精准评估及预测个体的自杀危险依然是目前学术界难以企及的目标。

(二)自杀危机干预

如果个体即刻自杀危险性高,通常需要安排或要求个体住院治疗,同时进行自杀危机干预,以尽可能确保安全,然后给予后续的干预或治疗。如果即刻自杀危险性不高,则给予相应的干预或治疗。

自杀危机干预通常包括以下六步。

1. 评估界定目前的关键问题　通过评估明确与目前高自杀危险性有关的具体问题:是否存在迫切需要解决的现实问题? 有无功能不良性认知或行为? 目前的生活方式是否存在问题? 如果存在至少两种情况,则需要与个体协商确定优先顺序,为干预打下基础。

2. 给予所需的心理支持与共情　在评估干预过程中,通过倾听、复述、提问、小结和澄清等语言表达和非语言表达给予个体所需的心理支持与共情理解,与个体建立平等、相互信任且稳固的合作联盟。这是心理干预起效的基础,可以增强其活下去的愿望,降低自杀的危险性。

3. 制定并落实干预计划　针对现实问题,应用问题解决治疗制定解决问题的方案;针对功能不良性认知或行为,应用认知行为治疗找到适应性的替代认知或行为;针对不良生活方式,通过心理健康教育促进个体主动做出调整。在这个过程中,可结合动机访谈来增强其改变的动机。对于拒绝改变的个体,可以先正常化其自杀想法,再引导其发现其他出路;或鼓励其学会"再等一等",学着不急于采取自杀行为,从而有机会发现希望和变化;或教授个体驳斥其想死的理由,提升其想活的愿望等。

4. 预测可能出现的自杀危机,制定出危机应对卡　找出容易触发个体自杀危机的具体情形,制定自杀危机应对卡。当个体在接下来一周或几日内遇到类似情形时,就可按照危机应对卡列出的具体方法来自我帮助。危机应对卡的内容可以有:①要做的有帮助的活动,如整理屋子、运动40分钟或听喜欢的某个歌曲等;②劝慰自己的话语;③紧急联系人的姓名和电话;④心理危机干预热线号码;⑤附近急诊或医疗机构的名称与电话;⑥治疗师的电话。个体可以使用其中方法来帮助自己度过自杀危机。

5. 编织安全网,确保安全 去除个体身边可能存在的自杀危险品(如酒精、药品、刀具、农药、化学物品或炭等),让其远离危险环境(如高楼、高处或湖泊等),与其信任的亲友、老师、同学、领导或同事联系,请求他们增加对个体的关心和陪护,以降低自杀行为发生的概率。在非住院环境下,亲友需24小时陪护,以帮助个体度过自杀危机。

6. 获得不自杀承诺及愿意尝试干预方法的承诺 个体走出自杀危机往往需要一段时间,而一次自杀危机干预结束后,并不意味着个体的自杀危机就消失了。因此,为了最终帮助个体远离自杀,在非住院环境下,治疗师就需要获得个体的不自杀承诺,这样才有助于个体想自杀时能想起曾经做出的不自杀承诺,从而起到自我提醒的作用。此外,最终走出自杀危机,需要个体在非干预时间尝试练习所学方法,落实干预的具体方案,才能逐步找到对个体有效的自杀干预方法,所以在自杀危机干预时获得个体愿意尝试干预方法的承诺比较重要,这样个体才会加以练习,最终帮到自己。

自杀干预的具体步骤需根据个体的实际情况灵活调整,危机干预的次数和持续时间不能一概而论,需要个体化。通常需要将危机干预与后续的常规心理治疗结合起来,才能真正起效。

(三)常规心理治疗

在即刻自杀危险降低后,根据个体的具体情况开展常规心理治疗;可以采用精神分析、认知行为治疗、其他流派的心理治疗或心理社会干预措施。目前循证依据强的心理治疗有认知行为治疗、辩证行为治疗、问题解决治疗、人际关系治疗和短程精神动力学治疗等。

本 章 小 结

本章第一节对自杀概况进行了简要介绍,突出自杀问题的公共卫生重要性。接着介绍了自杀学的主要术语。最后介绍了自杀的危险因素与保护因素,强调需要认识到自杀是生物-心理-社会因素共同作用于个体的结果。

第二节主要从心理治疗两大流派的视角介绍自杀的心理分析。首先介绍了自杀的精神分析模型,然后介绍自杀的认知模型,最后简要描述两大流派在自杀心理分析上的不同。

第三节首先谈群体层面的自杀预防,即通用性、选择性和针对性自杀预防策略。然后介绍个体层面的自杀危机干预,这包括自杀危险性评估、自杀干预与常规心理治疗三部分。

🔖 思考题

1. 你对自杀持什么态度? 你的这种态度会对你的自杀危机干预工作会产生什么影响?
2. 面对寻求心理治疗的案例,常规评估自杀危险性有没有必要? 为什么?
3. 面对有自杀危险的个案,你会想到用什么方法进行危机干预? 理由是什么?
4. 你如何看待认知行为治疗在自杀干预中的价值?

(李献云)

推荐阅读

［1］埃米尔·迪尔凯姆. 自杀论. 冯韵文,译. 北京:商务印书馆,2000.

［2］李献云. 问题解决治疗热线干预培训教程. 北京:人民卫生出版社,2014.

［3］李献云,杨甫德. 自杀倾向的认知行为治疗. 山东大学学报(医学版),2022,60(4):1-9.

［4］世界卫生组织. 预防自杀——全球要务. 日内瓦:世界卫生组织出版社,2014.

［5］沃瑟曼. 自杀:一种不必要的死亡. 李鸣,译. 北京:中国轻工业出版社,2003.

［6］BERARDELLI I,FORTE A,INNAMORATI M,et al. Clinical differences between single and multiple suicide attempters,suicide ideators,and non-suicidal inpatients. Front Psychiatry,2020,11:605140.

［7］BOLTON J M,GUNNELL D,TURECKI G. Suicide risk assessment and intervention in people with mental illness. BMJ,2015,351:h4978.

［8］MARIS R W,BERMAN A L,SILVERMAN M M. Comprehensive textbook of suicidology. New York:The Guilford Press,2000.

［9］RUDD M D,JOINER T,RAJAB M H. Treating suicidal behavior:an effective,time-limited approach. New York:The Guilford Press,2001.

［10］STANLEY B,BROWN G,BRENT D A,et al. Cognitive-behavioral therapy for suicide prevention(CBT-SP): treatment model,feasibility,and acceptability. J Am Acad Child Adolesc Psychiatry,2009,48(10):1005-1013.

［11］WASSERMAN D,RIHMER Z,RUJESCU D,et al. The European Psychiatric Association(EPA)guidance on suicide treatment and prevention. Eur Psychiatry,2012,27(2):129-141.

第二十四章

特定人群的心理咨询与治疗

学习目的

掌握　各类特定人群的心理特点,各类特定人群常见精神心理问题的表现与特点。

熟悉　适合各类特定人群的心理干预方法。

第一节　儿童及青少年人群

一、身体与脑神经发育基础

了解身体与脑发育是理解儿童与青少年心理活动的基础。研究表明,母亲妊娠期的内外部环境影响胎儿的身体及脑发育、气质类型以及疾病易感性。但整体而言,这部分的研究相对较少,针对出生后个体的研究更多。以下分别描述个体出生后阶段性发育特征。

(一)婴幼儿期(1~2岁)

随着婴儿身体发育成熟,婴儿运动能力也在发展,包括翻身、爬行、坐、站立、行走等粗大运动技能,以及手部抓、握等精细运动技能,这些运动技能的发展存在一定的个体差异,也受养育环境的影响,如照顾者保护与控制水平等。

婴儿体验到的所有情绪、进行的任何动作和思考都离不开脑神经系统的支撑,神经元与神经元细胞间突触活动是神经系统传递信息活动的基础,突触修剪与神经元髓鞘化是脑神经发育成熟的过程,最常受到刺激的神经元和突触会继续发挥作用,其他较少受到刺激的神经元通过突触修剪而失去其突触,以提高神经系统的运作效率。因此大脑神经系统的活动不仅受到基因编码模式的影响,也受到环境的塑造而具有可塑性,年龄越小,可塑性越强。现代研究表明,新生儿有在短距离,通常是25cm内聚焦关注的能力,可以关注其视野中信息量最高的画面,如与环境对比强烈的物体;可以分辨不同的亮度和颜色,会对某些颜色产生偏好。新生儿也有听觉、味觉、嗅觉和触觉。因此,为婴儿尽早提供具有丰富感觉刺激但非过度刺激负荷的环境很重要,如搂抱婴儿、对婴儿说话唱歌和共同玩耍互动等过程同时可以激发多个感觉通道,都有助于促进脑发育成熟。

在出生后9~10个月时,组成大脑边缘系统的结构组织开始生长,边缘系统开始与额叶共同工作,使得情绪体验的范围不断扩大。

（二）学龄前期（3~5岁）

大脑神经髓鞘数量的不断增加，加快了脑电流传导的速度，同时也增加了大脑的重量，到了5岁，儿童大脑的重量是成人的90%。大脑快速发育不仅使得认知能力提高，也有助于更加复杂的粗大运动技能和精细运动技能的发展。但是有些大脑结构与功能的发育成熟比较晚，如使我们能够长时间专注于一个主题的网状结构和额叶皮质直到青春期才完全形成髓鞘，这也是导致婴儿、幼儿和学龄儿童的注意持续时间比青少年和成人短的原因之一。另外，神经髓鞘化提高了皮质下情绪脑区域和更具调节性的前额叶皮质区域之间的信息传递效率，儿童处理和响应情绪刺激的能力和监控自己情绪反应的能力也提升。

虽然外观相同，但左右大脑半球服务于不同的脑功能并控制身体的不同区域。左脑半球控制身体的右侧，并且主要处理语音、听觉、语言记忆、决策、语言处理和积极情绪表达；右脑半球控制身体的左侧，并处理视觉空间信息、非语言声音（如音乐）、触觉和负面情绪表达。到学龄前期结束的时候，连接大脑左右半球的神经纤维束——胼胝体变得更厚，使协调大脑左右半球的功能更强。

（三）学龄期（6~12岁）

7岁儿童的大脑体积接近成人。男孩大脑体积比女孩大10%左右。神经递质发展不断成熟，且不同神经递质系统发育速度存在差异，如去甲肾上腺素能系统较早发育；多巴胺能系统（与注意力调节有关）和5-羟色胺系统（与情绪和攻击性有关）对脑干核团和皮质结构之间的关键联系有更多的渐进影响；与记忆和高级皮质功能有关的胆碱能系统发展相对较晚。因此小学阶段的儿童运动协调能力、注意力、自我调节能力和考虑他人的能力随着脑发育逐渐增强。

在学龄期，儿童的粗大运动技能和精细运动技能得到充分的发展。大多数学龄儿童肌肉协调性发展，能学习掌握骑车、游泳和跳绳等活动；能够自己系鞋带、扣纽扣，自如地握笔写字和画精细的画，掌握乐器等。照顾者对发育晚熟的认知水平会影响养育质量；高敏感气质类型孩子更容易受挫，出现行为问题。

（四）青春期（13~18岁）

青春期以身体的快速发育和性成熟为标志，女孩快速生长期开始于10岁左右，男孩则开始于12岁左右，同性别个体间也存在较大的个体差异，有些女孩在7岁或8岁时就进入发育期，有些则晚到16岁开始。大量的神经激素分泌也促使情绪容易波动，因此青春期孩子更容易体验到易怒、烦恼和抑郁的情绪。

青春期大脑认知加工、抑制冲动、情绪调节和做出复杂决策的前额叶脑区灰质突触修剪迅速，伴随髓鞘化的过程，电脉冲在神经元内传输的速度显著加快，促进认知发展。额叶皮质发育成熟过程比较慢，至成年早期才接近成熟。因此与成人相比，青少年情绪调节的能力也比较弱，更容易受到潜在的有害因素影响，这可能与青春期精神病理症状比率增加有关。

在青春期，与冒险行为以及青春期发育和奖励敏感性有关的脑奖赏中枢对奖励刺激的反应达到高峰，体现了青春期典型的冲动和寻求新奇刺激行为的潜在神经生物学机制。

以上提示，在应对儿童青少年行为和养育照顾时，需要结合发育水平理解，并给予恰当的回应与帮助。

二、儿童心理发展理论

迄今,最重要的儿童心理发展理论包括弗洛伊德的性心理发展理论、皮亚杰认知发展理论、埃里克森社会发展理论以及依恋理论。

(一)皮亚杰认知发展理论

皮亚杰将个体认知发展划分为四个阶段:感知运动阶段、前运算阶段、具体运算阶段和形式运算阶段(表 24-1)。皮亚杰认为,这四个不同的发展阶段的认知功能存在质的不同。尽管皮亚杰认为认知发展顺序是不变的,但他也认为个体间进入每个阶段的年龄可以存在很大的差异,文化及其他环境因素可以促进或延缓儿童认知发展。

表 24-1　皮亚杰的认知发展阶段

典型的年龄范围	此阶段的说明	发展现象
出生到近 2 岁	感知运动阶段	客体永久性(object permanence):当客体从视野中消失或通过其他感官不能察觉时仍然认为物体是存在的
	通过感觉输入和运动能力(看、听、触摸、嘴部运动以及抓握)去探索和理解周围环境	陌生人焦虑
从 2 岁到 6 岁或 7 岁	前运算阶段	象征性游戏
	通过词汇和表象来表征经验;通过直觉而不是逻辑来归因	自我中心(egocentrism):从自我观点看世界,而不能认识到他人会有不同观点的倾向
约 7 岁到 11 岁	具体运算阶段	守恒
	对于具体的事件可以进行逻辑思考;理解了具体的比喻并执行算术运算	数学变换
约 12 岁开始到成年	形式运算阶段	抽象逻辑
	抽象的归因	具有成熟道德归因的可能性

皮亚杰理论有助于我们更好地理解儿童青少年具体需求与困难,为他们提供适合的帮助。例如,家长可以判断给予孩子怎样的资源支持是最适合孩子成长发展水平的;教师判断教学大纲和科目是否适合学生的水平;临床医生可以判断认知发展水平及解释孩子行为等情况,评估精神障碍、学习障碍等,帮助家长、教师调节孩子在家庭、学校中的具体行为。

(二)埃里克森社会发展理论

埃里克森认为人要经历心理社会发展的八个阶段,每个阶段都有需要完成的任务,并且每个阶段都建立在前一阶段基础上。以下介绍 0～18 岁的 5 个心理社会发展阶段及其特点。

1. "基本信任和不信任"阶段　指出生到 1 岁阶段,个体第一年的经历会形成对于自身和外部世界的态度,也就是"基本信任感",相对立的就是"不信任"。亲子关系的品质对于婴儿早期基本信任感的形成有关键作用,信任会从关怀的关系中产生。

2. "自主与羞愧和怀疑"阶段　指 1～3 岁阶段,随着身体的发育成熟,婴幼儿的运动范围增加,这使得仍高度依赖父母的婴幼儿开始萌发自主意识。如果家长在适合的程度上及范围内给予孩子自主感,那么孩子内在的、真正的自主性就会更容易被激发。与此相反,如果家长用过度严格的方式或过早训练孩子排泄或其他功能,则容易造成持续的羞耻和怀疑。在这个阶段,埃里克森建议采取坚定而宽容的态度对待孩子。

3. "主动和内疚感"阶段 在3~6岁阶段,三种能力得到发展,包括:①运动能力进一步发展,建立了范围更广、更远的活动目标;②语言功能得到发展,可以表达自己的想法或提出问题;③运动和语言能力扩大了儿童对事物的想象。三种能力的发展让儿童获得了一种完整的主动感,儿童试图理解自己可以成为什么样的角色,理解怎样的角色是值得自己模仿的。同时,这个阶段的儿童也会出现内疚感,表现为在深层信念上认为驱力在本质上是坏的,开始为自己的一些想法和行为感到内疚。儿童初步形成的道德会产生自我约束,这个过程中如果出现了与主动性相关的冲突,就有可能在未来抑制个体内在能力的实践,或压抑想象力与情感的表达

4. "勤奋和自卑"阶段 指6~12岁阶段,儿童开始希望可以有人教他们如何处理事情以及如何与他人相处。此时大部分儿童开始接受学校系统的教育。与此同时,这个年龄段的儿童仍然有游戏的倾向,他们通过游戏可以思考自身难以理解的体验,以及让自己恢复控制感。除此之外,学龄期儿童也易被具有实用性和逻辑性的事情吸引,并且希望自己能把这类事情做好,埃里克森把这种感觉称为勤奋感;与勤奋感相对应的是自卑感,埃里克森认为自卑感可能是之前未能充分解决的冲突导致的。

5. "自我同一性和角色混乱"阶段 指12~18岁阶段,生理上的巨大变化使个体在儿童期所建立的身份连续性和一致性被质疑,面对这种变化,个体首先会去巩固自己的社会角色,因此我们会看到这个阶段的青少年非常好奇自己在他人眼中的样子,并努力寻求新的自我身份连续性和一致性态度。

(三)依恋理论

约翰·鲍比(John Bowlby)将依恋定义为一种互相的情感上的关系(联结),是一种希望保持亲近的渴望。依恋行为会寻求和保持个体与照顾者之间的亲近。婴儿依恋行为包括哭泣、跟随、微笑、紧抱等。生命的最初3年是依恋较为敏感的阶段。

鲍比将依恋行为发展划分为四个阶段。

1. 前依恋阶段 0~3月龄婴儿会发展出对象区分度有限的定向和信号。

2. 依恋关系的建立 3~6月龄婴儿会发展出对一个或多个区分对象的直接定向和信号。

3. 依恋关系的明确 6月龄~2岁婴儿可以通过定向和信号,操纵特定对象一直在旁边。

4. 依恋关系的形成 2岁开始,个体依恋会根据目标进行调整,并形成合作关系。母亲和婴儿在相处中彼此适应,并发展出高度特异化的互动模式。个体早期与照料者之间的互动模式,会内化到个体内心形成内部工作模型。而内部工作模型会在未来影响个体与其他人的互动模式。

玛丽·爱因斯沃斯(Mary Ainsworth)创新性设计了陌生情境实验来验证并发展了鲍比的依恋理论。她在实验室中对1岁的婴儿在母亲在场、母亲离开、与陌生人在一起、重聚等8个3分钟片段中的行为反应进行观察记录研究,提出了4种不同的依恋类型。

(1)安全型:60%~65%的婴儿的依恋风格是安全型依恋,是最健康的依恋。婴儿与母亲分离的时候短暂哭闹,而在母亲回到身边时,这类婴儿会表现出愉快、开心。

(2)回避型:15%~20%的婴儿属于回避型依恋,婴儿的特点是"看似"对母亲的存在与否

不在意,在母亲离开的时候不会哭闹,在母亲回来的时候也视而不见。

（3）矛盾型:10%～15%的婴儿属于矛盾型依恋,婴儿与母亲分离时会极度苦恼,表现为持续哭泣、大叫来获得关注。而在母亲回到身边时,他们的苦恼与哭泣反应也不会被缓解。这类婴儿几乎不去探索环境,相比于探索,他们会更在意母亲在哪里。

（4）混乱型:在所有婴儿中约占5%,但在被虐待的婴儿中却占了80%。大多这类婴儿的养育者既是他们生存需要的来源,也是他们恐惧的来源。这类婴儿无论如何都难以与养育者互动,他们可能会对陌生人表现出强烈的兴趣与亲近,但是并不稳定,或者无法信任任何人。

依恋对于婴儿而言有降低焦虑的作用。依恋理论为照顾者提供了更合适的照顾婴儿的方式。当照顾者释放温暖和关爱的信号,孩子积极回应这些信号,这个过程对于婴儿大脑的发育是有益的。另外,如果照顾者对于婴儿所发出的信号敏感,并及时做出适切的反应,也将有助于儿童形成安全的依恋模式。此外,依恋理论对于临床也有价值,如当儿童遇到创伤或儿童的依恋需求未得到满足时,那么这些早期经历会被储存在记忆中,并会在未来呈现出来,可能会对其未来的人际关系产生影响。

三、儿童青少年常见心理障碍及其心理治疗

儿童青少年最常见情绪类障碍、神经发育类障碍等心理障碍或精神疾病。目前全球主要精神疾病诊断标准包括《国际疾病分类》(International Classification of Diseases,ICD)-11 与《精神障碍诊断与统计手册》(diagnostic and statistical manual of mental disorders,DSM)-5,本着精神障碍全病程周期预防与治疗康复理念,已经取消按年龄划分病种的习惯。本节主要选取最常见的、典型的儿童青少年心理障碍/精神疾病,阐述儿童青少年临床诊疗特点。

（一）儿童青少年常见心理障碍

1. 注意缺陷多动障碍(attention deficit hyperactivity disorder,ADHD)　是指一组以注意力不集中、多动或冲动为主要症状的综合征,严重影响个体生活、学习和人际等功能。ADHD 患病率约5%,男女儿童比值为 2∶1,是儿童期最常见的神经发育障碍。30%～60% 可以随着发育自愈,至少 30% 会持续到成年期。

ADHD 的病因和发病机制尚不明确,目前认为是由多种生物因素（如遗传因素、轻度脑损伤等）导致,心理和社会因素（如智力水平、成就动机、性格、父母教育程度、教育方式、社会环境等）会影响症状严重性与功能受损程度。

ADHD 临床分为三个亚型:注意缺陷型、多动/冲动型、混合型。注意缺陷型主要表现为经常难以保持注意力集中、容易分心、做事有始无终、日常生活杂乱;多动/冲动型主要表现为经常行为过多、喧闹和急躁;混合型表现为注意缺陷与行为冲动症状均显著。ADHD 经常共病学习障碍、孤独症谱系障碍、智力障碍等,高共病会影响治疗效果。诊断主要依据精神检查以及从包括家庭、学校等主要场景收集信息判断,同时可以采用神经心理测验、认知能力评估、注意力测试等方法辅助诊断,实验室辅助检查如脑电、脑影像等客观指标检查主要用于排除脑器质性疾病。此外,需要排除可能引起类似 ADHD 症状的情况或伴发 ADHD 症状的综合征,如婴儿酒精综合征、脆性 X 染色体综合征、甲状腺功能亢进、癫痫以及某些药物的副作用。此外,还需与智能障碍、抽动秽语综合征、品行障碍、孤独症谱系障碍、儿童精神分裂症、适应障碍、特殊学习技能发育障

碍等疾病鉴别。

对 ADHD 儿童的治疗需要老师、家长和医师共同参与,采用环境、家庭与心理支持、父母行为管理训练、行为矫正和药物治疗等综合措施,才能有良好的效果。

(1)父母训练:包括介绍 ADHD 知识,如发病率、病因、临床表现、干预和治疗、亲子关系和家庭教育、ADHD 儿童的学习干预、行为管理、情绪调控等系列培训活动。ADHD 儿童的父母在培训中加强与儿童的沟通和互动,能积极主动地应对 ADHD 儿童的学习、情绪、交流等问题。

(2)学校干预:ADHD 治疗强调医院、家庭和学校三者的联系和医教结合。在 ADHD 的综合治疗中,与学校达成有效沟通必不可少,包括提供学校管理和 ADHD 儿童的咨询等。成功的学校干预可以降低儿童在学校的不良行为,对于提高 ADHD 儿童的学习效率有着一定的作用。

(3)行为治疗:行为治疗的原则包括行为矫正技术和社交学习理论,强调预防性管理,通过观察与模仿恰当的行为、态度和情感反应,来塑造 ADHD 儿童的行为。常用的行为治疗方法包括正性强化、消退等。

(4)药物治疗:治疗 ADHD 的药物主要包括中枢兴奋剂和去甲肾上腺素再摄取阻断剂。通常用于心理行为干预无法获得、实施或者疗效不明显,症状过于严重干扰学习、人际功能,或者症状严重干扰心理行为干预的情况。

2. 抽动障碍(tic disorders,tics) 是一种起病于儿童和青少年时期,以不自主、反复、快速、无目的的一个或多个部位肌肉运动和/或发声抽动为主要表现的神经发育性障碍。包括短暂性抽动障碍、慢性运动或发声抽动障碍、发声与多种运动联合抽动障碍(又称抽动秽语综合征或 Tourette 综合征)等。

目前报道,5%～20% 的学龄儿童曾有短暂性抽动障碍病史,慢性抽动障碍在儿童青少年期的患病率为 1%～2%,抽动秽语综合征的患病率为 0.05%～3.00%。男孩多见,男女比例为(6～9):1。

抽动障碍病因复杂,尚未完全明确。可能是遗传因素、神经生理、神经生化及环境因素等相互作用的结果。其临床表现如下。

(1)短暂性抽动障碍(transient tic disorder):通常又被称为抽动症或习惯性痉挛,是抽动障碍中最多见的一种类型,大多表现为单纯性运动抽动,极少数表现为单纯发声抽动。运动抽动的部位多见于眼肌、面肌和颈部肌群,病程持续不超过 1 年。一般症状轻微,不需要治疗。

(2)慢性运动或发声抽动障碍(chronic motor or vocal tic disorder):本类型抽动症多见于成人,但可发生于儿童青少年期,患病率为 1%～2%。症状可以表现为简单的和复杂的运动抽动障碍(单纯运动型抽动),或仅出现简单或复杂的发声抽动(单纯发声性抽动),抽动多累及面肌、颈肌和肩部肌群,但很少有上下肢和躯干的抽动。运动抽动较发声抽动多见,但一般运动抽动和发声抽动不同时存在。抽动的症状持久、相对不变。症状至少持续 1 年,长者持续数年,甚至终身。仅症状严重者需要治疗。

(3)发声与多种运动联合抽动障碍:又称抽动秽语综合征、Tourette 综合征,为抽动障碍中最为严重的一类,表现为进行性发展的多部位、形式多样的运动抽动和一种或多种发声抽动,运动抽动和发声抽动同时存在,多数伴有强迫性症状。抽动秽语综合征可不同程度地干扰损害儿童的认知功能和发育,影响社会适应能力,多数需要治疗。

可以依据 ICD-11 或 DSM-5 抽动障碍诊断标准进行诊断,并与儿童时期常见由于各种原因所致的运动障碍进行鉴别,包括心理测验和疾病鉴别的辅助检查。与小舞蹈症、亨廷顿舞蹈症、肝豆状核变性、癫痫、手足徐动症、急性运动障碍、癔症、强迫性障碍、儿童精神分裂症等鉴别。

短暂性抽动障碍和慢性运动或发声抽动障碍,一般预后良好,大多数可自行好转。对患儿与家属给予正确的教育引导,避免过分担心关注。培养和维护患儿的身心健康,通过避免过度紧张疲劳和其他过重的精神负担,有利于病情稳定及恢复。对于抽动症状轻、干扰损害少者无须特殊治疗。

对发声与多种运动联合抽动障碍,先要进行家庭疾病教育,如果症状严重干扰功能并有痛苦体验,需要接受心理行为治疗和药物治疗。在治疗过程中需要注重治疗的个体化,可应用症状评定量表、药物副作用记录表等,根据治疗过程的效应、抽动症状的变化、社会适应情况、在校学习表现等加以综合评定,调整治疗方案。治疗前应通过临床评估并结合标准化量表确定治疗的靶症状,通常优先选择对患儿日常生活、学习或社交活动影响最大的抽动症状作为治疗的靶症状。但当共病症状(如多动冲动、强迫症状等)造成更严重功能障碍时,靶症状将调整为此类共病症状,如多动冲动、强迫观念等。以下为常用干预方法。

1)行为治疗:主要包括习惯逆转训练(habit reversal training)、暴露与反应预防、放松训练、阳性强化、自我监察、消退练习、认知行为治疗(CBT)等。其中习惯逆转训练目前被认为效果最好,可减轻发声与多种运动联合抽动障碍的抽动症状,如对于发声抽动患儿可进行闭口、有节奏缓慢地进行腹式深呼吸,从而减少抽动症状。

2)神经调控治疗:重复经颅磁刺激、脑电生物反馈和经颅直流/交流电刺激等神经调控疗法,可尝试用于药物难治性抽动障碍患儿的治疗。深部脑刺激手术疗效较确切,但属于有创侵入性治疗,主要用于年长患儿或成人难治性抽动障碍的治疗,目前还属于探索阶段。

3)药物治疗:是治疗发声与多种运动联合抽动障碍的主要方法,但只能控制症状,不能改变预后和病程,且有一定的副作用,因此在选择药物时要权衡利弊。药物主要包括有多巴胺受体阻滞剂、α受体激动剂及其他药物。

3. 焦虑障碍　是儿童青少年时期最常见的一种慢性精神疾病,通常起病于儿童中期至青春期中期,患病率在 5.7%~17.7%,女性比男性更常见,是男性的 1.5~2.0 倍。

儿童青少年焦虑障碍的病因与多种因素有关,包括遗传因素、气质和人格特质因素、父母和家庭环境因素、个体的认知偏差因素、负性生活事件、情绪调节相关的皮质-边缘系统受损,以及多种神经递质系统功能失调等。典型焦虑障碍家庭因素包括过度保护与控制行为,与家庭成员高焦虑素质有关。

临床诊断时主要依赖精神检查以及收集到家庭、学校等主要场景信息,根据诊断标准进行诊断。需要特别注意结合儿童青少年正常焦虑发育水平以及仔细收集当前面对的应激,避免遗漏焦虑障碍诊断或者过度诊断,同时进行与其他精神疾病的鉴别或者共病诊断。儿童青少年在成长过程中会出现焦虑情绪,如 0~6 月龄婴儿因噪声、受惊吓而恐惧,7~8 月龄婴儿对陌生人、突然靠近的物体感到恐惧。2~3 岁幼儿对黑暗、打雷、火、噩梦感到恐惧,4~5 岁学龄前儿童害怕与父母分离。6~7 岁学龄儿童通常会担心受伤和自然灾害(如风暴),8~11 岁儿童害怕上学、社交、学业表现。12~18 岁青少年通常会有与人际关系、外貌、学业表现、社会能力和健康问题有关的担忧和恐惧。需要将正常的、发育适当的担忧、恐惧和害羞与严重损害儿童功能的焦虑症区分开来。

此外，儿童青少年认知、语言功能发育不成熟，精神检查需要考虑这些因素，采用适宜技术（如对低年龄儿童结合绘画、游戏等方式）进行询问与检查。针对焦虑的青少年，可以先注意关心其当前状态，放松与接纳他们，结合熟悉的生活与学习场景，进行具体问题询问，经常需要邀请青少年对于回答"是"的问题举例说明，以进一步确认是否为焦虑障碍症状。

临床辅助诊断工具包括结构性访谈诊断问卷与症状严重程度等量表工具，需要注意选择适用年龄阶段的检查工具。实验室检查主要用于排除脑器质性疾病。

儿童青少年焦虑障碍的治疗原则：①治疗的主要目标是让儿童青少年学会如何识别和处理他们过度和有害的焦虑；②考虑到焦虑障碍亚型之间存在较高共病，通常将功能损害最明显的部分作为首要干预目标；③需要将家庭、学校系统纳入治疗计划。CBT 和 5-羟色胺再摄取抑制剂（selective serotonin reuptake inhibitors，SSRIs）等药物治疗是儿童青少年焦虑障碍的一线治疗方法。CBT 核心干预技术与成年患者类似，不同点在于采用年龄相适宜技术进行干预操作（详细见下文），以及帮助家庭找到儿童青少年焦虑诱发应激因素、症状行为后家庭对于焦虑的强化反应行为，并对之进行认知行为管理指导，有时需要识别成人自身的焦虑，指导管理或者转介进一步治疗。对于严重的焦虑障碍，可以先使用药物治疗来降低焦虑程度，从而提高对心理治疗的依从与合作度。这类患者通常需要心理治疗联合药物治疗以达到症状缓解。对于以上一线治疗方法疗效欠佳的患者可以考虑其他治疗，如注意偏向矫正（attention bias modification，ABM），儿童焦虑情绪的支持性父母养育技能训练（supportive parenting for anxious childhood emotions，SPACE）等。

4. 抑郁障碍　抑郁障碍是最常见的儿童青少年精神障碍之一，是指由各种原因引起的以显著而持久的心境低落为主要临床特征的一类情绪障碍，伴有不同程度的认知和行为改变，严重者存在自伤、自杀意念、企图甚至行为。国内外研究显示 3～17 岁儿童青少年抑郁障碍现患率为 3% 左右，在青春期前后发病率最高。儿童期男女患病比例为 1:1，青春期为 1:2。

（1）抑郁障碍发病原因：目前尚不明确，研究已证明存在生物学、心理社会学的致病因素。

1）遗传因素：抑郁症状的遗传率为 40%～65%。17%～46% 的患者有情感障碍家族史。

2）神经递质水平或相关神经通路的功能异常：患者存在多种神经递质水平或相关神经通路的功能异常。比较公认的是单胺假说，即 5-羟色胺（5-hydroxytryptamine，5-HT）能、多巴胺（dopamine，DA）能和去甲肾上腺素（norepinephrine，NE）能系统异常。

3）其他生物学因素：可能与神经内分泌功能异常有关，如下丘脑-垂体-肾上腺轴（hypothalamic-pituitary-adrenal axis，HPA）功能免疫功能异常，如炎性细胞因子水平异常；脑电生理异常如事件相关电位研究发现抑郁的青少年患者面对负性情绪刺激，P300 幅度减小；脑影像学异常，如背外侧前额叶结构和功能异常，包括体积减小，脑血流灌注减少。涉及中枢神经系统的疾病，如癫痫、偏头痛，或涉及全身炎症的疾病如哮喘，以及一些慢性疾病的治疗，如类固醇、干扰素等都会增加儿童青少年抑郁的风险。

4）心理社会因素：常见父母抑郁障碍，尤其是慢性抑郁障碍，不仅通过遗传机制，还可能通过父母非适应性认知、被动和退缩行为，或不和谐的亲子关系，对儿童产生不利影响。其他如忽视、被虐待、被欺凌；失去兄弟姐妹、父母或亲密朋友；学业困难；同伴关系不佳。

儿童青少年抑郁障碍的核心症状与成人相似,但由于不同年龄阶段儿童青少年的身体、情绪、认知和社会发展阶段的差异,在临床表现上会有一些特殊性。例如,儿童的抑郁情绪更容易表现为情绪不稳定、易怒、低挫折耐受性、脾气暴躁、躯体不适和/或社交退缩。与抑郁相关的自罪妄想和自杀企图及行为也往往比成年抑郁者少。青少年可能更多会表现出易激惹,与父母对立冲突,丧失兴趣往往从对学习丧失兴趣开始,出现厌学、不愿上学甚至逃学。青春期的女生出现进食问题的可能性更大,如食欲减退或暴食。男生可能更容易出现躯体攻击行为。自伤、自杀观念及反社会行为(如偷窃、撒谎等)在青少年抑郁障碍中也较常见。

根据 ICD-11 或 DSM-5 诊断标准进行诊断,根据核心诊断特征与双相障碍、焦虑障碍、恶劣心境、ADHD、对立违抗障碍、品行障碍等进行鉴别与共病诊断。用于辅助评估儿童青少年抑郁症的工具分为(半)结构式访谈问卷,需要选择年龄适宜工具。有些自填问卷分儿童青少年版与父母版,儿童青少年版一般用于 8 岁以上、具有初步读写能力的儿童青少年。此外,实验室检查有助于排除脑器质性疾病导致的抑郁症状,如甲状腺疾病等。

(2)抑郁障碍的治疗:包括药物治疗、心理治疗和物理治疗等。治疗阶段分为急性期、巩固期与维持期。急性期的主要目标是获得临床治愈。巩固期治疗的目标是巩固疗效,避免复发,应持续 6~12 个月。一些严重、反复发作和"难治性"患者应该接受更长时间的维持治疗以避免复发。

一般来说,每个阶段的治疗选择都应考虑患者的年龄和认知发展、抑郁的严重程度和亚型、病程、共病情况、家族史、家庭和社会环境、家庭和患者治疗偏好和期望、文化,以及药物治疗和/或心理治疗的可用性。每个阶段都应该包括心理教育、支持性管理、家庭和学校参与。治疗方案也需要包含对共病的治疗。在整个治疗阶段应该坚持随访,观察患者的症状、疗效以及不良反应等情况。

对于短暂或轻度抑郁的儿童青少年首先考虑心理教育、支持和病例管理。对于支持性心理治疗无效或患有更复杂抑郁障碍的儿童和青少年,需要采用特定类型的心理治疗和/或使用抗抑郁药。

1)心理治疗:儿童抑郁障碍的循证心理治疗整合了多种实证有效的干预框架,其核心包括认知行为疗法(CBT)——通过修正负性认知偏差与行为激活技术打破抑郁循环,是儿童青少年轻度抑郁的一线心理治疗方法。具体方法为;人际心理治疗(IPT)则聚焦于抑郁与人际冲突的关联,通过改善沟通技巧缓解社交困扰。家庭系统治疗针对功能失调的互动模式,调整父母回应策略以强化家庭支持。此外,还有游戏治疗、精神动力学治疗和团体治疗等方式。治疗选择需综合评估发育阶段、症状严重度、共病及家庭资源,通常联合药物(如 SSRIs)和学校干预,并强调家庭参与与社会支持系统的协同作用。近年来,模块化治疗和数字化干预成为新兴方向,全程需监测自杀风险,兼顾个体化需求与循证实践的核心原则。

2)药物治疗:根据美国儿童和青少年精神病学会(American academy of child and adolescent psychiatry,AACAP)指南建议,心理治疗无效或较严重和复杂的儿童青少年抑郁障碍应使用特定心理治疗和/或药物治疗。我国《精神障碍诊疗规范(2020 年版)》建议:轻度抑郁障碍患者如果进行 6~12 周心理治疗后抑郁症状无明显改善,通常提示需合并抗抑郁药。药物选用与剂量管理需要遵循指南与文献,尤其需要做好药物安全保管、使用与副作用监测的家庭教育。

抗抑郁药与未满 18 岁儿童和青少年的自杀相关行为(自杀企图和自杀想法)及敌对行为(攻击、对抗行为和发怒)是否有关还无定论,多数学者认为使用抗抑郁药的潜在获益超过自杀行为相关的风险。用药应从小剂量开始,缓慢加量,以减少上述风险。用药期间应密切监测患者的自杀及冲动征兆。

3)物理治疗:①改良电休克治疗(modified electro-convulsive therapy,MECT)对于威胁生命或者采用其他治疗无效的严重抑郁障碍可能有效,但不宜用于 12 岁以下的儿童;②重复经颅磁刺激(repetitive transcranial magnetic stimulation,rTMS)是一种无创性的电生理治疗技术,研究显示 rTMS 治疗儿童青少年抑郁效果较好且安全性高,不良反应主要有头痛、局部不适、听力损害等,具体参数靶点方案还有待精准研发。此外,迷走神经刺激(vagus nerve stimulation,VNS)、深部脑刺激(deep brain stimulation,DBS)、经颅直流电刺激(transcranial direct current stimulation,tDCS)等在儿童青少年抑郁障碍中的应用还有待研究。

(二)儿童青少年的心理治疗

心理治疗是大多数儿童青少年心理问题/障碍的首选治疗方法,目前被各国公认的主要治疗方法包括 CBT、精神分析/精神动力学治疗以及家庭治疗。其他包括音乐治疗、运动治疗为辅助性康复手段。每种心理治疗都有其主要的适应范围,需要先经过少儿治疗师评估来明确选择合适的治疗方法。

1. 认知行为治疗(CBT) 是当今精神卫生领域三大心理治疗流派之一,也是当前应用最广、获得循证依据最多的一种心理治疗方法。CBT 整合了认知与行为治疗技术,是目前针对心理社会因素在发病机制中占主要位置的儿童心理疾病的一线治疗方法,也是很多以生物性因素为主要发病机制的疾病的运用最广的心理康复训练方法。为了方便介绍,以下还是按照传统教科书模式将 CBT 分为行为治疗与认知治疗来描述。近年来随着 CBT 在临床运用上的局限性,一些专注于正念、忍受挫折等技术受到重视,在此基础上出现了一些新的治疗方法如正念、接纳与承诺疗法、辩证行为治疗等,尤其是辩证行为治疗,由于其理论与干预技术能很好地应用于目前临床上非常常见的自伤等情绪调节困难的青少年问题,因此得到迅速普及发展与应用。

(1)适应证:行为治疗对儿童青少年的多种问题具有良好疗效,包括进食、睡眠、尿床、品行问题行为、特定恐惧、强迫行为等。对于多动行为有短期效果,对拒绝上学行为与心身性疼痛等躯体不适也有效。当问题可通过行为观察明确,外部环境刺激与结果可控,且为儿童认知能力发展不成熟导致认知干预困难时,比较适合选择行为治疗。但如果患儿行为问题主要由生活环境因素,如父母婚姻破裂、与母亲依恋关系不良等引发,单纯行为治疗效果可能欠佳,需结合其他心理治疗方法。

(2)评估:治疗师需要多方面收集信息。不仅要与患儿会谈,还必须与主要照顾者以及密切生活在一起的成人会谈,并观察儿童青少年单独以及与父母在一起的行为与互动方式。收集的既往资料包括生长发育史、既往疾病与治疗史、心理测验报告和成长史等。幼儿园、学校记录、儿童青少年个体的学习或者业余活动记录可以补充信息。同时,评估主要照顾者(如父母)的心理状况,以了解父母对于帮助患儿心理康复的能力。

主要的评估方法除了访谈、观察、自评与他评量表、各种心理行为记录(包括日记、影像信息)等之外,由于小年龄儿童语言与认知能力发育不成熟,往往要借助游戏、绘画、讲故事等形式进行与儿童的谈话与观察。去患儿的家庭、学校还能观察患儿在学校、家庭的活动，与老师等交谈，有助于了解患儿的生活学习环境。

评估还包括对儿童进行行为分析，包括纵向分析与横向分析。纵向分析是综合儿童青少年心理与身体发育、气质与性格、功能及经历、家庭事件、养育环境与功能，以及家庭遗传等因素发展对儿童青少年易感、资源、核心信念、行为规则等进行理解。横向分析则是对儿童青少年具体问题行为或症状的分析，最常采用的方法为"S-O-R-C"法，记录在哪些特定情境（situation，S）下，持有不同信念、价值、动机、兴趣、资源、易感性等特征的个体（organ，O）会做出哪些行为反应（response，R），并且出现哪些结果（consequence，C），即情境（诱发事件）、个体（核心信念/易感/资源）、行为反应（包括认知、行为、情绪、生理四个层面），以及结果（行为对个体与环境造成的影响/强化），对行为结果的分析也包括哪些是强化行为反应的因素。行为评估包括以下五个步骤。

A. 明确靶行为：从父母与患儿的抱怨、诉求中，与他们一起工作，寻找真正的、需要改变的行为问题所在，靶行为尽可能具体、清晰。

B. 评估靶行为对儿童功能的影响：主要需要考虑生活、学习，以及家庭方面的影响，包括情绪及内心痛苦、人际、社交、发育和/或发展水平、学习、自信等方面。

C. 明确行为目标：需要与家庭、患儿一起发展具体、简明、清晰、可执行的目标。例如，应该是"每晚9点上床睡觉"，而不是"每晚早点上床睡觉"等。

D. 明确恰当、替代性行为：如小声说话、温和表达自己有其他安排无法一起外出等。

E. 与父母、患儿进行行为心理教育：与家长、患儿解释为何会出现问题行为，包括行为如何习得形成以及环境如何激发与强化维持；解释行为是可以改变的，需要家长、患儿共同努力。

（3）治疗目标：儿童行为治疗应以改变维持因素、利用保护因素、减少儿童的心理症状、提高儿童心理社会功能为目的。除针对儿童个体之外，往往需要纳入家庭、学校系统。通过收集个体、家庭与学校信息，确定儿童心理问题假设框架，即问题是什么，有哪些诱发、加重、维持因素，有哪些特殊事件与保护因素等。帮助家庭减少对儿童的不良刺激或影响，增加家庭对儿童的理解与保护。在与家庭的工作中，首先要了解家庭如何理解儿童心理问题及他们的担心等，尊重、积极回应家长的疑问，帮助家长确定合理治疗期望，减少他们的担心，这对于建立与促进整个治疗的开展都是非常重要的。

（4）治疗过程：在开始治疗前，需要对儿童与家庭主要照顾者进行心理健康教育，以帮助儿童及家庭正确看待儿童的问题及为何需要治疗，并支持家长对孩子做出更多有用的行为，这可以增加他们的合理治疗期望与希望、增强治疗动机以及治疗的依从性。

如果父母个体或婚姻问题严重干扰父母对孩子的帮助，则同时需要对父母进行心理治疗或者婚姻治疗。当家庭成员之间的沟通模式出现障碍，成为导致孩子出现心理问题的主要原因时，可以同时采用家庭治疗。若儿童的行为问题发生在学校，则需要学校参与治疗。当儿童的问题涉及医学问题而需要用药时，需要与医生联合治疗。

儿童行为治疗技术的应用需要考虑到儿童认知、情绪发育水平，即应用儿童能够理解的语言进行沟通交流，对幼儿与年龄小的学龄儿童可以采用游戏、绘画、讲故事等形式作为了解孩子、帮助孩子调节情绪、建立积极现实想法的心理工具等。对于婴儿，主要通过观察婴儿与父母的关系、婴儿独自，以及与陌生人关系评估婴儿与亲子关系，并帮助父母提高养育技能，改善二人、三人亲子互动模式来帮助婴儿;对于幼儿与小年龄儿童,在针对儿童个别治疗同时,也提供父母咨询;对青少年,根据问题涉及更多是内化的个体心理困难还是环境不适当对待为主,来决定主要进行个体行为治疗还是家庭治疗。

完成行为分析后,治疗师需要评估儿童与父母的治疗目标,进行心理教育,使得双方在治疗目标上达成一致,有助于减轻父母的担心、辅助治疗师的工作。治疗目标必须具体、可行,而非泛泛而言,如应为"一周里踢人行为从原来的 5 次减少到 1 次",而不是"不发脾气"。父母往往习惯于关注减少患儿的不良或者非期待行为,而行为治疗主要是促进建立期望或者适切的行为,以减少或者替代非期待行为。在明确治疗目标之后,应确定期望行为,然后明确告诉患儿什么是具体的期望行为、应该如何做、会得到何种奖励或者好的结果,同时家长也需要理解这些信息。情绪识别与控制困难往往是处于发育阶段的儿童青少年的主要困难之一,在各种行为、情绪障碍中均可见,包括父母的情绪管理困难问题,往往与遗传或行为遗传、学习强化因素有关。因此,在治疗中需要评估是否存在情绪识别困难及控制困难,并予以训练。

行为治疗基本技术根据对期待行为的作用可以分为以下两大类:一类是用以增加目标或期待行为,如正性或负性强化、解释问题行为的形成、暴露与预防反应暂停、示范及演练与角色扮演等技能训练,以及去除不利的环境因素等;另一类是减少非期待行为,如控制预期刺激因素、区分强化、惩罚、消退、暂停、反应代价、脱敏、过校正等方法。对于患儿的行为治疗技术原则基本同成人,但是在具体运用时需结合患儿的年龄特点、兴趣与理解能力,青少年期与成人方法类似,但是在之前的儿童阶段,则多采用游戏、绘画、讲故事等形式进行,且更多需要将父母纳入治疗中,让父母一起学会技术的原理及应用方法,以便患儿训练时得到父母的帮助。

(5)注意事项:儿童行为治疗技术的应用需考虑儿童认知、情绪发育水平。与幼儿和小年龄学龄儿童沟通交流时,应采用他们能够理解的语言,可借助游戏、绘画、讲故事等形式。对于婴儿,着重通过观察其与父母、陌生人的关系来评估亲子关系,并助力父母提升养育技能、优化亲子互动模式。对于幼儿与小年龄儿童,在开展个别治疗的同时,也应为其父母提供咨询服务。对青少年,则依据问题主要是源于内化的个体心理困境,还是外界环境的不当对待,来抉择主要进行个体行为治疗还是家庭治疗。

在治疗过程中,要充分考虑年龄差异。青少年期的治疗方法与成人有相似之处,而在儿童阶段,多借助游戏、绘画等形式,并且需要父母积极参与治疗,让父母掌握技术原理及应用方法,以便在患儿训练时给予协助。同时,当患儿的行为问题主要是由生活环境中其他原因,如父母的婚姻破裂、与母亲依恋关系等时,单纯聚焦、改变患儿的行为问题效果比较差,需要用其他心理治疗方法(如家庭治疗等)进行综合干预。

2. 精神动力学治疗　精神动力学治疗理论源于经典精神分析理论,但是动力学治疗师不需要一定达到精神分析师的受训标准,治疗频次一般每周 1~2 次,总的治疗周期也少于精神分析。与精神分析更多关注改变儿童青少年心理结构相比,精神动力学治疗更关注帮助儿童青少年适应环境与改善功能,因此,更容易推广应用。

(1)儿童青少年精神动力学发展历程:回顾与儿童青少年相关的精神分析理论发展,有助于我们更好理解儿童青少年精神动力学治疗与成人的不同与独特性。弗洛伊德 1909 年发表的"小汉斯案例"是迄今为止最早的关于儿童精神分析的治疗论著,该论著聚焦儿童期经历对于成年的影响，并且通过分析，重构成人内心的儿童期体验，但是相比于对成人回溯性的观察研究，更需要直接对儿童进行观察，获得更充分的有关儿童心理发展的证据。赫米恩·冯·胡格·赫尔穆思（Hermine Von Hug-Hellmuth）是第一位开展儿童精神分析的治疗师，1921 年发表的"儿童分析技术"至今仍然被广泛采用。梅兰妮·克莱因（Melanie Klein）与安娜·弗洛伊德（Anna Freud）随后发展了儿童精神分析，克莱因提出游戏分析这个重要术语，认为儿童游戏相当于成人的自由联想，因此可通过对儿童游戏的解释来分析儿童的潜意识，并开展分析性治疗。安娜·弗洛伊德提出儿童的分析性治疗需要治疗师提供指导，而不仅仅是进行分析性解释，因为小年龄儿童的自我发育不成熟，无法理解分析性解释。此外，她对儿童青少年防御机制也进行了深入研究。儿科医生唐纳德·温尼科特基于对婴儿及家庭的观察及工作经验，对精神分析进行了创新性开拓，他对婴儿如何发展自体、现实感以及自体调节进行了研究，提出了"足够好的母亲""养育容器""过渡性客体"等重要概念。约翰·鲍比将实证研究应用到精神分析人格发展研究中，建立了早期依恋理论，为随后儿童青少年心智化理论及临床应用奠定了基础。

（2）适应证：关于精神动力学治疗的适应证，需要通过收集详细的多维度信息来评估，这些信息包括生活应激、精神病理症状、问题行为、心理发育水平、儿童青少年主要冲突与防御等。如果儿童的行为困难是心理冲突的外化表现、固着于非适应当下的防御来解决，或者由于发育退行的客体表征导致时，比较适合采用精神动力学治疗。如果儿童所处的环境或者儿童自身的疾病（如残疾等）对儿童行为问题的发生存在明显影响，需要进行环境干预或者采取一些处置方式帮助儿童更好解决困难，而不能仅用精神动力学治疗。

（3）治疗目标：精神动力学治疗的主要目标不仅仅是缓解症状，而是将心理发展恢复到正常水平，以管理焦虑，增强情感调节，提高自尊和挫折的耐受性，发展与年龄相适应的自主性，增加在学校学习和玩耍中感受快乐和满足的能力，以及健康的同龄人际关系。此外，精神动力学治疗目标还包括提高儿童的心理弹性，通过发展儿童理解自己的感受、想法以及感觉和行为之间的联系的能力，促进改善人际关系，以减少疾病或者症状复发的可能性。

（4）与父母的沟通：儿童青少年精神动力学治疗师需要与主要照顾者（如父母）合作，如在初始访谈中了解孩子的诊断结果、收集信息评估，以及建立治疗目标，介绍治疗将如何进行，疗程长短受环境的稳定性及应激事件频率与程度的影响。通常的疗程是数周，或者 1～2 年，治疗师可以根据评估结果进行预测，以及与父母基于发展水平、功能改善，以及与父母的亲子关系等制定治疗结束的标准。治疗师保持定期与父母沟通很重要，治疗师可以定期与父母访谈，这可以帮助父母理解孩子这个年龄阶段父母的角色，以及孩子的行为问题，但并不是告诉父母孩子具体说了什么，否则会影响孩子的信任及治疗关系。这种定期的父母访谈也可以避免与父母产生分裂或者"谁对儿童好"的竞争关系，理解父母的困难与冲突，帮助父母发展恰当的养育策略。治疗师在尊重父母作为孩子的养育者角色之外，还需要了解父母自主性发展水平以及心理内在的儿童体验。儿童青少年精神动力学治疗通常是与儿童青少年单独治疗，儿童可以不受父母反应的影响，治疗师可以观察儿童内在内化的父母权威。

（5）针对儿童青少年的治疗策略：儿童精神动力学治疗需要根据儿童年龄发育水平，采用与发育水平相适应的游戏治疗，这些游戏主题主要包括规则游戏、身体活动、创造性活动、单人或与治疗师一起的想象游戏等,通常在治疗室准备好相关主题涉及的游戏用品,如一组动物或者玩偶之家等。与成人治疗一样,儿童青少年精神动力学治疗也需要有明确的时间与地点设置,来确保儿童青少年能够在治疗中展现内心冲突与防御。儿童在治疗中也会出现阻抗与移情,需要治疗师评估超我与自我的发育水平,采用适应性技术处理。需要注意的是,相比于成人向治疗师发展深度移情,儿童青少年更容易将内心父母置换到治疗师身上,治疗师尊重儿童青少年的内心世界,并进行理解与管理,能有效促进好的治疗效果。

3. 家庭治疗

(1)儿童青少年家庭治疗发展历程:家庭治疗理论最早出现于19世纪40年代,卡尔·惠特克(Carl Whitaker)、萨尔瓦多·米纽琴(Salvador Minuchin),以及更近代的大卫·沙尔夫(David Scharff)和吉尔·沙尔夫(Jill Scharff)夫妇、琼·齐尔巴赫(Joan Zilbach)等发展了儿童青少年家庭治疗。19世纪60年代,米纽琴等建立了家庭治疗结构式流派,最经典的身心症状家庭被应用到行为障碍儿童。之后加尔维斯敦(Galveston)等创建了多元冲击治疗小组(multiple impact therapy group,MIT),即由一组治疗师密集提供2天的针对不同家庭成员的家庭治疗,应用于对立违抗与品行障碍儿童家庭。目前应用于少儿的家庭治疗模式仍在不断发展,目前主要包括代际家庭治疗模式、结构与策略性家庭治疗、行为家庭治疗、精神动力学与经验性家庭治疗等。不同治疗模式的概念与技术不同,各适应于有不同病理特点的家庭。

(2)适应证:家庭治疗适用于儿童或青少年的行为问题、情绪困扰或心理症状与家庭互动模式密切相关时,以及家庭系统存在结构和功能失调时。常见的包括家庭中的冲突、忽视、过度保护、沟通不良或代际传递的创伤可能直接或间接影响儿童青少年的心理健康,以及家庭中出现亲职化的孩子,家庭关系三角化等。家庭治疗可以帮助改善家庭动力,以促进儿童青少年的恢复和发展。

(3)评估:需要评估家庭背景信息(如父母职业、文化程度、生活史及与各自原生家庭的关系)、家庭重要生活事件、家庭生命周期、家庭面临的压力、家庭结构、家庭系统成员间的互动模式,家庭资源以及儿童青少年的行为问题、情绪困扰或心理症状与家庭互动的关联性等。此外,由于家庭治疗需要家庭成员的积极参与和合作,还需要评估家庭成员是否愿意参与治疗并作出改变。

(4)治疗过程:家庭治疗将个体行为功能障碍视为整个家庭关系系统紊乱的表现,因此主要是调整失功能的家庭关系,而不是针对某个家庭成员进行干预。家庭治疗的目标主要包括以下几个方面:①探索家庭互动动力及其与精神病理的关系;②调动家庭内部力量和功能资源;③重组非适应性互动的家庭模式;④强化家庭解决问题的行为。对儿童青少年的家庭治疗,基本目标是通过家庭干预来治疗受干扰的个体以及功能失调的关系,从而改善父母和父母/儿童子系统的功能。

(5)注意事项:如果儿童青少年在个体方面存在明显困难,如学业和社交困难、注意力缺陷与多动障碍(ADHD)、严重情绪失调等,可能需要结合个体治疗、药物治疗或其他干预方式,而非单纯依赖家庭治疗。家庭治疗可以作为综合治疗的一部分,但不能替代针对个体问题的干预。

家庭治疗需要所有关键家庭成员的积极参与。如果某些成员对治疗持抗拒态度,可能会影响治疗效果。治疗师需要通过心理教育或动机访谈,帮助家庭成员理解治疗的意义并提高参与度。

在家庭治疗中,治疗师需始终保持中立,帮助家庭成员看到彼此的立场和感受,创造一个安全和信任的环境,让每个家庭成员都感到被理解和尊重,促进家庭成员间的合作,共同探索解决问题的途径。

四、小结

儿童青少年期是个体身体和心理发育最迅速、变化最多且最快的阶段,不但容易感受各种应激危害因素的影响,也缺乏有效解决问题的经验与能力,因此相比成人更容易出现心理问题、发育相关精神障碍、应激相关症状反应甚至障碍,同时青少年阶段也是各种常见精神疾病首发高峰年龄段。由于脑发育不成熟,导致症状容易行为化、多变且不典型,所采用的应对方式也容易以极端冲动、幼稚、回避的形式呈现,容易被忽略,导致亲子关系、师生关系、同伴关系受损。因此,需要照顾者及专业人员结合发育观,多维度、多场景、多手段进行观察评估,提供符合发育水平所需的有效帮助,以及时减轻症状、控制疾病的发生发展。随着科学技术的发展,未来如何更早用客观指标来早期发现鉴别不同问题或障碍,进行及时、适宜性干预,研发新型适宜性药物与非药物技术非常必要与重要。

第二节　老年人群

一、老年期心理特点

人到老年,身体机能逐渐衰退,心理也将产生一系列变化,如记忆力下降、兴趣减退等,这些变化会影响其家庭生活、社会适应、人际交往等多个方面。

（一）感知觉和行为变化

由于感觉系统的退行性变化,老年期视觉、听觉、味觉和触觉等均有不同程度的减退。老年人要感受到与年轻人相同的刺激,除需要更高的刺激强度外,还需要更充分的感知时间。为此,动作行为往往较年轻人缓慢。特别是对于解决较复杂问题,老年人往往不能迅速作出反应。这些有时会影响老年人的社会交往,也容易使老年人产生失落感和衰老感。

（二）记忆减退

随着年龄的增加,记忆力下降是一种普遍现象。老年人记忆改变的特点是,他们对年轻时的远期记忆保存尚好,能对往事很好地进行回忆,但近期发生的事或听到的信息常转瞬即忘,保存效果较差。

短期记忆减退与记忆过程中的两个现象有关:一个是记忆的抑制或干扰;另一个是记忆过程注意力的涣散。老年人注意力集中于目标性记忆任务时,其成绩并不比年轻人差,但老年人的非目标性记忆力较年轻人差。注意力分配不足也会对记忆产生影响,使老年人的记忆编码过程进行得不精细,编码的深度不够,同时也会影响信息的提取。

（三）智力变化

心理学将智力分为"晶体智力"和"流体智力"两种。"晶体智力"指人们通过一生所积累的知识和经验,来判断和解决问题的能力,在一生中是以持续稳步的方式发展。"流体智力"是一种接受来自各方面新信息的能力,它容易受到年龄的影响,到了老年有下降趋势。"流体智力"与形象思维过程有关;"晶体智力"与抽象概括性思维过程有关。随年龄增长,社会文化与教育背景不同,每个人的"流体智力"和"晶体智力"也不相同。

(四)情绪改变

年老过程并不必然伴有情感活动的显著变化。在老年人中,情绪体验往往有增强和不稳定的特点,一旦发生强烈的情绪体验,则需要较长时间才能平静下来。由于情绪不稳,老年人自杀率较年轻人更高。

(五)人格改变

老年人的人格变化多为主观、敏感、多疑和固执,这种变化常与老年人原有的性格特征有关。少数老年人出现严重的性格改变,可能与某些疾病特别是脑器质性疾病有关。

二、老年人常见的心理障碍

老年期心理障碍可以是成年期各种心理疾病的延续,也可由老年期特殊的心理社会因素和器质性疾病造成,较常见的有抑郁障碍和焦虑障碍等。

(一)老年期抑郁障碍

老年期抑郁障碍(late life depression,LLD)是指年龄 60 岁及以上的老年人出现的抑郁障碍,是老年人群常见的精神心理疾病。老年期抑郁障碍全球患病率为 2.8%～22.5%。

1. 病因和发病机制

(1)生物学因素:老年期起病的抑郁障碍的遗传负荷明显低于早年起病的抑郁障碍;随着年龄的增长脑内神经递质的浓度有所改变,可能是老年人易患抑郁症的部分原因;现有的研究结果提示,老年期抑郁障碍患者脑退行性改变的发生率高于一般人群,但尚不能肯定与疾病的因果关系。

(2)病前人格特征:研究发现老年期抑郁障碍患者有相对更突出的回避和依赖人格特征。

(3)社会心理因素:在老年期抑郁障碍的发病过程中社会心理因素的作用尤为突出。老年期恰恰是严重生活事件的多发年龄。离退休后社会关系改变、社会圈子缩小、经济困顿、疾病缠身等多种因素常造成或加重老年人孤独、无用感等不良的心理改变。对死亡的恐惧心理也影响老年人的幸福感。此外,老年人心理应激能力减弱,内环境稳定性降低,即使是普通的生活事件也可造成心理问题,内外因素互相作用,增加了老年抑郁症的发生率。

2. 临床表现 老年期抑郁障碍的核心症状与其他年龄段无特殊差别,但是老年患者固有的生物、心理、社会因素不可避免地对抑郁障碍的临床表现产生影响。老年期抑郁障碍常见临床特征如下。

(1)常伴随焦虑和激越:主要表现为过分担心、反复追念以往不愉快的事、灾难化的思维与言行、冲动激惹、坐立不安等。

(2)疑病症状或躯体不适主诉多:据以往报道,老年期抑郁障碍患者中有 60% 以上的老年人具有疑病症状。患者常因各种躯体不适及担心躯体疾病的恶化,辗转就诊多家医院,历经检查及对症治疗效果不佳。

（3）精神病性症状：疑病、虚无、被遗弃、贫穷和灾难，以及被害等是老年期抑郁障碍患者常见的妄想症状。

（4）自杀行为：与年轻患者相比，老年期抑郁障碍患者自杀观念频发且牢固、自杀计划周密，自杀身亡率高。

（5）认知功能障碍：认知功能障碍常与老年期抑郁障碍共病。晚发抑郁障碍患者长期处于抑郁期，可增加痴呆的风险，甚至可能是痴呆的早期表现。

（6）睡眠障碍：失眠是老年期抑郁障碍的主要症状之一，失眠与抑郁常常相互影响。要注意老年人合并睡眠呼吸暂停综合征与不宁腿综合征的发生率较高。

3. 诊断和鉴别诊断　在 ICD-10 和 DSM-5 中并未将老年期抑郁障碍单独进行讨论，其诊断标准与其他年龄段一致，在此不再展开叙述。但在诊断时需要注意与其他疾病的鉴别。

（1）继发性抑郁障碍：老年人常伴有各种躯体疾病和脑血管系统疾病。许多躯体疾病，如心肺疾病、内分泌疾病、贫血及维生素缺乏等可引起抑郁症状。因躯体疾病服用的某些药物，如利血平、胍乙啶、普萘洛尔和抗肿瘤药物等，也可以诱发抑郁。

（2）神经认知障碍：在老年期抑郁障碍患者中，有一定比例可以出现较明显的认知功能损害症状，类似痴呆表现，即假性痴呆。因此需要鉴别。真性痴呆和假性痴呆的鉴别见表 24-2。

表 24-2　真性痴呆和假性痴呆鉴别

鉴别项目	真性痴呆	假性痴呆
起病	缓慢隐匿	急性
病程	长	短
心境低落	常不突出，且波动起伏	持续且较明显
智力检查	常回答"忘了"，掩盖缺陷	常回答"不知道"，夸大缺陷
认知损害	相对稳定	程度波动
脑影像检查	阳性改变多见	常无阳性改变
抗抑郁药物治疗	治疗效果不明显	治疗效果较显著

（二）老年期焦虑障碍

焦虑障碍是老年人常见的心理障碍，估计患病率为 1.2%～15.0%。根据 DSM-5 标准，在老年期焦虑障碍中，场所恐惧症发生率最高（4.9%），其次是惊恐障碍（3.8%）、广泛性焦虑障碍（3.1%）、特殊恐惧症（2.9%）和社交恐惧症（1.3%）。老年期焦虑障碍与当地的病死率和躯体疾病（特别是与心血管疾病和认知障碍）患病率增加有关。然而，老年期焦虑障碍在临床实践中仍诊断不足，治疗不足。

1. 病因和发病机制

（1）生物学因素：基于家庭和双胎的研究表明，遗传因素在焦虑症的发病机制中起着重要作用，即遗传度从广泛性焦虑障碍的 32% 到场所恐惧症的 67%，其余差异归因于环境影响。还有研究表明，遗传变异的影响从约 60 岁开始加速增加，强调生物因素在晚年焦虑发病机制中有高度相关性；神经影像学研究表明，焦虑诱发的扩展边缘系统和焦虑缓解的皮质之间的功能失调，是老年期焦虑障碍患者无法调节担忧的潜在神经相关因素。下丘脑-垂体-肾上腺轴（HPA）失调和更年期后性激素水平的变化,可能与老年期焦虑障碍相关。

(2)病前人格特征:部分焦虑症患者在病前表现急躁、担忧、易兴奋。在一项社区老年人样本中,分裂型人格障碍、边缘型人格障碍和自恋型人格障碍分别被确定为惊恐障碍、社交焦虑症和广泛性焦虑障碍的预测因子。

(3)社会心理因素:环境的变化、生活中的应激事件也往往会诱发老年人的焦虑情绪。随着儿女的逐渐独立、配偶的离世,老年人原来习惯的热闹的家庭气氛逐渐被孤寂取代。此外,退休后社会关系的改变、耳闻目睹亲友住院或离世,老年人心里的失落、无助,以及恐惧感与日俱增。

(4)躯体疾病:由于老年人患有多种躯体疾病,有的躯体疾病具有疼痛、致死性和致残性,这使得老年人感到担心、害怕,多数情况下会诱发焦虑情绪的发生。

(5)认知障碍:被认为是老年期焦虑障碍的一个负面预后因素。研究发现,与认知正常的老年人相比,患有认知障碍的老年人更容易出现焦虑症状。

2. 临床表现   一般来说,老年期焦虑障碍的常见症状与其他年龄段相似,但也有老年人自身的特点。

(1)心理症状:焦虑和恐惧几乎是老年期各类焦虑障碍共有的症状,可以伴有自主神经系统紊乱。焦虑主要表现为提心吊胆、惶恐不安、不自觉地夸大主观症状、大祸临头感等。老年期焦虑障碍患者往往伴随抑郁症状。

(2)躯体症状:老年期焦虑障碍的躯体症状类似于其他年龄患者,它们涉及广泛,如自主神经系统紊乱症状、肌肉紧张性疼痛、运动性不安、呼吸困难、过度换气等,因此常被误诊为躯体疾病。

(3)睡眠障碍:主要表现失眠、多醒、难以入睡等。

(4)行为障碍:患者会由于紧张焦虑产生回避行为。另外,异常的饮食行为也容易在老年期焦虑障碍中出现。

3. 常见类型的特点

(1)广泛性焦虑障碍(generalized anxiety disorder):老年人与年轻人临床表现相类似,但老年人躯体症状主诉更为明显。广泛性焦虑障碍很少单独出现在老年人,晚发的广泛性焦虑障碍多与抑郁相伴。因此,如果老年人有广泛性焦虑障碍症状时,应该进一步询问有无抑郁的核心症状。

(2)惊恐障碍(panic disorder):老年人惊恐发作的症状尽管类似于年轻人,但仍有其特点,许多惊恐障碍老年人初次就诊时常被内科医生诊断为心肌梗死、短暂性心肌缺血、高血压发作或其他发作性疾病,需要经过多次发作和实验室检查阴性后才被转到精神科就诊。

(3)恐惧障碍(phobia):老年期的场所恐惧症罕见惊恐发作。老年期场所恐惧症多是对创伤性事件如躯体疾病、摔跤和抢劫等的害怕开始的。

4. 诊断及鉴别诊断   在 ICD-10 和 DSM-5 中,老年期焦虑障碍并未被单独列出,其诊断标准与其他年龄段一致,在此不再展开叙述。

由于老年期焦虑障碍常伴有其他躯体疾病以及精神心理疾病,如老年痴呆、抑郁等,在诊断以及评估时存在挑战性。

(1)正常衰老:因为一些生活事件,老年人出现焦虑、担忧情绪,一定范围内是合理的。老年期焦虑障碍患者则表现为过度的、不合理的担忧。

（2）老年期抑郁障碍：两者往往合并存在，在诊断过程中必须要注意以下几点。①疾病的首要表现，即起病方式；②注意患者的核心症状与病程；③患者既往对抗抑郁药或其他精神科药物的治疗效果也有一定的价值。正常衰老、老年期抑郁障碍以及老年期焦虑障碍的鉴别见表24-3。

表24-3　正常衰老、老年期抑郁障碍以及老年期焦虑障碍的鉴别

鉴别项目	正常衰老	抑郁障碍	焦虑障碍
主观认知下降	+	+++	++
过度的关心或担忧	--	++	+++
情绪紊乱	--	+++	+/-
睡眠紊乱	+	++	++
食欲不振	有无正在使用药物	+	--
呼吸困难	检查有无呼吸系统相关疾病	--	++
无望感	--	++	--

注：+++. 高发生率/严重程度；++. 中度；+/-. 低；--. 非常低。

（3）老年期痴呆：在认知功能检测中，焦虑障碍患者可能出现认知受损，但是其程度较轻，而且不会进行性发展。一般来说，中晚期痴呆患者少有焦虑表现，更多的出现激越。老年期焦虑障碍和痴呆鉴别见表24-4。

表24-4　老年期焦虑障碍和痴呆的鉴别

鉴别项目	焦虑障碍	痴呆
木僵	+/-	+++
异常行为（囤积、徘徊）	+/-	+++
认知受损	+	+++
烦躁不安	++	++
精神运动性兴奋	++	+++
过度担忧	+++	--
躯体症状	+++	--
睡眠障碍	++	+++
待在家里	自愿	非自愿
滥用药物	+	--

注：+++. 高发生率/严重程度；++. 中度；+/-. 低；--. 非常低。

三、老年期心理治疗

根据埃里克森的终生发展观，老年人仍然面临着诸多困难和挑战。老年期疾病，特别是老年期心理障碍是全世界健康老龄化的重大阻碍。

老年期心理障碍的有效治疗手段主要包括药物治疗及心理治疗，但对老年人来说，因其自身多伴随躯体疾病，药物治疗的选择范围更狭窄，心理治疗作为一种无创的非侵入性治疗，在适宜

的策略和操作下,对老年期心理障碍有积极的作用。对于老年期常见心理障碍,如老年期孤独、老年期抑郁障碍、老年期焦虑障碍都有较为确切的疗效。

(一)认知行为治疗

认知行为治疗(CBT)是一种结构式的相对简明的心理治疗手段。研究发现,CBT 对于老年抑郁障碍和老年焦虑症都有很好的疗效。CBT 对老年及非老年患者的应用效果的研究显示,CBT 对于两组人群疗效相似。老年人的 CBT 结构与一般的成人 CBT 一致,主要包括以下几项。

1. 评估 评估性访谈通常是 1~3 次,问题比较单一且患病时间短的个案一般需要一次访谈,而病史比较长且问题涉及面广的个案就需要多次访谈。评估性访谈的任务主要为建立关系、搜集资料等。治疗师需要根据老年人的主诉,了解问题的起因、症状、严重程度等相关内容,并据此对问题做出判断。

2. 个案概念化 个案概念化是用认知行为治疗的观点去理解患者的问题,将认知行为治疗中的理论概念在患者中找到对应的具体内容。通过概念化,治疗师能够知道老年人的病因、心理问题的发病机制,确定治疗目标,从而选择合适的技术去解决患者的问题。

3. 治疗 一般而言,CBT 的一个疗程为 6~8 次。老年人具体需要多少疗程来解决问题,与问题的严重程度和病程有关。老年人由于理解、表达等能力下降,可能需要更长的时间学习 CBT 技术,因此可以适当增加治疗的疗程,如设置为 12 次治疗。此外,老年人的求助动机、改变意愿、个人领悟能力、行动力以及与治疗师的关系也会影响疗程长短。在每次访谈中,治疗师不仅需要与老年人讨论他们的问题,更要教会他们去识别、评价和应对自己的自动思维。只有老年人自己具有了识别和评价自动思维的能力,才可以应对未来生活中可能出现的问题。对老年人来说,要学会认知行为技能需要不断地重复与练习,家庭作业是很重要的。

4. 结束 在临近结束时,治疗师可以逐渐加大治疗的时间间隔,从之前的一周一次逐步改成两周一次、三周一次或一个月一次。治疗师可以引导老年人进行回顾,包括对治疗目的、治疗过程以及学习到的内容的回顾,同时教他们应对复发的风险并制定未来计划。

治疗的结束可能是因为已达成治疗目标,也可能是因为治疗没有取得预期效果而中止。不管出于什么原因,治疗师都需要和老年人进行友好"告别"。

(二)问题解决治疗

问题解决治疗(problem-solving therapy,PST)是一种积极的临床认知行为干预,专注于训练解决问题的态度和能力,其目的在于通过帮助个体有效地应对其生活中的问题,从而减轻及消除心理症状。PST 于 1971 年提出,后经过多年的修订,目前已被多项随机对照研究证实对包括青少年、成人和老年人在内的人群的精神、行为及身体障碍有积极的治疗作用。

根据 PST 理论,能引起抑郁焦虑情绪的问题通常是不能很快被发现和解决的问题,这使得问题会持续存在并引发情绪障碍。研究发现,这类问题往往是日常生活的纷扰(家庭关系、由于患慢性病产生的生活问题等),而不是重大生活事件,前者与焦虑和抑郁情绪的相关性明显高于后者,主要是因为重大生活事件的发生频率远远低于日常生活纷扰。问题带来的抑郁焦虑也与个人的归因和应对技巧有关。例如,个人如何感知对生活的掌控感、自我效能如何抵御问题带来的心理困扰。PST 心理干预的靶点就是通过掌握和使用问题解决的技巧,来提高个体的自我掌控感。随着问题的解决,个体的情绪会逐渐好转。

1. PST 治疗周期　依据患者教育、年龄、抑郁焦虑严重程度等，治疗次数一般为 4～8 次，多数为 6 次。最初两次的治疗间隔要近（一周），以便患者正确应用 PST 获得的技能。

第 1～3 次治疗为单独会面：第 1 次治疗持续约 1 小时，主要为解释 PST 基础和收集问题清单，也会与患者共同选择一个问题并应用问题解决策略处理这个问题；随后的第 2 次和第 3 次治疗，每次持续 30 分钟。第 4～8 次治疗是持续 1.5 小时的团体形式，每周 1 次。每次治疗中，应用问题解决策略解决问题。之后的维持团体是每 2 周 1 次到 4 周 1 次。用问题解决的方法处理至少一个问题。治疗后可根据患者意愿布置作业任务，任务与问题有关。

2. 老年人进行 PST 治疗的考虑　老年人更容易用躯体化的方式表达情绪，如头痛、胃部不适等，并且倾向于否认自己的情绪，也更容易采取消极的应对方式，执行力欠佳。因此治疗师在与老年人的沟通上需要进行一些调整。

（1）增加维持团体的次数：老年人的认知、领悟和执行力衰退，因此增加维持团体次数可能是必要的。老年人需要更长的治疗时间，也需要得到治疗师更多的关注，对新技能进行更多重复学习。

（2）加强对老年人的心理教育：老年人习惯得到指导和即刻的治疗效果，他们不习惯做家庭作业，治疗师可以通过心理教育来应对这些问题：①强调 PST 方法的有效性。②强调未解决的问题与情绪、躯体症状之间的联系。可以通过给老年人展示图画辅助解释。③强调老年人的任务是在治疗师的协助下学习一种新的技巧，这个技巧可以帮助他们获得快乐。治疗师可以强调PST 治疗的结构和流程，主动邀请他们参加到治疗中，并强调其他人在治疗中的收获。

（3）增加重复学习的时间：随着年龄增长，老年人的信息处理时间会延长，但他们核心的抽象思维和推理仍然保持良好的状态。因此，在治疗中教授老年人掌握新技能最好的方法是以多种不同的方式和途径呈现信息。例如，让老年人手写记录新学的内容，这有助于他们记忆。

（4）使用再聚焦技术：有些老年人会事无巨细地谈自己的遭遇和问题，影响治疗进程。此时治疗师需要使用再聚焦技术。再聚焦技术的使用形式包括在老年人跑题时直接打断、提醒老年人时间有限、在治疗开始设定好会面的日程等。

（三）家庭治疗

患有心理障碍的老年人日常生活功能受阻，他们会越来越难以参与日常活动，他们的家人往往需要担负起照料者的角色，为老年人提供各方面支持。因此，在对老年人进行治疗时，还需要考虑到他们的家人，理解老年人的家庭关系。

与家庭展开讨论可以帮助家庭认识到这样一个现实：疾病确实会永久性地改变一个家庭的生活。但是，老年人及其照顾者依然可以有所作为。治疗师可以引导家庭成员讨论照顾经验，对他们的挫折、耗竭、悲伤等予以回应。当家庭从得到最初诊断走向慢性阶段时，治疗师可以帮助家庭面对患者衰退过程中出现的决策和转变，帮助他们识别与处理这些丧失相关的体验。另外，治疗师还可以引导家庭获得应对疾病的资源，如照料者手册等。

老年人的家庭治疗更多地侧重于心理教育。心理教育的任务主要包括两方面：一是问题解决训练，帮助家庭成员处理日常生活中的压力事件；二是指导家庭成员学习并进行压力管理，以应对可能遇到的压力。

老年人的家庭治疗一般包括以下几方面。

1. 进入家庭 这是家庭治疗的开始,更是家庭治疗的基础。治疗师通过收集信息,加入家庭并与他们建立良好的治疗关系。治疗师可以与老年人及家属讲述治疗的原理、模式等基本信息,如心理疾病的特点、治疗的疗程,以及目前的药物治疗和心理社会治疗模式等,帮助家庭了解治疗的内容与程序。

2. 家庭评估 旨在了解家庭成员之间的故事,从而帮助治疗师确认导致老年人目前症状或问题的核心所在。对家庭的评估并不是一成不变的。治疗师在和家庭交流的过程中,通过收集信息,就会对家庭形成假设。随着治疗的持续,最初的一些假设会被证实或被否定,治疗师会不断地调整治疗假设与相应的治疗策略。

3. 实施行动 治疗期间,治疗师有时会给成员布置一些小作业,帮助成员运用学到的技能或检验其他可替代方式,如对于抑郁的老年人,子女可以与他们一起协定日常活动安排,建立愉快的活动清单。此外,营造良好的家庭环境,家庭成员需要帮助老年人进行角色转换,以陪伴或者倾听的方式,了解老年人的内心需求,帮助他们及时处理消极情绪。

四、小结

步入老年后,大脑随之发生生理或病理性衰老,造成了感知觉减退、记忆减退、个性改变、情绪不稳定等心理上的特点,严重者出现抑郁障碍、焦虑症、躯体形式障碍、痴呆、幻觉妄想等精神心理障碍。对老年人开展的心理治疗和对青壮年效果相同,可采用认知行为治疗、问题解决治疗、人际关系心理治疗开展心理干预。另外,采用家庭治疗可促进家庭成员和患病的老年人通过更积极和相互支持的态度应对精神心理疾病。

第三节 大学生人群

国家统计局 2021 年第六号公报发布的数据显示,接受高等教育是义务制教育后近 1/5 青少年的成长路径,大学生已经成为社会的一个大众群体。大学阶段处在身心发展的一个特殊时期,也是心理问题的多发与高发阶段。因此,本节聚焦大学生心理发展的特点,以及针对这一群体的心理咨询与辅导策略。

一、大学生的心理发展特点

大学阶段的主体年龄在 17～25 岁,心理发展各方面在整体上处于一个发展和完善阶段,是青春期步入成年的过渡阶段。

(一)生理机能的发育

1. 脑部的各方面发育开始放缓,额叶及大脑皮质的变化主要体现在以下两方面。

(1)大脑前额叶区域灰质减少,反映了突触修剪的过程。这一过程会导致思维的混乱和情绪的失控。在 25 岁之前,额叶皮质监督和调节功能的不完善,会导致个体情绪不稳定,容易引发冲动行为。

(2)前额叶皮质和边缘系统之间的连接强度在增加,这部分的脑区联结影响个体的情绪信息处理和自我控制。对预期奖励的高度敏感性会促使个体为了寻求快感而做出冒险行为,如无保护的性行为、快速驾驶等。大脑发育的晚期进程对该阶段青年的心理健康有直接的影响。

2. 生理发育的另一个重要的变化是性成熟,因为当代青少年的营养、饮食和影视文化等因素,个体的性发育普遍提前,性意识形成也较早,但是当代青年的受教育时间受社会发展需要影响而普遍增加,使得大学阶段尚不满足成家立业的条件,容易引发性的生理、心理需求与性道德、文化等冲突,诱发相关的心理问题。

(二) 个体心理的发展

个体自我意识的发展是个体心理成长的一项主要内容。根据埃里克森的个体社会心理发展理论,大学阶段处于发展自我同一性和构建亲密关系的重要节点。而相较于埃里克森提出其理论的时代,当今人类科技呈指数级发展,使得社会成员受教育时间大大延长,这意味着当代青年完全走上社会成为一个独立人的时间延后,导致青少年自我同一性的发展延迟。此外,大学阶段性生理的成熟和性意识的加强,寻求婚恋的亲密关系提上了个人发展的议事日程。然而,进入和维持良好的婚恋关系,需要彼此都有独立的人格和责任能力,因此,大学阶段自我同一性发展与亲密关系建构阶段产生交叠,自我同一性无法达成的个体,在恋爱方面会出现各种问题,影响了他们的心理健康,表现在大学生活适应、生涯发展和社交生活等方面。

(三) 个体的社会适应

社会适应是个体心理健康的重要构成,大学生的社会适应根据在校的不同阶段,主要体现在新生适应、人际调适及生涯发展等方面。

1. 新生适应 多指在新生入学后的这一年。对多数学生而言,上大学是一次背井离乡的旅程,脱离了家庭的照顾,离开了熟悉的环境,饮食、语言、生活模式都发生了改变,对于多数成长在家长、老师保护下的学生,缺少生活经验,会引发很多困难。另外,大学学习方式和要求上的不同,是新生适应中的一个更大问题。面对大学的选修课程及课程中的小组分享、课堂汇报等学习任务,如果沿用中学期间长期积累的被动学习和应试刷题的经验,会难以应对,从而表现出重大的学习挫败,学习效能感降低。因此,学习适应和生活适应是大学新生适应中最常见的适应困难。

2. 人际调适 相较于中学老师、家长监护式的学习、生活方式,大学生有了更多自由社交的空间和时间。心理发展成熟的学生,大学期间获得了充分的社交机会,参加社团、社交生活,为后期的发展奠定基础。但是,如果前期自我同一性发展未达成,便容易在大学阶段的人际交往中出现各种问题,如寝室矛盾、恋爱受挫、师生沟通困难等,严重影响了大学生活。

3. 生涯发展 大学阶段是从学生身份向职业人身份过渡的阶段,实习、毕业设计和考研等是高年级大学生必须面对的问题,对于绝大多数学生来说,这是迈出自己人生的第一步,需要尽快学习、适应,完成身份、角色的转换。因此生涯发展是大学生在走出校园前重要的适应议题。

由上不难发现,大学阶段存在诸多心理发展的困境,会导致成长中的各种问题,个人心理发展的问题、大学的适应问题可以通过心理咨询和心理辅导来提供个体支持。

二、大学生常见心理问题及其咨询

本节聚焦大学生常见的发展性问题,介绍常用的心理咨询辅导策略、方案与技术。所谓发展性心理问题,指不存在精神疾病的阳性症状,更多表现出正常心理活动中的局部异常状态和心理失衡问题,具有情境性、偶发性和暂时性。较为常见的包括大学阶段基于个体对自我的高期待和现实竞争体验的挫败感导致的自豪与自卑、渴望交往与孤独、独立与依赖、理想与现实等一系列矛盾和冲突等,及由此带来的一系列问题。

大学生发展性心理问题的主要咨询目标为增强自我觉察,强化个体优势,通过积极的鼓励,帮助其强化自我肯定,增强自信心,发展自我意识,在自我探索的同时悦纳自己。

本节按照大学生活时间轴顺序,将常见的共性心理问题大致划分为新生适应问题、发展性问题和生涯规划问题。介绍这三类问题的常见表现,列举一个相关案例及对应的心理咨询策略,从问题可能的成因入手,结合个体心理障碍的内外因分析提出心理咨询的策略。考虑到大学心理咨询的设置,主要推荐短期心理咨询的方案与技术。

(一) 新生适应问题的咨询

新生适应是大学阶段多数学生面临的问题,如果处理不好,就会导致相对严重的心理障碍。

1. 新生适应问题的表现　新生适应的问题属于环境适应障碍的一类,环境适应障碍通常由明显的生活改变或长期存在应激源等产生的以烦恼、抑郁等情感障碍为主、社会功能受损的心理障碍。较多表现为情绪、睡眠、学习、交往等问题。严重的会引发幻觉、妄想等阳性症状,最终发展为精神障碍。

主要体现在生活与环境适应、人际适应及学习适应三方面。

生活与环境方面,大部分学生会有地理、气候、作息、饮食、语言等方面的不适,缺少了家庭的照顾,又缺少生活技能、文化适应方面的应对经验,导致生活规律混乱、生活拮据等问题。

人际方面,长时间的同辈群体生活,语言、习惯等文化差异,缺少了个人情绪调节和沟通能力,容易引发人际冲突,导致自我封闭、"被孤立"等人际困扰问题。

学习方面,没有了每天要交的作业,多了更多个人空间,不会自主学习的学生沉溺于网络社交、游戏娱乐,时间管理无序,导致学习拖延、学习困难等。

2. 新生适应问题案例　小王,大一。因期中考试三门课不及格被辅导员介绍来学校的心理咨询中心。他面对咨询师时始终低着头,情绪低落,头发杂乱,眼里有血丝。他自述:自己现在夜不能寐,生怕被退学。焦虑和抑郁两种情绪交杂,直接影响到了他的正常生活。

他告诉咨询师自己来自西北,来到上海后,饮食不习惯,全靠外卖,三位室友来自苏、浙、沪,平时讲到的一些新闻、八卦,甚至一些地方语言他们之间好像可以互通,自己听不懂,不好意思问,也插不上话,慢慢就游离在室友群体外了。他加入了五个感兴趣的社团,占用了大量的时间,忙到深夜回宿舍时,室友都睡下了。大学教室的座位不固定,好的课都要一早去抢坐位,寝室里提出大家轮流早起为室友占座。小王的室友们作息规律,能占到好位置,可是小王睡得晚起得晚,好多次都没有占到位置,之后室友直接提了意见,小王虽感抱歉,但出于自尊,吵了几句,最后不欢而散。至此,小王上课独自一人,在课上睡觉,后来睡晚了索性不去上课。2个月后,专业课学习,作业没写,小组作业找不到队友,课程落下了许多,期中考试三门课不及格。社团活动也失去了兴趣,社长因为他无故缺席找他谈话,他索性退出。

小王处在自我同一性延缓阶段,对大学生活有一定的期待和较强的自尊心,但是自我管理能力弱,缺乏统筹规划。面对自我和人际冲突不知道如何解决,采用自我封闭和防御的方式,躲进自己的空间,于是学业、人际交往等问题就都暴露出来了。

3. 新生适应的咨询策略　小王存在多方面的适应问题,在排除器质性障碍、心境障碍和阳性精神症状后,确认其情绪、行为等问题是由升学带来的环境改变所致,可以为其提供心理咨询。

在具体的心理咨询过程中,除了倾听、共情等关系建构的技术之外,可以应用动机访谈技术,帮助小王了解心理咨询的功能,强化小王对心理咨询目标的建构,以及自身在咨询过程中需要付出的努力。首先帮助小王觉察自己在众多问题中的感受,选择一个最先希望做出改变的咨询目标,帮助他发掘解决问题的资源,支持他做出改变。

在与小王建立信任关系后,由情绪入手,帮助小王觉察相关情绪背后的事件诱因,以及他在这些事件背后的想法与体验,适当回顾其过往的生活成长经历,帮助他觉察发展中的问题,探索内心的期待,支持他做出自我负责的选择,并陪伴和支持他去实践自己的承诺,从而尽快适应大学的学习生活和发展。

行为的改变和对自我负责是心理咨询的一个重点。采用认知行为治疗及现实治疗的技术,帮助小王觉察自己真实的情绪、情绪背后的自动思维和中间信念,检验想法的现实性、合理性等,寻找替代性想法,评估认知调整给自己的情绪带来的积极影响,从而强化对自己的想法的觉察,改善情绪和改变行为方式。

对于访谈中涉及情绪和身体感受的部分,使用空椅子、绘画或沙盘等外化技术,帮助小王觉察、接纳自己的感受。也可以用聚焦技术、正念技术和行为治疗技术等。

团体心理咨询的方法对新生适应同样是比较有效的,同质性的团体,可以帮助成员更快地接纳自己的问题表现,减少因此带来的防御,团体中演练和相互鼓励,学习适应性的行为。

案例中的小王,后来参加了学校为期8次的团体心理辅导小组。他表达了自己的自卑和对同学的羡慕,也看到了自己学习能力强的优点,并学习了与同学沟通的言语方式,找机会向室友表达了自己的需要和对大家的歉意,重新规划时间,他开始找到大学学习生活的方式,与室友的关系也改善了。

(二)发展性问题的咨询

大学阶段是个体人格发展成熟的重要时期,是完成自我同一性,并顺利过渡到婚恋——亲密关系建构的阶段。大学生的社会化发展尤其受到其个人效能感和人际关系的影响。发展性障碍往往会带来困惑、迷茫、自卑、抑郁或愤怒、绝望等,甚至导致心理危机。这些发展性的问题中,婚恋方面的问题尤为普遍和突出。

1. 婚恋问题的表现　大学阶段是埃里克森自我意识发展阶段中寻求亲密感的阶段,但它又是建立在个体自我同一性发展基础上,受同一性发展水平影响。同一性弥散的学生,寻求自我的快感,没有责任感,所以难以建构稳定的亲密关系;同一性早闭的个体,婚恋问题被动听取权威建议,难以真正达成自己的亲密关系;同一性延缓的个体,希望借由恋爱来肯定自身价值,他们会在恋爱中投入和期待更多,但是他们的不稳定性往往导致亲密关系相处的问题,容易出现极端的自卑或愤怒。大学阶段恋爱问题非常普遍。

个体家庭成长背景和过往成长的经验影响个体的依恋模式,一些个体对恋爱的理解过于表面,或受其他一些因素的影响,致使恋爱观缺乏理性、有偏差;另一些个体的恋爱动机受社会文化价值影响,把经济条件作为选择对象的主要标准;也有个体不把婚姻作为恋爱的目的,缺乏责任意识。恋爱是两个人的事,所以往往恋爱中将自己在情感中的需求投射在对方身上,有不切实际的期待,因此容易带来恋爱中的问题。大学生常见的恋爱心理困扰较多表现为单恋、失恋、难以拒绝和混乱的情感纠葛等现象。

2. 恋爱不断受挫案例 面对咨询师,小敏边哭边说,眼神中充满着无助。她对男朋友小军的每个要求都无条件满足,生怕对方不高兴离开她,随着小军要求的逐步增加,小敏也渐渐觉得力不从心,从经济上到情感上,都感觉被透支,但是好像两个人的关系渐行渐远,为此她不断地付出,希望小军能一直陪伴她,但是小军除了需要用钱和性的时候会找她之外,其他时候不是在打游戏就是和朋友喝酒。但小敏觉得自己付出了那么多,不愿意就这样离开他。她也不明白自己怎么了。为此,她每天哭泣,甚至想过通过极端的方法让男朋友关心自己,整天浑浑噩噩、无心学习。

小敏进大学后和高中时的男友分手了,自己觉得失去了精神依托,感觉无助和失落。因此当有男生追求她时,她会很快答应,她需要一个每天能陪在她身边的人关怀她。而每次她都草率开始,挫败收场。小敏的自我评价也因此越来越低,认为自己成绩差、没有吸引力。跟小军的恋爱是她进入大学后的第五段关系。

小敏在原生家庭中是较为典型的焦虑型依恋模式。她在父母的争吵声中懵懂成长。等她懂事时,父母离异并各自重组了家庭,父亲和继母又生了个妹妹,小敏就一直借住在奶奶家。从小她和父母沟通极少,父母很少关心她。读高中的时候,小敏就三番两次因为早恋的事情家长被请到学校。小敏在家庭中不受重视,觉得自己没有价值也不会有人对自己好,因此当他人对她略显好感,她会很容易沉溺在情感中,难以顾及学业,因此高考成绩一落千丈,勉强进了现在的学校。

小敏的自我同一性发展停滞在延缓阶段,她把自己未满足的情感需求投射到交往的异性身上,讨好对方的同时,也对对方提出满足自己的感情需求,希望借此来肯定自我的价值。

3. 咨询策略 在排除小敏的心境障碍和阳性精神症状后,咨询师为她提供了个别心理咨询。帮助小敏宣泄多次恋爱受挫的情绪。

首先,在与小敏建立起可以信赖的咨访关系后,咨询师帮助她对挫败经历有新的觉察,增强自我接纳,度过自我同一性发展的危机;其次,通过小敏对自我成长和对极端恋爱关系的觉察,来认识自己的亲密关系互动模式,学习一致性的表达。

以下是咨询中可以使用的一些心理咨询技术。

恋爱中的议题很多与早年家庭成长中的创伤有关,因此,这部分情结的处理,完形心理治疗中的空椅子技术是适合的方式,其他技术如聚焦、情绪聚焦疗法等也有助于处理早年的创伤记忆。

当然,涉及亲密关系相处,家庭系统治疗技术也是对应的有效方法,帮助来访者觉察原有的家庭模式,并通过循环提问的方法支持来访者掌握更多的家庭信息,认清家庭对其影响,并尝试进行改变。

案例中的小敏,借助萨提亚家庭治疗模式,雕塑她在早年家庭关系中的讨好,通过家谱图,探索原生家庭的沟通模式对自己今天感情生活的影响,觉察自己真正在寻找的是缺失的安全感和接纳。鼓励她学习在面对新的亲密关系时,如何做出一致性的表达。小敏看到自己和小军的感情缺乏承诺。小敏开始更多觉察自己的优点,自信心慢慢提升,慢慢从对小军的依恋焦虑中走出来,离开了小军,开始更多关注自己的大学生活,与室友的关系也开始修复。

(三)生涯发展问题的心理咨询

大学生生涯发展是学生自我价值探索的关键节点,是向职业社会人身份转换的过渡期。生涯包括生活中个人的职业身份、生活角色,具有个人发展的独特性。生涯发展是对人生未来的规划和安排,涉及生涯探索、生涯决定、生涯行动和评估调整。大学生一方面通常对自己寄予较大的期望,但对于生涯发展目标不明确,对自己的能力、爱好、价值取向等缺乏了解;另一方面,对社会也缺乏深入接触与了解,引发生涯决定、生涯行动中的心理问题与心理危机。

1. 生涯发展问题的表现　生涯发展贯穿整个大学生活。新生侧重对专业的了解和认同,高年级学生侧重于毕业去向。面对考研究生、考公务员、找工作,许多学生难以抉择,导致焦急、犹豫、困惑、后悔、难过、愤怒、绝望等情绪。

生涯发展、职业选择的困惑与大学生自我同一性发展有关。自我同一性弥散的学生缺乏进取,得过且过,容易产生新生适应、学业困难等问题;自我同一性早闭的学生,过多依赖家长和导师的职业选择建议,一旦就业遭遇不顺,就会影响自我意识向延缓型发展;自我同一性延缓的个体,充满没有解决的内在困惑与冲突,患得患失,犹豫不决,容易焦虑。

总之,职业选择、生涯发展是大学生重要的人生课题,解决好,可以带给个体学习的动力;解决不好,会让学生失去生活的动力,影响个体的自我发展。

2. 生涯发展迷茫案例　小杰是某大学社会工作系的大四学生,专业方向是当年高考招生调剂的。进入大四后,他一直在关注就业信息,担忧前途,无心学习,最近常常失眠,开始脱发,人也瘦了好几斤。网上资讯纷杂、众说纷纭,他感到迷茫无助,因此想通过心理咨询缓解自己的焦虑。

小杰不想进入社团组织工作,认为工作琐碎烦杂,也不愿意找社区街道办的职位,认为难有作为,又赚不到大钱。父母教育他先学习为他人提供帮助,了解社会。小杰认为这是浪费时间,年轻就该拼搏事业,金钱才可以证明成功。与父母意见相悖,加上自己的专业难以找到称心的工作,小杰感到又生气又无助。

小杰爸爸是公司职员,妈妈是学校财务。过往一直都是妈妈在管他,成绩一般,考大学没想离开上海,就学了现在的专业,一路发展好像没什么逆反,也没犯什么愁。大三开始,他发现身边的同学考研究生,他也曾跟风买过考研书,但看不进去。大四,同学考公务员,他也找同学要过相关网课,每次看都觉得无聊,不到1个月又放弃了。大四找实习时,小杰投了不少知名企业,但参加了几次面试后都杳无音信。面试时被问到毕业之后想做什么,他脑子一片空白,回答"先毕业再说"。他感觉自己的专业根本无法找到理想的工作,出现了自卑和焦虑。

小杰自主性很弱,表现出自我同一性的早闭。对自我缺少了解,又不接触社会生活,在家得到父母的庇护,一直做着"乖"孩子,一路发展也平淡不惊。面对毕业时生涯选择,他突然意识到必须面对的压力和与同学的差距,开始有了紧迫感,思考自己的发展,开始进入自我同一性延缓。因为对长期发展缺乏准备,小杰在求职探索中先是有自负心理,认为自己无所不能,因此他给人不谦逊、缺乏自知之明的印象。他又缺乏面对挫折和打击的思想准备,屡屡受挫后,对自我产生了怀疑,导致了内在的冲突与焦虑。

3. 咨询策略　通过访谈评估,排除心境障碍和精神病性症状,小杰主要表现为焦虑。对小杰的心理咨询是接纳他的情绪,帮助他意识到今天的困惑恰恰是他自我成长的体现,肯定他通过寻求心理辅导来解决情绪问题的行为。

借助迈尔斯-布里格斯类型指标、霍兰德职业兴趣测试等心理测评,帮助小杰了解自己的性格特点、兴趣爱好和职业价值取向等,并向他介绍舒伯的生涯彩虹图,结合他的生命故事,更好地觉察自己对未来生活的定位。

尝试画生命线,探讨他的成长故事、榜样人物,帮助他赋予自己人生价值和意义,以此推动小杰探索其自我同一性的建构,培养他对自己的责任意识。使用水晶球技术,让他跳出当下,充分想象 20 年后想要的生活,将自己的价值观和人生观具象化,然后反推自己 15 年、10 年、5 年的阶段发展目标,以此帮助他做出当下的选择。

对于缺少社会经验,咨询师跟他一起制定职业探索的路径,并写在具体的行动表格中,通过对阶段作业的检查,督促职业探索行为的落实,鼓励他对自己负责。

生涯发展探索的团体辅导活动能促进小杰与其他同学的交流,看到大家的共性问题,接纳自己,稳定情绪。

小杰经过咨询和团体心理辅导,重新认识自己,审视自己的专业,他发现自己内心并不排斥它,也有相应的个人特质。他在接受社会工作机构的访谈后,也不再抗拒这个专业,很快签下了一个基金会的工作岗位。

三、小结

大学生的心理问题现象与成因有很多,也很复杂,本节主要从大学生社会心理发展的视角来认识问题的成因,并以此为例来探讨发展性心理问题的咨询与辅导策略。当个体有意主动寻求帮助时,可以通过心理咨询促进其自我觉察,推动自我意识的完善,提供稳定和改善极端情绪的方法,强化其自我行为的责任,最终获得健康成长与发展的机会。

第四节　女性人群

一、女性人群心理特点

(一)精神障碍患病率的性别差异

精神障碍流行病学研究显示,男性和女性精神障碍的患病率存在差异。超过 50% 的抑郁症患者是女性,女性的焦虑障碍、进食障碍和边缘型人格障碍患病率较高,而男性的酒精和物质滥用障碍、反社会型人格障碍、冲动障碍和注意缺陷多动障碍患病率更高。证据显示,性激素水平的差异可能是导致男女患病率差异的原因之一。

除了激素水平差异,男性和女性的大脑结构不完全一致。下丘脑-垂体-肾上腺系统和精神障碍(尤其是情感障碍)关系密切,而雌激素受体广泛分布在下丘脑区域,包括杏仁核、海马。雌激素可以作用于分布在这些部位的受体,影响下丘脑-垂体-肾上腺系统,进而影响情绪。这证明女性体内雌激素、孕激素水平的波动,可以影响情绪和精神症状。

(二)女性月经周期

在女性的一生中,要经历 400~500 次月经周期,月经周期主要分为卵泡期(从月经开始的第一天到排卵)和黄体期(从排卵到月经开始)。雌激素和孕激素水平受下丘脑调节中枢控制,在月经周期中呈现出规律性波动。

月经周期开始时,雌二醇和孕酮水平较低,卵泡中晚期阶段,雌二醇水平开始升高,到了排卵期,雌二醇水平急剧下降,进入黄体期,孕酮水平逐渐上升,紧接着黄体退化,导致孕酮和雌二醇水平进一步下降,新的一个月经周期又开始。可见,在一个月经周期中,女性体内的雌激素和孕激素水平经历了一个先上升继而下降的过程,并且周而复始。

除了在月经周期中激素水平会发生规律性波动外,在女性一生中,包括青春期、围产期、围绝经期,体内激素水平都会出现明显波动。而在这几个时期,精神障碍的患病风险显著升高。例如,女性在经前期、围产期、绝经期,罹患抑郁症、焦虑症、双相障碍、进食障碍、强迫障碍,以及创伤后应激障碍的风险增高,说明性激素(雌激素、孕激素)水平不稳定,对女性发生情绪障碍可能产生影响。

(三)不同阶段女性人群心理特点

1. 青春期女性　通常,女性在 13 岁左右进入青春期,经历第一次月经来潮。在下丘脑和垂体分泌的促性腺激素作用下,卵巢会周期性分泌雌激素、孕激素,子宫内膜在激素作用下发生周期性增生及脱落,月经来潮因此形成。

对于进入青春期的女性来说,自尊和年龄之间存在一定的关系,从 12 岁开始,女性的自尊心会下降,并在 17 岁左右开始恢复。低自尊、负性生活事件与青少年抑郁症患病风险增加显著相关。

2. 围产期女性　围产期通常是指妊娠 28 周到产后 1 周这段时间,这个阶段女性心理健康在很大程度上受到了至少三类因素的影响:①妊娠期间和产后发生的激素水平变化;②身份转换带来的心理压力;③环境所带来的心理压力,包括家庭带来的压力等。

孕妇体内激素水平产生了巨大的变化,雌激素、孕激素水平在妊娠初期显著上升,在分娩后又显著下降,这些激素水平的波动和不稳定,可能会增加女性出现焦虑障碍和抑郁障碍的风险。在妊娠期间抑郁障碍的发病率约 10%,而在产后可以达到 13%,在中低收入国家围产期抑郁障碍患病风险达 19%~25%。

围产期,包括妊娠和产后,孩子的孕育和出生,对于女性而言是一件既会带来压力,也会增加喜悦的事情。女性需要逐渐适应母亲这个角色,放弃之前自己的角色。而如果发生生育相关不良事件,包括不孕症、流产、死产、早产、胎儿发育畸形和新生儿死亡等,女性将遭受更严重的应激。这些"围产期丧失"会显著影响女性情绪,可能出现明显的愤怒、无助、焦虑和抑郁情绪。处于这个时期的女性,获得医生和家庭成员的无条件支持和关心,能够参与决策,是摆脱负性情绪困扰的关键。

环境因素也会对女性产生压力,包括教育水平低、低经济收入、急性或者慢性应激生活事件、婚姻不和、社会支持减少、家庭环境不良、工作环境不良、患躯体疾病、精神活性物质滥用等。上述这些因素综合作用,有可能会使围产期成为女性焦虑障碍和抑郁障碍的高发期。

值得重视的是,如果围产期抑郁未得到有效治疗,有可能对胎儿产生不良影响,包括对儿童心理发展、性格、身体生长发育，甚至对儿童体内皮质醇水平，都会产生明显的影响。

3. 围绝经期女性　女性进入围绝经期后，健康状况可能会下降，与衰老相关的慢性疾病可能会首次出现。围绝经期的特征是卵泡活性逐渐下降，卵巢功能逐渐丧失，因此雌激素、孕激素水平逐渐下降，这可能会导致血管舒缩功能失调，容易出现围绝经期综合征，可能出现的症状包括潮热、盗汗、乳房压痛、阴道干燥和萎缩等，以及睡眠问题和焦虑、抑郁情绪。

女性对围绝经期的期望和态度、主观体验以及她们对围绝经期意义的理解与心理方面的改变有关。在围绝经期，女性的生活可能发生重大的变化，如配偶死亡、离婚，子女可能会离开家庭，父母可能会变得更加虚弱和需要被照顾。这些应激生活事件，叠加在女性体内激素水平不稳定的基础上，有可能会导致围绝经期女性焦虑障碍和抑郁障碍的患病风险显著上升。

二、常见心理问题及心理治疗

（一）经前期烦躁障碍

通常指在 1 年的多数月经周期里，在月经来潮前的 1 周内开始，出现一些情感症状（情绪不稳定、抑郁、焦虑等）和一些躯体不适主诉（乳房、关节的肿痛等），而在月经来潮后 1 周内逐渐缓解，上述异常表现随着月经周期反复出现，并可能使患者社会功能和职业功能显著受损。

经前期烦躁障碍的病理机制并不十分明确，可能与女性月经周期内激素（雌二醇、孕酮）水平波动、不稳定相关。这种雌二醇水平先上升，后下降的波动形式，在某种程度上与产后抑郁患者经历的雌激素和孕激素水平波动形式十分相似，只是持续的时间和激素浓度水平差异比较大，月经周期激素水平波动形式可以被看作是围产期激素水平波动的一个"微小缩影"。

对于经前期烦躁障碍的治疗，除了使用抗焦虑、抗抑郁药物（如 5-羟色胺再摄取抑制剂等）调节神经递质水平，以及使用调节激素水平的药物（如口服避孕药物）外，心理治疗也是十分有效的治疗方法。认知行为治疗可以有效减轻经前期焦虑、抑郁症状。认知行为治疗的核心策略在于改变负性认知、改变和焦虑、抑郁症状相关的核心信念、改进应对策略，从而改善焦虑和抑郁症状。与药物治疗不同，认知行为治疗主要是改善患者的核心信念和行为策略，让患者在更长久的时间内获益。

（二）围绝经期综合征

围绝经期是女性生命周期中的一个重要时期，在这个时期，卵泡和卵巢的功能逐渐丧失，雌激素和孕激素水平逐渐下降，女性月经周期逐渐变得不规律，逐渐过渡到停经。月经周期延长 10 天以上，月经推迟来潮超过 60 天等，是围绝经期开始的标志，通常围绝经期在 50 岁左右开始，但是也会提前至 40 岁，甚至延后到 60 岁。

在围绝经期，20%～30% 的女性会出现抑郁症状、焦虑症状和情绪不稳定的表现。在围绝经期，女性焦虑、抑郁的患病率会上升 1.5～2.5 倍。甚至部分女性可以逐渐出现抑郁发作，包括心理症状（情绪低落、兴趣减少等）、生理症状（睡眠、胃口改变等）和社会功能下降，同时会出现一些血管运动性症状，包括潮热、出汗、心悸等。

围绝经期综合征的出现，可能与雌二醇水平下降有关，因为雌二醇可以加强 5-羟色胺合成，从而具有一定程度的抗焦虑、抗抑郁作用,血管运动症状(潮热、出汗、心悸等)的出现可能与下丘脑调节中枢异常相关,但具体机制不十分明确。

对于围绝经期综合征的治疗,除了激素替代疗法(补充雌激素、孕激素等)和抗抑郁药物(如5-羟色胺再摄取抑制剂),心理治疗也是一种有效的干预治疗方法,如认知行为治疗能够有效缓解围绝经期相关的情绪症状。

(三)围产期焦虑障碍和抑郁障碍

常见的围产期焦虑障碍和抑郁障碍包括围产期广泛性焦虑障碍、围产期惊恐障碍、围产期抑郁症等。围产期抑郁症患病危险因素主要包括生物学因素(如雌激素水平的波动)、心理因素(如逐渐转变为母亲角色)和环境因素(急性或者慢性应激生活事件、婚姻冲突、社会支持减少等)。

对于围产期抑郁症的治疗,往往采用综合治疗模式,除了抗抑郁、抗焦虑药物干预,还可以对孕产妇进行有效的心理治疗。其中,人际心理治疗和认知行为心理治疗是比较理想的方法。特别是人际心理治疗,有助于改变母亲和孩子之间的关系,帮助女性实现母亲角色的逐渐转变。认知行为治疗能够通过改变负性和不合理的认知,减轻焦虑和抑郁症状。需要强调的是,考虑到药物可能会给胎儿带来不利影响,目前多数孕产妇首选非药物治疗。除了有效的心理治疗,还要积极开展育儿经验介绍和辅导工作,帮助母亲实现角色转变,增加母子之间的互动,更好地帮助母亲恢复。

围产期焦虑障碍和抑郁障碍的治疗原则:①首先进行系统性的评估,主要评估内容包括症状严重程度(轻度、中度还是重度)、有无消极观念、家族史(阳性)、既往是否有过抑郁症病史等;②评估后首选非药物干预方式,尤其对于轻中度症状患者。如果非药物干预显示无效,或者患者的焦虑和抑郁症状未得到有效控制,提示非药物干预方式可能会带来更大风险,可能影响正常妊娠,此时可采用药物干预。

心理治疗和药物治疗都能够改善焦虑和抑郁症状,在临床实践中,大多数围产期焦虑障碍和抑郁障碍患者选择使用心理治疗。对于围产期焦虑障碍和抑郁障碍,心理治疗有独特的优势,不但可以改善患者的症状,同时能够改善母子之间的关系,这对于婴幼儿的成长非常有利。

(四)女性心理治疗特点

1. 男性和女性心理治疗的差异　与男性相比,女性更加可能主动地去寻求治疗和帮助。就心理治疗本身而言,男性和女性对治疗的反应也有差异,具体机制不明确,可能和两者的社会身份、性激素水平、大脑神经元结构差异等有关。认知行为治疗和接纳承诺治疗对于男性和女性焦虑障碍的疗效等同,但对于强迫症的治疗,行为治疗可能对于女性患者疗效更好。

2. 常用于女性的心理治疗种类　女性在经前期、围绝经期出现焦虑障碍和抑郁障碍,可以选择综合治疗的模式进行治疗,但是对于围产期焦虑障碍、抑郁障碍的治疗,非药物治疗往往为首选。具体的心理治疗方法包括认知行为治疗、人际心理治疗、接纳承诺治疗、辩证行为治疗等。

(五)心理治疗方法分论

针对围产期焦虑障碍和抑郁障碍的心理治疗是有效、主流的治疗方法,主要原因是:①药物可能给胎儿带来的不利影响,使围产期焦虑障碍和抑郁障碍女性往往首选心理治疗,而非药物治疗;②心理治疗和药物治疗对轻中度的焦虑障碍和抑郁障碍疗效相当;③目前缺乏有效的、能够证实抗抑郁药物的疗效和安全性的随机对照研究。

1. 认知行为治疗   对于女性围产期抑郁症、围产期焦虑症、围产期强迫症以及围产期睡眠障碍,认知行为治疗是一种有效的方法。

认知行为治疗的理论假设是:出现情绪和行为障碍的核心原因是患者存在不合理的认知。每个人都有一种关于自己、关于这个世界,以及关于将来的一些观点、认知和信念,甚至信条,可被统称为"图式"。如果这些图式出现问题,可能会导致患者出现相关的情绪和行为障碍。基于认知行为治疗理论,为了解决患者的情绪问题,需要针对患者的图式进行干预,治疗师通过改变患者的核心信念,最终起到改变情绪和行为的作用。

例如,一位围产期抑郁症母亲出现了一种自动思维:她觉得自己一定要做得非常完美,否则她就是一个坏妈妈。这是一个负性的、歪曲的认知,在这种认知的影响下,患者感觉到自己做得还不够好,继而产生内疚、焦虑等负性情绪和不良行为。在建立治疗联盟后,治疗师需要识别这些负性认知模式,针对核心信念,通过治疗师在治疗框架中的工作,帮助患者挑战她们的自动思维和核心信念,最后实现认知重建或重构,继而改变负性认知。

具体方法例如:使用表单记录下负性认知模式,让患者思考支持自己的判断的证据以及不支持自己的信念和观点的证据,并且进行记录和比较。

除了认知治疗,行为干预也很重要,尤其对于围产期精神障碍。患者之所以出现情绪障碍和行为障碍是因为缺少正强化,治疗师可以通过给患者创造一个正强化的过程,打破既往的负强化。例如,通过实施放松训练,并且鼓励患者通过自我情绪监测,尤其是在行为中和行为后观察自己情绪和行为的变化,使得患者能够感受到改变所带来的获益,使得已经发生改变的行为被强化,从而建立起新的行为模式。

认知行为治疗的另一个行为技巧是使用"暴露反应预防"的方法。这个技术基于学习理论,治疗师在帮助患者面对应激或者恐怖刺激的时候,同时帮助患者忍受恐惧的情绪反应,并且通过治疗师和患者之间的合作,挑战患者对恐惧的信念,最终随着心理治疗的开展和时间的延续,患者对恐惧刺激的耐受程度和能力不断增强,行为模式逐渐发生改变,最终达到治疗目的。暴露反应预防对于治疗强迫症、恐怖症,以及惊恐障碍比较有效。

例如,一位没有太多育儿经验的母亲对外界的脏东西有一种不可控制的恐惧,她担心孩子会因为碰到脏东西而生病。治疗师通过暴露反应预防的行为干预方法,与患者一起合作,通过一系列实验过程来测试患者对恐惧的信念。通过不断地让母亲耐受对于恐惧刺激的情绪反应,随着时间的延续,患者的情绪反应和不适应行为逐渐减少,患者对于恐惧刺激的耐受性逐渐增强。

2. 人际心理治疗   人际心理治疗是治疗围产期抑郁障碍有效手段之一。人际心理治疗主要针对的是抑郁症状,通过增强人与人之间的关系,增加患者的社会支持,从而起到减轻抑郁症状的作用。它主要的靶目标是针对人际交往中特定的也是女性在围产期常遇到的问题,包括角色转换、哀伤、丧失和人与人之间的冲突。

人际心理治疗的理论基础基于依恋模型,因此对于围产期的患者尤其适合。治疗师通过与患者讨论具体的依恋模式,让患者认识到社会支持的重要性,从而使得患者在这个特殊时期获得家庭更多的支持,修复之前不安全的依恋关系,也能够促进形成一个更加安全的依恋关系,帮助母子之间建立起一个更好的依恋关系。

即将成为母亲的角色转换过程会给围产期女性带来一定的压力,因为她们需要承担母亲的角色,并逐步与之前的角色"分手"。此时治疗师要帮助患者处理角色转换的问题,帮助她们适应新的身份(母亲的身份)以及处理之前的身份丧失所带来的哀伤。另外,流产和胎儿死亡也是围产期抑郁症患者会遇到的应激生活事件,这些丧失以及哀伤问题也需要及时得到处理和解决。

人际心理治疗通过帮助患者讲述这些关于"丧失"的故事,帮助患者获得社会支持。在围产期的人际冲突往往和整个家庭都有关系。通过聚焦于这些具体的人际冲突,治疗师可以有效帮助患者修复人际关系。

3. 接纳承诺治疗　接纳承诺治疗是一种较新的基于循证医学、寻求改善生活质量和患者功能的心理治疗方法,较适合围产期女性。接纳承诺治疗旨在通过增加心理的灵活性,帮助患者接纳其内心世界的一些特定事件,包括患者自己的思维和情绪,并且与外部的事情联合起来进行一个有效链接,而不是尝试去消除或改变外界的事物。接纳承诺治疗强调与个体价值取向相一致的、与承诺相一致的行为改变。

接纳承诺治疗的理论基础是关系框架理论。证据显示,接纳承诺治疗可以有效治疗不同种类的情绪症状,治疗的结构通常分为六个部分,分别是:①接纳,拥抱自己的经历和体验,而不是去做判断和改变;②认知解绑,改变患者和自己想法的关系,而不是去改变这个想法本身;③此时此刻的觉察,关注聚焦个体现在的想法、感受和情绪;④观察自我,帮助患者认识到他们的身份,感觉和了解内心的"自我",使得个体能够把自己的体验与自己的想法、情绪区分开来;⑤价值观反思和识别,思考自己所真正拥有的、相信的、认为有意义的价值,也就是自己所持有的、坚信的、最深刻的价值观;⑥承诺行动,改变行为,与个体所持有的价值认同保持一致。

接纳承诺治疗的六个步骤可以分为两个部分,第一部分是正念与接纳过程,试图通过无条件接纳、认知解绑、关注当下来增强观察性自我的功能,减少主观控制和主观评判,减弱语言"统治",减少经验性逃避,更多地生活在当下,与此时此刻相联系,与其价值相联系,使行为更具有灵活性。第二部分是承诺与行为改变过程,通过关注当下、观察自我、明确价值观、承诺行动来帮助患者调动和汇聚能量,朝向目标迈进,过一种有价值和有意义的人生。

例如,对于"我是一个坏妈妈"这样的想法,可以通过认知解绑的过程进行干预,让患者减少主观批判。对于母亲身份角色的转换,可以通过行为改变的方法进行干预,让个体花更多的时间与孩子相处。通常经过8周的治疗能够有显著的疗效。接纳承诺治疗对于减轻孕妇的焦虑和抑郁,以及对产后女性的抑郁症状的改善都非常有效。

4. 辩证行为治疗　辩证行为治疗是一种多维度的认知行为整合治疗,尤其适合对复杂精神障碍进行治疗。起初,辩证行为治疗主要用于治疗慢性自杀,后来逐渐成为治疗边缘型人格障碍的主要方法。经过多年的发展,辩证行为治疗已经逐渐发展为针对行为障碍、情绪障碍的有效方法。辩证行为治疗能够显著降低精神科住院率、自杀率,以及改善患者的人际关系和情绪调节能力。

辩证行为治疗的理论认为:个体儿童时期的环境、遗传特性,以及独特的经历可能会导致个体情绪出现强烈的变化,并且无法重新回到之前的、位于基线水平的情绪稳定状态,从而导致情绪障碍。

辩证行为治疗使用整合的治疗策略,强调患者需要聚焦于此时此地的觉察,不加评判地接纳目前的状况以及功能状态,能够看到事物的两面性、对立面,提高痛苦忍耐的能力、情感调节能力,以及增强人际交往的有效性,并且能够做出行为改变。这种整合的观念和模式是辩证行为治疗的核心。辩证行为治疗可以用作个体心理治疗、团体心理治疗,甚至电话心理治疗。

辩证行为治疗尤其适用于围产期焦虑障碍和抑郁障碍患者,相关的技术已经被广泛应用。它整合了认知行为、正念治疗的一些技巧,包括无条件接纳和不做任何评判、学会与自己的期望共处、增加自己的痛苦忍受技能、承受自己的受挫感、增强情绪的调节技能等,不管是个体还是团体的形式,这些治疗技巧都可以有效地帮助围产期焦虑障碍和抑郁障碍的患者减轻症状,缓解压力和应激,增强应对能力、自我效能以及情感调节能力。

三、小结

女性在一生会经历几个重要的时期,包括青春期、围产期、围绝经期。在这几个关键的时期,女性体内的激素水平会发生显著的波动和变化。同时,在这几个关键的时期,女性的身份角色也发生着显著的变化:青春期需要逐渐独立;围产期女性需要逐渐适应母亲的角色;围绝经期女性可能需要逐渐适应退休后的生活。上述这些生物性因素和社会心理因素交织在一起,增加了女性焦虑障碍和抑郁障碍的患病风险。

"一个母亲,一个世界"这句话说明了女性心理健康对胎儿、婴儿,以及儿童心理健康的重要性。针对女性人群提供心理保健服务是心理健康工作者的一项重要任务。心理治疗是有效治疗焦虑障碍和抑郁障碍的方法,尤其对于围产期女性具有独特的优势,常用的是认知行为治疗、人际心理治疗、接纳承诺治疗和辩证行为治疗。这些心理治疗方法对于帮助围产期女性解决身份角色转变带来的心理压力具有独特的优势,并且能有效改善焦虑、抑郁情绪,以及改进应对策略。

心理治疗对于轻度、中度,甚至重度的焦虑障碍和抑郁障碍都是有效的。原则上,对于围产期焦虑障碍和抑郁障碍,心理治疗可以作为一线治疗方案,因为考虑到药物可能对胎儿造成的不利影响,孕妇往往首选心理治疗。心理治疗和药物治疗一样有效,尤其是对于轻度到中度的抑郁和焦虑症状。

第五节　性少数群体

性少数群体指在性取向(sexual orientation)、性别认同(gender identity)和性别表达(gender expression)等方面不同于社会主流的群体,包括男同性恋(Gay)、女同性恋(Lesbian)、双性恋

（Bisexuals）和跨性别者（Transgender），以及其他多元化的性取向及性别认同人群。

性少数群体在人口分类学中并不是单一属性的群体，涵盖数个亚群，甚至每个亚群中的个体都各有特点、属性和社会需求。社会人口统计学还无法将之列为类似民族、宗教等含义明确的人口分类指标。因此，性少数群体是具有多样性（diversity）和异源性（heterogeneity）的不同亚人群的组合，也是不甚严格的科学概念。

一、性少数群体概念和分类

（一）基本概念

性取向是指个体对性刺激的相关反应，即对特定性别产生持久的性吸引。性取向分为异性性取向、同性性取向和双性性取向等。异性性取向是社会主流，其他性取向都属于性少数群体的范畴。然而，有观点认为，性取向是程度渐进的连续谱，个体性取向可处于"只对异性感兴趣"到"只对同性感兴趣"连续谱上的任何位置（图24-1）。

图 24-1　性取向谱系图

性别认同是指个体对于自身性别的内在感知和自我认识。出生性别与性别认同一致为顺性别者，出生性别与性别认同不一致为跨性别者。生物学因素（如基因突变、产前产后激素变化等）和社会因素（如家庭结构和家庭关系问题、大众媒体和其他影响童年经历的性别角色概念等）均会影响性别认同。性别认同通常在3岁时形成，社会心理学家马丁（Martin）和鲁布尔（Ruble）将性别认同的发展概念分为三个阶段：①幼儿和学龄前儿童学习社会化的性别特征；②在5～7岁，性别认同得到巩固并变得"僵化"；③在这一"僵化"的高峰之后，流动性回归，社会界定的性别角色有所放松。芭芭拉（Barbara）和纽曼（Newman）把它分为四个部分：①理解性别概念；②学习性别、角色标准和定性观念；③认同父母；④形成性别偏好。

性别表达和性别认同的概念有密切相关性，性别表达相较于性别认同的内向感知性、隐私性和无形性而言，更侧重于性别的外向呈现。性别表达具有多元性与流动性，很多人的性别表达与社会对其性别的期待保持一致，但少数人则并非如此。性别表达不符合社会预期的人，如被视为"女性化"的男性和被视为"男性化"的女性，常受到人身、性和心理暴力，以及欺凌等。穿着与性别认同不一致的服装，或实施与性别认同不一致的角色行为均属于个体的性别表达，未必会影响其性别认同。只有当个体公开自己的性别认同时，才能判定其性别表达是否与其性别认同相一致。

（二）分类定义与发展历程

1. 同性恋和双性恋　同性恋是人类性心理中一种重要而较为常见的现象，指在正常社会生活条件下，个体对同性持续表现出性爱倾向，而对异性缺乏性爱倾向或表现淡漠。双性恋的表现是男女皆恋，即对异性和同性都产生性吸引；其中有部分对异性并无性爱倾向，承认异性恋只是为了遮掩同性恋。前者是兼容型双性恋，后者称为掩饰型双性恋。

在西方历史的大部分时间里，关于同性行为的官方声明主要来自宗教领域，认为同性恋在道德上是"坏的"。然而，随着19世纪西方文化的权力从宗教转向世俗，同性行为就像其他"罪恶"一样，受到了来自法学、医学、精神病学、性学和人权等社会各界专业人士的关注。卡尔·海因里希·乌尔里希（Karl Heinrich Ulrichs）作为一名德国法律工作者，是近代欧洲首位公开自己的同性恋倾向，为同性恋辩护并主张同性恋非罪化著书的人。奥地利精神分析师西格蒙德·弗洛伊德认为同性恋不可能是一种"退化的状况"，理由是"在效率不受影响的人身上发现（同性恋者），而且他们确实以特别高智力发展和道德文化而著称。"在生命的最后时期，他写道："同性恋固然没有好处，但也没有什么可耻的，没有恶习，没有退化；它不能被归类为疾病；我们认为它是性功能的一种变异，由某种性发育的停止而产生。"

美国著名的性学家阿尔弗雷德·金赛（Alfred Kinsey）及其合作者在 1948 年发表的研究报告写道，调查的数千名 16～65 岁的普通男性，其中 4% 完全以同性恋方式生活，10% 主要以同性恋方式生活，30% 的人参与过某种同性恋活动，女性同性恋发生情况约为男性的一半。当时精神病学界认为同性恋在普通人群中极为罕见，调查结果颠覆了这种观念。20 世纪 50 年代初人类学家克利兰德·福特（Cleland Ford）和弗兰克·比奇（Frank Beach）对不同文化和动物行为的研究证实了金赛的观点，即同性恋比精神病更常见。20 世纪 50 年代末，美国心理学家伊芙琳·胡克（Evelyn Hooker）发表的一项研究，比较了 30 名男同性恋者和 30 名异性恋者的心理测试结果，发现男同性恋和异性恋均为非精神病患者，男同性恋的精神异常程度不高于异性恋，以上有力驳斥了当时的主流观点（即认为男同性恋均有严重精神障碍）。

1974 年，美国精神病学会投票通过不再将同性恋归入精神疾病分类，国际精神病学界也逐渐发生了相应的转变。1990 年，世界卫生组织在修订 ICD-10 时，不再将性取向诊断为障碍，但保留了"性成熟障碍（F66）"分类，指由于个体对自身的性别认同或性取向的不确定，导致焦虑或抑郁情绪。大部分发生在不确定自身是异性恋、同性恋或双性恋的青少年，以及经过貌似稳定性取向的时期和关系，发现性取向正在改变，包括异性恋、同性恋、双性恋（只有当存在确凿证据表明对两性成员都有迷恋时才可使用）、其他性成熟障碍（包括青春期前）。考虑到该分类仍然认为精神障碍与性取向或性表达有独特的联系，性疾病和性卫生分类工作组建议在 ICD-11 中将其完全删除。

在 ICD-11 "性相关咨询（QA15）"分类中包括了有关性行为、性取向或性关系的咨询，与第三方性行为、性取向或性关系有关的咨询，与性态度、性行为和性关系相关的咨询，其他与性有关的咨询，与性有关的咨询（未特定）。适用于因性取向被主流社会歧视，产生焦虑、痛苦、抑郁情绪，甚至出现自杀意念乃至行为的人群。如果痛苦症状符合其他精神障碍的诊断（如适应障碍、抑郁障碍或焦虑恐惧相关障碍），则应对其进行诊断。

2. 跨性别者　跨性别者指无法认同自身的出生性别，持续地相信并希望属于其他性别的人群。跨性别女性或男跨女（male to female，MTF）指出生性别为男性，性别认同为女性；跨性别男性或女跨男（female to male，FTM）指出生性别为女性，性别认同为男性。

跨性别作为术语最早出现于 1974 年，当时的适用范围较广，包括同性恋、易性症、异装症、间性人等多个人群。20 世纪 80 年代后期，跨性别作为涵盖性术语取代变性人（transsexual），涉及所有性别表达不符合出生性别对应社会规范的个体。跨性别在 ICD 和 DSM 两个诊断系统中的命名和含义不完全相同。

ICD-9（1975）中诊断为易性症，放在"性障碍和偏差"分类；ICD-10（1990）的分类名称变为"性偏好障碍"和"性身份障碍"（gender identity disorder，GID），GID 包含易性症、双重异装症、童年性身份障碍、其他性身份障碍和性身份障碍（未特定）。ICD-11（2022）中将 GID 改为"性别不一致"（gender incongruence，GI），指个体体验到的性别与既定性别强烈而持久的不一致，分为童年期性别不一致和青春期或成年期性别不一致。在 ICD-11 中，自觉痛苦和功能损害已并非诊断必需，因此对出生性别不满的人群，即使并没有显著的痛苦体验或明显的功能损害（如工作、社会化等），也能够符合诊断标准并获得治疗。由于诊断标准更宽泛，该标准被用于更多样化的人群。尽管可能增加性别不一致人群接受治疗意愿，但不认为自己有问题或需要治疗的性别不一致人群也可能被病态化。随着标准的实施，病耻感也会随之出现。因此 ICD-11 将 GID 从第六章"精神、行为或神经发育障碍"章节中移出，放入第十七章"与性健康相关问题"章节，该转变有助于减少社会对多元性别人群尤其是跨性别者的污名化，保障该人群不受歧视地获得必要的精神卫生服务。

DSM-3（1980）的分类名称"性心理障碍"（psychosexual disorders），指解剖性别与性别认同不一致，包括三种类型：易性症、儿童性身份障碍（GIDC）、非典型性身份障碍（atypical GID）。这也是易性症作为诊断名称首次进入 DSM 系统。DSM-Ⅲ修订版（DSM-Ⅲ-R，1987）中，分类名称由"性心理障碍"更替为"性障碍"（sexual disorders），在其下设立亚分类"通常起病于婴儿期、儿童期或青春期的障碍"（受到当时较为流行的观念影响，认为"GID 大多始于儿童期"），包括四种类型：①易性症（transsexualism）；②儿童性身份障碍（gender Identity disorder of childhood，GIDC）；③青少年或成人性身份障碍，非易性型（gender identity disorder of adolescence or adulthood，non-transsexual type，GIDAANT）；④性身份障碍未定型（gender identity disorder not otherwise specified，GIDNOS）。GIDAANT 是指不愿通过医学干预改变性征的青少年和成人性身份障碍。临床实践过程中，发现性身份障碍并非都起源于儿童期。GIDAANT 与易性症之间缺乏明确的边界，也不利于筛选性别焦虑的来访者实施性别重置手术。因此 DSM-4（1994）将分类名称由"通常起病于婴儿期、儿童期或青春期的障碍"更替为"性与性身份障碍"，分为三种类型"青少年和成人性身份障碍、GIDC、GIDNOS"（删除了 GIDAANT，其余内容同 DSM-Ⅲ-R）。而在 DSM-5（2013）中最终使用的分类名称为"性别烦躁"（gender dysphoria），分为"青少年和成人性别烦躁、儿童性别烦躁、其他特定的性别烦躁、非特定的性别烦躁"。性别烦躁指个体因体验或外显的性别与被指定性别不一致而感到痛苦（并非所有个体都会因为这样的不一致而痛苦）。如果得不到渴望的躯体干预（如通过激素和/或手术）则会非常痛苦。与先前 DSM-4 中的"性与性身份障碍"相比，"性别烦躁"更具有描述性，并且聚焦于"烦躁"这一临床问题而非"认同"本身，相当于给"性别认同"去病化，肯定性别认同的"多元化"。

二、性少数群体压力

性少数群体压力（sexual minority stress）是指因性取向或性别认同与主流社会规范不符而导致的独特压力体验。这种压力源于社会环境的污名化、偏见和歧视，对个体的心理健康、社会适应和身体健康产生深远影响。

性少数群体往往会遭遇较多的带有偏见性质的生活事件，如就业歧视、仇恨犯罪、仇恨言论、同性婚姻被拒绝等。偏见生活事件对性少数人群心理健康的伤害远大于普通生活事件，使其更容易产生负面情绪和行为。

性少数群体污名化是指通过社会通用的价值体系诋毁性少数群体,包括行为、身份、群体间和群体内关系等。性少数个体的自我知觉与他人知觉会因此而发生冲突,导致自我知觉不稳定,从而引发心理压力。拒绝和刻板印象会加重个体感知的敏感性,提高与主流群体交流时的警惕性,长期、反复、持续造成影响,导致个体不愿沟通,不轻易接受他人想法,从而损害心理健康。

面对偏见、歧视与污名等外部压力,性少数群体的应对策略往往是通过隐藏/掩盖自己的性取向和性别认同,保护自己免遭解雇或攻击。身份隐藏/掩盖可以避免外部压力带来的消极影响,同时也会增加新的压力,具体如下。

压抑:隐藏/掩盖身份所带来的主要的压力。性少数个体需要在各种情境下约束自己的穿着打扮和一言一行,对朋友和兴趣爱好等十分谨慎,害怕亲密交往后会被发现。在掩饰的基础上与他人交往,内心更加痛苦、压抑,可导致抑郁、低自尊、神经质及心身疾病。

隔绝性少数群体间的认同与沟通交流:隐藏身份后不再接受性少数群体内的任何正式和非正式的资源支持,同样会导致内心冲突,损害身心健康。

内化恐同:指同性恋群体因长期受到异性恋群体的厌恶、反感、敌意等负面态度的影响,在成长过程中,将此观念内化成自我的一部分,青少年或成年期首次意识到非异性恋倾向时,通常会对自己产生负性情感或做出负面评价。高程度的内化恐同个体往往自我整合能力较差,自我厌恶程度较高,生活动力缺乏,人际关系不良,自我接受力、自我决定力、抗压力和环境掌控力都较差,心境障碍和焦虑症的发生率较高。

梅耶(Meyer)构建的性少数群体压力模型,认为从外部环境到内部环境是连续体,越靠近自身影响就越大。一般压力、远端压力、近端压力对性少数群体心理健康的影响程度逐级增加。一般压力和远端压力可直接作用于个体,进而影响心理健康;也可以内化为近端压力,间接影响个体的心理健康(图24-2)。人际心理模型(interpersonal-psychological model)关注性少数人群的自杀风险,具体解释了内化恐同、社会支持等因素对性少数群体自杀现象的影响机制。

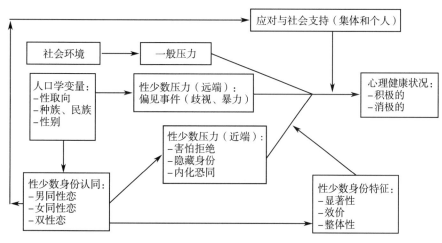

图 24-2　Meyer 性少数群体压力模型

三、性少数群体常见心理障碍及其治疗

性少数群体已不再归属于精神障碍的范畴,但性少数群体受到的压力影响,出现心理健康问题风险较高,包括焦虑、抑郁、绝望、敌意、自杀自伤、冲动攻击、物质滥用等。

(一)性少数群体常见心理障碍

性少数群体的焦虑症与抑郁症患病率显著高于普通人群。跨性别者因外貌与性别认同不符,社交回避行为普遍,焦虑症发病率高达 35%～50%;同性恋者则因"出柜"压力或职场隐性歧视,长期处于警觉状态,广泛性焦虑障碍患病率为普通人群的 2～3 倍。抑郁障碍的根源与社会污名化直接相关:约 60% 的性少数群体青少年因家庭排斥或校园霸凌出现持续性情绪低落,其中自杀尝试率是非性少数群体同龄人的 4 倍。非二元性别者(性别认同既非男性,也非女性)因身份认同模糊,抑郁风险进一步升高,自杀意念率超过 65%。

自杀与自伤行为是性少数群体最严峻的心理危机。跨性别青少年中,40% 曾尝试自杀,非二元性别者自伤率高达 60%。绝望感源于多重压迫:32% 的性少数群体青少年因家庭拒绝而流离失所,医疗资源匮乏则加剧无助感,例如,有调查发现仅 20% 的心理咨询师接受过针对性少数群体的培训。同性恋青年与异性恋青年相比,一生中的自杀意念为 26.1%:13.0%,自杀计划为 16.6%:5.4%,自杀企图为 12.0%:5.4%;且同性恋群体首次自杀意念、计划或企图发生自杀的平均年龄通常比异性恋群体更小;从自杀意念到自杀计划的进展比异性恋者更快,而自杀计划到自杀企图的时长两者无明显差异。近一半非自杀性自伤的参与者同时有自杀企图,且大多数情况下非自杀性自伤行为早于首次自杀企图。其中性少数青少年群体更有可能出现非自杀性自伤行为,但他们向自杀企图的转变比非性少数青少年群体要慢得多,考虑可能是将非自杀性自伤作为适应不良的应对策略。

性少数个体常被污名化为"异常"或"不道德",导致职场晋升不公、教育机会受限。跨性别女性中,80% 曾因性别表达遭受肢体攻击。社会隔离不仅来自外部排斥,也因内部身份冲突:非二元性别者缺乏明确的社群归属,孤独感更甚。长期隔离可引发创伤后应激障碍(PTSD),跨性别者 PTSD 患病率(40%)远超普通人群(8%)。

物质滥用是应对压力的常见策略。性少数群体成年人酗酒率比异性恋者高 2 倍,跨性别者药物依赖风险增加 3 倍。一项欧洲七国(英国、波兰、瑞士、意大利、西班牙、丹麦和瑞典)的在线网络调查中发现性少数群体男性与普通人群男性在赌博、游戏、网络行为方面没有差异,性少数群体女性与普通人群女性相比更可能有赌博及游戏的成瘾行为。敌意表现为内外双重维度:对外因长期歧视产生愤怒(如抗议行动),对内则转化为自我厌恶(如厌食或躯体化症状)。黑人跨性别女性同时面临种族与性别压迫,精神心理障碍患病率是白人同性恋男性的 3 倍。

(二)心理治疗

1. 积极心理治疗　积极心理学为性少数人群提供自我认识的新视角,充分发掘其内在力量,帮助完成自我认同和"出柜"的全过程,推动社会力量创造更积极的多元化环境。

2. 认知行为治疗　治疗师可以向来咨询的性少数群体解释情绪反应的内部关系,提高个体对应激反应的认识,并努力发展健康的应对机制(替代评估和根除适应不良的情绪驱动行为)。

针对性少数群体定制的认知行为治疗,可通过识别、挑战和改变适应不良的想法、信念及行为(如负性思维、孤立、物质滥用及自伤行为),减少对同性恋、双性恋及跨性别的恐惧,以改善情绪和提高应对能力。识别和挑战的过程将有助于减少对同性恋、双性恋及跨性别的恐惧认知,改善情绪及应对能力。

肯定性认知行为治疗(affirmative CBT)是指在一个肯定和支持的环境中,通过识别关于性取向的负性思维,区分想法和感受,探索想法如何影响感受和行为,识别具有相反效果的思维模式,减少负性思维,减轻内化恐同及消极情绪,增加积极思考和希望感的 CBT 模式。治疗共分八个阶段,第一阶段:介绍 CBT,探索并理解同性恋群体的压力;第二阶段:了解反对同性恋群体的态度和行为,制定应对策略;第三阶段:理解想法如何影响感受;第四阶段:用想法改变感受;第五阶段:探索行为如何影响感受;第六阶段:克服负性思维和负面情绪;第七阶段:了解同性恋群体压力,以及如何应对社交场合的歧视或骚扰;第八阶段:发展安全、支持和肯定性取向的社交网络。

性别确认认知行为治疗(transgender-affirmative CBT,TA-CBT)对性别多元化持肯定态度,致力于辨认和识别跨性别人群特有的压力来源,构建肯定和创伤知情的框架,并在此框架内完成 CBT。TA-CBT 包括评估和个案概念化、自我调节、心理教育、思维修正和行为激活。假定弱势压力对跨性别人群会造成创伤,那么跨性别人群对耻辱和偏见的理解就成了 TA-CBT 的关键点。在结构性压力下,TA-CBT 通过建立安全、肯定和协作的治疗关系促进积极改变和健康应对。若处于对跨性别者持恐惧态度、信念和行为的环境中,来访者可能会发展出负性思维模式,负性思维或病耻感内化后会影响情绪和行为反应。对跨性别者的身份和经历持肯定态度的治疗师能帮助来访者克服负性自我觉察和悲观意念。从 CBT 的角度来看,对跨性别持肯定的态度能减少令人不安的情绪反应(如羞耻、焦虑),以及随后的不良行为反应。可操控性作为 TA-CBT 的优势之一,有助于评估个体的风险和复原力。

3. 人际心理治疗　是能帮助减轻症状并提升人际交往能力的短程心理治疗,适用于抑郁、焦虑、进食障碍和物质依赖等。人际心理治疗治疗的五项任务为:①建立强大的治疗联盟;②辨认不恰当的沟通方式;③帮助识别这些方式;④帮助修正这些方式;⑤帮助建立更好的社交网络,并充分利用现有的人际关系。

人际心理治疗用于治疗跨性别人群,可分为三个阶段。

第一阶段建立治疗框架,详细记录精神病史,强调完成人际关系清单和诊断评估。人际关系清单需仔细回顾过去到现在的人际关系。人际关系的丧失、人际角色的纷争、人际角色的转变,以及人际关系的缺陷,可能导致抑郁症状,这一过程有助于构建可能触发和维持抑郁症状的社会和人际环境,从而确定了治疗的重点。

第二阶段聚焦于三个人际关系问题(角色转换、悲伤/哀悼和人际角色纷争)。角色(包括社会角色)的转变,带来了积极和消极两个方面的影响。积极的方面是性别确认治疗后,转变为认同的性别角色;消极的方面是社会角色转变后被家庭排斥。个体在角色转变后,需要面对来自内在和外在两方面的需求。经历丧失后需要哀悼,即便是因为沟通不准确而导致的离婚也需要哀悼。哀悼的内容是根据来访者的生活确定,而不是由治疗师决定的。人际角色纠纷是指来访者与生活中重要人物的冲突,源于不切实际的期望或沟通问题。

第三阶段是治疗终止的过程,聚焦于治疗疗效和如何面对未来的压力。人际心理治疗能减轻跨性别人群的抑郁情绪和自杀意念,改善来访者与同事和朋友的关系。

4. 伴侣治疗(couple therapy) 同性伴侣与异性伴侣可能在许多问题上存在冲突。破坏伴侣关系的行为有批评、防御、蔑视、阻挠。伴侣治疗能有效改善同性伴侣之间的关系。戈特曼(Gottman)伴侣治疗分为以下三个部分。

第一部分:关系评估。记录伴侣关系的发展历程,双方的关系和对待关系的态度,评估双方冲突管理能力和资源共享程度,探讨治疗目标。

第二部分:积极治疗。帮助处理三个议题,包括冲突、友谊/亲密及共享的意义。解决最突出的情感问题,讨论关系外部的压力源,加强双方的亲密联结。

第三部分:预防反复。强化应对技巧,鼓励双方思考潜在的困境,避免新学到的沟通技巧遭受失败,以及如何应对这些困境。

单次治疗90分钟,每周1次,异性伴侣治疗11~13次,而同性伴侣治疗只需8~11次。

跨性别伴侣关系中的一方"变性"或"出柜"会带来一系列问题和障碍。伴侣治疗应帮助处理"出柜"、暧昧关系和弱势压力,探讨性身份的差异,理解顺性别伴侣体验到的背叛,以及重新商议性生活和性关系,转变性取向和/或社会导向。

5. 家庭治疗 对于同性恋人群,家庭成员(如父母、监护人或主要照顾者)的拒绝态度会加重他/她们的痛苦感。因此,可以在来访者同意的情况下,邀请家庭成员(如父母、监护人或主要照顾者)参与治疗。以依恋为基础的适应性家庭治疗,通过给予家庭成员(如父母、监护人或主要照顾者)处理孩子性取向感受的时间,提高父母对孩子性取向破坏性反应的认识,帮助减轻孩子的抑郁情绪及自杀意念。

对于跨性别人群,家庭治疗模式包括两个阶段。

第一阶段:评估和加强家庭内部的协调(家庭对跨性别认同的理解和接受程度),帮助家庭接纳现实,鼓励父母与未成年子女开展友好支持性的沟通,创造更安全的成长环境。

第二阶段:探索和支持性别表达或性别转变。

当家庭对来访者的跨性别表达支持和理解程度较高时,第一阶段所需时间更短,很快就能进入第二阶段。

家庭中最常见的恶性循环是家庭成员拒绝接纳或强行纠正其他成员的性别表达(通常是父母对子女),这会使来访者感到更加痛苦,症状加重后父母越发关注或者拒绝子女的性别表达,并将痛苦归因于来访者的性别表达。可选择理解、支持、相互包容的互动时刻,以及家庭对性别议题不困扰的时刻,与家庭一起探索和寻找与"恶性循环"互动不同的模式。基于对问题与家庭关系的新理解,激活家庭沉默的关系资源,探索如何建立有利于解决性别困扰议题的家庭互动,并对这些家庭互动进行检验、强化。建立接纳性别困扰的家庭认知和互动,支持和尊重来访者决定采用的解决性别困扰的方式。需要注意的是,对于儿童来访者,要避免强化家庭过分认同性别不一致的表达,这可能弱化孩子自由表达的能力。

帮助家庭制定干预方案,与家庭成员探讨方案实施过程中可能存在困难。例如,如何获得医疗资源,如何应对社会歧视和偏见等。在儿童和青少年来访者的治疗中,需要与家庭保持持续性的治疗关系,以便确保后续的不可逆治疗是经过深思熟虑的。

（三）性别认同反转治疗

性别认同反转治疗（gender identity conversion therapy）是指以改变个体性别认同,使其与出生性别保持一致为目标的心理干预。有理论认为,青春期以后性别认同可能不再变化,但青春期前的性别认同可被修正。因此反转治疗的目标人群通常是不具备医疗决策法定权的青春期前儿童。该治疗流派认为,由于未成年,青春期前儿童必须无条件服从父母或监护人的意志。在西方,持有精神卫生从业执照的医务工作者和宗教人士均参与性别认同反转治疗。

由于病耻感的存在,跨性别人群发生抑郁、焦虑、自杀和物质滥用风险高于一般人群。家人和朋友的支持和接纳可以缓解压力,如缺乏支持,跨性别者就必须独自面对。性别反转治疗认为跨性别行为不能接受必须改变,可能更进一步加重跨性别者的病耻感和精神负担。美国医学会、美国精神医学协会、美国儿童青少年精神医学协会和美国儿科学会等多个专业机构或组织明确认为该治疗方法既不道德也缺乏疗效。2015 年 4 月,在一例青少年跨性别者经反转治疗自杀后,美国政府敦促各州禁止该疗法。

四、小结

性少数群体是性取向和性别认同多元化的人群,并非单一属性,是不同亚人群的组合,包括男同性恋、女同性恋、双性恋和跨性别人群等。性少数群体往往不被社会主流接纳,遭受污名化、偏见、歧视等性少数群体压力后,出现心理健康问题风险较高,包括焦虑、抑郁、绝望、敌意、自杀自伤、冲动攻击、社交回避、物质滥用等。心理治疗能帮助性少数群体发掘内在力量、发展健康的应对机制、提升人际交往能力、改善婚姻家庭关系,更好地适应社会并实现个人价值。

本 章 小 结

见本章各节"小结"内容。

🖋 **思考题**

1. 儿童青少年焦虑障碍诊疗原则是什么?

2. 如果希望在老年社区或者养老机构给老年人开展心理治疗,面临的困难有哪些?

3. 影响大学生心理发展困扰的内在因素有哪些?

4. 哪些外在的因素会引发大学生内在心理发展的危机?

5. 面对大学生心理发展中的问题,心理咨询师需要持怎样的态度?

6. 对于围产期女性焦虑障碍和抑郁障碍,辩证行为治疗有何优势?

7. 围产期焦虑障碍和抑郁障碍治疗的原则是什么?

8. 性少数群体的基本概念和分类有哪些?

（程文红　李霞　张麒　杨福中　陆峥）

推荐阅读

[1] 杜亚松. 儿童心理障碍诊疗学. 北京:人民卫生出版社,2013.

[2] 房圆,李霞. 心理治疗在老年期抑郁障碍中的应用. 中国临床心理学杂志,2018,26(4):831-834,779.

[3] 黄士华. 大学生心理健康教育. 武汉:华中师范大学出版社,2013.

[4] 黄政昌,陈玉芳,古芸妮. 你快乐吗?大学生的心理辅导. 上海:华东师范大学出版社,2009.

[5] 李占江. 临床心理学. 北京:人民卫生出版社,2021.

[6] 廖冉,张静,李靖. 90后大学生积极心理健康教程. 北京:中国财富出版社,2012.

[7] 陆林. 沈渔邨精神病学. 6版. 北京:人民卫生出版社,2018.

[8] 陆峥. 性功能障碍与性心理障碍. 北京:人民卫生出版社,2012.

[9] 罗伯特·费尔德曼. 发展心理学——人的毕生发展. 6版. 苏彦捷,邹丹,译. 北京:世界读书出版公司,2021.

[10] 乔艾伦·帕特森. 家庭治疗技术. 3版. 王雨吟,译. 北京:中国轻工业出版社,2020.

[11] 桑东生. 儿童心理障碍诊疗学. 北京:人民卫生出版社,2009.

[12] 沈政. 关于外源性同性性行为和性少数群体的发展观. 科学通报,2015,60(33):3183-3195.

[13] 孙金凤,袁勇贵. 老年孤独感与心身健康. 实用老年医学,2021,35(11):1121-1125.

[14] 王春强,马巍,李立山. 大学生心理特点分析. 中国校外教育,2012,(10):17.

[15] 王丽萍,黄车白. 大学生的恋爱与性心理. 北京:北京师范大学出版社,2011.

[16] 翟书涛. 女性精神卫生. 南京:东南大学出版社,2012.

[17] 章劲元,郭晓丽. 大学心事:当代大学生的困惑与成长. 武汉:华中科技大学出版社,2015.

[18] ANDRÉS MARTIN,FRED R. Volkmar,Michael H Bloch(Editor). Lewis's Child and Adolescent Psychiatry:A Comprehensive Textbook. 5th ed. New York:Lippincott Williams & Wilkins,2017.

[19] APOSTOLO J,BOBROWICZ-CAMPOS E,RODRIGUES M,et al. The effectiveness of non-pharmacological interventions in older adults with depressive disorders:A systematic review. Int J Nurs Stud,2016,58:59-70.

[20] BERONA J,HORWITZ A G,CZYZ E K,et al. Predicting suicidal behavior among lesbian,gay,bisexual,and transgender youth receiving psychiatric emergency services. J Psychiatr Res,2020,122:64-69.

[21] BOWLBY,J. Attachment and loss,Vol. I:Attachment. New York:Basic Books,1969.

[22] BROMAN N,PREVER F,DI GIACOMO E,et al. Gambling,Gaming,and Internet Behavior in a Sexual Minority Perspective:A Cross-Sectional Study in Seven European Countries. Front Psychol,2022,12:707645.

[23] ELZER M,GERLACH A. Psychoanalytic psychotherapy:A handbook. London:Routledge,2018.

[24] GOTTMAN J M,GOTTMAN J S,COLE C,et al. Gay,Lesbian,and Heterosexual Couples About to Begin Couples Therapy:An Online Relationship Assessment of 40,681 Couples. J Marital Fam Ther,2020,46(2):218-239.

[25] HOLLISTER B,CRABB R,KAPLAN S,et al. Effectiveness of Case Management with Problem-Solving Therapy for Rural Older Adults with Depression. Am J Geriatr Psychiatry,2022,30(10):1083-1092.

[26] JOHNSON B,LEIBOWITZ S,CHAVEZ A,et al. Risk Versus Resiliency:Addressing Depression in Lesbian,Gay,Bisexual,and Transgender Youth. Child Adolesc Psychiatr Clin N Am,2019,28(3):509-521.

[27] LUK J W,GOLDSTEIN R B,YU J,et al. Sexual minority status and age of onset of adolescent suicide ideation and behavior. Pediatrics,2021,148(4):e2020034900.

[28] MARTIN A,VOLKMAR F R,et al. Lewis's child and adolescent psychiatry,a comprehensive textbook. Amsterdam:Wolters Kluwer,2018.

[29] STEINBERG L. Should the science of adolescent brain development inform public policy? American Psychologist,2009,64(8):739-750.

[30] SZIGETHY E,WEISZ J R,FINDLINE R T. Cognitive-behavior therapy for children and adolescents. Washington DC:American Psychiatric Publishing,2012.

[31] WILKINSON P. Cognitive behavioural therapy with older people. Maturitas,2013,76(1):5-9.